は じ め に

　我が国の特許出願件数は、近年の技術革新の進展、技術水準の向上と旺盛な技術開発意欲を反映して、世界に例を見ない高水準で推移している。加えて、技術内容の高度化・複雑化等の要因により審査期間は国際的に遜色のないものとは必ずしも言えず、内外から、審査処理期間の更なる短縮が求められている。

　このような状況に対し、特許庁では、迅速・的確な権利付与をめざして、ペーパーレス計画の推進、出願・審査請求の適正化等の総合的な諸施策を展開しているところである。

　本調査研究は、出願・審査請求の適正化や先行技術調査の効率化を図ることを目的として、特定技術分野について、その技術を細分化し、技術内容および技術相互の関連を体系的に分析・整理したものである。

　本報告書は、出願人企業等が出願・審査請求の適正化にあたり先行技術調査を行う際の資料として有効に活用されるものと期待される。

　なお、本報告書の取りまとめに当たって、別記委員会および社団法人発明協会の方々に、また公開公報抄録の利用に当たっては、財団法人日本特許情報機構（Ｊａｐｉｏ）の御協力をいただいたことを付記し、ここに感謝申し上げる。

　平成１２年３月

特　許　庁

「出願系統図作成調査研究委員会」名簿

(敬称略・順不同)

委員長	小 栗 昌 平	栄光特許事務所　弁理士
委 員	朝 田 誠 一	マクセルエンジニアリング株式会社 技術情報グループ
委 員	白 井　　巖	松下電池工業株式会社　知的財産権センター 主任知財技師
委 員	高 橋　　修	ソニー株式会社 コアテクノロジー&ネットワークカンパニー 仙台特許部　特許課　SET GP　課長
委 員	千 葉 信 昭	東芝電池株式会社　技術研究所　知的財産グループ 担当課長
委 員	野 田 智 彦	株式会社ユアサコーポレーション　法務知財部　主務
委 員	山 本 浩 平	富士電気化学株式会社　研究技術本部　本部長付
委 員	山 本 真 裕	古河電池株式会社　技術開発部　第2開発グループ 主任
委 員	吉 田 俊 也	三洋電機株式会社　ソフトエナジーカンパニー ソフトエナジー技術開発研究所 法務・知的財産部　IP課　主任企画員
委 員	和 田　　弘	日本電池株式会社　研究開発本部　研究管理室 知的財産センター　主任

〔オブザーバー〕

特許庁	天 野　　斉	審査第四部　金属電気化学　審査官

目　　次

はじめに
「出願系統図作成調査研究委員会」名簿

1．調査研究の目的 …………………………………………………………………… 1
2．調査方法 …………………………………………………………………………… 2
2－(1) データベース ………………………………………………………………… 2
2－(2) 調査対象 ……………………………………………………………………… 2
2－(3) 調査方法 ……………………………………………………………………… 2
3．調査結果 …………………………………………………………………………… 5
3－(1) 総論 …………………………………………………………………………… 5
3－(2) 技術ブロックの特徴 ………………………………………………………… 10
　【リチウム金属二次電池】 ……………………………………………………… 10
　【リチウムイオン二次電池】 …………………………………………………… 12
　【リチウムポリマー二次電池】 ………………………………………………… 16
3－(3) 技術テーマの特徴、技術動向および実例 ………………………………… 20
　【リチウム金属二次電池】 ……………………………………………………… 20
　　［酸化物系正極活物質］ ……………………………………………………… 20
　　［カルコゲン系正極活物質］ ………………………………………………… 39
　　［その他の正極活物質］ ……………………………………………………… 52
　　［正極の製造方法］ …………………………………………………………… 62
　　［負極材料］ …………………………………………………………………… 75
　　［負極構造・製造方法］ ……………………………………………………… 85
　　［電解液］ ……………………………………………………………………… 97
　　［電解質塩］ …………………………………………………………………… 109
　　［その他の要素材料／要素構造・製造方法］ ……………………………… 114
　【リチウムイオン二次電池】 …………………………………………………… 123
　　［正極材料（コバルト／ニッケル酸化物）］ ……………………………… 123
　　［正極材料（マンガン酸化物）］ …………………………………………… 133
　　［その他の正極材料］ ………………………………………………………… 144
　　［正極添加剤（結着剤含む）］ ……………………………………………… 153
　　［正極構造・製造方法］ ……………………………………………………… 157
　　［負極材料（黒鉛）］ ………………………………………………………… 165
　　［負極材料（無定形炭素）］ ………………………………………………… 171
　　［その他の負極材料］ ………………………………………………………… 176

［負極添加剤（結着剤含む）］ …………………………………………………… 181
　　［負極構造・製造方法］ ………………………………………………………… 190
　　［電解液］ ………………………………………………………………………… 199
　　［電解質塩］ ……………………………………………………………………… 209
　　［その他の要素材料／要素構造・製造方法］ ………………………………… 217
【リチウムポリマー二次電池】 ……………………………………………………… 226
　　［正極材料］ ……………………………………………………………………… 226
　　［正極構造・製造方法］ ………………………………………………………… 242
　　［負極材料］ ……………………………………………………………………… 253
　　［負極構造・製造方法］ ………………………………………………………… 266
　　［固体電解質（ゲル含む）］ …………………………………………………… 276
　　［その他の電解質］ ……………………………………………………………… 296
　　［その他の要素材料／要素構造・製造方法］ ………………………………… 302

1．調査研究の目的

　先行技術に類似した無駄な特許出願を防止し、出願の適正化を図ることは、我が国の審査期間を短縮し、国際的な調和を図る観点からも重要な事項となっている。

　このような重複出願を防止するためには先行技術調査が必須であり、調査に当たっては、当該技術分野の出願内容が系統的に整理され、核となる特許出願が抽出・分析された資料等を活用することが有効である。
　しかしながら、このような資料を作成するには多大の費用と時間が必要である。

　このため、特定の技術分野を選び、その分野の技術を細分化し、技術内容および技術相互の関連を体系的に分析・整理した出願系統図報告書を作成し公表することとした。

　本報告書中の細分化された技術事項の分析と特許文献の参酌により、出願人企業等が行う先行技術調査への有効利用が望まれる。
　また、当該技術分野で核となる特許出願の抽出とその内容は、技術開発の動向を知る手がかりとなると期待される。

　本報告書では、特定分野として「リチウム二次電池」を取り上げ、以下の調査方法で分析した。

2．調査方法

　リチウム（Li）二次電池関連技術について、出願の拒絶理由通知に引用された文献を主とし、オンラインによる検索回答を付加し、当該分野の技術の核となる文献を調査・分析するとともに、それらの文献を複数の技術テーマに分類し、各技術テーマごとに細分化された技術事項に沿って内容を整理した。さらに、技術テーマの関連性、経年変化を調査することにより、技術内容の解析を行った。

2－（1）データベース

　調査研究対象の基礎データは、特許庁データベースより
　　① 引用文献データ
　　② IPCデータ
　　③ FIデータ
を取得し、技術分野により不足した文献については
　　④ PATOLISにより抽出された、Japio（（財）日本特許情報機構）のデータベースからの検索回答（様式P105）
を付加することにより必要な文献を取得した。

2－（2）調査対象

①対象技術分野
　対象となるFIは、（H01M4／00＄+H01M4／02＄+H01M4／04＄+H01M4／40＄+H01M4／58＄+H01M4／60＄+H01M4／62@Z+H01M10／00＄+H01M10／02＄+H01M10／04＄+H01M10／36＄+H01M10／40＄）とし、具体的にはリチウム二次電池関連技術分野の主要29技術テーマとした。

②調査対象文献
　平成11年3月末までに起案された特許・実用新案の拒絶理由通知に引用された文献、および当該技術分野において重要と思われる文献を調査対象とした。

2－（3）調査方法

　データベースから抽出された対象技術分野の文献（2,955件）を基にリチウム二次電池関連技術を体系的、網羅的に分け得る分類表を作成した。この分類表は、第一階層、第二階層を必須とし、本調査では第一階層を「技術ブロック」、第二階層を「技術テーマ」と呼び、解析作業を行った。次に、作成した

分類表をもとに、リチウム二次電池関連技術の文献を技術テーマごとに分類した。

そして、技術テーマごとに分けられた文献より、各技術テーマを端的に表しており、かつ技術テーマにふさわしいと思われる参照文献を選定した。この参照文献を基に「技術ブロックの特徴」、「技術テーマの特徴、技術動向および実例」の分析を行った。

調査の手順としては、まずリチウム二次電池関連技術を、大きく三つの技術ブロックに分け、その後、各技術ブロックを29の技術テーマに展開した。（表2－1「技術ブロックと技術テーマ」を参照）

「総論」では、リチウム二次電池関連技術の歴史的背景、および各技術ブロックの概説を述べる。

「技術ブロックの特徴」では、技術ブロックごとの技術の全般的な説明と、技術ブロック内の技術テーマごと（関連性の高い技術テーマについては複数の技術テーマごと）の特徴点を説明する。

「技術テーマの特徴、技術動向および実例」では、技術テーマごとに数個の「技術事項」にクラスター化（細分化）し、「技術事項」ごとの引用文献（抄録）の集合体を作成したのち、各技術事項相互の関連について、「1．技術テーマの構造」としてツリー図を用いて説明する。さらに、「技術事項」（ツリー図中の□内「技術事項」）ごとに「2．各技術事項について」として、「①技術事項の特徴点」、「②技術事項の経時的な技術の推移」について詳述することにする。ただし、「②技術事項の経時的な技術の推移」については、特に記述すべき内容がない場合、説明を省略した。

また、「技術事項」ごとに、その最後に「参照文献」（文中に〈　〉付番号で示した分析対象文献番号、または参考にした文献名）を掲載する。なお　文中および本欄において「＊」表示のあるものはＪａｐｉｏ抄録を掲載する。

なお、本文の表記については、可能なかぎり統一しているが、技術的な用語については、統一されていない場合もある。また、Ｊａｐｉｏ抄録文については統一されていない。

表2−1　技術ブロックと技術テーマ

技術ブロック	テーマコード	技術テーマ
リチウム金属二次電池	T001	酸化物系正極活物質
	T002	カルコゲン系正極活物質
	T003	その他の正極活物質
	T004	正極の製造方法
	T005	負極材料
	T006	負極構造・製造方法
	T007	電解液
	T008	電解質塩
	T009	その他の要素材料／要素構造・製造方法
リチウムイオン二次電池	T010	正極材料（コバルト／ニッケル酸化物）
	T011	正極材料（マンガン酸化物）
	T012	その他の正極材料
	T013	正極添加剤（結着剤含む）
	T014	正極構造・製造方法
	T015	負極材料（黒鉛）
	T016	負極材料（無定形炭素）
	T017	その他の負極材料
	T018	負極添加剤（結着剤含む）
	T019	負極構造・製造方法
	T020	電解液
	T021	電解質塩
	T022	その他の要素材料／要素構造・製造方法
リチウムポリマー二次電池	T023	正極材料
	T024	正極構造・製造方法
	T025	負極材料
	T026	負極構造・製造方法
	T027	固体電解質（ゲル含む）
	T028	その他の電解質
	T029	その他の要素材料／要素構造・製造方法

(*)その他の要素には、セパレータ、端子、安全機構等を含む

3．調査結果

3-（1）総論

【リチウム二次電池の歴史と発展】

　電池は、コードレス機器の電源として不可欠のものであり、携帯の便宜からすれば、小さく、軽く、長持ちするものが要請され、また、環境的に十分に配慮されたものであることが望ましい。

　近年における、携帯パソコン、携帯電話機、ビデオカメラ、携帯音響機器といった携帯型電子機器・携帯型情報通信機器などの携帯型エレクトロニクス機器の著しい進展に伴って、CPU、カラー液晶ディスプレイなど電力消費のより大きなデバイスの搭載がされるようになり、電源としての電池に対してより大電力であることの要請が高まってきている。このような携帯型機器の電源の電池としては、小型・軽量・経済性から、また、環境面からも、再度の充電が可能であってエネルギー密度の高い二次電池が要望され実用化されてきている。

　二次電池としては、昔から長らく利用されている鉛蓄電池は別にしても、1960年代からのニッカド電池、1993年頃からのニッケル水素電池、の利用に加え、1990年代における携帯型エレクトロニクス機器の多機能化に伴い、1990年代中頃以降はリチウムイオン二次電池が急速にその利用を伸ばしてきている。

　リチウムは、その電極電位(25℃で－3.04V)や比重（0.534）からして、高電圧で高エネルギー密度の電池の負極材料としての期待がされていたものである。
　1970年代以降、このようなリチウムの特性を利用しリチウム金属を負極にした金属リチウム一次電池が実用化された。

　金属リチウム二次電池については、1980年代末頃から二次電池化の要請に応えてその実用化が図られた。金属リチウム二次電池は、負極に金属リチウムを用い、二酸化マンガンのような酸化物を正極活物質として用い、金属リチウム一次電池におけると同様の非水電解液を用いたものであり、電池電圧が高い、エネルギー密度が高い、自己放電が小さく保存性がよい、との長所が期待されて、円筒形の家庭用電池として使用された。
　しかしながら、金属リチウム二次電池において、金属リチウムやリチウム合金が負極に用いられていると、金属リチウムが繰り返し充放電されるとき、放電で溶解したリチウムが充電によって析出する際に金属リチウムの樹枝状の結晶（デンドライト）が生じてサイクル特性が劣化し、セパレータが短絡されてしまうといった安全性の問題が生じた。
　そのため、金属リチウム二次電池は、その後に実用化されたリチウムイオン二次電池にとって代わられることになったが、その高エネルギー密度の点から、負極をAlなどとの合金としたり、固体電解質を用いたり、ポリマー活物質を用いるなどの開発がさらに続けられており、次世代の二次電池の一つと

して注目されている。

　リチウムイオン二次電池については、１９９０年代当初から金属リチウム二次電池の安全性の問題を解決するものとして開発されてきた。リチウムイオン二次電池は、正極にコバルト酸リチウムやニッケル酸リチウムなどのリチウム化合物を用い、負極に黒鉛などの炭素材料を用い、非水電解液を用いたもので、リチウムイオンが正負両極間を移動して充放電が行われる。このリチウムイオン二次電池は、高エネルギー密度で、充放電のライフサイクルが長く、長寿命、浅い放電状態での充放電の繰り返しによる容量低下のメモリ効果がない、高電圧である、完全密封型で耐漏液性に優れ保守が容易である、といった利点を備えているため、１９９５年頃よりその生産を急速に伸ばしてきている。

　リチウムイオン二次電池の正極活物質には主にＬｉＣｏＯ₂が使用されてきているが、コバルトはコストが高いので、より安価な材料の開発が進められ、無機材料以外の導電性高分子等の研究もされている。
　リチウムイオン二次電池の負極には、放電電位、重量・体積エネルギー密度の関係から、黒鉛や無定形炭素などの炭素材料が使用されてきている。
　リチウムイオン二次電池に用いられる電解液は、有機溶媒を主体とする非水電解液である。溶媒としては、リチウム塩を溶解してイオン伝導性を与えリチウムと化学反応をしないエーテル系やエステル系の有機溶媒が用いられる。サイクル寿命、充放電効率、貯蔵性、安全性などの点から、正極活物質、負極活物質、電解質塩との種々の組み合わせについての提案がされている。
　リチウムイオン源となる電解質としては、ＬｉＣＦ₃ＳＯ₃（トリフルオロメタンスルホン酸リチウム）やＬｉＰＦ₆（六フッ化リン酸リチウム、リチウムヘキサフルオロホスフェート）が主に採用されているが、耐熱性や耐漏液性や安全性を考慮した開発がなされ、また固体電解質の実用化も期待されている。
　要素構造の主要なものであるセパレータは、正極と負極を分離して両極の接触による短絡を防ぐものであるが、電解質を保持して高いイオン導電性を保つ働きも担う微細孔膜である。短絡などの場合には無孔性に変性して安全上の重要な機能も果たすことになる。リチウムイオン二次電池では、非水系非水電解液を用いているので、耐有機溶媒性があって薄膜化が可能なポリオレフィンシートが多く採用されている。

　次に、リチウムポリマー二次電池については、この報告書では、正極活物質、負極活物質、電解質のいずれかにポリマー材料が使用されるリチウム二次電池を総称している。ポリマー正極活物質やポリマー負極活物質を用いて液体電解質を用いたリチウム金属二次電池やリチウムイオン二次電池もここではリチウムポリマー二次電池に含ませている。
　ポリマー固体電解質を用いたリチウムポリマー二次電池によれば、リチウムイオン二次電池における電解液の代わりに固体電解質のポリマーを使用することにより、電池の外装材を含めた薄型化・軽量化を図ることができる。このようなポリマー固体電解質を用いたリチウムポリマー二次電池は、リチウムイオン二次電池における金属外装缶が不要になるので厚さをさらに薄くより軽くでき、その薄型・軽量が活かせる携帯電話機等に搭載されることが期待されるものである。

ポリマー固体電解質を用いるリチウムポリマー二次電池では、ポリマー固体電解質を使用するがゆえにリチウムイオンの移動をし易くさせることが課題であり、液体電解質を用いるリチウムイオン二次電池なみの放電特性を目指すことが課題とされている。

　現状では、リチウム二次電池としては、液体電解質を用いたリチウムイオン二次電池が最も利用されてきているが、薄型化・軽量化の追求の続く携帯電話機など携帯機器の分野では、さらに1mmの薄さとさらに1gの軽さの要求に応える努力が続けられている。

　リチウムを用いた二次電池にあっては、ポリマー固体電解質を使用するリチウムポリマー二次電池の開発や、ポリマー材を正極材料や負極材料に用いたリチウムイオン二次電池およびリチウム金属二次電池の開発が続けられている。

　エネルギー密度向上への要請も高まっていることから、次世代の二次電池の一つとして、デンドライトを抑制して安全性や信頼性を確保できるようにした、リチウム金属を負極としたリチウム金属二次電池の発展が期待されている。

　さらに、電力貯蔵や電気自動車に利用するためには、大容量化・高出力化・長寿命化・低コスト化等についての開発が必要とされている。

【調査報告の概要】
　本調査においては、リチウム二次電池について、【リチウム金属二次電池】、【リチウムイオン二次電池】、【リチウムポリマー二次電池】の三つの技術ブロックに大きく分けて調査をしている。

　【リチウム金属二次電池】は、リチウム金属を負極とする非水電解液を用いた二次電池であって、正極｜非水電解液｜リチウム金属負極の構成となる。

　リチウム金属二次電池に関しては、正極材料、正極構造・製造方法、負極材料、負極構造・製造方法、電解液、電解質塩、その他の要素材料／要素構造・製造方法の技術について展開している。正極材料については、さらに、酸化物系、カルコゲン（除酸化物）系、酸化物・カルコゲン複合系、その他の正極材料に分けて展開している。

　この調査報告では、まず、正極に関し、正極材料（酸化物系）では、マンガン系、バナジウム系、モリブデン系、その他の酸化物についてまとめているが、マンガン系のものが主体となっている。正極材料（カルコゲン（除酸化物）系）では、サルファイド（硫化物）系、テルライド・セレナイド系についてまとめ、正極材料（酸化物・カルコゲン複合系）では、酸化物系とカルコゲン系の複合されたものをまとめ、その他の正極材料では、導電性高分子系、ハロゲン化物・二酸化イオウ系をまとめている。ポリマーについては、リチウムポリマー二次電池のところでもポリマー関連としてまとめている。正極構造・製造方法では、混練型、焼結型、薄膜型についてまとめている。

　ついで、負極に関し、負極材料では、リチウム金属、リチウム合金、結晶構造、負極添加剤について

まとめ、負極構造・製造方法では、円筒形・扁平形に共通した負極の構成、表面処理、集電体、製造方法に関するものと扁平形独特のものとに分けてまとめている。

また、電解液の関連では、電解液で、材料の観点から、テトラヒドロフラン系、カーボネート系、ブチロラクトン系、ジメトキシエタン系、ジオキソラン系、スルホラン系、その他溶媒・添加剤についてまとめ、電解質塩で、無機金属塩類、有機金属塩類、その他添加剤についてまとめている。

さらに、その他の要素材料／要素構造・製造方法では、セパレータ、導電性部材、電極群に関するもの、電極群以外のもの、についてまとめている。

【リチウムイオン二次電池】は、リチウムイオンを吸蔵・放出できる炭素材料を負極に用い、コバルト酸化物やニッケル酸化物を正極に用いた二次電池であって、コバルト酸化物等の正極｜非水電解液｜炭素材料負極の構成となる。

リチウムイオン二次電池に関しては、正極材料、正極添加剤（結着剤含む）、正極構造・製造方法、負極材料、負極添加剤、負極構造・製造方法、電解液、電解質塩、その他の要素材料／要素構造・製造方法の技術について展開している。正極材料については、コバルト酸化物・ニッケル酸化物、マンガン酸化物、その他の正極材料にさらに展開しており、負極材料については、黒鉛、無定形炭素、その他の負極材料にさらに展開している。

この調査報告では、まず、正極に関し、正極材料（コバルト酸化物・ニッケル酸化物）では、コバルト酸化物、ニッケル酸化物、コバルト・ニッケル複合酸化物、コバルトまたはニッケルと他の遷移金属との複合酸化物、複合酸化物同士の混合についてまとめている。正極材料（マンガン酸化物）では、二酸化マンガン系、二酸化マンガン・Li_2MnO_3系、$LiMn_2O_4$系、$LiMnO_2$系、その他のマンガン系複合酸化物についてまとめている。その他の正極材料では、バナジウム系化合物、鉄系化合物、その他（セレン、チタン、モリブデン、クロム、ニオブ等）化合物についてまとめている。（なお、導電性高分子等の有機化合物、ポリアセンについては、リチウムポリマー二次電池においてまとめている。）正極添加剤では、導電剤と結着剤とをまとめ、正極構造・製造方法では、渦巻き状電極に関するものや電極材料への塗布・充填方法に関するものをまとめている。

ついで、負極に関して、負極材料（黒鉛）では、原料、形状、物性値についてまとめ、負極材料（無定形炭素）では、原料・焼成条件についてまとめ、その他の負極材料では、金属酸化物、金属硫化物などについてまとめ、負極添加剤では、結着剤・分散剤、金属添加剤、その他の添加剤、表面処理についてまとめ、負極構造・製造方法では、集電体、形成方法、構造・組立方法、リチウムのプレドーピングについてまとめている。

また、電解液に関連しては、電解液でテトラヒドロフラン系、エチレンカーボネート（炭酸エチレン）系、プロピレンカーボネート（炭酸プロピレン）系、ジオキソラン系、ブチロラクトン系、その他の溶媒についてまとめ、電解質塩で、$LiCF_3SO_3$、$LiPF_6$、$LiAsF_6$（六フッ化ヒ素リチウム）、その他の塩、製造方法についてまとめている。

さらに、その他の要素材料／要素構造・製造方法では、セパレータ、構成部材、電極構造、製造方法、についての調査結果をまとめている。

【リチウムポリマー二次電池】に関しては、この報告書では、正極活物質、負極活物質、電解液のいずれかにポリマー材料が使用されるリチウム二次電池をリチウムポリマー二次電池と総称して扱っている。

電解質にポリマー固体電解質を用いたものに加えて、ポリマー正極活物質に関するもの、ポリマー負極活物質に関するもの、ポリマー正極またはポリマー負極の性能を向上させる電解液等に関するもの等、リチウム二次電池におけるポリマー関連の技術をまとめている。

すなわち、この報告書では、正極｜ポリマー固体電解質｜負極の構成のものに加えて、正極｜非水電解液｜負極の構成であって正極または負極にポリマーを使用したものなどもこのリチウムポリマー二次電池に含んでいる。

リチウムポリマー二次電池においては、リチウム金属二次電池やリチウムイオン二次電池で用いられる技術が多く共通して利用されていることがみられる。

リチウムポリマー二次電池に関して、この調査報告においては、正極材料、正極構造・製造方法、負極材料、負極構造・製造方法、固体電解質（ゲル含む）、その他の電解質、その他の要素材料／要素構造・製造方法の技術について展開している。

この調査報告では、まず、正極に関し、正極材料では、リチウムポリマー二次電池正極材料に特徴的な導電性高分子材料として、ポリアセン系、ポリアセチレン系、ポリアニリン系、ポリピロール系、スルフィド系、その他の高分子材料についてまとめ、また、導電性高分子同士の複合材料、導電性高分子と無機化合物の複合材料についてまとめており、正極構造・製造方法では、集電体構成、電極構成、粉体活物質正極の製造方法、電解重合、その他の重合、電極処理についてまとめている。

次いで、負極に関し、負極材料では、ポリアセン系、ポリアセチレン系、ポリアニリン系とともに、炭素系、Ｌｉ合金系、その他の材料についてまとめ、負極構造・製造方法では、高分子層を電極表面に設ける技術や導電性高分子の形成に係る技術を含む技術についてまとめている。

また、電解質に関し、固体電解質（ゲル含む）では、ポリマー中に電解質塩が溶解されている真性ポリマー固体電解質とポリマー中に電解液が保持されているゲルポリマー固体電解質についてまとめている。その他の電解質では、固体電解質以外の主として非水電解液であって、ポリマー正極材料またはポリマー負極材料の性能を向上させる電解液についてまとめている。

さらに、その他の要素材料／要素構造・製造方法では、極板群関連の技術等をまとめている。

3-（2）技術ブロックの特徴

【リチウム金属二次電池】

1．技術の全般的な内容

【リチウム金属二次電池】は、リチウム金属を負極とする非水電解液を使用した二次電池である。この電池は、（1）電池電圧が高い、（2）エネルギー密度が高い、（3）自己放電（容量が時間の経過と共に小さくなる現象）が小さく長期保存特性が優れているという長所を有している反面、（4）負極にリチウム金属のデンドライトが発生しやすく、安全性とサイクル特性に若干の問題点を有している。（4）の問題を解決するため、①負極をアルミニウム等との合金として使用する、②電解液を固体電解質にする（円筒形電池）、③低電力で使用する、④扁平形等のような小型電池として使用する等の工夫がなされている。

電池構成は、正極／非水電解液／リチウム金属負極、である。正極および負極での反応は、$yLi^+ + ye^- + Li_x(ホスト) \Leftrightarrow Li_{x+y}(ホスト)$［正極上］、$yLi \Leftrightarrow yLi^+ + ye^-$［リチウム金属負極上］で表され、全電池反応としては、$yLi + Li_x(ホスト) \Leftrightarrow Li_{x+y}(ホスト)$で表される。

この電池は、一時、円筒形の電池として家庭用途向けに使用されたが、安全上の問題のためにリチウムイオン電池に置き換えられた。現在、この電池は、腕時計や携帯電話等のバックアップ電源のように、扁平形電池を低電力で使用する用途に使用されている。

2．技術テーマの特徴、技術動向および実例

（1）酸化物系正極活物質

酸化物系正極活物質には、層間にリチウムイオンが出入りできる層間化合物、トンネルにリチウムイオンが出入りできるトンネル化合物やスピネル化合物のようにリチウムイオンの伝導パスが存在する材料が使用され、マンガン系、バナジウム系、モリブデン系およびその他の酸化物系に分類される。マンガン系には主にトンネル化合物のMnO_2が使用される。マンガン系は、安価で、電圧も高く、エネルギー密度も高いので、現在市販されているリチウム金属二次電池用正極活物質のほとんどはマンガン系酸化物である。バナジウム系は、トンネル化合物のV_6O_{13}、V_2O_5が使用されるが、マンガン系に比べると、電圧、エネルギー密度はやや低い。モリブデン系には層間化合物のMoO_2、MoO_3があるが、電圧が低く使用例は少ない。また、これらの酸化物は、他の酸化物との複合酸化物およびLiドープ酸化物としても使用される。その他の酸化物系としては、層間化合物の$LiCoO_2$のようにリチウムイオン二次電池に使用されるLiドープ酸化物がある。

（2）カルコゲン系正極活物質

カルコゲン系正極活物質には、層間化合物のTiS_2やMoS_2等のサルファイド系、

MnTe₂やNbSe₃等のテルライド・セレナイド系がある。カルコゲン系は、酸化物系に比べると、電池電圧が低く、エネルギー密度も低いが、2V級の電圧を必要とする用途に使用される。

(3) その他の正極活物質

その他の正極活物質には、①負イオン（アニオン）をドープした導電性高分子の酸化還元を利用したもの、②SO₂にベースのLiAlCl₄などの無機電解液を使用し、CoCl₂等を正極として、Coの酸化・還元反応させるものがある、これらは何れも約3Vの電圧を示す。非常に特殊な物としては、③活性炭表面での電解質の吸着・脱着を利用するものがある。③については二次電池ではなく、キャパシタに分類される。

(4) 正極の製造方法

正極の製造法には、①正極材料、カーボン等の導電材料、ポリフッ化エチレン等の樹脂と溶媒を混練し、これを塗布、プレス（圧延）成形、集電体に充填する等の方法で正極を製造する方法、②正極材料、カーボン等の導電材料を焼結して正極を製造する方法、③集電体上に、蒸着法・スパッタ法で正極材料を形成する方法や、導電性高分子を集電体上で重合させて正極材料を形成する方法等がある。

(5) 負極材料

負極材料は主要構成要素の一つである負極の材料に係わる技術であり、リチウム金属とリチウム合金とに大別される。リチウム金属単体を使用する技術は、理論容量が高く優れているため以前より研究開発されてきたが、充放電を繰り返すことにより、リチウムの樹枝状析出が発生成長し、短絡することによりサイクル特性が劣化する等の欠点があった。その解決策の一つとしてリチウム合金技術が検討され、その技術は二元合金、三元合金・それ以上、またその合金化方法等に多くの文献がみられる。さらに、負極材料に結着剤、導電性粉末等を添加する負極添加剤に関する技術もみられる。

(6) 負極構造・製造方法

負極構造・製造方法は主要構成要素の一つである負極に関する構造と製造方法に係わる技術であり、電池の形状により、大きくは円筒形と扁平形に区分される。しかし、一般的には共通に係わる技術が多く、それらに対して、リチウム板と負極集電体との構成、混合物組成、負極集電体とリード片との組み合わせ等よりなる負極構成・組み合わせの技術と、負極の表面を処理して電池の保存特性、サイクル特性を高める負極表面処理・加工の技術と、負極の集電機能を高める負極集電体の技術と、負極全般に係わる負極の製造方法の技術等に多くの文献がみられる。また、扁平形電池の特有技術があり、それに対する負極の構成およびその製造方法の技術も多く提案されている。

(7) 電解液

　リチウム金属二次電池に用いられる電解液溶媒は、そのほとんどがリチウム金属一次電池系からの応用であり、特に二次電池として必要なサイクル性を保持させるために、種々改良が加えられている。リチウム金属二次電池用としては、テトラヒドロフラン系、カーボネート系、ブチロラクトン系、ジメトキシエタン系、ジオキソラン系、スルホラン系等が出願されており、数種の溶媒の混合系としたり、主幹構造にアルキル基やアセチル基、またケトン基等を導入したもの等が多い。また、アミン系やアミド系の化合物等を添加剤として微量含むもの等がある。

(8) 電解質塩

　電解質塩はリチウム金属一次電池系に用いられているものとほぼ同様である。主に、過塩素酸塩に代表される無機金属塩類と、アルキル基やアリール基を含む有機金属塩類等が、電解液溶媒や正極活物質・負極活物質との組み合わせとして出願されている。また、添加剤として主電解質塩以外に微量添加するものも多く出願されている。これらのほとんどは、サイクル性向上を目的としたものである。

(9) その他の要素材料／要素構造・製造方法

　電極以外の要素材料として、セパレータに関するものと、その他の導電部材に関するものが出願されている。セパレータは多孔性樹脂フイルムのものが多く、サイクル性および安全性を加味して選択・改良がなされており、その他の導電部材は、電極集電体や電極端子を兼ねる部材等に関し、主に耐食性を加味したものが出願されている。

　構造・製造方法については、帯状とした正／負極およびセパレータの電極群構成に関するものが多く出願されている。主に、サイクル性および安全性を加味したものである。

【リチウムイオン二次電池】

1. 技術の全般的な内容

　【リチウムイオン二次電池】は、リチウムイオンが正負両極間を移動して充放電が行われる二次電池である。(1) 高エネルギー密度、(2) 充放電のライフサイクルが長く、長寿命、(3) 浅い放電状態での充放電の繰り返しによる容量低下のメモリ効果がない、(4) 高電圧である、(5) 完全密封型で耐漏液性に優れ保守が容易であるという長所を有しているため、短期間で代表的な二次電池として地位を築いており、携帯電話機、ノートパソコンその他のモバイル情報通信機器、マルチメディア電源として定着している。出願件数の伸びも大きく、電極、電解液、セパレータなどの素材技術と電池構成技術の研究開発が多く行われている。

2. 技術テーマの特徴、技術動向および実例

(1) 正極材料（コバルト／ニッケル酸化物）

正極材料は電池の電圧、電池容量、サイクル特性を決定する重要な役割を負極材料とともに担っている。コバルト／ニッケル酸化物は、対リチウムに対し約４Ｖの高電位を示す高エネルギー密度の正極材料であり、特にコバルト酸リチウム（ＬｉＣｏＯ₂）は現在市販されているリチウムイオン二次電池の正極材料の主流である。文献は、リチウムイオンを含有する、コバルト酸化物、ニッケル酸化物、コバルト・ニッケル複合酸化物、ニッケルまたはコバルトと他の遷移金属との複合酸化物、複合酸化物どうしの混合による正極材に分類される。これらに共通して、均一な材料を作るための合成方法に関するもの、結晶構造改質を目的とし、他元素添加による複合系、粒子の表面改質により表面積や粒径等の物性を規定したものがある。

（２）正極材料（マンガン酸化物）

出願がコバルト系からニッケル系そしてマンガン系へと移行している。マンガン系へ移行の理由は、合成コストも含めた材料コストがコバルト系、ニッケル系に比較して、安価であることと、多くの技術課題があることで研究が盛んに行われていることも、出願数増加の大きな理由であろう。マンガン系開発の流れは、主にリチウム金属二次電池用としてスタートし、一次電池用として使用されている電解二酸化マンガンや化学合成二酸化マンガンの結晶構造改質から始まり、その後ＭｎＯ₂にリチウム塩（例えばＬｉＯＨ）を添加し、350~400℃で加熱処理し得られるＬｉ₂ＭｎＯ₃含有二酸化マンガンが開発された。近年はスピネル構造のリチウムマンガン酸化物であるＬｉＭｎ₂Ｏ₄の合成方法の開発、他元素添加による多元素系（複合化）特にコバルト、ニッケル添加の文献が多い。Ｌｉ$_x$Ｍｎ₂Ｏ₄はリチウム組成が０＜ｘ＜１の４Ｖ領域と１＜ｘ＜２の３Ｖ領域がある。

（３）その他の正極材料

その他の正極材料を遷移金属系で分類すると、バナジウム系、鉄系、セレン系、チタン系、モリブテン系、クロム系、ニオブ系の酸化物、硫化物等がある。中でもバナジウム酸化物はその酸化数の多様性から五酸化バナジウム（結晶、非晶質（アモルファス））を中心に、複合バナジウム酸化物であるＬｉＶ₃Ｏ₈等が検討されている。また、正極に五酸化バナジウム、負極にＬｉＴｉＯ₂、ＬｉＴｉＳ₂、ＬｉＮｂ₂Ｏ₅を用いた組合せでリチウムイオン二次電池系で検討されている。鉄系では、混合アルカリ水熱法により合成した層状構造の酸化物ＬｉＦｅＯ₂がある。

（４）正極添加剤（結着剤含む）

正極添加剤は導電剤と結着剤に大別される。導電剤は炭素質材料である弾性黒鉛、炭素繊維、無定形炭素、ナノカーボンチューブであり電子伝導性の向上のみでなく、繊維状の炭素質材料は結着剤の働きを補助する物性を有している。結着剤には非水系電池で通常使用されているフッ素系高分子を中心に正極合剤である活物質、導電剤、結着剤の混合と塗工方法に工夫が見られるが活物質材料を限定しているケースもある。

（5）正極構造・製造方法

　　正極の構造では、螺旋状電極での高率放電特性、サイクル特性向上、安全性向上のため、製造プロセスを含めた電極構成で工夫が見られる。電極材料への塗布・充填方法では、高密度充填と秤量バラツキの低減、つまり均一塗布や充填のための工夫が多く見られる。正極活物質または正極合剤の形成方法では、活物質のみを電極材料に形成させる技術もあり、スパッタリング等の薄膜化や超微粒子の吹き付けによる活物質層形成技術等がある。

（6）負極材料（黒鉛）

　　金属リチウム負極は、エネルギー密度は極めて高いものの、充放電の繰り返しに伴って生じるリチウムデンドライトの問題の解決が困難であった。リチウム合金は、充放電の繰り返しに伴って微細化し、脱落するといった問題があった。そこで、リチウムイオンを吸蔵・放出できる炭素材料を負極に用いる研究が活発に行われるようになり、安全性と高いサイクル寿命が得られるようになった。活物質はリチウムイオンであり、炭素材料はリチウムイオンを吸蔵・放出するホストとして機能する。炭素材料には、黒鉛と無定形炭素がある。

　　黒鉛には、天然黒鉛と人造黒鉛があり、人造黒鉛は、易黒鉛化材料を2000℃以上で焼成することによって得られる。エックス線回折図上はシャープなピークが観察され、c軸方向の結晶子の大きさ（Ｌｃ）が20nm以上に成長していることが、無定形炭素との違いとして特徴付けられる。この分野の出願は、焼成前の原料に特徴を持たせたもの、黒鉛粉末や黒鉛繊維の形状に特徴を持たせたもの、結晶構造等の物性値を規定したものがある。

（7）負極材料（無定形炭素）

　　前述の黒鉛に対し、無定形炭素は「非黒鉛」とも呼ばれる。フェノール樹脂、ポリアクリロニトリル、ピッチ酸素架橋品等の、原料を2000℃以上で焼成しても黒鉛化しない難黒鉛化炭素（ハードカーボン）を焼成したものが主である。コークス等の、易黒鉛化炭素（ソフトカーボン）を原料としていても、溶媒との副反応を避ける等の目的で、1500℃以下の温度で焼成して非黒鉛としたものもある。エックス線回折図上では、ブロードなピークが観察され、c軸方向の結晶子の大きさ（Ｌｃ）が0.8～2nmと未発達であることが、黒鉛との違いとして特徴付けられる。焼成前の原料や焼成条件に関するものや、物性値を規定したものがある。

（8）その他の負極材料

　　リチウムイオン電池は、その定義上、正極・負極いずれにおいても活物質であるリチウムイオンがインターカレーションまたはインサーション反応によって作動することから、炭素質材料以外のリチウムイオン電池用負極としては、構造や反応メカニズムが正極材料と同様または類似のものが多い。金属酸化物や金属硫化物等がこれにあたる。しかし、炭素材料に比べると作動電位が高いことから、活発な出願傾向はみられない。

　　なお、電極反応機構が異なる、共役二重結合を有する導電性高分子を負極に用いるものについ

ては「リチウムポリマー二次電池」の技術ブロックで、Ａｌ、Ｐｂ等の金属合金類については「リチウム金属二次電池」の技術ブロックでそれぞれ取り上げた。金属粉等を炭素材料と混合したものについては、本技術ブロックの「負極添加剤」の中で一部触れた。

（９）負極添加剤（結着剤含む）

　電極に添加されるもののうち、電気化学反応に寄与しないものをまとめた。

　炭素材料や活物質材料の粉体粒子を電極形状に成形し、使用中の脱落を防ぐ目的で、粒子同士をつなぎ止める役割をする結着剤や、粉体の各粒子が良好に電解液と接触するよう、電極形成前に粒子同士の寄り集まりをほぐす役割をする分散剤等が添加される。結着剤が分散剤の役割を兼ね備えることが多い。

　また、粒子同士の電子伝導を補助する役割をする導電剤や、主に電解液との副反応を防止する目的で種々の添加剤が加えられることもある。

　他に、電解液との濡れ性の向上や、副反応の防止等の目的で施される表面処理についても本テーマの中で触れた。

（１０）負極構造・製造方法

　炭素材料の結晶構造のような微視的構造については「負極材料」のテーマの中で触れることとし、ここでは電池部品としての負極電極の構造や製造方法に関するものを挙げる。集電体の形状や材質に特徴を持たせたもの、電極の形成または成型方法に特徴を持たせたもの、部品の部分構造や組み立て方法に関するもの、活物質であるリチウムイオンをあらかじめ負極材料へドープ（吸蔵）する方法に関するものがある。

　集電体に関する出願は、総じて、電極から電流を効率よく取り出すために、形状や材質に工夫を凝らしている。集電体表面に導電性プライマー処理を施すことに関する出願は、本技術ブロックに特徴的なものと思われる。また、リチウムイオンの不足を補うための工夫を負極に施したものがみられることも特徴的である。

（１１）電解液

　リチウムイオン二次電池の電解液は、正極活物質、負極活物質および電解質塩等との組み合わせとして提案されたものが多い。リチウム一次電池系の電解液として使用されている溶媒が多く、テトラヒドロフラン、ジオキソラン等のエーテル系化合物およびエチレンカーボネート、プロピレンカーボネート、ブチロラクトン等のエステル系化合物である。リチウム一次電池系と同じように、これら溶媒の数種を混合したものが提案されている。また、これら以外にリチウムイオン二次電池に特有の電解液の提案もある。物理化学的性質（ドナー数、粘度、比誘電率等）を限定した電解液の文献もある。電池のサイクル寿命、充放電効率、安全性、電池容量および貯蔵性能等の向上に関するものが多い。

(12) 電解質塩

電解質塩に関する技術も、電解液と同様に正極活物質、負極活物質および電解液等との組み合わせとして提案されたものが多い。リチウム一次電池の電解質塩として使用されている$LiCF_3SO_3$、$LiPF_6$、$LiAsF_6$等である。これらの電解質塩について製造方法の文献もある。また、これら以外の電解質塩テトラアルキルアンモニウム塩、有機金属的アルカリ金属塩等の文献も見られる。電池のサイクル寿命、安全性および貯蔵性能等の向上を目的にしたものが多い。

(13) その他の要素材料／要素構造・製造方法

その他の要素材料については、セパレータに関するものと、電池構成部材に関するものが多く提案されている。セパレータは多孔性樹脂フイルムの材質、構成、処理等に関するもの、電池構成部材は、缶、集電体等の材質、形状等の改良に関するものである。電極構造は、極板群の巻回体構造および正極と負極の構造等に関するものである。電極製造方法は、正極、負極、セパレータを螺旋状に巻回する製造方法についての提案である。その他の製造方法は、電解液の注液方法、リードの溶接方法、合剤ペースト（混練物）塗布方法等についての提案である。

【リチウムポリマー二次電池】

1. 技術の全般的な内容

【リチウムポリマー二次電池】は、正極活物質、負極活物質、電解質のいずれかにポリマー材料が用いられていることを特徴とするリチウム二次電池を総称し、この中にはリチウム金属二次電池やリチウムイオン二次電池も含まれる。したがって、リチウム金属二次電池やリチウムイオン二次電池で用いられる技術の多くがそのままリチウムポリマー二次電池においても共通に利用されることになる。

ここでは、ポリマー活物質やポリマー固体電解質といったポリマーに直接関係する発明、ポリマーに直接関係はしないがリチウムポリマー二次電池に特有である発明を対象とし、「正極材料」、「正極構造・製造方法」、「負極材料」、「負極構造・製造方法」、正・負極間での電気化学的な起電反応に際して、電子を伝導せずにイオンを移動させる固体状のイオン伝導体である「固体電解質」、ポリマー正極材料やポリマー負極材料の性能を向上させる機能を有する電解液等、固体電解質以外の電解質であってリチウムポリマー二次電池に特有の電解質である「その他の電解質」、上記以外の材料であってリチウムポリマー二次電池に特有の材料や、リチウムポリマー二次電池に特有の電池構造や製造方法である「その他の要素材料、要素構造・製造方法」が含まれる。

2. 技術テーマの特徴、技術動向および実例

(1) 正極材料

近年、生産販売されているリチウムポリマー二次電池は、電解質に高分子固体電解質、あるい

はゲル電解質が用いられたリチウム二次電池である。一方、特許公報をみると、導電性高分子を電極に用いたものがポリマー二次電池として、多く出願されている。リチウムポリマー二次電池を正確に定義することは難しいが、以下、「電極活物質、電解質の少なくとも一つが高分子材料であるリチウム二次電池」をリチウムポリマー二次電池として記述する。

　リチウムポリマー二次電池の正極材料に関する技術は、遷移金属の酸化物、カルコゲン化合物に代表される無機材料と、導電性高分子、導電性高分子ではない有機化合物（以下、「有機化合物」という）からなる有機材料に大別できる。導電性高分子系正極材料は、ポリアセン骨格を有するもの、主鎖に共役二重結合を有するポリアセチレン系、ポリアニリン系、ポリピロール系のもの、構造内にS－S結合を有するスルフィド系、その他に分類できる。また、夫々の材料は単一材料として用いられる場合と、種々の材料を組み合わせた、複合材料として用いられる場合に分類できる。

（2）正極構造・製造方法

　正極構造・製造方法に関する技術は、主として正極の構成、正極の製造方法、得られた正極の処理に分類できる。正極の構成は、集電体構成に関するものと、例えば、電極材料（特に活物質）と電解質を混合あるいは複合化させて用いる場合のように、集電体を除く材料構成（以下「電極構成」という）に分類することができ、製造方法は、充填、塗工を中心とした粉体活物質正極の製造方法に関するものと、集電体への直接重合を中心とした導電性高分子正極の製造方法に関する方法に分類される。さらに、該導電性高分子正極の製造方法は電解重合により合成する技術と、その他の重合技術に分類される。正極の処理には、前述の製造方法で得られた電極の特性向上を目的として行う、加工処理、化学処理等の二次的な加工処理がある。

（3）負極材料

　負極材料に関する技術は、負極に用いられる材料により分類される。何れの材料においても電池容量の向上、内部抵抗の低下、高エネルギー密度、電気伝導度の改善、電池特性の向上等を目的としており、主としてポリアセン系骨格構造を有する不溶不融性からなるポリアセン系に関するもの、主鎖に共役二重結合を有するアセチレン重合体からなるポリアセチレン系に関するもの、アニリン系化合物の重合体であるポリアニリン系に関するもの、また、上記導電性高分子等と炭素との混合からなる炭素系に関するもの、さらに、上記導電性高分子等とＬｉ合金との混合からなるＬｉ合金系に関するもの、その他の材料に分類される。その他の材料では、ピロール系化合物からなるもの、フェニレン系化合物からなるもの、チオフェン系化合物からなるものを含む。

（4）負極構造・製造方法

　負極構造・製造方法に関する技術は、主として負極の構造と負極の製法に分類される。そして、負極の構造に関しては、電極表面に高分子層を設けるもの等のように電極の構成において特徴のあるものと、導電性高分子を形成する基材に特徴のあるものとに分類することができる。製法に

関しては、導電性高分子を重合により製造するものと、ポリマー電極の性能向上のために電極を処理する製法とに分類される。さらに重合方法は、特に電解重合の製法に特徴があるものと、その他の方法により重合するものとに分類される。

（5）固体電解質（ゲル含む）

固体電解質には、LiI、LiLaTiO$_3$等の無機系固体電解質とポリマー固体電解質とがあるが、ここではポリマー固体電解質について取り上げる。ポリマー固体電解質には非水電解液に比べて、漏液の問題がない、柔軟性を有する、難燃性等を有し安全性が高い、セパレータを省ける、金属リチウムの利用を可能にする等様々な利点があるが、一方で非水電解液に比べてイオン伝導性が悪く、特に低温でのイオン伝導率が小さいという問題がある。このため、これまでの大部分の発明は、イオン伝導性の向上を目的としている。

ポリマー固体電解質は、いわゆる真性ポリマー固体電解質とゲルポリマー固体電解質とに大別される。真性ポリマー固体電解質は、ポリマー中に電解質塩が溶解されてなるものであるが、ポリマーの構造に特徴を有するもの、溶解される電解質塩やポリマーと電解質塩との組み合わせ等に特徴を有するもの、膜としての強度を確保するための骨格等を有することに特徴を有するもの、製造方法に特徴を有するものに分類される。ゲルポリマー固体電解質は、ポリマー中に電解液が保持されてなるゲルであって、ポリマーの構造に特徴を有するもの、保持される電解液やこれとの組み合わせ等に特徴を有するもの、製造方法に特徴を有するものに分類される。

（6）その他の電解質

ここでは、固体電解質以外の電解質であって、ポリマー正極材料やポリマー負極材料の性能を向上させることを目的とする電解液といったような、リチウムポリマー二次電池に用いることで特にその効果を発揮するような電解質のみを取り上げる。

このような電解質はほぼすべてが非水電解液であったため、有機溶媒の種類や混合組成といったような電解質溶媒に特徴を有するもの、有機溶媒に溶解される電解質塩や有機溶媒と電解質塩との組み合わせ等に特徴を有するもの、非水電解液中に加えられる添加剤その他に特徴を有するものに分類される。

（7）その他の要素材料／要素構造・製造方法

ここでは、リチウムポリマー二次電池を構成する要素材料の内、正極、負極、電解質以外の材料であってリチウムポリマー二次電池に特有のものである要素材料と、正極、負極、電解質以外の部分の構造、複数の要素材料の組み合わせやその構造、電池全体の構造であって、リチウムポリマー二次電池に特有のものである要素構造、これらの構造に関する製造方法について取り上げる。

要素構造は、極板群の構造に特徴を有するもの、極板群を構成する材料に特徴を有するもの、集電構造や容器構造等に特徴を有するものに分類され、製造方法は、極板群の製造方法に特徴を

有するもの、集電部作製や封入等の際の製造方法に特徴を有するものに分類される。

3-（3）技術テーマの特徴、技術動向および実例

【リチウム金属二次電池】

［酸化物系正極活物質］

1．技術テーマの構造

（ツリー図）

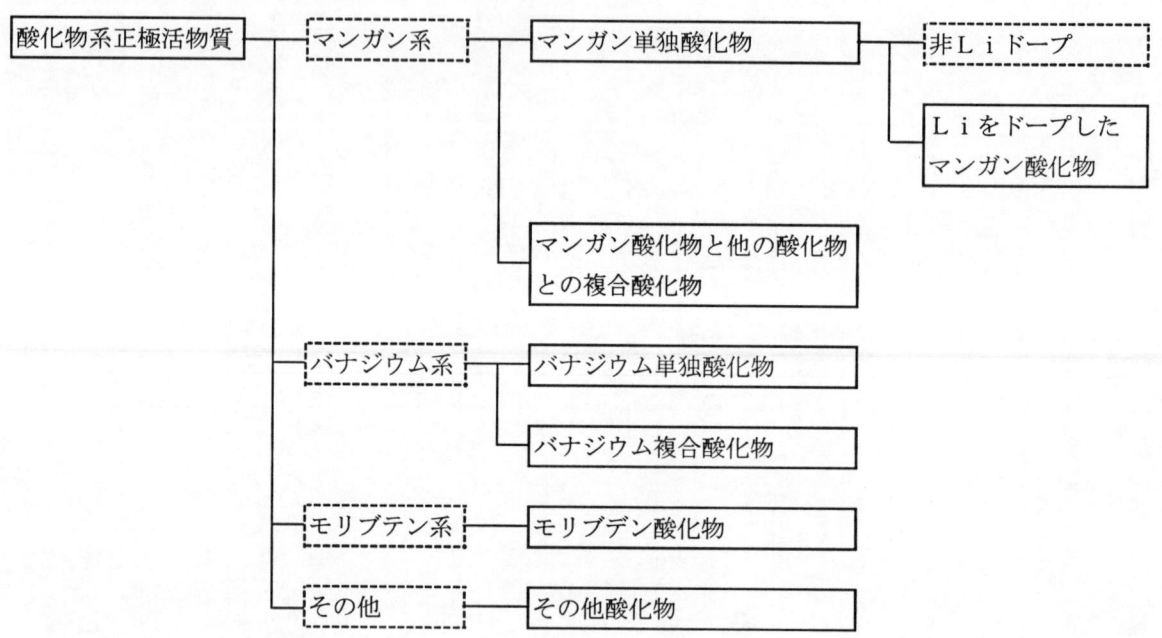

2．各技術事項について
（1）マンガン単独酸化物
① 技術事項の特徴点

　　マンガン酸化物はリチウム一次電池から使用が始まったので、リチウム二次電池用に使用できるものもリチウム二次電池の記載のないものが多い。リチウム二次電池の記載のないものでも、明らかに二次電池用正極活物質に使用できるものは二次電池用正極活物質に分類した。マンガン酸化物を使用した正極活物質には、トンネルにリチウムイオンが出入りし得るトンネル化合物のγMnO_2、リチウムイオンの伝導パスがあるスピネル化合物、λ型MnO_2またはそれらの中間化合物等様々な結晶構造を持つマンガン酸化物が使用される[1]*、[2]*、[3]*、[4]、[5]、[6]、[9]、[10]、[11]、[12]。リチウム二次電池に使用するためにはMnO_2から結晶水を除去する必要があるが、熱処理法やマイクロ波照射法等が行われている[13]*、[14]*、[15]*、[16]、[17]、[18]、[19]、[20]、[21]、[22]、[23]。これらの中、γMnO_2、スピネル化合物、λ型MnO_2またはそれらの中間化合物等はサイクル特性が優れており、[1]*、[13]*、[14]*、格子欠陥が多く結晶構造の歪んだ二酸化マンガンは大電流放電特性が優れている[3]*。また、粒子サイズが小さい程正極の特性が向上するが、

粒子サイズの尺度の一つである比表面積を大きくして放電容量等を改良する方法<24>*、<25>*、粒子表面を貴金属等で処理することにより正極活物質の活性を制御して正極利用率を向上する方法<26>*、<27>等が提案されている。

参照文献（＊は抄録記載）

<1>*特開昭63-187569	<2>*特開昭55-100224	<3>*特開昭52-80428	<4>特開昭63-2181564
<5>特開昭63-221559	<6>特開昭53-111426	<7>特開昭54-118534	<8>特開昭60-166229
<9>特開昭53-61027	<10>特開昭57-96467	<11>特公昭50-4479	<12>特開昭52-95597
<13>*特開昭S62-108457	<14>*特開昭62-108455	<15>*特開昭56-32331	<16>特開昭56-54232
<17>特開昭62-126555	<18>特開昭54-75535	<19>特開昭54-110428	<20>特開昭56-136463
<21>特開昭57-77030	<22>特開昭57-105965	<23>特開昭56-32331	<24>*特開昭60-121672
<25>*特開平2-262246	<26>*特開昭54-35328	<27>特開平2-30070	

参照文献（Japio抄録）

<1>

昭63-187569
P出 62-19330　　　　非水系二次電池
　　　S62.01.29　　　三洋電機（株）
開 63-187569　　　〔目的〕スピネル型, λ型或いはこれらの中間的な結晶構造を有す
　　　S63.08.03　　　る二酸化マンガンを活物質とする正極を用いることにより,非水系
告 07-46607　　　　二次電池の充放電サイクル特性の改善を図る。
　　　H07.05.17　　　〔構成〕リチウム或いはリチウム合金を負極活物質とする非水系二
H01M 4/50　　　　次電池においてスピネル型, λ型或いはこれらの中間的な結晶構造
H01M 4/58　　　　を有する二酸化マンガンを非水系二次電池の正極活物質に用いる。
　　　　　　　　　　この場合,γ-β型或いはβ型二酸化マンガンにみられた充放電サ
　　　　　　　　　　イクル進行に伴う結晶構造の崩壊が全く見られない。そして充放電
　　　　　　　　　　サイクル特性が大きく改良される。即ちγ-β或いはβ型二酸化
　　　　　　　　　　マンガンが一次元のチャンネル構造を持つのに対し,スピネル型, λ
　　　　　　　　　　型或いはこれらの中間的な結晶構造を有する二酸化マンガンは3次
　　　　　　　　　　元のチャンネル構造を持つことにより充放電によるリチウムイオン
　　　　　　　　　　のドープ,脱ドープがスムーズに行われる。これによりこの種電池
　　　　　　　　　　のサイクル特性を飛躍的に向上させる。
　　　　　　　　　　＜非水系　2次　電池,スピネル,型,中間,結晶　構造,2酸化　マ
　　　　　　　　　　ンガン,活物質,陽極,充放電　サイクル　特性,改善,リチウム,リチ
　　　　　　　　　　ウム　合金,陰極　活物質,陽極　活物質,γ-β, β型　2酸化
　　　　　　　　　　マンガン,充放電　サイクル,進行,崩壊,大きさ,改良,1次元,チャン
　　　　　　　　　　ネル　構造,3次元,充放電,リチウム　イオン,ドープ,脱ドープ,平
　　　　　　　　　　滑,種,電池,サイクル　特性,飛躍,向上＞

<2>

昭55-100224
P出 54-125241　　LiMn2O4から誘導されるMnO2
　S54.09.28　　　ユニオン カーバイド CORP
開 55-100224　　〔目的〕撹拌中のLiMn₂O₄の懸濁水溶液に,H₂SO₄等の水性
　S55.07.31　　　酸を,溶液相のpHが限定範囲になるまで添加後,洗浄水が中性になる
告 58- 34414　　迄水洗し濾過して,特定のX線回折模様を示す新規結晶形態のM
　S58.07.26　　　nO₂が得られるようにする。
登 1203438　　　〔構成〕撹拌中のLiMn₂O₄の懸濁水溶液に,H₂SO₄,HClま
　S59.04.25　　　たはHNO₃等の酸(濃度は約1~10N)を,溶液相のpHをモニタ
H01M 4/50　　　し乍ら,pHが約2.5以下,好ましくは約2以下に安定する迄添加す
C01G 45/02　　　る。次に生成物を,洗浄水が中性になる迄水洗した後に濾過する。
　　　　　　　　これにより,右表のX線回折模様を示す新規な形態をもつMnO₂が
　　　　　　　　得られる。本MnO₂は電気化学電池,特に乾電池バッテリの他,殊
　　　　　　　　に非水性電解質に適し軽金属塩の有機溶液を含む非水性電解質と共
　　　　　　　　に使用でき,またLi置換β-Al₂O₃等の固体電解質にも有効で
　　　　　　　　ある。
　　　　　　　　<リチウム,マンガン,O,誘導,MnO,撹拌,LiMn↓2O↓4,懸
　　　　　　　　濁 水溶液,硫酸,水性酸,溶液相,pH,限定 範囲,添加,洗浄水,中
　　　　　　　　性,水洗,濾過,X線 回折,模様,新規,結晶 形態,MnO↓2,HC
　　　　　　　　l,硝酸,酸,濃度,モニタ,安定,生成物,右,表,形態,本,電気 化学
　　　　　　　　電池,乾電池,電池,非水性 電解質,軽金属塩,有機 溶液,使用,
　　　　　　　　リチウム,置換,β-Al↓2O↓3,固体 電解質,有効>

dA
4.64 ± 0.02
2.42 ± 0.02
2.31 ± 0.02
2.01 ± 0.02
1.84 ± 0.02
1.65 ± 0.02
1.42 ± 0.02

<3>

昭52-080428
P出 50-158514　　非水電解液電池用陽極活物質の製法
　S50.12.26　　　三洋電機 (株)
開 52- 80428　　〔目的〕熱処理した二酸化マンガンを引き続き急激に冷却させて,
　S52.07.06　　　格子欠陥が多く結晶構造の歪んだ二酸化マンガンを生成し,これを
告 57- 30270　　陽極活物質として用いることにより,大電流放電特性を良好にする
　S57.06.28　　　こと。
登 1141785　　　〔構成〕石英ボード中に二酸化マンガン粉末を入れ,電気炉を用い
　S58.04.13　　　て空気中で400℃前後の温度で熱処理を施す。次にこの熱処理完了
H01M 4/50　　　後0℃の脱イオン水溶液中にボードごとすばやく投入して充分冷却
　　　　　　　　した後濾過し,乾燥して結晶構造の歪んだ二酸化マンガンを生成す
　　　　　　　　る。この二酸化マンガン活物質90部に導電材としてのアセチレンブ
　　　　　　　　ラック6部及び結着剤としてのポリエチレン4部を混合し,成型後熱
　　　　　　　　溶着して陽極とする。このような二酸化マンガンを非水電解液電池
　　　　　　　　の陽極活物質として用いることにより,大電流放電特性を改善する
　　　　　　　　ことができる。
　　　　　　　　<ポリエチレン>
　　　　　　　　<非水 電解液,電池,陽極 活物質,製法,熱処理,2 酸化 マン
　　　　　　　　ガン,引続き,急激,冷却,格子 欠陥,結晶 構造,歪,生成,大電流
　　　　　　　　放電 特性,良好,石英 板,2 酸化 マンガン 粉末,電気炉,空気
　　　　　　　　中,前後,温度,完了,脱イオン水,溶液,板,投入,充分,濾過,乾燥,2
　　　　　　　　酸化 マンガン 活物質,導電材,アセチレンブラック,結着剤,ポリ
　　　　　　　　エチレン,混合,成形,熱溶着,陽極,改善>

<13>

昭62-108457
P出 60-247471　　非水系二次電池
　S60.11.05　　　三洋電機 (株)
開 62-108457　　〔目的〕Liをドープした化学MnO₂を熱処理して得た無水また
　S62.05.19　　　は無水に近いγ型MnO₂を正極の活性質とすることにより,電池の
告 06- 19997　　サイクル特性が向上する。
　H06.03.16　　　〔構成〕正極活物質として,Liをドープした化学MnO₂を,例え
登 1892083　　　ば400℃で熱処理して得られる無水または無水に近いγ型MnO₂が
　H06.12.07　　　用いられている。そして,この活物質を用いる正極4と,Liまたは
H01M 4/50　　　Li合金を活物質とする負極6とが組み合わされて非水電池に用
H01M 4/02　　　いられている。前記のγ型MnO₂は放電後の結晶構造の崩れが小
H01M 4/02　 C　さく可逆性がよいため,電池のサイクル特性を向上させることがで
H01M 10/40　 Z　きる。
H01M 10/40　　　<非水系 2次 電池,リチウム,ドープ,化学,MnO↓2,熱処理,無
　　　　　　　　水,γ型 MnO↓2,陽極,活性質,電池,サイクル 特性,向上,陽極
　　　　　　　　活物質,活物質,リチウム 合金,陰極,非水系 電池,放電,結晶
　　　　　　　　構造,崩れ,可逆>

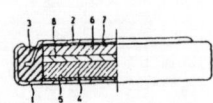

22

<14>

```
昭62-108455
P出 60-246671        非水系二次電池
   S60.11.01         三洋電機　（株）
開 62-108455         〔目的〕特定の電解MnO₂からなる無水または無水に近いγ型M
   S62.05.19         nO₂を,正極の活物質とすることにより,電池のサイクル特性が向
告 07-87098          上する。
   H07.09.20         〔構成〕正極活物質として,Liをドープした電解MnO₂を熱処理
登 2087768           して得た無水または無水に近いγ型MnO₂を用いている。そして,
   H08.09.02         この活物質を用いた正極4と,LiまたはLi合金を活物質とする負
H01M  4/50           極6とを,セパレータ8を介して組立て,非水系電池を形成している。
H01M  4/02           この構成によると,放電後の結晶構造の崩れが小さいγ型MnO₂を
H01M  4/02   C       無水または無水に近い状態で活物質に用いるので,優れたサイクル
H01M 10/40   Z       特性をもつ電池が得られる。
H01M 10/40
                     <非水系　2次　電池,電解　MnO↓2,無水,γ型　MnO↓2,陽
                     極,活物質,電池,サイクル　特性,向上,陽極　活物質,リチウム,ド
                     ープ,熱処理,リチウム　合金,陰極,分離器,組立,非水系　電池,形
                     成,構成,放電,結晶　構造,崩れ,状態>
```

<15>

```
昭56-032331
P出 54-106287        無水又は無水に近い二酸化マンガンの製造法
   S54.08.20         三洋電機　（株）
開 56-32331          〔目的〕二酸化マンガンにマイクロ波を照射し,結晶構造を転移さ
   S56.04.01         せることなく水分を除去することにより,非水電解液電池用の正極
H01M  4/50           活物質として電池性能の向上が期待できる標記二酸化マンガンを製
C01G 45/02           造する。
                     〔構成〕γ型電解二酸化マンガンをガラス容器に入れ,これを電子
                     レンジ内に置いて,例えば2450±50メガヘルツのマイクロ波を照射
                     すると,処理したγ型電解二酸化マンガンの結晶構造は依然として
                     γ型であつて,且つ残存水分量は,例えば0.9%となる。一般の熱処
                     理の場合とは異なり,二酸化マンガン全体としての温度上昇が生じ
                     ない為,結晶構造が転移することなく水分が除去される。
                     <無水,2　酸化　マンガン,製造,マイクロ波,照射,結晶　構造,転
                     移,水分,除去,非水　電解液　電池,陽極　活物質,電池　性能,期待
                     ,γ型,電解　2　酸化　マンガン,ガラス　容器,電子　レンジ,メガ
                     ヘルツ,処理,残存　水分量,一般,熱処理,場合,全体,温度　上昇>
```

<24>

```
昭60-121672
P出 58-228861        非水電解液電池
   S58.12.02         三洋電機　（株）
開 60-121672         〔目的〕正極に,表面積とかさ比重を特定した電解二酸化マンガン
   S60.06.29         を活物質として使用することにより,非水電解液電池の特性向上を
告 05-47944          図る。
   H05.07.20         〔構成〕Li,Na等の軽金属を活物質とする負極と,非水電解液と
H01M  4/50           ,正極を備えた電池において,正極活物質として,表面積15～30㎡／
                     g,かさ比重1.4～1.6g／cm³の電解二酸化マンガンを使用する。
                     この活物質は好ましくは約44μ以下とし,正極総活物質量に対し
                     て約80%以上含有させる。この正極の使用により,非水電解液電池
                     の放電容量が増大する。
                     <非水　電解液　電池,陽極,表面積,嵩比重,特定,電解　2　酸化
                     マンガン,活物質,使用,特性　向上,リチウム,ナトリウム,軽金属,
                     陰極,非水　電解液,電池,陽極　活物質,総括,物質量,含有,放電
                     容量,増大>
```

<25>

平02-262246
P出 01- 83102　　有機電解液電池
　H01.03.31　　　三洋電機　（株）
開 02-262246　　〔目的〕正極活物質として所定の比表面を有する二酸化マンガンを
　H02.10.25　　用い、フツ素を含むリチウム塩を溶解させた有機電解液を使用する
告 07-105233　　ことにより、初期放電特性及び保存特性を向上させる。
　H07.11.13　　〔構成〕350～430℃の温度範囲で熱処理した後の比表面積が30m²／
登　2110299　　g以上である二酸化マンガンを活物質とする正極を用い、フツ素を
　H08.11.21　　含むリチウム塩を溶解させた有機電解液を使用する。これにより正
H01M 4/50　　　極と電解液との接触面積が大きくなる。また二酸化マンガンの表面
H01M 4/02　C　活性基が、有機電解液のフツ素で置換され、活性が失われ、保存特
H01M 6/16　A　性の劣化が抑制される。ここで、フツ素を含むリチウム塩としては、
H01M 10/40　A　LiCF₂SO₂、LiPF₆、LiBF₄、LiSbF₆、LiAsF₆、
H01M 10/40　Z　LiTaF₆、LiGeF₆、Li₂C₂F₄(SO₃)₂、Li₂C₄F₈(
　　　　　　　　SO₃)₂のうちから選ばれた少なくとも1つを用いる。
＜2酸化,2酸化マンガン,酸化マンガン,2酸化硫黄,テトラフルオロ
エチレン,3酸化硫黄＞
＜有機　電解液　電池,陽極　活物質,比表面,2　酸化　マンガン,
フツ素,リチウム塩,溶解,有機　電解液,使用,初期　放電　特性,保
存　特性,向上,温度　範囲,熱処理,比表面積,活物質,陽極,電解液,
接触　面積,表面　活性,置換,活性,劣化,抑制,LiC,F↓2,SO
↓2,リチウム,PF,LiBF↓4,SbF,AsF,LiTa,F,Ge
F↓4,Li↓2,C↓2F↓4,SO↓3,C↓4,1つ＞

<26>

昭54-035328
P出 52-100401　　非水電解質電池用正極活物質の製造法
　S52.08.24　　日立製作所：（株）,日立化成工業　（株）
開 54- 35328　　〔目的〕二酸化マンガンに貴金属元素を均一に沈着させたものとし
　S54.03.15　　,二酸化マンガンに銀化合物の溶液を含浸させて表面に酸化銀を析
告 61- 1868　　出させた後,加熱して銀を沈着させることにより、正極利用率の向上
　S61.01.21　　を図る。
登　1335577　　〔構成〕二酸化マンガンに貴金属元素を均一に沈着させたものとし
　S61.09.11　　ている。また,二酸化マンガンに銀化合物の溶液を含浸させて表面
H01M 4/50　　　に酸化銀を析出させた後,加熱して銀を均一に沈着させる。例えば1
H01B 1/08　　　00mlの水に硝酸銀3.1gを溶解し,そこへ40gの二酸化マンガン
　　　　　　　　を加える。よく撹拌しながら水酸化ナトリウムの10%溶液6mlを
　　　　　　　　滴下して,二酸化マンガンの表面に酸化銀を付着させ,これを180～2
　　　　　　　　30℃で加熱処理して酸化銀を熱分解する。この粉末10部,黒鉛粉末1
　　　　　　　　部,ポリテトラフルオロエチレン粉末2部を混合し,プレス成形した
　　　　　　　　正極4と,リチウム負極3等を用いて非水電解質電池を作成する。
＜ポリテトラフルオロエチレン＞
＜非水　電解質　電池,陽極材,製法,2　酸化　マンガン,貴金属
元素,均一,沈着,銀化合物,溶液,含浸,表面,酸化　銀,析出,加熱,銀
,陽極　利用率,向上,水,硝酸　銀,溶解,撹拌,水酸化　ナトリウム
,滴下,付着,加熱　処理,熱分解,粉末,黒鉛　粉末,一部,ポリ　テト
ラ　フルオロ　エチレン　粉末,2部,混合,プレス　成形,陽極,リチ
ウム　陰極,3等,作成＞

(2) Liをドープしたマンガン酸化物

① 技術事項の特徴点

マンガン酸化物にLiをドープしたトンネル構造のマンガン酸化物には、MnO_2にLiをドープしたLi$_x$MnO$_2$、Li$_2$MnO$_3$、LiMn$_2$O$_4$等が知られている。リチウムイオンをドープしたδ型あるいはα型MnO_2、過マンガン酸リチウムカリウム塩を熱分解したリチウム含有MnO_2を使用すること<1>*、<2>*、<3>*、<4>、<5>、<6>、Li$_2$MnO$_3$を使用すること<7>*、<8>、およびLiMn$_2$O$_4$を使用することでサイクル特性の向上を図ったもの<9>*、<10>*、<11>等がある。

参照文献（＊は抄録記載）

<1>*特開昭63-148550　　<2>*特開昭62-20250　　<3>*特開平3-233872　　<4>特開昭62-126556

<5>特開昭57-49164　　<6>特開昭62-290058　　<7>*特開平1-209663　　<8>特開平3-53455

<9>*特開昭63-274059　　<10>*特開平2-60056　　<11>特開平8-130013

参照文献（Japio抄録）

<1>

昭63-148550
P出 61-294165　　非水系二次電池
　　S61.12.10　　三洋電機　（株）
開 63-148550　　〔目的〕リチウム又はリチウム合金を負極活物質とし、リチウムイ
　　S63.06.21　　オンをドープしたδ型或いはα型二酸化マンガンを正極活物質に用
告 06- 79485　　いることにより、充放電サイクル特性の向上を図る。
　　H06.10.05　　〔構成〕リチウム又はリチウム合金を活物質とする負極6と、リチ
登 1947293　　ウムイオンをドープしたδ型或いはα型二酸化マンガンを活物質と
　　H07.07.10　　する正極4とを設ける。リチウムイオンをドープしたδ型或いはα
H01M 4/50　　型二酸化マンガンは、リチウムイオンをドープする際にイオン交換
反応によりカリウムイオンやアンモニウムイオンが取除かれると共
に二酸化マンガンの固相中に含まれるプロトンも除かれるので二酸
化マンガン中に存在する除去し難い水分の除去が図れる。これによ
りリチウム又はリチウム合金を負極活物質とする非水系二次電池に
おいて、充放電サイクル特性の向上が図れる。
＜非水系　2次　電池,リチウム,リチウム　合金,陰極　活物質,リ
チウム　イオン,ドープ,δ型,α型,2　酸化　マンガン,陽極　活物
質,充放電　サイクル　特性,向上,活物質,陰極,陽極,イオン　交換
　反応,カリウム　イオン,アンモニウム　イオン,除去,固相,プロ
トン,存在,水分＞

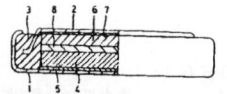

<2>

昭62-020250
P出 60-160531　　有機電解液二次電池
　　S60.07.19　　松下電器産業　（株）
開 62- 20250　　〔目的〕有機電解液二次電池の正極活物質として，過マンガン酸リ
　　S62.01.28　　チウムカリウム塩を熱分解したリチウム含有二酸化マンガンを用い
H01M 4/50　　ることにより，充放電サイクルに伴う容量変化を低減する。
H01M 4/02　　〔構成〕リチウム二次電池等の有機電解液二次電池の正極活物質と
H01M 4/02 C して，過塩素酸リチウム（LiClO₄）と過マンガン酸カリウム（
KMnO₄）とから得た過マンガン酸リチウムカリウム（(1-x)
K・xLi・MnO₄,0.25≦x≦0.75）塩を熱分解したリチウム
含有二酸化マンガン（Li,MnO₂）を用いる。またこのときの（
Li,MnO₂）はリチウム含有量（y）を0.3～0.8の範囲とし，
また熱分解温度は250～350℃の範囲とする。したがってサイクルに
伴う容量変化を効果的に低減することができ，サイクル寿命を向上
した電池を得ることができる。
＜有機　電解液　2次　電池,陽極　活物質,過マンガン酸,リチウム
,カリウム塩,熱分解,含有,2　酸化　マンガン,充放電　サイクル,
容量　変化,低減,リチウム　2次　電池,過塩素酸　リチウム,Li
ClO↓4,過マンガン酸　カリウム,KMnO↓4,カリウム,K,M
nO↓4,塩,MnO↓2,含有量,範囲,熱分解　温度,サイクル,効果,
サイクル　寿命,向上,電池＞

<3>

平03-233872
P出 02- 31087　　非水系二次電池
　　H02.02.08　　三洋電機　（株）
　開 03-233872
　　H03.10.17　　〔目的〕正極の活物質として、二酸化マンガン粒子の表面にリチウ
　登 2846696　　ムあるいはリチウム化合物を気相から析出させた後、これを熱処理す
　　H10.10.30　　ることによって得たリチウム含有マンガン酸化物を用いることにより、サイクル特性の向上を図る。
H01M 4/50
H01M 10/40　Z　〔構成〕二酸化マンガン粒子表面にリチウムあるいはリチウム化合物
H01M 4/58　　　を気相から析出すると、二酸化マンガン粒子の細孔内部にまでリチ
H01M 4/02　C　ウムが存在する。次いでこれを加熱処理すると、二酸化マンガンの
H01M 4/04　A　粒子内部まで改質が進む。加えて気相反応であるので、余分の水分
　　　　　　　　が正極1内に混入することもない。これにより深い深度の充放電サ
　　　　　　　　イクルを繰り返した場合であっても、サイクル特性が劣化するのを
　　　　　　　　防止することができる。

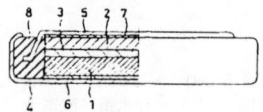

＜非水系 2次 電池,陽極,活物質,2酸化 マンガン 粒子,表面,リチウム,リチウム 化合物,気相,析出,熱処理,含有,マンガン 酸化物,サイクル 特性,向上,細孔 内部,存在,加熱 処理,2酸化 マンガン,粒子 内部,改質,気相 反応,余分,水分,混入,深い,深度,充放電 サイクル,繰返し,場合,劣化,防止＞

<7>

平01-209663
P出 63- 34151　　非水系二次電池
　　S63.02.17　　三洋電機　（株）
　開 01-209663
　　H01.08.23　　〔目的〕リチウムあるいはリチウム合金を活物質とする負極を用いた、Li₂MnO₃を活物質とする正極を用いることにより、充放電サ
　告 07-107851　イクル特性の向上を図る。
　　H07.11.15
　登 2093007　　〔構成〕リチウムあるいはリチウム合金を負極6の活物質とし、Li₂
　　H08.09.18　　MnO₃を正極4の活物質として用いる。又、Li₂MnO₃は二酸化
H01M 4/40　　　マンガンとリチウム塩との混合物を300～430℃の温度で熱処理して
H01M 4/58　　　得ることによってLi₂MnO₃の生成と二酸化マンガン中に含まれ
H01M 10/40　Z　る水分除去のための熱処理とを同時に行うことができる。なおリ
　　　　　　　　チウム塩としては、水酸化リチウムや硝酸リチウムやリン酸リチウム
　　　　　　　　が適用される。これにより充放電サイクル特性の向上が図れる。

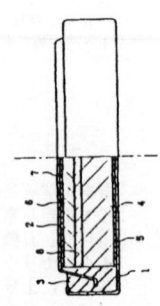

＜リチウム合金,2酸化,2酸化マンガン,酸化マンガン,ヒドロオキシ,水酸化リチウム,硝酸リチウム,燐酸リチウム＞
＜非水系 2次 電池,リチウム,リチウム 合金,活物質,陰極,Li↓2,MnO↓3,陽極,充放電 サイクル 特性,向上,2酸化 マンガン,リチウム塩,混合物,温度,熱処理,生成,水分 除去,同時,水酸化 リチウム,硝酸 リチウム,燐酸 リチウム,適用＞

<9>

昭63-274059
P出 62-107989　　非水電解液電池
　　S62.05.01　　ソニー　（株）
　開 63-274059
　　S63.11.11　　〔目的〕Liを主体とする負極活物質と、特定のLiMn₂O₄を主
　登 2550990　　体とする陽極活物質と、非水電解液とから構成することにより、充放電特性の向上を図る。
　　H08.08.22
H01M 4/58　　　〔構成〕Liを主体とする負極活物質2と、LiMn₂O₄を主体と
H01M 4/02　C　する陽極活物質5と、非水電解液とからなり、LiMn₂O₄は、F
H01M 10/40　Z　eKα線を使用したX線回折において、回折角46.1°における回
　　　　　　　　折ピークの半値幅が1.1～2.1°であるものとする。このようなL
　　　　　　　　iMn₂O₄を選択的に非水電解液電流の陽極活物質5として使用す
　　　　　　　　る。これにより理論充放電容量の90％以上という高い充放電容量を
　　　　　　　　確保することが可能となる。

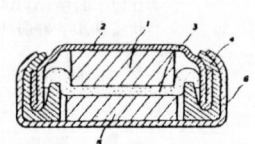

＜非水 電解液 電池,リチウム,主体,陰極 活物質,LiMn↓2O↓4,陽極 活物質,非水 電解液,構成,充放電 特性,向上,鉄,Kα線,使用,X線 回折,回折角,回折 ピーク,半値幅,選択的,電流,理論,充放電 容量,高さ,確保＞

26

<10>

平02-060056
P出 63-211933
　　S63.08.25
開 02-60056
　　H02.02.28
登 2627314
　　H09.04.18
H01M 4/58

非水系二次電池及びその正極活物質の製法
三洋電機　（株）

〔目的〕二酸化マンガンとリチウム塩との混合物にクロム酸化物を加え熱処理して得るクロムを含むスピネル型$LiMn_2O_4$を正極としリチウムまたはその合金を負極とすることにより、充放電特性を改良する。

〔構成〕Cr_2O_5とLiOHとMnO_2をCr:Li:Mn=0.2:1:2のモル比で混合し375℃で20時間空気中で熱処理してスピネル型$LiMn_2O_4$を得これに導電剤としてアセチレンブラック及び結着剤としてフツ素樹脂粉末を混合して正極合剤とし更に200～300℃で真空熱処理して正極1とし正極缶2の内底面に固着した負極集電体3に圧着する。負極4は所定厚みのLi板を打抜き負極缶5の内底面に固着した負極集電体6に圧着する。更に両者をセパレータ7を介し絶縁パツキング8で固着し充放電特性に優れた非水系二次電池を得ることができる。

<非水系　2次　電池,陽極　活物質,製法,2　酸化　マンガン,リチウム塩,混合物,クロム　酸化物,熱処理,クロム,スピネル,$LiMn↓2O↓4$,陽極,リチウム,合金,陰極,充放電　特性,改良,$Cr↓2O↓5$,LiOH,$MnO↓2$,マンガン,モル比,混合,0時間,空気中,導電剤,アセチレンブラック,結着剤,フツ素　樹脂　粉末,陽極　合剤,真空　熱処理,陽極缶,内底面,固着,陰極　集電体,圧着,所定　厚み,リチウム板,打抜,陰極缶,両者,分離器,絶縁　パツキン>

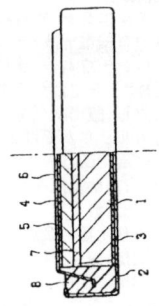

（3）マンガン酸化物と他の酸化物との複合酸化物

① 技術事項の特徴点

　　集電性を高くしてサイクル特性を向上する目的で、CrをMnO_2に添加する<1>*、ガス発生を防止する目的で、アルカリ土類金属を添加する<2>*、大電流特性の向上や正極の利用効率向上を目的にNi、Fe、Cd、Zn、Cr等を添加する<3>*、サイクル特性、容量特性の向上を目的にCo、Ni、Fe、Crを添加する<4>*方法が提案されている。

参照文献（＊は抄録記載）

<1>*特開昭61-239563　　<2>*特開昭56-103864　　<3>*特開昭54-103515　　<4>*特開平4-282560

参照文献（Japio抄録）

<1>

昭61-239563
P出 60-80564
　　S60.04.16
開 61-239563
　　S61.10.24
告 07-32010
　　H07.04.10
登 2000895
　　H07.12.20
H01M 4/50
H01M 4/02
H01M 4/02　C
H01M 4/48

非水電解質二次電池
松下電器産業　（株）

〔目的〕正極活物質にMnO_2とクロム酸化物との混晶を用いることにより、充放電挙動にすぐれた非水電解質二次電池を形成する。

〔構成〕正極の活物質が、MnO_2とクロム酸化物との混晶であり、Cr／Mn原子比が0.02～0.2の範囲であるものである。この正極活物質を用いると、充放電でのLi^+等のアルカリ金属イオンの侵入、放出による、活物質粒子の膨張、収縮の度合が小さく、カーボンブラツク等の導電剤粒子との分離が少ない。このため充放電サイクルをくり返しても集電状態は良好であり、サイクル劣化は押えられる。以上の作用はCr／Mn原子比が0.02未満では作用がなく、また0.2を超える範囲ではMnとCrの複酸化物が生成するため、一次電池にのみ有用であり、二次電池としてはサイクル特性から見て好ましくない。

<非水　電解質　2次　電池,陽極　活物質,$MnO↓2$,クロム　酸化物,混晶,充放電,挙動,形成,陽極,活物質,クロム,マンガン,原子比,範囲,$Li↑+$,アルカリ　金属　イオン,侵入,放出,活物質　粒子,膨張,収縮,度合,カーボンブラツク,導電剤,粒子,分離,充放電　サイクル,繰返し,集電,状態,良好,サイクル　劣化,作用,未満,複酸化物,生成,1次　電池,有用,2次　電池,サイクル　特性>

27

<2>

昭56-103864
P出 55- 6208　　電池
　　S55.01.21　　松下電器産業　（株）
開 56-103864　　〔目的〕軽金属負極,有機電解液を用い,二酸化マンガン正極にアル
　　S56.08.19　　カリ土類金属の酸化物を含有させることにより,エージング中のガ
告 63- 24301　　ス発生を防止し,内部抵抗を減少させる。
　　S63.05.20　　〔構成〕リチウム等の軽金属負極4と,炭酸プロピレンと1,2-ジメ
登 1475639　　トキシエタンの等容積混合溶媒に過塩素酸リチウムを溶解したもの
　　H01.01.18　　等の有機電解液と,二酸化マンガンにマグネシウム,カルシウム,ス
H01M　4/50　　トロンチウム,バリウム等のアルカリ土類金属の酸化物を添加した
H01M　4/06　L　正極5とを組合せて電池を構成する。添加量は脱水二酸化マンガン
　　　　　　　　に対し,酸化マグネシウムでは1～5モル%,酸化ストロンチウム,酸
　　　　　　　　化カルシウムでは夫々1～3モル%,酸化バリウムでは0.5～3モル%
　　　　　　　　が好適である。これにより,60℃でのエージング中のガス発生が少
　　　　　　　　なく,内部抵抗を減少させ,保存性能を向上させることができる。
　　　　　　　　<電池,軽金属　陰極,有機　電解液,2　酸化　マンガン　陽極,ア
　　　　　　　　　ルカリ土類　金属,酸化物,含有,エージング,ガス　発生,防止,内部
　　　　　　　　　抵抗,減少,リチウム,炭酸　プロピレン,ジ　メトキシ　エタン,
　　　　　　　　　等容積　混合　溶媒,過塩素酸　リチウム,溶解,2　酸化　マンガン
　　　　　　　　　,マグネシウム,カルシウム,ストロンチウム,バリウム等,添加,陽極
　　　　　　　　　,構成,添加量,脱水,酸化　マグネシウム,モル比,酸化　ストロンチ
　　　　　　　　　ウム,酸化　カルシウム,酸化　バリウム,好適,保存　性能,向上>

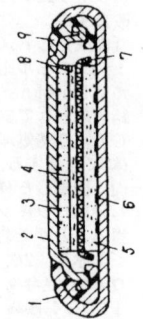

<3>

昭54-103515
P出 53- 10789　　非水電解液電池の製造法
　　S53.02.01　　日立製作所：（株）,日立化成工業　（株）
開 54-103515　　〔目的〕正極活物質として,4価よりも低次の価数をもつ金属酸化物
　　S54.08.15　　を添加した二酸化マンガンを用いることにより,正極活物質の利用
告 61- 55742　　率を向上させ,大電流を取り出すことができるようにする。
　　S61.11.28　　〔構成〕p型半導体性を有する金属酸化物は,それよりも価数の低
登 1385759　　い金属酸化物を添加すると,正孔が増加して電気導電性が向上する
　　S62.06.26　　性質を利用して,二酸化マンガンによる4価より低次の価数をもつ
H01M　4/50　　金属酸化物を添加して二酸化マンガンの電気抵抗を小さくしている。
H01M　4/06　　上記の金属酸化物としては,例えばNiO,FeO,CdO,ZnO,
H01M　4/08　　PbO等が好適である。二酸化マンガンにこのような金属酸化物を
H01M　4/06　L　添加する方法としては,例えばマンガン塩溶液と他の金属塩溶液との
H01M　4/08　L　の混合溶液を化学的に酸化する方法,マンガン塩溶液と他の金属塩
　　　　　　　　溶液との混合溶液を電解酸化する方法等を用いる。
　　　　　　　　<非水　電解液　電池,陽極　活物質,4価,低次,価数,金属　酸化物
　　　　　　　　　,添加,2　酸化　マンガン,利用率,向上,大電流,取出,P型　半導体
　　　　　　　　　性,正孔,増加,電気　導電性,性質,利用,電気　抵抗,NiO,Fe
　　　　　　　　　O,CdO,ZnO,PbO,好適,方法,マンガン塩　溶液,金属塩
　　　　　　　　　溶液,混合　溶液,化学的,酸化,電解　酸化>

<4>

平04-282560
P出 03- 44729　　非水電解液二次電池用正極活物質の製造法
　　H03.03.11　　松下電器産業　（株）
開 04-282560　　〔目的〕（J）特定の式で表わされる複合酸化物を活物質での特定
　　H04.10.07　　の金属の出発物質として,同金属のアセチルアセトナート錯体を正
登 2512239　　極とすることにより,サイクル特性と充放電容量の向上を図る。£
　　H08.04.16　　導電剤,アセチレンブラック,結着剤,ポリ4フツ化エチレン,セ
H01M　4/58　　パレータ,多孔性ポリプロピレンフイルム,負極,リチウム板
H01M 10/40　Z　〔構成〕LiMn₂O₄のMnの10%をCo,Ni,Fe,Crの中か
　　　　　　　　ら少くも一種の元素に置換した活物質とする。このとき,Mnの出
　　　　　　　　発物質にMn₃O₄を用い,元素の出発原料としては各金属のアセチ
　　　　　　　　ルアセトナート錯体を用いる。この組成式は,LiMn₍₂₋ᵧ₎MᵧO
　　　　　　　　₄で,Mは金属元素で,0.85≦x<1.15,0.02≦y≦0.5の範囲の
　　　　　　　　正極活物質となる。これにより,焼成後,微細な活物質となり,充放
　　　　　　　　電容量が増すと共に,充放電による結晶性の低下を防止して,充放電
　　　　　　　　のサイクル特性を向上することができる。
　　　　　　　　<ポリテトラフルオロエチレン,ポリプロピレン>
　　　　　　　　<非水　電解液　2次　電池,陽極　活物質,製造,式,複合　酸化物,
　　　　　　　　　活物質,金属,出発　物質,アセチル　アセトナート,錯体,陽極,サイ
　　　　　　　　　クル　特性,充放電　容量,向上,導電剤,アセチレンブラック,結着
　　　　　　　　　剤,ポリ　4　フツ化　エチレン,分離器,多孔性　ポリ　プロピレン
　　　　　　　　　フイルム,陰極,リチウム板,LiMn↓2O↓4,マンガン,コバル
　　　　　　　　　ト,ニツケル,鉄,クロム,1種,元素,置換,Mn↓3O↓4,出発　原料,
　　　　　　　　　組成式,リチウム,O↓4,金属　元素,範囲,焼成,微細,増加,充放電,
　　　　　　　　　結晶性,低下,防止>

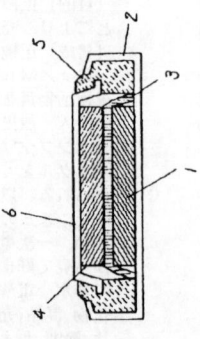

28

(4) バナジウム単独酸化物
① 技術事項の特徴点

バナジウム酸化物には、トンネル化合物のV₆O₁₃、V₂O₅があるが、V₂O₅が電圧が高く、高エネルギー密度を示すので、V₂O₅に関するものが多く<1>*、<2>、また非晶質のものは高容量を示すので急冷法によって作製した非晶質V₂O₅が用いられ<3>*、<4>、サイクル向上の目的には、正極容量を負極容量の2倍にする方法<5>*等が提案されている。さらに、LiやNaをバナジウム酸化物にドープすることで、高容量、高エネルギー密度化、放電電圧平坦化<6>*、<7>*、<8>が図られている。

参照文献（*は抄録記載）

| <1>*特開平 8-83605 | <2>特開昭 48-54443 | <3>*特開昭 61-200667 | <4>特開平 5-105450 |
| <5>*特開昭 55-62671 | <6>*特開平 1-296567 | <7>*特開平 1-248469 | <8>特開昭 62-195854 |

参照文献（Japio抄録）

<1>

平08-083605
P出 06-215560   非水電解質二次電池
　 H06.09.09   日立製作所：（株）
開 08-83605   〔目的〕特性のすぐれた5酸化バナジウムを有する電極を得る。£
　 H08.03.26   メタバナジン酸アンモニウム水溶液
登 2647015   〔構成〕非水電解質二次電池は，負極活物質としてリチウムを有す
　 H09.05.09   る負極と，正極活物質として5酸化バナジウムを有する正極との間
H01M 4/48   にリチウムイオンが伝導される非水電解質を備えているこの非水電
H01M 4/02   C   解質二次電池において，5酸化バナジウムがCuKα線を使用した
H01M 10/40   Z   X線回折の値が，回折角（2θ）15.1～15.5°における（200）面
                   の回折ピークの半値幅が0.13°以上からなつている。これにより，
                   特性のすぐれた5酸化バナジウムを有する電極により良好な電池が
                   製作できる。
                   <5酸化,5酸化バナジウム,酸化バナジウム,バナジウム酸アンモニ
                   ウム,メタバナジウム酸アンモニウム,リチウムイオン>
                   <非水　電解質　2次　電池,特性,5　酸化　バナジウム,電極,メタ
                   　バナジウム酸　アンモニウム,水溶液,陰極　活物質,リチウム,陰
                   極,陽極　活物質,陽極,リチウム　イオン,伝導,非水　電解質,銅
                   　Kα線,使用,X線　回折,値,回折角,回折　ピーク,半値幅,良好,電
                   池,製作>

<3>

昭61-200667
P出 60-41213　　リチウム二次電池
　S60.03.04　　日本電信電話　（株）
開 61-200667　　〔目的〕非晶質V₂O₅を正極活物質とし、リチウムまたはリチウム
　S61.09.05　　合金を負極活物質として、両活物質に対して化学的に安定でリチ
告 04-67750　　ウムイオンが移動できる電解質物質を用いることにより、小型で充放
　H04.10.29　　電容量の増大を図る。
H01M 4/48　　〔構成〕封口板1上に金属リチウム負極4を加圧載置したものを、ガ
H01M 10/40 Z　スケット2の凹部に挿入し、封口板1の開口凹部において、負極4の上
　　　　　　　　にセパレータ5、正極合剤ペレット6をこの順序で載置し、電解液と
　　　　　　　　しての、例えば1.5N-LiAsF₆/2MeTHFを適量注入し含浸
　　　　　　　　させた後、正極ケース3をかぶせてかしめることにより、コイン型電
　　　　　　　　池を作製する。ペレット6は正極活物質としての非晶質物質V₂O₅
　　　　　　　　とケッチェンブラックECおよびポリテトラフルオロエチレンを重
　　　　　　　　量比で、例えば70：25：5の割合で混合して形成する。このようにし
　　　　　　　　て小型で充放電容量を増大できる。
　　　　　　　　＜ポリテトラフルオロエチレン＞
　　　　　　　　＜リチウム　電池,非晶質,V↓2O↓5,陽極　活物質,リチウム,リ
　　　　　　　　チウム　合金,陰極　活物質,活物質,化学的,安定,リチウム　イオ
　　　　　　　　ン,移動,電解質　物質,小型,充放電　容量,増大,封口板,金属　リ
　　　　　　　　チウム,陰極,加圧,載置,ガスケット,凹部,挿入,開口　凹部,分離器
　　　　　　　　,陽極　合剤　ペレット,順序,電解液,LiAsF↓6,Me,THF,
　　　　　　　　適量,注入,含浸,陽極　ケース,かしめ,硬貨　電池,作製,ペレット,
　　　　　　　　非晶質　物質,ケッチェンブラックEC,ポリ　テトラ　フルオロ
　　　　　　　　エチレン,重量比,割合,混合,形成＞

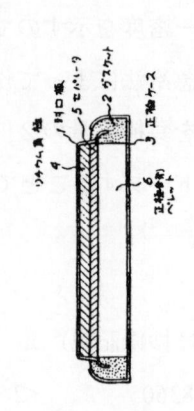

<5>

昭55-062671
P出 53-136012　　非水電解液二次電池
　S53.10.31　　三洋電機　（株）
開 55-62671　　〔目的〕LiまたはLi合金からなる負極と複数段階の放電反応を
　S55.05.12　　示す正極活物質を有する非水系電池の正極理論容量を、負極の理論
告 61-20992　　容量の所定倍容量とすることにより、サイクル特性の向上を図るこ
　S61.05.24　　と。
登 1354834　　〔構成〕負極としてLiもしくはその合金を用い、電解液としてプ
　S61.12.24　　ロピレンカーボネイト等の有機溶媒に過塩素酸リチウムを溶解した
H01M 4/02 C　もの等を用い、正極活物質として複数段階の放電反応を示す充電可
H01M 10/40 Z　能な物質、例えば、MoO₃、V₂O₅等を用いている。この場合に上記
H01M 4/02　　の正極活物質の理論容量を前記負極の理論容量の2倍以上にしてい
　　　　　　　　る。これにより正極の放電は第1段階の放電反応のみに規制するこ
　　　　　　　　とができ、充放電サイクルは放電容量の減少を招くことなく行なわ
　　　　　　　　れる。
　　　　　　　　＜非水　電解液　2次　電池,リチウム,リチウム　合金,陰極,複数
　　　　　　　　　段階,放電　反応,陽極　活物質,非水系　電池,陽極,理論　容量,
　　　　　　　　所定倍,容量,サイクル　特性,向上,合金,電解液,プロピレン　カー
　　　　　　　　ボネート,有機　溶媒,過塩素酸　リチウム,溶解,充電　可能,物質,
　　　　　　　　MoO↓3,V↓2O↓5,2倍　以上,放電,第1　段階,規制,充放電
　　　　　　　　サイクル,放電　容量,減少＞

<6>
```
平01-296567        非水電解質二次電池
P出 63-127268      湯浅電池 (株)
   S63.05.25
開 01-296567       〔目的〕水溶液処理により遊離したLi₂O,Li₂CO₃及びバナジ
   H01.11.29       ウム酸化物を除去したリチエートバナジウム酸化物であるLi_xV₃
告 06- 79487       O₈を正極活物質とすることにより,高容量,放電電圧の平坦性大,長
   H06.10.05       寿命を図る。
登 1945205         〔構成〕アルカリ金属の負極活物質,アルカリ金属イオン導電性の
   H07.06.23       非水電解液及びLi_xV₃O₈の正極活物質が用いられる。正極活物
H01M  4/58         質は例えば五酸化バナジウムと炭酸リチウムをモル比5:2に混合の
H01M  4/02   C     上,空気中で約700℃で48時間以上熱処理合成して得られたLi₁↓
                   ₊₂V₃O₈を平均20μmの小径に粉砕したものを緩衝溶液等の水溶
                   液に溶かし,口過し,数回水洗して口紙よりとり出し,約400℃で24時
                   間以上乾燥して生成される。この生成法によるものは,例えば簡単
                   な熱処理合成により生成された従来のものを用いた電池に比し電池
                   放電電圧,容量に図示の差がある。
```
<非水 電解質 2次 電池,水溶液 処理,遊離,Li↓2O,Li↓2CO↓3,バナジウム 酸化物,除去,チエート,リチウム,V₃O↓8,陽極 活物質,高容量,放電 電圧,平坦性,長寿命,アルカリ 金属,陰極 活物質,アルカリ 金属 イオン 導電性,非水 電解液,5酸化 バナジウム,炭酸 リチウム,モル比,混合,空気中,48時間,熱処理,合成,平均,小径,粉砕,緩衝 溶液,水溶液,濾過,数回,水洗,濾紙,取出,24時間,乾燥,生成,簡易,電池,電池 放電,電圧,容量,図示,差>

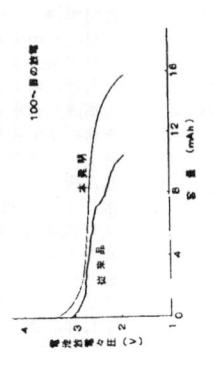

<7>
```
平01-248469        二次電池
P出 63- 74768      昭和電工 (株),日立製作所:(株)
   S63.03.30
開 01-248469       〔目的〕それぞれ特定の正極と負極とを用いることにより、高電圧
   H01.10.04       でエネルギー密度が高く、自己放電率が小さく、サイクル寿命が長
登 2709071         く、かつ充・放電効率の良好な二次電池が得られるようにする。
   H09.10.17       〔構成〕負極がアルカリ金属合金と炭素材料と結着材とからなり、
H01M  4/40         正極はアルカリ金属イオンが予め挿入されたバナジウム酸化物を主
H01M  4/48         体として用いる。負極の構成要素のうち主として電荷を出し入れす
H01M  4/62   Z     る活物質として働くのはアルカリ金属合金であり、炭素材料を負極
H01M  4/02   C     中に適量混合することで、負極中の空孔率を高め、負極中のイオン
H01M  4/02   D     の移動を速やかにさせるとともに、負極の真の表面積を拡大し、電
H01M 10/40   Z     極全体を効率良く反応させる。これにより高電圧、高エネルギー密
H01M  4/02   B     度、低自己放電、高充・放電効率及び長サイクル寿命を同時に得る
                   ことができる。
```
<アルカリ金属,アルカリ金属イオン,金属イオン,酸化バナジウム>
<2次 電池,陽極,陰極,高電圧,エネルギー 密度,自己 放電率,サイクル 寿命,長い,充放電,効率,良好,アルカリ 金属 合金,炭素 材料,結着材,アルカリ 金属 イオン,挿入,バナジウム 酸化物,主体,構成 要素,電荷,出入,活物質,適量 混合,空孔率,イオン,移動,表面積,拡大,電極,全体,効率良,反応,高エネルギー密度,低自己 放電,高充・放電効率,長サイクル 寿命,同時>

(5) バナジウム複合酸化物

① 技術事項の特徴点

バナジウム酸化物に、Feを添加してアモルファスにすることで、放電容量、放電特性の向上が<1>*、Pを添加することで、サイクル寿命、耐過放電性が<2>*、Crの添加で容量、サイクル特性が<3>*、炭化バナジウムの添加で電気的接触と正極利用率の向上が<4>*、Tiの添加で小型高容量化<5>*等が図られている。

参照文献（*は抄録記載）

<1>*特開平 3-15155　　　<2>*特開昭 63-69155　　　<3>*特開昭 60-227358　　　<4>*特開平 4-363862
<5>*特開昭 62-186466

参照文献（Japio抄録）

<1>

平03-015155
P出 01-149238　　リチウム電池用正極活物質、その製造法並にその正極板
　　H01.06.12　　古河電池　（株）
開 03- 15155　　〔目的〕所定の方法により製造した含水FeVO₄を所定の方法に
　　H03.01.23　　よりアモルファス状とし，これを正極活物質とすることにより，放電
登　2796839　　々気量の増大および放電特性の向上を図る。
　　H10.07.03　　〔構成〕含水FeVO₄は各種バナジン酸塩などのジナジンイオン
H01M 4/52　　　を含む水溶液と各種鉄（Ⅲ）化合物などの鉄イオンを含む水溶液と
H01M 4/58　　　を混合して析出させるか，または結晶状FeVO₄を一旦硝酸に溶解
H01M 4/08　K　した後アンモニア水を添加して析出させる方法により得られる。含水
H01M 4/04　A　FeVO₄は大気中，真空中，或いは不活性ガス雰囲気下で100℃以
　　　　　　　　　上474℃以下の温度で加熱処理してアモルファス状とされる。アモ
　　　　　　　　　ルファス状FeVO₄は結着剤と混練して加圧成形して正極板に製
　　　　　　　　　造される。
　　　　　　　　　＜リチウム　電池,陽極　活物質,製造,陽極板,方法,含水,FeVO
　　　　　　　　　↓4,非晶質,放電,気量,増大,放電　特性,向上,バナジウム酸塩,ジ,
　　　　　　　　　ジン,イオン,水溶液,鉄　▢3,化合物,鉄イオン,混合,析出,結晶,硝
　　　　　　　　　酸,溶解,アンモニア水,添加,大気中,真空,不活性　ガス　雰囲気,
　　　　　　　　　温度,加熱　処理,結着剤,混練,加圧　成形＞

<2>

昭63-069155
P出 61-212692　　非水電解液二次電池
　　S61.09.11　　東芝電池　（株），三菱油化　（株）
開 63- 69155　　〔目的〕正極体は所定のリン酸アンモニウム三水塩を配合したもの
　　S63.03.29　　を溶融急冷して調製したものを用い，負極体には所定の炭素質物の
告 05- 46670　　粉末形成体を用いることにより，充放電サイクル寿命を長くすると
　　H05.07.14　　共に，耐過放電特性を向上させる。
登　1836544　　〔構成〕正極体1は，V₂O₅と吸湿性の低い（NH₄）₃PO₄・3H₂
　　H06.04.11　　Oとを混合し，この混合物を溶融したのちその溶融物を溶融急冷法
H01M 4/02　C　で調製した非晶質物の粉末形成体である。ここで（NH₄）₃PO₄
H01M 4/02　D　・3H₂Oのモル量はV₂O₅のモル量に対して45%以下に設定する。
H01M 4/04　A　負極体3はH／C0.15未満，X線広角回折法による面の面間隔3.37
H01M 10/40　Z　▢以上，及びC軸方向の結晶子の大きさ150▢以下のパラメータで特
H01M 4/58　　　定される炭素質物とする。
　　　　　　　　　＜非水　電解液　2次　電池,陽極体,燐酸　アンモニウム,3水塩,配
　　　　　　　　　合,溶融　急冷,調製,陰極体,炭素質物,粉末　形成,体,充放電　サ
　　　　　　　　　イクル　寿命,長い,耐過,放電　特性,向上,V↓2O↓5,吸湿性,（
　　　　　　　　　NH↓4）↓3PO↓4,3　H↓2O,混合,混合物,溶融,溶融物,非晶
　　　　　　　　　質,粉末　成形体,モル量,設定,H／C,未満,X線,広角,回折,面間
　　　　　　　　　隔,C軸　方向,結晶子,大きさ,パラメータ,特定＞

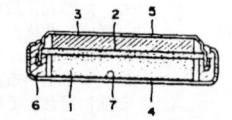

<3>

昭60-227358
P出 59-84871　　非水電解液二次電池の正極活物質用のクロム・バナジウム複合酸化
　　S59.04.25　　物の製造方法
開 60-227358　　三洋電機　（株）
　　S60.11.12　　〔目的〕正極活物質としてクロムとバナジウムを含む複合酸化物を
告 06- 36365　　用いることにより，高放電容量を有し，且つサイクル特性に優れた
　　H06.05.11　　ものを得る。
登　1908632　　〔構成〕リチウム，ナトリウムなどの軽金属を活物質とする負極3
　　H07.02.24　　と，非水電解液と，クロムとバナジウムを含む複合酸化物を活物質
H01M 4/58　　　とする正極1とを設けている。例えば，メタバナジン酸アンモニウ
　　　　　　　　　ムと無水クロム酸を混合し，アルミナボートに入れアルゴン気流中
　　　　　　　　　において250～400℃の温度で反応させて得たクロムとバナジウムを
　　　　　　　　　含む複合酸化物を活物質に，この活物質に，導電剤としてのアセチレンブラック及び結着剤としてのフツ素樹脂粉末を加え，坩堝
　　　　　　　　　で充分混合した後加圧成型し，真空熱処理して正極1とする。これ
　　　　　　　　　により放電容量が増大し且つサイクル特性が向上する。
　　　　　　　　　＜非水　電解液　2次　電池,陽極　活物質,クロム,バナジウム,複
　　　　　　　　　合　酸化物,高放電　容量,サイクル　特性,リチウム,ナトリウム,
　　　　　　　　　軽金属,活物質,陰極,非水　電解液,陽極,メタ　バナジウム酸　ア
　　　　　　　　　ンモニウム,無水　クロム酸,混合,アルミナ　ボート,アルゴン　気
　　　　　　　　　流,温度,反応,導電剤,アセチレンブラック,結着剤,フツ素　樹脂,
　　　　　　　　　粉末,るつぼ,充分,後加圧,成形,真空　熱処理,放電　容量,増大,向
　　　　　　　　　上＞

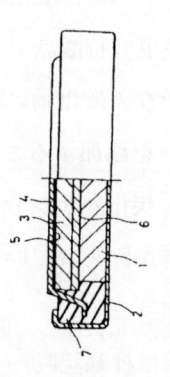

32

<4>

```
平04-363862
P出 03-136904      リチウム二次電池
    H03.06.10     松下電器産業 （株）
開 04-363862      〔目的〕正極の主体をバナジウム酸化物,負極の主体をリチウムと
    H04.12.16     し,有機電解液を用いた充放電可能なリチウム二次電池において,正
登  2819201       極の放電利用率を向上させる。£V₂O₃-V₃O₈等,炭化バナジウ
    H10.08.28     ム,最小量添加
H01M  4/02   C    〔構成〕正極5に炭化バナジウムを添加する。これにより正極を主
H01M  4/48        体となって構成するバナジウム酸化物粒子間の電気接触を良くし,
H01M 10/40   Z    リチウム二次電池の正極の放電利用率を向上させ,電池の充放電サ
H01M  4/62   Z    イクル寿命を増大させる。
                  <酸化バナジウム,炭化バナジウム>
                  <リチウム 2次 電池,陽極,主体,バナジウム 酸化物,陰極,リチ
                  ウム,有機 電解液,充放電,可能,放電 利用率,向上,V↓2O↓3,
                  V₃O↓8,炭化 バナジウム,最小量,添加,構成,粒子,電気 接触,
                  電池,充放電 サイクル 寿命,増大>
```

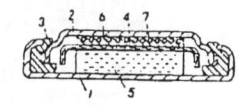

<5>

```
昭62-186466
P出 61- 26012      リチウム電池およびその製造方法
    S61.02.10     日本電信電話 （株）
開 62-186466      〔目的〕V₂O₅にTiO₂を添加したゲル状複酸化物を正極活物質
    S62.08.14     として用いることにより,小型で充放電容量の大きいリチウム電池
告 03- 81268      を得る。
    H03.12.27     〔構成〕正極活物としての二次元酸化物としては,その組成式にお
登  1713427       いて,x+y=1,0≦y≦0.5の範囲で混合した後,ゲル化処理され
    H04.11.27     たものを用いる。ゲルの作成方法はVO(OC₂H₅)₃およびTi
H01M  4/58        (OC₂H₅)₄なるアルコキシドを所定の割合で混合し,加水分解の
                  後,あるいは高温で溶融した組成式のものを水中で急冷した後,乾燥
                  して脱水する。これにより充放電量のロスの少ない小型高エネルギ
                  ー密度のリチウム電池を製造できる。
                  <リチウム 電池,製造 方法,V↓2O↓5,TiO↓2,添加,ゲル,
                  複酸化物,陽極 活物質,小型,充放電 容量,大きさ,正極活,2次元,
                  酸化物,組成式,範囲,混合,ゲル化 処理,作成 方法,VO,OC↓2
                  H↓5,Ti(OC↓2H↓5)↓4,アルコキシド,割合,加水 分解,
                  高温,溶融,水中,急冷,乾燥,脱水,充放電量,ロス,小型 高エネルギ
                  ー密度,製造>
```

$(V_2O_5)_x(TiO_2)_y$

（6）モリブデン酸化物

① 技術事項の特徴点

　　層間化合物のモリブデン酸化物を単独で正極に使用したものはほとんどなく、大半は他の酸化物との複合である。単独に近いものとしては、モリブデン酸化物のリチウム塩で、高電圧、高エネルギー密度化、サイクル向上を図っている<1>*、<2>。また、タングステンやバナジウムの複合酸化物を急冷して非晶質にすることで小型高容量化を図った例<3>*、<4>、ジルコニウムとの複合酸化物にすることで高エネルギー密度化した例<5>*、スピネル酸化物との複合でサイクル特性を向上した例<6>*、<7>等が報告されている。

参照文献（＊は抄録記載）

<1>*特開平 1-294363　　<2>特開昭 52-73330　　<3>*特開昭 61-206168　　<4>特開昭 61-206167
<5>*特開昭 61-91869　　<6>*特開平 2-75157　　<7>特開平 2-65061

参照文献（Japio抄録）

<1>

平01-294363
P出 63-124398
　　S63.05.20
開 01-294363
　　H01.11.28
登 2526093
　　H08.05.31
H01M 4/48
H01M 4/58

リチウム二次電池
日立マクセル　（株）
〔目的〕特定のリチウム－モリブデン酸化物を正極活物質として用いることにより、高電圧でエネルギー密度の高いリチウム二次電池が得られるようにする。
〔構成〕正極活物質として、$Li_{2-x}MoO_3$（xは0～1で、2－xはまずLi_2MoO_3を合成し、Li_2MoO_3からLiを電気化学的に抜いて用いることを示す）で示されるリチウム－モリブデン酸化物を用いる。ここで$Li_{2-x}MoO_3$においてLiとSの結合エネルギーに比べてLiとOの結合エネルギーの方が大きくなるので電圧が高くなる。これにより電圧が高くエネルギー密度の高いリチウム二次電池が得られる。
＜リチウム 2次 電池,リチウム,モリブデン 酸化物,陽極 活物質,高電圧,エネルギー 密度,Li↓2,MoO↓3,合成,電気 化学的,S,結合 エネルギー,O,電圧＞

<3>

昭61-206168
P出 60-46480
　　S60.03.11
開 61-206168
　　S61.09.12
告 04-56428
　　H04.09.08
登 1762961
　　H05.05.28
H01M 4/48
H01M 4/02
H01M 4/02　C
H01M 4/04　A
H01M 4/58

リチウム二次電池
日本電信電話　（株）
〔目的〕特定の非晶質物質を正極活物質として用いることにより、小型で充放電容量が大きく、優れた特性をもつリチウム二次電池を得る。
〔構成〕MoO_3もしくはWO_3に、V_2O_5を加え、溶融急冷して得られる非晶質物質を正極活物質とし、リチウムまたはリチウム合金を負極活物質とし、リチウムイオンが正極活物質あるいは負極活物質と電気化学反応をするための移動を行いうる物質を電解質物質とする。V_2O_5の使用量はMoO_3またはV_2O_5に対して、5～90モル％とし、特に30～75モル％が好適である。急冷法としては、急冷速度に優れたロール急冷法を用いる。
＜リチウム 2次 電池,非晶質 物質,陽極 活物質,小型,充放電 容量,大きさ,特性,MoO↓3,WO↓3,V↓2O↓5,溶融 急冷,リチウム,リチウム 合金,陰極 活物質,リチウム イオン,電気 化学 反応,移動,物質,電解質 物質,使用量,モル比,好適,急冷,急冷 速度,ロール 急冷＞

<5>

昭61-091869
P出 59-212054
　　S59.10.09
開 61-91869
　　S61.05.09
告 05-58225
　　H05.08.26
登 1848197
　　H06.06.07
H01M 4/58
H01M 10/40　Z

非水電解質二次電池
松下電器産業　（株）
〔目的〕ZrO_2とMoO_3との特定割合の混合物の焼結体を正極の活物質に用いることにより、アルカリ金属イオン導電性の非水電解質と、アルカリ金属を活物質とする負極と正極とからなる二次電池の充放電効率と寿命を向上する。
〔構成〕式$xZrO_2・yMoO_3$（y／xは1～5）で表わされる酸化物を、ZrO_2とMoO_3の粉末を上記割合となるように混合し、大気下で650℃以上で焼成したものを活物質として、アセチレンブラックと四フツ化エチレン樹脂と共に混合して正極とし、負極にLi等のアルカリ金属を活物質として用い、アルカリ金属イオン導電性の非水電解液としてプロピレンカーボネートとジメトキシエタンの等容量混合物に$LiClO_4$を溶解したものを用い、負極に樹脂状結晶（デンドライト）が発生して短絡することを防ぐためにポリプロピレン不織布をセパレータに用いて二次電池を構成する。こうして高エネルギー密度で保存特性が優れた電池を得る。
＜2酸化ジルコニウム,3酸化モリブデン,アルカリ金属,アルカリ金属イオン,金属イオン,テトラフルオロ,テトラフルオロエチレン,フルオロエチレン,ポリテトラフルオロエチレン,プロピレンカーボネート,炭酸エステル,ジメトキシ,ジメトキシエタン,メトキシエタン,過塩素酸リチウム,ポリプロピレン＞
＜非水 電解質 2次 電池,ジルコニア,MoO↓3,特定 割合,混合物,焼結体,陽極,活物質,アルカリ 金属 イオン 導電性,非水 電解質,アルカリ 金属,陰極,2次 電池,充放電 効率,寿命,向上,式,xZrO,酸化物,粉末,割合,混合,大気,焼成,アセチレンブラツク,4 フツ化 エチレン 樹脂,リチウム,非水 電解液,プロピレン カーボネート,ジ メトキシ エタン,等容量,LiClO

<6>

平02-075157
P出 63-227862　　有機電解液二次電池の正極
　　S63.09.12　　古河電池　（株）
開 02- 75157　　〔目的〕MoO₃に所定の金属酸化物を加えて正極活物質とすることにより，放電特性の向上と寿命特性の改善を図る。
　　H02.03.14
登　2711687　　〔構成〕有機電解液を有するリチウム電池において，その正極活物質としてMoO₃に少なくとも1種のスピネル構造をもつ金属酸化物，Co₃O₄,Mn₃O₄,rFe₂O₃,rAl₂O₃のうち少なくとも1種が加えられて正極が形成される。このMoO₃-スピネル酸化物からなるM₀系複合化合物は歪んだ構造をもち，柔軟性に富むため，Li⁺のインターカレントによる構造変化を生ぜず，可逆性が向上する。この正極を有する二次電池は電池容量の低下がなくかつ寿命特性が良い。
　　H09.10.31
H01M 4/58

＜有機　電解液　2次　電池,陽極,MoO↓3,金属　酸化物,陽極活物質,放電　特性,向上,寿命　特性,改善,有機　電解液,リチウム電池,1種,スピネル　構造,Co↓3O↓4,Mn↓3O↓4,r　Fe↓2O↓3,アルミナ,形成,スピネル　酸化物,モリブデン,複合　化合物,歪,構造,柔軟性,Li↑+,インター,カレント,構造　変化,可逆,2次　電池,電池　容量,低下＞

（7）その他酸化物

① 技術事項の特徴点

　　その他酸化物には、層間化合物の二酸化チタンを主体とした正極を使用することで、サイクル特性を改善した例<1>*、<2>、層間化合物のコバルトやコバルトを主体とする酸化物のリチウム等の塩を正極に使用して容量やサイクル特性等を改善した例<3>*、<4>*、<5>*、<6>*、<7>*、コバルトとニッケルの複合酸化物のリチウム塩とすることで電解液の分解を防止した例<8>*、<9>、遷移金属とアルミニウム等とのリチウム塩とすることで高エネルギー密度化した例<10>、遷移金属とマンガンとの複合酸化物のリチウム塩とすることでサイクル特性を向上した例<11>*、<12>等が報告されている。

参照文献（＊は抄録記載）

<1>*特開昭 59-90360　　　<2>特開昭 58-172869　　<3>*特開平 5-36414　　　<4>*特開平 4-253162
<5>*特開平 5-182665　　　<6>*特開平 3-201368　　<7>*特開平 2-278657　　<8>*特開平 1-294364
<9>特開昭 62-264560　　　<10>特開平 7-176302　　<11>*特開平 4-141954　　<12>特開平 2-27866

参照文献（Japio 抄録）

<1>

昭59-090360
P出 57-200671　固体状二次電池
　S57.11.15　松下電器産業　（株）
開 59- 90360　〔目的〕二酸化チタンを主体とする正極、金属リチウムを主体とす
　S59.05.24　る可逆性のリチウム負極、リチウムイオン導電性固体電解質を組合
告 05- 22348　わせることにより、充・放電くり返し特性の優れたものを得る。
　H05.03.29　〔構成〕正極合剤1は活物質の二酸化チタン（TiO_2）の90〜70重
登 1823943　　量部とリチウムイオン導電性固体電解質の10〜30重量部との混合物
　H06.02.10　からなり、リチウムイオン導電性固体電解質層2は、電解質として
H01M 4/48　　$nLiI・C_5H_5N・C_4H_9I$を用い、可逆性リチウム負極3は、
H01M 10/36 Z　Li_xAlで表わされるリチウム−アルミニウム合金板からなる。
　　　　　　また、正極集電体4はCr含量が30重量％以上のFe−Crフエラ
　　　　　　イト系ステンレス鋼からなり、隣接するセルの負極集電体5と正極
　　　　　　集電体4は電気的に結合されて3セルが直列に接続されている。この
　　　　　　ような構成により、充放電のくり返し特性に優れ、メモリーバック
　　　　　　アツプ用電源などとして好適な固体状二次電池を得ることができる
　　　　　　。
　　　　　　＜固体 2次 電池,2 酸化 チタン,主体,陽極,金属 リチウム,
　　　　　　可逆,リチウム 陰極,リチウム イオン 導電性 固体 電解質,
　　　　　　組合せ,充放電,繰返し 特性,陽極 合剤,活物質,$TiO↓2$,重量,
　　　　　　混合物,層,電解質,$LiI,C↓5H↓5N,C↓4H↓9,I$,可逆 リ
　　　　　　チウム 陰極,リチウム,アルミニウム,アルミニウム 合金板,陽極
　　　　　　集電体,クロム,含量,鉄,フエライト ステンレス鋼,隣接,セル,
　　　　　　陰極 集電体,電気,結合,直列,接続,構成,記憶 バックアップ,電
　　　　　　源＞

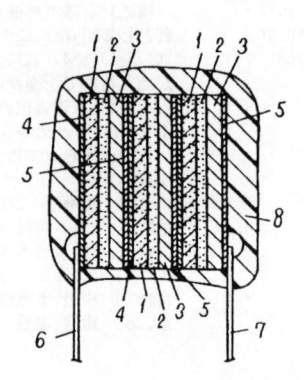

<3>

平05-036414
P出 03-214593　リチウム二次電池
　H03.07.30　湯浅電池　（株）
開 05- 36414　〔目的〕放電容量の大きい長寿命のリチウム二次電池を提供する。
　H05.02.12　£炭酸リチウム、炭酸コバルト、γ−ブチロラクトン、$LiBF_4$
登 2526750　、ポリプロピレン
　H08.06.14　〔構成〕$LiCoO_2$からなる正極活物質を有するリチウム二次電
H01M 4/52　　池であつて、$LiCoO_2$は、（003）面のX線回折線のピーク強度
H01M 4/58　　を100とした場合、（101）面のX線回折線のピーク強度が5から15
H01M 10/40 Z　の範囲にあることを特徴とする。
　　　　　　＜ポリプロピレン＞
　　　　　　＜リチウム 2次 電池,放電 容量,大きさ,長寿命,提供,炭酸 リ
　　　　　　チウム,炭酸 コバルト,γ−ブチロ ラクトン,$LiBF↓4$,ポリ
　　　　　　プロピレン,$LiCoO↓2$,陽極 活物質,X線 回折線,ピーク
　　　　　　強度,場合,(101)面,範囲,特徴＞

<4>

平04-253162
P出 03- 29537　リチウム二次電池
　H03.01.29　湯浅電池　（株）
開 04-253162　〔目的〕深い放電深度での充放電を行つても可逆性に優れ,結晶構
　H04.09.08　造の変化が少ないリチウム電池用正極活物質を得る。£負極活物質
登 2586747　、作動電圧、置換元素、非遷移金属、酸化還元反応
　H08.12.05　〔構成〕$LiCoO_2$のCoの一部をPb,Bi,Bの中から選ばれ
H01M 4/02 C　た少なくとも1種の元素で置換したものを活物質とした正極を具備
H01M 4/58　　するリチウム二次電池とすることにより,充放電サイクル寿命特性
　　　　　　を大幅に改善することができる。
　　　　　　＜リチウム 2次 電池,深い,放電 深度,充放電,可逆,結晶 構造
　　　　　　,変化,リチウム 電池,陽極 活物質,陰極 活物質,作動 電圧,置
　　　　　　換 元素,非遷移,金属,酸化 還元 反応,$LiCoO↓2$,コバルト
　　　　　　,一部,鉛,Bi,B,1種,元素,置換,活物質,陽極,具備,充放電 サイ
　　　　　　クル 寿命 特性,大幅,改善＞

＜5＞

平05-182665
P出 03-345730　　非水系2次電池
　　H03.12.27　　シャープ　（株）
開 05-182665　　〔目的〕（J）負極をリチウムを含む物質或はリチウムの挿入・脱
　　H05.07.23　　離の可能な物質から形成した正極に正極活物質として特定のリチ
登 2643046　　　ウムコバルトアンチモン酸化物を含むことにより、充放電容量の向上
　　H09.05.02　　を図る。￡集電体、絶縁パツキン、正極缶、ポリプロピレン不織布
H01M 4/02　C　、セパレータ
H01M 4/58　　　〔構成〕電池は正極3、負極6及び非水系のイオン伝導体からなる。
H01M 10/40　Z　正極3は$Li_xCo_{1-y}Sb_yO_2$（$0.05<x<1.1, 0.001<y<0.10$）を正極活物質として含み分極や電位を小さくする。負極6は金属リチウム、リチウムアルミニウム等のリチウム合金や導電性高分子を焼成した炭素等の物質やリチウムイオンをインサーション・デサーションできる無機化合物等の単独或はこれ等の複合体とする。イオン伝導体はプロピレンカーボネート等の溶媒に過塩素酸リチウム等の電解質を溶かした有機電解液、高分子固体電解質、無機固体電解質、溶融塩等を用いる。
＜ポリプロピレン＞
＜非水系,2次　電池,陰極,リチウム,物質,挿入,脱離,可能,形成,陽極,陽極　活物質,コバルト,アンチモン　酸化物,充放電　容量,向上,集電体,絶縁　パツキン,陽極缶,ポリ　プロピレン　不織布,分離器,電池,イオン　伝導体,Co↓1,アンチモン,酸素,分極,電位,金属　リチウム,リチウム　アルミニウム,リチウム　合金,導電性　高分子,焼成,炭素,リチウム　イオン,デ,サージ,無機　化合物,単独,複合体,プロピレン　カーボネート,溶媒,過塩素酸　リチウム,電解質,有機　電解液,高分子　固体　電解質,無機　固体,溶融塩＞

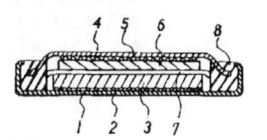

＜6＞

平03-201368
P出 02-258013　　非水電解質二次電池
　　H02.09.26　　松下電器産業　（株）
開 03-201368　　〔目的〕リチウムまたはリチウム化合物を負極としリチウム塩を含
　　H03.09.03　　む非水電解質と特定の正極活物質とを用いることにより、非水電解
告 07-32017　　　質二次電池のサイクル特性の向上を図る。
　　H07.04.10　　〔構成〕リチウムまたはリチウム化合物を負極とし、リチウム塩を
登 2048398　　　含む非水電解質と、式 $Li_xCo_{(1-Y)}M_YO_2$で表わされ、$0.85≦X≦1.3, 0.05≦Y≦0.35$であり、MはW、Mn、Ta、Ti、Nbの群より選んだ正極活物質を用いる。この場合、$LiCoO_2$は六方晶の結晶構造であり、充電により結晶よりLiが抜き取られ、放電によりLiが結晶中に入り、$LiCoO_2$中のCoの一部
H01M 4/52　　　を他の金属で置換して、結晶を安定化させる。これにより電池のサ
H01M 10/40　Z　イクル特性の向上が図れる。
H01M 4/58　　　＜非水　電解質　2次　電池,リチウム,リチウム　化合物,陰極,リチウム塩,非水　電解質,陽極　活物質,サイクル　特性,向上,式,コバルト,Y,酸素,W,マンガン,タンタル,チタン,ニオブ,群,LiCoO↓2,六方晶,結晶　構造,充電,結晶,抜取,放電,一部,金属,置換,安定化,電池＞

＜7＞

平02-278657
P出 01-100956　　リチウム二次電池とその製造法
　　H01.04.20　　昭和電工　（株）,日立製作所：（株）
開 02-278657　　〔目的〕正極にナトリウム・コバルト酸化物を用いることにより、
　　H02.11.14　　エネルギー密度が高く、自己放電率が小さく、サイクル寿命が長い
登 2752690　　　二次電池が得られるようにする。
　　H10.02.27　　〔構成〕Na塩とCo_3O_4の混合物から製造したナトリウム・コバ
H01M 4/02　C　ルト酸化物で、特に結晶構造としてγ型、即ちNa又はCoの原子
H01M 10/40　Z　1個と酸素原子6ケで、Na又はCo原子をはさんで、酸素原子の配
H01M 4/58　　　位が3角ブリズム型を示す構造のものを、二次電池の正極材料として用いる。このナトリウム・コバルト酸化物の製造はナトリウム塩、ナトリウム酸化物又はナトリウム過酸化物と、コバルト酸化物とをよく混合し、湿度の低い状態で、乾燥空気又は乾燥酸素雰囲気下でゆつくり焼成して反応する方法が好ましい。これによりエネルギー密度が高く、サイクル寿命が長く、しかも自己放電率が小さい二次電池が得られる。
＜リチウム　2次　電池,陽極,ナトリウム,コバルト　酸化物,エネルギー　密度,自己　放電率,サイクル　寿命,長い,2次　電池,ナトリウム塩,Co↓3O↓4,混合物,製造,結晶　構造,γ型,コバルト,原子,1個,酸素　原子,コバルト　原子,配位,3角　ブリズム,型,構造,陽極　材料,ナトリウム　酸化物,過酸化物,混合,湿度,状態,乾燥　空気,乾燥　酸素　雰囲気,焼成,反応,方法＞

<8>

平01-294364　　リチウム二次電池
P出 63-124393
　S63.05.20　　日立マクセル　（株）
開 01-294364　　〔目的〕特定のリチウム（コバルト－ニツケル）酸化物を正極活物
　H01.11.28　　質として用いることにより、電解液の分解を防止できる電圧範囲で
登 2699176　　の充放電においても大きな充放電容量が得られるようにする。
　H09.09.26　　〔構成〕正極活物質としてLi$_x$(Co$_{1-y}$Ni$_y$)O$_2$（xは0～1で
H01M 4/58　　、yは0.5～0.9である）で示されるリチウム（コバルト－ニツケ
ル）酸化物を用いる。ここでLi$_x$(Co$_{1-y}$Ni$_y$)O$_2$を正極活物
質に用いた場合、開路電圧は4V強～3.5Vの範囲であり、従つて
開路電圧が低下し、4V以下の電圧範囲で大きな充放電容量が得ら
れるようになる。これによりLiCoO$_2$を正極活物質として用い
る場合に比べて、電解液の安全性が確保できる4V以下の電圧範囲
で充放電容量を向上させることができる。
＜リチウム　2次　電池,リチウム,コバルト,ニツケル,酸化物,陽極
　活物質,電解液,分解,防止,電圧　範囲,充放電,充放電　容量,C
o↓1,酸素,場合,開路　電圧,4V,V,範囲,低下,LiCoO↓2,安
全性,確保,向上＞

<11>

平04-141954　　非水電解質二次電池
P出 02-265660
　H02.10.02　　松下電器産業　（株）
開 04-141954　　〔目的〕リチウムまたはリチウム化合物を負極とし、リチウム塩を
　H04.05.15　　含む非水電解質を電解質とし、正極に、特定の正極活物質を用いる
登 2584123　　ことにより、充放電サイクル寿命を長くし、自己放電の少ない非水
　H08.11.21　　電解質二次電池が得られるようにする。
H01M 4/58　　〔構成〕リチウムまたはリチウム化合物を負極とし、リチウム塩を
H01M 4/02　C　含む非水電解質を用いた非水電解質二次電池の正極に、式　Li$_x$
H01M 10/40　Z　M$_y$Mn$_{(2-y)}$O$_4$で表わされる。（MはCo、Cr、Ni、Taま
たはZnのいずれか一種であり、かつ、0.85≦X≦1.15であり、
0.02≦Y≦0.3である）正極活物質を用いる。この場合、充電に
より正極活物質よりリチウムが抜け、X≦0.7になるまで充電する
ことにより、非水電解質二次電池などの放電電圧が高くなる。これ
により高エネルギー密度となり、かつ充放電サイクル寿命特性と自
己放電特性が向上する。
＜4酸化＞
＜非水　電解質　2次　電池,陽極　活物質,製造　方法,リチウム,
リチウム　化合物,陰極,リチウム塩,非水　電解質,電解質,陽極,充
放電　サイクル　寿命,自己　放電,式,マンガン,O↓4,コバルト,
クロム,ニツケル,タンタル,亜鉛,1種,Y,充電,抜け,放電　電圧,高
エネルギー密度,充放電　サイクル　寿命　特性,自己　放電　特性
,向上＞

[カルコゲン系正極活物質]

1．技術テーマの構造

（ツリー図）

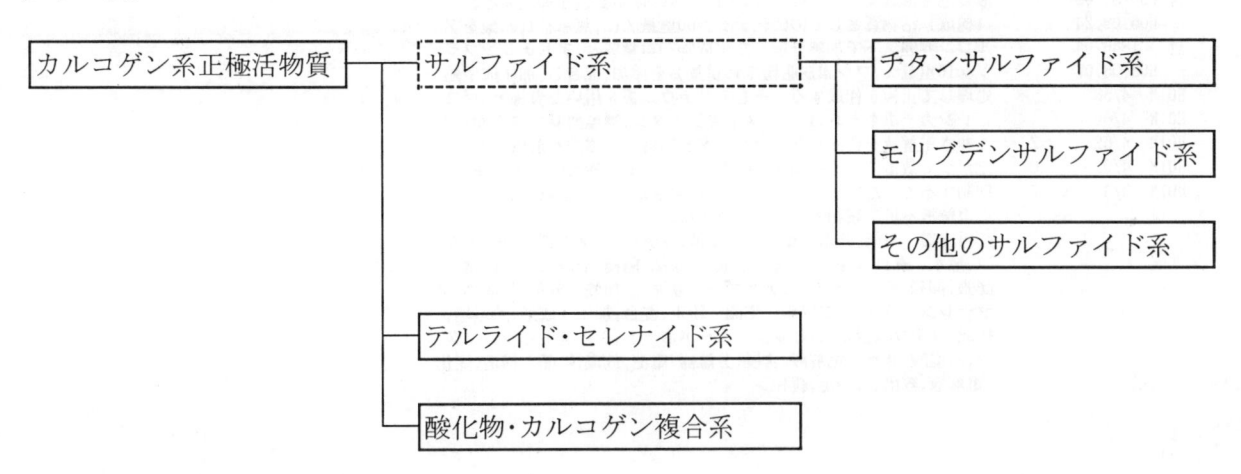

```
カルコゲン系正極活物質 ─┬─ サルファイド系 ─┬─ チタンサルファイド系
                    │                 ├─ モリブデンサルファイド系
                    │                 └─ その他のサルファイド系
                    ├─ テルライド・セレナイド系
                    └─ 酸化物・カルコゲン複合系
```

2．各技術事項について

（1）チタンサルファイド系

① 技術事項の特徴点

　チタンサルファイド系の層間化合物には、二硫化チタンや銅等との複合サルファイドが正極材料として使用されるが、正極材料自体の改良による二次電池特性の改良例は少ない。二硫化チタンにクロム酸化物を添加して正極自体の体積膨張を抑制する例<1>*、合成ゴム系の微粉末を均一分散して電極のひび割れ発生を防止する例<2>*、正極の導電剤として弾性黒鉛を使用することで正極活物質の体積膨張を吸収して電池寿命の向上を図る例<3>*、負極や電解液を改良して電池電圧やエネルギー密度やサイクルを改良した例<4>*、<5>、<6>、<7>等がある。チタンサルファイドは、塩化チタンと硫化水素との反応で合成される<8>*、<9>。

参照文献（＊は抄録記載）

<1>*特開昭60-65461　　<2>*特開昭62-254367　　<3>*特開平2-87466　　<4>*特開昭52-5423
<5>特開昭62-119865　　<6>特開昭63-2247　　　<7>特開昭55-66873　　<8>*特開昭54-114493
<9>特開昭58-181268

参照文献（Japio抄録）

＜1＞

昭60-065461
P出 58-173347　再充電可能な非水電解液電池
　　S58.09.19　三洋電機　（株）
開 60- 65461　〔目的〕リチウムを活物質とする負極と、チタン等の再充電可能な
　　S60.04.15　活物質に無水クロム酸の熱分解生成物を添加した正極とで非水電解
告 05- 57709　液電池を形成することにより、正極自体の体積膨張を抑制する。
　　H05.08.24　〔構成〕活物質としての硫化チタン60重量％に、無水クロム酸をア
登　1846704　ルゴン雰囲気下で加熱分解した生成物20重量％と、アセチレンブラ
　　H06.06.07　ツク10重量％、フツ素樹脂粉末10重量％を添加、混合し、加圧成型熱
H01M　4/58　処理して正極を作成する。そしてリチウム板を用いた負極と、プロ
H01M　4/62　ピレンカーボネート、1・2ジメトキシエタン、過塩酸リチウムからな
H01M　4/62　Z　る非水電解液を含浸したセパレータと組合せて電池を形成する。し
H01M　4/02　C　たがって放電による結晶構造の変化によって正極自体の体積膨張を
H01M　10/40　Z　抑制することができ、セパレータの電解液が絞り出されることによ
　　　　　　　　　る電解液不足を緩和することができる。

＜再充電　可能,非水　電解液　電池,リチウム,活物質,陰極,チタ
ン,無水　クロム酸,熱分解　生成物,添加,陽極,形成,自体,体積
膨張,抑制,硫化　チタン,アルゴン　雰囲気,加熱　分解,生成物,ア
セチレンブラック,フツ素　樹脂　粉末,混合,加圧　成形,熱処理,
作成,リチウム板,プロピレン　カーボネート,ジ　メトキシ　エタ
ン,過塩酸,非水　電解液,含浸,分離器,電池,放電,結晶　構造,変化
,電解液,絞出し,不足,緩和＞

＜2＞

昭62-254367
P出 62- 7623　固体電解質二次電池
　　S62.01.16　松下電器産業　（株）
開 62-254367　〔目的〕正極活物質,負極活物質,固体電解層の各材料にフツ素樹脂
　　S62.11.06　系あるいは合成ゴム系の微粉末を均一分散することにより、電極各
H01M　4/58　層のクラツクの発生を極めて少なくする。
H01M　4/62　〔構成〕例えば、正極活物質層1はCu_xTiS_2粉末とCu^+イオン
H01M　4/02　導電性固体電解質粉末よりなる混合粉末に、フツ素樹脂系あるいは
H01M　4/62　Z　合成ゴム系のバインダー粉末を混合撹拌して加圧プレスする。固体
H01M　4/02　A　電解質層2はCu^+イオン導電性固体電解質粉末に前記バインダー粉
H01M　10/36　A　末を混合撹拌して加圧プレスする。負極活物質層3は金属銅とCu_2
H01M　10/36　Z　Sからなる無機化合物の粉末とCu^+イオン導電性固体電解質粉末
　　　　　　　　　よりなる混合粉末に、前記バインダー粉末を混合撹拌して加圧プレ
　　　　　　　　　スして成形する。

＜固体　電解質　2次　電池,陽極　活物質,陰極　活物質,固体　電
解層,材料,フツ素　樹脂系,合成　ゴム,微粉末,均一　分散,電極,
各層,クラツク,発生,陽極　活物質層,$Cu↓xTiS↓2$,粉末,C
u↑+　イオン　導電性,固体　電解質　粉末,混合　粉末,バイン
ダー,混合　撹拌,加圧　プレス,固体　電解質層,陰極　活物質層,
金属銅,$Cu↓2S$,無機　化合物,成形＞

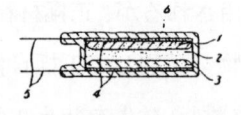

<3>

平02-087466
P出 63-238479　　非水電解液二次電池の正極
　　S63.09.22　　古河電池　（株）
開 02-87466
　　H02.03.28　　〔目的〕正極の導電材として弾性黒鉛を使用することにより、作用中の正極活物質の体積変化を吸収して、電池寿命の向上を図る。
告 06-93361
　　H06.11.16　　〔構成〕正極活物質としてはTiS₂を用い、これに導電材として弾性黒鉛を10wt％、結着材としてフツ素樹脂粉末を5wt％を添加し、充分混合した後、その混合物を3t／cm²で帯状のNiエクスパンドメタルに圧着成形した後、300℃で真空熱処理をして帯状の正極板を得る。この正極活物質粒子TiS₂は、放電時にリチウムイオンのインターカレーションによりC軸方向の格子定数が約10％伸びるが、弾性黒鉛はその変化を充分に吸収できる。この正極と、リチウム圧延板を所定の寸法に打抜いている帯状負極板と、帯状セパレータとを積層し、スパイラル状に捲回したものを円筒状容器内に収容し、プロピレンカーボネートと1,2ジメトキシエタンの混合溶媒に過塩素酸リチウムを溶解した非水電解液を注入し、密封して同筒形非水電解液二次電地を作製する。
登 1956836
　　H07.08.10
H01M 4/62　　Z
H01M 4/02　　C
H01M 4/62　　C

＜非水　電解液　2次　電池,陽極,導電材,弾性,黒鉛,使用,作用,陽極　活物質,体積　変化,吸収,電池　寿命,向上,TiS↓2,結着材,フツ素　樹脂　粉末,添加,充分,混合,混合物,帯状,ニツケル,エキスパンド　金属,圧着　成形,真空　熱処理,陽極板,陽極　活物質　粒子,放電時,リチウム　イオン,インターカレーション,C軸　方向,格子　定数,伸び,変化,リチウム　圧延板,寸法,打抜,帯状　陰極板,帯状　分離器,積層,螺旋状,巻回,円筒状　容器,収容,プロピレン　カーボネート,ジ　メトキシ　エタン,混合　溶媒,過塩素酸　リチウム,溶解,非水　電解液,注入,密封,同筒形,2次,電池,作製＞

<4>

昭52-005423
P出 51-57736　　再充電可能なリチウム－アルミニウム負極を有する化学電池
　　S51.05.19　　エクソン　リサーチ　アンド　ENG　CO
開 52-5423
　　S52.01.17　　〔目的〕リチウム－アルミニウム合金で負極を形成し,その活性物質のイオン性塩を溶解した形で有する非水性電解質を含有させ,電池電圧とエネルギー密度とを増加すると共に充放電間の分極電圧を低減するようにしている。
告 60-57188
　　S60.12.13
登 1333666　　〔構成〕約63～92％のリチウムを含有し,残りがアルミニウムである合金から作つた負極を,電気化学的に活性な遷移金属カルコゲナイト及び非水性電解質と組合せて電池を構成している。例えば87.5％のリチウムと残りのアルミニウムとの合金を,焼結して有孔率45～50％,理論容量1平方インチ当り約300mA-hrの負極を製造し,これと同寸法の二硫化チタン正極を平行に配置して1平方インチ当り65mAと16.5mAとの割合でそれぞれ放電と充電とを113サイクル反履したところ,デンドライトの成長はない。
　　S61.08.28
H01M 4/40
H01M 10/40　Z
H01M 4/58

＜再充電　可能,リチウム,アルミニウム,陰極,化学　電池,アルミニウム　合金,形成,活性　物質,イオン性塩,溶解,形,非水性　電解質,含有,電池　電圧,エネルギー　密度,増加,充放電,分極　電圧,低減,合金,電気　化学的,活性,遷移　金属,カルコゲナイド,電池,構成,焼結,有孔率,理論　容量,平方,インチ当り,製造,同寸法,2硫化　チタン,陽極,平行,配置,割合,放電,充電,サイクル,反履,デンドライト,成長＞

<8>
昭54-114493
P出 53- 19151　　二硫化チタン粒子
　　S53.02.23　　ラポート　IND　LTD
開 54-114493　　〔目的〕TiCl₄に対して化学量論量よりも過剰量のH₂Sと,T
　　S54.09.06　　iCl₄との混合物を,特定温度に加熱して,O₂の不存在下に,充分
告 61- 28609　　なガス流速で反応器に導入して,電気化学電池の活性陰極物質用の
　　S61.07.01　　Ti₂S₂粒子が得られるようにする。
登　1362881　　〔構成〕TiCl₄,16はフラツシュボイラー20で気化され,不活性ガ
　　S62.02.09　　ス15と混合後,予熱器24で400〜500℃に加熱され反応器11へ導さ
C01G 23/00　　D　れる。一方,TiCl₄に対して化学量論量よりも過剰量のH₂S13
H01M　4/58　　は,不活性ガス14と混合後,予熱器23で同温度に加熱されて反応器11
C01G 23/00　　に導入される。ついで反応生成物は回収器12に落下し,フイルター2
　　　　　　　　9により残存ガスと分離される。本方法により,互いに貫き合ってい
　　　　　　　　る六角プレートまたはプレート断片を含む,等方性形状のTi₂S₂
　　　　　　　　（x=0.90〜0.99,好適には0.925〜0.99）粒子を得る。
　　　　　　　　<2 硫化 チタン,粒子,TiCl↓4,化学量論量,過剰量,H↓2S
　　　　　　　　,混合物,特定　温度,加熱,酸素,不存在下,充分,ガス　流速,反応器
　　　　　　　　,導入,電気 化学 電池,活性 陰極 物質,Ti↓xS↓2,フラツ
　　　　　　　　シュ ボイラ,気化,不活性 ガス,混合,予熱器,一方,同　温度,反
　　　　　　　　応　生成物,回収機,落下,フイルタ,残存 ガス,分離,本,方法,六角
　　　　　　　　形,プレート,断片,等方性,形状,好適>

(2) モリブデンサルファイド系

① 技術事項の特徴点

　　モリブデンサルファイド系の層間化合物には、二硫化モリブデン、三硫化モリブデン、四硫化アンモニウムモリブデン、銅等との複合のサルファイドおよびこれらのリチウム塩が正極材料として使用される。二硫化モリブデンと三硫化モリブデンとの混合物を使用してサイクル特性の向上を図った例<1>*、<2>、四硫化アンモニウムモリブデンを正極材料に使用して高エネルギー密度とサイクル特性の向上を図った例<3>*、単斜晶三硫化モリブデンを用いて放電特性の安定とサイクル特性を向上させた例<4>*、リチウム二硫化モリブデンを使用してサイクル特性の向上を図った例<5>*、負極を改良してサイクルを向上した例<6>*、銅とモリブデンの複合サルファイドを用いて高エネルギー密度を実現した例<7>*等がある。

参照文献（＊は抄録記載）
<1>*特開昭61-176071　　<2>特開昭55-69963　　<3>*特開昭54-124232　　<4>*特開昭61-124063
<5>*特開昭55-69964　　<6>*特開昭59-90362　　<7>*特開平1-315950

参照文献（Japio抄録）

<1>

昭61-176071
P出 60- 16968　　非水電解液二次電池
　　S60.01.31　　三洋電機　（株）
開 61-176071　　〔目的〕二硫化モリブデンと三硫化モリブデンとの混合物を正極活
　　S61.08.07　　物質とすることにより，充放電サイクル特性の向上を図る。
告 04- 29190　　〔構成〕MOS2とMOS3との混合物を活物質とする正極1が正極
　　H04.05.18　　缶2の内底面に配設され，リチウム・アルミニウム合金負極3が負極
登 1742750　　　缶4の内面に固着されて負極集電体5に圧着されている。このように
　　H05.03.15　　MOS2とMOS3とを混合することにより，不可逆反応生成物の生
H01M 4/58　　　成反応を抑制する。この結果，充放電サイクル特性の向上が得られ
H01M 4/02　C　る。
　　　　　　　　＜非水　電解液　2次　電池，2硫化　モリブデン，3硫化　モリ
　　　　　　　　ブデン，混合物，陽極　活物質，充放電　サイクル　特性，向上，MO
　　　　　　　　S，活物質，陽極，陽極缶，内底面，配設，リチウム，アルミニウム　合
　　　　　　　　金，陰極，陰極缶，内面，固着，陰極　集電体，圧着，混合，非可逆，反応
　　　　　　　　生成物，生成　反応，抑制＞

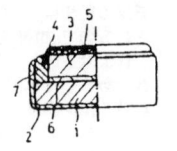

<3>

昭54-124232
P出 54- 26075　　アンモニウムモリブデンカルコゲン化合物から誘導されたカソード
　　S54.03.06　　を有する電池
開 54-124232　　エクソン　リサーチ　アンド　ENG　CO
　　S54.09.27　　〔目的〕正極活物質として，アンモニウムモリブデンカルコゲニド
告 03- 81267　　化合物を用いることにより，充電および放電をサイクル化できる高
　　H03.12.27　　エネルギー密度電池を得る。
登 1779359　　　〔構成〕負極活物質として，アルカリ金属，例えばリチウム，その他
　　H05.08.13　　周期律表のIB族金属，IIA族金属，IIB族金属のいずれかを用い，
H01M 4/36　　　正極活物質としてアンモニウムモリブデンカルコゲニド化合物，例
H01M 4/58　　　えば(NH₄)₂MoS₄，(NH₄)₂MoSe₄等を用いている。ま
H01M 10/40　Z　た電解液としては，例えば負極がアルカリ金属の場合は非水性，IIB
H01M 4/38　　　族の場合は水性電解液の，負極および正極に対して化学的に不活性
H01M 4/60　　　で，イオンの移動を許すもの，例えば非水性ではエーテル等の有機溶
　　　　　　　　剤にリチウム塩等を溶かしたもの等を用いている。
　　　　　　　　＜アルカリ金属，2a族金属，ジアンモニウム＞
　　　　　　　　＜アンモニウム，モリブデン，カルコゲン　化合物，誘導，カソード，
　　　　　　　　電池，陽極　活物質，カルコゲナイド，化合物，充電，放電，サイクル化
　　　　　　　　，高エネルギー密度　電池，陰極　活物質，アルカリ　金属，リチウム
　　　　　　　　，周期律表，1b族，金属，2a族　金属，2b族，(NH↓4)↓2MoS
　　　　　　　　↓4，(NH↓4)↓2,MoS,4等，電解液，陰極，非水性，水性　電解
　　　　　　　　液，陽極，化学的，不活性，イオン，移動，許可，エーテル，有機　溶剤，
　　　　　　　　リチウム塩＞

<4>

昭61-124063
P出 59-246543　　電池の正極活物質
　　S59.11.20　　大阪セメント　（株）
開 61-124063　　〔目的〕遷移金属トリカルコゲン化合物と同様の構造をもつ単斜晶
　　S61.06.11　　三硫化ニオブを電池の正極活物質に利用することにより、放電電位
告 05- 58226　　を安定させ，かつ充電反応，放電反応の繰り返しによる電池性能の
　　H05.08.26　　低下を防ぐ。
登 1845437　　　〔構成〕金属ニオブ粉末とイオウを1：3の割合で混合し，高圧用セ
　　H06.05.25　　ルに入れた後，正六面体型高圧力発生装置により3万気圧まで加圧
H01M 4/58　　　する。その後試料を700℃で30分加熱し，単斜晶三硫化ニオブを生
C01G 33/00　　成する。ペレット状に加圧成形して電池の正極とし，他方負極には
　　　　　　　　リチウムを，また電解液には1MLiClO₄－THF溶液を使用し
　　　　　　　　て電池を構成すると，ほぼ1.8Vの一定電位を示し，良好な放電特
　　　　　　　　性を示す。
　　　　　　　　＜電池，陽極　活物質，遷移　金属　トリ　カルコゲン　化合物，構
　　　　　　　　造，単斜晶，三硫化，ニオブ，利用，放電　電位，安定，充電　反応，放電
　　　　　　　　反応，繰返し，電池　性能，低下，金属　ニオブ，粉末，硫黄，割合，混
　　　　　　　　合，高圧，セル，正六面体，型，高圧力　発生，装置，万，気圧，加圧，後試
　　　　　　　　料，30分，加熱，生成，ペレット，加圧　成形，陽極，他方，陰極，リチウ
　　　　　　　　ム，電解液，ML,ClO↓4，THF　溶液，使用，構成，V，一定　電
　　　　　　　　位，良好，放電　特性＞

<5>

昭55-069964
P出 54-105599　　リチウム二硫化モリブデンを正極とする二次電池
　　S54.08.21　　ルドルフ　ローランド　ヘーリング,ジエイムズ　アレクサンダー
開 55-69964　　　　ロバート　スタイルズ,クラウス　ブラント
　　S55.05.27　　〔目的〕リチウムの負極と非水電解質を有する二次電池の正極とし
告 61-53828　　　て,リチウム二硫化モリブデンを用いることにより,高度の可逆性が
　　S61.11.19　　得られるようにする。
登 1389316　　　〔構成〕リチウムの負極と非水電解質とを有する二次電池の正極と
　　S62.07.14　　して,化学式Li_xMoS_2(但し$0<x≦3$)で表わされるリチウム
H01M 4/58　　　二硫化モリブデンを用いている。そしてこのリチウム二硫化モリブ
H01M 4/06　K　デンの正極は,リチウム陽イオン濃度xの値により可逆性能が左右
H01M 6/16　Z　されるので,電池を0.7～1.1Vの第1電圧ブラトーに放電させて,
H01M 4/02　　これより下の0.6V以上の放電電圧までで可逆的放電動作を整調す
H01M 4/02　C　る。あるいは電池を約0.8Vの電位に放電するときに正極のリチ
　　　　　　　　ウム陽イオン濃度xの値が2以下で1以上の値に近づき,電池電圧2.7
　　　　　　　　～0.8Vの間で可逆リサイクリングできるようにする。
　　　　　　　　＜リチウム 2 硫化 モリブデン,電池,陰極,リチウム,非水　電
　　　　　　　　解質,2次　電池,陽極,高度,可逆,化学式,MoS↓2,陽イオン　濃
　　　　　　　　度,値,左右,第1　電圧,ブラトー,放電,V,放電　電圧,放電　動作,
　　　　　　　　整調,電位,電池　電圧,リサイクリング＞

<6>

昭59-090362
P出 57-200672　　固体状二次電池
　　S57.11.15　　松下電器産業　（株）
開 59-90362　　〔目的〕正極活物質として多硫化モリブデンを用い、負極に、可逆
　　S59.05.24　　性のリチウムーアルミニウム合金を用いることにより、充放電くり
告 05-22349　　　返し特性の優れた固体状のリチウム二次電池を得る。
　　H05.03.29　　〔構成〕正極合剤1は活物質の二硫化モリブデン（$MoS_{2.10}$）の9
登 1823944　　　0～70重量部とリチウムイオン導電性固体電解質の10～30重量部と
　　H06.02.10　　の混合物からなり、$MoS_{2.10}$が約3ミリモルとなるように前記の
H01M 4/58　　　混合物を秤量し、300MPaの圧力で直径18mm、厚さ0.4mm程度
H01M 10/36　Z　の円板状に成形したものである。リチウムイオン導電性固体電解質
　　　　　　　　層2として$nLiI・C_5H_5N・C_4H_9I$で表されるものを用い
　　　　　　　　た。ここにn値としては4～6が好適に選ばれる。電解質層2は上記の
　　　　　　　　電解質粉末を300MPaの圧力で直径18mm、厚さ0.4mm程度の円
　　　　　　　　板状に成形したものである。可逆性リチウム負極3は、Li_xAl
　　　　　　　　で表されるリチウムーアルミニウム合金板よりなる直径18mm、厚
　　　　　　　　さ0.5mmの円板状のものである。xの値としては0.08～0.9ま
　　　　　　　　で目的に応じて変えられる。
　　　　　　　　＜固体 2次　電池,陽極　活物質,多硫化,モリブデン,陰極,可逆,
　　　　　　　　リチウム,アルミニウム　合金,充放電,繰返し　特性,固体,リチウ
　　　　　　　　ム 2次　電池,陽極　合剤,活物質,2 硫化　モリブデン,MoS↓
　　　　　　　　2,重量,リチウム　イオン　導電性　固体　電解質,混合物,ミリモ
　　　　　　　　ル,秤量,MP,圧力,直径,8mm,厚さ,程度,円板状,成形,層,LiI
　　　　　　　　,C↓5H↓5N,C↓4H↓9,I,N値,好適,電解質層,電解質　粉末,
　　　　　　　　可逆　リチウム　陰極,アルミニウム,アルミニウム　合金板,値,目
　　　　　　　　的＞

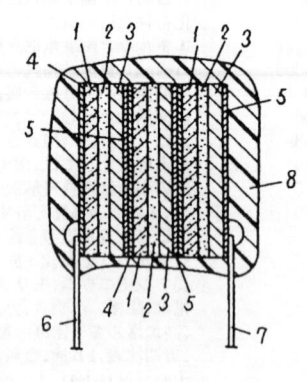

<7>

平01-315950	正極活物質構造体
P出 63-148978	日本合成ゴム （株）
S63.06.16	
開 01-315950	
H01.12.20	
登 2576064	
H08.11.07	
C22C 9/00	
H01M 4/58	
H01M 4/02 C	

〔目的〕銅網状体の開口に式$Cu_{x-y}Mo_6S_{8-y}$（式中、xは2～4及びyは0～0.25）で表わされる銅シエブレル化合物と有機高分子化合物との混合物を充填した構造体を、硫黄分を含む気体中で加熱して、工業的に扱い易く、且つ高エネルギー密度化する。

〔構成〕銅網状体の開口部に一般式$Cu_{x-y}Mo_6S_{8-y}$（式中、xは2～4及びyは0～0.25）で表わされる銅シエブレル化合物と有機高分子化合物との混合物を充填した構造体を、硫黄分を含む気体中で加熱して製造する。ここで銅シエブレル化合物は粉末状で粒径が300メッシュ以下とする。有機高分子化合物としては、例えば1,4-ポリブタジエン、天然ゴム、ポリイソプレン、スチレン-ブタジエン共重合体、アクリロニトリル-ブタジエン共重合体、スチレン-ブタジエン-スチレンブロック共重合体などを用いる。また銅網状体としては表面が銅で形成された織布または不織布を用い、開口率は25～60%範囲とする。

<ポリブタジエン,ポリイソプレン,ジエン共重合,スチレンブタジエン共重合,ブタジエン共重合,スチレン共重合>

<陽極 活物質,構造体,銅網,状態,開口,式,銅,モリブデン,シエブレル,化合物,有機 高分子 化合物,混合物,充填,硫黄分,気体,加熱,工業,高エネルギー密度,一般,製造,粉末状,粒径,メッシュ,ポリブタジエン,天然 ゴム,ポリ イソプレン,スチレン ブタジエン 共重合体,アクリロ ニトリル,ブタジエン 共重合体,スチレン,ブタジエン,スチレン ブロツク 共重合体,表面,形成,織布,不織布,開口率,範囲>

（3）その他のサルファイド系

① 技術事項の特徴点

　その他のサルファイド系の層間化合物には、鉄、コバルト、ニッケル、マンガン、鉛、ビスマス、銅、銀、水銀の硫化物、多硫化タングステン、三硫化ニオブ等がある。また、スズまたは鉛とビスマスまたはアンチモンの複合硫化物等も知られている。特殊なものには遷移金属の硫化燐化合物がある。二硫化鉄の一部をコバルト等の多価金属硫化物で置換したものは電極の膨張が緩和され正極の利用率や出力が向上する[1]*。スズまたは鉛とビスマスまたはアンチモンの複合硫化物は高エネルギー密度で、かつサイクルがよい[2]*。多硫化タングステン、多硫化ニオブ、コバルト等の硫化物を正極に使用し、負極や電解液との組み合わせでサイクルを向上した例[3]*、[4]、[5]、[6]*、[7]、単斜晶の三硫化ニオブなどを使用することで高い電位で安定な電位を示す例[8]*、鉄やニッケル等の遷移金属の硫化燐化合物使用することで高エネルギー密度でサイクル性もよい例[9]*等がある。

参照文献（*は抄録記載）

[1]*特開昭52-64634　　[2]*特開昭56-42963　　[3]*特開昭59-90361　　[4]>特開昭59-90363
[5]>特開昭59-235372　[6]*特開昭61-22577　　[7]>特開昭62-55875　　[8]*特開昭61-124062
[9]*特開昭52-128524

参照文献（Japio抄録）

<1>

昭52-064634
P出 51-84481
　S51.07.15
開 52-64634
　S52.05.28
H01M 4/58

二次電池用陽極
アメリカ　ガツシユウコク
〔目的〕二次電池の陽極中における活物質組成を改良し，集電子を構成する不活性金属の量を減少して，放電の際生じる膨張を減少させること。
〔構成〕二次電池は陰極13,15，改良した活物質27を含む陽極17，これらの電極間にイオン伝導を与えるための電解質を有する。この改良された陽極活物質27は，重量の大部分は二硫化鉄であり，その二硫化鉄よりも重量の少ない多価金属硫化物（コバルト，ニツケル，銅，マンガン，セリウムからなる多価金属グループから選択された金価の硫化物）を含んでいる。このような改良された陽極活物質を用いることにより，活物質の利用が著しく改善され，電極の膨張が減少し，また電極抵抗が低減して，これによつて高出力を得ることができ，集電子の必要量も少なくてよい。
<2次　電池,陽極,活物質,組成,改良,集電子,構成,不活性　金属,量,減少,放電,膨張,陰極,電極,イオン　伝導,電解質,陽極　活物質,重量,大部分,2　硫化　鉄,多価　金属,硫化物,2　コバルト,銅,マンガン,セリウム,グループ,選択,金属,利用,改善,電極　抵抗,低減,高出力,必要量>

<2>

昭56-042963
P出 55-113927
　S55.08.19
開 56-42963
　S56.04.21
H01M 4/58
H01M 4/06　K
H01M 6/16　Z

非水性電解質式電気化学ジエネレータ
ジエネラル　デレクトリシテ：CO
〔目的〕アルカリ金属を負極とし，正極活物質にPbまたはSnおよびBiまたはSbの硫化物またはセレン化物の固溶体を用いることにより，高エネルギー密度で再充電可能な電池を得る。
〔構成〕外装4,5内にアルカリ金属の負活性物質1,非水電解液を含浸した多孔質隔離部3,正活性物質2を収納してボタン型電池を形成する。このような電池の正活性物質2として，M, X, R, X₃で示される化合物（但しMはPbまたはSn, XはSまたはSe, xは0〜1, yは0〜2）の固溶体，例えばPbBi₂S₄, SnBi₂S₄等を用いている。電解質としては，アルカリ金属のハロゲン化物,硫酸塩,燐弗化物等，あるいは固溶体の例えばベータアルミナ等を用いる。
<非水性　電解質　電気　化学　ジエネレータ,アルカリ　金属,陰極,陽極　活物質,鉛,錫,Bi,アンチモン,硫化物,セレン化物,固溶体,高エネルギー密度,再充電　可能,電池,外装,負,活性　物質,非水　電解液,含浸,多孔質,隔離部,正,収納,ボタン　電池,形成,化合物,S,セレン,鉛　Bi,錫　Bi,4等,電解質,ハロゲン化物,硫酸塩,燐弗化物,β　アルミナ>

<3>

昭59-090361
P出 57-200670
　S57.11.15
開 59-90361
　S59.05.24
告 05-19262
　H05.03.16
登 1823942
　H06.02.10
H01M 4/58
H01M 10/36　A

固体状二次電池
松下電器産業　（株）
〔目的〕正極活物質として多硫化タングステンを用い，負極に可逆性のリチウム－アルミニウム合金を用いることにより，充・放電くり返し特性の優れた固体状のリチウム二次電池を得る。
〔構成〕正極合剤1は活物質の二硫化タングステン（WS₂．₀₀）の90〜70重量部とリチウムイオン導電性固体電解質の10〜30重量部との混合物からなり，WS₂．₀₀が約3ミリモルとなるように前記の混合物を秤量し，300MPaの圧力で直径18mm，厚さ0.4mm程度の円板状に成形したものである。リチウムイオン導電性固体電解質層2として，nLiI・C₅H₅N・C₄H₉Iで表されるものを用いた。ここにn値としては4〜6が好適に選ばれる。電解質層2は，上記の電解質粉末を300MPaの圧力で直径18mm，厚さ0.4mm程度の円板状に成形したものである。可逆性リチウム負極3は，Li Alで表されるリチウム－アルミニウム合金板よりなる直径18mm，厚さ0.5mmの円板状のものである。xの値としては0.08〜0.9まで目的に応じて変えられる。
<固体　2次　電池,陽極　活物質,多硫化,タングステン,陰極,可逆,リチウム,アルミニウム　合金,充放電,繰返し　特性,固体,リチウム　2次　電池,陽極　合剤,活物質,2　硫化　タングステン,WS↓2,重量,リチウム　イオン　導電性　固体　電解質,混合物,ミリモル,秤量,MP,圧力,直径,8mm,厚さ,程度,円板状,成形,層,LiI,C↓5H↓5N,C↓4H↓9,I,N値,好適,電解質層,電解質　粉末,可逆　リチウム　陰極,アルミニウム,アルミニウム　合金板,値,目的>

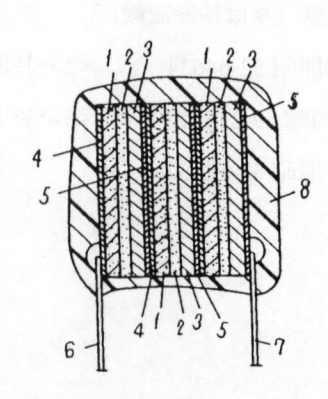

46

<6>

昭61-022577
P出 60-87348　　複合電極を有する電気化学的発電装置
　　S60.04.23　　ナシオナル　エルフ　アキテーヌ　プロデユクシオン：SOC,ハ
開 61-22577　　　イドロ　ケベツク
　　S61.01.31　　〔目的〕陽極活物質を,電解質中の塩の陽イオンにより還元される
告 06-16419　　　金属化合物とすることにより,発生器を周囲温度で,かつ高サイクル
　　H06.03.02　　まで可逆的に作動できるようにする。
登 1890250　　　〔構成〕複合陽極の活物質を,ポリエーテル形アモルフアス構造を
　　H06.12.07　　有する電解質中の塩の陽イオンにより還元され得る金属化合物を使
H01M 10/36　Z　用する。金属化合物としてFe,Co,Ni,Mn,Pb,Bi,Cu,
H01M 4/58　　　Ag,Hgより選択した金属のカルコゲン化物よりなる置換化合物
H01M 10/36　　　とする。この金属化合物は放電中に生じる還元中にゼロ酸化力金属
　　　　　　　　を含有し得る1又は数個の種を形成する。又,この発生器の電解質は
　　　　　　　　高分子物質中の固溶体である。複合陰極の活物質は置換物質であり
　　　　　　　　,イオン導電性高分子物質で被覆されている。この電気化学的発生
　　　　　　　　器は電解室内の輸送選択性及び電解質の固体の性質が,中間種の対
　　　　　　　　流を抑制する。更にこれらの種の拡散を妨げる。
　　　　　　　　＜ポリエーテル＞
　　　　　　　　＜複合　電極,電気　化学的　発生器,陽極　活物質,電解質,塩,陽
　　　　　　　　イオン,還元,金属　化合物,発生器,周囲　温度,高サイクル,可逆,
　　　　　　　　作動,複合　陽極,活物質,ポリ　エーテル,形,非晶質　構造,使用,
　　　　　　　　鉄,コバルト,ニツケル,マンガン,鉛,Bi,銅,銀,水銀,選択,金属,
　　　　　　　　カルコゲン化物,置換　化合物,放電,ゼロ,酸化力,含有,数個,種,形
　　　　　　　　成,高分子　物質,固溶体,複合　陰極,置換　物質,イオン　導電性,
　　　　　　　　被覆,電解室,輸送,選択性,固体,性質,中間,対流,抑制,拡散＞

<8>

昭61-124062
P出 59-246542　　電池の正極活物質
　　S59.11.20　　大阪セメント　（株）
開 61-124062　　〔目的〕電池の正極活物質として、結晶構造が単斜晶で、かつ、遷
　　S61.06.11　　移金属とカルコゲンの組成比を1：3の定比とした遷移金属トリカル
告 06-7485　　　コゲン化合物を用いることにより、一次電池、二次電池を高性能に
　　H06.01.26　　する。
登 1882441　　　〔構成〕金属ニオブ粉末とイオウを1：3の割合で混合し、高圧用セ
　　H06.11.10　　ルに入れた後、正六画体極高圧力発生装置により3万気圧まで加圧
H01M 4/58　　　する。その後、試料を700℃で30分加熱し、組成比が正確に1：3の
　　　　　　　　単射晶NbS_3を生成する。ペレット状に加圧成形して電池の正極
　　　　　　　　とし、他方負極にはリチウムを、また電解液には1M $LiClO_4$－
　　　　　　　　THF溶液を使用して電池を構成すると、高い電位で、しかも正極
　　　　　　　　組成がLi_2NbS_3になるまで安定な電位を示す。
　　　　　　　　＜電池,陽極　活物質,結晶　構造,単斜晶,遷移　金属,カルコゲン,
　　　　　　　　組成比,定比率,遷移　金属　トリ　カルコゲン　化合物,1次　電池
　　　　　　　　,2次　電池,高性能,金属　ニオブ,粉末,硫黄,割合,混合,高圧,セル
　　　　　　　　,正,6,画体,極高圧,力発生,装置,万,気圧,加圧,試料,30分,加熱,正
　　　　　　　　確,NbS↓3,生成,ペレット,加圧　成形,陽極,他方,陰極,リチウ
　　　　　　　　ム,電解液,ML,ClO↓4,THF　溶液,使用,構成,高さ,電位,組
　　　　　　　　成,Li↓2,安定＞

<9>

昭52-128524
P出 52-39920　　電気化学二次電池
　　S52.04.07　　エクソン　リサーチ　アンド　ENG　CO
開 52-128524　　〔目的〕陰極に遷移金属三硫化燐を用いて,エネルギー密度が高く,
　　S52.10.28　　再充電可能でコスト安な電気化学電池を得ること。
告 62-3547　　　〔構成〕Mを鉄及びニツケルからなる群から選ばれた遷移金属,y
　　S62.01.26　　を0.9～1.0とするとき,式M（PS_3）,に対応する遷移金属三硫
登 1398028　　　化燐からなる陰極と,アルカリ金属,マグネシウム,カルシウム,アル
　　S62.09.07　　ミニウム及び亜鉛及びそれらの組合せからなる群から選ばれた陽極
H01M 4/58　　　活物質からなる陽極と,陽極活性物質のイオンを一方の電極から他
H01M 10/39　D　方の電極へ通過させる電解質を組合せて電気化学電池を形成してい
　　　　　　　　る。
　　　　　　　　＜遷移金属,硫化燐,アルカリ金属＞
　　　　　　　　＜挿入,遷移　金属,3　硫化　燐,陰極,エネルギー　密度,再充電
　　　　　　　　可能,低コスト,電気　化学　電池,鉄,ニツケル,群,式,PS,対応,
　　　　　　　　アルカリ　金属,マグネシウム,カルシウム,アルミニウム,亜鉛,組
　　　　　　　　合せ,陽極　活物質,陽極　活性　物質,イオン,一方,電極,他
　　　　　　　　方,通過,電解質,形成＞

（4）テルライド・セレナイド系
① 技術事項の特徴点

　テルライド・セレナイド系の層間化合物には、スズ、鉛、タンタル、ニオブ、マンガン等、周期律表のⅣ族またはⅤ族のセレナイド・テルライドがある。正極材料に、二セレン化スズや、鉛またはスズおよびビスマスまたはアンチモンのセレナイドを使用することで、高エネルギー密度にした例<1>*、<2>*、$CuCr_2Se_4$、$CuSr_2Te_4$等スピネル構造のセレナイドやテルライドを正極材料に使用することで長期信頼性や充放電性能の向上を図った例<3>*、正極材料に、Ｓｉ、Ｇｅ等とＳｅ、Ｔｅ等とＣｕ、Ｆｅ等からなるセレナイド・テルライドを用いることで、充放電可能な電池を得ている<4>*。また、周期律表のⅣ族またはⅤ族の遷移金属のジカルコゲンに、周期律表のⅠA族またはⅡmA族の金属を内添したものを正極材料とすることで、高エネルギー密度を実現している<5>*等がある。

参照文献（＊は抄録記載）

<1>*特開昭55-60278　　　　<2>*特開昭56-42963　　　　<3>*特開昭56-120071　　　　<4>*特開昭56-42964
<5>*特開昭55-43793

参照文献（Japio 抄録）
＜１＞

昭55-060278
P出 53-133282　　　電池
　　S53.10.31　　　日本電信電話　（株）
開 55- 60278　　　〔目的〕正極活物質として二セレン化スズ,負極活物質としてリチ
　　S55.05.07　　　ウムを用い,電解質としてリチウムイオンの移動が可能な物質を用
告 59- 11189　　　いることにより,高エネルギー密度の二次電池を得る。
　　S59.03.14　　　〔構成〕リチウムを負極活物質として用いる二次電池における正極
登　1239422　　　活物質として,二セレン化スズ（$SnSe_2$）を用い,電解質として
　　S59.11.13　　　プロピレンカーボネイト等の非プロトン性有機溶媒と過塩素酸リチ
H01M　4/58　　　ウム等のリチウム塩との組み合せ,またはＬｉ'を伝導体とする固体
H01M 10/38　　　電解質あるいは溶融塩を用いている。この電解質は,二セレン化ス
　　　　　　　　　ズおよびリチウムと反応せず,リチウムイオンが二セレン化スズに
　　　　　　　　　インターカレントするために移動できる物質とする。また前記の正
　　　　　　　　　極は,例えば二セレン化スズの粉末と結合剤粉末との混合物をニツ
　　　　　　　　　ケル等の支持体上に膜状に圧着成形する等によって形成する。
　　　　　　　　　＜電池,陽極　活物質,2,セレン化,スズ,陰極　活物質,リチウム,電
　　　　　　　　　解質,リチウム　イオン,移動,可能,物質,高エネルギー密度,2次
　　　　　　　　　電池,錫　セレン,プロピレン　カーボネート,非プロトン性　有機
　　　　　　　　　　溶媒,過塩素酸　リチウム,リチウム塩,組合せ,Ｌｉ↑＋,伝導体,
　　　　　　　　　固体　電解質,溶融塩,反応,インター,カレント,陽極,粉末,結合剤
　　　　　　　　　　粉末,混合物,ニツケル,支持体,膜状,圧着　成形,形成＞

<2>

昭56-042963
P出 55-113927
　　S55.08.19
開 56- 42963
　　S56.04.21
H01M 4/58
H01M 4/06　K
H01M 6/16　Z

非水性電解質式電気化学ジエネレータ
ジエネラル　デレクトリシテ：CO

〔目的〕アルカリ金属を負極とし,正極活物質にPbまたはSnおよびBiまたはSbの硫化物またはセレン化物の固溶体を用いることにより,高エネルギー密度で再充電可能な電池を得る。
〔構成〕外装4,5内にアルカリ金属の負活性物質1,非水電解液を含浸した多孔質隔離部3,正活性物質2を収納してボタン型電池を形成する。このような電池の正活性物質2として,$M_xX_yR_zX_3$で示される化合物(但しMはPbまたはSn,XはSまたはSe,xは0～1,yは0～2)の固溶体,例えば$PbBi_2S_4$,$SnBi_2S_4$等を用いている。電解質としては,アルカリ金属のハロゲン化物,硫酸塩,燐弗化物等,あるいは固溶体の例えばベータアルミナ等を用いる。
<非水性　電解質　電気　化学　ジエネレータ,アルカリ　金属,陰極,陽極　活物質,鉛,錫,Bi,アンチモン,硫化物,セレン化物,固溶体,高エネルギー密度,再充電　可能,電池,外装,負,活性　物質,非水　電解液,含浸,多孔質,隔離部,正,収納,ボタン　電池,形成,化合物,S,セレン,鉛　Bi,錫　Bi,4等,電解質,ハロゲン化物,硫酸塩,燐弗化物,β　アルミナ>

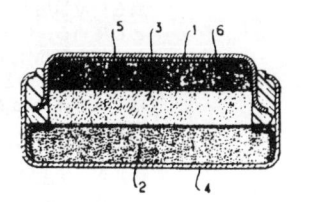

<3>

昭56-120071
P出 55- 22986
　　S55.02.26
開 56-120071
　　S56.09.21
H01M 4/58
H01M 6/18　Z
H01B 1/06　A
H01M 10/36　Z

固体電解質電池
シチズン時計（株）

〔目的〕アルカリ金属を負極活物質とする固体電解質電池の正極活物質としてスピネル構造を有する所定の遷移金属元素のカルコゲン化合物を用いることにより,長期信頼性と充放電性能の向上を図ること。
〔構成〕負極活物質8はアルカリ金属もしくはアルカリ金属の合金,好ましくはリチウム合金であり,固体電解質7は好ましくは窒化リチウムを用いている。正極活物質6としては,遷移金属元素をMとするときに一般式が$M_A^{II}M_B^{III}X_4$で表わされる(ただし,II,IIIはイオンの価数を表わす)カルコゲン化合物で,その結晶構造がスピネル構造を有するものを1種以上用いている。前記一般式のカルコゲン化合物としては例えば,$CoFe_2S_4$,$CuCr_2Se_4$,$CuSr_2Te_4$等が挙げられる。
<固体　電解質　電池,アルカリ　金属,陰極　活物質,陽極　活物質,スピネル　構造,遷移　金属　元素,カルコゲン　化合物,長期　信頼性,充放電　性能,向上,合金,リチウム　合金,固体　電解質,窒化　リチウム,一般,AM,B,B,イオン,価数,結晶　構造,1種　以上,$CoFe↓2S↓4$,$CuCr↓2Se↓4$,CuS,テルル,4等>

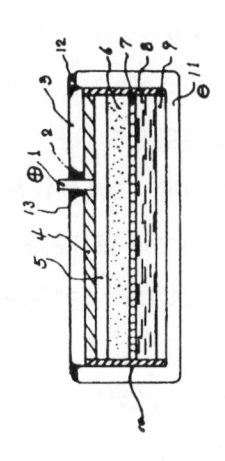

<4>

昭56-042964
P出 55-113928
　　S55.08.19
開 56- 42964
　　S56.04.21
H01M 4/58
H01M 4/06　K
H01M 4/08　K
H01M 6/16　Z

非水性電解質式電気化学ジエネレータ及びその製法
ジエネラル　デレクトリシテ：CO

〔目的〕アルカリ金属を負極とし,正極活物質にSi,Ge等とS,Se等とCu,Fe等とからなる特定の化合物を用いることにより,充電可能な電池を得る。
〔構成〕外ケース1内の台部3上に正活性物質の層5を設け,さらに電解液を含浸した分離部6を設ける。内ケース2にはアルカリ金属のリチウム等を被着した負電極4を設け,この内ケース2を外ケース1内に,ポリエチレン等7を介して圧縮嵌合して,非水電解質電池を形成する。このような電池の正電極5の活性物質として,一般式$MX_4R_nT_p$で示される化合物(但しMはSi,Ge,SnまたはPb,XはS,SeまたはTe,RおよびTはCu,Ag,Mn,Fe,Co,またはNi,$0<n≦4,0<p≦2$),例えばFe_2SiS_4,$Cu_2Fe_2SnS_4$等を,単独あるいは混合して用いる。
<ポリエチレン>
<非水性　電解質　電気　化学　ジエネレータ,製法,アルカリ　金属,陰極,陽極　活物質,珪素,ゲルマニウム,S,セレン,銅,鉄,化合物,充電　可能,電池,外ケース,台部,正,活性　物質,層,電解液,含浸,分離,内ケース,リチウム,被着,負電極,ポリ　エチレン,圧縮　嵌合,非水　電解質　電池,形成,陽極,一般,MX,nT,↓p,錫,鉛,テルル,銀,マンガン,コバルト,ニツケル,$Fe↓2$,珪素　S,$Cu↓2$,SnS,4等,単独,混合>

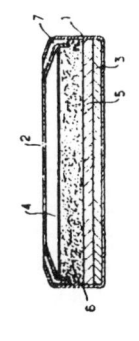

<5>

昭55-043793
P出 54-118860　　改良されたカルコゲナイト電気化学的電池
　　S54.09.18　　ユニバーシテイ　パテンツ　INC
開 55- 43793　　〔目的〕Ⅳ族またはⅤ族の遷移金属のジカルコゲナイトに、陰極活
　　S55.03.27　　物質より陽性のⅠA族またはⅡA族金属を内位添加したものを陽極
H01M　4/58　　　活物質とすることにより、容量の大きい高エネルギー密度2次電池を
H01M 10/36　Z　得る。
　　　　　　　　〔構成〕式 A_yMZ_x で表わされる、部分的にⅠA族またはⅡA族金
　　　　　　　属を内位添加されたジカルコゲナイトを、充電状態での陽極活物質
　　　　　　　としている。但し式中の、Aは陰極活物質より陽性のⅠA族または
　　　　　　　ⅡA族金属、MはⅣ族またはⅤ族の遷移金属、ZはSe、SまたはT
　　　　　　　eを表わすものとし、yは0.01〜1、xは約1.8〜2.1とする。例え
　　　　　　　ば TaS_2 にNaを内位添加して生成させた $Na_{0.177}TaS_2$ の粉
　　　　　　　末を圧縮したペレットを陽極とし、Liを陰極に、無水の過塩素酸リ
　　　　　　　チウムをプロピレン炭酸塩に溶解した溶液を電解液に用いて、高エ
　　　　　　　ネルギー密度2次電池を作成する。
　　　　　　　<改良,カルコゲナイド,電気　化学的　電池,4族,5族,遷移　金属,
　　　　　　　ジ　カルコゲナイド,陰極　活物質,陽性,1a族,2a族　金属,内位
　　　　　　　　添加,陽極　活物質,容量,大きさ,高エネルギー密度　2次　電池,
　　　　　　　式,部分的,充電　状態,セレン,S,テルル,TaS↓2,ナトリウム,
　　　　　　　生成,粉末,圧縮,ペレット,陽極,リチウム,陰極,無水,過塩素酸　リ
　　　　　　　チウム,プロピレン　炭酸塩,溶解,溶液,電解液,作成>

(5) 酸化物・カルコゲン複合系

① 技術事項の特徴点

　　酸化物・カルコゲン複合系には、二酸化マンガン等の遷移金属の酸化物の層間化合物と二硫化チタン等のカルコゲン等の層間化合物との複合系がある。二酸化マンガンと二硫化チタンとの混合物を正極材料に使用することで、サイクル特性、電池電圧の平坦性、安定性を向上した例<1>*、二酸化マンガン等の第一の活物質と、二硫化モリブデン等の第二の活物質とを混合することで0Vまで放電可能にした例<2>、遷移金属の酸化物および／またはカルコゲンを正極材料に使用することでサイクル特性が向上した例<3>*等がある。

参照文献（＊は抄録記載）
<1>*特開昭 59-165372　　　<2>特開昭 63-314778　　　<3>*特開昭 61-277157

参照文献（Japio 抄録）

<1>

昭59-165372
P出 58- 39776　　非水電解液二次電池
　　S58.03.09　　三洋電機　（株）
開 59-165372
　　S59.09.18　　〔目的〕二硫化チタンと二酸化マンガンとの混合物を正極活物質と
H01M　4/50　　して用いることにより、サイクル特性に優れ、かつ電池電圧の平坦
H01M　4/58　　性、安定性が良好なものを得る。
H01M 10/40　Z　〔構成〕二硫化チタンと二酸化マンガンの混合物を活物質とする正
　　　　　　　　極1を用いている。例えば、正極1は二硫化チタンと二酸化マンガン
　　　　　　　　を重量比で1：1の割合に混合した混合物を350℃で2時間熱処理し正
　　　　　　　　極活物質とする。この正極活物質に、黒鉛及びアセチレンブラック
　　　　　　　　よりなる導電剤、フツ素樹脂結着剤を85：10：5の重量比で混合し
　　　　　　　　、ついで250～300℃の温度で熱処理した後約2トン／cm²の圧力で
　　　　　　　　加圧成型して径15mm、厚み1.1mmの正極1を得る。負極4はリチ
　　　　　　　　ウム板を用い、又電解液はプロピレンカーボネートに過塩素酸リチ
　　　　　　　　ウムを溶解したものをポリプロピレン不織布7に含浸して用いる。
　　　　　　　　＜ポリプロピレン＞
　　　　　　　　＜非水　電解液　2次　電池,2硫化　チタン,2酸化　マンガン,
　　　　　　　　混合物,陽極　活物質,サイクル　特性,電池　電圧,平坦性,安定性,
　　　　　　　　良好,活物質,陽極,重量比,割合,混合,時間,熱処理,黒鉛,アセチレ
　　　　　　　　ンブラック,導電剤,フツ素　樹脂　結着剤,温度,熱処理,トン,圧力
　　　　　　　　,加圧　成形,径,厚み,陰極,リチウム板,電解液,プロピレン　カー
　　　　　　　　ボネート,過塩素酸　リチウム,溶解,ポリ　プロピレン　不織布,含
　　　　　　　　浸＞

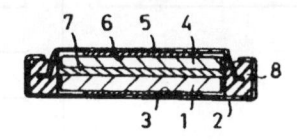

<3>

昭61-277157
P出 60-119332　　二次電池
　　S60.05.31　　三洋化成工業　（株）
開 61-277157
　　S61.12.08　　〔目的〕リチウム塩を溶解した有機溶媒を電解液とし、遷移金属の
告 05- 68835　　カルコゲン化合物からなるものを正極材とし、非晶質で、細孔直径
　　H05.09.29　　、電導度を特定する有機物焼成体を金属リチウムとを電池内で電気
登　1855181　　的に接触させたものを負極材とすることにより、充放電サイクルの
　　H06.07.07　　向上を図る。
H01M　4/40　　〔構成〕リチウム塩を溶解した有機溶媒を電解液とし、遷移金属の
H01M　4/02　　酸化物及び／またはカルコゲン化合物からなるものを正極材とし、
H01M　4/02　D　非晶質で細孔直径が好ましくは5～30Å、電導度が好ましくは1×10
H01M 10/40　Z　$^{-2}$ｓｃｍ$^{-1}$以上である有機物焼成体と金属リチウムとを電池内で電
　　　　　　　　気的に接触させたものを負極材としたものである。細孔直径は3Å
　　　　　　　　未満では電気容量が小さくなり、45Åをこえると充放電効率が悪く
　　　　　　　　なる。電導度は、5×10^{-4}ｓｃｍ$^{-1}$未満で充放電効率が悪くなる。
　　　　　　　　＜2次　電池,リチウム塩,溶解,有機　溶媒,電解液,遷移　金属,カ
　　　　　　　　ルコゲン　化合物,陽極材,非晶質,細孔　直径,電導率,特定,有機物
　　　　　　　　　焼成体,金属　リチウム,電池,電気,接触,陰極材,充放電　サイク
　　　　　　　　ル,向上,酸化物,未満,電気　容量,充放電　効率＞

[その他の正極活物質]

1．技術テーマの構造

（ツリー図）

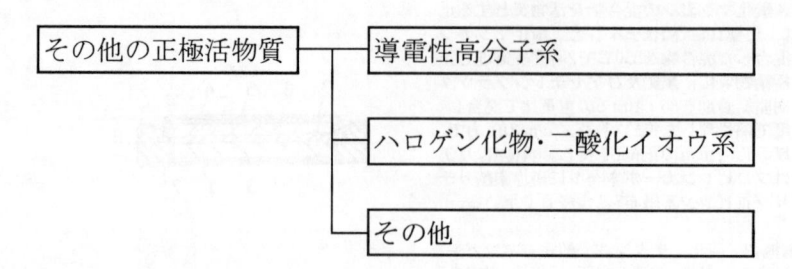

```
その他の正極活物質 ─┬─ 導電性高分子系
                    ├─ ハロゲン化物・二酸化イオウ系
                    └─ その他
```

2．各技術事項について

（1）導電性高分子系

① 技術事項の特徴点

　　π共役系を有するポリアセチレン、ポリパラフェニレン、ポリピロール、ポリチオフェン、ポリアセン等の導電性高分子を正極材料に使用した二次電池が多数報告されている。これらには、導電性高分子単独使用のものや、他の正極材料との複合使用のものがある。π共役系を有する高分子化合物にヨウ素等をドープした正極材料を用いて内部抵抗の低減や容量増加、高エネルギー密度化、サイクル特性の向上を行った例<1>*、<2>*、<3>*、<4>*、<5>、<6>、<7>、<8>、<9>、<10>、<11>、<12>、<13>、<14>、<15>、<16>、<17>、酸化物、カルコゲン等の正極材料と導電性高分子との複合により耐過放電の向上、サイクル特性の向上、大電流特性の向上、高容量化等を行った例<18>*、<19>*、<20>*、<21>*、<22>、<23>、<24>、<25>等がある。

参照文献（＊は抄録記載）

<1>*特開昭 61-54156	<2>*特開昭 62-176046	<3>*特開昭 62-264561	<4>*特開昭 63-271866
<5>特開平 1-279567	<6>特開平 1-311561	<7>特開平 5-166511	<8>特開昭 58-54554
<9>特開昭 59-157974	<10>特開昭 62-93862	<11>特開平 1-220372	<12>特開平 2-100265
<13>特開昭 63-298981	<14>特開昭 63-301462	<15>特開昭 63-301465	<16>特開昭 64-650
<17>特開昭 59-157974	<18>*特開昭 61-239562	<19>*特開昭 63-102162	<20>*特開平 6-20679
<21>*特開昭 63-218160	<22>特開昭 63-314759	<23>特開昭 63-314761	<24>特開平 5-151953
<25>特開平 5-15195			

参照文献（Japio抄録）

<1>

昭61-054156
P出 59-174018
　　 S59.08.23
開 61- 54156
　　 S61.03.18
告 06- 12667
　　 H06.02.16
登 1896575
　　 H07.01.23
H01M 4/06　N
H01M 6/18　Z
H01M 4/60
H01M 4/06
H01M 4/06　V
H01M 6/18

新型電池
山本　隆一，リコー：（株）
〔目的〕主鎖に沿った連続するπ共役系を有する高分子化合物とヨウ素からなる組成物を正極合剤とし，リチウムを負極活物質とし，固体電解質を用いることにより，内部抵抗を低減した電池を形成する。
〔構成〕ポリアセチレン，ポリ（2,5-チエニレン）等の主鎖に沿ったπ結合を有する高分子化合物とヨウ素とからなる組成物を，ヨウ素をその高分子化合物に対して15重量パーセント含有させて形成し，それを主成分として正極合剤を作成する。そしてリチウムを負極活物質とした負極と組合せ，ヨウ化リチウムからなる固体電解質を用いて電池を形成する。したがって主鎖に沿ったπ共役系を有するポリマーとヨウ素との組成物が10^{-5} S・cm^{-1}以上の良好な電気伝導度をもつことにより，内部抵抗を低減してリチウム－ヨウ素固体電解質電池の性能を向上することができる。
＜ポリアセチレン＞
＜新型　電池，主鎖，連続，π共役系，高分子　化合物，ヨウ素，組成物，陽極　合剤，リチウム，陰極　活物質，固体　電解質，内部　抵抗，低減，電池，形成，ポリ　アセチレン，ポリ，チエニレン，π結合，パーセント，含有，主成分，作成，陰極，組合せ，ヨウ化　リチウム，重合体，S，良好，電気　伝導率，固体　電解質　電池，性能，向上＞

<2>

昭62-176046
P出 61- 15324
　　 S61.01.27
開 62-176046
　　 S62.08.01
告 07- 66800
　　 H07.07.19
登 2047479
　　 H08.04.25
H01M 4/60
H01M 4/02
H01M 4/04
H01M 4/02　B
H01M 4/04　A

二次電池
三菱化成　（株），三洋電機　（株）
〔目的〕導電性ポリマーと多孔質基体の一体物を電池電極として用いることにより，電池機種に応じた加工成形を容易にし，充放電効率を向上して電池容量の増加を可能にする。
〔構成〕プロピレンカーボネート溶液を用い，電解電極として陽極に炭素の多孔質体を，陰極にはリチウム箔を夫々使用して定電流電解を行って電解酸化重合によって多孔体孔内にポリピロールを生成させて保持させる。この様な処理を行った多孔質体を円盤状に打抜いて正極1とし，負極2にはLi金属を，また電解液はプロピレンカーボネート溶液を用いる。これにより電池機種対応の加工成形が容易になり，導電性ポリマーの基体からの脱落をなくし，導電性，電池サイクルを良くして充放電効率を向上させ，電池容量を増加することができる。
＜プロピレンカーボネート，炭酸エステル，ポリピロール，金属リチウム＞
＜2次　電池，導電性　重合体，多孔質　基体，一体物，電池　電極，電池，機種，加工　成形，充放電　効率，向上，電池　容量，増加，可能，プロピレン　カーボネート　溶液，電解　電極，陽極，炭素，多孔体，陰極，リチウム箔，使用，定電流　電解，電解　酸化　重合，孔内，ポリピロール，生成，保持，処理，円板状，打抜，リチウム　金属，電解液，対応，基体，脱落，導電性，サイクル＞

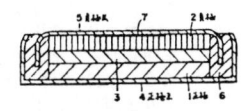

<3>

昭62-264561
P出 61-106847　　非水溶媒二次電池
　　S61.05.12　　昭和電工　(株)，日立製作所：(株)
開 62-264561　　〔目的〕アニリン系化合物の酸化重合体を予め化学的に還元し，特
　　S62.11.17　　定の温度範囲で加熱処理して正極活物質に用いることにより，高エ
告 07- 40493　　ネルギー密度，高充放電効率，低自己放電及び長サイクル寿命の電池
　　H07.05.01　　を得る。
登 2007241　　〔構成〕式（R_1～R_4はH，$C_{1～10}$のアルキル基またはアルコキシ
　　H08.01.11　　基）に示されるアニリン系化合物の酸化重合体のポリアニリン系化
H01M 4/60　　合物を還元剤で化学的に還元した後，100～400℃の温度範囲で加熱
H01M 4/02　　C　処理して正極とし，負極には，軽金属，軽金属合金，電導性高分子，軽
H01M 10/40　　Z　金属または軽金属合金と電導性高分子との複合体，または層間化合
　　　　　　　　物等を用いて構成する。正極用白金鋼集電体6をテフロン製容器8の
　　　　　　　　下部に入れ，その上に正極5と電解液を含ませた多孔性ポリプロピレ
　　　　　　　　ン隔膜4及び負極3を重ね，さらに負極用白金鋼集電体2を載せ，テフ
　　　　　　　　ロン製容器8を締めつけて電池をつくる。
　　　　　　　　＜アミノベンゼン，アルキルオキシ，ポリアニリン，ポリテトラフル
　　　　　　　　オロエチレン，ポリプロピレン＞
　　　　　　　　＜非水　溶媒　2次　電池，アニリン　化合物,酸化　重合体,化学的
　　　　　　　　,還元,温度　範囲,加熱　処理,陽極　活物質,高エネルギー密度,高
　　　　　　　　充放電効率,低自己　放電,長サイクル　寿命,電池,式,H,C↓1,ア
　　　　　　　　ルキル,アルコキシ基,ポリ　アニリン　化合物,還元剤,陽極,陰極,
　　　　　　　　軽金属,軽金属　合金,導電性　高分子,複合体,層間　化合物,構成,
　　　　　　　　白金鋼,集電体,テフロン製　容器,下部,電解液,多孔性　ポリ　プ
　　　　　　　　ロピレン　隔膜,重ね,締付＞

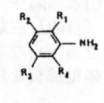

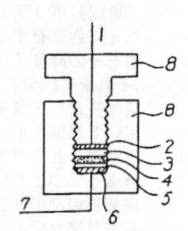

<4>

昭63-271866
P出 62-104655　　二次電池
　　S62.04.30　　昭和電工　(株)，日立製作所：(株)
開 63-271866　　〔目的〕正極，負極，電解液にそれぞれ特定のものを用いることによ
　　S63.11.09　　り，高エネルギー密度，高充・放電効率および長サイクル寿命とする
登 2501821　　と共に，放電時の電圧の平坦性を良好にする。
　　H08.03.13　　〔構成〕正極はポリアニリン系化合物により形成されている。そし
H01M 10/40　A　てこのポリアニリン化合物は，式Ⅰ，Ⅱから選択された少なくとも一
H01M 10/40　Z　種のアニリン系化合物を酸化重合または酸化共重合することによっ
　　　　　　　　て得られる。また負極は（i）アルカリ金属，（ii）アルカリ金属
　　　　　　　　合金，（iii）電導性高分子または（iv）アルカリ金属もしくはアル
　　　　　　　　カリ金属合金と電導性高分子との複合体により形成されている。電
　　　　　　　　解液は$LiPF_6$のプロピレンカーボネート，エチレンカーボネート
　　　　　　　　及び1,2-ジメトキシ-エタンの混合液から形成される。式中，R_1,
　　　　　　　　R_2はCが5以下のアルキル基またはアルコキシ基，X，Yは0,1また
　　　　　　　　は2である。
　　　　　　　　＜ポリアニリン＞
　　　　　　　　＜2次　電池,陽極,陰極,電解液,高エネルギー密度,高充・放電効率
　　　　　　　　,長サイクル　寿命,放電時,電圧,平坦性,良好,ポリ　アニリン
　　　　　　　　化合物,形成,ポリ　アニリン,化合物,式,□1,選択,1種,アニリン　化
　　　　　　　　合物,酸化　重合,酸化　共重合,アルカリ　金属,アルカリ　金属
　　　　　　　　合金,導電性　高分子,複合体,LiPF↓6,プロピレン　カーボネ
　　　　　　　　ート,エチレン　カーボネート,ジ　メトキシ,エタン,混合液,C,ア
　　　　　　　　ルキル,アルコキシ基,Y＞

<18>

昭61-239562
P出 60- 80565 　非水電解質二次電池
　　 S60.04.16 　松下電器産業　（株）
開 61-239562 　〔目的〕正極内に特定の導電性高分子を含有させることにより、過
　　 S61.10.24 　放電を行なっても充放電曲線に変化のないものとする。
告 08- 1813 　〔構成〕正極内に、ピロール、チオフェン、及びこれらの誘導体か
　　 H08.01.10 　ら合成される導電性高分子のいずれかを含んでいるものである。こ
登 2088712 　のような導電性高分子を正極板内に含む電池を放電すると、V_2O_5
　　 H08.09.02 　，MoO_3，MnO_2等の正極活物質が還元される。正極がV_2O_5、負
H01M 10/40　Z　極がLiの場合には、式（2）により放電が進み、正極活物質の可
H01M 4/48 　逆性の下限である約2V（対Li/Li^+）にまで正極の電位が下が
H01M 4/02 　ると式（3）の反応が起こる。これによりClO_4^-を放出した正極内
H01M 4/02　C　の高分子（M）nは、導電性を失い絶縁体となる。したがって、正
H01M 10/40 　極内の抵抗値は急激に増大して分極が大きくなり、電池電圧が低下
　　 　する。すなわち正極活物質の過放電領域の放電が困難となり、正極
　　 　活物質の不可逆構造への転移がなくなる。このため、可逆性の下限
　　 　である電圧以下よりさらに放電を行なっても、電池の充放電特性は
　　 　損われない。
　　 　<非水　電解質　2次　電池,陽極,導電性　高分子,含有,過放電,充
　　 　放電　曲線,変化,ピロール,チオフェン,誘導体,合成,陽極板,電池,
　　 　放電,V↓2O↓5,MoO↓3,MnO↓2,陽極　活物質,還元,陰極,
　　 　リチウム,式,進み,可逆,下限,V,対,Li↑+,電位,反応,ClO↑
　　 　-,放出,高分子,導電性,絶縁体,抵抗値,急激,増大,分極,電池　電
　　 　圧,低下,領域,困難,非可逆,構造,転移,電圧,充放電　特性>

<19>

昭63-102162
P出 61-246589 　二次電池
　　 S61.10.17 　昭和電工　（株），日立製作所：（株）
開 63-102162 　〔目的〕導電性高分子及び無機カルコゲナイド,或は導電性高分子
　　 S63.05.07 　及び無機酸化物の複合体を正極とすることにより,急速充・放電が
登 2504428 　可能で,しかも放電時の電圧平坦性がよく,サイクル寿命を良好とす
　　 H08.04.02 　る。
H01M 4/36 　〔構成〕導電性高分子としては,アニリンまたはピロールの重合体,
H01M 4/02　C　或はアニリン及びピロールの共重合体を用いる。また無機カルコゲ
H01M 4/66　A　ナイドとしては,チタニウム硫化物,モリブデン硫化物,タンタル硫
H01M 10/40　Z　化物,クロム硫化物,バナジウム硫化物またはそれらの非晶質物質,
　　 　或いは混合物を用い,無機酸化物としてはコバルト酸化物,バナジウ
　　 　ム酸化物,クロム酸化物,タングステン酸化物,マンガン酸化物を用
　　 　いる。正極複合体中の導電性高分子の配合割合は,導電性高分子が1
　　 　0wt％～90wt％の範囲内にあるようにする。
　　 　<2次　電池,導電性　高分子,無機　カルコゲナイド,無機　酸化物,
　　 　複合体,陽極,急速,充放電,可能,放電時,電圧　平坦性,サイクル
　　 　寿命,良好,アニリン,ピロール,重合体,共重合体,チタン,硫化物,モ
　　 　リブデン　硫化物,タンタル,クロム,バナジウム,非晶質　物質,混
　　 　合物,コバルト　酸化物,バナジウム　酸化物,クロム　酸化物,タン
　　 　グステン　酸化物,マンガン　酸化物,配合　割合,範囲>

<20>

平06-020679
P出 04-202928 　電池用電極
　　 H04.07.06 　鐘紡　（株）
開 06- 20679 　〔目的〕電池用電極は単位体積当たりの容量が大きく、該電極を用
　　 H06.01.28 　いた電池は長期に亘つて充電,放電が可能であり,しかも製造を容
登 2744555 　易とする。£芳香族縮合ポリマー、熱処理物、原子数比、BET法
　　 H10.02.06 　比表面積、不溶不融性基体
H01M 4/02　C　〔構成〕ポリアセン系有機高分子半導体とリチウム酸化コバルトと
H01M 4/58 　の複合物とを活物質とする電池用電極であつて、リチウム酸化コバ
H01M 10/40　Z　ルトの平均粒子径が$1\mu m$以下であり、$0.1\mu m$以下の細孔体積が全
H01M 4/02　B　細孔体積に対して70％以上である。
　　 　<電池　電極,単位　体積,容量,大きさ,電極,電池,長期,充電,放電
　　 　,可能,製造,容易,芳香族,縮合　重合体,熱処理物,原子数比,BET
　　 　比表面積,不溶　不融性　基体,ポリ　アセン,有機　高分子　半
　　 　導体,リチウム酸,コバルト,複合体,活物質,平均　粒径,細孔体,積
　　 　>

<21>

```
昭63-218160
P出 62- 52635      有機電解質電池
   S62.03.06      鐘紡　（株）
開 63-218160
   S63.09.12
登  2519180
   H08.05.17
H01M 4/58
H01M 4/02    B
```

〔目的〕特定のポリアセン系骨格構造を有する不溶不融性物質の粉末と、フエノール系樹脂及び塩化亜鉛とからなる複合成形体とを使用することにより、起電圧が高く、充放電の電荷効率の高い2次電池を得る。

〔構成〕比表面積値が600m²／Gであるポリアセン系骨格構造を有する不溶不融性物質の粉末と、フエノール系樹脂及び塩化亜鉛とから形成された複合成形体とを、非酸化性雰囲気中にて熱処理して得られる水素原子／炭素原子の原子比が0．05〜0．6であり、且つBET法による比表面積値が600m²／G以上のポリアセン系骨格構造を有する不溶不融性基体を正極1及び／又は負極2とする。そして電解により電極にドーピング可能なイオンを生成できる化合物の非プロトン性有機溶媒溶液を電解液4とする。これにより内部抵抗が小さく、繰り返し充放電の可能な長期にわたって電池性能の低下しない2次電池が得られる。

<ヒドロキシベンゼン,フエノール樹脂,塩化亜鉛,水素原子,炭素原子>

<有機　電解質　電池,ポリ　アセン　骨格　構造,不溶　不融性,物質,粉末,フエノール　樹脂,塩化　亜鉛,複合　成形体,使用,起電圧,充放電,電荷,効率,2次　電池,比表面積値,形成,非酸化性　雰囲気,熱処理,水素　原子,炭素　原子,原子比,ＢＥＴ,不溶　不融性　基体,陽極,陰極,電解,電極,ドーピング,可能,イオン,生成,化合物,非プロトン性　有機　溶媒　溶液,電解液,内部　抵抗,繰返し,長期,電池　性能,低下>

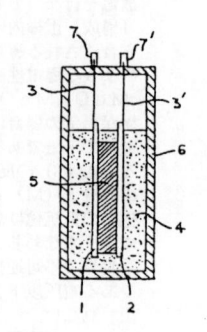

（2）ハロゲン化物・二酸化イオウ系

① 技術事項の特徴点

二酸化イオウ（SO₂）を電解液として塩化鉛、塩化コバルト、臭化鉄、導電性炭素材料を正極材料とした電池がある。塩化鉛、臭化鉄、塩化コバルト、導電性炭素材料を正極材料として高容量で再充電を可能にした例<1>*、<2>*、<3>*、<4>*等が報告されている。

参照文献（＊は抄録記載）

<1>*特開昭60-37656　　<2>*特開昭60-37657　　<3>*特開昭60-37661　　<4>*特開昭60-37659

参照文献（Japio 抄録）

<1>

```
昭60-037656
P出 59-135000      非水性化学電池
   S59.06.29      デユラセル　INTERN INC
開 60- 37656
   S60.02.27
告 04- 24824
   H04.04.28
H01M 4/58
H01M 10/36   Z
```

〔目的〕SO₂含有非水性化学電池、殊に無機SO₂含有電池においてPbCl₂からなるカソードを用いることにより、高電池容量を得る。

〔構成〕アルカリまたはアルカリ土類金属アノード（好ましくはリチウム、リチウム混合物またはリチウム合金のアノード）、SO₂とその中に可溶な電解質塩とからなる電解液、およびPbCl₂からなるカソード、により化学電池を構成する。再充電可能な電池のためには、電解液は無機質であるのが好ましい。好ましくは、PbCl₂カソード活物質は、その重量の10〜30％の範囲内の量の導電物質（例えばグラフアイトまたはカーボンブラック）、およびその重量の約5〜15％の範囲内の量の結合剤（例えばポリテトラフルオロエチレン）と混合して用いる。

<ポリテトラフルオロエチレン>

<非水性　化学　電池,SO↓2　含有,無機　SO↓2,含有,電池,PbCl↓2,カソード,電池　容量,アルカリ,アルカリ土類　金属　アノード,リチウム,混合物,リチウム　合金,アノード,SO↓2,可溶,電解質塩,電解液,化学　電池,構成,再充電　可能,無機質,カソード　活物質,重量,範囲,量,導電　物質,黒鉛,カーボンブラック,結合剤,ポリ　テトラ　フルオロ　エチレン,混合>

<2>

昭60-037657
P出 59-135001　　非水性化学電池
　　S59.06.29　　デュラセル INTERN INC
開 60-37657　　〔目的〕SO₂含有非水性化学電池、殊に無機SO₂含有電池においてCoCl₂からなるカソードを用いることにより、高電池容量を得る。
　　S60.02.27
告 04-24825
　　H04.04.28　〔構成〕アルカリまたはアルカリ土類金属アノード（好ましくはリチウム、リチウム混合物またはリチウム合金のアノード）、SO₂とその中に可溶な電解質塩とからなる電解液、およびCoCl₂からなるカソード、により化学電池を構成する。再充電可能な電池のためには、電解液は無機質であるのが好ましい。好ましくはCoCl₂カソード活物質は、その重量の10～30％の範囲内の量の導電物質（例えばグラファイトまたはカーボンブラック）、およびその重量の約5～15％の範囲内の量の結合剤（例えばポリテトラフルオロエチレン）を混合して用いる。
H01M 4/58
H01M 10/36　Z

<ポリテトラフルオロエチレン>
<非水性,化学,電池,SO↓2,含有,無機 SO↓2,含有,電池,CoCl↓2,カソード,電池 容量,アルカリ,アルカリ土類 金属 アノード,リチウム,混合物,リチウム 合金,アノード,SO↓2,可溶,電解質塩,電解液,化学 電池,構成,再充電 可能,無機質,カソード 活物質,重量,範囲,量,導電 物質,黒鉛,カーボンブラック,結合剤,ポリ テトラ フルオロ エチレン,混合>

<3>

昭60-037661
P出 59-135003　　非水性化学電池
　　S59.06.29　　デュラセル INTERN INC
開 60-37661　　〔目的〕SO₂電解液を含む無機質電池において、特定の見掛け嵩密度を有する導電性炭素材料からなるカソードを用いることにより、再充電可能電池系を得る。
　　S60.02.27
告 04-75632
　　H04.12.01　〔構成〕アルカリもしくはアルカリ土類金属アノード（好ましくはリチウムアノードであり；またそれらの金属の混合物および合金もアノードとして使用できる）；およびアルミニウム、タンタル、アンチモンまたはニオブを構造成分として含むアルカリもしくはアルカリ土類金属ハロゲン化物塩類から選択され、SO₂に可溶性であり、かつSO₂と共にイオン導電性溶液を与える一種またはそれ以上の塩を、有機補助溶剤なしでSO₂に溶解してなる電解液；を含む無機質の非水性化学電池において、そのカソードを約80g／lを越える見掛け嵩密度を有する導電性炭素材料から形成すると一次容量をほとんど損うことなく、100回以上にわたって高容量で放電できる。
登 1789623
　　H05.09.29
H01M 4/62
H01M 10/36　A
H01M 10/36　Z
H01M 4/62　Z
H01M 6/14　A

<非水性 化学 電池,SO↓2,電解液,無機質,電池,見掛,嵩密度,導電性 炭素 材料,カソード,再充電 可能 電池,アルカリ,アルカリ土類 金属 アノード,リチウム アノード,金属,混合物,合金,アノード,使用,アルミニウム,タンタル,アンチモン,ニオブ,構造 成分,アルカリ土類 金属 ハロゲン化物,塩類,選択,可溶性,イオン 導電性,溶液,1種,塩,有機,補助 溶剤,溶解,形成,1次,容量,高容量,放電>

<4>

昭60-037659
P出 59-135004　　非水性化学電池
　　S59.06.29　　デュラセル INTERN INC
開 60-37659　　〔目的〕SO₂含有非水性化学電池、殊に無機SO₂含有電池においてFeBr₃からなるカソードを用いることにより、高電池容量を得る。
　　S60.02.27
告 04-24826
　　H04.04.28　〔構成〕アルカリまたはアルカリ土類金属アノード（好ましくはリチウム、リチウム混合物またはリチウム合金のアノード）、SO₂とその中に可溶な電解質塩とからなる電解液、およびFeBr₃からなるカソード、により化学電池を構成する。再充電可能な電池のためには、電解液は無機質であるのが好ましい。好ましくは、FeBr₃カソード活物質は、その重量の10～30％の範囲内の量の導電物質（例えばグラファイトまたはカーボンブラック）、およびその重量の約5～15％の範囲内の量の結合剤（例えばポリテトラフルオロエチレン）と混合して用いる。
H01M 4/58
H01M 10/36　Z

<ポリテトラフルオロエチレン>
<非水性 化学 電池,SO↓2 含有,無機 SO↓2,含有,電池,FeBr↓3,カソード,電池 容量,アルカリ,アルカリ土類 金属 アノード,リチウム,混合物,リチウム 合金,アノード,SO↓2,可溶,電解質塩,電解液,化学 電池,構成,再充電 可能,無機質,カソード 活物質,重量,範囲,量,導電 物質,黒鉛,カーボンブラック,結合剤,ポリ テトラ フルオロ エチレン,混合>

（3）その他
① 技術事項の特徴点

　　ＦｅＯＣｌ、黒鉛繊維に塩化ニッケルを含むもの、塩化ニッケルを含む黒鉛繊維、ヨウ素付加したポリウレタン、金属フタロシアニン、ヘキサシアノ鉄酸鉄、ピリミジン誘導体、テトラゾニウム化合物、硫酸第二鉄等を正極材料に使用することでエネルギー密度の向上、大電流特性の向上を行った例<1>*、<2>*、<3>*、<4>、<5>*、<6>、<7>、<8>*、<9>、<10>*、<11>、<12>、<13>*、SbF_6等の黒鉛層間化合物、活性炭素繊維を正極材料に使用した例<14>*、<15>*、<16>、<17>、<18>、<19>、<20>等がある。

参照文献（＊は抄録記載）

<1>*特開昭53-12034	<2>*特開昭60-20466	<3>*特開昭60-65459	<4>特開昭60-49584
<5>*特開昭55-100664	<6>特開昭55—150566	<7>特開昭58-223265	<8>*特開昭58-7767
<9>特開昭55-86069	<10>*特開昭63-225475	<11>特開昭55-136467	<12>特開昭60-49563
<13>*特開平6-119926	<14>*特開昭58-48358	<15>*特開昭59-149654	<16>特開昭62-7754
<17>特開昭60-25152	<18>特開昭58-135581	<19>特開昭60-170172	<20>特開昭63-202850

参照文献（Japio抄録）

<1>

昭53-012034
P出 52-75408　　　　層状化合物の正極活性物質を有する電池
　　S52.06.24　　　　エクソン　リサーチ　アンド　ENG　CO
開 53-12034　　　　〔目的〕空間群V_{1h}^{18}から導き出される層状構造を有する陰極活物質
　　S53.02.03　　　　を用いることにより、高エネルギー密度を有し、かつ充放電による循
告 61-45353　　　　環使用を可能にすること。
　　S61.10.07　　　　〔構成〕FeCl$_3$を加熱してこのFeCl$_3$上に水飽和空気を通し
登 1389592　　　　てFeOClを製造する。このFeOClを10重量％の炭素および
　　S62.07.23　　　　10重量％のポリテトラフルオルエチレンと混合し、ステンレス鋼グ
H01M 4/58　　　　リッド上に初め室温で、次に300℃でプレスする。次にこれをポリプ
H01M 4/02　　Ａ　　ロピレンセパレータで巻き、陽極として働く純粋な金属リチウムで
H01M 10/40　　Ｚ　　巻いて、過塩素酸リチウムの2.5モルジオキサン溶液中に浸漬して
　　　　　　　　　　　電池とする。
　　　　　　　　　　　＜ポリテトラフルオロエチレン,ポリプロピレン＞
　　　　　　　　　　　＜層状　化合物,陰極　活物質,電池,空間,Ｖ,Ｈ,層状　構造,高エ
　　　　　　　　　　　ネルギー密度,充放電,循環　使用,可能,FeCl$_3$,加熱,水飽和,
　　　　　　　　　　　空気,FeOCl,製造,炭素,ポリ　テトラ　フルオロ　エチレン,
　　　　　　　　　　　混合,ステンレス鋼,グリッド,室温,プレス,ポリ　プロピレン　分
　　　　　　　　　　　離器,巻き,陽極,純粋,金属　リチウム,過塩素酸　リチウム,モル,
　　　　　　　　　　　ジオキサン　溶液,浸漬＞

<2>

昭60-020466
P出 58-128034　電池活物質
　S58.07.15　　遠藤　守信
開 60-20466
　S60.02.01　〔目的〕特定の炭素繊維を熱処理して得られる黒鉛繊維を用いた塩
H01M 4/58　　化ニッケル黒鉛層間化合物を含むものを用いることにより、エネル
　　　　　　　ギー密度、出力電圧の平坦性などを向上させる。
　　　　　　〔構成〕炭素の六角網平面が繊維軸に実質的に平行に且つ年輪状に
　　　　　　配列した組織を有する炭素繊維を熱処理して得られる黒鉛繊維の塩
　　　　　　化ニッケル黒鉛層間化合物であつて、その組成がC_xNiCl_{2-y}、(
　　　　　　但し、$4<x<12, 0\leq y<1$)で表わされる塩化ニッケル黒鉛層間化
　　　　　　合物を含むものを用いている。前記の塩化ニッケル黒鉛層間化
　　　　　　合物は、例えば気相成長法により得た黒鉛繊維と塩化ニッケル粉末とを
　　　　　　塩素雰囲気下で接触させることにより得ることができる。この電池
　　　　　　活物質は、電池の正極として用い、放電における活物質の利用率が
　　　　　　高く且つ放電電圧の平坦性が良いなどの優れた特性を有する電池を
　　　　　　与えることができる。
　　　　　　<電池　活物質, 炭素　繊維, 熱処理, 黒鉛　繊維, 塩化　ニッケル
　　　　　　黒鉛　層間　化合物, エネルギー　密度, 出力　電圧, 平坦性, 向上,
　　　　　　炭素, 六角形　網平面, 繊維軸, 実質的, 平行, 年輪, 配列, 組織, 組成,
　　　　　　$C↓x, NiCl↓2$, 気相　成長, 塩化　ニッケル, 粉末, 塩素　雰囲
　　　　　　気, 接触, 電池, 陽極, 放電, 活物質, 利用率, 放電　電圧, 特性>

<3>

昭60-065459
P出 58-172250　ポリウレタン電池
　S58.09.20　　三井東圧化学　(株)
開 60-65459
　S60.04.15　〔目的〕ポリウレタンにヨウ素を付加又は分散させた組成物を正極
告 04-67305　合剤の主成分とすることにより、正極側電極の内部電気抵抗を低減
　H04.10.27　させ、電池の実用性を高める。
登 1773972　〔構成〕ジイソシアネートとポリオールとを重付加反応によって高
　H05.07.14　分子量化させたポリウレタンに、ヨウ素を付加させるか、或はこのポ
H01M 4/36　　リウレタン中にヨウ素を分散させた組成物を、正極合剤の主成分と
H01M 4/60　　して使用する。必要に応じてこのポリウレタン中にカーボンブラッ
H01M 10/40　Z　ク等の炭素類を分散させる。更に、負極に使用した金属に対応した
　　　　　　金属ヨウ化物を電解質としてポリウレタン電池を形成する。例えば
　　　　　　、負極金属が亜鉛の場合はヨウ化亜鉛を電解質とする。
　　　　　　<ポリウレタン>
　　　　　　<ポリ　ウレタン, 電池, ヨウ素, 付加, 分散, 組成物, 陽極　合剤, 主
　　　　　　成分, 陽極　電極, 内部　電気　抵抗, 低減, 実用性, 使用, ジイソシア
　　　　　　ネート, ポリオール, 重付加　反応, 高分子量化, 使用, カーボンブラ
　　　　　　ック, 炭素, 陰極, 金属, 対応, 金属　ヨウ化物, 電解質, 形成, 陰極　金
　　　　　　属, 亜鉛, ヨウ化　亜鉛>

<5>

昭55-100664
P出 54- 7052　電池
　S54.01.26　　日本電信電話　(株)
開 55-100664
　S55.07.31　〔目的〕リチウム負極と、無金属あるいは金属フタロシアニンまた
告 62-48347　はその誘導体からなる正極と、リチウムイオン伝導性の電解質を用
　S62.10.13　いることにより、小型で高エネルギー密度の電池を得る。
登 1450538　〔構成〕リチウム負極2と無金属フタロシアニンあるいはリチウム、
　S63.07.11　銅等の金属フタロシアニンまたはその塩素化物等の誘導体を活物質
H01M 4/60　　とする正極5と、リチウムイオン伝導性でリチウムおよび正極活物質
H01M 6/16　Z　に対して安定な有機電解液、固体電解質または溶融塩電解質とを組
　　　　　　合わせて電池を構成している。例えば負極2にリチウム板、正極5に0
　　　　　　.5gの無金属フタロシアニン粉末と0.1gのアセチレンブラック
　　　　　　との混合物を用い、電解液としてのプロピレンカーボネート
　　　　　　に溶解した$LiClO_4$1モル/l溶液をフェルト4に含浸させ、ポリ
　　　　　　プロピレン隔膜3を介在させて電池を組立てる。これにより小型で
　　　　　　高電圧、高容量で、充電も可能な電池を得ることができる。
　　　　　　<ポリプロピレン>
　　　　　　<電池, リチウム　陰極, 非金属, 金属　フタロシアニン, 誘導体, 陽
　　　　　　極, リチウム　イオン, 伝導性, 電解質, 小型, 高エネルギー密度, 非金
　　　　　　属　フタロシアニン, リチウム, 銅, 塩素化物, 誘導体, 正極　活物質,
　　　　　　安定, 有機　電解液, 固体　電解質, 溶融塩　電解質, 構成, 陰極, リチ
　　　　　　ウム板, 粉末, アセチレンブラック, 電解液, 混合物, プロピレン　カ
　　　　　　ーボネート, 溶解, $LiClO↓4$, 1モル, 溶液, フェルト, ポリ　プロ
　　　　　　ピレン, 隔膜, 介在, 組立, 高電圧, 高容量, 充電, 可能>

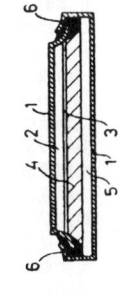

<8>

昭58-007767
P出 56-105252
　　S56.07.06
開 58- 7767
　　S58.01.17
H01M 4/58

リチウム電池
日本電信電話 （株）
〔目的〕Cu₂V₂O₇とフタロシアニン化合物との混合物を正極活物質、Liを負極活物質とし適当な電解質物質を用いることにより、小型で放電容量が大きく、大電流放電に対応可能な一次及び二次電池とする。
〔構成〕本Li電池は正極活物質としてCu₂V₂O₇とフタロシアニン化合物の1種以上との混合物を、負極活物質としてLiを用いる。また電解質物質として、正極活物質及びLiに対して化学的に安定であり、Liイオンが正極活物質と電気化学反応をするための移動を行い得る物質を用いる。例えば非プロトン性有機溶媒とLiAlCl₄等のLi塩との組合わせまたはLi⁺を伝導体とする固体電解質或いは溶融塩等の既知電解質を用いる。本電池は充電可能であるばかりでなく、高エネルギー密度を有し、大電流放電に対応可能である。
<リチウム 電池,Cu↓2V↓2O↓7,フタロシアニン 化合物,混合物,陽極 活物質,リチウム,陰極 活物質,電解質 物質,小型,放電 容量,大きさ,大電流 放電,対応 可能,1次,2次 電池,本,1種以上,化学的,安定,リチウム イオン,電気 化学 反応,移動,物質,非プロトン性 有機 溶媒,LiAlCl↓4,リチウム塩,組合せ,Li↑+,伝導体,固体 電解質,溶融塩,既知,電解質,電池,充電 可能,高エネルギー密度>

<10>

昭63-225475
P出 63- 21893
　　S63.02.03
開 63-225475
　　S63.09.20
告 03- 48620
　　H03.07.25
登 1683897
　　H04.07.31
H01M 4/60

電池
日本電信電話 （株）
〔目的〕リチウム電池の正極活物質として、六員環に二つのケトン基を有するピリミジン誘導体を使用することにより、小型でかつ高エネルギ密度の充放電可能な電池を形成できるようにする。
〔構成〕正極活物質5は六員環に二つのケトン基を有するピリミジン誘導体であり、負極活物質2はリチウムであり、電解質物質は正極活物質5及びリチウムに対して化学的に安定であり、かつリチウムイオンが正極活物質5と電気化学反応をするための移動を行う物質である。ことを特徴とするものである。これにより小型で放電容量が大きく、さらに高エネルギ密度の、しかも充電可能な電池を得ることができる。
<電池,リチウム 電池,陽極 活物質,6員環,2個,ケトン基,ピリミジン 誘導体,使用,小型,高エネルギー密度,充放電,可能,形成,陰極 活物質,リチウム,電解質 物質,化学的,安定,リチウム イオン,電気 化学 反応,移動,物質,特徴,放電 容量,大きさ,充電 可能>

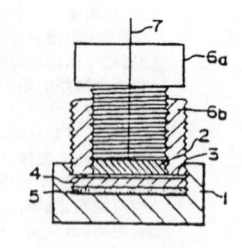

<13>

平06-119926
P出 04-292195
　　H04.10.06
開 06-119926
　　H06.04.28
登 2847663
　　H10.11.06
H01M 4/02 C
H01M 4/58
H01M 10/40 Z

非水電解質電池
日本電信電話 （株）
〔目的〕（J）正極活物質にはFe₂(SO₄)₃で示す物質、負極活物質にはアルカリ金属又はその化合物、電解質にはこれらに対し化学的に安定で、アルカリ金属イオンが活物質と電気化学反応するため移動可能な物質を用いて、優れた非水電解質電池を得る。£Fe₂(SO₄)₃、Fe³⁺-Fe²⁺レドックス対、準位差、起電反応
〔構成〕Fe₂(SO₄)₃化合物粉末とポリテトラフルオロエチレン等の結着剤粉末との混合物をNi支持体上に圧着成形する。負極活物質のLiはNi等の導電体網に圧着成形する。電解質にはジメトキシエタン等の溶媒にLiAsF₆等のルイス酸を溶解した非水電解質溶液を用いる。セパレータやケースには特に制限がない。この構成によると、充放電特性に優れた小型、高エネルギ密度のLi電池が、極めて低コストで得られる。
<ポリテトラフルオロエチレン>
<非水 電解質 電池,陽極 活物質,Fe↓2(SO↓4)↓3,物質,陰極 活物質,アルカリ 金属,化合物,電解質,化学的,安定,アルカリ 金属 イオン,活物質,電気 化学 反応,移動 可能,Fe↑3↑+,Fe↑2↑+,レドックス対,準位差,起電 反応,化合物 粉末,ポリ テトラ フルオロ エチレン,結着剤,粉末,混合物,ニッケル,支持体,圧着 成形,リチウム,導電体網,ジ メトキシ エタン,溶媒,LiAsF↓6,ルイス酸,溶解,非水 電解質 溶液,分離器,ケース,制限,構成,充放電 特性,小型,高エネルギー密度,リチウム 電池,低コスト>

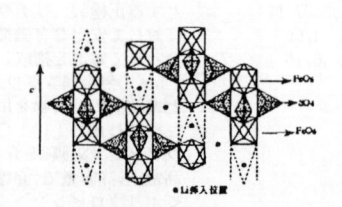

<14>

昭58-048358
P出 56-146955　　固体電解質電池
　　S56.09.16　　日立マクセル　（株）
　開 58- 48358　〔目的〕正極にAsF₆またはSbF₆の黒鉛層間化合物を用いることにより，エネルギー密度が大きく，かつ内部抵抗が小さい固定電解質電池を得ること。
　　S58.03.22
　H01M 4/58
　H01M 4/06　 N　〔構成〕AsF₆またはSbF₆の黒鉛層間化合物を用いて正極1を形成し，LiI(Al₂O₃)，Li₃N-LiI系2元電解質などの固体電解質2を介してリチウム板よりなる負極3と対向させ，セラミック製リング4で封口板5,6間に封口することにより固体電解質電池を形成する。したがってAsF₆またはAbF₆は6電子反応をするためエネルギー密度が大きく，かつリチウムイオンの移動が容易であると共に，導電性が良いため，電池性能を大幅に向上することができる。

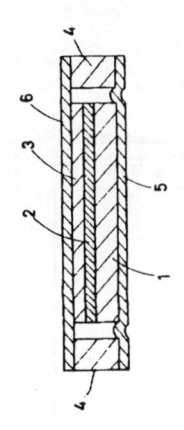

<固体　電解質　電池,陽極,AsF↓6,SbF↓6,黒鉛　層間　化合物,エネルギー　密度,大きさ,内部　抵抗,固定　電解質,電池,形成,LiI,アルミナ,Li↓3N,2元,電解質,固体　電解質,リチウム板,陰極,対向,セラミック　リング,封口板,封口,F,6電子,反応,リチウム　イオン,移動,容易,導電性,電池　性能,大幅,向上>

<15>

昭59-149654
P出 58- 23560　　二次電池
　　S58.02.15　　花王　（株）
　開 59-149654　〔目的〕少なくとも一方の電極として、アルカリ金属塩を溶解した溶液で洗浄した炭素繊維を用いることにより、自己放電を減少させ、性能を向上させる。
　　S59.08.27
　H01M 4/58
　H01M 10/40　 Z　〔構成〕少なくとも一方の電極として、アルカリ金属塩を溶解した溶液で洗浄した炭素繊維を用いる。炭素繊維としては、例えば比表面積が500〜4000m²／Gの活性炭素繊維の成形品を用いる。洗浄に用いる溶液の溶媒としてはアセトン、メタノール、エタノールの他アセトニトリル、1・2ジメトキシエタンプロピレンカーボネートなどを使用する。また、アルカリ金属塩の対イオンとしてはハロゲンイオン、ホウフツ化イオン、過塩素酸イオンなどの他に酢酸イオン、ギ酸イオンなどの有機酸イオンを用いる。

<2次　電池,一方,電極,アルカリ　金属塩,溶解,溶液,洗浄,炭素　繊維,自己　放電,減少,性能,向上,比表面積,活性　炭素　繊維,成形品,溶媒,アセトン,メタノール,エタノール,アセト　ニトリル,ジメトキシ　エタン,プロピレン　カーボネート,使用,対イオン,ハロゲン　イオン,硼弗化　イオン,過塩素酸　イオン,酢酸　イオン,ギ酸　イオン,有機酸　イオン>

[正極の製造方法]

1．技術テーマの構造

（ツリー図）

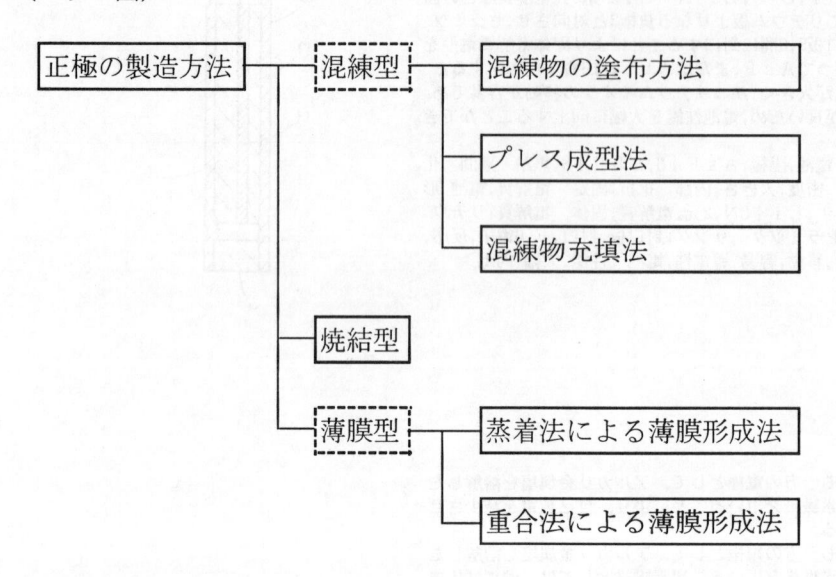

```
正極の製造方法 ─┬─ 混練型 ─┬─ 混練物の塗布方法
              │         │
              │         ├─ プレス成型法
              │         │
              │         └─ 混練物充填法
              │
              ├─ 焼結型
              │
              └─ 薄膜型 ─┬─ 蒸着法による薄膜形成法
                        │
                        └─ 重合法による薄膜形成法
```

2．各技術事項について

（1）混練物の塗布方法

① 技術事項の特徴点

　　捲回形のようにある程度の面積を持つ正極の作製方法で、正極活物質（正極材料）と、アセチレンブラックのような導電剤と、ポリフッ化エチレンのような結着剤を溶媒と共に混練し、このペーストを、アルミニウムやステンレス製の集電体上に塗布して正極を作製する。ポリフッ化エチレン単独ではペーストになり難いのでポリビニルアルコールやカルボキシメチルセルロースのような粘性剤が使用される。最終的に正極は、水分除去のために大気中若しくは真空中で熱処理される。このような方法には、<1>*、<2>、<3>、<4>*が、また塗布乾燥後ローラー等を通して緻密化したり<5>*、両面に同時塗布したり<6>*、得られた膜の熱処理で正極材料の組成、例えばNb_2Se_3から$NbSe_3$に組成変化させる例<7>*等がある。

参照文献（＊は抄録記載）

<1>*特開昭 54-46344　　　<2>特開昭 54-108221　　　<3>特開平 2-158055　　　<4>*特開平 7-161350

<5>*特開昭 60-253174　　　<6>*特開平 1-194265　　　<7>*特開平 2-230659

参照文献（Japio 抄録）

<1>

昭54-046344
P出 52-114072　　非水電池用正極板の製造法
　　S52.09.20　　三洋電機　（株）
開 54- 46344　　〔目的〕MnO₂に結着剤と粘性剤溶液とを加えたペーストを,芯体
　　S54.04.12　　に塗着し,酸化雰囲気中で粘性剤の分解温度で熱処理した後,真空中
告 57-　6227　　等で結着剤の融点温度で熱処理することにより,放電性能の向上を
　　S57.02.03　　図る。
登　1118272　　〔構成〕MnO₂活物質粉末に結着剤と粘性剤とを加えて作成した
　　S57.10.15　　ペーストを,極板芯体に塗着し,酸化雰囲気中で粘性剤の分解温度で
H01M　4/50　　熱処理した後,真空または不活性雰囲気中で結着剤の融点温度で熱
H01M　4/62　　処理する。例えばMnO₂粉末,アセチレンブラック,結着剤として
H01M　4/06　L　の4弗化エチレン-6弗化エチレン共重合樹脂粉末を,90：8：2の割
H01M　4/08　L　合で混合する。これに濃度10%のポリビニルアルコール水溶液を2
H01M　4/62　Z　重量%加え,混練してペースト状にし,ステンレス製の極板芯体に塗
　　　　　　　　着する。これを大気中,200℃で30分間熱処理し,次いで真空中,300
　　　　　　　　℃で90分間熱処理して正極板を得る。このようにすることにより,
　　　　　　　　粘性剤の分解時のMnO₂の還元を防止して,放電性能を向上させる
　　　　　　　　ことができる。
　　　　　　　　＜ポリビニルアルコール＞
　　　　　　　　＜非水　電池　陽極板,製造,MnO↓2,結着剤,粘性剤　溶液,ペー
　　　　　　　　スト,芯体,塗着,酸化　雰囲気,粘性剤,分解　温度,熱処理,真空,融
　　　　　　　　点　温度,放電　性能,向上,活物質　粉末,作成,極板　芯体,不活性
　　　　　　　　　雰囲気,MnO↓2　粉末,アセチレンブラック,4　フツ化　エチ
　　　　　　　　レン,6　フツ化　エチレン,共重合　樹脂　粉末,割合,混合,濃度,
　　　　　　　　ポリ　ビニル　アルコール　水溶液,混練,ステンレス,大気中,30分
　　　　　　　　,間熱　処理,分間,陽極板,分解,還元,防止＞

<4>

平07-161350
P出 05-307744　　リチウム電池用電極スラリーの製造方法
　　H05.12.08　　富士電気化学　（株）
開 07-161350　　〔目的〕（J）電極活物質、導電材、結着剤及び溶剤を混練する際
　　H07.06.23　　に粘度が所定ポイズに調整後、更に溶剤を加えて所定粘度まで混練
登　2750077　　することにより、乾燥工程における乾燥時間を短縮して生産性を向
　　H10.02.20　　上する。£スパイラル形リチウム電池、正極スラリー、ズリ速度
H01M　4/02　A　〔構成〕正極活物質としてのリチウム（金属複合酸化物としてのL
H01M　4/04　A　iCoO₂）と導電剤としての黒鉛及びアセチレンブラックと結着
H01M　4/26　Z　剤としてのポリフツ化ビニリデンとを混合して粉体を作製する。次
C08J　3/20　Z　に溶剤を加えて混練する際に、溶剤の量を調整してこの混練物の粘
B01F　3/12　　　度を300～600000ポイズに調整する。この際、加える溶剤量を混練
B01J 13/00　B　物に加える溶剤の全量の20～70重量%にすると共に、その後更に溶
H01M　4/02　C　剤を加えて混練した後の所定の粘度を20～70ポイズにする。この場
H01M　4/08　K　合、粉体は溶剤に均一に分散混合されるので、その後更に所定の粘
　　　　　　　　度になるために加える溶剤は少量で済む。従って得られた電極スラ
　　　　　　　　リーを電極シート芯材に塗布の際、乾燥工程での乾燥時間を短縮で
　　　　　　　　きる。
　　　　　　　　＜ポリフツ化ビニリデン＞
　　　　　　　　＜リチウム　電池,電極,スラリー,製造　方法,電極　活物質,導電
　　　　　　　　材,結着剤,溶剤,混練,粘度,所定,ポイズ,調整,乾燥　工程,乾燥
　　　　　　　　時間,短縮,生産性,向上,螺旋状,陽極,ずり速度,陽極　活物質,リチ
　　　　　　　　ウム,金属　複合　酸化物,LiCoO↓2,導電剤,黒鉛,アセチレン
　　　　　　　　ブラック,ポリ　フツ化　ビニリデン,混合,粉体,作製,量,混練物,
　　　　　　　　溶剤量,全量,均一,分散　混合,少量,電極　シート,芯材,塗布＞

<5>

```
昭60-253174            ソリッドステート電気化学電池の製造方法
P出 60-102507          ユナイテツド キングダム アトミツク エナージ オーソリテイ
   S60.05.14          〔目的〕活性物質と、リチウム塩と錯体を形成できる重合体物質の
開 60-253174           溶液から形成されたフイルムを加圧によつて緻密化した複合材料カ
   S60.12.13          ソードを使用することにより、容積エネルギー密度においてすぐれ
告 07- 22023          た電池を得る。
   H07.03.08
登 1985030           〔構成〕アセトニトリルに（PEO）。LIF、COS、及びV₆O₁₃
   H07.10.25          を含む溶液を調製し、これにアセチレンブラツクを加える。得られ
H01M  4/02    A       た溶液を、ドクターブレード法を用いて、ニツケル箔集電装置上に
H01M  4/04    A       施し、アセトニトリルを蒸発させて、V₆O₁₃22.5％、ポリマー25
H01M 10/36    A       ％、炭素2.5％及び多孔度50％の容積を有するフイルムを得る。次
H01M 10/36    Z       に、集電装置上のフイルムを2つのローラーの間を通し、多孔性を
H01M 10/38            除くことにより緻密化する。集電装置上に得られたフイルムを複合
H01M  4/02            材料カソードとして、電気化学電池内に、リチウム金属箔アノード
H01M  4/04            と（PEO）。LIF、CSO₃電解質とともに組み込んでソリッド
H01M 10/40    B       ステート電気化学電池を得る。
H01M  4/04    Z       ＜ソリッドステート，電気，化学，電池，製造，方法，活性，物質，
H01M  6/18    E       リチウム塩，錯体，形成，重合体，物質，溶液，フイルム，加圧，緻密化，
H01M 10/36            複合，材料，カソード，使用，容積，エネルギー，密度，電池，アセ
                      トニトリル，PEO，LIF，OS，V↓6O↓1↓3，調製，アセチレンブ
                      ラツク，ドクター ブレード法，ニツケル箔，集電 装置，蒸発，重合
                      体，炭素，多孔度，2個，ローラ，通し，多孔性，電気 化学 電池，リチ
                      ウム 金属，箔，アノード，SO↓3，電解質，組込＞
```

<6>

```
平01-194265           塗布装置及びその使用方法
P出 63- 15660          ソニー （株）
   S63.01.26          〔目的〕被塗布物を相対的に移動させつつ、2個所の間で被塗布物の
開 01-194265           両面へ塗布剤を供給することにより、被塗布物の両面に塗布剤を同
   H01.08.04          時に塗布可能とする。
登 2689457
   H09.08.29          〔構成〕シヤツタ部材35a，35bを方向Bへスライドさせると、これ
H01M  4/04    Z       らの部材35a，35bとドクターブレード31a，31bとが離間する。こ
H01M  4/26    Z       のため滞留部36a，36bからA1箔21の両面へ同時に塗布剤43が供
B05C  3/132          給され、更にこの塗布剤43がブレード31a，31bによつて掻き取られ
                      て、塗布剤43がA1箔21の両面に同時に所定の厚さずつ塗布される
                      。また部材35a，35bを方向Aへスライドさせてブレード31a，31b
                      に当接させると、滞留部36a，36bからA1箔21への塗布剤43の供給
                      が抑止され、塗布剤43はA1箔21に塗布されない。従つてシヤツタ
                      部材35a，35bの方向A及びBへの動作を繰り返すと、塗布剤43がA
                      1箔21の両面に同時に間欠塗布される。
                      ＜塗布 装置，使用 方法，被塗布物，相対的，移動，2個所，両面，塗布
                      剤，供給，同時，塗布 可能，シヤツタ 部材，5a，5b，方向，B，スラ
                      イド，部材，ドクター ブレード，1a，1b，離間，滞留，6a，6b，アル
                      ミ箔，ブレード，掻取，厚さ，塗布，当接，抑止，動作，間欠 塗布＞
```

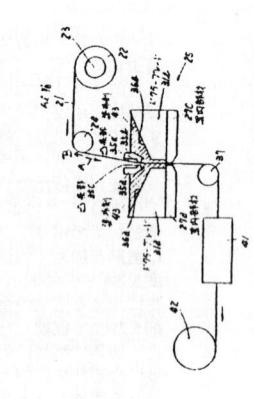

<7>

```
平02-230659           再充電可能な非水性電池
P出 01-327473          エイ テイ アンド テイ CORP
   H01.12.19          〔目的〕負極，セパレータ，正極，電解質で非水性電池を構成する
開 02-230659           ときに、正極を三セレン化ニオブで作成し、作成するには三セレン化ニ
   H02.09.13          オブが生ずる温度範囲内でNb₂Se₃を加熱することにより、単位
登 2755456           容積当りの容量を大きくすると共に寿命を長くし、携帯機器などに
   H10.03.06          好適とする。
C01G 33/00    Z       〔構成〕非水性電池を、巻回式円筒形電池の関連部分10，リチウム負
H01M  4/02    C       極11，セパレータ12と14，正極13で構成する。このとき正極13は三
H01M  4/04    A       セレン化ニオブの加熱で作成し、その加熱の温度範囲を500〜780℃、
H01M 10/40    Z       あるいは630〜690℃または650〜680℃とする。また三セレン化ニオブ
C01B 19/04    B       に変換するNb₂Se₃は粉末状としこれをスラリー状とし、基体上
H01M  4/58            に堆積させた後はスラリーから液体を除去する。このときの基体に
H01M  4/04            は、アルミナ，石英，アルミニウムなどとする。またスラリー中の液
                      体はプロピレングリコールを使用する。
                      ＜酸化アルミニウム，2価アルコール，プロピレングリコール＞
                      ＜再充電 可能，非水性 電池，陰極，分離器，陽極，電解質，構成，3
                      セレン化，ニオブ，作成，温度 範囲，Nb↓2，Se↓3，加熱，単位
                      容積当り，容量，大きさ，寿命，携帯 機器，好適，巻回，円筒状 電池，
                      関連部，分，リチウム 陰極，変換，粉末状，スラリー，基体，堆積，液体
                      ，除去，アルミナ，石英，アルミニウム，プロピレン グリコール，使用
                      ＞
```

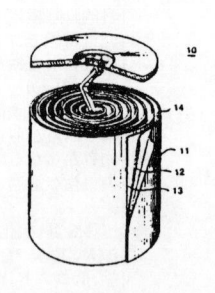

（2）プレス成型法
① 技術事項の特徴点

　扁平形のように大きな面積を必要としない正極の作製法の最も一般的な方法で、正極活物質と、導電剤と、結着剤を混練して得られた混練物を加圧成型する方法である。この方法には、溶媒を使用しない乾式法と溶媒を使用する湿式法があるが、大半は乾式法である。乾式法の成型に使用される結着剤としては、繊維状になって粉末に強固に絡み付き、かつ高温の乾燥に耐えるポリフッ化エチレンが使用される。乾式成形法には、<1>*、<2>*、<3>、<4>、<5>、<6>、<7>、<8>、<9>、<10>等があるが、内部抵抗低減のために、集電体金網を中心に入れたり<11>*、<12>、炭素表面に正極活物質を形成したり<13>*、繊維状の活物質と粒状活物質とを組み合せたり<14>*等の工夫がなされ、電解液の分解を防ぐために正極活物質の表面を炭素で覆う方法も採られている<15>*。湿式混合法では、ペースト化するためにポリビニルピロリドンを添加したり<16>*、低粘度のエタノールを添加したり<17>*等の工夫がなされている。

参照文献（＊は抄録記載）

<1>*特開昭53-42325　　　<2>*特開昭55-150555　　　<3>特開昭58-111270　　　<4>特開昭59-94366
<5>特開昭60-65461　　　<6>特開昭61-200667　　　<7>特開昭62-226564　　　<8>特開昭57-32573
<9>特開昭59-173976　　<10>特開昭61-116758　　<11>*特開昭60-246564　　<12>特開昭58-206063
<13>*特開昭54-60421　　<14>*特開平3-233871　　<15>*特開昭55-62672　　<16>*特開昭56-132773
<17>*特開昭57-61258

参照文献（Japio抄録）

<1>

```
昭53-042325
P出 51-118327          非水電池用陽極の製造法
    S51.09.29           三洋電機　（株）
開 53- 42325      〔目的〕350～430℃で熱処理した二酸化マンガンに,導電剤と結着
    S53.04.17       剤を混合して成型した後,200～350℃で熱処理することにより,非水
告 57- 32975        電池用陽極の含有水分を除去し,電池の保存特性と放電特性を向上
    S57.07.14        する。
登  1257395       〔構成〕二酸化マンガンを無水の雰囲気中で350～430℃の温度範囲
    S60.03.29        で熱処理し,これに乾燥したアセチレンブラック等の導電剤とポリ
H01M  4/50          弗化エチレン等の結着剤とを混合し,加圧成型する。この成型体を
H01M  4/06    L    無水雰囲気中で200～350℃の温度範囲で熱処理して非水電池用陽極
H01M  4/08    L    を得る。上記のようにして作成された陽極は,付着水および結合水
                    が完全に除去されているので,例えば陰極にリチウムを,電解液にプ
                    ロピレンカーボネイテと1,2ジメトキシエタンの混合溶媒に過塩素
                    酸リチウムを溶解した溶液を用いた非水電池における陽極として,
                    優れた保存特性と放電特性を示す。
                  <非水　電池　陽極,製造,熱処理,2 酸化　マンガン,導電剤,結着
                    剤,混合,成形,含有　水分,除去,電池,保存　特性,放電　特性,向上
                    ,無水,雰囲気,温度　範囲,乾燥,アセチレンブラック,ポリ　フツ化
                    　エチレン,加圧　成形,成形体,無水　雰囲気,作成,陽極,付着水,
                    結合水,完全,陰極,リチウム,電解液,プロピレン,カルボ,ジメト
                    キシ　エタン,混合　溶媒,過塩素酸　リチウム,溶解,溶液,非水
                    電池>
```

<2>

昭55-150555
P出 54- 59262　　非水電解液電池の製造法
　　S54.05.14　　日立マクセル　（株）
開 55-150555　〔目的〕2酸化マンガンを陽極活物質として用いる場合に，陽極合剤
　　S55.11.22　粉末を加圧成形した後所定温度に加熱処理することにより，製造工
H01M 4/50　　程の減少と，組立電池内への水分の持込みの減少を図ること。
H01M 4/06　L　〔構成〕陽極1は加熱処理されない2酸化マンガンと鱗状黒鉛とポリ
H01M 4/08　L　弗化エチレンとからなる陽極合剤粉末を加圧成形した後に250～450
　　　　　　　℃で加熱処理して組込んでいる。この構成によれば2酸化マンガン
　　　　　　　中の付着水はもとより，結合水も除去され，かつ加熱処理後は電池組
　　　　　　　立時の雰囲気と同様の乾燥雰囲気中で保存できるので，電池組込み
　　　　　　　前までの水分の再付着が抑制され，その結果電池保存中のガス発生
　　　　　　　に基づく電池のふくれや，電池性能の低下が抑制される。
　　　　　　　<非水　電解液　電池,製造,2 酸化　マンガン,陽極　活物質,陽
　　　　　　　極　合剤　粉末,加圧　成形,所定　温度,加熱　処理,製造　工程,
　　　　　　　減少,組立,電池,水分,持込,陽極,鱗状　黒鉛,ポリ　フツ化　エチ
　　　　　　　レン,組込,構成,付着水,結合水,除去,電池　組立,雰囲気,乾燥　雰
　　　　　　　囲気,保存,電池　組込,再付着,抑制,電池　保存,ガス　発生,ふく
　　　　　　　れ,電池　性能,低下>

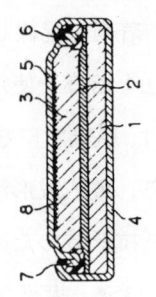

<11>

昭60-246564
P出 59-102129　　電池
　　S59.05.21　　松下電器産業　（株）
開 60-246564　〔目的〕正極活物質として非晶質状態の遷移金属酸化物を使用する
　　S60.12.06　ことにより、電池としての出力エネルギー密度の向上を図り、実用
告 07- 11959　的な電池を得る。
　　H07.02.08　〔構成〕正極活物質として非晶質状態の遷移金属酸化物を用いてい
H01M 4/48　　る。例えば、非晶質酸化タングステン粉末、導電剤のカーボン粉末
H01M 10/40　Z　及びバインダーのフツ素樹脂粉末を混合し、これをステンレス鋼ネ
　　　　　　　ツトからなる集電体が中心になるように加圧成形して正極とする。
　　　　　　　負極は、鉛を主体としたリチウム合金を集電体のニツケルネツトに
　　　　　　　固定する。電解液は過塩素酸リチウムの1モル／1プロピレンカー
　　　　　　　ボネート溶液を用いる。これらをステンレス鋼製電槽内へ封入して
　　　　　　　電池を構成する。
　　　　　　　<電池,陽極　活物質,非晶質　状態,遷移　金属　酸化物,使用,出
　　　　　　　力　エネルギー,密度,向上,実用的,非晶質酸,タングステン　粉末,
　　　　　　　導電剤,炭素　粉末,バインダー,フツ素　樹脂　粉末,混合,ステン
　　　　　　　レス鋼　ネツト,集電体,中心,加圧　成形,陽極,陰極,鉛,主体,リチ
　　　　　　　ウム　合金,ニツケル　ネツト,固定,電解液,過塩素酸　リチウム,1
　　　　　　　モル,プロピレン　カーボネート　溶液,ステンレス鋼,電槽,封入,
　　　　　　　構成>

<13>

昭54-060421
P出 52-126830　　電池
　　S52.10.24　　日立製作所：（株），日立化成工業　（株）
開 54- 60421　〔目的〕有機電解質電池の正極として，三塩化バナジルの加水分解
　　S54.05.15　で生成する五酸化バナジウムを導電性粉末上に析出させた粉末を用
H01M 4/48　　いることにより，内部抵抗を低くし，正極の利用率を向上させる。
　　　　　　　〔構成〕水に導電性粉末である活性炭を加え，よく撹拌しながら三
　　　　　　　塩化バナジルを滴下すると，加水分解の反応によって塩化水素の白
　　　　　　　煙とともに五酸化バナジウムが生じ，活性炭上に析出する。滴下終
　　　　　　　了後口別し，十分に水洗後乾燥する。これによりV₂O₅：活性炭＝5
　　　　　　　：1の割合の粉末が得られる。この粉末6部にポリテトラフルオロエ
　　　　　　　チレン粉末を加え十分に混合した後，ニツケル金網上にプレスして
　　　　　　　正極4とする。負極3にはリチウム，ナトリウムなどの軽金属を使用
　　　　　　　する。電解質には非水系有機溶媒に無機塩を溶解したものを用いる
　　　　　　　。
　　　　　　　<ポリテトラフルオロエチレン>
　　　　　　　<電池,有機　電解質　電池,陽極,3　塩化　バナジル,加水　分解,
　　　　　　　生成,5　酸化　バナジウム,導電性　粉末,析出,粉末,内部　抵抗,
　　　　　　　利用率,向上,水,活性炭,撹拌,滴下,反応,塩化　水素,白煙,終了後,
　　　　　　　十分,水洗,乾燥,V↓2O↓5,割合,ポリ　テトラ　フルオロ　エチ
　　　　　　　レン　粉末,混合,ニツケル　金網,プレス,陰極,リチウム,ナトリウ
　　　　　　　ム,軽金属,使用,電解質,非水系　有機　溶媒,無機塩,溶解>

<14>

平03-233871
P出 02- 29824　非水系二次電池
　　 H02.02.09　三洋電機　（株）
開 03-233871
　　 H03.10.17　〔目的〕正極の活物質として、繊維状の形状を有する活物質と粒状
登 2865355　　の形状を有する活物質との混合物を用いることにより、サイクル特
　　 H10.12.18　性の向上を図る。
H01M　4/58　〔構成〕繊維状の形状を有する活物質と、二酸化マンガン、五酸化
H01M　4/02　C　バナジウム、三酸化モリブデン含有マンガン酸化物等の粒状の形状
H01M 10/40　Z　を有する活物質とを混合して正極1活物質に用いる。このような構
造であれば、繊維状の形状を有する活物質が粒状の形状を有する活
物質同士を結びつける働きをし、正極強度が増大する。従って充放
電サイクルに伴う正極1活物質の体積膨張、収縮が生じても、繊維
状の形状を有する活物質の結合効果により、正極1の崩れが抑制さ
れる。これにより充放電を繰り返した場合であっても、正極1活物
質と導電剤との接触が良好に保たれ、正極容量が低下するのを抑制
することができ、サイクル特性を飛躍的に向上することができる。
<2酸化,2酸化マンガン,酸化マンガン,5酸化,5酸化バナジウム,酸
化バナジウム,3酸化,3酸化モリブデン,酸化モリブデン>
<非水系 2次 電池,陽極,活物質,繊維状,形状,砥粒,混合物,サイ
クル 特性,向上,2 酸化 マンガン,5 酸化 バナジウム,3 酸
化 モリブデン,含有,マンガン 酸化物,粒状,混合,構造,同士,結
び付け,働き,強度,増大,充放電 サイクル,体積 膨張,収縮,結合
　効果,崩れ,抑制,充放電,繰返し,場合,導電剤,接触,良好,陽極
容量,低下,飛躍>

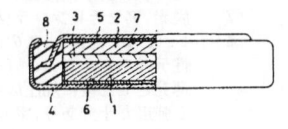

<15>

昭55-062672
P出 53-136013　非水電解液二次電池
　　 S53.10.31　三洋電機　（株）
開 55- 62672
　　 S55.05.12　〔目的〕正極の表面に,過充電時に過塩素酸塩から生成する過塩素
H01M　4/02　C　酸ラジカルと反応して層間化合物を生成するカーボン層を設けるこ
H01M 10/40　Z　とにより,電解液の分解を阻止してサイクル特性の向上を図ること
。
〔構成〕Li金属等の軽金属シートからなる負極1が負極缶2の内面
に圧着されており,活物質としての例えばMoO₃に導電剤と結着剤
を加えて加圧形成した正極3が正極缶4の内底面に圧着されている。
そしてカーボン粉末を加圧成形してなるカーボン層5が上記正極3の
表面に配置した後,加圧して密着されている。電解液はプロピレン
カーボネイトと1・2ジメトキシエタンとの混合溶媒に過塩素酸リチ
ウムを溶解したものを用いている。このような構成によれば過充電
時に過塩素酸塩から生成する過塩素酸ラジカルは,カーボン層5と反
応して層間化合特を形成するので,有機溶媒との反応による電解液
の分解を阻止することができる。
<非水 電解液 2次 電池,陽極,表面,過充電,過塩素酸塩,生成,
過塩素酸,ラジカル,反応,層間 化合物,炭素層,電解液,分解,阻止,
サイクル 特性,向上,リチウム 金属,軽金属,シート,陰極,陰極缶
,内面,圧着,活物質,ＭｏＯ↓3,導電剤,結着剤,加圧 形成,陽極缶,
内底面,炭素 粉末,加圧 成形,配置,加圧,密着,プロピレン　カー
ボネート,ジ メトキシ エタン,混合 溶媒,過塩素酸 リチウム,
溶解,構成,層間,化合,形成,有機 溶媒>

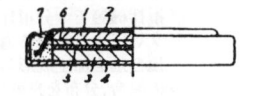

<16>

昭56-132773
P出 55- 35275　　有機電解質電池用正極の製造法
　　S55.03.19　　松下電器産業　（株）
開 56-132773　　〔目的〕結着剤とポリビニルピロリドンを添加して成形することに
　　S56.10.17　　より,結着剤の使用量を低減し,放電特性を向上させる。
告 01- 19231　　〔構成〕フツ化炭素,二酸化マンガン等とアセチレンブラック等の
　　H01.04.11　　正極合剤混合物にポリビニルピロリドンとスチレンブタジエンゴム
登　1538770　　の水性デイスパージョン等の結着剤を添加させて正極合剤を成形す
　　H02.01.16　　る。ポリビニルピロリドンは粉末のま\添加し次いで結着剤を加え
H01M　4/62　　たり,また,水溶液として正極合剤に加えても良い。例えば,フツ化
H01M　4/62　Z　炭素,アセチレンブラック,ポリビニルピロリドンを重量比で100：1
H01M　4/04　A　：0.7で混合し,この混合物100gにスチレンブタジエンゴムの水
　　　　　　　　性デイスパージヨン（樹脂分50重量%）5gを混合してから水分を
　　　　　　　　揮発させた後に加圧成形する。これにより,結着剤の量を低減して
　　　　　　　　も強度が十分あり,電池組立後は電解液中にポリビニルピロリドン
　　　　　　　　が溶出するが放電性能に悪影響は与えない。
　　　　　　　　＜ビニルピロリドン,ポリビニルピロリドン,フルオロカーボン,2酸
　　　　　　　　化,2酸化マンガン,酸化マンガン,スチレンブタジエンゴム,ビニル
　　　　　　　　ベンゼン,ブタジエンゴム＞
　　　　　　　　＜有機　電解質　電池,陽極,製造,結着剤,ポリ　ビニル　ピロリ
　　　　　　　　ドン,添加,成形,使用量,低減,放電　特性,向上,フツ化　炭素,2
　　　　　　　　酸化　マンガン,アセチレンブラック,陽極　合剤　混合物,スチレ
　　　　　　　　ン　ブタジエン　ゴム,水性　分散,陽極　合剤,粉末,水溶液,重量
　　　　　　　　比,混合,混合物,樹脂,水分,揮発,加圧　成形,量,強度,十分,あり,
　　　　　　　　電池　組立,電解液,溶出,放電　性能,悪影響＞

<17>

昭57-061258
P出 55-137339　　非水電解液電池
　　S55.09.30　　セイコー電子工業　（株）
開 57- 61258　　〔目的〕正極合剤の組成物を有機溶媒中に分散させて混合撹拌して
　　S57.04.13　　から成形することにより,合剤成分の混合,分布を均一にし,正極成
H01M　4/50　　形体の成形性を向上する。
H01M　4/06　L　〔構成〕β二酸化マンガン,黒鉛,ポリテトラフルオロエチレン等か
　　　　　　　　らなる正極合剤組成物を,粘度が低く,沸点が低い有機溶媒,例えば
　　　　　　　　エチルアルコール,アセトン等の中に投入分散させて,モータによる
　　　　　　　　撹拌機等で十分撹拌混合させてから,目の細かいメンブランフイル
　　　　　　　　タ等により吸引ろ過を行なつて溶媒を除去し,真空乾燥してなる正
　　　　　　　　極合剤を加圧成形して正極ペレットを得る。これにより,正極合剤
　　　　　　　　の混合,分布を良好にして,成形性を良くし,表面の状態を均一とし
　　　　　　　　たので正極ペレットのひび割れ,端の欠け等の損傷を防止すること
　　　　　　　　ができる。
　　　　　　　　＜ポリテトラフルオロエチレン＞
　　　　　　　　＜非水　電解液　電池,陽極　合剤,組成物,有機　溶媒,分散,混合
　　　　　　　　　撹拌,成形,合剤,成分,混合,分布,均一,陽極　成形体,成形性,向
　　　　　　　　上,β 2 酸化　マンガン,黒鉛,ポリ　テトラ　フルオロ　エチレ
　　　　　　　　ン,粘度,沸点,エチル　アルコール,アセトン,投入分,モータ,撹拌
　　　　　　　　機,十分,撹拌　混合,目,メンブレン　フイルタ,吸引　濾過,溶媒,
　　　　　　　　除去,真空　乾燥,加圧　成形,陽極　ペレット,良好,表面,状態,ひ
　　　　　　　　び割,端,欠け,損傷,防止＞

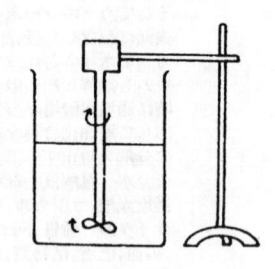

（3）混練物充填法

① 技術事項の特徴点

　　リチウム二次電池の分野では,多孔質の発泡集電体の使用例はないが,打抜いて扁平形に使用でき
る可能性もあるので,混練物充填法についても述べる。スラリー内に没していない部分で充填ローラ
が基体に接しながら高速回転することで,金属多孔体からなる基体内にスラリー状の活物質を効率よ
く充填する方法や,連続集電体が充填ボックスを通過する際に集電体の一面に低粘度ペーストを供給
することで充填量および充填厚みむらのない充填を行なう方法<1>*、<2>*、<3>、および発泡体メタ
ルの多孔度を異ならせることで充填量のばらつきを抑える方法<4>*等がある。

参照文献（＊は抄録記載）

<1>＊特開平 1-105467　　<2>＊特開平 6-163037　　<3>特開昭 55-130071　　<4>＊特開昭 62-140359

参照文献（Japio 抄録）

<1>

```
平01-105467
P出 63-189101      電池用電極の製造方法及びその装置
    S63.07.28      三洋電機　（株）
開 01-105467       〔目的〕ローラーのスラリー内に没していない一点で接するように
    H01.04.21      基体を導きローラーを、移動する基体に対し十分に速い相対速度を
登 2578649         もつように回転させることにより、効率良く高い充填率で均一に基
    H08.11.07      体に活物質を充填可能とする。
H01M  4/26  Z     〔構成〕スラリー2を基体6に充填する充填ローラー5と、充填ロー
H01M  4/04  Z     ラー5を回転駆動させる駆動装置とを備える。充填ローラー5は槽1
H01M  4/28         のスラリー2内に少なくとも一部浸漬するが完全には没しない位置
                   に配置され、また槽1のスラリー2内に没していない少なくとも一点
                   で基体6に接触させられ、駆動装置は充填ローラー5を、移動する基
                   体6に対し十分に速い相対速度をもつように回転させる。これによ
                   り三次元的な連通孔を有する金属多孔体からなる基体に、スラリー
                   状の活物質を効率良く、高い充填率で、しかも均一に充填すること
                   ができ、諸特性に優れた電池用電極が得られる。
```
<電池　電極,製造　方法,装置,ローラ,スラリー内,1点,基体,移動
,十分,速い,相対　速度,回転,効率良,高さ,充填率,均一,活物質,充
填　可能,スラリー,充填,充填　ローラ,回転　駆動,駆動　装置,槽
,一部　浸漬,完全,位置,配置,接触,3次元,連通孔,金属　多孔体,特
性>

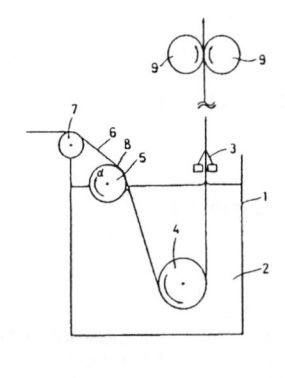

<2>

```
平06-163037
P出 04-316721      蓄電池用ペースト充填装置
    H04.11.26      新神戸電機　（株）
開 06-163037       〔目的〕連続集電体に充填する低粘度ペーストの充填量や充填厚み
    H06.06.10      のばらつきの少ない蓄電池用ペースト充填装置を得る。£エキスパ
登 2734322         ンド格子、連続鋳造格子、充填部、充填圧力、横断面積
    H10.01.09      〔構成〕連続集電体5に低粘度ペーストを充填するペースト充填ボ
H01M  4/20  Q     ックス8を設ける。ペースト充填ボックス8には、連続集電体5を通
H01M  4/04  Z     過させる連続集電体通路9と、連続集電体通路9内の連続集電体5の
                   一方の面側に低粘度ペーストを供給する加圧低粘度ペースト供給路
                   10と、連続集電体通路9から余剰ペーストを連続集電体通路9からみ
                   て加圧低粘度ペースト供給路10が設けられている側と同じ側に排出
                   させる余剰ペースト排出路11とを設ける。
```
<蓄電池,ペースト　充填　装置,連続,集電体,充填,低粘度,ペース
ト,充填量,充填　厚み,ばらつき,エキスパンド　格子,連続　鋳造,
格子,充填　圧力,横断面積,ペースト　充填,ボックス,通過,通路,
一方,面側,供給,加圧,供給路,余剰　ペースト,排出,排出路>

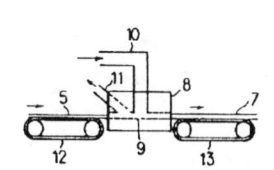

<4>

```
昭62-140359
P出 60-281317      電池用電極
    S60.12.13      松下電器産業　（株）
開 62-140359       〔目的〕活物質を充填する発泡メタルとして片面が高多孔度で他面
    S62.06.23      が低多孔度の発泡メタルを用いることにより,容量密度を向上し,か
登 2568496         つ容量バラツキの低減を図る。
    H08.10.03      〔構成〕片面が高多孔度で他面が低多孔度の発泡メタルを用い,高
H01M  4/02         多孔度を有する面を上にして活物質を充填して乾燥,加圧を行うこ
H01M  4/24         とによって活物質の脱落を無くし,また高多孔度の一面によって充
H01M  4/02  Z      填性を良好にする。この様に活物質の充填性が良好で脱落が生じ難
H01M  4/24  Z      いので充填容量密度のレベルを高くし,また容量バラツキを少なく
H01M  4/80  C      することができる。
```
<電池　電極,活物質,充填,発泡　金属,片面,高多孔度,他面,低多
孔度,容量　密度,向上,容量　ばらつき,低減,面,乾燥,加圧,脱落,1
面,充填性,良好,充填　容量,密度,レベル>

（4）焼結型

① 技術事項の特徴点

　　結着剤を使用せずに正極を作製する方法で、鉄粉とイオウとカーボンを加圧成型したのち窒素ガス中で反応させることで、硫化鉄とカーボン粉末が密着した正極を作製する方法<1>*、酸化チタンを焼結助剤として二酸化マンガン等を焼結させることで充填密度の高い正極を得る方法<2>*、結着剤を使用して押出し成型したシートを熱処理して結着剤を分解・気化させて正極を得る方法<3>*等がある。

参照文献（＊は抄録記載）

<1>*特開昭 54-46334　　　<2>*特開平 4-14757　　　<3>*特開平 5-234586

参照文献（Japio 抄録）

<1>

```
昭54-046334
P出 52-113055          非水電解液電池の製造方法
    S52.09.20          日立マクセル　（株）
開 54- 46334           〔目的〕鉄とイオウとカーボン粉末との混合物を加熱して生成させ
    S54.04.12          た硫化鉄を,陽極活物質として用いることにより,硫化鉄と電導助剤
告 61- 22420           としてのカーボンとの密着性を良くして,放電性能の向上を図る。
    S61.05.31          〔構成〕鉄とイオウとカーボン粉末との混合物を加熱して生成させ
登   1356888           た硫化鉄を,陽極活物質として用いる。例えば鉄粉1モルに対しイオ
    S62.01.13          ウ1.0～1.1モルを配合し,これにカーボン粉末を混合した合剤を
H01M  4/58             加圧成形し,窒素ガス中,600℃で2時間反応させて,硫化鉄にカーボ
H01M  4/06   K         ン粉末が密着した陽極活物質を得る。この陽極活物質と,陰極活物
H01M  4/08   K         質としてのリチウムと,炭酸プロピレンとジメトキシエタンの混合
H01M  4/06             溶媒に1モルの過塩素酸リチウムを溶解した電解液とを用いて,非水
H01M  4/08             電解液電池を作成する。
                       ＜非水 電解液 電池,製造 方法,鉄,硫黄,炭素 粉末,混合物,加
                       熱,生成,硫化 鉄,陽極 活物質,導電 助剤,炭素,密着性,放電
                       性能,向上,鉄粉,1モル,配合,混合,合剤,加圧 成形,窒素 ガス,時
                       間 反応,密着,陰極 活物質,リチウム,炭酸 プロピレン,ジ メ
                       トキシ エタン,混合 溶媒,過塩素酸 リチウム,溶解,電解液,作
                       成＞
```

<2>

```
平04-014757
P出 02-116555          非水溶媒二次電池
    H02.05.02          東芝電池　（株）
開 04- 14757           〔目的〕マンガン酸化物に、酸化チタンを配合して焼結したマンガ
    H04.01.20          ン質酸化物を活物質として含む正極を具備することにより、正極活
登   2835138           物質の充填密度を高めて正極容量を向上させた非水溶媒二次電池を
    H10.10.02          提供する。
H01M  4/50             〔構成〕二酸化マンガン、スピネル型リチウムマンガン酸化物、又
H01M 10/40   Z         はこれらの混合酸化物に、酸化チタンを配合して焼結したマンガン
H01M  4/58             質酸化物を活物質として用いる。マンガン酸化物に酸化チタンを配
H01M  4/02   C         合して焼結することによって、酸化チタンによる焼結助剤としての
                       作用によりマンガン酸化物の粒子同士が良好に焼結され、緻密でタ
                       ップ密度が大きくマンガン質酸化物が得られる。その結果、かかる
                       マンガン質酸化物を正極活物質に用いることにより、一定容積の電
                       池内における正極活物質の充填密度を高めることができるため、正
                       極容量が向上された高容量の非水溶媒二次電池を得ることができる
                       。
                       ＜非水 溶媒 2次 電池,マンガン 酸化物,酸化 チタン,配合,
                       焼結,マンガン,質,酸化物,活物質,陽極,具備,陽極 活物質,充填
                       密度,陽極 容量,向上,提供,2 酸化 マンガン,スピネル,リチウ
                       ム,混合 酸化物,焼結 助剤,作用,粒子 同士,良好,緻密,タップ
                       密度,大きさ,一定 容積,電池,高容量＞
```

<3>

```
平05-234586
P出 04- 37337    電極の製造方法
   H04.02.25    富士電気化学　（株）
開 05-234586
   H05.09.10   〔目的〕正極合剤中に含まれたリン酸グアニジンによって熱処理工
登 2748764     程におけるバインダーの分解熱に起因するワークの燃焼を抑制し，
   H10.02.20   熱処理時間の短縮やワークの投入量の増加を図る。£二酸化マンガ
H01M  4/08  L  ンーリチウム電池、昇温特性、グラファイト、ポリテトラフルオロ
H01M  4/62  Z  エチレン、アルコール
H01M  4/04  A 〔構成〕二酸化マンガンを主成分とする活物質にポリビニルブチラ
               ール、フタル酸ジブチル等のバインダーを混合し、更にリン酸グア
               ニジン（(NH₂)₂・C=NH・H₃PO₄）を0.5～5重量％添加
               した。これを混練し、押出成形してシート状の正極合剤を得た。次
               いで、該正極合剤を熱処理してバインダーを分解・気化させ、所定
               形状の電極に加工した。
               <ポリテトラフルオロエチレン,ポリビニルブチラール>
               <電極,製造　方法,陽極　合剤,燐酸　グアニジン,熱処理　工程,
               バインダー,分解熱,起因,ワーク,燃焼,抑制,熱処理　時間,短縮,投
               入量,増加,2　酸化　マンガン,リチウム　電池,昇温　特性,黒鉛,
               ポリ　テトラ　フルオロ　エチレン,アルコール,主成分,活物質,ポ
               リ　ビニル　ブチラール,フタル酸　ジ　ブチル,混合,アミノ,C,
               イミノ,燐酸,添加,混練,押出　成形,シート状,熱処理,分解,気化,
               所定　形状,加工>
```

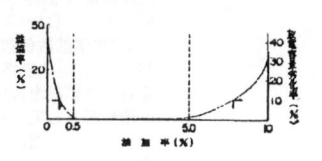

（5）蒸着法による薄膜形成法

① 技術事項の特徴点

　　例えばV_2O_5ペレットを、WO_3粉末に埋め込んだターゲットを用いて石英基板上にW－V－O形酸化物薄膜を形成し、その上に固体電解質薄膜、金属リチウムを形成して全固体電池を作製した例<1>*、同様な方法で作製したMo－V－O系酸化物を正極とする全固体電池の作製例<2>*等がある。

参照文献（＊は抄録記載）

<1>*特開昭 59-224064　　　<2>*特開昭 60-86761

参照文献（Japio 抄録）

<1>

```
昭59-224064
P出 58- 95736    リチウム電池用正極材料
   S58.06.01    日立製作所：（株）
開 59-224064
   S59.12.15   〔目的〕金属Liまたはその合金を負極活物質とするLi電池にお
H01M  4/48    いて，正極活物質としてW－V－O系酸化物薄膜を用いることによ
H01M  4/58    り,標記材料のLi'化学拡散係数及び電池の電圧－電流特性を向上
               させる。
              〔構成〕ペレット状に圧縮成型したV₂O₅をWO₃粉末中に埋め込
               んでターゲット材とし,これを用いてスパッタ法により石英製基板
               上にW－V－O系酸化物薄膜を作製させる。次にこの薄膜を正極活
               物質とし,その上に固体電解質の薄膜をスパッタ法により蒸着させ
               る。次いでこの固体電解質薄膜上に金属Liまたはその合金を真空
               蒸着法により薄膜として蒸着させ,負極活物質とする。この場合,正
               極薄膜は表面平滑な非晶質である。
               <リチウム　電池　陽極材,金属　リチウム,合金,陰極　活物質,リ
               チウム　電池,陽極　活物質,W,V,O系,酸化物　薄膜,標記材,L
               i↑+化学,拡散　係数,電池,電圧,電流　特性,向上,ペレット,圧
               縮　成形,V↓2O↓5,WO↓3　粉末,埋込,ターゲット材,スパッタ
               ,石英,基板,作製,薄膜,固体　電解質,蒸着,固体　電解質　薄膜,真
               空　蒸着,陽極,表面　平滑,非晶質>
```

<2>

```
昭60-086761
P出 58-194257        リチウム電池用正極材料
    S58.10.19       日立製作所：(株)
開 60-86761         〔目的〕Mo-V-O系酸化物を正極活物質とすることにより、L
    S60.05.16       i⁺化学拡散数の大きな正極材料を得る。
                    〔構成〕両面鏡面研磨した石英製基板1上に、スパッタ法により正
H01M  4/48          極薄膜2を作成する。ターゲット材には、五酸化バナジウム粉末を
H01M  4/58          ベース化合物に用い、三酸化モリブデンのペレットをこの中に埋め
                    込むことでモリブデン量の調節を行なう。作成した正極薄膜2上に
                    固体電解質層3をスパッタ法により蒸発し、固体電解質薄膜3上に金
                    属リチウム負極4を真空蒸着して電池を作成する。この正極材料は
                    Li⁺化学拡散係数及び電池の電圧－電流特性共に、大きく優れて
                    おり、Li⁺の拡散に対し異方性がないため、拡散係数が大きくな
                    る方向へ結晶を配向させるという技術課題がなく、リチウム電池用
                    正極材料として有用である。
```

<リチウム 電池 陽極材,モリブデン,V,O系,酸化物,陽極 活物質,Li↑+化学,拡散数,陽極 材料,両面 鏡面 研磨,石英,基板,スパッタ,陽極,薄膜,作成,ターゲット材,5 酸化 バナジウム 粉,ベース 化合物,3 酸化 モリブデン,ペレット,埋込,モリブデン量,調節,固体 電解質層,蒸発,固体 電解質 薄膜,金属 リチウム,陰極,真空 蒸着,電池,拡散 係数,電圧,電流 特性,大きさ,Li↑+,拡散,異方性,方向,結晶,配向,技術,課題,有用>

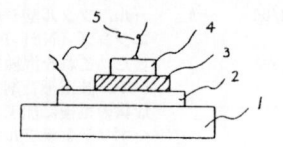

（6）重合法による薄膜形成法

① 技術事項の特徴点

　　プラズマ重合、化学重合、電解重合等で、正極用基体上等に導電性高分子薄膜を直接形成して正極を作製する方法である。炭素多孔体や黒鉛を分散したゴム状多孔性シートを電極として、ポリピロールやポリアニリンのような導電性高分子薄膜を電解重合法で形成して充放電効率や加工性のよい正極を作製する方法<1>*、<2>*、正極酸化したアルミニウム集電体上に化学重合膜・電解重合膜を形成して放電電圧平坦性のよい正極を作製する方法<3>*、セパレータの片面にプラズマ重合法でポリピロール等の導電性高分子薄膜の正極を形成し、他方のセパレータ面にリチウム金属薄膜を蒸着し、その後ステンレス集電体をスパッタ形成して、セパレータ・正負極・集電体一体型の電極を作製する方法<4>*等がある。

参照文献（＊は抄録記載）

<1>*特開昭62-176046　　<2>*特開平2-207461　　<3>*特開平1-93053　　<4>*特開昭62-246270

参照文献（Japio抄録）

<1>

昭62-176046
P出 61- 15324　　二次電池
　　S61.01.27　　三菱化成（株），三洋電機（株）
開 62-176046　　〔目的〕導電性ポリマーと多孔質基体の一体物を電池電極として用
　　S62.08.01　　いることにより，電池機種に応じた加工成形を容易にし，充放電効
告 07- 66800　　率を向上して電池容量の増加を可能にする。
　　H07.07.19　　〔構成〕プロピレンカーボネート溶液を用い，電解電極として陽極
登 2047479　　に炭素の多孔質体を，陰極にはリチウム箔を夫々使用して定電流電
　　H08.04.25　　解を行つて電解酸化重合によつて多孔体孔内にポリピロールを生成
H01M 4/60　　させて保持させる。この様な処理を行つた多孔質体を円盤状に打抜
H01M 4/02　　いて正極1とし，負極2にはLi金属を，また電解液はプロピレンカー
H01M 4/04　　ボネート溶液を用いる。これにより電池機種対応の加工成形が容易
H01M 4/02　B　になり，導電性ポリマーの基体からの脱落をなくし，導電性，電池サ
H01M 4/04　A　イクルを良くして充放電効率を向上させ，電池容量を増加すること
　　　　　　　ができる。
　　　　　　　＜プロピレンカーボネート,炭酸エステル,ポリピロール,金属リチ
　　　　　　　ウム＞
　　　　　　　＜2次 電池,導電性 重合体,多孔質 基体,一体物,電池 電極,電
　　　　　　　池,機種,加工 成形,充放電 効率,向上,電池 容量,増加,可能,
　　　　　　　プロピレン カーボネート 溶液,電解 電極,陽極,炭素,多孔体,陰
　　　　　　　極,リチウム箔,使用,定電流 電解,電解 酸化 重合,孔内,ポリ
　　　　　　　ピロール,生成,保持,処理,円板状,打抜,リチウム 金属,電解液,対
　　　　　　　応,基体,脱落,導電性,サイクル＞

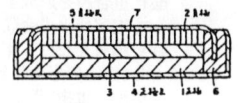

<2>

平02-207461
P出 01- 28158　　薄型二次電池
　　H01.02.07　　三洋電機（株）
開 02-207461　　〔目的〕電極の構成部材として，導電剤が混合されたゴム状多孔性
　　H02.08.17　　シートを用いることにより，電極の柔軟性を高めて反復わん曲性を
登 2698145　　向上させ，電池特性の向上を図る。
　　H09.09.19　　〔構成〕断面皿状の正極外装体1と負極外装体2とは絶縁層8を介し
H01M 10/40　Z　て固定され，各外装体1と2とで形成される内部空間には，外装体1側
H01M 4/60　　　から順に正極集電体3と正極4とセパレータ5と負極6と負極集電体7
H01M 4/02　B　とが設けられている。正極4としては,アニリンが溶解したホウフツ
H01M 4/04　A　化水素酸水溶液中で，黒鉛粉末を混合分散させたブタジエンスチレ
H01M 4/80　Z　ンゴム多孔性シートの空間部に，ポリアニリンを電解重合させて得
　　　　　　　られたポリアニリン-ポリブタジエン複合シート電極を用い，負極2
　　　　　　　としてはリチウム箔を用い，電解液としてはホウフツ化リチウムと
　　　　　　　プロピレンカーボネートとの混合溶液を用いている。
　　　　　　　＜スチレンゴム,ポリアニリン,ポリブタジエン＞
　　　　　　　＜薄形,2次 電池,電極,構成 部材,導電剤,混合,ゴム,多孔性 シ
　　　　　　　ート,柔軟性,反復,湾曲性,向上,電池 特性,断面 皿状,陽極,外装
　　　　　　　体,陰極,絶縁層,固定,形成,内部 空間,1側,陽極 集電体,分離器,
　　　　　　　陰極 集電体,アニリン,溶解,硼弗化 水素酸 水溶液,黒鉛 粉末
　　　　　　　,混合 分散,ブタジエン,スチレン ゴム,空間,ポリ アニリン,電
　　　　　　　解 重合,ポリ ブタジエン,複合 シート,リチウム箔,電解液,硼
　　　　　　　弗化 リチウム,プロピレン カーボネート,混合 溶液＞

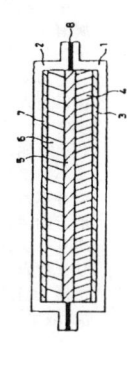

<3>

平01-093053
P出 62-248092
　　　S62.10.02
開 01- 93053
　　　H01.04.12
登　2610026
　　　H09.02.13
H01M　4/66　A
H01M　4/02　B
H01M　4/02　C

電池用電極
リコー：（株），日本カーリツト　（株）
〔目的〕集電体金属上に金属酸化物被膜を形成し，更に電極活物質を密着成膜して電極を形成することにより，電極の放電電圧平坦性を向上し電池の長寿命とエネルギー密度の増加を図る。
〔構成〕集電体金属としてアルミニウム箔を用い，酸を含む電解液中で電圧を印加して粗面化する。次にこの箔を陽極とし，例えばアジピン酸アンモニウム水溶液を電解液として陽極酸化し，酸化被膜層を形成する。更に過硫酸アンモニウムなどの過酸化物に浸漬した後，導電性高分子単量体で処理することにより，酸化被膜層上に化学酸化重合膜を形成する。次いで有機溶媒を含む電解液中で電解重合して電解酸化重合膜を形成する。このように集電体界面に金属酸化物被膜層を設けて電極を形成することにより，放電電圧平坦性が向上し，電池の寿命を延長しエネルギー密度を増加する。
＜電池　電極,集電体　金属,金属　酸化物　被膜,形成,電極　活物質,密着,成膜,電極,放電　電圧　平坦性,向上,電池,長寿命,エネルギー　密度,増加,アルミ箔,酸,電解液,電圧,印加,粗面化,箔,陽極,アジピン酸　アンモニウム　水溶液,陽極　酸化,酸化　被膜層,過硫酸　アンモニウム,過酸化物,浸漬,導電性　高分子,単量体,処理,化学　酸化　重合膜,有機　溶媒,電解　重合,電解　酸化　重合膜,集電体,界面,金属　酸化物　被膜層,寿命,延長＞

<4>

昭62-246270
P出 61- 88905
　　　S61.04.17
開 62-246270
　　　S62.10.27
登　2609847
　　　H09.02.13
H01M 10/40　Z

非水系二次電池
三洋電機　（株）
〔目的〕セパレータの一方面に正極としての導電性ポリマー薄層を，他方面に負極としての導電性ポリマー薄層或いはアルカリ金属薄層を形成することにより，電極間距離を小さくして内部抵抗を低減する。
〔構成〕ポリプロピレン等の微孔性薄膜よりなるセパレータの一方面に，正極としてのポリピロール等の導電性ポリマー薄層をプラズマ重合法等で形成する。また他方面に負極としてのリチウム等の金属薄層を蒸着等により形成する。ついでその正，負極の各表面にステンレス等をスパツタリングして集電層を設け，電極体を形成する。そしてこの電極体を渦巻状に巻取るなどして，電解液と共に電池缶に封入し，非水系二次電池を構成する。したがって電極間距離を小さくして内部抵抗を大幅に減少させ，小型としかつ大電流の取出しを可能とすることができる。
＜ポリプロピレン,ポリピロール＞
＜非水系　2次　電池,分離器,一方面,陽極,導電性　重合体,薄層,他方面,陰極,アルカリ　金属,形成,電極　距離,内部　抵抗,低減,ポリ　プロピレン,微孔性　薄膜,ポリ　ピロール,プラズマ　重合,リチウム,金属　薄層,蒸着,正,表面,ステンレス,スパツタ,集電層,電極,渦巻状,巻取,電解液,電池缶,封入,構成,大幅,減少,小型,大電流,取出＞

[負極材料]

1．技術テーマの構造

(ツリー図)

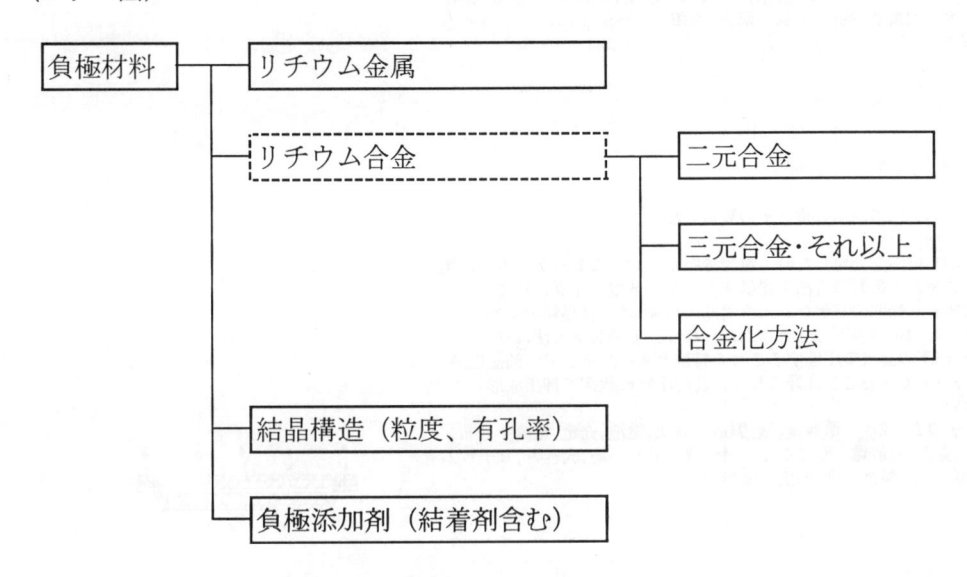

```
負極材料 ─┬─ リチウム金属
          │
          ├─ リチウム合金 ─┬─ 二元合金
          │                │
          │                ├─ 三元合金・それ以上
          │                │
          │                └─ 合金化方法
          │
          ├─ 結晶構造（粒度、有孔率）
          │
          └─ 負極添加剤（結着剤含む）
```

　負極材料は、リチウム金属二次電池の主要構成要素の一つである負極の材料に係わる技術であり、リチウム金属とリチウム合金とに大別される。リチウム金属単体を使用する技術は、理論容量が高く優れているため以前より研究開発されてきたが、充放電を繰り返すことによりリチウムのデンドライト析出が発生成長し、短絡することによりサイクル特性が劣化する等の欠点があった。その解決策の一つとしてリチウム合金技術が検討され、その技術は二元合金、三元合金・それ以上、またその合金化方法に分類される。さらに、別の観点より、負極材料の粒度、有孔率等を特定した結晶構造の技術と負極材料に結着剤、導電性粉末等を添加する負極添加剤の技術に分類される。

2．各技術事項について

(1) リチウム金属

① 技術事項の特徴点

　　負極にⅠA族（リチウム）の金属を、正極に還元性金属化合物を使用し、高エネルギー密度の性能を得るもの<1>*、負極にリチウム金属を、正極に炭素繊維、活性炭を使用し、サイクル特性に優れるもの<2>、<3>、リチウムを0℃以下の温度で圧延することにより、電流分布が一定となりサイクル特性に優れる製造方法<4>*等がある。

参照文献（＊は抄録記載）

<1>*特開昭47-16929　　<2>特開昭61-10882　　<3>特開昭60-220574　　<4>*特開平5-82121

参照文献（Japio抄録）

<1>

昭47-016929
P出 47-11448　　　　高エネルギー密度バッテリー
　　S47.02.02　　　　イー　アイ　デュポン　デ　ニモアス　アンド　CO
開 47-16929　　　　〔要約〕特定の活性金属陽極、金属性化合物陰極および非水性電解
　　S47.09.05　　　　質を有する高エネルギー密度のバッテリー
H01M 6/16　 A　　　＜高エネルギー密度,電池,活性　金属　陽極,金属質,化合物,陰極,
H01M 10/40　A　　　非水性　電解質,活性,金属　陽極,飽和　エーテル,MC１O↓4,伝
　　　　　　　　　　導率＞

<4>

平05-082121
P出 03-268299　　　リチウム二次電池用負極とその製造方法
　　H03.09.18　　　湯浅電池　（株）
開 05-82121　　　　〔目的〕電池を充電した時、電流分布が一定となるリチウム二次電
　　H05.04.02　　　池用負極とその製造方法を提供する。￡充放電サイクル特性
登 2646913　　　　〔構成〕本発明のリチウム二次電池用負極1は、結晶粒の平均の大
　　H09.05.09　　　きさが0．2mm以下のリチウムからなり、その製造方法はリチウム
H01M 4/02　 D　　　を0℃以下の温度で圧延することを特徴とする。そして、前記圧延
H01M 4/04　 A　　　はただ1度であることは好ましく、前記圧延に代えて押出成形して
H01M 4/40　　　　　もよい。
H01M 10/40　Z　　　＜リチウム　2次　電池,陰極,製造　方法,電池,充電,電流　分布,
H01M 4/38　　　　　一定,提供,充放電　サイクル　特性,結晶粒,平均,大きさ,リチウム
　　　　　　　　　　,温度,圧延,特徴,1度,押出　成形＞

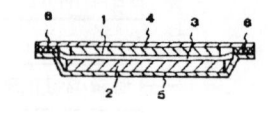

（2）二元合金

① 技術事項の特徴点

　リチウム合金の代表的なものとして、リチウムとアルミニウムとの合金を負極として使用し、放電特性、サイクル特性を改善するもの<1>、リチウムアルミニウム合金の合金化率を、内周側より外周側を小とすることにより、外周側の合金の脱落を抑制し、サイクル特性の向上を図るもの<2>*、リチウムアルミニウム合金のアルミニウムは、加工硬化後、低温で焼きなまし（アニール）を行い、負極の微細化や脱落防止を図るもの<3>、また、リチウムとインジウムとの合金を負極としたもの<4>*、リチウムとガリウムとの合金を負極としたもの<5>*、リチウムと鉛との合金を負極としたもの<6>*、リチウムとストロンチウムとの合金を負極としたもの<7>*、リチウムとⅣA族元素（チタン、ジルコニウム、ハフニウム）との合金を負極としたもの<8>*等、リチウムを合金化してリチウムの樹枝状成長を抑制してサイクル特性を図るものと、鉛を主成分とし、他の成分としてカドミウム、ビスマス、インジウム、スズとの合金を負極としたもの<9>、ビスマスを主成分とし、他の成分としてカドミウム、鉛、スズ、インジウムとの合金を負極としたもの<10>等の高エネルギー密度でサイクル特性良好を図るものがある。

参照文献（＊は抄録記載）

<1>特公昭 48-33811　　<2>*特開昭 63-285878　　<3>特開平 1-76669　　<4>*特開昭 60-230356

<5>*特開昭 60-257072　<6>*特開昭 57-141869　　<7>*特開昭 61-32954　<8>*特開昭 61-32953

<9>特開昭 59-163758　<10>特開昭 59-163759

参照文献（Japio抄録）

＜2＞

昭63-285878
P出 62-122303　　非水系二次電池
　　S62.05.19　　三洋電機　（株）
開 63-285878　　〔目的〕リチウムアルミニウム合金からなる負極板のリチウム合金
　　S63.11.22　　化率を，内周側より外周側を小とすることにより，外周側の合金の脱
告 07-95454　　落を抑制し電気のサイクル特性の向上を図る。
　　H07.10.11　　〔構成〕アルミニウム板をプロピレンカーボネートと1,2ジメトキ
登 2074143　　シエタンとの混合溶媒に過塩素酸リチウムを溶解した電解液中で，
　　H08.07.25　　対極にリチウム板を用いて電解還元する。そして通電時間を調整し
H01M 4/02　D　　て，アルミニウム板の内側側のリチウム合金化率より外周側の方が
H01M 10/38　　　小となるリチウムーアルミニウム合金を形成し，負極板2とする。正
H01M 10/40　Z　　極板1と負極板2とをセパレータ3を介して巻回した渦巻電極体の負
　　　　　　　　極端子を外装缶4に，正極端子をキヤツプ5に接続し，絶縁パッキング
　　　　　　　　6を介して電池を形成する。これにより負極板の外周側の合金の脱
　　　　　　　　落が抑制されサイクル特性が向上する。
　　　　　　　　＜アルミニウムリチウム,アルミニウム合金,リチウム合金,プロピ
　　　　　　　　レンカーボネート,炭酸エステル,ジメトキシ,ジメトキシエタン,メ
　　　　　　　　トキシエタン,過塩素酸リチウム＞
　　　　　　　　＜氷,2次　電池,リチウム　アルミニウム　合金,陰極板,リチウム
　　　　　　　　　合金,率,内周,外周側,合金,脱落,抑制,電気,サイクル　特性,向
　　　　　　　　　上,アルミニウム板,プロピレン　カーボネート,ジメトキシ　エ
　　　　　　　　　タン,混合　溶媒,過塩素酸　リチウム,溶解,電解液,対極,リチウム
　　　　　　　　　板,電解　還元,通電　時間,調整,リチウム,アルミニウム　合金,形
　　　　　　　　　成,陽極板,分離器,巻回,渦巻　電極,陰極　端子,外装缶,陽極　端
　　　　　　　　　子,キヤツプ,接続,絶縁　パツキン,電池＞

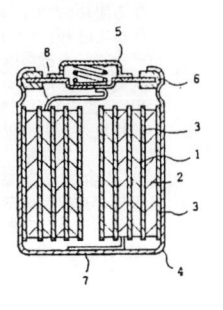

＜4＞

昭60-230356
P出 59-87198　　リチウム電池用負極
　　S59.04.27　　日本電信電話　（株）
開 60-230356　　〔目的〕リチウム一次および二次電池に用いる負極を，リチウムと
　　S60.11.15　　インジウムとの合金とすることにより，リチウム負極の充放電特性
H01M 4/40　　　を向上する。
C22C 24/00　　　〔構成〕負極活物質がリチウムであり,正極活物質がリチウムイオ
H01M 4/12　G　　ンと可逆的に電気化学反応を行う物質であり,電界質物質が正極活
　　　　　　　　物質及びリチウムに対して化学的に安定であり,かつリチウムイオ
　　　　　　　　ンが正極活物質と電気化学反応をするための移動を行う物質である
　　　　　　　　リチウム一次および二次電池に用いる負極を,リチウムとインジウ
　　　　　　　　ムの合金で形成する。したがって原子％が40～90％のリチウムと
　　　　　　　　インジウムとを合金化することにより,リチウムの析出形態を平滑
　　　　　　　　にし,かつ有機溶媒との反応活性度を低下させて,リチウム負極の充放
　　　　　　　　電効率を著しく向上することができる。
　　　　　　　　＜リチウム　電池,陰極,リチウム,1次,2次　電池,陰極,インジウ
　　　　　　　　　ム,合金,リチウム　陰極,充放電　特性,向上,陰極　活物質,陽極
　　　　　　　　　活物質,リチウム　イオン,可逆,電気　化学　反応,物質,電解質,化
　　　　　　　　　学的,安定,移動,形成,原子,合金化,析出,帯,平滑,有機　溶媒,反応
　　　　　　　　　活性度,低下,充放電　効率＞

＜5＞

昭60-257072
P出 59-112260　　リチウム二次電池
　　S59.05.31　　日立マクセル　（株）
開 60-257072　　〔目的〕負極に用いるリチウムをガリウムおよび（または）インジ
　　S60.12.18　　ウムで合金化することにより、充放電特性を向上させる。
告 06-58801　　〔構成〕リチウム二次電池の負極にリチウムーガリウムーインジウム
　　H06.08.03　　合金、リチウムーガリウム合金またはリチウムーインジウム合金
登 1925455　　を用いる。リチウムをガリウムおよび（または）インジウム合金化
　　H07.04.25　　することにより、充電時デンドライト化しようとするリチウムをガ
H01M 4/40　　　リウムおよび（または）インジウムとの合金化反応によってガリウ
C22C 24/00　　　ムおよび（または）インジウム中に拡散させ、リチウムのデンドラ
H01M 4/02　D　　イト成長を抑制して充放電特性を高める。
　　　　　　　　＜リチウム　2次　電池,陰極,リチウム,ガリウム,インジウム,合金
　　　　　　　　　化,充放電　特性,向上,インジウム　合金,ガリウム　合金,充電,
　　　　　　　　　デンドライト,合金化　反応,拡散,デンドライト　成長,抑制＞

<6>

昭57-141869
P出 56- 27198　　非水電解液二次電池
　S56.02.25　　湯浅電池　（株）
開 57-141869　　〔目的〕陰極として鉛含有量が特定値以上のリチウム－鉛合金を用
　S57.09.02　　いることにより，充放電特性と信頼性の向上を図る。
告 03- 53743　　〔構成〕陰極缶1内に陰極4を設け，また陽極缶2内にMnO_2等から
　H03.08.16　　なる陽極5とセパレータ6を設ける。この陽極2にガスケツト3を介
登 1850398　　在して陰極缶1と共に密閉封口し，電解液としてプロピレンカーボ
　H06.06.21　　ネート等の有機溶媒に$LiClO_4$を溶解した非水電解液を用いて，二
H01M 4/40　　次電池を形成する。この二次電池の陰極4として，Li－Pb合金を
H01M 10/40　Z　用い，このPb（鉛）含有量を10％以上とする。なお，この含有量は80
H01M 4/02　D　％程度が最も有効である。
　　　　　　　＜非水　電解液　2次　電池,陰極,鉛含有量,特定値　以上,リチウ
　　　　　　　ム,鉛合金,充放電　特性,信頼性,向上,陰極缶,陽極缶,MnO_2,
　　　　　　　陽極,分離器,ガスケツト,介在,密閉　封口,電解液,プロピレン　カ
　　　　　　　ーボネート,有機　溶媒,$LiClO_4$,溶解,非水　電解液,2次
　　　　　　　電池,形成,鉛　合金,鉛,含有量,程度,有効＞

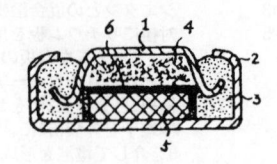

<7>

昭61-032954
P出 59-156082　　リチウム二次電池
　S59.07.25　　日本電信電話　（株）
開 61- 32954　　〔目的〕LiとSrとの合金を用いることにより、放電及び充電特
　S61.02.15　　性の優れたリチウム負極を得る。
告 06- 44493　　〔構成〕ストロンチウラとリチウムとの合金を用いている。Sr－
　H06.06.08　　Li合金におけるLiの量は、好ましくは47mol％以上にする。
登 1920373　　リチウムを合金化する方法としては、例えば、Li'イオンを含む
　H07.04.07　　溶液中で電気化学的にリチウムをSrに付着させる方法、溶融中で
H01M 4/40　　リチウムを電気化学的にSr金属に付着させる方法、リチウム金属
H01M 4/02　D　の溶融液中にSr金属を浸す方法、Sr金属とn－ブチルリチウム
H01M 10/40　Z　を反応させる方法、Sr金属上にリチウムを蒸着させる方法などを
　　　　　　　用いる。リチウムをSrと合金化することにより、リチウムの析出
　　　　　　　形態を平滑にし、かつ有機溶媒との反応活性度を低下させ、リチウ
　　　　　　　ム負極の充放電効率を向上させることができる。
　　　　　　　＜リチウム　電池　陰極,リチウム,ストロンチウム,合金,放電,充
　　　　　　　電　特性,リチウム　陰極,ストロン,ウラ,リチウム　合金,量,合金
　　　　　　　化,方法,Li↑+　イオン,溶液,電気　化学的,付着,溶融,金属,リ
　　　　　　　チウム　金属,溶融液,ブチル　リチウム,反応,蒸着,析出,平滑,有
　　　　　　　機　溶媒,反応　活性度,低下,充放電　効率,向上＞

<8>

昭61-032953
P出 59-156081　　リチウム電池用負極
　S59.07.25　　日本電信電話　（株）
開 61- 32953　　〔目的〕リチウムとⅣa族元素の一種以上との合金を用いることに
　S61.02.15　　より、放電及び充電特性の優れたリチウム負極を得る。
告 06- 44485　　〔構成〕Ⅳa族元素の一種以上とリチウムとの合金を含むものを用
　H06.06.08　　いている。Ⅳa族元素としては、例えばTi，Zr，Hfの一種以上
登 1920372　　を使用する。リチウムを合金化する方法としては例えば、Li'
　H07.04.07　　イオンを含む溶液中で電気化学的にリチウムをⅣa族金属に付着させ
H01M 4/40　　る方法、溶融塩中でリチウムを電気化学的にⅣa族金属に付着させ
H01M 4/02　D　る方法、リチウム金属の溶融液中にⅣa族金属を浸す方法、Ⅳa族
H01M 10/40　Z　金属とn－ブチルリチウムを反応させる方法、Ⅳa族金属上にリチ
　　　　　　　ウムを蒸着させる方法などを用いる。リチウムをⅣa族金属と合金
　　　　　　　化することにより、リチウムの析出形態を平滑にし、かつ有機溶媒
　　　　　　　との反応活性度を低下させ、リチウム負極の充放電効率を向上させ
　　　　　　　ることができる。
　　　　　　　＜リチウム　電池　陰極,リチウム,4a族　元素,1種,合金,放電,充
　　　　　　　電　特性,リチウム　陰極,チタン,ジルコニウム,ハフニウム,使用,
　　　　　　　合金化,方法,Li↑+　イオン,溶液,電気　化学的,4a族　金属,
　　　　　　　付着,溶融塩,リチウム　金属,溶融液,ブチル　リチウム,反応,蒸着
　　　　　　　,析出,平滑,有機　溶媒,反応　活性度,低下,充放電　効率,向上＞

（3）三元合金・それ以上
① 技術事項の特徴点

リチウムとアルミニウムとの二元合金を基本として、さらにマグネシウムを添加した三元合金を負極として使用し、サイクル特性を改善するもの<1>*、<2>、リチウムとアルミニウムにインジウムを添加した三元合金を負極として使用し、自己放電を低減し、サイクル特性の向上を図るもの<3>、<4>*、<5>、また、リチウムとインジウムとの二元合金を基本として、さらに鉛を特定量含有させた三元合金を負極として使用し、樹枝状の成長を防止してサイクル特性を向上するもの<6>*、リチウムとインジウムにガリウムを添加した三元合金を負極としたもの<7>、<8>、また、リチウムと鉛とナトリウムとの三元合金を負極としたもの<9>*、そして、スズを主成分とし、他の成分としてビスマス、カドミウム、インジウムのうちの一種以上、さらに鉛を含む三元・それ以上の合金を負極としたもの<10>*、カドミウム、インジウム、スズおよび／または鉛の合金を負極としたもの<11>、ビスマス、カドミウム、スズ、鉛の合金を負極としたもの<12>*等の高エネルギー密度でサイクル特性が良く、信頼性に優れるものがある。

参照文献（＊は抄録記載）

<1>*特開昭57-98977　　　<2>特開昭62-241261　　<3>特開昭62-20246　　<4>*特開昭63-4554

<5>特開平1-86451　　　<6>*特開昭62-20249　　<7>特開昭61-66368　　<8>特開昭60-257072

<9>*特開平1-82459　　<10>*特開昭59-163755　<11>特開昭60-221963　<12>*特開昭61-61376

参照文献（Japio抄録）

<1>

昭57-098977
P出 55-175335　　　　充電可能な有機電解質電池
　　S55.12.11　　　　　三洋電機　（株）
開 57-98977　　　〔目的〕正極，有機電解質，及びLi-Al-Mgの三元合金を活物
　　S57.06.19　　　質とする負極から構成することにより，有機電解質電池を充電可能
H01M 4/40　　　　にすると共にサイクル特性を改善する。
H01M 4/46　　　〔構成〕Li-Al-Mgの三元合金を圧延して所定寸法に成型し
　　　　　　　　　た負極1を，負極缶10の内底面に固着した負極集電体4に圧着する。
　　　　　　　　　一方，成型した正極2を正極缶20の内底面に配置し，正，負極2,1間に
　　　　　　　　　有機電解質を含浸させたセパレータ3を介挿する。そして，正，負極
　　　　　　　　　缶20,10を絶縁パツキン5で電気的に絶縁する。本有機電解質電池は
　　　　　　　　　充電可能であり，Li-Al合金を負極活物質とする電池に比して
　　　　　　　　　長い充放電サイクルを有する。
　　　　　　　　　＜充電　可能，有機　電解質　電池，陽極，有機　電解質，リチウム，
　　　　　　　　　アルミニウム，マグネシウム，3元　合金，活物質，陰極，構成，サイク
　　　　　　　　　ル　特性，改善，圧延，所定　寸法，成形，陰極缶，内底面，固着，陰極
　　　　　　　　　集電体，圧着，一方，陽極缶，配置，正，含浸，分離器，介挿，絶縁　パツ
　　　　　　　　　キン，電気，絶縁，本，アルミニウム　合金，陰極　活物質，電池，長い，
　　　　　　　　　充放電　サイクル＞

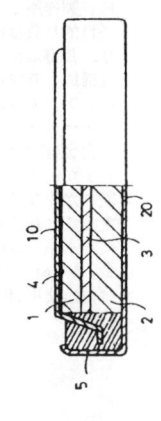

<4>

昭63-004554
P出 61-148730　有機電解質二次電池
　　S61.06.25　松下電器産業　（株）
開63- 4554　〔目的〕負極を、アルミニウムとリチウムとインジウムからなる合
　　S63.01.09　金としてその組成を特定することにより、アルミニウムとリチウム
告07- 73050　合金負極の自己放電を低減し、信頼性の高い負極にする。
　　H07.08.02
登 2039446　〔構成〕負極にアルミニウムとリチウムとインジウムからなる合金
　　H08.03.28　を使用し、その組成がアルミニウムとリチウムの原子の数が100：5
H01M 4/40　から100：120の間であり、かつアルミニウムとインジウムの原子数
　　　　　　の比を100：1から100：100の間とする。有機電解質二次電池用負極
H01M 4/46　としてアルミニウム－リチウム合金を使用する時に、インジウムを
H01M 10/40　　Z　添加した合金とすることにより、負極の自己放電を抑制することが
　　　　　　できる。
　　　　　　＜有機　電解質　2次　電池,陰極,アルミニウム,リチウム,インジ
　　　　　　ウム,合金,組成,特定,リチウム　合金　陰極,自己　放電,低減,信
　　　　　　頼性,使用,原子,数,あり,原子数,比,リチウム　合金,添加,抑制＞

<6>

昭62-020249
P出 60-159725　非水電解質二次電池
　　S60.07.18　日立マクセル　（株）
開62- 20249　〔目的〕リチウムと，鉛を特定量含有させ，インジウムを主成分とす
　　S62.01.28　るインジウム－鉛合金とを，合金化して，負極として用いることによ
告07- 73045　り，非水電解質二次電池の充放電特性の向上を図る。
　　H07.08.02
登 2043933　〔構成〕負極3が，リチウムと，鉛が0.2～45原子％含み，インジウム
　　H08.04.09　を主成分とするインジウム－鉛合金とを，合金化して形成されてい
H01M 4/40　る。そして負極缶1の内面に配置し，セパレータ5,二硫化チタン等を
H01M 4/02　　D　活物質とする正極6,リチウムイオン伝導性非水電解質等と組合せ，
H01M 10/40　　Z　非水電解質二次電池を形成している。したがって充電時のリチウム
　　　　　　とインジウムおよび鉛との電気化学的な反応速度が速くなることに
　　　　　　よって，析出リチウムの電解質との反応やデンドライト成長等を防止
　　　　　　することができ，充放電特性を向上することができる。
　　　　　　＜非水　電解質　2次　電池,リチウム,鉛,特定量　含有,インジウ
　　　　　　ム,主成分,鉛合金,合金化,陰極,充放電　特性,向上,原子,形成,陰
　　　　　　極缶,内面,配置,分離器,2　硫化　チタン,活物質,陽極,リチウム
　　　　　　イオン,伝導性,非水　電解質,組合せ,充電,電気　化学的　反応,速
　　　　　　度,析出,電解質,反応,デンドライト　成長,防止＞

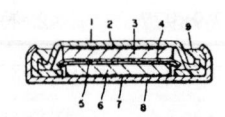

<9>

平01-082459
P出 62-237291　非水系二次電池
　　S62.09.24　日立製作所：（株），昭和電工　（株）
開01- 82459　〔目的〕負極活物質としてLi－Na－Pb合金を用いることによ
　　H01.03.28　り、長寿命化を図る。
告07- 1696　〔構成〕充電においてアルカリ金属を析出して合金化し、放電にお
　　H07.01.11　いてアルカリ金属をイオンとして溶出する合金を負極活物質として
登 1976471　Li－Na－Pb合金4を用いる。ここで使用するLi－Na－P
　　H07.10.17　b合金4における組成は、Pb1モルに対してNaが0.25～4モル、
H01M 4/40　Liが0.2～4モルであることが好ましい。これにより負極表面の
　　　　　　割れが少なく、崩壊を防止でき、従来の電池よりも長寿命化を達成
　　　　　　することができる。
　　　　　　＜非水系　2次　電池,陰極　活物質,リチウム,ナトリウム,鉛　合
　　　　　　金,長寿命化,充電,アルカリ　金属,析出,合金化,放電,イオン,溶出
　　　　　　,合金,使用,組成,鉛,1モル,モル,陰極　表面,割れ,崩壊,防止,電池
　　　　　　,達成＞

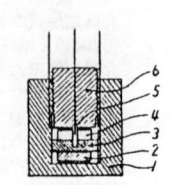

<10>

昭59-163755
P出 58-36877　　非水電解質二次電池
　　S58.03.07　　松下電器産業　（株）
開 59-163755　〔目的〕スズを主成分とする合金負極を用い、充電時に合金負極材
　　S59.09.14　料にリチウム等を吸蔵させ、放電時に電解質中にリチウムイオン等
告 03-64987　を放出させることにより、高エネルギー密度で充放電寿命が長く、
　　H03.10.09　安全性,信頼性に優れたものを得る。
登 1698824　〔構成〕スズを主成分とし、他の成分としてビスマス、カドミウム
　　H04.09.28　、インジウムのうちの1種以上を含む合金、あるいはさらに鉛を含
H01M　4/40　む合金からなる合金負極を用いて、この合金負極が充電時に電解質
H01M　4/38　中のアルカリ金属イオンを吸蔵し、放電時にアルカリ金属イオンを
H01M　4/38　Z　電解質中に放出する機能を持つようにしている。
　　　　　　　＜非水, 電解質, 2次, 電池,スズ,主成分,合金,陰極,充電,陰極
　　　　　　　材料,リチウム,吸蔵,放電時,電解質,リチウム, イオン,放出,高エ
　　　　　　　ネルギー密度,充放電, 寿命,長い,安全性,信頼性,成分,ビスマス,
　　　　　　　カドミウム,インジウム,1種　以上,鉛,アルカリ　金属　イオン,機
　　　　　　　能＞

<12>

昭61-061376
P出 59-181355　　再充電可能な電気化学装置
　　S59.08.30　　松下電器産業　（株）
開 61-61376　〔目的〕負極の合金をそれぞれ所定の重量％のビスマス,カドミウ
　　S61.03.29　ム,スズ及び鉛よりなる群から選ぶことにより,過放電に対して良好
告 06-26137　なサイクル寿命の合金負極を得るようにする。
　　H06.04.06　〔構成〕可逆的にアルカリ金属イオンを吸蔵・放出する合金からな
登 1898795　る負極を備えた再充電可能な電気化学装置において,負極合金が20
　　H07.01.23　～75重量％のビスマス,15～80重量％のカドミウム,残部がスズ及び
H01M　4/40　鉛よりなる群から選ぶ。そして負極1は所定の組成になるように,ス
H01M　4/38　ズ,鉛,ビスマス,カドミウムよりなる合金を溶融し,その中に集電体
H01M 10/40　としてのニッケルエキスパンドメタルを浸漬し,引き上げて冷却し,
H01M 10/40　Z　その後0.2mmの厚さに圧延し,ニッケルエキスパンドメタルの一
H01M　4/38　Z　部を露出させ,これにリード6としてのニッケルリボンを溶接する。
　　　　　　　これにより過放電に対して良好なサイクル寿命の合金負荷を得るこ
　　　　　　　とができる。
　　　　　　　＜再充電　可能,電気　化学　装置,陰極,合金,ビスマス,カドミウ
　　　　　　　ム,スズ,鉛,群,過放電,良好,サイクル　寿命,可逆,アルカリ　金属
　　　　　　　イオン,吸蔵,放出,陰極　合金,残部,組成,溶融,集電体,ニッケル
　　　　　　　エキスパンド　金属,浸漬,引上,冷却,厚さ,圧延,一部,露出,リー
　　　　　　　ド,ニッケル　リボン,溶接,負荷＞

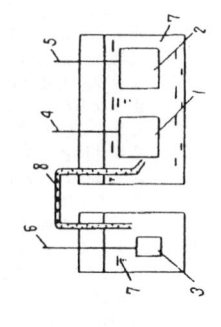

（4）合金化方法

① 技術事項の特徴点

　　リチウム板とアルミニウム板とを電解液の存在下で電気化学的に合金化させて負極とすることに
よりサイクル特性の向上を図るもの<1>、<2>*、<3>、<4>、<5>、金属アルミニウムと有機金属化合
物（例えばn-ブチルリチウム）とを化学的に反応させ合金化させて負極とすることにより、製造工
程が簡略化し、活性の優れた合金を得るもの<6>*、溶融合金から極板に至る冷却過程で、冷却速度
を特定することにより高容量化とサイクル特性の向上を図るもの<7>*等がある。

参照文献（＊は抄録記載）

<1>特開昭53-75434　　　　<2>*特開昭63-13267　　　<3>特開昭61-208750　　　<4>特開昭63-13264
<5>特開平3-147277　　　　<6>*特開昭55-1058　　　　<7>*特開昭62-283560

参照文献（Japio 抄録）

<2>

```
昭63-013267
P出 61-158501        リチウム二次電池
   S61.07.04
開 63- 13267         日立マクセル （株）
   S63.01.20
告 07- 24219         〔目的〕リチウムと非晶質金属とを電気化学的に合金したリチウム
   H07.03.15         合金を負極に用いることにより,充放電サイクル特性の向上を図る
登 1999309          。
   H07.12.08         〔構成〕リチウム板2枚と非晶質アルミニウム板とを負極材料に用
H01M  4/40           いる。ここで負極缶1内に一方のリチウム板3a,非晶質アルミニウ
H01M  4/02  D        ム板3b,他方のリチウム板3cの順に配置し,以後常法に準じて電池
                     組立を行う。そして電解液の存在下でリチウム板3a,3cと非晶質
                     アルミニウム板3bとを電気化学的に合金化して負極とする。これ
                     により充放電サイクル特性の優れたリチウム二次電池が得られる。
                     <リチウム 2次 電池,リチウム,非晶質 金属,電気 化学的,合
                     金,リチウム 合金,陰極,充放電 サイクル 特性,向上,リチウム
                     板,2枚,非晶質,アルミニウム板,陰極 材料,陰極缶,一方,3a,3b,
                     他方,配置,以後,常法,電池 組立,電解液,合金化>
```

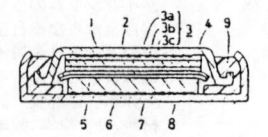

<6>

```
昭55-001058
P出 53- 75766        非水電解液二次電池の負極活物質の製造法
   S53.06.19
開 55-  1058         三洋電機 （株）
   S55.01.07
告 61- 55738         〔目的〕金属アルミニウムと含リチウム有機金属化合物とを化学的
   S61.11.28         に反応させることにより,簡単な工程で活性の優れたリチウム－ア
登 1387871          ルミニウム合金を得ること。
   S62.07.14         〔構成〕金属Al粉末と含Li有機金属化合物,例えばn-ブチル
H01M  4/40           リチウムを化学的に反応させ,Li-Al合金を生成させる。この
H01M  4/46           ような方法によれば従来の溶融法に比して製造工程が簡略化される
H01M  4/02           と共に,極めて微細な活物質粒子を得ることができる。なお上記製
H01M  4/02  D        法具体例としては,例えば400メッシュパスの純度99.9%のAl粉
C22C  1/00           末を,500mlのn-ブチルリチウム-ヘキサン容器内に徐々に入れ
C22C  1/02  503J    る。そして一昼夜放置後,沈殿物を濾過し,乾燥する。
                     <非水 電解液 電池,陰極 活物質,製造,金属 アルミニウム,含
                     リチウム 有機 金属 化合物,化学的,反応,簡易,工程,活性,リチ
                     ウム,アルミニウム 合金,金属 アルミニウム 粉末,有機 金属
                     化合物,ブチル リチウム,生成,方法,溶融 製造 工程,簡易化,
                     微細,活物質 粒子,製法,メッシュ パス,純度,アルミニウム 粉
                     末,ヘキサン,容器,一昼夜 放置,沈殿物,濾過,乾燥>
```

<7>

```
昭62-283560
P出 61-127548        非水電解質2次電池の製造法
   S61.06.02
開 62-283560         松下電器産業 （株）
   S62.12.09
告 07- 70312         〔目的〕合金極形成中の冷却工程において,冷却速度を特定するこ
   H07.07.31         とにより,高容量にし且つ長寿命化する。
登 2039438          〔構成〕溶融合金から極板に至る冷却過程で,冷却速度を100℃／秒
   H08.03.28         以上とする。自然冷却の場合と冷却速度を100℃／秒にした場合の
H01M  4/40           合金組織を比較すると後者の方が第2群の金属粒が細かくなる。従
H01M  4/04           って第2群の金属成分,即ち結着剤の役割を果す金属の粒子を細かく
H01M  4/04  A        することにより合金の構造的耐久性を向上でき,高容量にし且つ長
H01M 10/38           寿命にできる。
                     <非水 電解質 2次 電池,陰極,製造,合金極,形成,冷却 工程,
                     冷却 速度,特定,高容量,長寿命化,溶融 合金,極板,冷却 過程,
                     秒,自然 冷却,場合,合金 組織,比較,後者,第2群,金属粒,金属
                     成分,結着剤,的,役割,金属,粒子,合金,構造,耐久性,向上,長寿命>
```

(5) 結晶構造（粒度、有孔率）

① 技術事項の特徴点

　　　負極に用いる金属材料の平均結晶粒度を特定することにより、サイクル特性を向上し、信頼性の高
　　いもの<1>*、<2>、<3>、負極に用いる金属材料中の偏析している不純物の量を特定することにより

サイクル特性を向上し、信頼性を高めたもの<4>*等がある。

参照文献（＊は抄録記載）

<1>*特開昭63-146355　　<2>特開昭63-143747　　<3>特開平5-82121　　<4>*特開昭63-146356

参照文献（Japio抄録）

<1>

```
昭63-146355
P出 61-291822      非水電解質二次電池
   S61.12.08      松下電器産業　（株）
開 63-146355     〔目的〕負極の金属材料の平均結晶粒度を特定することにより，充
   S63.06.18      放電寿命を向上し，信頼性を高くする。
告 07- 46606     〔構成〕負極に用いる金属材料の平均結晶粒度を1μm²以上とする
   H07.05.17      。これにより充放電によってアルカリ金属イオンを吸蔵・放出させ
登 2011914        ても微細化，粉末化しにくい負極が得られる。従ってこの金属材料
   H08.02.02      を負極に用いれば，充放電寿命にすぐれた，信頼性の高い非水電解質
H01M 4/40         二次電池を得ることができる。
H01M 4/42        <非水　電解質　2次　電池,陰極,金属　材料,平均　結晶　粒度,
H01M 4/44         特定,充放電　寿命,向上,信頼性,充放電,アルカリ　金属　イオン,
H01M 4/38   Z     吸蔵,放出,微細化,粉末化>
```

<4>

```
昭63-146356
P出 61-291823      非水電解質二次電池
   S61.12.08      松下電器産業　（株）
開 63-146356     〔目的〕負極に用いる金属材料中の偏析している不純物の量の合計
   S63.06.18      を特定することにより，充放電寿命を向上させ，信頼性を高くする。
告 07-118309     〔構成〕負極に用いる金属材料において，その材料の化学成分およ
   H07.12.18      びアルカリ金属のいずれとも合金を形成せず偏析している化学成分
登 2094710        の量を，その金属材料中合計で2.5原子％以下とする。これにより
   H08.10.02      充放電によってアルカリ金属イオンを吸蔵，放出させても微細化，粉
H01M 4/40         末化しにくい負極が得られる。従って充放電寿命のすぐれた，信頼
H01M 4/02   D     性の高い非水電解質二次電池を得ることができる。
                 <非水　電解質　2次　電池,陰極,金属　材料,偏析,不純物,量,合
                  計,特定,充放電　寿命,向上,信頼性,材料,化学　成分,アルカリ
                  金属,合金,形成,原子,充放電,アルカリ　金属　イオン,吸蔵,放出,
                  微細化,粉末化>
```

（6）負極添加剤（結着剤含む）

① 技術事項の特徴点

　負極材料にポリオレフィン系樹脂、四フッ化エチレン樹脂、特定ゴム等の結着剤を添加することにより、負極の脱落が抑制され、サイクル特性が向上するもの<1>*、<2>*、<3>、<4>、負極材料にアセチレンブラック等のカーボンブラックまたはグラファイトの如き炭素等の導電性粉末を添加することにより、作動効率の最適化を図るもの<5>*、<6>等がある。

参照文献（＊は抄録記載）

<1>*特開昭62-117268　　<2>*特開平3-291852　　<3>特開昭60-131776　　<4>特開平4-255670

<5>*特開昭59-14264　　<6>特開平1-276563

参照文献（Japio抄録）

<1>

昭62-117268
P出 60-257013　非水電解液二次電池
　　S60.11.15　三洋電機　（株）
開 62-117268　〔目的〕負極としてリチウム合金とポリオレフィン系結着剤とより
　　S62.05.28　構成したものを用いることにより、サイクル特性に優れた非水電解
登 2542812　　液二次電池を得る。
　　H08.07.25　〔構成〕負極がリチウム合金とポリオレフィン系樹脂結着剤とより
H01M 4/62　　　なる。ポリオレフィン系樹脂としてはポリエチレンなどが挙げられ
H01M 4/02　　　る。リチウム合金としてはリチウム−アルミニウム合金が適する。
H01M 4/62　Z　負極はリチウム合金のみで構成されるのではなく結着剤が含有され
H01M 4/02　D　ているため機械的強度が高められており負極の脱落が抑制される の
H01M 4/40　　　でサイクル特性が向上する。結着剤がリチウムと反応性のないポリ
H01M 4/62　C　オレフィン系樹脂よりなるため、結着剤としてフッ素樹脂を用いた
　　　　　　　　場合のようにリチウムとフッ素樹脂とが反応して結着剤の結着効果
　　　　　　　　が消失するといった不都合もない。
　　　　　　　　＜ポリオレフィン,ポリエチレン＞
　　　　　　　　＜非水　電解液　2次　電池,陰極,リチウム　合金,ポリ　オレフイ
　　　　　　　　ン,結着剤,構成,サイクル　特性,ポリ　オレフィン　樹脂,ポリ
　　　　　　　　エチレン,リチウム,アルミニウム　合金,含有,機械的　強度,脱落,
　　　　　　　　抑制,向上,反応性,フツ素　樹脂,場合,反応,結着,効果,消失＞

<2>

平03-291852
P出 02- 93716　二次電池
　　H02.04.09　昭和電工　（株）
開 03-291852　〔目的〕負極の結着材として特定ゴムを特定％添加することにより
　　H03.12.24　,エネルギー密度の向上と自己放電率の低下を図る。
登 2898056　　〔構成〕アルゴン雰囲気下で,負極活物質として溶融法より得たN
　　H11.03.12　aとPbの原子比が2.3:1.0の合金を粉砕し,150μm以下の微粒
H01M 4/62　Z　子にした。この合金に対し1重量％のEPDM（エチレン・プロピ
H01M 10/40　Z　レン・ジエンゴム）をキシレンに溶融し合金に混合する。次にこの
H01M 4/02　D　混合物を減圧下で乾燥してキシレンを除去し,高速回転ミキサーで
H01M 4/42　　　再粉砕し,ニッケル製エキスパンドメタルを集電体として包含して
　　　　　　　　長方形電極をプレスする。結着剤として添加するオレフィン系共重
　　　　　　　　合体ゴムは0.3〜5.0重量％添加する。こうすることにより,エネ
　　　　　　　　ルギー密度が高く,可逆性が良く,自己放電率も低下する。
　　　　　　　　＜オレフィン共重合＞
　　　　　　　　＜2次　電池,陰極,結着材,特定,ゴム,特定％,添加,エネルギー　密
　　　　　　　　度,向上,自己　放電率,低下,アルゴン　雰囲気,陰極　活物質,溶融
　　　　　　　　,ナトリウム,鉛,原子比,合金,粉砕,微粒子,EPDM,エチレン,
　　　　　　　　プロピレン,ジエン　ゴム,キシレン,溶解,混合,混合物,減圧,乾燥,除
　　　　　　　　去,高速　回転　ミキサ,再粉砕,ニッケル,エキスパンド　金属,集
　　　　　　　　電体,包含,長方形,電極,プレス,結着剤,オレフィン　共重合体　ゴ
　　　　　　　　ム,重量％　添加,可逆＞

<5>

昭59-014264
P出 58-116829　非水性媒質を用いるリチウム電池用可撓性複合アノード
　　S58.06.28　ハイドロ　ケベツク
開 59- 14264　〔目的〕リチウム合金と反応し得るような不純物をごく僅かしか含
　　S59.01.25　まないアセチレンブラック等のカーボンブラックまたはグラファイ
告 04- 6259　　トの如き炭素を電極構成粒子組成物に添加することにより、複合ア
　　H04.02.05　ノードの組成および作動効率を最適化する。
登 1721212　　〔構成〕イオン導電性を有するプラスチックまたはエラストマー型
　　H04.12.24　高分子物質、リチウム合金中のリチウム活性が、リチウム電極を基
H01M 4/40　　　準として+1.2ボルトよりも低い電位に相当するものであるように
H01M 4/02　D　選ばれた40μmよりも細かい粒度を有する微粉状リチウム合金、お
H01M 4/06　X　よびLi$_x$C（ここに、0＜x＜0.3である）を有ししかも40μmより
H01M 6/16　Z　も細かい粒度を有する炭素化合物粒子の混合物を含有させる。
H01M 4/38　　　＜非水性　媒質,リチウム　電池,可撓性,複合,アノード,リチウム
H01M 4/62　Z　　合金,反応,不純物,アセチレンブラック,カーボンブラック,黒鉛,
H01M 4/38　Z　炭素,電極　構成,粒子　組成物,添加,組成,作動　効率,最適化,イ
　　　　　　　　オン　導電性,プラスチック,弾性体,高分子　物質,リチウム,活性,
　　　　　　　　リチウム　電極,基準,ボルト,電位,相当,粒度,微粉,C,炭素　化合
　　　　　　　　物,粒子,混合物,含有＞

[負極構造・製造方法]

1．技術テーマの構造

（ツリー図）

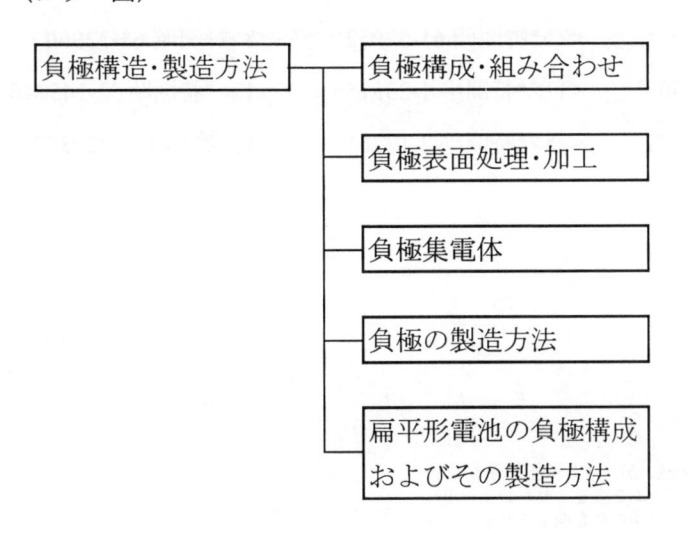

```
負極構造・製造方法 ─┬─ 負極構成・組み合わせ
                    ├─ 負極表面処理・加工
                    ├─ 負極集電体
                    ├─ 負極の製造方法
                    └─ 扁平形電池の負極構成
                       およびその製造方法
```

　負極構造・製造方法は、リチウム金属二次電池の負極に関する構造と製造方法に係わる技術であり、電池の形状により大きくは円筒形と扁平形に区別される。しかし、電池の形状による技術区別は、共通技術が多いため、扁平形電池の特有技術のみ扁平形電池の負極構成およびその製造方法の技術に分類した。そして、共通技術としては、リチウム板と負極集電体との構成、混合物組成、負極集電体とリード片との組み合わせ等よりなる負極構成・組み合わせの技術と、負極の表面を処理して電池の保存特性、サイクル特性を高める負極表面処理・加工の技術と、負極の集電機能を高める負極集電体の技術と、負極全般に係わる負極の製造方法の技術とに分類される。

2．各技術事項について
（1）負極構成・組み合わせ
　① 技術事項の特徴点
　　負極として、負極材料のリチウム板と集電体やリチウムを吸蔵・放出する機能を有する金属板を張り合わせた2層構成とし、充放電の容量やサイクル特性を向上させるもの<1>、<2>*、負極材料にカーボンコーティングして2層構成とし、充放電に伴い膨張、収縮を繰り返しても芯材から活物質が脱落しないようにするもの<3>、リチウムと合金化する金属を一対のリチウム板で挟持した3層構成とし、樹枝状の生成を抑制し、サイクル特性を向上させるもの<4>*、<5>、<6>、リチウム－アルミニウム合金等の金属繊維を加圧成型して板状にした負極構成とし、電極表面からの電着物の脱落を防止してサイクル特性を改善するもの<7>*、<8>、<9>、高電位リチウム系合金と低電位リチウム系合金の混合物を加圧成型した負極構成とし、サイクル特性を向上させるもの<10>、負極の反応面におけるリチウム濃度を分布させた負極構成とし、サイクル特性の向上を図るもの<11>*、集電体とリード片を組み合わせた負極構成とし、電極性能の向上を図るもの<12>*、<13>、負極における集電体と活

物質との位置関係を規制したもの<14>*、<15>*、<16>、負極の電気容量を特定してサイクル特性に優れるもの<17>*、<18>等がある。

参照文献（＊は抄録記載）

<1>実開昭59-20563　　<2>*特開昭60-167279　　<3>特開平4-179050　　<4>*特開昭62-243247

<5>特開昭63-226879　　<6>特開平2-165576　　<7>*特開昭61-32952　　<8>特開昭61-32960

<9>特開平3-263769　　<10>特開平1-232660　　<11>*特開平1-235156　　<12>*特開昭52-145746

<13>特開平3-134956　　<14>*特開昭59-96678　　<15>*特開平2-12761　　<16>特開平2-129852

<17>*特開昭60-220574　　<18>特開昭62-139276

参照文献（Japio抄録）

<2>

昭60-167279
P出59-23128　　再充電可能な電気化学装置
　S59.02.09　　松下電器産業　（株）
開60-167279
　S60.08.30　　〔目的〕充・放電によりリチウムを吸蔵・放出する機能を有する金属（ビスマス、鉛等）または合金とリチウムを張り合せた負極を用いることにより、充放電の容量及びサイクル寿命を向上させる。
告04-47431
　H04.08.03
登　1762004　〔構成〕まずポリプロピレンからなる絶縁封口リング1を負極端子を兼ねたステンレス鋼製封口板2と組み合せ、その開口部を上側に静置する。そして封口板2の中にリチウムシート3と合金4とを張り合せた負極をリチウムシートが封口板2に内接するように圧着する。次にポリプロピレンからなる皿状セパレータ5を入れて電解液を注液する。その後アルミニウムの集電体6を片面に被着した正極7を正極8の中央部に載置し、溶接した後電解液を注液しケース開口部を内方にかしめて封口する。これにより充放電の容量及びサイクル寿命を向上できる。
　H05.05.28
H01M　4/02　　D
H01M　4/40
H01M 10/40　　Z
H01M　4/02
H01G　9/00　301A
H01M　4/38　　Z
〈ポリプロピレン〉
〈再充電　可能,電気　化学　装置,充放電,リチウム,吸蔵,放出,機能,金属,ビスマス,鉛,合金,貼合せ,陰極,容量,サイクル　寿命,向上,ポリ　プロピレン,絶縁　封口　リング,陰極　端子,ステンレス　鋼　封口板,組合せ,開口,上側,静置,封口板,リチウム　シート,内接,圧着,皿状,分離器,電解液,注液,アルミニウム,集電体,片面,被着,陽極,中央部,載置,溶接,ケース　開口,内方,かしめ,封口〉

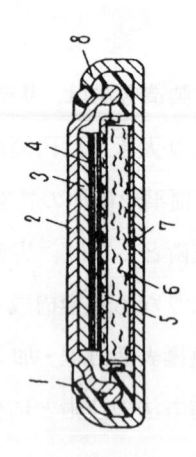

<4>

昭62-243247
P出61-85454　　非水系二次電池
　S61.04.14　　三洋電機　（株）
開62-243247
　S62.10.23　　〔目的〕負極としてリチウムと合金化する金属を一対のリチウム板で挟持したものを用いることにより、リチウムの樹枝状成長が抑制でき、且薄いシート状に形成しうる負極構造を得る。
告06-46578
　H06.06.15
登　1921979　〔構成〕負極4が、例えば厚み0.2mmのアルミニウム板1を厚み0.1mmの一対のリチウム板2で挟持し、圧着したものである。そしてこの負極4と正極5とをポリプロピレン不織布よりなるセパレータ6を介して巻回した渦巻電極体が負極端子兼用の外装缶7内に収納されている。また負極4は、リード板10を介して外装缶7に、正極5はリード板10を介してキヤツプ8に夫々接続される。このような構成によると薄いシート状の負極4が渦巻電極体を形成できると共に、リチウム板2とリチウムと合金化する金属1との接合面にリチウム合金が形成されるため、リチウムの樹枝状成長が抑制され、充放電サイクル特性を飛躍的に向上することができる。
　H07.04.07
H01M　4/40
H01M　4/02
H01M　4/02　　D
H01M 10/40　　Z
H01M 10/40
〈ポリプロピレン〉
〈非水系　2次　電池,陰極,リチウム,合金化,金属,1対,リチウム板,挟持,樹枝状　成長,抑制,薄い,シート状,形成,構造,厚み,アルミニウム板,圧着,陽極,ポリ　プロピレン　不織布,分離器,巻回,渦巻電極,陰極　端子,兼用,外装缶,収納,リード板,キヤツプ,接続,構成,接合面,リチウム　合金,充放電　サイクル　特性,飛躍,向上〉

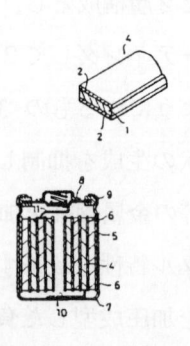

86

<7>

昭61-032952
P出 59-155983　　非水電解液二次電池用負極
　　S59.07.25　　日本電池　（株）
開 61- 32952　　〔目的〕特定の直径のリチウムーアルミニウム合金の繊維を加圧成
　　S61.02.15　　型して板状にした負極を用いることにより、充放電中の電極表面
告 05- 23016　　からの電着物の脱落を防止して、充放電サイクル特性を改善する。
　　H05.03.31　　〔構成〕負極2として、組成が原子数比で充電完了時にはリチウム4
登　1813695　　5パーセント以下、放電終了時にはリチウム10パーセント以上であ
　　H06.01.18　　り、直径0.2ミクロン以下のリチウラーアルミニウム合金の繊維を
H01M 4/02　D　加圧成型した極板を使用する。これにより、従来の極板にくらべ表
H01M 4/04　A　面積が飛躍的に増大するため、真の電流密度が小さくなり充電に際
H01M 4/40　　　してのリチウムーアルミニウム電極表面からの電着物の脱落が防止
H01M 4/46　　　できる。また、充放電に際し、完全充電状態および完全放電状態に
H01M 4/02　　　おける組成が常にα＋B組相となっており、極板中のリチウムの拡
H01M 4/04　　　散が速い状態に保たれていることになり、極板表面にリチウムが蓄
H01M 10/40　Z　積されるようなことはなく、電着物が脱落することはない。
　　　　　　　　＜非水　電解液　2次　電池,陰極,直径,リチウム,アルミニウム
　　　　　　　　　合金,繊維,加圧　成形,板状,充放電,電極,表面,電着物,脱落,防止
　　　　　　　　,充放電　サイクル　特性,改善,組成,原子数比,充電　完了,パーセ
　　　　　　　　ント,放電　終了,ミクロン,ウラ,極板,使用,表面積,飛躍,増大,電
　　　　　　　　流　密度,充電,アルミニウム　電極　表面,完全　充電　状態,完全
　　　　　　　　　放電,α,組み,相,拡散,速い,極板　表面,蓄積＞

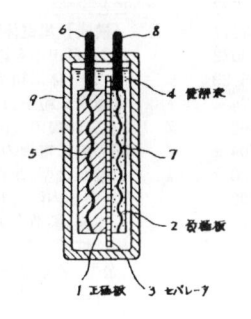

<11>

平01-235156
P出 63- 60784　　非水電解液二次電池
　　S63.03.15　　三洋電機　（株）
開 01-235156　　〔目的〕アルミニウムーリチウム合金を主体とする負極の反応面に
　　H01.09.20　　おけるリチウム濃度を中心部に比して周辺部の方を低くすることに
登　2562651　　より、負極反応面の全域を略均等に反応に関与させ、充放電効率を
　　H08.09.19　　改善し、サイクル特性の向上を図る。
H01M 4/02　D　〔構成〕負極1は負極罐2の内底面に固着せる負極集電体3に圧着さ
H01M 10/38　　　れている。正極4は活物質である二酸化マンガン80重量部に導電剤
H01M 10/40　Z　としてのアセチレンブラック10重量部及び結着剤としてのフツ素樹
　　　　　　　　脂10重量部を加え充分混合した後加圧成型したものであり、正極罐
　　　　　　　　5の内底面に固着せる正極集電体6に圧接されている。この場合、ア
　　　　　　　　ルミニウムーリチウム合金を主体とする負極1の反応面におけるリ
　　　　　　　　チウム濃度を中心部に比して周辺部の方を低くしている。中心部と
　　　　　　　　周辺部とのリチウム濃度差は5～35モル％の範囲が特に好ましい。
　　　　　　　　これにより中心部の反応が促進され、負極反応面の全域が略均等に
　　　　　　　　反応に関与し充放電効率が改善されるのでサイクル特性の向上が図
　　　　　　　　れる。
　　　　　　　　＜非水　電解液　2次　電池,アルミニウム,リチウム　合金,主体,
　　　　　　　　陰極,反応面,リチウム,濃度,中心部,周辺,全域,均等,反応,関与,充
　　　　　　　　放電　効率,改善,サイクル　特性,向上,缶,内底面,固着,陰極　集
　　　　　　　　電体,圧着,陽極,活物質,2　酸化　マンガン,重量,導電剤,アセチレ
　　　　　　　　ンブラック,結着剤,フツ素　樹脂,充分,混合,後加圧,成形,正極罐,
　　　　　　　　陽極　集電体,圧接,濃度差,モル比,範囲,促進＞

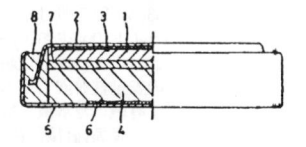

<12>

昭52-145746
P出 51-62649　　電極の製造方法
　　S51.05.28　　日立マクセル　（株）
開 52-145746　　〔目的〕集電体にリード片を一体的に組合せ，この集電体に適当な
　　S52.12.05　　処理を施して電極に埋設することにより，電極性能の向上を図かる
告 60-1736　　　こと。
　　S60.01.17　　〔構成〕集電体7の板部6にリード片8をスポット溶接した後，リード
登 1278572　　　片8の自由端を網部5の網目より反対側にくぐらせて自由端と集電体
　　S60.08.29　　7とを一体に組合せる。これらを金型9に装着する。金型9にはまた
H01M 4/74 A　　電極溝成粒子11を入れる。然る後金型9に嵌合した押し棒12で粒子1
H01M 4/02 Z　　1を矢印Qの方向へ圧縮して所定寸法のNi電極を作くる。この圧
H01M 4/04 Z　　縮の際に電極の圧縮寸法まで網部5が縮むと同時に，リード片8の自
H01M 2/26 A　　由端が金型9から押し出されて案内溝10に沿つて下方へ延び，集電体
H01M 4/02　　　7が電極内に埋設される。
H01M 4/04　　　<電極,製造　方法,集電体,リード片,一体的,組合せ,処理,埋設,電
H01M 4/74　　　極　性能,向上,板部,スポット　溶接,自由端,網,網目,反対側,一体
　　　　　　　　,金型,装着,電極溝,成粒,子,嵌合,押棒,粒子,矢印,方向,圧縮,所定
　　　　　　　　　寸法,ニツケル　電極,圧縮　寸法,同時,押出,案内溝,下方,伸び
　　　　　　　　>

<14>

昭59-096678
P出 57-206645　　有機電解液二次電池
　　S57.11.24　　松下電器産業　（株）
開 59-96678　　〔目的〕負極と電気的接触をもつ部分のうち,活物質のリチウム金
　　S59.06.04　　属およびリチウム金属が直接接触している集電金属部分以外は電解
告 05-6310　　　液に接しない構造とすることにより,内部短絡の危険性を減少させ
　　H05.01.26　　る。
登 1802796　　　〔構成〕二硫化チタンを活物質とする正極合剤12とリチウムの負極
　　H05.11.26　　16を組合せてボタン形の有機電解液二次電池を形成するときに,負
H01M 10/40 Z　　極16を圧着した封口板14の露出部を覆うようにフツ素樹脂のコーテ
　　　　　　　　ィング層19を設ける。また円筒形の有機電解液二次電池を形成する
　　　　　　　　ときには,ケース20内壁,正,負極のリード24,25にフツ素樹脂の被膜
　　　　　　　　33,31,32を設ける。したがつて充放電中に生じるリチウムのデンド
　　　　　　　　ライトの発生および成長が生じる場所をフツ素樹脂被膜で制限する
　　　　　　　　ことにより内部短絡を有効に防止することができ,二次電池として
　　　　　　　　の安全性を向上することができる。
　　　　　　　　<有機　電解液　2次　電池,陰極,電気　接触,部分,活物質,リチウ
　　　　　　　　ム　金属,直接　接触,集電,金属　部分,電解液,構造,内部　短絡,
　　　　　　　　危険性,減少,2　硫化　チタン,陽極　合剤,リチウム,ボタン,形成,
　　　　　　　　圧着,封口板,露出部,フツ素　樹脂,コーティング層,円筒状,ケース
　　　　　　　　,内壁,正,リード,被膜,充放電,デンドライト,発生,成長,場所,フツ
　　　　　　　　素　樹脂　被膜,制限,有効,防止,2次　電池,安全性,向上>

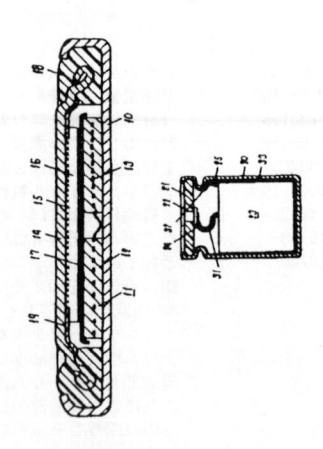

<15>

平02-012761
P出 63-161955　　2次電池
　　S63.06.29　　日本電装　（株）
開 02-12761　　〔目的〕負極集電体を負極活物質の両面の表面部に埋設することに
　　H02.01.17　　より、長期間にわたって安定なサイクル寿命を発揮できるようにす
登 2666382　　　る。
　　H09.06.27　　〔構成〕シート状活物質2と正極集電体1とが密着し一体的に形成さ
H01M 4/02 D　　れる正極10と、リチウムーアルミニウム合金からなる負極活物質4
H01M 10/40 Z　　の両面の表面部に負極集電体5が圧接されて埋設された状態に形成
　　　　　　　　された負極11と、正極10と負極11とに挟持されるポリプロピレン不
　　　　　　　　織布からなるセパレータ3、及び主としてセパレータ3に含浸された
　　　　　　　　電解液で構成され、プラスチツクフイルムケース8でシールされて
　　　　　　　　いる。これにより合金化反応時および充放電時の電気化学反応にお
　　　　　　　　いて体積変化が起きても、クラツク、凹凸等の歪の発生が押えられ
　　　　　　　　、負極活物質と負極集電体との接触面積を充分確保することができ
　　　　　　　　、電池性能が長時間安定し、充放電のサイクル寿命も長い。
　　　　　　　　<ポリプロピレン>
　　　　　　　　<2次　電池,陰極　集電体,陰極　活物質,両面,表面,埋設,長期間,
　　　　　　　　安定,サイクル　寿命,発揮,シート状　活物質,陽極　集電体,密着,
　　　　　　　　一体的,形成,陽極,リチウム,アルミニウム　合金,圧接,陰極,挟持,
　　　　　　　　ポリ　プロピレン　不織布,分離器,含浸,電解液,構成,プラスチツ
　　　　　　　　ク　フイルム,ケース,シール,合金化　反応,充放電,電気　化学
　　　　　　　　反応,体積　変化,クラツク,凹凸,歪,発生,接触　面積,充分,確保,
　　　　　　　　電池　性能,長時間　安定,長い>

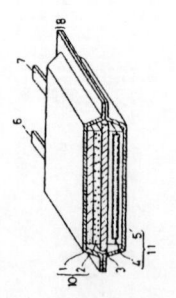

<17>

```
昭60-220574
P出 59- 76922      充電可能な電気化学装置
   S59.04.17      松下電器産業　（株）
開 60-220574
   S60.11.05      〔目的〕正極に活性炭、負極にリチウム及び有機電解液を用いる二
告 04- 25676      次電池の、負極リチウムの充填量を特定することにより、充放電サ
   H04.05.01     イクル寿命のすぐれたものを得る。
登  1740882      〔構成〕負極リチウムの充填量を、電気容量にして端子電圧が3．0
   H05.03.15     Vから2．0Vに至るまで装置を放電したときに得られた電気容量の
H01M 10/40    Z   20倍以内とする。この電気化学装置は、定電流で放電すると3V以
H01G  9/00  301A  上より2V付近以下までほぼ直線に近い形の電圧降下特性で放電し
                  、2V以下の領域でやゝ平坦な曲線が得られ、やがて0Vに達する。
                  この場合、2V以下の領域ではリチウムの充填量によって平坦性が
                  異なり、リチウムの充填量が多い程長くなるが、平坦性が長いもの
                  程再度充電後の放電容量が小さくなるし、平坦性が短いもの程充電
                  後の回復がよい。従って、リチウムの充填量を制限することにより
                  、0V付近までの放電後においても充放電特性が劣化しないように
                  することができる。
                  ＜充電　可能,電気　化学　装置,陽極,活性炭,陰極,リチウム,有機
                  　電解液,2次　電池,陰極　リチウム,充填量,特定,充放電　サイク
                  ル　寿命,電気　容量,端子　電圧,V,装置,放電,定電流,付近,直線
                  ,形,電圧　降下　特性,領域,平坦,曲線,平坦性,長い,再度,充電,放
                  電　容量,短い,回復,制限,充放電　特性,劣化＞
```

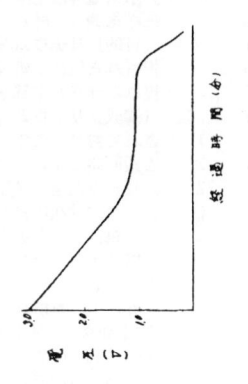

（２）負極表面処理・加工

① 技術事項の特徴点

　負極の表面を処理する方法として、砒素、燐、硼素、窒素等の気体で処理するいわゆる気相処理にて保存性能に優れるもの<1>*、指示薬、溶媒等の溶液中で処理する液相処理にてサイクル特性の向上を図るもの<2>*、<3>、<4>、<5>、負極として予備放電的に充放電処理したもの<6>*、<7>、負極の表面に炭素材料等の薄層を被覆し、サイクル特性に優れるもの<8>*、<9>、<10>、負極の表面を加工して被覆を生成したもの<11>*、<12>、<13>、また、合金被膜を生成したもの<14>*、<15>、<16>等がある。

参照文献（＊は抄録記載）

<1>*特開平 4-58457	<2>*特開昭 58-163187	<3>特開昭 63-26951	<4>特開昭 63-314765
<5>特開昭 61-245467	<6>*特開昭 59-128779	<7>特開昭 59-128780	<8>*特開平 2-215043
<9>特開平 3-285259	<10>特開平 4-58456	<11>*特開昭 61-281474	<12>特開平 2-33861
<13>特開昭 59-73865	<14>*特開平 2-276157	<15>特開平 3-37964	<16>特開平 8-78011

参照文献（Japio 抄録）

<1>

平04-058457
P出 02-167628　　非水系電解液電池
　　H02.06.26　　三洋電機　（株）
開 04- 58457　　〔目的〕リチウムを含有する負極の表面を、As,P,B,Nから選
　　H04.02.25　　択された気体で処理することにより、内部抵抗が小さく保存特性に
登 2925665　　優れた非水系電解液電池用負極を得る。
　　H11.05.07　　〔構成〕リチウム金属から成る負極1は、負極集電体2の内面に圧着
H01M 4/06 X　　されており、この負極集電体2はフエライト系ステンレス鋼から成
H01M 6/16 Z　　る断面略コ字状の負極缶3の内底面に固着されている。この負極1は
H01M 10/40 Z　　、リチウムを、常圧のAsH₃（Asを含む気体）に1時間さらした
H01M 4/12 G　　後、所定寸法に打ち抜くことにより作製される。この負極を用いて
　　　　　　　　一次電池とした場合には内部抵抗が小さく保存特性に優れ、また二
　　　　　　　　次電池とした場合には上記特性に加えてサイクル特性に優れた電池
　　　　　　　　が得られる。
　　　　　　　　＜非水系，電解液，電池，リチウム，含有，陰極，表面，砒素，P,B,N,
　　　　　　　　選択，気体，処理，内部　抵抗，保存　特性，リチウム　金属，陰極　集
　　　　　　　　電体，内面，圧着，フエライト　ステンレス鋼，断面　略コ字状，陰極
　　　　　　　　缶，内底面，固着，常圧，AsH↓3,1時間，晒し，所定　寸法，打抜，作
　　　　　　　　製，1次　電池，2次　電池，特性，サイクル　特性＞

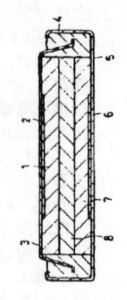

<2>

昭58-163187
P出 57- 44477　　リチウム電池用負極の製造方法
　　S57.03.23　　日本電信電話　（株）
開 58-163187　　〔目的〕リチウム金属表面を少なくとも、1つの－N＝N－結合を
　　S58.09.27　　有する芳香族系酸塩基指示薬で処理することにより、放電及び充電
告 62- 56629　　特性の優れたリチウム負極を得る。
　　S62.11.26　　〔構成〕負極活物質はリチウムであり、正極活物質はリチウムイオン
登 1450732　　とと可逆的に電気化学的反応を行なう物質であり、電解質物質は正
　　S63.07.11　　極活物質及びリチウムに対して化学的に安定であり、かつリチウム
H01M 4/40　　イオンが正極活物質と電気化学反応をするための移動を行なう物質
H01M 4/02 D　　であるリチウム一次及び二次電池に用いられる負極を、－N＝N－
H01M 4/04 A　　結合を有する芳香族化合物で処理したリチウムとする。このことに
H01M 4/04　　より、リチウム極の充放電特性は向上する。この理由は必ずしも明
　　　　　　　　確ではないが、リチウムを少なくとも1つの－N＝N－結合を有す
　　　　　　　　る芳香族系酸塩基指示薬でリチウム金属表面を処理すると、Li⁺
　　　　　　　　イオン伝導性の固体電解質的な膜を形成し、リチウム極の充放電特
　　　　　　　　性に効果的に作用していると考えられる。
　　　　　　　　＜リチウム　電池　陰極，リチウム　金属，表面，1つ，N，結合，芳香
　　　　　　　　族，酸塩基　指示薬，処理，放電，充電　特性，リチウム　陰極，陰極
　　　　　　　　活物質，リチウム，陽極　活物質，リチウム　イオン，可逆，電気　化
　　　　　　　　学的　反応，物質，電解質　物質，化学的，安定，電気　化学　反応，移
　　　　　　　　動，1次，2次　電池，陰極，芳香族　化合物，リチウム極，充放電　特性
　　　　　　　　，向上，理由，明確，Li↑+　イオン，伝導性，固体　電解質，的，膜，
　　　　　　　　形成，効果，作用＞

<6>

昭59-128779
P出 58- 4357　　非水電解液二次電池の製造方法
　　S58.01.14　　三洋電機　（株）
開 59-128779　　〔目的〕負極として予備的に充放電処理したリチウム又はリチウム
　　S59.07.24　　を含む合金を用いることにより、サイクル特性の向上を図る。
告 04- 21990　　〔構成〕負極4としてリチウム又はリチウム－アルミニウム合金を
　　H04.04.14　　用い、正極容量に対して10%容量分を予備放電して組立てた電池は
登 1733293　　、予備的に充放電しないリチウム及びリチウム－アルミニウム合金
　　H05.02.17　　を負極とする。電池に比してサイクル特性が大幅に改善される。こ
H01M 4/02 D　　れは、予備充放電処理によって負極4表面の不活性被膜が取除かれ
H01M 4/04 A　　ると共に海綿状のリチウムが形成されるため、電池使用時における
H01M 10/40 Z　　充放電の繰返しで生じる負極4の膨張が抑制される結果、セパレー
　　　　　　　　タ9に対する圧縮力が抑制されセパレータ9から電解液を絞り出すと
　　　　　　　　いった不都合もなく電解液不足を来たすことがないためである。
　　　　　　　　＜非水　電解液　2次　電池，陰極，予備，充放電，処理，リチウム，合
　　　　　　　　金，サイクル　特性，向上，アルミニウム　合金，陽極　容量，容量，予
　　　　　　　　備　放電，組立，電池，大幅，改善，表面，不活性　被膜，除去，スポンジ
　　　　　　　　，形成，電池　使用，繰返し，膨張，抑制，結果，分離器，圧縮力，電解液，
　　　　　　　　絞出し，不足＞

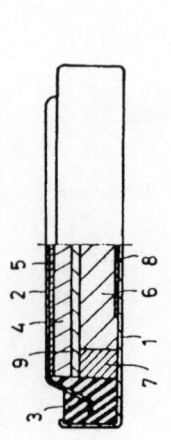

90

<8>

平02-215043
P出 01-36476　　非水溶媒二次電池
　　H01.02.16　東芝：(株)
開 02-215043　　〔目的〕負極の表面に有機物焼結体からなる炭素材料の薄層を被覆
　　H02.08.28　することにより、充放電サイクル寿命の長い非水溶媒二次電池が得
登　2753020　られるようにする。
　　H10.02.27　〔構成〕容器1内には電極群3が収納されており、この電極群3は炭
H01M 4/02　D　素材料被覆負極4、セパレータ5及び正極6をこの順序で積層した帯
H01M 10/40　Z　状物を負極4が外側に位置するように渦巻き状に巻回した構造になっ
H01M 10/04　W　ている。そして負極4の表面は炭素材料（特に有機物焼成体からなる炭素材料）の薄層を被覆した構造となっている。従ってこの薄層により充電時に負極4の活物質（例えばリチウム）を負極表面に吸蔵し、放電時にリチウムを放出して負極上のリチウムのデンドライト生成が抑制される。これにより良好な充放電サイクル寿命を有するとともに貯蔵特性に優れかつ電池容量の大きい非水溶媒二次電池が得られる。
　　＜非水　溶媒　2次　電池,陰極,表面,有機物,焼結体,炭素　材料,薄層,被覆,充放電　サイクル　寿命,長い,容器,電極,収納,分離器,陽極,順序,積層,帯状体,外側,位置,渦巻,巻回,構造,有機物　焼成体,充電,活物質,リチウム,陰極　表面,吸蔵,放出,デンドライト,生成,抑制,良好,貯蔵　特性,電池　容量,大きさ＞

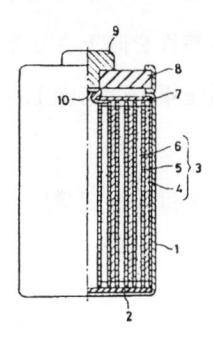

<11>

昭61-281474
P出 60-121172　非水電解液二次電池
　　S60.06.04　三洋電機　(株)
開 61-281474　〔目的〕リチウムを活物質とし、電解液に特定の混合比の難溶なポ
　　S61.12.11　リマーと易溶なポリマーの混合層を表面に形設せる負極を用いることにより、電池のサイクル特性の向上を図る。
告 06-5632　　〔構成〕リチウムを活物質とし、電解液に難溶なポリマーと易溶な
　　H06.01.19　ポリマーとの混合比が2:1～1:3の範囲である混合物2を表面に
登　1883446　形設せる負極1を用いる。また難溶なポリマーとしてはポリエチレ
　　H06.11.10　ン,ポリプロピレンなど、易溶なポリマーとしてはポリエチレンオキ
H01M 10/40　Z　サイドを使用する。これにより混合物2のうち、易溶なポリマーのみが電解液中に溶出することになる。そのためリチウム負極表面に
H01M 4/02　D　は微細な孔を有し、且つリチウム負極との密着性に優れた難溶なポ
H01M 10/40　リマー層が残在し、これがセパレータ部材として作用する。従って電池のサイクル特性を向上できる。
　　＜ポリエチレン,ポリプロピレン,ポリエチレンオキサイド＞
　　＜非水　電解液　2次　電池,リチウム,活物質,電解液,混合比,難溶,重合体,易溶性,混合層,表面,形設,陰極,電池,サイクル　特性,向上,範囲,混合物層,ポリ　エチレン,ポリ　プロピレン,ポリ　エチレン　オキシド,使用,溶出,リチウム　陰極　表面,微細,孔,リチウム　陰極,密着性,重合体層,残在,分離器　部材,作用＞

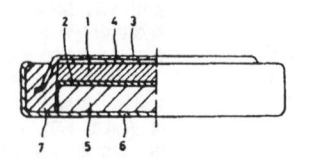

<14>

平02-276157
P出 01-98323　非水電解液電池
　　H01.04.18　三洋電機　(株)
開 02-276157　〔目的〕負極表面をリチウム-アルミニウム-銅の三成分系合金属
　　H02.11.13　とすることにより、電池の保存特性を改善する。
登　2664469　〔構成〕負極は、リチウム板を圧延し、この圧延板の上にAl-C
　　H09.06.20　u合金箔を載置する。この負極を電池内に組込むと非水電解液と接
H01M 4/40　　触して、表面にLi-Al-Cu合金層が形成される。この様にし
H01M 4/06　X　て形成されたリチウム-アルミニウム-銅の三成分系合金層は、リ
H01M 6/16　Z　チウム単独に比して活性度が低いため保存中に電池内に侵入する水
H01M 4/12　G　分との反応が抑えられ、負極表面における絶縁被膜の生成が抑制される。又、リチウム単独或いはリチウム-アルミニウム-銅合金に比してリチウム-アルミニウム-銅の三成分系合金はより微細であるため反応面積が増大し、高率放電における放電初期時の電池電圧の低下を抑制することができる。
　　＜非水　電解液　電池,陰極　表面,リチウム,アルミニウム-銅,3成分,合金,電池,保存　特性,改善,陰極,リチウム板,圧延,圧延板,アルミニウム,銅　合金,箔,載置,組込,非水　電解液,接触,表面,銅　合金層,形成,合金層,単独,活性度,保存,侵入,水分,反応,絶縁　被膜,生成,抑制,アルミニウム　合金,微細,反応　面積,増大,高率　放電,放電　初期,電池　電圧,低下＞

（3）負極集電体

① 技術事項の特徴点

負極集電体として、その材料を鉛または鉛合金と特定することにより、サイクル特性に優れ、信頼性を高めるもの<1>*、多孔質の集電体を使用して、その空孔数等、物理的特性を特定することにより、サイクル特性を向上させるもの<2>*、<3>、また、集電体の表面に金属酸化物の被膜を形成することにより、電圧平坦性を向上させるもの<4>*等がある。

参照文献（＊は抄録記載）

<1>*特開昭 57-141870　　<2>*特開昭 58-18883　　<3>特開昭 58-38466　　<4>*特開平 1-93053

参照文献（Japio 抄録）

<1>

昭57-141870
P出 56-27936
　　S56.02.26
開 57-141870
　　S57.09.02
告 63-22019
　　S63.05.10
登 1631745
　　H03.12.26
H01M 4/66　A
H01M 2/22　A
H01M 4/02　D
H01M 4/64　B
H01M 10/40　Z

非水電解液二次電池
湯浅電池（株）
〔目的〕リチウム陰極の集電体に鉛または鉛合金を使用することにより，充放電繰り返し特性の優れた，信頼性の高い非水電解液二次電池を得る。
〔構成〕陰極活物質としてリチウムを使用した陰極5の陰極集電体4に鉛または鉛合金を用いる。鉛合金とする金属は，Ag，Cu，Ni，Fe，Sb，Zn，Cd，Mgなどの内一種あるいは二種以上とを組合せて用いる。陽極6としては，周期率表ⅣB族，ⅤB族の遷移金属による層状のジカルコゲン化合物，TiO_2，MnO_2及びV_2O_5等を用いる。非水電解液としては，例えばプロピレンカーボネートに$LiClO_4$を溶解した電解液を用いる。
＜非水　電解液　2次　電池，リチウム　陰極，集電体，鉛，鉛合金，使用，充放電，繰返し　特性，信頼性，陰極　活物質，リチウム，陰極，陰極　集電体，金属，銀，銅，ニッケル，鉄，アンチモン，亜鉛，カドミウム，マグネシウム，1種，2種　以上，陽極，周期律表，4b族，5b族，遷移金属，層状，ジカルコゲン，化合物，$TiO↓2$，$MnO↓2$，$V↓2O↓5$，非水　電解液，プロピレン　カーボネート，$LiClO↓4$，溶解，電解液＞

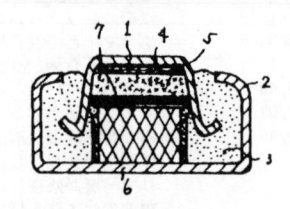

<2>

昭58-018883
P出 56-116369
　　S56.07.27
開 58-18883
　　S58.02.03
告 63-42818
　　S63.08.25
登 1497185
　　H01.05.16
H01M 4/74　C
H01M 4/02　D
H01M 4/80　A

二次電池用リチウム負極
日本電信電話（株）
〔目的〕空孔の数が35ケ/2.54cm以上の多孔質ニッケルにリチウムを担持させた負極を用いることにより，充放電特性の優れたリチウム二次電池を得る。
〔構成〕対極として1N$LiClO_4$/プロピレンカーボネイト中で，1mA/cm^2の定電流で20～24時間，リチウムを空孔の数が55～65ケ/2.54cm（比表面積8500m^2/m）多孔質ニッケルに電析させ，有効反応表面積を1cm^2としたものを用い，Pt極を作用極、参照電極としてLiを用いた電池を組みPt極上にLiを析出させる事により，Li極の充放電特性を測定した。電解液には，1N$LiClO_4$をプロピレンカーボネートに溶解させたものを用いた。図から判る様に，リチウム負極として空孔の穴が55～65ケ/inchの多孔質ニッケルにリチウムを担持したものaを用いる事によって，Li極の充放電特性は従来例bに比して著しく向上している。
＜リチウム　電池，陰極，空孔，数，多孔質　ニッケル，リチウム，担持，陰極，充放電　特性，リチウム　2次　電池，対極，1N$LiClO↓4$，プロピレン　カーボネート，定電流，24時間，比表面積，電析，有効，反応　表面積，白金極，作用極，参照　電極，電池，組み，析出，リチウム極，測定，電解液，溶解，図，リチウム　陰極，孔，in，チャンネル，向上＞

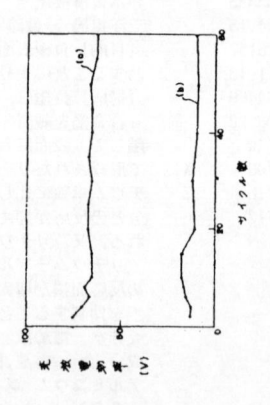

<4>

平01-093053
P出 62-248092
 S62.10.02
開 01- 93053
 H01.04.12
登 2610026
 H09.02.13
H01M 4/66 A
H01M 4/02 B
H01M 4/02 C

電池用電極
リコー：（株），日本カーリット（株）
〔目的〕集電体金属上に金属酸化物被膜を形成し，更に電極活物質を密着成膜して電極を形成することにより，電極の放電電圧平坦性を向上し電池の長寿命とエネルギー密度の増加を図る。
〔構成〕集電体金属としてアルミニウム箔を用い，酸を含む電解液中で電圧を印加して粗面化する。次にこの箔を陽極とし，例えばアジピン酸アンモニウム水溶液を電解液として陽極酸化し，酸化被膜層を形成する。更に過硫酸アンモニウムなどの過酸化物に浸漬した後，導電性高分子単量体で処理することにより，酸化被膜層上に化学酸化重合膜を形成する。次いで有機溶媒を含む電解液中で電解重合して電解酸化重合膜を形成する。このように集電体界面に金属酸化物被膜層を設けて電極を形成することにより，放電電圧平坦性が向上し，電池の寿命を延長しエネルギー密度を増加する。
＜電池　電極,集電体　金属,金属　酸化物　被膜,形成,電極　活物質,密着,成膜,電極,放電　電圧　平坦性,向上,電池,長寿命,エネルギー　密度,増加,アルミ箔,酸,電解液,電圧,印加,粗面化,箔,陽極,アジピン酸　アンモニウム　水溶液,陽極　酸化,酸化　被膜層,過硫酸　アンモニウム,過酸化物,浸漬,導電性　高分子,単量体,処理,化学　酸化　重合膜,有機　溶媒,電解　重合,電解　酸化　重合膜,集電体,界面,金属　酸化物　被膜層,寿命,延長＞

（4）負極の製造方法

① 技術事項の特徴点

 リチウム板とアルミニウム等よりなる金属板との積重体を液槽中にて加圧ローラで積重方向に加圧して圧着する製造方法により、大量かつ容易に製造可能とするもの<1>*、<2>、<3>、金属フィルム（金属箔）集電体上にリチウム金属等を載置し、加熱により溶融し、シート状金属膜を形成させる製造方法により、均一な厚みの金属箔膜を連続的に容易に生産できるもの<4>、負極の構成材料である金属粉末をシランカップリング溶液で浸漬処理し、これに導電剤を添加混合して乾燥する負極合剤の製造方法により、強固な界面接合を持つ負極が得られ、サイクル特性に優れるもの<5>*、集電体シート上にペーストを均一に高密度に充填するペースト充填装置<6>*、<7>、<8>、<9>等がある。

参照文献（＊は抄録記載）

<1>*特開平 2-215044   <2>特開平 2-215045   <3>特開平 3-222257   <4>特開平 3-37970
<5>*特開平 4-188560   <6>*特開昭 54-160583   <7>特開昭 54-162694   <8>特開昭 54-162695
<9>特開平 6-163037

参照文献（Japio 抄録）

<1>

平02-215044
P出 01-36714　　リチウム合金板の製造法
　　H01.02.15　　三洋電機　（株）
開 02-215044　　〔目的〕液槽中に配置した加圧ローラでリチウム板及び金属板の積
　　H02.08.28　　重体を積重方向に加圧しつつ順次送出することにより、負極として
登 2771579　　　好適なリチウム合金板を大量かつ容易に製造可能にする。
　　H10.04.17　　〔構成〕リチウム板2及び支持体11がガイドローラ13,13を介して、
H01M 4/04　A　　又アルミニウム板4がガイドシヤフト14を介して電解液槽5に供給さ
C22C 1/00　L　　れ、これらは積重されて各加圧ローラを通過し、積重体は積重方向
　　　　　　　　に加圧されつつ順次送出され、この加圧状態においてリチウム－ア
　　　　　　　　ルミニウム合金板15が形成される。そして得られた合金板15は例え
　　　　　　　　ば巻取ロールに巻取り電解液槽5より搬出される。これにより負
　　　　　　　　極として好適なリチウム合金板を連続的に、大量かつ容易に製造す
　　　　　　　　ることができる。
　　　　　　　　＜リチウム　合金,板,製造,装置,液槽,配置,加圧　ローラ,リチウ
　　　　　　　　ム板,金属板,積重ね体,積重ね　方向,加圧,順次　送出,陰極,大量,
　　　　　　　　製造　可能,支持体,案内　ローラ,アルミニウム板,案内　軸,電解
　　　　　　　　液槽,供給,積重ね,通過,加圧　状態,リチウム,アルミニウム　合金
　　　　　　　　板,形成,合金板,巻取　ロール,巻取,搬出,連続的＞

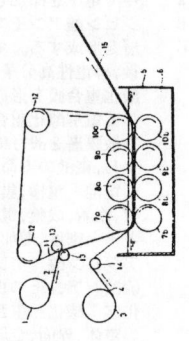

<5>

平04-188560
P出 02-317347　　非水電解質二次電池用負極の製造法
　　H02.11.20　　松下電器産業　（株）
開 04-188560　　〔目的〕負極の構成材料である金属粉末をシランカツプリング溶液
　　H04.07.07　　で浸漬処理しこれに導電剤を添加混合し乾燥することにより、充放
登 2871077　　　電サイクル特性に優れるようにする。
　　H11.01.08　　〔構成〕γ－アミノプロピルトリエトキシシランにアルミニウム粉
H01M 4/02　D　　末を加え、これに導電剤のアセチレンブラツクを加え十分湿式混合
H01M 4/04　A　　し、成型した電極1のケース2にセパレータ3を置き、対極としてリ
H01M 10/40　Z　　チウム板4を封口板5に圧着する。このようにリチウムを吸蔵放出す
　　　　　　　　ることのできる金属粉末と導電剤の混合物から構成される非水電解
　　　　　　　　質二次電池用負極の構成材料である金属粉末をシランカツプリング
　　　　　　　　溶液で浸漬処理し、これと導電剤を混合し乾燥することで金属粉末
　　　　　　　　と導電剤とが化学結合を介して結合し、強固な界面接合を持つ負極
　　　　　　　　が得られる。これにより充放電を繰り返しても、金属粉末と導電剤
　　　　　　　　との界面接合は充分保持され、比較的少ないサイクル数で充放電容
　　　　　　　　量が低下することがなくなり、安定した電池特性が得られる。
　　　　　　　　＜非水　電解質　2次　電池,陰極,製造,構成　材料,金属　粉末,シ
　　　　　　　　ラン　カツプリング,溶液,浸漬　処理,導電剤,添加　混合,乾燥,充
　　　　　　　　放電　サイクル　特性,γ－アミノ　プロピル　トリ　エトキシ　シ
　　　　　　　　ラン,アルミニウム　粉末,アセチレンブラツク,十分,湿式　混合,
　　　　　　　　成形,電極,ケース,分離器,対極,リチウム板,封口板,圧着,リチウム
　　　　　　　　,吸蔵　放出,混合物,構成,混合,化学　結合,結合,強固,界面　接合
　　　　　　　　,充放電,繰返し,充分,保持,サイクル数,充放電　容量,低下,安定,
　　　　　　　　電池　特性＞

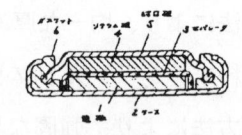

<6>

昭54-160583
P出 53-70017　　ペースト充填装置
　　S53.06.09　　松下電器産業　（株）
開 54-160583　　〔目的〕ペースト槽内にペーストを撹拌する旋回形撹拌機を設け,
　　S54.12.19　　フープ受けの穴をペーストの旋回方向と同方向に長い矩形状とする
告 61-22418　　　ことにより,フープ受けのペースト透過性を良好にして充填密度を
　　S61.05.31　　安定化させる。
登 1359112　　　〔構成〕ペースト槽3内のペーストはフープ1の進行方向と直角の方
　　S62.01.13　　向に軸心を有する複数個の旋回形撹拌機により矢印17で示すような
H01M 4/04　Z　　旋回運動を与えられる。従ってフープ受け7の穴16をペーストの旋
H01M 4/26　Z　　回方向と同方向,即ちフープ1の進行方向に長い矩形状に構成するこ
B22F 3/26　E　　とにより,フープ1裏のペーストの流動性,透過性を良好にし,フープ
B01J 37/02　301D　1内へのペーストの充填効率を向上させる。
H01M 4/04　　　＜ペースト　充填　装置,ペースト槽,ペースト,撹拌,旋回,撹拌機,
H01M 4/26　　　フープ受,孔,旋回　方向,同方向,長い,矩形,透過性,良好,充填　密
B22F 3/26　　　度,安定化,フープ,進行　方向,直角,方向,軸心,複数個,矢印,旋回
　　　　　　　　　運動,構成,裏,流動性,充填　効率,向上＞

94

（5）扁平形電池の負極構成およびその製造方法

① 技術事項の特徴点

　　リチウム板とリチウム合金との位置関係を特定配置することにより、リチウムの樹枝状成長を抑制し、サイクル特性を良好にするもの<1>*、<2>、リチウム金属板の少なくとも片面に、リチウムイオンが層間へ挿入離脱しうる炭素等の層よりなる負極構成にすることにより、サイクル特性を向上するもの<3>、アルミニウムクラッド板を用い、リチウム－アルミニウム合金負極を形成することにより、アルミニウム板に反りが生じ集電能力が低下するのを防止するもの<4>、リチウム板、アルミニウム等よりなる基体金属板の形状を特定のものとすることにより、サイクル特性の向上を図るもの<5>*、また、扁平形電池の製造方法として、リチウム板とアルミニウム板を積み重ねて、所定の寸法に打ち抜いて負極缶に挿入（インサート）することにより、生産性の向上を図るもの<6>*、<7>、リチウム板とアルミニウム板との積層体の密着性を向上させるため、熱圧着するもの<8>、角形リチウム片を負極缶内にて円形状に加圧圧着して、歩留まり、量産性の優れる製造方法を得るもの<9>*、リチウムを加圧する加圧型の表面にリチウムが付着しない製造方法<10>等がある。

参照文献（＊は抄録記載）

<1>*特開昭62-88262	<2>特開昭63-133448	<3>特開平3-241675	<4>特開平3-108260
<5>*特開平3-182059	<6>*特開昭61-208748	<7>特開昭63-105476	<8>特開昭62-80975
<9>*特開平4-351848	<10>特開平4-370660		

参照文献（Japio抄録）

<1>

昭62-088262
P出 60-229326　　　二次電池
　　S60.10.14　　　三洋電機　（株）
開 62-88262　　〔目的〕リチウムを活物質とする負極の周縁部に、リチウム合金或
　　S62.04.22　　いはリチウムと合金を形成する金属を配設することにより、リチウム
登 2594035　　　の樹枝状成長を抑制するとともに電池電圧の低下を小さくする。
　　H08.12.19　〔構成〕正極缶1内に，三酸化モリブデン,五酸化バナジウムなどの
H01M 4/02　　　再充電可能な活物質よりなる正極7を配置し、セパレータ9を介して
H01M 4/02　D　リチウムを活物質とする負極と組合せ，二次電池を構成する。この
　　　　　　　　とき負極を、リチウム金属板からなる部分4と，その周縁部に設けた
　　　　　　　　リチウム－アルミニウム合金等でなる部分5とにより形成する。そ
　　　　　　　　してリチウムの樹枝状成長が生じやすい周縁部における樹枝状成長
　　　　　　　　を抑制する。したがつて内部短絡の発生を有効に防止すると共に，
　　　　　　　　負極全体をリチウム合金としないため、電池電圧の低下をなくし,充
　　　　　　　　放電サイクル特性を良くすることができる。
　　　　　　　　<2次　電池,リチウム,活物質,陰極,周縁,リチウム　合金,合金,形成,金属,配設,樹枝状　成長,抑制,電池　電圧,低下,陽極状,3　酸化　モリブデン,5　酸化　バナジウム,再充電　可能,陽極,配置,分離器,組合せ,構成,リチウム　金属,板,部分,アルミニウム　合金,内部　短絡,発生,有効,防止,全体,充放電　サイクル　特性>

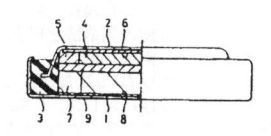

<5>

平03-182059
P出 01-321809
　　H01.12.11
開 03-182059
　　H03.08.08
登 2798753
　　H10.07.03
H01M 4/02 D
H01M 10/40 Z
H01M 4/40

非水電解液二次電池
三洋電機　（株）
〔目的〕基体金属板に金属リチウム板を短絡して負極を形成するものにおいて，基体金属板及び金属リチウム板それぞれの形状を所定のものとすることで，電池のサイクル特性の向上を図る。
〔構成〕電池は再充電可能な活物質からなる正極1，非水電解液を含むセパレータ3，例えばアルミニウムからなる基体金属板9，リチウム板10等からなる。基体金属板9は電解液を介してリチウム板10と短絡しリチウム−アルミニウム合金からなる負極を形成する。基体金属板9は無孔形状とされる。従って有孔形に較べて容積が大で最初に合金化する量が大で，かつエッジ効果がなくリチウムが局在しない。リチウム板10は有孔形にされており電解液の浸透が容易である。これにより体積エネルギー密度が大でかつリチウム欠落が少ない負極が形成される。
<非水　電解液　2次　電池,基体　金属板,金属　リチウム板,短絡,陰極,形成,形状,電池,サイクル　特性,向上,再充電　可能,活物質,陽極,非水　電解液,分離器,アルミニウム,リチウム板,電解液,リチウム,アルミニウム　合金,無孔,有孔,形,容積,最初,合金化,量,エッジ　効果,局在,おり,浸透,容易,体積　エネルギー　密度,欠落>

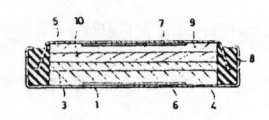

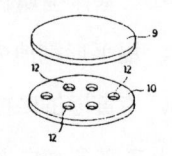

<6>

昭61-208748
P出 60- 50168
　　S60.03.12
開 61-208748
　　S61.09.17
告 07- 46602
　　H07.05.17
登 2019046
　　H08.02.19
H01M 4/40
H01M 4/02
H01M 4/02 D
H01M 4/04 A
H01M 10/40 Z

リチウム有機二次電池の製造方法
日立マクセル　（株）
〔目的〕リチウム板とアルミニウム等の金属板とを，所定の配置に積み重ねて負極とすることにより，組立後の内部短絡の発生を少なくする。
〔構成〕負極缶1はステンレス鋼製で表面をニッケルメッキしている。集電網2は負極缶1の内面にスポット溶接されたステンレス鋼でつくられている。負極3はリチウム板3aと，リチウムと電気化学的に合金化する金属の板3bと，リチウム板3aとを積み重ねて電池に組み込み，電解液の存在下で電気化学的に合金化させたものである。これにより合金化による体積増加が一方に片寄るのを防止して，内部短絡の発生を防止することができる。
<リチウム　有機　2次　電池,リチウム板,アルミニウム,金属板,配置,積重ね,陰極,組立,内部　短絡,発生,陰極缶,表面,ニッケル　メッキ,集電網,内面,スポット　溶接,3a,リチウム,電気　化学的,合金化,金属,板,3b,電池,組込,電解液,体積　増加,一方,片寄り,防止>

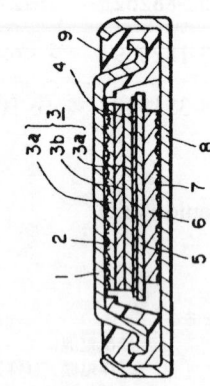

<9>

平04-351848
P出 03-123657
　　H03.05.28
開 04-351848
　　H04.12.07
告 07- 89484
　　H07.09.27
登 2052443
　　H08.05.10
H01M 4/04 Z
H01M 4/12 F
H01M 6/16 C
H01M 10/40 Z

非水電解液電池の負極の製造法
松下電器産業　（株）
〔目的〕起電反応に支障がなく，量産性の優れた非水電解液電池の負極の製造法を提供する。£負極利用率，性能安定，量産性
〔構成〕角形リチウム片1aから負極封口板内に略円形状の円形リチウム1bに加圧圧着する。リチウム金属当接部の形状が最終加工外径に対し，1.5〜2.5倍の直径を有する割球状の予備成形金型で角形リチウム片1aを予備加圧する工程と，リチウム金属当接部の形状がフラットな形状の成形金型で負極缶内に円形リチウム1bを所定形状に圧着する工程により負極を構成する。あるいは他の方法としてあらかじめ負極缶2の内底面にリチウムの最終加工外径に対し1.5〜2.5倍の直径を有する割球状の凹部を形成しておき，この部分に角形リチウム片1aをリチウム金属当接部の形状がフラットな金型で略円形状の円形リチウム1bにプレス成形することにより，歩留り，性能の良好な電池を得る。
<非水　電解液　電池,陰極,製造,起電　反応,支障,量産,提供,陰極　利用率,性能　安定,角形,陰極　封口板,片,1a,略円形,円形,1b,加圧　圧着,リチウム　金属,当接,形状,最終　加工,外径,直径,割球状,予備　成形　金型,予備　加圧,工程,フラット,成形　金型,陰極缶,所定　形状,圧着,構成,方法,内底面,凹部,形成,部分,金型,プレス　成形,歩留り,性能,良好,電池>

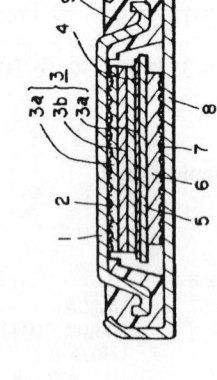

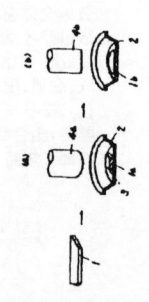

[電解液]

1. 技術テーマの構造

（ツリー図）

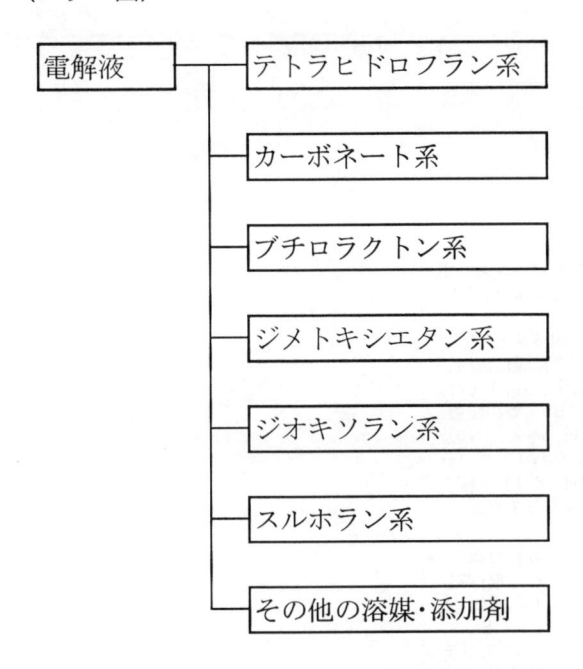

```
電解液 ─┬─ テトラヒドロフラン系
        ├─ カーボネート系
        ├─ ブチロラクトン系
        ├─ ジメトキシエタン系
        ├─ ジオキソラン系
        ├─ スルホラン系
        └─ その他の溶媒・添加剤
```

　電解液に用いられる溶媒としては、主に、テトラヒドロフラン系、カーボネート系、ブチロラクトン系、ジメトキシエタン系、ジオキソラン系、スルホラン系等に分類される。そのほとんどはリチウム金属一次電池系からの応用で、特に二次電池として必要なサイクル性を保持させるために、種々改良が加えられている。数種の溶媒の混合系としたり、主幹構造にアルキル基やアセチル基、またケトン基等を導入したもの等が多く、アミン系やアミド系の化合物等を添加剤として微量含むもの等がある。

2．各技術事項について

（1）テトラヒドロフラン系

①　技術事項の特徴点

　　リチウム金属二次電池用の電解液溶媒としては、テトラヒドロフランが単独で用いられる例は見られず、カーボネート系との混合系のものが多い。主にサイクル性の向上を目的として、プロピレンカーボネートやエチレンカーボネートとの混合系としたもの<1>*、<2>、<3>、<4>、<5>、<6>、またアセトニトリルとの混合系としたもの<7>等がある。また、テトラヒドロフランの誘導体としては、メチル基を導入したもの<3>、<4>、<5>、<6>、アセチル基を導入したもの<8>*、<9>、シアノ基を導入したもの<10>、ケトン基を導入したもの<11>、<12>、<13>、<14>*、<15>等がある。

参照文献（＊は抄録記載）

<1>＊特開昭57-118375　　<2>特開昭57-210576　　<3>特開昭58-214280　　<4>特開昭59-134568

<5>特開昭62-105375　　<6>特開昭62-219477　　<7>特開昭63-114075　　<8>＊特開昭63-32872

<9>特開平3-108275　　<10>特開平3-108276　　<11>特開昭62-290068　　<12>特開平1-132059

<13>特開平1-320766　　<14>＊特開平1-320767　　<15>特開平1-320768

参照文献（Japio 抄録）

<1>

昭57-118375
P出 56- 3647　　　リチウム二次電池用電解液
　　S56.01.13　　　日本電信電話　　（株）
開 57-118375　　　〔目的〕二次電池用非水電解液の有機溶媒としてプロピレンカーボ
　　S57.07.23　　　ネイトとテトラハイドロフランの混合物を用いることにより，リチ
告 63- 62869　　　ウム極の充放電特性を向上させる。
　　S63.12.05　　　〔構成〕リチウム負極と二次化が可能な正極と非水電解液としてプ
登 1521264　　　ロピレンカーボネイトとテトラハイドロフランの混合溶媒に無機，
　　H01.09.29　　　または有機の溶質を溶解したものを用いる。正極はV_2O_5，TiO_2
H01M 10/40　　A　，TiS_2，WS_2等である。溶質は$LiClO_4$，$LiBF_4$等の無機
　　　　　　　　　塩，CF_3SO_3Li，CF_3COOLi等の有機塩で0.5～2.5Nの
　　　　　　　　　濃度が好適である。プロピレンカーボネイトとテトラハイドロフランの混合
　　　　　　　　　比は4：6程度の体積比が好適である。これによりLi極の
　　　　　　　　　充放電特性が良好で，高いLiイオンの伝導性を有するリチウム二
　　　　　　　　　次電池用の電解液を得ることができる。
　　　　　　　　　＜リチウム，2次，電池，電解液，2次，電池，非水，電解液,有機
　　　　　　　　　溶媒,プロピレン　カーボネート,テトラ　ヒドロ　フラン,混合物,
　　　　　　　　　リチウム極,充放電　特性,向上,リチウム　陰極,2次,可能,陽極,混
　　　　　　　　　合　溶媒,無機,有機,溶質,溶解,V↓2O↓5,TiO↓2,TiS↓2,
　　　　　　　　　WS↓2,LiClO↓4,LiBF↓4,無機塩,CF↓3SO↓3,リ
　　　　　　　　　チウム,CF↓3CO,O,有機塩,濃度,好適,混合比,程度,体積比,良好
　　　　　　　　　,高さ,リチウム　イオン,伝導性,リチウム　2次　電池,電解液＞

<8>

昭63-032872
P出 61-175920　　　有機電解質電池
　　S61.07.25　　　松下電器産業　　（株）
開 63- 32872　　　〔目的〕有機電解質に用いる溶媒に，少なくとも2または3の位置に
　　S63.02.12　　　アセチル基を有するテトラヒドロフラン（THF）を使用すること
告 07- 60704　　　により，高率放電特性の向上を図る。
　　H07.06.28　　　〔構成〕負極と正極と有機電解質とからなり，有機電解質の溶媒に
登 2026427　　　，少なくとも2または3の位置にアセチル基を有するTHFを用いる。
　　H08.02.26　　　即ちTHFを改良し，式Ⅰ，Ⅱに示すようにTEFの2または3の
H01M 10/40　　A　位置にアセチル基を持たせたものである。ここで有機電解質の溶質
　　　　　　　　　としては1モル／1の$LiClO_4$が用いられる。これにより誘電率
　　　　　　　　　が増大し高率放電特性が向上する。
　　　　　　　　　＜有機　電解質　電池,有機　電解質,溶媒,位置,アセチル基,テト
　　　　　　　　　ラ　ヒドロ　フラン,THF,使用,高率　放電　特性,向上,陰極,陽
　　　　　　　　　極,改良,式,◻1,TEF,溶質,1モル,LiClO↓4,誘電率,増大＞

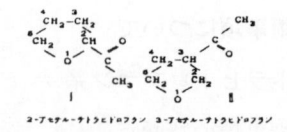

<14>

平01-320767
P出 63-153261　　　有機電解質電池
　　S63.06.21　　　松下電器産業　　（株）
開 01-320767　　　〔目的〕有機電解質に用いる溶媒に，少なくとも2-メチルテトラヒ
　　H01.12.26　　　ドロフラン-3,5-ジオンを用いることにより，高率放電を行つた場
告 07- 66819　　　合の電池電圧の低下を防止する。
　　H07.07.19　　　〔構成〕有機電解質に用いる溶媒に，少なくとも2-メチルテトラヒ
登 2034187　　　ドロフラン-3,5-ジオンを用いる。2-メチルテトラヒドロフラン
　　H08.03.19　　　を改良し，式Ⅰの2-メチルテトラヒドロフランの3及び5の位置が，
H01M 6/16　　A　カルボニル及びカルボキシル基とすることにより，誘電率が増大す
H01M 10/40　　A　る。これにより電池特性を向上させることができる。
　　　　　　　　　＜有機　電解質　電池,有機　電解質,溶媒,メチル　テトラ　ヒド
　　　　　　　　　ロ　フラン,ジオン,高率　放電,場合,電池　電圧,低下,防止,改良,
　　　　　　　　　式,◻1,位置,カルボニル,カルボキシル基,誘電率,増大,電池　特性
　　　　　　　　　,向上＞

（2）カーボネート系
① 技術事項の特徴点

プロピレンカーボネートやエチレンカーボネートが用いられるものが多いが、これらの誘導体とするものもあり、メチル基を導入したもの<1>、アセチル基を導入したもの<2>、<3>、アルキル基を導入したもの<4>、ケトン基を導入したもの<5>*等がある。また、他のカーボネート系として、ブチレンカーボネート<6>*、ジメチルカーボネート（炭酸ジメチル）<7>、<8>、ジエチルカーボネート（炭酸ジエチル）<9>、メチルエチルカーボネート<10>*等がある。ほとんどがサイクル性の向上を目的としたものである。

参照文献（＊は抄録記載）

<1>特開昭 61-163567	<2>特開昭 62-290074	<3>特開昭 63-32870	<4>特開平 2-148664
<5>*特開昭 62-290069	<6>*特開平 1-76684	<7>特開平 2-10666	<8>特開平 2-148663
<9>特開平 2-12777	<10>*特開平 7-45304		

<5>

昭62－290069
P出 61-133302　　有機電解質二次電池
　S61.06.09　　　松下電器産業　（株）
開 62-290069　　〔目的〕有機電解質の溶媒としてプロピレンカーボネート3－オン
　S62.12.16　　　を使用することにより、負極の充放電の電流効率と電池のサイクル
告 07-19619　　　特性との向上を図る。
　H07.03.06　　　〔構成〕有機電解質の溶媒に、プロピレンカーボネートー3－オン
登 1986457　　　を用いる。溶媒がプロピレンカーボネート（PC）の場合C－Oの
　H07.11.08　　　結合がLiとの反応により切れると考えて、このCをカルボキシル
H01M 10/40　　A　基とすることにより、これらの強い電子吸引性のため、C－Oの結
　　　　　　　　　合は切れにくくなり、これにより電流効率は向上すると考えられる。このようにしたプロピレンカーボネートー3－オンは式のような構造となる。このようにしてプロピレンカーボネートー3－オンを用いることにより、電池のサイクル特性が向上する。
　　　　　　　　　<有機 電解質 2次 電池,有機 電解質,溶媒,プロピレン カーボネート,オン,使用,陰極,充放電,電流 効率,電池,サイクル 特性,向上,PC,場合,C－O,結合,リチウム,反応,C,カルボキシル基,電子 吸引性,切れ,式,構造>

<6>

平01－076684
P出 62-233360　　非水電解液二次電池
　S62.09.17　　　三洋電機　（株）
開 01-76684　　　〔目的〕非水電解液がブチレンカーボネートと少なくとも1種類の
　H01.03.22　　　環状エーテルを含む混合溶媒にリチウム塩を溶解させた電解液とす
登 2557659　　　ることにより,充放電効率を高めると共に,寿命が短くなるのを防止
　H08.09.05　　　する。
H01M 10/40　　A　〔構成〕非水電解液はブチレンカーボネートと少なくとも1種類の
　　　　　　　　　環状エーテルとを含む混合溶媒にリチウム塩を溶解させた電解液とする。そして環状エーテルはテトラヒドロフラン,2－メチルテトラヒドロフラン,1．3－ジオキソラン,或いは4－メチル－1．3－ジオキソラン,又はこれら物質を2種以上含むものとする。
　　　　　　　　　<非水 電解液 2次 電池,非水 電解液,ブチレン,カーボネート,1種類,環状 エーテル,混合 溶媒,リチウム塩,溶解,電解液,充放電 効率,寿命,防止,テトラ ヒドロ フラン,メチル テトラ ヒドロ フラン,ジ オキソラン,メチル,物質,2種 以上>

<10>

```
平07-045304
P出 05-210873    有機電解液二次電池
    H05.08.02    日本電池　（株）
開 07-45304     〔目的〕充放電サイクルの進行にともなう放電容量の低下が少ない
    H07.02.14   有機電解液二次電池を得る。£電子機器駆動、メモリ保持、高エネ
登 2705529      ルギ密度、安全性
    H09.10.09   〔構成〕電解液はエチレンカーボネート（EC）とジメチルカーボ
H01M 10/40   A  ネート（DMC）とメチルエチルカーボネート（MEC）との混合
                溶媒からなる。EC、DMCおよびMECの組成比率は、溶媒全体
                に対してそれぞれ30～50vol％、10～50vol％および10～50v
                ol％である。
                ＜有機　電解液　2次　電池,充放電　サイクル,進行,放電　容量,
                低下,電子　機器　駆動,記憶,保持,高エネルギー密度,安全性,電解
                液,エチレン　カーボネート,（EC）,ジ　メチル　カーボネート,
                DMC,メチル　エチル,カーボネート,MEC,混合　溶媒,EC,組
                成　比率,溶媒,全体＞
```

（3）ブチロラクトン系

① 技術事項の特徴点

　　　γ-ブチロラクトンとして他の溶媒との混合系で用いられることが多い。混合比を規定したもの<1>、カーボネート系との混合系<2>*、<3>、スルホラン系との混合系<4>等がある。また、誘導体として、アセチル基を導入したもの<5>*、炭素数5以上としたラクトン類<6>*、<7>等がある。ほとんどがサイクル性の向上を目的としたものである。

参照文献（＊は抄録記載）

<1>特開昭 61-148771　　<2>*特開昭 62-55875　　<3>特開平 1-163974　　<4>特開昭 62-31958

<5>*特開昭 63-32871　　<6>*特開昭 61-32961　　<7>特開平 4-190574

参照文献（Japio 抄録）

<2>

```
昭62-055875
P出 61- 86797    二次電池
    S61.04.14    三洋化成工業　（株）
開 62-55875     〔目的〕選ばれた正極材、負極材及び非水電解液を組合わせること
    S62.03.11    により、充放電の繰り返しによる負極側のリチウムの樹枝状結晶を
告 05- 68834    抑制し、充放電サイクルの向上を図る。
    H05.09.29   〔構成〕遷移金属のカルコゲン化合物からなる正極材と、リチウム
登 1855225      金属を含む物質からなる負極材と、プロピレンカーボネート及び／
    H06.07.07   またはγ-ブチロラクトン、tert-ブチルメチルエーテル及び
H01M 10/40   A  ／またはtert-ブチルエチルエーテルならびにリチウム塩から
H01M 10/40   Z  なる非水電解液とで、構成する。負極材に用いるリチウム金属を含
                む物質としてはリチウム、リチウム合金及びリチウム含有有機物焼
                成体があげられる。正極材に用いる遷移金属のカルコゲン化合物に
                おける遷移金属としては周期表のⅠB～ⅦB族及びⅧ族の金属、カ
                ルコゲン化合物としては酸化物、硫化物、セレン化物などのカルコ
                ゲナイドがあげられる。
                ＜2次　電池,陽極材,陰極材,非水　電解液,組合せ,充放電,繰返し,
                陰極,リチウム,樹枝状　結晶,抑制,充放電　サイクル,向上,遷移
                金属,カルコゲン　化合物,リチウム　金属,物質,プロピレン　カー
                ボネート,γ-ブチロ　ラクトン,ターシヤリ,ブチル　メチル　エー
                テル,ブチル　エチル,エーテル,リチウム塩,構成,リチウム　合金,
                含有　有機物,焼成体,周期律表,1b族,7b族,8族,金属,酸化物,硫
                化物,セレン化物,カルコゲナイド＞
```

<5>

昭63-032871
P出 61-174210　　有機電解質二次電池
　　S61.07.24　　松下電器産業　（株）
開 63- 32871　　〔目的〕有機電解質の溶媒に、少なくとも3または4の位置の水素をアセチル基で置換したγ-ブチロラクトンを使用することにより、負極充放電の電流効率及び電池のサイクル特性の向上を図る。
　　S63.02.12
告 07- 60703
　　H07.06.28　　〔構成〕負極と正極と有機電解質とからなり、有機電解質の溶媒に、少なくとも3または4の位置の水素をアセチル基で置換したγ-ブチロラクトンを用いる。例えば3の位置を塩素で置換した3-アセチル-γ-ブチロラクトンは式Iのような構造であり、同様に4-アセチル-γ-ブチロラクトンの構造を式IIに、3,4-ジアセチル-γ-ブチロラクトンの構造を式IIIに示す。γ-ブチロラクトンの3または4の位置にアセチル基を導入することによりこの強い電子吸引性のためにC-Oの結合が切れ難くなり電流効率が向上する。
登 2026426
　　H08.02.26
H01M 10/40　　A
<有機　電解質　2次　電池,有機　電解質,溶媒,位置,水素,アセチル基,置換,γ,ブチロ　ラクトン,使用,陰極,充放電,電流　効率,電池,サイクル　特性,向上,陽極,塩素,アセチル,式,□1,構造,ジアセチル,□3,導入,電子　吸引性,C-O,結合,切れ>

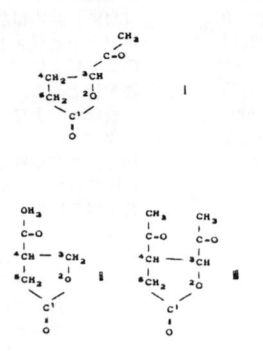

<6>

昭61-032961
P出 59-156080　　リチウム二次電池用電解液
　　S59.07.25　　日本電信電話　（株）
開 61- 32961　　〔目的〕リチウム塩を溶解させる有機溶媒として、炭素数5以上のγ-ラクトン類とエーテルとの混合溶媒を用いることにより、導電率が高く、かつLi極の充放電特性の優れた電解液を得る。
　　S61.02.15
告 06- 50650
　　H06.06.29　　〔構成〕リチウム塩を有機溶媒に溶解した電解液の有機溶媒として、炭素数が5以上のγ-ラクトンと好ましくはLiに対する酸化電位がγ-ラクトンより低いエーテルとの混合溶媒を用いる。有機溶媒のγ-ラクトンとエーテルの混合比は、体積比で1:9〜9:1であるのが好ましく、また溶質濃度は0.5〜2.5モル/lであるのが好ましい。この範囲を逸脱すると、Liの充放電効率あるいは導電率が低下してしまう虞がある。
登 1920371
　　H07.04.07
H01M 10/40　　A
H01M 6/16　　A
H01M 10/40
<リチウム　2次　電池　電解液,リチウム塩,溶解,有機　溶媒,炭素数,γ-ラクトン,エーテル,溶媒,導電率,リチウム極,充放電　特性,電解液,リチウム,酸化　電位,混合　溶媒,混合比,体積比,溶質　濃度,モル,範囲,逸脱,充放電　効率,低下>

（4）ジメトキシエタン系

① 技術事項の特徴点

　　ジメトキシエタンとして他の溶媒との混合系で用いられることが多い。カーボネート系との混合系<1>、<2>*、ジオキソラン系との混合系<2>*、スルホラン系との混合系<3>、<4>等がある。また、ジブトキシエタン<5>*や、トリメトキシメタン<6>*、<7>等がある。ほとんどがサイクル性の向上や放電性能の向上を目的としたものである。

参照文献（＊は抄録記載）

<1>特開昭59-134568　　<2>*特開平2-44659　　<3>特開昭56-7362　　<4>特開昭62-31960

<5>*特開昭59-219869　　<6>*特開昭61-4170　　<7>特開昭61-285679

参照文献（Japio 抄録）

<2>

平02-044659
P出 63-192486　　　非水電解液電池
　　S63.08.01　　　富士電気化学　（株）
開 02- 44659　　　〔目的〕非水電解液電池の電解液にプロピレンカーボネイトとジオ
　　H02.02.14　　　キソランとジメトキシエタンの混合溶媒とLiCF₃SO₃に特定量
告 06- 77465　　　のLiClO₄を溶解したものを用いることにより放電性能と安全
　　H06.09.28　　　性を向上する。
登　 1963699　　　〔構成〕リチウムやナトリウムからなる負極2と二酸化マンガンや
　　H07.08.25　　　フツ化カーボンからなる正極1とを渦巻状に巻回して電池缶5内に収
H01M 10/40　　A　納し非水電解液を注入してリチウム電池を作成する。そして電解液
　　　　　　　　　にはプロピレンカーボネイト、ジオキソラン、ジメトキシエタンの混
　　　　　　　　　合溶媒を用いLiCF₃SO₃を主溶質とし更にLiClO₄を0.00
　　　　　　　　　1～0.1mol／l溶解したものを使用する。この場合LiClO₄
　　　　　　　　　の添加量がこの範囲より少ないと必要な放電性能が得られず、範囲
　　　　　　　　　より多いと電解液の安全性が損われる。これにより放電性能と安全
　　　　　　　　　性の高い非水電解液電圧が得られる。
　　　　　　　　　＜非水　電解液　電池,電解液,プロピレン　カーボネート,ジ　オ
　　　　　　　　　キソラン,ジ　メトキシ　エタン,混合　溶媒,LiCF↓3SO↓3,
　　　　　　　　　特定量,LiClO↓4,溶解,放電　性能,安全性,向上,リチウム,ナ
　　　　　　　　　トリウム,陰極,2　酸化　マンガン,フツ化　炭素,陽極,渦巻状,巻
　　　　　　　　　回,電池缶,収納,非水　電解液,注入,リチウム　電池,作成,溶質,使
　　　　　　　　　用,添加量,範囲,電圧＞

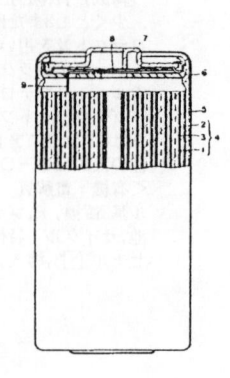

<5>

昭59-219869
P出 58- 93460　　　リチウム二係電池用電解液
　　S58.05.27　　　日本電信電話　（株）
開 59-219869　　　〔目的〕非水電解液の有機溶媒として、1,2-ジブトキシエタンと
　　S59.12.11　　　比誘電率が特定値以上の高誘電率の非プロトン性溶媒との混合溶媒
告 06- 52670　　　を用いることにより、Li極の充放電特性の優秀なリチウム電池を
　　H06.07.06　　　得る。
登　 1924918　　　〔構成〕リチウム塩を有機溶媒に溶解した電解液の有機溶媒として
　　H07.04.25　　　、1,2-ジブトキシエタンと比誘電率が10以上の高誘電率溶媒との
H01M 10/40　　A　混合溶媒を用いる。高誘電率の非プロトン性極性溶媒としては、た
H01M 10/40　　　とえばプロピレンカーボネイト、γ-ブチロラクトン、ジメチルス
　　　　　　　　　ルホキシド、スルホラン、N,N-ジメチルホルムアミド、N,N-
　　　　　　　　　ジメチルアセトアミドなどの一種以上を用いる。1,2-ジブトキシ
　　　　　　　　　エタンと高誘電率の非プロトン性極性溶媒の混合比は1:9～9:1で
　　　　　　　　　あるのが好ましく、この混合範囲から逸脱すると、充放電特性が
　　　　　　　　　悪化する。
　　　　　　　　　＜リチウム　電池　電解液,非水　電解液,有機　溶媒,ジブトキ
　　　　　　　　　シ,エタン,比誘電率,特定値　以上,高誘電率,非プロトン性　溶媒,
　　　　　　　　　混合　溶媒,リチウム極,充放電　特性,優秀,リチウム　電池,リチ
　　　　　　　　　ウム塩,溶解,電解液,溶媒,非プロトン性　極性　溶媒,プロピレン
　　　　　　　　　　カーボネート,γ,ブチロ　ラクトン,ジ　メチル　スルホキシド,
　　　　　　　　　スルホラン,N,ジ　メチル　ホルム　アミド,ジ　メチル　アセト
　　　　　　　　　アミド,1種,混合比,範囲,逸脱,悪化＞

<6>

```
昭61-004170
P出 59-124032       非水電解液二次電池
    S59.06.15      三洋電機　（株）
開 61- 4170        〔目的〕リチウムを活物質とする負極を備えた非水電解液二次電池
    S61.01.10      の電解液を，溶媒としてトリメトキシメタンを用いたものとするこ
告 06- 30256       とにより，リチウムとの反応を防止して劣化を抑制する。
    H06.04.20      〔構成〕二硫化チタン活物質に導電剤としてのアセチレンブラック
登 1904419         と結着剤としてのフツ素樹脂粉末を混合し，加圧成形した正極合剤4
    H07.02.08      を正極缶1内に配置し，セパレータ8を介して負極缶2内に収納したリ
H01M 10/40  A      チウム板よりなる負極6と対向させ，さらにセパレータ8に，溶媒と
H01M 10/40         してのトリメトキシメタンに溶質としての過塩素酸リチウムを溶解し
                   てなる電解液を含浸させ，封口することにより非水電解液二次電池
                   を形成する。したがつて活性なリチウムに対して安定なトリメト
                   キシメタンを溶媒とするため，電解液の劣化を防止して電池特性を向
                   上することができる。
                  <非水　電解液　2次　電池,リチウム,活物質,陰極,電解液,溶媒,
                   トリ　メトキシ　メタン,反応,防止,劣化,抑制,2 硫化　チタン
                   活物質,導電剤,アセチレンブラツク,結着剤,フツ素　樹脂　粉末,
                   混合,加圧　成形,陽極　合剤,陽極缶,配置,分離器,陰極缶,収納,リ
                   チウム板,対向,溶質,過塩素酸　リチウム,溶解,含浸,封口,形成,活
                   性,安定,電池　特性,向上>
```

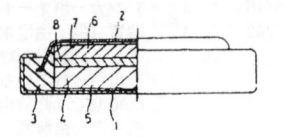

（5）ジオキソラン系

① 技術事項の特徴点

　ジオキソランとして他の溶媒との混合系で用いられることが多い。カーボネート系との混合系<1>*、ジメトキシエタン系との混合系<2>、<3>等がある。また、誘導体として、アセチル基を導入したもの<4>、アルキル基を導入したもの<5>*、ケトン基を導入したもの<6>、<7>*等がある。ほとんどがサイクル性の向上や放電性能の向上を目的としたものである。

参照文献（＊は抄録記載）

<1>*特開昭59-134568　　<2>特開昭61-285679　　<3>特開平2-44659　　<4>特開昭63-32869

<5>*特開昭62-15771　　<6>特開昭62-108474　　<7>*特開昭62-290070

参照文献（Japio 抄録）

<1>

```
昭59-134568
P出 58- 8686       リチウム電池用電解液
    S58.01.24      日本電信電話　（株）
開 59-134568       〔目的〕エチレンカーボネイトとプロピレンカーボネイトの混合溶
    S59.08.02      媒に、2－メチルテトラハイドロフラン、1,2－ジメトキシエタン及
告 05- 20874       び1,3－ジオキソランから成る群より選択された少なくとも一種以
    H05.03.22      上の溶媒を混合することにより、導電率が高く、かつLi極の充放
登 1823952         電特性の優れたリチウム電池用非水電解液を提供する。
    H06.02.10      〔構成〕エチレンカーボネイトとプロピレンカーボネイトの混合溶
H01M 6/16   A      媒に、2－メチルテフラハイドロフラン、1,2－ジメトキシエタン及
H01M 10/40  A      び1,3－ジオキソランから成る群より選択された少なくとも一種以
                   上の溶媒を混合したものを用いることにより、電解液の導電率及び
                   Li極の充放電特性が改善される。エチレンカーボネイトとプロピ
                   レンカーボネイトのモル混合比は、プロピレンカーボネイト1に対
                   し、エチレンカーボネイト6以下であるのが好ましい。2－メチルテ
                   トラハイドロフラン等のモル混合比は、エチレンカーボネイト及び
                   プロピレンカーボネイトの混合溶媒1に対し、0．5～6であるのが好
                   ましい。
                  <リチウム　電池　電解液,エチレン　カーボネート,プロピレン
                   カーボネート,混合　溶媒,メチル　テトラ　ヒドロ　フラン,ジ
                   メトキシ　エタン,ジ　オキソラン,群,選択,1種,溶媒,混合,導電率
                   ,リチウム極,充放電　特性,リチウム　電池,非水　電解液,提供,メ
                   チル,ヒドロ　フラン,電解液,改善,モル,混合比>
```

<5>

昭62-015771		有機電解液電池
P出 60-154599		松下電器産業　（株）
S60.07.12		
開 62- 15771		〔目的〕特定の1,3-ジオキソラン系化合物の単独,またはこれとの混合溶媒を電解液に用いることにより,一次電池では放電電圧が,二次電池では充放電効率が向上する。
S62.01.24		
告 06- 10995		
H06.02.09		〔構成〕2,4,5の位置の1つ以上にフルオロアルキル基をもつ1,3-ジオキソラン（例：2-テトラフルオロエチル-4-ペンタフルオロエチル-1,3-ジオキソラン）の単独,または他の溶媒（例：プロピレンカーボネート）との混合溶媒と,この溶媒に溶解した1種以上の溶質（例：過塩素酸リチウム）とから,電解液は構成されている。そして,正極1,負極2およびセパレータ3からなる電池の電解液4として用いられている。この構成によると,一次電池では放電電圧を,二次電池では充放電効率を向上させることができる。
登　1884611		
H06.11.10		
H01M 6/16　　A		
H01M 10/40　　A		

<有機　電解液　電池,ジ オキソラン,化合物,単独,混合 溶媒,電解液,1次　電池,放電　電圧,2次　電池,充放電　効率,向上,位置,1つ,フルオロ　アルキル,テトラ フルオロ,エチル,ペンタ フルオロ,溶媒,プロピレン　カーボネート,溶解,1種 以上,溶質,過塩素酸　リチウム,構成,陽極,陰極,分離器,電池>

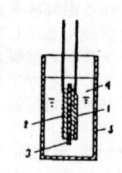

<7>

昭62-290070		有機電解質電池
P出 61-133303		松下電器産業　（株）
S61.06.09		
開 62-290070		〔目的〕有機電解質の溶媒に,1,3-ジオキソラン-4-オンを使用することにより,高率放電特性に優れた電池を得る。
S62.12.16		
告 07- 70326		
H07.07.31		〔構成〕有機電解質の溶媒に,少なくとも1,3-ジオキソラン-4-オンを用いる。溶媒に1,3-ジオキソラン（1,3-Diox）,4-メチル-1,3-ジオキソラン（4-Me-1,3-Diox）を用いると粘度は小さいが,誘電率が小のため,高率放電時には,正極の利用率は大となるが電池電圧の低下が起こる。従つて1,3-Dioxや4-Me-1,3-Dioxの類で誘電率を大にすることにより,電池に使用した場合,良好な特性が得られるので,式のように1,3-Dioxの3と4の位置でエステル基になるようにすることにより,誘電率を増大し,電池特性を向上させたものである。
登　2039441		
H08.03.28		
H01M 10/40　　A		
H01M 6/16　　A		

<有機　電解質　2次　電池,有機　電解液,溶媒,ジ オキソラン,オン,使用,高率　放電　特性,電池,IO,メチル,Me,粘度,誘電率,高率　放電,陽極,利用率,電池　電圧,低下,場合,良好,特性,式,位置,エステル,増大,電池　特性,向上>

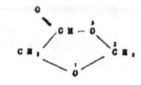

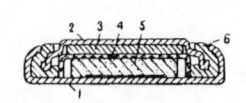

(6) スルホラン系

① 技術事項の特徴点

　スルホランとして他の溶媒との混合系で用いられることが多い。カーボネート系との混合系<1>*、<2>、ブチロラクトン系との混合系<3>*、<4>、ジメトキシエタン系との混合系<5>*、<6>等がある。ほとんどがサイクル性の向上や放電性能の向上を目的としたものである。

参照文献（＊は抄録記載）

<1>*特開昭57-187878　　<2>特開平2-177273　　<3>*特開昭62-31958　　<4>特開昭62-31959

<5>*特開昭56-7362　　<6>特開昭62-31960

参照文献（Japio抄録）

<1>

昭57-187878
P出 56- 71428　　リチウム二次電池用非水電解液
　S56.05.14　　日本電信電話　（株）
開 57-187878　　〔目的〕非水電解液の有機溶媒として，スルホランと，プロピレンカ
　S57.11.18　　ーボナイト，テトラハイドロフランよりなる群より選択した一種以
H01M 10/40　A　上との混合溶媒を用いることにより，Li極の充放電特性の優れた
　　　　　　　　リチウム二次電池用非水電解液を得る。
　　　　　　　　〔構成〕リチウム二次電池用の有機溶媒として，スルホランとプロ
　　　　　　　　ピレンカーボナイトの混合溶媒，スルホランとテトラハイドロフラ
　　　　　　　　ンの混合溶媒またはスルホランとプロピレンカーボナイト，テトラ
　　　　　　　　ハイドロフランの混合溶媒のいずれかを用いている。上記のスルホ
　　　　　　　　ランとしては式に示す様な構造を有し，大きな誘電率（30℃で43.
　　　　　　　　3）と双極子モーメント（25℃で4.81D）をもっており，イオン解
　　　　　　　　離能力が高い。又，カチオンに対する溶媒和が強い等の特徴を有す
　　　　　　　　る。
　　　　　　　　＜リチウム　2次　電池,非水　電解液,非水　電解液,有機　溶媒,
　　　　　　　　　スルホラン,プロピレン　カーボナイト,テトラ　ヒドロ　フラン,
　　　　　　　　　群,選択,1種,混合　溶媒,リチウム極,充放電　特性,リチウム　2次
　　　　　　　　　電池,式,構造,誘電率,双極子　モーメント,おり,イオン　解離,
　　　　　　　　　能力,高さ,陽イオン,溶媒和,特徴＞

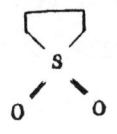

<3>

昭62-031958
P出 60-170862　　有機電解質電池
　S60.08.01　　鐘紡　（株）
開 62- 31958　　〔目的〕電解質としてテトラアルキルアンモニウム塩と，溶媒とし
　S62.02.10　　てスルホラン又はスルホランとγ-ブチロラクトンとの混合液とか
告 06- 24157　　らなる電解液を使用することにより，自己放電を防止する。
　H06.03.30　　〔構成〕電解液4の溶媒は，スルホラン又はスルホラン/γ-ブチロ
登　1893838　　ラクトン＝9/1～2/8（重量比）の混合液である。また溶媒に溶解
　H06.12.26　　せしめる電解質はテトラアルキルアンモニウム塩である。これらの
H01M 4/60　　　電解質及び溶媒は充分脱水したものを使用する。電解液4は電解質
H01M 10/40　A　を溶媒に溶解して調製されるが電解液中の電解質の濃度は，電解液
H01M 10/40　Z　による内部抵抗を小さくするため少なくとも0.1モル/1以上とす
H01M 4/58　　　る。
H01M 10/40　　　＜有機　電解質　電池,電解質,テトラ　アルキル　アンモニウム塩
　　　　　　　　,溶媒,スルホラン,γ,ブチロ　ラクトン,混合液,電解液,使用,自己
　　　　　　　　　放電,防止,重量比,溶解,充分,脱水,調製,濃度,内部　抵抗,1モル
　　　　　　　　＞

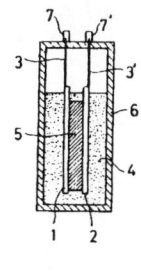

<5>

昭56-007362
P出 55- 87682　　再充電可能電池用有機電解質
　S55.06.27　　ユニオン　カーバイド　CORP
開 56- 7362　　〔目的〕非水性Li/TiS₂電池における電解質として，スルホラ
　S56.01.26　　ン，ジメトキシエタン及び溶質としてLiBF₄等からなる電解質を
H01M 10/40　A　用いることにより，再充電可能化を図ること。
　　　　　　　　〔構成〕Liアノードと，TiS₂等のカソードとを用いる非水性電
　　　　　　　　池の電解質として，スルホラン及びその液状アルキル置換誘導体の1
　　　　　　　　種以上からなる溶媒と，式CH₃O（CH₂CH₂O）nCH₃（ただ
　　　　　　　　しn＝1～4）の共溶媒と，溶質としてLiBF₄またはLiClO₄
　　　　　　　　の1種又は混合物からなる非水性電解質を用いている。前記の共溶
　　　　　　　　媒としては，1,2-ジメトキシエタンが好ましい。また溶媒は電解質
　　　　　　　　溶媒混合物の20～80体積％の範囲内にするのが好ましい。
　　　　　　　　＜再充電　可能　電池,有機　電解質,非水性,リチウム,TiS↓2
　　　　　　　　,電池,電解質,スルホラン,ジ　メトキシ　エタン,溶質,LiBF↓4
　　　　　　　　,再充電　可能,アノード,カソード,非水性　電池,液状,アルキル
　　　　　　　　置換　誘導体,1種　以上,溶媒,式,メトキシ,CH↓2CH↓2O,n
　　　　　　　　CH,共溶媒,LiClO↓4,1種,混合物,非水性　電解質,電解質
　　　　　　　　溶媒,範囲＞

（7）その他の溶媒・添加剤
① 技術事項の特徴点

上記以外に用いられる溶媒として、オキサゾリジノン<1>、<2>、<3>*や、ポリエチレングリコールジアルキルエーテル（通称ジグリム）<4>、<5>*等がある他、ウロン還含有化合物<6>、プロパンスルトン<7>、アセトニトリル<8>、ホルムアルデヒド類<9>等がある。

また、微量に添加されるものとして、グリコール系<10>、<11>、アルコール系<12>、<13>*、アミンやアミド系<14>、<15>*、<16>、<17>、<18>、<19>、フランやフラート系<20>、<21>*の他、ルピニジン<22>、ジカルボン酸化合物<23>、鎖状アルカン類<24>等がある。ほとんどが、サイクル性の向上を目的としているもである。

参照文献（＊は抄録記載）

<1>特開昭51-115626	<2>特開昭60-109182	<3>*特開昭61-232573	<4>特開平1-128369
<5>*特開平1-319269	<6>特開昭61-269871	<7>特開昭63-102173	<8>特開昭63-114075
<9>特開平1-14878	<10>特開昭58-87778	<11>特開昭60-41773	<12>特開昭60-79677
<13>*特開昭60-89075	<14>特開昭57-210575	<15>*特開昭58-87777	<16>特開昭58-87779
<17>特開昭61-208758	<18>特開昭61-214377	<19>特開平2-260374	<20>特開昭61-230276
<21>*特開平4-160766	<22>特開昭61-214378	<23>特開平1-30178	<24>特開平1-30180

参照文献（Japio 抄録）

<3>

昭61-232573
P出 60-72691　　非水系二次電池
S60.04.08　　昭和電工（株），日立製作所：（株）
開 61-232573　〔目的〕特定のアルカリ金属塩と特定のアルキルオキサゾリジノンとエーテル系化合物の混合溶液を電解液として用いることにより，エネルギー密度を大きくすると共に電圧の平坦性を良好にする。
S61.10.16
H01M 10/40　　A
〔構成〕電解液として,式Ⅰ（Mはアルカリ金属,Xは周期律表第Ⅴa族の元素,R_1～R_6はH,ハロゲン,C_{15}以下のアルキル,アリール,アリル,アラルキルまたはハロゲンアルキル）で示されるアルカリ金属塩または式Ⅱ（Mはアルカリ金属,Xは周期律表第Ⅲa族の元素,R_7～R_{10}はR_1～R_6と同じ）で表わされるアルカリ金属塩と式Ⅲ（R_{11}はC_5以下のアルキル）で示される3-アルキル-2-オキサゾリジノンとエーテル系化合物とを混合した電解液を使用している。このようにして充放電をくり返しても電池特性の劣化が起らず,繰返し寿命が長い。
＜非水系 2次 電池,アルカリ 金属塩,アルキル,オキサゾリジノン,エーテル 化合物,混合 溶液,電解液,エネルギー 密度,大きさ,電圧,平坦性,良好,式,◻1,アルカリ 金属,周期律表,5a族,元素,H,ハロゲン,C↓1,アリール,アリル,アラルキル,ハロゲン アルキル,3a族,◻3,C↓5,混合,使用,充放電,繰返し,電池 特性,劣化,繰返し 寿命,長い＞

<5>

平01-319269
P出 63-151743
　　S63.06.20
開 01-319269
　　H01.12.25
登 2647909
　　H09.05.09
H01M 10/40　　A

非水電解液二次電池
三洋電機　（株）
〔目的〕溶媒としてポリエチレングリコールジアルキルエーテルを用い、溶質としてフツ素系ルイス酸リチウム塩を用いることにより、サイクル特性の向上を図る。
〔構成〕溶媒としてポリエチレングリコールジアルキルエーテルを用い、溶質としてフツ素系ルイス酸リチウム塩を用いる。ポリエチレングリコールジアルキルエーテルは耐還元性に優れると共に、溶質としてフツ素系ルイス酸リチウム塩を溶解させることにより、電子供与性の高いフツ素系ルイス酸イオンが生成し、これがポリエチレングリコールジアルキルエーテルに作用しリチウムに対する安定性を更に高める。これにより負極のサイクル特性が改善され、電池の充放電サイクル特性が向上する。
<ポリエチレングリコール>
<非水　電解液　2次　電池,溶媒,ポリ　エチレン　グリコール　ジ　アルキル　エーテル,溶質,フツ素,ルイス酸　リチウム塩,サイクル　特性,向上,耐還元性,溶解,電子　供与性,ルイス酸,イオン,生成,作用,リチウム,安定性,陰極,改善,電池,充放電　サイクル　特性>

<13>

昭60-089075
P出 58-197011
　　S58.10.20
開 60-89075
　　S60.05.18
告 04-79476
　　H04.12.16
登 1791310
　　H05.10.14
H01M 10/40　　A

非水電解液二次電池
三洋電機　（株）
〔目的〕1つの溶媒と溶質とから成る非水電解液に,溶媒に対して特定量の一般式R-OHのアルコールを添加することにより,充放電サイクル特性の向上を図る。
〔構成〕非水電解液に一般式でR-OHで表わされる,2メトキシエタノール,またはジエチレングリコールモノメチルエーテル等のアルコールを,溶媒に対して0.5～5.0モル％添加している。従ってアルコールとリチウムが反応し,リチウム負荷表面にリチウムイオン選択通過性の被膜が形成され,この被膜を介してリチウムの溶出,電析が生ずることになり,活性な電析リチウムと溶媒との反応が抑制されるため,充放電サイクル特性を向上することができる。
<非水　電解液　2次　電池,1つ,溶媒,溶質,非水　電解液,特定量,一般,OH,アルコール,添加,充放電　サイクル　特性,向上,メトキシ　エタノール,ジ　エチレン　グリコール　モノ　メチル　エーテル,モル比,リチウム,反応,負荷,表面,リチウム　イオン,選択,通過,被膜,形成,溶出,電析,活性,電析　リチウム,抑制>

<15>

昭58-087777
P出 56-185336
　　S56.11.20
開 58-87777
　　S58.05.25
告 02-26345
　　H02.06.08
登 1612427
　　H03.07.30
H01M 10/40　　A

リチウム二次電池用非水電解液
日本電信電話　（株）
〔目的〕添加剤としてエチレンジアミン及びその誘導体より成る群より選択された一種以上を用いることにより、Li極の充放電特性の良好なリチウム二次電池を得る。
〔構成〕作用極としてPt極を対極としてLiをさらに参照電極としてLiを用いたセルを組み、Pt極上にLiを析出させる事により、Li極の充放電特性を測定した。電解液には、1NLiClO₄/プロピレンカーボネイト（PC）に、3%の体積混合比でエチレンジアミン（EDA）を添加したものを用いた。図から判るように、単独系bに比べてEDAを添加した系aでは、明らかに充放電サイクル特性は向上している。
<リチウム　2次　電池　非水　電解液,添加剤,エチレン　ジ　アミン,誘導体,群,選択,1種,リチウム極,充放電　特性,良好,リチウム　2次　電池,作用極,白金極,対極,リチウム,参照　電極,セル,組み,析出,測定,電解液,1N,LiClO↓4,プロピレン　カーボネート,PC,体積　混合比,EDA,添加,図,単独,充放電　サイクル　特性,向上>

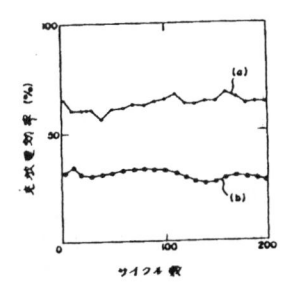

<21>
平04-160766
P出 02-284631
　　H02.10.22
開 04-160766
　　H04.06.04
登 2940706
　　H11.06.18
H01M 10/40　　A

非水電解液二次電池
三洋電機　（株）
〔目的〕非水電解液に共役基を含む置換基を持つトリフラートを添加することにより、充放電サイクル特性の向上を図る。
〔構成〕再充電可能な正極4と、リチウム或いはリチウム合金を活物質とする負極1と、有機溶媒に少なくとも一つの溶質を混合した非水電解液とを備える非水電解液二次電池において非水電解液に共役基を含む置換基を持つトリフラートを添加する。従って負極活物質であるリチウムと共役基を含む置換基を持つトリフラートとが反応してリチウム負極表面に被膜が生成され、活性な電析リチウムと非水電解液を構成する有機溶媒との反応が抑制される。これにより非水電解液の劣化が抑制され、充放電による負極表面における活性リチウムのデンドライト状生長が抑制され、充放電サイクル特性の向上が図れる。
＜非水　電解液　2次　電池,非水　電解液,共役基,置換基,トリフラート,添加,充放電　サイクル　特性,向上,再充電　可能,陽極,リチウム,リチウム　合金,活物質,陰極,有機　溶媒,1つ,溶質,混合,陰極　活物質,反応,リチウム　陰極　表面,被膜,生成,活性,電析リチウム,構成,抑制,劣化,充放電,陰極　表面,デンドライト,生長＞

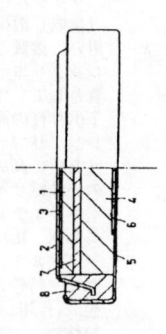

[電解質塩]

1. 技術テーマの構造

（ツリー図）

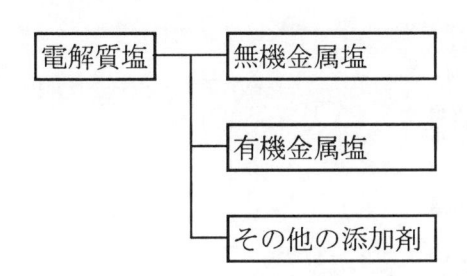

```
電解質塩 ─┬─ 無機金属塩
         ├─ 有機金属塩
         └─ その他の添加剤
```

電解液に用いられる電解質塩としては、過塩素酸塩に代表される無機金属塩類と、アルキル基やアリール基を含む有機金属塩類に大別される。その他、添加剤として主電解質塩以外に微量添加するものがある。無機金属塩類は、リチウム金属一次電池系で用いられているものとほとんど同様で、リチウム塩とするものが主である。有機金属塩類は、硼素やアルミニウムに有機基を配位させたものをアニオンとしたリチウム塩類や、有機アンモニウム塩をカチオン（陽イオン）としたもの等がある。これらは主にサイクル性向上を目的としており、ほとんどが電解液溶媒や正極活物質・負極活物質との組み合わせによって使い分けされている。

2. 各技術事項について

（1）無機金属塩

① 技術事項の特徴点

　リチウム金属一次電池系で用いられているものとほとんど同様なものが二次電池用としても用いられているが、その多くは電解液溶媒との組み合わせや正極活物質・負極活物質との組み合わせによって使い分けされている。過塩素酸リチウム（$LiClO_4$）を用いたもの<1>、<2>、<3>、四フッ化硼素リチウム（$LiBF_4$、ホウフッ化リチウム）を用いたもの<2>、<4>、六フッ化燐酸リチウムを用いたもの<5>、<6>、六フッ化砒素リチウムを用いたもの<7>、<8>、トリフルオロメタンスルホン酸リチウムを用いたもの<5>、<9>、<10>、<11>等があり、またこれらを混合したもの<12>、<13>、<14>等がある。その他、ボラン化合物<15>、アルミニウム・ガリウム・インジウム等を含むもの<16>、<17>、<18>*、ハロゲン化リチウム<19>、多価金属カチオンとハロゲン含有アニオンとの塩<20>*等がある。

参照文献（＊は抄録記載）

<1>特開昭54-108220	<2>特開昭56-7362	<3>特開昭62-108474	<4>特開昭63-148566
<5>特開昭60-109182	<6>特開平2-148663	<7>特開昭63-114075	<8>特開昭63-148568
<9>特開昭63-148565	<10>特開平1-14878	<11>特開平2-86074	<12>特開昭63-148571

<13>特開昭63-148572　　<14>特開平2-44659　　<15>特開昭55-66873　　<16>特開昭49-59934
<17>特開昭57-107576　　<18>*特開昭59-49159　　<19>特開昭61-10882　　<20>*特開平2-177272

参照文献（Japio抄録）

<18>

```
昭59-049159            非水性化学電池
P出 58-145623          デュラセル INTERN INC
   S58.08.09          〔目的〕二酸化硫黄と、二酸化硫黄と錯体を形成しうるアルカリ金
開 59- 49159           属等の塩との溶媒和錯体を用いることにより、高導電性で高電流用
   S59.03.21          途に適し、常温、常圧で液体で、化学的に安定な電解液を得る。
告 04- 35876          〔構成〕電解液として、SO₂とそれに可溶なアルカリもしくはア
   H04.06.12          ルカリ土類金属塩との強固に結合した、低蒸気圧で液状の溶媒和錯
登 1748121            体からなり、塩：SO₂の当量比が1：1ないし1：7の範囲内にある
   H05.03.25          ものを用いている。金属塩としては例えば、LiAlCl₄、Li
H01M  6/14   A       GaCl₄、LiBF₄、LiBCl₄、LiInCl₄、NaAlC
H01M 10/36   A       l₄、NaGaCl₄、NaBCl₄、NaBF₄、NaInCl₄、
H01M 10/40   A       Ca(AlCl₄)₂、Ca(GaCl₄)₂、Ca(BF₄)₂、Ca
H01M  6/14   Z       (BCl₄)₂、Ca(InCl₄)₂、Sr(AlCl₄)₂、Sr(
                     GaCl₄)₂、Sr(BF₄)₂、Sr(BCl₄)₂、Sr(InC
                     l₄)₂、およびこれら混合物等が好適である。
                     <非水性,化学,電池,2 酸化,硫黄,錯体,形成,アルカリ 金属,
                     塩,溶媒和,高導電性,高電流,用途,常温,常圧,液体,化学的,安定,電
                     解液,SO↓2,可溶,アルカリ,アルカリ土類 金属塩,強固,結合,低
                     蒸気圧,液状,当量比,範囲,金属塩,LiAlCl↓4,リチウム,Ga
                     Cl,LiBF↓4,BCl↓4,LiIn,Cl↓4,NaAlCl↓4,
                     ナトリウム,NaBF↓4,NaI,カルシウム,AlCl↓4,BF↓4
                     ,InCl↓4,ストロンチウム,混合物,好適>
```

<20>

```
平02-177272           二次電池
P出 63-329247         リコー：（株）
   S63.12.28         〔目的〕電解液を多価金属カチオンとハロゲンを含有するアニオン
開 02-177272          からなる塩を含み,更に多価金属イオン可溶化剤を含むものとする
   H02.07.10         ことにより,大電流の充放電において高エネルギー密度化,高充放電
登 2703297            効率,長寿命とする。
   H09.10.03         〔構成〕電解液を多価金属カチオンとハロゲンを含有するアニオン
H01M  4/60           からなる塩を含むものとする。多価金属カチオンとしてはAl³⁺,
H01M  4/02   D       Zn²⁺,Sn,Mg²⁺,Ca²⁺,Mn²⁺,Ba²⁺,Pb²⁺,Co²⁺等を用
H01M 10/40   Z       いる。ハロゲンを含有するアニオンとしては,Br⁻,Cl⁻,F⁻な
H01M  4/38   Z       どのハロゲンイオンの他,ClO₄⁻,BF₆⁻,AsF₆⁻,SbF₆⁻,PF₆
H01M  4/02   C       ⁻,AlF₆³⁻,SiF₆²⁻,CF₃SO₃⁻等を用いる。また多価金属カ
H01M 10/40   A       チオンの塩は更にそれを可溶化せしめる可溶化剤と混合せしめる。
                     <2次 電池,電解液,多価 金属 陽イオン,ハロゲン,含有,陰イオ
                     ン,塩,多価 金属 イオン,可溶剤,大電流,充放電,高エネルギー密
                     度,高充放電効率,長寿命,Al↑3↑+,Zn↑2↑+,錫,Mg↑2↑
                     +,Ca↑2↑+,Mn↑2↑+,Ba↑2↑+,Pb↑2↑+,Co↑2↑
                     +,Br↑-,Cl↑-,F↑-,ハロゲン イオン,ClO↓4↑-,
                     BF↓4↑-,AsF↓6,SbF↓6,PF↓6↑-,AlF↓6,SiF
                     ↓6↑2↑-,CF↓3SO↓3,可溶化,混合せ>
```

（2）有機金属塩

① 技術事項の特徴点

　　　硼素やアルミニウムにアルキル基やアニール基を配位させてアニオンとしたもの<1>、<2>*、<3>、また亜鉛・カドミウム・ガリウム・スズ・インジウム等をはじめ、Ⅲa族元素・Ⅴa族元素に有機基を配位させてアニオンとしたもの<4>*、<5>等がある。また、テトラアルキルアンモニウム塩をカチオンとしたもの<6>、<7>*等がある。いずれもそのほとんどが、電解液溶媒との組み合わせによって使い分けされている。

参照文献（＊は抄録記載）

<1>特開昭 54-35329　　<2>*特開昭 54-50927　　<3>特開昭 54-122228　　<4>*特開昭 53-75435

<5>特開昭 61-232573　　<6>特開昭 62-31958　　<7>*特開平 2-177271

参照文献（Japio 抄録）

<2>

昭54-050927
P出 53- 62771
　　 S53.05.24
開 54- 50927
　　 S54.04.21
告 62- 38830
　　 S62.08.19
登　 1432699
　　 S63.03.24
H01M 10/40　　A

アルカリ金属ポリアリール金属化合物電解質を有するアルカリ金属負極／カルコゲニド正極可逆電池
エクソン リサーチ アンド ENG CO
〔目的〕アルカリ金属負極と金属カルコゲニド正極を用いる電池の電解液として，特定のポリアリール金属アルカリ金属塩の有機溶媒溶液を用いることにより，サイクル寿命の長い高エネルギー密度二次電池を得る。
〔構成〕アルカリ金属負極と金属カルコゲニド正極を用いる電池の電解液として，一般式ZMR$_n$（但し，Zはアルカリ金属，MはB，Al，P等の金属，R$_n$は6～50個の炭素原子を有するアリール残基がn個であることを示す）で表わされる電解活性アルカリ金属塩の有機溶媒溶液を使用している。例えばLi負極とTiS$_2$正極と，LiB(C$_6$H$_5$)$_4$をジオキソランとDMEの70：30の混合溶媒に溶解した1.6モル濃度の溶液からなる電解液を用いて電池を作成する。このようにすることにより，電解質と正極活物質との反応によるガスの発生をなくして，充放電サイクル寿命の長い高エネルギー密度二次電池を得ることができる。
＜アルカリ 金属,ポリ,アリール 金属 化合物,電解質,アルカリ 金属 アノード,カルコゲナイド,カソード,可逆,電池,アルカリ 金属 陰極,金属,陽極,電解液,アリール,金属 アルカリ,金属塩,有機 溶媒 溶液,サイクル 寿命,長い,高エネルギー密度 2次 電池,一般,MR,B,アルミニウム,P,炭素 原子,アリール 残基,N個,電解,活性,アルカリ 金属塩,使用,リチウム 陰極,TiS↓2,LiB(C↓6H↓5)↓4,ジ オキソラン,DME,混合 溶媒,溶解,モル 濃度,溶液,作成,陽極 活物質,反応,ガス,発生,充放電 サイクル 寿命＞

<4>

昭53-075435
P出 52-126341
　　 S52.10.20
開 53- 75435
　　 S53.07.04
告 58- 56232
　　 S58.12.14
登　 1221388
　　 S59.07.26
H01M 6/16　　A
H01M 10/40　　A

アルカリ金属塩および有機溶剤を有するアルカリ金属陰極含有電池
エクソン リサーチ アンド ENG CO
〔目的〕特定の有機金属的アルカリ金属塩を，特定の有機溶剤に溶解したものを電解質として使用することにより，高エネルギー密度二次電池の電解質の低抵抗化と，サイクル寿命の延長を図る。
〔構成〕式ZMR$_n$で表わされる有機金属的アルカリ金属塩を，置換または未置換のエーテル，スルホン等の有機溶剤に溶解している。上記式中Zはアルカリ金属，MはZn，Cd，B，Al，Ga，Sn（第1スズ），In，Tl，P，Asのいずれか，Rは炭素数1～8のアルキル基，炭素数6～18のアリール基等，nはMの原子価に1を加えた数とする。例えばLiB(CH$_3$)$_4$をジオキソランに溶解した1～3モル／lの溶液は，陰極にリチウム，陽極に二硫化チタン等の遷移金属カルコゲン化物を使用する高エネルギー密度二次電池の有機電解質として好適である。
＜アルカリ 金属,可逆,電池,電解質 組成物,有機 金属,的,アルカリ 金属塩,有機 溶剤,溶解,電解質,使用,高エネルギー密度 2次 電池,低抵抗化,サイクル 寿命,延長,式,MR,置換,エーテル,スルホン,亜鉛,カドミウム,B,アルミニウム,ガリウム,錫,第1,スズ,インジウム,タリウム,P,砒素,炭素数,アルキル,アリール,原子価,数,LiB(CH↓3)↓4,ジ オキソラン,モル,溶液,陰極,リチウム,陽極,2 硫化 チタン,遷移 金属 カルコゲン化物,有機 電解質,好適＞

<7>

```
平02-177271
P出 63-333778       有機電解質電池
   S63.12.28       鐘紡（株）
開 02-177271       〔目的〕プロピレンカーボネイトとエチレンカーボネイトとを含有
   H02.07.10      する混合有機溶媒に，特定組成のテトラアルキルアンモニウム塩を
登 2601776         溶解した溶液を電解液とすることにより，パッケージをコンパクト
   H09.01.29      とし，高容量で，内部抵抗が小さく，かつ長寿命とする。
   H01M 10/40  A  〔構成〕プロピレンカーボネイトとエチレンカーボネイトとを含有
                  する混合有機溶媒に，式Ⅰで示されるテトラアルキルアンモニウム
                  塩を溶解した溶液を電解液とする。電解液は，前記混合有機溶媒に
                  テトラアルキルアンモニウム塩を少なくとも0.7mol／l以上の
                  濃度で調製する。またプロピレンカーボネイトとエチレンカーボネ
                  イトの混合溶媒の混合比は，重量比で，プロピレンカーボネイト：エ
                  チレンカーボネイト＝5：15～18：2とする。
                  <有機　電解質　電池,プロピレン　カーボネート,エチレン　カー
                  ボネート,含有,混合　有機　溶媒,特定　組成,テトラ　アルキル
                  アンモニウム塩,溶解,溶液,電解液,パッケージ,コンパクト,高容量
                  ,内部　抵抗,長寿命,式,Ⅰ,濃度,調製,混合　溶媒,混合比,重量比
                  >
```

$$\left[\begin{array}{c}R_1\\R_2-N-R_4\\R_3\end{array}\right]^{\oplus} BF_4^{\ominus}$$

（ただし，式中 R_1, R_2, R_3 及び R_4 はアルキル基を表わし，これらは同一であっても異なっていてもよい。）

（3）その他の添加剤

① 技術事項の特徴点

　　サイクル性の向上を目的として、主電解質塩以外に微量添加しているものがある。リチウム塩としてはトリフルオロメタンスルホン酸リチウム<1>、有機リチウム化合物<2>*、炭酸リチウム<3>、硝酸リチウム<4>等、リチウム以外のアルカリまたはアルカリ土類金属の塩としたもの<5>、鉄やガリウムの塩としたもの<6>*等がある。また、ホスニウム塩<7>やスルホニウム塩<8>等もあり、アンモニウムイオンを含有した高分子化合物<9>、イミン染料<10>*等もある。さらに、無水酢酸等の無水酸類<11>もある。

参照文献（＊は抄録記載）

<1>特開平 1-72470	<2>*特開平 1-286262	<3>特開平 1-286263	<4>特開平 3-8270
<5>特開昭 54-110430	<6>*特開平 3-289065	<7>特開昭 63-121268	<8>特開昭 63-121269
<9>特開平 1-30179	<10>*特開昭 59-68184	<11>特開平 4-355065	

参照文献（Japio抄録）

<2>

```
平01-286262
P出 63-116410      リチウム二次電池用電解液
   S63.05.13      日本電信電話（株）
開 01-286262       〔目的〕有機リチウム化合物を電解液に添加することで，電解液中
   H01.11.17      の酸化不純物を除去して，リチウム二次電池の充放電効率を向上さ
登 2654552         せる。
   H09.05.30      〔構成〕R-Li_xで示される有機Li化合物（Rはアルキル,アリ
   H01M 10/40  A  ル,アリール,ベンジル,ベンゾイル基,x>1)を，Li塩を有機溶媒
                  に溶解させた電解液に添加する。これらの基Rをもつ有機Li化合
                  物は,酸性不純物と反応すると共に,Liとは余り反応せず且つLi
                  二次電池に使用される溶媒には溶解する。また正極活物質と反応し
                  て劣化させることもない。添加量は電解液の作製条件や材料の純度
                  で左右され,酸性不純物の2倍当量以下がよい。
                  <リチウム　電池　電解液,有機　リチウム　化合物,電解液,添加,
                  酸化　不純物,除去,リチウム　2次　電池,充放電　効率,向上,R,
                  L,アルキル,アリル,アリール,ベンジル,ベンゾイル基,リチウム塩,
                  有機　溶媒,溶解,酸性　不純物,反応,リチウム,余り,使用,溶媒,陽
                  極　活物質,劣化,添加量,作製,条件,材料,純度,左右,2倍,当量>
```

<6>

平03-289065
P出 02- 89745　　リチウム二次電池用非水電解液
　　H02.04.04　　古河電池　（株）
開 03-289065　　〔目的〕非水電解液に鉄塩あるいはガリウム塩を添加させることに
　　H03.12.19　　より、充放電サイクル特性を向上させ、長寿命のリチウム二次電池
登　2945944　　を実現する。
　　H11.07.02　　〔構成〕非水電解液中に鉄塩あるいはガリウム塩のうち少なくとも
H01M 10/40　A　1種の金属塩を100ppm以下の濃度で添加させる。これにより添加
　　　　　　　　金属が析出することにより活性度が異常に高い部分をなくすことが
　　　　　　　　可能となり、負極表面全体で均一な電析が進行し、リチウムと添加
　　　　　　　　金属との極めて薄い合金相が形成されリチウムと非水電解液との反
　　　　　　　　応を抑制でき、非水電解液及び負極の劣化を防止し充放電サイクル
　　　　　　　　特性を向上させて電池を長寿命にする。
　　　　　　　　＜リチウム，2次　電池，非水　電解液,非水　電解液,鉄塩,ガリウ
　　　　　　　　ム塩,添加,充放電　サイクル　特性,向上,長寿命,リチウム　2次
　　　　　　　　電池,実現,1種,金属塩,ppm,濃度,添加　金属,析出,活性度,異常
　　　　　　　　,高さ,部分,陰極　表面,全体,均一,電析,進行,リチウム,薄い,合金
　　　　　　　　相,形成,反応,抑制,陰極,劣化,防止,電池＞

<10>

昭59-068184
P出 57-179283　　リチウム電池用電解液
　　S57.10.13　　日本電信電話　（株）
開 59- 68184　　〔目的〕リチウム塩を有機溶媒に溶解した電解液に,キノンイミン
　　S59.04.18　　染料を添加することにより,Li極の充放電特性を向上させる。
告 62- 50949　　〔構成〕基本的に式に示す如き構造を有するキノンイミン染料を,
　　S62.10.27　　電解液に添加している。これによりLi表面に固体電解質膜を形成
登　1442447　　して,電解液構成物質とLiとの間の自己放電的反応やLiの析出
　　S63.06.08　　形態を変化させ,充放電効率の向上を図っている。キノンイミン染
H01M 10/40　A　料として,ユーロジン,ユーロドール,ロジンジユリン等が使用され,
　　　　　　　　10^{-5}～10^{-1}mol／1の割合で添加するのが好ましい。
　　　　　　　　＜リチウム　電池　電解液,リチウム塩,有機　溶媒,溶解,電解液,
　　　　　　　　キノン　イミン　染料,添加,リチウム極,充放電　特性,向上,基本
　　　　　　　　的,式,構造,リチウム,表面,固体　電解質膜,形成,構成　物質,自己
　　　　　　　　　放電,的,反応,析出,変化,充放電　効率,ユーロジン,ユーロドー
　　　　　　　　ル,ロジン,ジ,ユリ,使用,割合＞

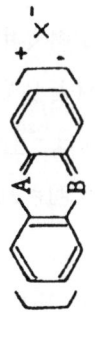

［その他の要素材料／要素構造・製造方法］

1．技術テーマの構造

（ツリー図）

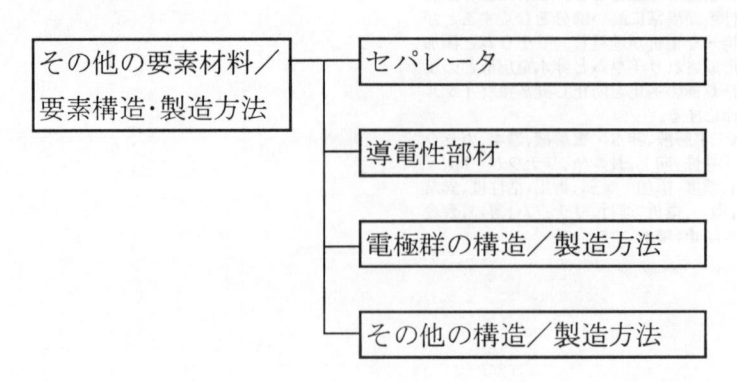

```
その他の要素材料／ ── セパレータ
要素構造・製造方法   ├─ 導電性部材
                    ├─ 電極群の構造／製造方法
                    └─ その他の構造／製造方法
```

電極以外の要素材料としては、主としてセパレータと他の導電部材とに大別される。セパレータは多孔性樹脂フイルムが多く用いられており、サイクル性および安全性を加味して選択・改良がなされている。その他の導電部材としては、電極集電体や電極端子を兼ねる部材等がある。

構造・製造方法は、主に正／負極およびセパレータの電極群構成に関するものと、その他の電池構成に関するものとに大別される。電極群構成に関しては巻回式電極群に関するものが主である。

2．各技術事項について

（1）セパレータ

① 技術事項の特徴点

ポリプロピレンやポリエチレンの多孔性樹脂フイルムが多く用いられており、孔径や開口率を規定したもの<1>、<2>*、セパレータ原材料高分子化合物の分子量を規定したもの<3>、電解液分解による自己放電を抑制する目的であらかじめアルカリ処理したもの<4>*等がある。また、電極表面にポリマーを塗布して乾燥させこれをセパレータとして機能させたもの<5>*、<6>や、電極表面に珪酸塩ガラスフイルムを形成したもの<7>等がある。

参照文献（＊は抄録記載）
<1>特開昭63-126159　　<2>*特開平4-308654　　<3>特開平3-105851　　<4>*特開平4-169077
<5>*特開昭61-281474　　<6>特開昭63-126177　　<7>特開平7-501649

参照文献（Japio抄録）

<2>

平04-308654
P出 03-101760
　　H03.04.08
開 04-308654
　　H04.10.30
登 2574952
　　H08.10.24
H01M 2/16　G
H01M 2/18　Z
H01M 10/40　Z

非水電解液二次電池
富士電気化学　（株）
〔目的〕（J）セパレータの開孔率及び孔径を特定の値以下とすることにより、正、負極のデンドライトによる短絡を抑制する。£自己放電、電子腕時計、メモリバックアップ用電源、リチウム－アルミニウム合金、内部短絡
〔構成〕負極に総リチウム、正極に三酸化モリブデンを用い、セパレータには厚さ25μmのポリプロピレン製フィルムを用いる。このときセパレータの開孔率が50以下であって、かつ孔径0.3μm以下にとる。さらにセパレータの中央部の開孔率及び孔径を周囲よりも高く設定し、中央部の開孔率が60％以下で、かつ孔径が0.5μm以下となるようにする。
＜ポリプロピレン＞
＜非水 電解液 2次 電池,分離器,開孔率,孔径,値以下,正,陰極,デンドライト,短絡,抑制,自己 放電,電子 腕時計,記憶 バックアップ 電源,リチウム,アルミニウム 合金,内部 短絡,陽極,3 酸化 モリブデン,厚さ,ポリ プロピレン フィルム,中央部,周囲,設定＞

<4>

平04-169077
P出 02-295803
　　H02.10.31
開 04-169077
　　H04.06.17
登 2822659
　　H10.09.04
H01M 2/16　P
H01M 10/40　Z

非水電解液二次電池
松下電器産業　（株）
〔目的〕リチウム、リチウム合金またはリチウム化合物を負極、複合酸化物を活物質とする正極、リチウム塩を含む非水電解液及びセパレータを有し、セパレータとして予めアルカリ水溶液に浸漬し、乾燥したものを用いることにより、自己放電特性の向上を図る。
〔構成〕正極1、ケース2、セパレータ3、負極4、封口板5、ガスケット6より構成される。そしてリチウム、リチウム合金またはリチウム化合物を負極4、$LiMn_{2-x}Me_xO_4$（Me:Co,Cr,Ni,Ta,Znの中の少なくとも一種）で表わされる複合酸化物を活物質とする正極1リチウム塩を含む非水電解液及びセパレータ3を有し、セパレータ3として予めアルカリ水溶液に浸漬し、乾燥したものを用いる。このようにセパレータ3をアルカリ処理することによって有機電解液の分解の抑制や分解生成物との反応などに作用する。これにより自己放電特性の向上が図れる。
＜非水 電解液 2次 電池,リチウム,リチウム 合金,リチウム 化合物,陰極,複合 酸化物,活物質,陽極,リチウム塩,非水 電解液,分離器,アルカリ 水溶液,浸漬,乾燥,自己 放電 特性,向上,ケース,封口板,ガスケット,構成,リチウム マンガン,Me,O↓4,コバルト,クロム,ニッケル,タンタル,亜鉛,1種,アルカリ 処理,有機 電解液,分解,抑制,分解 生成物,反応,作用＞

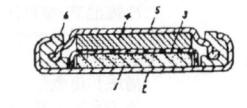

<5>

昭61-281474
P出 60-121172
　　S60.06.04
開 61-281474
　　S61.12.11
告 06-5632
　　H06.01.19
登 1883446
　　H06.11.10
H01M 10/40　Z
H01M 4/02　D
H01M 10/40

非水電解液二次電池
三洋電機　（株）
〔目的〕リチウムを活物質とし、電解液に特定の混合比の難溶なポリマーと易溶なポリマーの混合層を表面に形設せる負極を用いることにより、電池のサイクル特性の向上を図る。
〔構成〕リチウムを活物質とし、電解液に難溶なポリマーと易溶なポリマーとの混合比が2:1～1:3の範囲である混合物層2を表面に形設せる負極1を用いる。また難溶なポリマーとしてはポリエチレン、ポリプロピレンなど、易溶なポリマーとしてはポリエチレンオキサイドを使用する。これにより混合物層2のうち、易溶なポリマーのみが電解液中に溶出することになる。そのためリチウム負極表面には微細な孔を有し、且つリチウム負極との密着性に優れた難溶なポリマー層が残在し、これがセパレータ部材として作用する。従って電池のサイクル特性を向上できる。
＜ポリエチレン,ポリプロピレン,ポリエチレンオキサイド＞
＜非水 電解液 2次 電池,リチウム,活物質,電解液,混合比,難溶,重合体,易溶性,混合層,表面,形設,陰極,電池,サイクル 特性,向上,範囲,混合物層,ポリ エチレン,ポリ プロピレン,ポリ エチレン オキシド,使用,溶出,リチウム 陰極 表面,微細,孔,リチウム 陰極,密着性,重合体層,残在,分離器 部材,作用＞

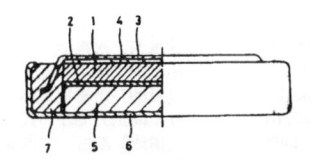

（2）導電性部材
① 技術事項の特徴点

電極集電体としてネット（金属網）・エキスパンドメタル・箔等が用いられており、開口率を規定したもの<1>*、箔の厚みを規定したもの<2>*、<3>等があり、また電極端子を兼ねる電池缶との接続部のみを非多孔性としたもの<4>等がある。電極と電池缶との導電性を改良する目的で、導電性層を設けたもの<5>、<6>等、また導電部材の耐食性をあげてサイクル性を向上する目的で、アルミニウムの他に珪素やチタンを含有したステンレス鋼を正極部材に用いたもの<7>*、<8>、負極導電部材にモリブデンおよびクロム含有材料を用いたもの<9>*等がある。

参照文献（＊は抄録記載）

<1>*特開昭63-121263   <2>*特開昭60-253157   <3>特開平1-279570   <4>特開平3-133062
<5>特開昭63-121265   <6>特開平1-76668   <7>*特開昭62-246263   <8>特開昭62-262368
<9>*特開平2-174078

参照文献（Japio 抄録）

<1>

昭63-121263
P出 61-266305　　二次電池
　　S61.11.08　　旭化成工業　（株）
開 63-121263　　〔目的〕正,負極活物質,集電体,セパレーター,非水電解液からなる
　　S63.05.25　　二次電池で,集電体が特定穴径の連通した穴を有し,特定の開口率と
告 07- 70327　　厚さの金属集電体とすることにより,サイクル性,自己放電特性の向
　　H07.07.31　　上を図る。
登 2059935　　〔構成〕集電体として鋼,アルミニウム,チタン,ステンレス,ニツケ
　　H08.06.10　　ル等の金属の箔,ネット,エキスパンドメタルあるいはパンチングメ
H01M 4/64　A　　タルなどから成り,平均穴径が5mm以下の連通した穴を有し,開口
H01M 4/66　A　　率が5％以上で,厚さが500μm以下の金属集電体3,3'を用いると,
H01M 4/74　C　　剥離に伴う電極性能の低下が改善される。なお平均穴径とは,1cm²
H01M 10/40　Z　　当りにある穴の最大径の相加平均を最小径の相加平均でわった値を
　　　　　　　　言い,開口率とは1cm²当りの穴の断面積の総和に100％をかけた値
　　　　　　　　を言う。これによりサイクル特性,自己放電特性が向上する。
　　　　　　　　＜新規,非水　電池,正,陰極　活物質,集電体,分離器,非水　電解液
　　　　　　　　,2次　電池,特定,孔径,連通,孔,開口率,厚さ,金属　集電体,サイク
　　　　　　　　ル性,自己　放電　特性,向上,アルミニウム,チタン,ステンレス
　　　　　　　　ニツケル,金属,箔,ネット,エキスパンド　金属,パンチング　金属
　　　　　　　　,平均　孔径,剥離,電極　性能,低下,改善,当り,最大径,相加　平均
　　　　　　　　,最小径,値,断面積,総和,サイクル　特性＞

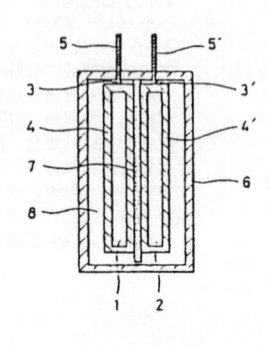

<2>

昭60-253157
P出 59-106556　　非水系二次電池
　　S59.05.28　　旭化成工業　（株）
開 60-253157　　〔目的〕正極集電体として極薄のアルミニウム箔を用いることによ
　　S60.12.13　　り、高出力でかつ高エネルギー密度の二次電池を提供する。
告 04- 52592　　〔構成〕厚さ1～100μmのアルミニウム箔を正極1の集電体として
　　H04.08.24　　用いることによって、非水系電池の出力特性を改善し、高出力かつ
登 2128922　　高エネルギー密度の非水系二次電池とすることができる。エネルギ
　　H09.05.02　　ー密度を高くするために開放端子電圧は3V以上であることが望ま
H01M 4/66　A　　しい。しかし、開放端子電圧が5Vより高くなると非水系の電解
H01M 4/02　C　　液と言えども、その中には分解を始めるものもあるので、開放端子
H01M 4/02　　　電圧は5V以下にとどめておくのが良い。
H01M 4/66　　　＜非水系　2次　電池,陽極　集電体,極薄,アルミ箔,高出力,高エネ
H01M 10/40　Z　　ルギー密度,2次　電池,提供,厚さ,陽極,集電体,非水系　電池,出力
　　　　　　　　特性,改善,エネルギー　密度,開放　端子,電圧,V,非水系,電解
　　　　　　　　液,分解＞

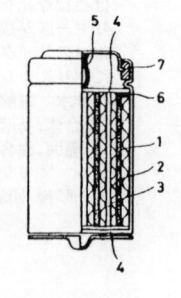

<7>

昭62-246263
P出 61-88906　非水電解液電池
　S61.04.17　三洋電機　（株）
開 62-246263　〔目的〕正極活物質と直接或いは間接的に接する正極構成部材を，
　S62.10.27　特定量のアルミニウムと珪素を含有させたフエライト系ステンレス
告 06-24118　鋼で形成することにより，耐蝕性を向上して高温保存特性を良くす
　H06.03.30　る。
登 1897158　〔構成〕正極4の金属の酸化物，硫化物，ハロゲン化物などの活物質
　H07.01.23　と直接或いは間接的に接する構成部材である正極缶5や正極集電体6
H01M 4/02　を，アルミニウムを0.5～10.0重量％，珪素を1.2～5.0重量％含
H01M 4/06　有するフエライト系ステンレス鋼を用いて形成する。そしてリチウ
H01M 4/64　ム，ナトリウムなどの軽金属を活物質とする負極1，非水電解液，セパ
H01M 4/66　レータ7等と組合せ，非水電解液電池を構成する。したがってアルミ
H01M 4/02 C　ニウムによって電位的に電解現象を抑制し，また珪素によって粒界
H01M 4/06 K　腐蝕感受性を低下させて耐蝕性を向上し，高温保存特性，サイクル特
H01M 4/64 B　性の向上を図ることができる。
H01M 4/66 A　＜非水　電解液　電池,陽極　活物質,直接,間接,陽極,構成　部材,
H01M 10/40 Z　特定量,アルミニウム,珪素,含有,フエライト　ステンレス　鋼,形成,
　　　　　　　耐食性,向上,高温　保存　特性,金属,酸化物,硫化物,ハロゲン化物
　　　　　　　,活物質,陽極缶,陽極　集電体,重量％　含有,リチウム,ナトリウム
　　　　　　　,軽金属,陰極,非水　電解液,分離器,組合せ,構成,電位,電解　現象
　　　　　　　,抑制,粒界　腐食　感受性,低下,サイクル　特性＞

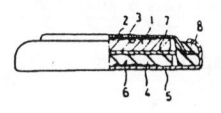

<9>

平02-174078
P出 63-332862　有機電解液二次電池
　S63.12.27　松下電器産業　（株）
開 02-174078　〔目的〕電池の封口板としてモリブデンとクロムとをそれぞれ特定
　H02.07.05　量含有したステンレス鋼を用いることにより，高温中での長期過放
登 2763561　電による電池特性の劣化を防止する。
　H10.03.27　〔構成〕正極端子を兼ねるケース1は耐食性の優れたステンレス鋼
H01M 4/48　からなり，負極端子を兼ねる封口板2はその材料としてモリブデン
H01M 2/04 J　を1～3重量％，クロムを15～18重量％含むステンレス鋼を用いる。
H01M 10/40 Z　またリチウムイオンと層間化合物を形成する金属酸化物からなる正
　　　　　　　極活物質及び負極活物質と，有機電解液とを有する。これにより長
　　　　　　　期過放電を行っても，封口板2の腐食による電池の劣化を抑制する
　　　　　　　ことができる。
　　　　　　　＜有機　電解液　2次　電池,電池,封口板,モリブデン,クロム,特定
　　　　　　　量　含有,ステンレス鋼,高温,長期,過放電,電池　特性,劣化,防止,
　　　　　　　陽極　端子,ケース,陰極　端子,材料,リチウム　イオン,層
　　　　　　　間　化合物,形成,金属　酸化物,陽極　活物質,陰極　活物質,有機
　　　　　　　電解液,腐食,抑制＞

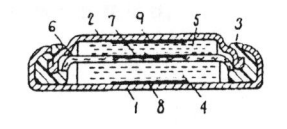

（3）電極群の構造／製造方法

① 技術事項の特徴点

　正極と負極の放電容量バランスを規制したものとして<1>、<2>等があり、巻回式電極群構成として、電極の幅や面積のバランスを規制したもの<3>、<4>、電極群最外周部に活物質を有しない構成のもの<5>*、正極縁部を中央部分より肉薄化したもの<6>*、負極の集電用リード位置を規制したもの<7>等がある。また、電極巻回方法として、負極を袋状にしたセパレータの中に入れて行うもの<8>*や、多孔性フイルムの孔長軸方向を巻回方向と同じ方向に配置したもの<9>*、<10>、<11>等がある。一方、巻回された電極群として、巻回電極群の外径と内径との関係を規制したもの<12>や、巻回電極群の上下に突出しているセパレータ端面部分を熱風加熱して巻芯方向へ折り曲げたもの<13>*等がある。また、巻回電極群の巻芯部に棒状の絶縁体を挿着したもの<14>*や、巻回電極群をフイルムに挿入してこれを電池缶内に収容したもの<15>、絶縁層を内面に形成した電池缶内に巻回電極群を収容したもの<16>等がある。負極の縁部に生成され易い樹枝状金属リチウムの脱落等による内部短絡やサイクル性の低下を防止する等、安全性およびサイクル性を目的にしたものがほとんどである。

参照文献（＊は抄録記載）

<1>特開昭 55-62671　　<2>特開昭 57-103274　　<3>特開平 1-128370　　<4>特開平 1-128371

<5>*特開平 2-51875　　<6>*特開平 3-145070　　<7>実開平 3-124470　　<8>*特開平 3-156861

<9>*特開昭 60-41772　　<10>特開平 8-45546　　<11>特開平 8-45547　　<12>実開平 2-79566

<13>*特開平 1-307176　　<14>*特開平 1-175176　　<15>特開平 2-195661　　<16>特開平 2-295071

参照文献（Japio 抄録）

<5>

平02-051875
P出 63-201103　　　　非水電解液二次電池
　　S63.08.12　　　　ソニー　（株）
開 02-51875　　〔目的〕第2の帯状電極の最外周の巻回部分の更に外周に配置さ
　　H02.02.21　　れた第1の帯状電極の最外周の巻回部分がその外周側において活物質
登 2770334　　を実質的に有しないようにすることにより、寿命が長くて容量を大
　　H10.04.17　　きくできるようにする。
H01M 2/26　A　〔構成〕第1の帯状電極を帯状の集電体14とこの集電体の内周面及
H01M 10/40　Z　び外周面にそれぞれ設けられた第1及び第2の活物質層15a,15bと
から構成する。このため活物質層のみから構成する場合に較べて、
第1の帯状電極の強度を著しく大きくすることができる。また第2の
帯状電極の最外周の巻回部分の更に外周に配置された第1の帯状電
極の最外周の巻回部分16がその外周側において活物質を実質的に
具備しないように構成している。即ち第2の帯状電極と対向すること
のないその最外周の巻回部分の外周側には必要のない無駄な活物質
が存在しないため、電池内の有効体積が増大する。これにより電池
容量を大きくでき、電池の寿命を長くすることができる。
＜非水 電解液 2次 電池,第2,帯状 電極,最外周,巻回 部分,
外周,配置,第1,外周側,活物質,実質的,寿命,長い,容量,大きさ,帯
状,集電体,内周面,外周面,活物質層,5a,5b,構成,強度,対向,無駄
,存在,電池,有効 体積,増大,電池 容量＞

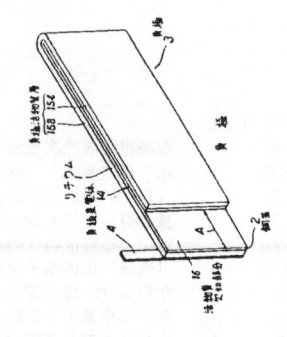

<6>

平03-145070
P出 01-279985　　　　非水電解液二次電池
　　H01.10.30　　　　富士電気化学　（株）
開 03-145070　　〔目的〕正極とリチウム負極の縁端部をほぼ一定の寸法に揃えると
　　H03.06.20　　ともに、リチウム負極に向き合う正極の端部の肉厚を他の部位より
登 2801934　　も薄く形成することにより、デンドライトの発生を防止する。
　　H10.07.10　〔構成〕正極10、リチウム負極12、セパレータ14、絶縁板16、ケー
H01M 10/40　Z　ス18、封口ガスケット20、端子板22で構成される。そして正極10と
H01M 4/02　C　リチウム負極12の縁部をほぼ同一の寸法に揃えるとともに、リチ
ウム負極12に向き合う正極10の端部の肉厚を他の部位よりも薄く形成
する。従って縁部における正負極10,12間の距離が拡がり、この部
分は充電時における反応が制限される。このように極間距離が大き
くなり、デンドライトの発生を抑制することができる。
＜非水 電解液 2次 電池,陽極,リチウム 陰極,縁端,一定,寸法
,向合い,端部,肉厚,部位,薄さ,形成,デンドライト,発生,防止,分離
器,絶縁板,ケース,封口 ガスケット,端子板,構成,縁部,同一,陰陽
極,2間,距離,広がり,部分,充電,反応,制限,極間 距離,抑制＞

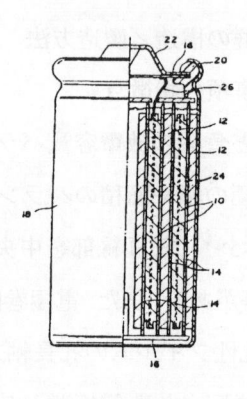

<8>

平03-156861
P出 01-296525　　非水電解液二次電池
　　H01.11.15　　松下電器産業　（株）
　開 03-156861　　〔目的〕渦巻状の電極体の巻芯部に相当する部分を熱溶着させて袋
　　H03.07.04　　状としたセパレータを用いることにより，内部短絡を防止し安全性
　登 2803246　　の向上を図る。
　　H10.07.17　　〔構成〕電極体は，正極板1および負極板2を両極板より広いセパレ
　H01M 10/04　W　ータ3を相互間に介在させて渦巻状に巻回された構造となっている
　H01M 10/40　Z　。セパレータ3は，帯状に裁断して2つ折りにし，その間に負極板2を
　H01M 2/18　Z　挿入するとともに，電極体の巻芯部に相当する部分を熱溶着させて
　　　　　　　　袋状としている。こうした構成とすることにより，充放電を繰り返
　　　　　　　　しても電極体の巻芯部において負極板から脱離した針状あるいは粒
　　　　　　　　状リチウムは，浮遊せず，内部短絡が抑制される。
　　　　　　　　＜非水　電解液　2次　電池，渦巻状，電極，巻芯，相当，部分，熱溶着，
　　　　　　　　袋状，分離器，内部　短絡，防止，安全性，向上，陽極板，陰極板，両極板
　　　　　　　　，相互，介在，巻回，構造，帯状，裁断，2つ折，挿入，構成，充放電，繰返し
　　　　　　　　，脱離，針状，粒状，リチウム，浮遊，抑制＞

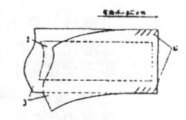

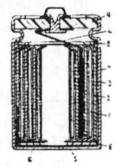

<9>

昭60-041772
P出 58-150867　　渦巻電極の製造方法
　　S58.08.17　　日立マクセル　（株）
　開 60- 41772　　〔目的〕微孔性樹脂フィルムをその微細孔の長軸方向が渦巻状に巻
　　S60.03.05　　くときの巻き方向と同じ方向になるように配置して渦巻電極を作製
　告 06- 73305　　することにより，内部短絡を防止し，セパレータ効果を向上させる
　　H06.09.14　　。
　登 2130874　　〔構成〕微孔性ポリプロピレンフイルム1とポリプロピレン不織布
　　H09.07.18　　とを重ね合わせてセパレータ2にし，これを長方形の袋状に形成す
　H01M 10/04　W　る。その際，微孔性ポリプロピレンフイルム1を外側にし，かつそ
　H01M 10/36　Z　の微細孔1aの長軸方向が袋状セパレータ2の長さ方向と同一方向に
　H01M 10/04　　　なるように配置する。そして例えば，この袋状セパレータ2内に，
　H01M 10/36　　　二硫化チタンを正極活物質とし，ステンレス鋼製の集電網4に保持
　　　　　　　　させた正極板3を入れ，一方，リチウムをステンレス鋼製の集電網
　　　　　　　　に圧着して負極板5を形成し，これをセパレータ2で包被した正極板
　　　　　　　　3と重ね合わせ，蓋7付きの集電パイプ6を芯にして渦巻状に巻いて
　　　　　　　　渦巻電極を形成する。
　　　　　　　　＜ポリプロピレン＞
　　　　　　　　＜渦巻　電極，製造　方法，微孔性　樹脂　フィルム，微細孔，長軸
　　　　　　　　方向，渦巻状，巻方向，方向，配置，作製，内部　短絡，防止，分離器　効
　　　　　　　　果，向上，微孔性　ポリ　プロピレン　フイルム，ポリ　プロピレン
　　　　　　　　　不織布，重ね合せ，分離器，長方形，袋状，形成，外側，1a，袋状　分
　　　　　　　　離器，長さ　方向，同一　方向，2　硫化　チタン，陽極　活物質，ステ
　　　　　　　　ンレス鋼，集電網，保持，陰極板，一方，リチウム，圧着，陰極板，包被，
　　　　　　　　蓋，集電，パイプ，芯＞

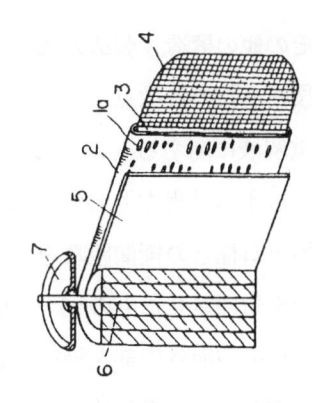

<13>

平01-307176
P出 63-136383　　円筒形リチウム二次電池
　　S63.06.02　　松下電器産業　（株）
　開 01-307176　　〔目的〕電極体の上下部に突出しているセパレータの各端面を熱風
　　H01.12.12　　加熱によって巻芯方向に折曲げて正，負極板を包被することにより
　登 2671387　　，負極リチウムのデンドライトの発生に伴う内部短絡の抑制及び充
　　H09.07.11　　放電特性の低下を防止する。
　H01M 10/40　Z　〔構成〕三次元的空孔構造を有する微孔性フィルムからなるセパレ
　H01M 2/16　P　ータ3を用いて電極体を構成し，さらに電極体の上下からはみ出て
　　　　　　　　いるセパレータ3を熱風加熱によって巻芯方向に折曲して正，負，両
　　　　　　　　極板1,2を被覆する。これにより電解液の浸透が均一で保液性に優
　　　　　　　　れていることから充放電特性のバラツキが低減でき，しかもデンド
　　　　　　　　ライトが成長した場合にも空孔貫通による内部短絡が防止できる。
　　　　　　　　＜円筒状，リチウム　2次　電池，電極，上下部，突出，分離器，各　端
　　　　　　　　面，熱風　加熱，巻芯，方向，折曲げ，正，陰極板，包被，陰極　リチウム
　　　　　　　　，デンドライト，発生，内部　短絡，抑制，充放電　特性，低下，防止，3
　　　　　　　　次元，空孔，構造，微孔性　フィルム，構成，上下，はみ出し，負，両極板
　　　　　　　　，被覆，電解液，浸透，均一，保液性，ばらつき，低減，成長，貫通＞

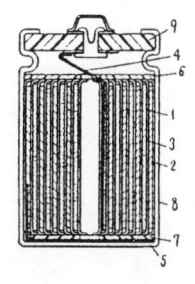

<14>
平01-175176
P出 62-332934
　　 S62.12.28
開 01-175176
　　 H01.07.11
登 2699364
　　 H09.09.26
H01M 10/40　Z
H01M 4/58

非水電解液二次電池
ソニー　（株）

〔目的〕収納缶内にLiを主体とする負極と正極とがセパレータを介して渦巻き状に積層巻回されてなる巻回体と，その巻芯に設けられた棒状の絶縁体とを収納することにより，電池の長寿命化を図る。

〔構成〕非水電解液二次電池を作製するには先ず正極性物質として二酸化Mn86.9gに18.5gの炭酸Liを混合し，この混合物をアルミナボード上で450℃で焼成しLiMn₂O₄を合成する。この79.8重量部に導電剤としてグラファイト15重量部，結合剤としてポリフツカビニリデン5.2重量部，分散剤としてN－メチル－2－ピロリドンを湿式混合してペーストを作る。このペーストをAl集電体両面に均一に塗布し乾燥して一端にAlのリードを溶着して正極板2を作り，Li箔に負極リードを圧着して負極板3を作る。両板2,3をポリプロピレン製のセパレータ4を介して巻取り巻回体5を作り外装缶1に入れ棒状絶縁体6を巻回体5の中心に挿着してガスケット10を介してNiメツキした蓋体8をかしめて封入する。
＜ポリプロピレン＞
＜非水　電解液　2次　電池,収納缶,リチウム,主体,陰極,陽極,分離器,渦巻,積層　巻回,巻回体,巻芯,棒状,絶縁体,収納,電池,長寿命化,作製,陽極性,物質,2　酸化,マンガン,炭酸,混合,混合物,アルミナ,板,焼成,LiMn↓2O↓4,合成,重量,導電剤,黒鉛,結合剤,ポリ,フツカ,ビニリデン,2　重量,分散剤,N,メチル,ピロリドン,湿式　混合,ペースト,アルミニウム,集電体,両面,均一,塗布,乾燥,一端,リード,溶着,陽極板,リチウム箔,圧着,陰極板,両板,ポリ　プロピレン,巻取,外装缶,棒状　絶縁体,中心,挿着,ガスケット,ニツケル　メツキ,蓋体,かしめ,封入＞

（4）その他の構造／製造方法

① 技術事項の特徴点

　電解液に関するものとして、電解液中の水分量や不純物量を規制したもの<1>、<2>、<3>*や、電池の放電容量当たりの電解液量を規制したもの<4>等がある。また、扁平形や扁平形電池において、正極と負極との極間距離を中央部に比べて周辺部の方を大きくしたもの<5>、正極の外周側面側まで負極を対向させたもの<6>*、セパレータの配置方法を規定したもの<7>、<8>*、負極端子の負極当設部以外の内面外周部を絶縁被膜で被覆したもの<9>等がある。さらに、電池外部に変形可能な金属性袋を有しこれに電解液を充填して電解液を自由に補給できるようにしたもの<10>*がある。いずれもサイクル性を目的としたものである。

参照文献（＊は抄録記載）

<1>特開昭62-105375　　　<2>特開昭62-219477　　　<3>*特開昭62-222575　　　<4>特開平2-148576
<5>特開平2-273471　　　<6>*実開平2-25164　　　<7>実開平5-1162　　　<8>*特開平10-50349
<9>実開平3-37756　　　<10>*特開平2-139850

参照文献（Japio 抄録）

＜3＞

```
昭62-222575
P出 61- 64959            リチウム二次電池
   S61.03.25             日本電信電話　（株）
開 62-222575             〔目的〕電解液として特定な混合溶媒を用いるとともに、水および
   S62.09.30             水以外の不純物量を特定とすることにより、導電率と充放電効率の
告 08- 31338             向上を図り、広い温度範囲で使用可能とする。
   H08.03.27             〔構成〕負極活物質が、リチウムあるいはリチウムイオンを放電可
登 2130943               能にするリチウム合金であり、正極活物質がリチウムイオンと電気
   H09.07.18             化学的に可逆反応を行う物質であり、電解液がリチウム塩を有機溶
H01M 10/40  A            媒に溶解させたものである。電解液の有機溶媒としては、エチレン
H01M 10/40  Z            カーボネートと＞C＝0および／または＞S＝0の極性二重結合を有
                         する化合物の群より選択された一種以上との体積混合比が40〜90％
                         の混合溶媒を用いる。また電解液の含水量は、150ｐｐｍ以下であ
                         り、水以外の不純物含有量は1000ｐｐｍ以下である。これにより充
                         放電容量を大きくするとともに、サイクル寿命の向上を図り、高エ
                         ネルギ密度化を図つている。
                         ＜リチウム　2次　電池,電解液,特定,混合　溶媒,水,不純物量,導
                         電率,充放電　効率,向上,温度　範囲,使用　可能,陰極　活物質,リ
                         チウム,リチウム　イオン,放電　可能,リチウム　合金,陽極　活物
                         質,電気　化学的,可逆　反応,物質,リチウム塩,有機　溶媒,溶解,
                         エチレン　カーボネート,C,S,極性　2重　結合,化合物,群,選択,
                         1種,体積　混合比,含水量,ｐｐｍ,不純物　含有量,充放電　容量,
                         大きさ,サイクル　寿命,高エネルギー密度＞
```

＜6＞

```
平02-025164
U出 63-104355            非水電解液二次電池
   S63.08.05             三洋電機　（株）
開 02- 25164             〔要約〕負極の周縁部に周壁部を備え、この周壁部で囲われた内側
   H02.02.19             に、セパレータを介在させて正極の一部が位置するよう重ね合わせ
告 05- 39580             配設したので、負極の周辺部に生ずる劣化及び正、負極の膨張変形
   H05.10.07             を抑制して二次電池としての充放電サイクル特性を改善できる。£
登 2023891               リチウム合金
   H06.07.06             ＜非水　電解液　2次　電池,陰極,周縁,周壁,われ,内側,分離器,介
H01M  4/02  D            在,陽極,一部,位置,重ね合せ,配設,周辺,劣化,正,膨張　変形,抑制
H01M  2/18  Z            ,2次　電池,充放電　サイクル　特性,改善,リチウム　合金＞
H01M 10/40  Z
```

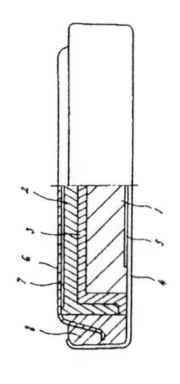

＜8＞

```
平10-050349
P出 09-135607            ボタン型有機電解質二次電池
   H09.05.26             ソニー　（株）
開 10- 50349             〔目的〕リチウムイオンのデインターカーレーションの劣化の少な
   H10.02.20             い材料を使用し、充放電サイクルに伴う放電容量の劣化が少なく、
登 2853707               サイクル寿命特性に優れた有機電解質二次電池を提供する。£充放
   H10.11.20             電可能、小型電子機器
H01M  4/58               〔構成〕この電池は、リチウムを含む陰極ペレット1とLiMn₂O
H01M  4/02  C            ₄を陽極活物質として含む陽極ペレット5とがセパレータ3を介して
H01M  4/04  A            重ね合わされ、ガスケット4を介してカシメられた陰極缶2及び陽極
H01M 10/40  Z            缶6内に有機電解液とともに収納する様に構成される。この場合、
                         セパレータ3の周縁部は陽極缶6とガスケット4との間に挟み込まれ
                         るとともに、ガスケット4とセパレータ3との間には空間部が形成さ
                         れるようにする。
                         ＜ボタン,有機　電解質　2次　電池,リチウム　イオン,デインター
                         ,カレーション,劣化,材料,使用,充放電　サイクル,放電　容量,サ
                         イクル　寿命　特性,提供,充放電,可能,小型　電子　機器,電池,
                         リチウム,陰極　ペレット,ＬｉＭｎ↓2Ｏ↓4,陽極　活物質,陽極　
                         ペレット,分離器,重ね合せ,ガスケット,かしめ,陰極缶,陽極缶,有機
                         　電解液,収納,構成,周縁,挟込み,空間,形成＞
```

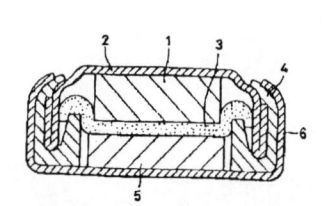

<10>

平02-139850
P出 63-291788　深海用有機電解液二次電池
　S63.11.17
　　　　　　　日本電池　（株），三菱重工業　（株）
開 02-139850　〔目的〕正極と特定合金からなる負極と有機電解液より構成し均圧
　H02.05.29　装置を備えることにより，サイクル寿命の延長と均圧状態の保持と
登 2750876　を図る。
　H10.02.27　〔構成〕正極1の活物質として二硫化チタン，二酸化マンガン，五酸
H01M 2/12　　Z　化バナジウム等を含み，負極2は活物質としてリチウム又はリチウム
H01M 2/12　101　合金を含む。電解液3としてはリチウムと反応しない有機溶媒にリ
H01M 10/40　Z　チウムイオンを含むリチウムイオン導電性の有機電解液を使用する
。これ等を電池ケース5に収容し，ポリプロピレン製のセパレータ4
を有している。電池外部に変形可能な金属製の袋8備え，袋内部と電
池内部は共に液3で満たされ，両者間は液3が移動できるように連絡
されている。こうすることにより，大きいエネルギー密度が得られ，
充放電サイクルによる特性の変化が少なくサイクル寿命を長くする
ことができる。又高圧状態でも均圧状態に保つことができる。
＜ポリプロピレン＞
＜深海,有機　電解液　2次　電池,陽極,特定,合金,陰極,有機　電
解液,構成,均圧　装置,サイクル　寿命,延長,均圧　状態,保持,活
物質,2 硫化　チタン,2 酸化　マンガン,5 酸化　バナジウム,
リチウム,リチウム　合金,電解液,反応,有機　溶媒,リチウム　イ
オン,リチウム　イオン　導電性,使用,電池　ケース,収容,ポリ
プロピレン,分離器,電池　外部,変形　可能,金属,袋,袋内部,電池
　内部,液,両者,移動,連絡,大きさ,エネルギー　密度,充放電　サ
イクル,特性,変化,長い,高圧　状態＞

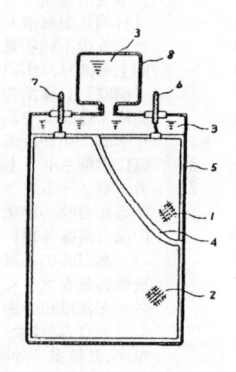

【リチウムイオン二次電池】

[正極材料（コバルト／ニッケル酸化物）]

1．技術テーマの構造

（ツリー図）

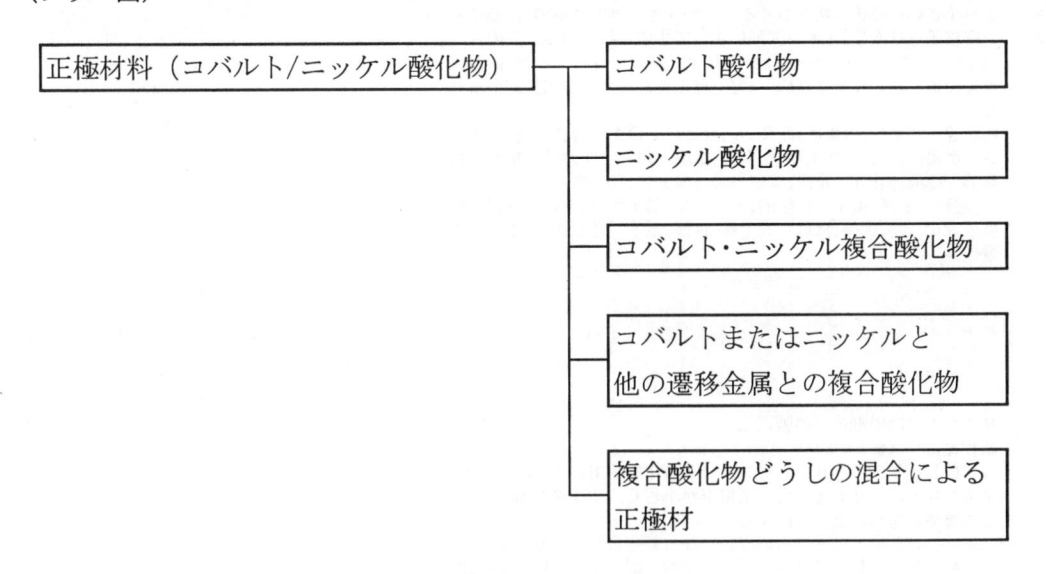

```
正極材料（コバルト/ニッケル酸化物） ┬─ コバルト酸化物
                                  ├─ ニッケル酸化物
                                  ├─ コバルト・ニッケル複合酸化物
                                  ├─ コバルトまたはニッケルと
                                  │   他の遷移金属との複合酸化物
                                  └─ 複合酸化物どうしの混合による
                                      正極材
```

　コバルトおよびニッケル系正極材料は、材料を構成する成分からリチウムコバルト複合酸化物（LiCoO$_2$）、リチウムニッケル複合酸化物（LiNiO$_2$）とに大別されるが、その改良として、複合系のリチウムコバルト・ニッケル複合酸化物、ニッケルまたはコバルトと他の遷移金属との複合酸化物、複合酸化物どうしの混合による正極材に関する技術に分類される。

2．各技術事項について
（1）コバルト酸化物
① 技術事項の特徴点
　　材料の基本的な構造に関するものとして、層状構造を有するA$_x$M$_y$O$_2$（AはLi、Na、またはKであり、Mは遷移金属）のLiCoO$_2$のもの[1]*、正極にLiCoO$_2$負極にカーボン材料を使用するリチウムイオン二次電池に関するもの[2]、ナトリウム・コバルト複合酸化物に関するもの[3]*、リチウムの一部をアルカリ土類金属で置換したもの[4]がある。結晶構造をX線回折による面間隔、回折強度で特定したもの[5]*、[6]や、リチウム複合酸化物の平均粒径を着眼点としたものがある[7]。また、製造方法に関するもの[8]等がある。

参照文献（＊は抄録記載）
[1]＊特開昭55-136131　　[2]特開昭63-121260　　[3]＊特開平2-278657　　[4]特開平4-171659
[5]＊特開平3-272564　　[6]特開平5-36414　　[7]特開平1-304664　　[8]特開平3-64860

参照文献（Japio抄録）

<1>

昭55-136131
P出 55- 44030　　　電気化学的電池及びその製造方法
　　S55.04.03　　　ユナイテツド　キングダム　アトミツク　エナージ　オーソリテイ
開 55-136131
　　S55.10.23　　　〔目的〕α－NaCrO₂の層状構造を有し,イオン導電体の特定の
告 63- 59507　　　金属酸化物を有する化合物から特定の金属陽イオンを抽出すること
　　S63.11.18　　　により,電気化学的電池の固溶体電極用等のイオン導電体を安定に
登 1633812　　　得ること。
　　H04.01.20　　　〔構成〕α－NaCrO₂の層状構造を有し,Ax'MyO₂（Aは
H01M 4/58　　　Li,Na,K,Mは遷移金属,x'は1以下,yはほぼ1）を有する化
H01M 4/06　　N　合物から,電気化学的にA⁺イオンを抽出し,AxMyO₂（xがx'
H01M 10/36　　A　より小さい）の化合物をつくる。このイオン導電体中のA⁺陽イオ
C01G 51/00　　A　ン空格子点はA⁺陽イオン欠陥によつて生成されている。このAx
C01G 53/00　　A　MyO₂化合物でα－NaCrO₂の層状構造を保持すると,固溶体
H01B 1/06　　A　電極の構造安定性及び,良好な電子導電性とイオン導電性が得られ
H01M 6/18　　　る。
H01M 10/36　　　<高速　イオン,導電体,改良,α,NaCrO↓2,層状　構造,イオ
　　　　　　　　　ン　導電体,金属　酸化物,化合物,金属　陽イオン,抽出,電気　化
　　　　　　　　　学的　電池,固溶体,電極,安定,Ax,MyO,リチウム,ナトリウム,
　　　　　　　　　K,遷移　金属,電気　化学的,＋イオン,陽イオン,空格子点,欠陥,
　　　　　　　　　生成,2化合物,保持,構造　安定性,良好,電子　導電性,イオン　導
　　　　　　　　　電性>

<3>

平02-278657
P出 01-100956　　　リチウム二次電池とその製造法
　　H01.04.20　　　昭和電工　（株）,日立製作所：（株）
開 02-278657
　　H02.11.14　　　〔目的〕正極にナトリウム・コバルト酸化物を用いることにより,
登 2752690　　　エネルギー密度が高く,自己放電率が小さく,サイクル寿命が長い
　　H10.02.27　　　二次電池が得られるようにする。
H01M 4/02　　C　〔構成〕Na塩とCo₃O₄の混合物から製造したナトリウム・コバ
H01M 10/40　　Z　ルト酸化物で,特に結晶構造としてγ型,即ちNa又はCoの原子
H01M 4/58　　　1個と酸素原子6ケで,Na又はCo原子をはさんで,酸素原子の配
　　　　　　　　　位が3角プリズム型を示す構造のものを,二次電池の正極材料とし
　　　　　　　　　て用いる。このナトリウム・コバルト酸化物の製造はナトリウム塩
　　　　　　　　　,ナトリウム酸化物又はナトリウム過酸化物と,コバルト酸化物と
　　　　　　　　　をよく混合し,湿度の低い状態で,乾燥空気又は乾燥酸素雰囲気下
　　　　　　　　　でゆつくり焼成して反応する方法が好ましい。これによりエネルギ
　　　　　　　　　ー密度が高く,サイクル寿命が長く,しかも自己放電率が小さい二
　　　　　　　　　次電池が得られる。
　　　　　　　　　<リチウム　2次　電池,陽極,ナトリウム,コバルト　酸化物,エネ
　　　　　　　　　ルギー　密度,自己　放電率,サイクル　寿命,長い,2次　電池,ナト
　　　　　　　　　リウム塩,Co↓3O↓4,混合物,製造,結晶　構造,γ型,コバルト,
　　　　　　　　　原子,1個,酸素　原子,配位,3角　プリズム,型,構造,陽極　材
　　　　　　　　　料,ナトリウム　酸化物,過酸化物,混合,湿度,状態,乾
　　　　　　　　　燥　空気,乾燥　酸素　雰囲気,焼成,反応,方法>

<5>

平03-272564
P出 02- 82093　　　有機電解液電池の活物質およびその製造方法
　　H02.03.29　　　日本電池（株）
開 03-272564
　　H03.12.04　　　〔目的〕結晶構造が〔003〕面に強く配向し,リチウムイオンの吸
告 08- 34102　　　蔵放出性能が優れたリチウム・コバルト複合酸化物を用いることに
　　H08.03.29　　　より,有機電解液電池の放電容量及びクローン効率の向上を図る。
登 2137822　　　〔構成〕コバルト化合物とリチウム化合物とを混合して焼成したの
　　H10.08.14　　　ち,洗浄してさらにもう一度焼成する。そしてコバルトKα線を用
H01M 4/58　　　いたX線回折試験で2θが53度の付近に認められる回折ピークの強
　　　　　　　　　度が2θが22度の付近に認められる回折ピークの強度に対して9％以
　　　　　　　　　下であるようなリチウム・コバルト複合酸化物（LiC₀O₂）を合
　　　　　　　　　成し,このリチウム・コバルト複合酸化物を正極活物質に用いる。
　　　　　　　　　またこのリチウム・コバルト複合酸化物は結晶の〔003〕面が著し
　　　　　　　　　く成長している。これにより電池の放電容量及び充放電時のクロー
　　　　　　　　　ン効率の向上が図れる。
　　　　　　　　　<有機　電解液　電池,活物質,製造　方法,結晶　構造,面,配向,リ
　　　　　　　　　チウム　イオン,吸蔵　放出,性能,リチウム,コバルト,複合　酸化
　　　　　　　　　物,放電　容量,クローン,効率,向上,コバルト　化合物,リチウム
　　　　　　　　　化合物,混合,焼成,洗浄,Kα線,X線　回折,試験,3度,付近,回折
　　　　　　　　　ピーク,強度,2度,LiC,酸素,合成,陽極　活物質,結晶,成長,電池
　　　　　　　　　,充放電>

124

（2）ニッケル酸化物
① 技術事項の特徴点

ニッケル酸化物に関するものには、遷移金属で記載されたものが多いため、コバルト酸化物と重複している。基本的な構造に関するものとして、層状構造を有する$A_xM_yO_2$（AはLi、Na、またはKであり、Mは遷移金属）のLiNiO₂のもの<1>、リチウムの一部をアルカリ土類金属で置換したもの<2>、リチウム複合酸化物の平均粒径を着眼点としたもの<3>がある。また、LiNiO₂薄膜をスパッタリングで形成する製造方法<4>*等がある。

参照文献（＊は抄録記載）

<1>特開昭55-136131　　<2>特開平4-171659　　<3>特開平1-304664　　<4>*特開平9-249962

参照文献（Japio抄録）

<4>

平09-249962
P出 08- 57654　　酸化物薄膜の形成方法および酸化物薄膜
　　H08.03.14　　東芝：（株）
開 09-249962　　〔目的〕超小型電池や超薄型電池の正極活物質、さらにエレクトロ
　　H09.09.22　　クロミックデバイスの材料として好適なLi－Ni－O系の酸化物
登 2810013　　薄膜の形成方法を提供する。£リチウムイオン、移動速度、移動方
　　H10.07.31　　向、制御、結晶配向性
G02F　1/15　　〔構成〕α－NaFeO₂型の結晶構造を有するLi－Ni－O系
C01G 53/00　A　の酸化物薄膜の形成方法である。そして、少なくともLi、Ni
C23C 14/08　K　およびOを含む組成のターゲットを用いて酸素雰囲気中でスパッタリ
H01M　4/58　　ングして基板上に前記組成の非晶質酸化物薄膜を堆積した後、この
H01M　4/02　C　非晶質酸化物薄膜を酸素雰囲気中で熱処理する。
H01M　4/04　A　＜酸化物，薄膜,形成　方法,超小型,電池,超薄型　電池,陽極　活
H01M 10/40　Z　物質,エレクトロ　クロミック　デバイス,材料,リチウム,ニッケル
G02F　1/15　505　,O系,提供,リチウム　イオン,移動　速度,移動　方向,制御,結晶
　　　　　　　　配向性,α，NaFeO↓2,型,結晶　構造,O,組成,ターゲット,
　　　　　　　　酸素　雰囲気,スパッタ,基板,非晶質　酸化物,薄膜,堆積,熱処理＞

（3）コバルト・ニッケル複合酸化物
① 技術事項の特徴点

特定のコバルト・ニッケル複合酸化物のなかで、コバルト系にニッケルを添加したLiNi$_x$Co$_{(1-x)}$O₂で表されるもの<1>、<2>*、ニッケル系にコバルトを添加したLi$_x$(Co$_{1-y}$Ni$_y$)O₂でyが例えば0.5～0.9で表されるもの<3>*、<4>*がある。また、コバルト・ニッケル複合酸化物にも分類されるものとして、リチウムの一部をアルカリ土類金属で置換したもの<5>*等がある。

参照文献（＊は抄録記載）

<1>特開昭63-11463　　<2>*特開昭63-211565　　<3>*特開平1-294364　　<4>*特開平8-236117
<5>*特開平4-171659

参照文献（Japio 抄録）

<2>

昭63-211565
P出 62-43552　　リチウム二次電池
　　S62.02.25　　日立マクセル　（株）
　開 63-211565　　〔目的〕リチウム二次電池の正極活物質に特定のリチウム酸化物を
　　S63.09.02　　用いることにより,充放電サイクル特性を向上させる。
　登 2511667　　〔構成〕正極活物質として,LiCoO₂に10〜40mol％のNiを
　　H08.04.16　　固溶させたLi$_x$（Co$_{1-y}$Ni$_y$）O₂（0≦x≦1,0.1≦y≦0.4
　H01M 4/58　　）が用いられる。これにより正極活物質として単にLiCoO₂が
　　　　　　　　用いられた場合に比較して,充放電サイクル特性が向上される。
　　　　　　　　＜リチウム 2次　電池,陽極　活物質,リチウム酸,充放電 サイク
　　　　　　　　　ル　特性,向上,LiCoO↓2,ニツケル,固溶,リチウム,Co↓1,
　　　　　　　　　酸素,比較＞

<3>

平01-294364
P出 63-124393　　リチウム二次電池
　　S63.05.20　　日立マクセル　（株）
　開 01-294364　　〔目的〕特定のリチウム（コバルトーニツケル）酸化物を正極活物
　　H01.11.28　　質として用いることにより,電解液の分解を防止できる電圧範囲で
　登 2699176　　の充放電においても大きな充放電容量が得られるようにする。
　　H09.09.26　　〔構成〕正極活物質としてLi$_x$（Co$_{1-y}$Ni$_y$）O₂（xは0〜1で
　H01M 4/58　　、yは0.5〜0.9である）で示されるリチウム（コバルトーニツケ
　　　　　　　　ル）酸化物を用いる。ここでLi$_x$（Co$_{1-y}$Ni$_y$）O₂を正極活物
　　　　　　　　質に用いた場合,開路電圧は4V強〜3.5Vの範囲であり,従つて
　　　　　　　　開路電圧が低下し,4V以下の電圧範囲で大きな充放電容量が得ら
　　　　　　　　れるようになる。これによりLiCoO₂を正極活物質として用い
　　　　　　　　る場合に比べて,電解液の安全性が確保できる4V以下の電圧範囲
　　　　　　　　で充放電容量を向上させることができる。
　　　　　　　　＜リチウム 2次　電池,リチウム,コバルト,ニツケル,酸化物,陽極
　　　　　　　　　活物質,電解液,分解,防止,電圧　範囲,充放電,充放電　容量,C
　　　　　　　　　o↓1,酸素,場合,開路　電圧,4V,V,範囲,低下,LiCoO↓2,安
　　　　　　　　　全性,確保,向上＞

<4>

平08-236117
P出 07-352577　　リチウム二次電池の製造方法
　　H07.12.29　　日立マクセル　（株）
　開 08-236117　　〔目的〕リチウム二次電池において、電解液の安定性が確保できる
　　H08.09.13　　4V以下の電圧範囲で充放電容量を向上させる。£LiCoO₂、リ
　登 2770154　　チウムーアルミニウム合金
　　H10.04.17　　〔構成〕リチウム二次電池の製造にあたり、CoとNiの共沈によ
　H01M 4/58　　り得られたCoとNiの混合物を用いて、式（Ⅰ）。Li（Co
　H01M 4/02　C　$_{1-y}$Ni$_y$）O₂　　（Ⅰ）。（式中、yは0.75＜y≦0.9である
　H01M 10/40　Z　）で示されるリチウム（コバルトーニツケル）酸化物を合成する。
　　　　　　　　そして、式（Ⅰ）で示されるリチウム（コバルトーニツケル）酸化
　　　　　　　　物から充電によりリチウムの一部を抜いた式（ⅠⅠ）。Li$_x$（C
　　　　　　　　o$_{1-y}$Ni$_y$）O₂　　（ⅠⅠ）。（式中、xは0＜x＜1で、yは0.
　　　　　　　　75＜y≦0.9である）で示されるリチウム（コバルトーニツケル）
　　　　　　　　酸化物を正極活物質として用いる。
　　　　　　　　＜リチウム 2次　電池,製造　方法,電解液,安定性,確保,4V,電圧
　　　　　　　　　範囲,充放電　容量,向上,LiCoO↓2,リチウム,アルミニウム
　　　　　　　　　合金,製造,コバルト,ニツケル,共沈,混合物,式,Ⅰ,Co↓1,酸素
　　　　　　　　　,酸化物,合成,充電,一部,ⅠⅠ,陽極　活物質＞

<5>

平04-171659
P出 02-300767　　非水電解液二次電池
　H02.11.05　　松下電器産業　（株）
開 04-171659
　H04.06.18　〔目的〕特定の正極材料を用いることにより、高エネルギー密度を
登　2797693　　維持し、サイクル特性が向上し、かつ保存後の自己放電、容量劣
　H10.07.03　　化が小さい電池が得られるようにする。
H01M　4/58　〔構成〕正極合剤1、リチウム金属4、セパレータ6等からなる。そ
H01M　4/02　C　して正極材料がLiMO₂（1.9＜Z＜2.1）の化学式で示される
H01M 10/40　Z　リチウム複合酸化物でリチウムの一部がアルカリ土類金属で置換さ
H01M　4/04　A　れ、かつMがコバルト、鉄、ニッケルのうちのいずれか一つ以上か
らなるものである。この正極材料を用いることにより、充電時にリ
チウムイオンが0.4電子／金属以上抜けても結晶格子中にアルカリ
土類金属が存在するため、安定な結晶格子を作り出す。これにより
充放電サイクルにおいてもサイクル劣化率が小さく、また充電状態
での高温保存においても自己放電や容量劣化が小さくなる。
＜非水　電解液　2次　電池,陽極　材料,高エネルギー密度,維持,
サイクル　特性,向上,保存,自己　放電,容量　劣化,電池,陽極　合
剤,リチウム　金属,分離器,リチウム,MO,化学式,複合　酸化物,
一部,アルカリ土類　金属,置換,コバルト,鉄,ニッケル,1つ,充電,
リチウム　イオン,4電子,金属,結晶　格子,存在,安定,充放電　サ
イクル,サイクル　劣化,率,充電　状態,高温　保存＞

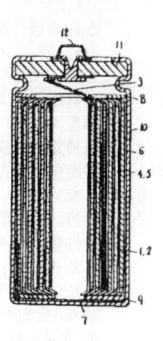

（4）コバルトまたはニッケルと他の遷移金属との複合酸化物

① 技術事項の特徴点

　電池の充放電容量、充放電サイクル特性の向上のため、コバルトまたはニッケルと他の遷移金属との複合酸化物も多くの文献がある。$A_xM_yN_zO_2$（A：アルカリ金属、M：遷移金属Ni、Co、N：Al、In、Sn）で代表され、特にSnを選び複合系にしたもの<1>*、<2>*、<3>、$Li_x(Co_{1-y}Fe_y)O_2$で示されるリチウム・コバルト・鉄の酸化物<4>*、特定原子比の範囲内の$LiMn_xCo_yNi_zO_2$（x＋y＋z＝1）<5>*、$Li_x(Co_{1-y}M_y)O_2$（M：La、Ce、Pr、Nd）で示されるリチウムコバルト複合酸化物のコバルトの一部を希土類元素で置換して高温保存特性の改善を目的としたもの<6>*、同様にコバルトの一部をPb、Bi、Bで置換したもの<7>*、Zrで置換したもの<8>*、Sbで置換したもの<9>*第一遷移金属との固溶体としたもの<10>等がある。また、アルファ$NaFeO_2$構造（$LiCoO_2$等）に含まれるLiの一部をAgまたはCuで置換したもの<11>*等がある。

参照文献（＊は抄録記載）

<1>*特開昭 62-90863	<2>*特開昭 63-121258	<3>特開平 7-176302	<4>*特開昭 63-211564
<5>*特開平 4-106875	<6>*特開平 4-223053	<7>*特開平 4-253162	<8>*特開平 4-319260
<9>*特開平 5-182665	<10>特開平 1-294258	<11>*特開平 8-190907	

参照文献（Japio抄録）

<1>

昭62-090863
P出 61-103785　　二次電池
　S61.05.08　　旭化成工業　（株）
開 62- 90863　〔目的〕一方の極の活性物質として，層状構造の$A_xM_yN_zO_2$で示
　S62.04.25　　される複合酸化物及び／又はBET法比表面積A，X線回析における
告 04- 24831　結晶厚Lcと真密度ρが所定範囲にある炭素質材料のnドープ体
　H04.04.28　　を用いて，高性能の非水電解液の二次電池を得る。
登 1989293　〔構成〕アルカリ金属AはLiを選び，充放電状態に応じx値を0.
　H07.11.08　　05≦x≦1. 10で変動させ，遷移金属MにはNi，Coを選び，y値も
H01M 4/58　　充放電で変動しないが0. 85≦y≦1. 00として，活性物質としての
C01B 31/02 101A　性能低下を防ぐ。NはAl，In，SnからSnを選び，z値も変動
H01M 4/02　B　　しないが0. 001≦z≦1. 10として性能低下や吸湿性過大を防ぐ。
H01M 10/40　Z　　一方，炭素質材料の比表面積A（m²／g）を0. 1＜A＜100とし，電
　　　　　　　　池性能への悪影響を防ぎ，nドープ体を安定な活性物質として用い
　　　　　　　　るためにLc（Å）とρ（g／cm³）を1. 70＜ρ＜2. 18,10＜Lc
　　　　　　　　＜120ρ-189に選ぶ。この物質を電極に用いてセパレータ7，非水電
　　　　　　　　解液8を用いて高性能・高エネルギ密度の小型蓄電
　　　　　　　　池が得られる。
　　　　　　　　＜2次　電池,一方,極,活性　物質,層状　構造,N↓z,酸素,複合
　　　　　　　　酸化物,BET　比表面積,X線　回折,結晶厚,Lc,真密度,ρ,所
　　　　　　　　定　範囲,炭素質　材料,n　ドープ,体,高性能,非水　電解液,アル
　　　　　　　　カリ　金属,リチウム,充放電　状態,X値,変動,遷移　金属,ニツケ
　　　　　　　　ル,コバルト,値,充放電,性能　低下,N,アルミニウム,インジウム,
　　　　　　　　錫,吸湿性,過大,比表面積,電池　性能,悪影響,安定,C,物質,電極,
　　　　　　　　分離器,高エネルギー密度,小型,蓄電池＞

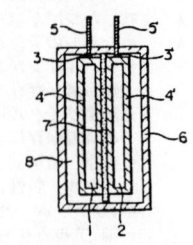

<2>

昭63-121258
P出 61-265838　　非水系二次電池
　S61.11.08　　旭化成工業　（株）
開 63-121258　〔目的〕層状構造を有する特定の複合酸化物を正極として用いるこ
　S63.05.25　　とにより，サイクル性，過電圧特性の向上を図る。
登 2547992　〔構成〕層状構造を有し，かつ式Ⅰで示す複合酸化物を正極として
　H08.08.08　　用いる。但しAはアルカリ金属から選ばれた1種であり，Bは遷移金
H01M 4/58　　属，CはAl，In，Snの群から選ばれた1種，Dは（a）A以外の
H01M 10/40　Z　　アルカリ金属，（b）B以外の遷移金属，（c）Ⅱa族元素，（d）
　　　　　　　　Al，In，Sn，炭素，窒素，酸素を除くⅢb族，Ⅳb族，Ⅴb族，Ⅵb
　　　　　　　　族の第2～第6周期の元素，の群から選ばれた少なくとも1種を表わし
　　　　　　　　，x，y，z，wは各々0. 05≦x≦1. 10,0. 85≦y≦1. 00,0. 001≦
　　　　　　　　z≦0. 10,0. 001≦w≦0. 10,の数を表わす。これによりサイクル
　　　　　　　　特性，自己放電特性が向上する。
　　　　　　　　＜非水系　2次　電池,層状　構造,複合　酸化物,陽極,サイクル性,
　　　　　　　　過電圧,特性,向上,式Ⅰ,アルカリ　金属,1種,B,遷移　金属,C,
　　　　　　　　アルミニウム,インジウム,錫,群,2a族　元素,炭素,窒素,酸素,3b
　　　　　　　　族,4b族,5b族,6b族,第2,第6　周期,元素,数,サイクル　特性,自
　　　　　　　　己　放電　特性＞

$A_xB_yC_zD_wO_2$　　Ⅰ

<4>

昭63-211564
P出 62- 43551　　リチウム電池
　S62.02.25　　日立マクセル　（株）
開 63-211564　〔目的〕リチウム電池の正極活物質に特定のリチウム酸化物を使用
　S63.09.02　　することにより，高温放置時における容量劣化を少なくする。
告 08- 21380　〔構成〕正極活物質として，LiCoO₂に5～30mol％のFeを
　H08.03.04　　固溶させたLi$_x$（Co$_{1-y}$Fe$_y$）O₂（0≦x≦1,0. 05≦y≦0. 3
登 2119759　）が用いられる。これにより単にLiCoO₂を正極活物質とした
　H08.12.20　　ものに比較して，高温放置時の容量劣化が少なくなる。
H01M 4/58　　＜リチウム　電池,陽極　活物質,リチウム酸,使用,高温　放置,容
　　　　　　　　量　劣化,LiCoO↓2,鉄,固溶,リチウム,Co↓1,酸素,比較＞

<5>

平04-106875
P出 02-221379　　リチウム二次電池用正極活物質
　H02.08.24　　本田技研工業　(株)
開 04-106875
　H04.04.08　　〔目的〕特定の原子比の範囲内のMn,Co及びNiの酸化物を含
登 2561556　　有させることにより、内部抵抗の低下及び利用率の向上を図る。
　H08.09.19　　〔構成〕原子比で示す点A（Mn=95%、Co=5%、Ni=0%）
H01M 4/58　　、点B（Mn=5%、Co=95%、Ni=0%）、点C（Mn=0%
　　　　　　　、Co=95%、Ni=5%）、点D（Mn=0%、Co=66%、Ni
　　　　　　　=34%）、点E（Mn=66%、Co=0%、Ni=34%）、点F（
　　　　　　　Mn=95%、Co=0%、Ni=5%）で囲まれる範囲内のMn、C
　　　　　　　o及びNiの酸化物を含有させる。この範囲の組成の酸化物を使用
　　　　　　　することでマンガンを含む正極の電子導電性を向上させることがで
　　　　　　　きる。これによりリチウム二次電池の内部抵抗の低下及び利用率の
　　　　　　　向上を図ることができる。
　　　　　　　＜リチウム 2次　電池,陽極　活物質,原子比,範囲,マンガン,コバル
　　　　　　　ト,ニッケル,酸化物,含有,内部　抵抗,低下,利用率,向上,点,B,
　　　　　　　C,F,組成,使用,陽極,電子　導電性＞

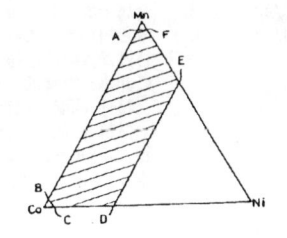

<6>

平04-223053
P出 02-413915　　リチウム二次電池用正極活物質
　H02.12.26　　三井金属鉱業　(株)
開 04-223053
　H04.08.12　　〔目的〕（J）正極活物質の構成を特定のリチウムコバルト酸化物
登 2895967　　とすることにより、リチウム二次電池の高温保存特性の飛躍的改善
　H11.03.05　　を図る。£電子伝導助剤、黒鉛、結合剤、ポリテトラフルオロエチ
H01M 4/02　C　レン、円板状成形体
H01M 4/58　　〔構成〕リチウム二次電池用正極活物質の構成を式Iとする。但し
H01M 10/40 Z　xは0〜2,yは0.001〜0.4,MはY,La,Ce,Pr,Ndの少なく
　　　　　　　とも1種を含む元素若しくは元素群を表わす。上記リチウムコバル
　　　　　　　ト酸化物はリチウムの炭酸塩とコバルトの炭酸塩及び添加物Mを混
　　　　　　　合し熱処理するかまたは添加物Mをコバルトと湿式製造においてあ
　　　　　　　らかじめ混合炭酸塩として添加し後にリチウムの炭酸塩と混合し熱
　　　　　　　処理することで容易に合成できる。
　　　　　　　＜ポリテトラフルオロエチレン＞
　　　　　　　＜リチウム 2次　電池,陽極　活物質,構成,リチウム,コバルト
　　　　　　　酸化物,高温　保存　特性,飛躍,改善,電子　伝導　助剤,黒鉛,結合
　　　　　　　剤,ポリ　テトラ　フルオロ　エチレン,円板状　成形体,式,I,Y
　　　　　　　,ランタン,セリウム,プラセオジム,ネオジム,1種,元素,炭酸塩,コ
　　　　　　　バルト,添加物,混合,熱処理,湿式　製造,混合　炭酸塩,添加,合成
　　　　　　　＞

$Li_x(Co_{1-y}M_y)O_2$　　I

<7>

平04-253162
P出 03-29537　　リチウム二次電池
　H03.01.29　　湯浅電池　(株)
開 04-253162
　H04.09.08　　〔目的〕深い放電深度での充放電を行っても可逆性に優れ,結晶構
登 2586747　　造の変化が少ないリチウム電池用正極活物質を得る。£負極活物質
　H08.12.05　　、作動電圧、置換元素、非遷移金属、酸化還元反応
H01M 4/02　C　〔構成〕LiCoO₂のCoの一部をPb,Bi,Bの中から選ばれ
H01M 4/58　　た少なくとも1種の元素で置換したものを活物質とした正極を具備
　　　　　　　するリチウム二次電池とすることにより,充放電サイクル寿命特性
　　　　　　　を大幅に改善することができる。
　　　　　　　＜リチウム 2次　電池,深い,放電　深度,充放電,可逆,結晶　構造
　　　　　　　,変化,リチウム　電池,陽極　活物質,陰極　活物質,作動　電圧,置
　　　　　　　換　元素,非遷移,金属,酸化　還元　反応,LiCoO↓2,コバルト
　　　　　　　,一部,鉛,Bi,B,1種,元素,置換,活物質,陽極,具備,充放電　サイ
　　　　　　　クル　寿命　特性,大幅,改善＞

<8>

平04-319260
P出 03- 85109　　非水電解液二次電池
　　H03.04.17　　松下電器産業　（株）
　開 04-319260　　〔目的〕非水電解液二次電池用正極活物質の改良に関し、正極活物
　　H04.11.10　　質を改良することで高容量でサイクル特性、高温保存特性のよい非
　登 2855877　　水電解液二次電池を実現する。£リチウム、リチウム合金、炭素質
　　H10.11.27　　材料、添加割合、充放電特性、結晶構造
H01M 4/58　　　〔構成〕$LiCoO_2$またはこの化合物中のコバルトの一部を、遷移
H01M 10/40　Z　金属で置換した複合酸化物にジルコニウムを添加した正極活物質粉
H01M 4/02　C　末を用いる。これにより二次電池としてのサイクル特性、高温保存
　　　　　　　　特性が大幅に改善できる。
　　　　　　　　<非水　電解液　2次　電池,陽極　活物質,改良,高容量,サイクル
　　　　　　　　　特性,高温　保存　特性,実現,リチウム,リチウム　合金,炭素質
　　　　　　　　　材料,添加　割合,充放電　特性,結晶　構造,$LiCoO↓2$,化合
　　　　　　　　　物,コバルト,一部,遷移　金属,置換,複合　酸化物,ジルコニウム,
　　　　　　　　　添加,陽極　活物質　粉末,2次　電池,大幅,改善>

<9>

平05-182665
P出 03-345730　　非水系2次電池
　　H03.12.27　　シャープ　（株）
　開 05-182665　　〔目的〕（J）負極をリチウムを含む物質或はリチウムの挿入・脱
　　H05.07.23　　離の可能な物質から形成した正極に正極活物質として特定のリチウ
　登 2643046　　ムコバルトアンチモン酸化物を含むことにより、充放電容量の向上
　　H09.05.02　　を図る。£集電体、絶縁パッキン、正極缶、ポリプロピレン不織布
H01M 4/02　C　、セパレータ
H01M 4/58　　　〔構成〕電池は正極3、負極6及び非水系のイオン伝導体からなる。
H01M 10/40　Z　正極3は$Li_xCo_{1-y}Sb_yO_2$(0.05<x<1.1,0.001<y<0.
　　　　　　　　10)を正極活物質として含み分極や電位を小さくする。負極6は金
　　　　　　　　属リチウム、リチウムアルミニウム等のリチウム合金や導電性高分
　　　　　　　　子を焼成した炭素等の物質やリチウムイオンをインサーション・デ
　　　　　　　　サーションできる無機化合物等の単独或はこれ等の複合体とする。
　　　　　　　　イオン伝導体はプロピレンカーボネート等の溶媒に過塩素酸リチウ
　　　　　　　　ム等の電解質を溶かした有機電解液、高分子固体電解質、無機固体
　　　　　　　　電解質、溶融塩等を用いる。 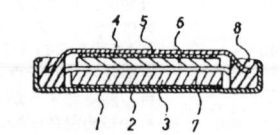
　　　　　　　　<ポリプロピレン>
　　　　　　　　<非水系,2次　電池,陰極,リチウム,物質,挿入,脱離,可能,形成,陽
　　　　　　　　　極,陽極　活物質,コバルト,アンチモン　酸化物,充放電　容量,向
　　　　　　　　　上,集電体,絶縁　パッキン,陽極缶,ポリ　プロピレン　不織布,分
　　　　　　　　　離器,電池,イオン　伝導体,$Co↓1$,アンチモン,酸素,分極,電位,
　　　　　　　　　金属　リチウム,リチウム　アルミニウム,リチウム　合金,導電性
　　　　　　　　　高分子,焼成,炭素,リチウム　イオン,デ、サージ,無機　化合物,
　　　　　　　　　単独,複合体,プロピレン　カーボネート,溶媒,過塩素酸　リチウム
　　　　　　　　　,電解質,有機　電解液,高分子　固体　電解質,無機　固体,溶融塩
　　　　　　　　　>

<11>

平08-190907
P出 07- 1756　　二次電池
　　H07.01.10　　日立製作所：（株）
　開 08-190907　　〔目的〕アルカリ金属イオンより大きいイオン半径を有する一価の
　　H08.07.23　　陽イオンである異種金属イオンを含む正極活物質を用いることによ
　登 2845150　　つて、重量当りの正極活物質の放電容量を増大させ、高容量のアル
　　H10.10.30　　カリ金属を利用した二次電池を得る。£正極端子、$LiCoO_2$、
C01G 51/00　A　$LiNO_3$、Co_2O_3、エチレンカーボネート、ジエチルカーボネ
H01M 4/58　　　ート
H01M 4/02　C　〔構成〕正極活物質としてLi元素以外にAg元素を含む材料を用
H01M 10/40　Z　いたシート状の正極1と負極活物質としてグラファイト材等を用い
　　　　　　　　たシート状の負極3との間に、セパレーター2を挟んだ構造を有する
　　　　　　　　電極群4を捲回し、底部に絶縁シート5を敷いた電池容器6に収納す
　　　　　　　　る。負極リード線7は電池容器6に、正極リード線9は容器蓋10の上
　　　　　　　　部に設けた正極端子11に接続し、電極群4上部に絶縁板8を設置した
　　　　　　　　後に、容器蓋10を電池容器6に溶接する。
　　　　　　　　<2次　電池,アルカリ　金属　イオン,大きさ,イオン　半径,1価,
　　　　　　　　　陽イオン,異種　金属,イオン,陽極　活物質,重量当り,放電　容量,
　　　　　　　　　増大,高容量,アルカリ　金属,利用,陽極　端子,$LiCoO_2$,$L
　　　　　　　　　iNO↓3$,$Co↓2O↓3$,エチレン　カーボネート,ジ　エチル　カ
　　　　　　　　　ーボネート,リチウム,元素,銀,材料,シート状,陽極,陰極　活物質,
　　　　　　　　　黒鉛材,陰極,分離器,構造,電極,巻回,底部,絶縁　シート,電池　容
　　　　　　　　　器,収納,リード線,陽極　リード,線,容器蓋,上部,接続,絶縁板,設
　　　　　　　　　置,溶接>

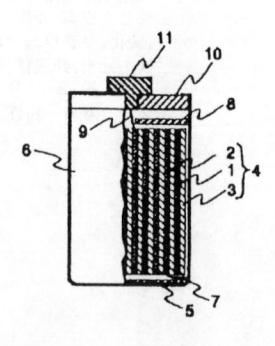

（5）酸化物どうしの混合による正極材
① 技術事項の特徴点

混合系とは、リチウムコバルト複合酸化物と他の複合酸化物との物理的混合で正極材料としたものである。電極の集電体の酸化電位よりも貴な電位を有する第一リチウム化合物（主活物質としてLiCoO$_2$）と集電体の酸化電位より卑な電位を有する第二リチウム化合物（副活物質として例えばLiMoO$_3$）から構成されているもの<1>*。リチウム含有酸化物正極（LiCoO$_2$、LiMn$_2$O$_4$若しくはそれらの混合物）と酸化第二鉄負極との組合せによる電池<2>*、LiCoO$_2$とLiMn$_2$O$_4$との混合材正極により混合効果を利用し電池特性を改善したもの<3>*等がある。

参照文献（＊は抄録記載）

<1>*特開平 2-265167　　<2>*特開平 3-112070　　<3>*特開平 4-171660

参照文献（Japio 抄録）

<1>

平02-265167
P出 01- 84541　　　非水電解質二次電池
　H01.04.03　　　　ソニー　（株）
開 02-265167　　〔目的〕正極活物質が集電体の電位より貴な電位を有する第1のリ
　H02.10.29　　　チウム化合物からなる主活物質と、集電体の電位より卑な電位を有
登 2797390　　　する第2のリチウム化合物からなる副活物質とを含むようにして、
　H10.07.03　　　過放電に対して優れた特性が得られるようにする。
H01M　4/48　　〔構成〕正極活物質が負極集電体の電位より貴な電位を有する第1
H01M 10/34　　のリチウム化合物（主活物質）と、同じく卑な電位を有する第2の
H01M　4/58　　リチウム化合物（副活物質）とから構成されている。従って充電時
H01M　4/02　C　に正極主活物質及び正極副活物質の両方からリチウムが脱ドープさ
H01M　4/02　D　れて負極2に供給されるので、負極2にドープされたリチウム量は正
H01M　4/66　A　極主活物質のリチウム容量よりも過剰になる。次に放電時には負極
H01M 10/40　Z　のリチウム量は正極主活物質がほぼ完全に放電し終っても尽きることはなく、続いて副活物質が放電する。これにより過放電に対して優れた特性を得ることができる。
　　　　　　　　　<非水　電解質　2次　電池,陽極　活物質,集電体,電位,第1,リチウム　化合物,主活物質,第2,活物質,過放電,特性,陰極　集電体,構成,充電,陽極　主活物質,陽極,両方,リチウム,脱ドープ,陰極,供給,ドープ,リチウム量,容量,過剰,放電時,完全,放電>

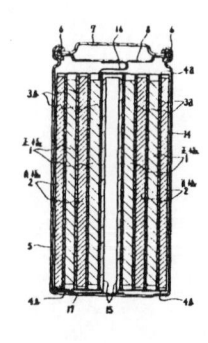

<2>

平03-112070
P出 01-252717　　リチウム二次電池
　H01.09.27　　　松下電器産業　（株）
開 03-112070　　〔目的〕リチウム含有酸化物からなる正極と酸化第二鉄からなる負
　H03.05.13　　　極を用い、リチウム含有酸化物をLiCoO$_2$,LiMn$_2$O$_4$もしくはそれらの混合物として、エネルギー密度を大とし、充放電サイクル
登 2730641　　　特性を向上させる。
　H09.12.19
H01M 10/40　Z　〔構成〕リチウム含有酸化物からなる正極と酸化第二鉄からなる負
H01M　4/52　　極を用い、リチウム含有酸化物をLiCoO$_2$,LiMn$_2$O$_4$もしくはそれらの混合物とする。即ち予め正極の方にリチウムをドープし
H01M　4/02　C　た活物質を用いる。これにより電池を組み立て後充電することにより正極に含まれるリチウムが負極の酸化鉄中に電気化学的にドープ
H01M　4/02　D　されることになり、結果として最初から負極の酸化鉄に活物質であるリチウムが含まれていたと同様であり、またドープの際の充電時間を制御することにより、急速なリチウムのドープによる酸化鉄の膨張,崩れなどを防止できる。
　　　　　　　　　<酸化第2鉄,第2,酸化鉄>
　　　　　　　　　<リチウム　2次　電池,リチウム,含有酸化,陽極,酸化　第2　鉄,陰極,LiCoO↓2,LiMn↓2O↓4,混合物,エネルギー　密度,充放電　サイクル　特性,向上,ドープ,活物質,電池,組み立て後,充電,酸化　鉄,電気　化学的,結果,最初,充電　時間,制御,急速,膨張,崩れ,防止>

<3>

平04-171660
P出 02-300768　非水電解液二次電池
　　H02.11.05　松下電器産業　（株）
開 04-171660
　　H04.06.18　〔目的〕正極に特定の混合材を用いることにより、正極の充放電に
登　2751624　伴う体積変化による集電効率の低下に起因する容量劣化を抑え、サ
　　H10.02.27　イクル特性に優れた電池が得られるようにする。
H01M　4/58　　〔構成〕電池ケース1、安全弁を設けた封口板2、絶縁パツキング3
H01M　4/02　C　、極板群4等からなり、正極及び負極がセパレータを介して複数回
H01M 10/40　Z　巻回されて収納される。正極からは正極リード5が引き出されて封
H01M　4/04　A　口板2に接続され、負極からは負極リード6が引き出されて電池ケ
ース1の底部に接続される。そして正極に$LiCoO_2$と$LiMn_2O_4$
とからなる混合材を用いる。これにより正極の充放電に伴う体積変
化による集電効果の低下に起因する容量劣化を抑えることができ、
サイクル特性に優れた電池が得られる。

<非水　電解液　2次　電池,陽極,混合材,充放電,体積　変化,集電
　効率,低下,起因,容量　劣化,抑え,サイクル　特性,電池,電池
　ケース,安全弁,封口板,絶縁　パツキン,極板,4等,陰極,分離器,複
　数回　巻回,収納,陽極　リード,引出,接続,リード,底部,LiC
　O↓2,LiMn↓2O↓4,集電　効果>

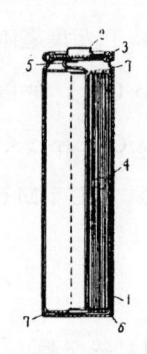

132

[正極材料（マンガン酸化物）]

1．技術テーマの構造

（ツリー図）

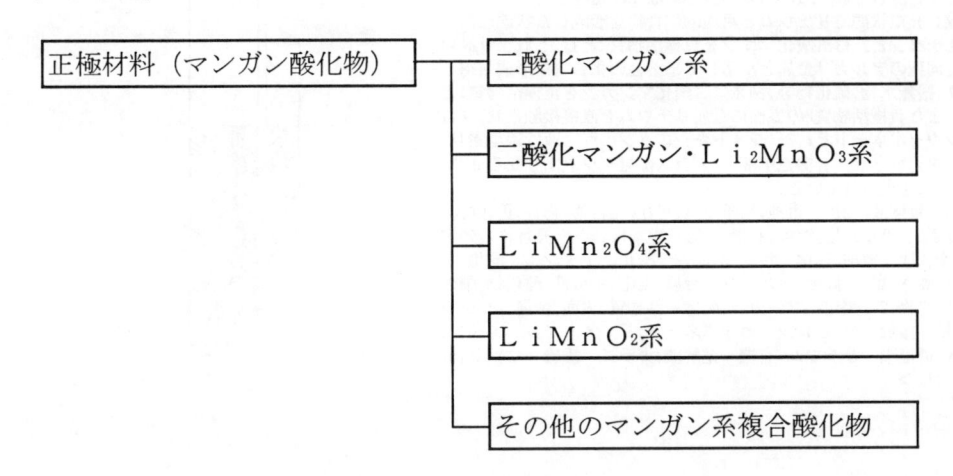

```
正極材料（マンガン酸化物）─┬─ 二酸化マンガン系
                          ├─ 二酸化マンガン・Li₂MnO₃系
                          ├─ LiMn₂O₄系
                          ├─ LiMnO₂系
                          └─ その他のマンガン系複合酸化物
```

マンガン酸化物には、二酸化マンガンの結晶構造を中心に改良した技術、MnO_2とLi_2MnO_3の複合系、スピネル構造のマンガン酸化物である$LiMn_2O_4$系、$LiMnO_2$系、その他のマンガン系複合酸化物の技術に分類される。

2．各技術事項について

（1）二酸化マンガン系

① 技術事項の特徴点

二酸化マンガン等を正極活物質とし充電状態でリチウムと可逆的化合物を作る二酸化チタンまたは五酸化ニオブを負極活物質としたもの<1>*、二酸化マンガンとクロム酸化物との混晶物としたもの<2>*、出発物質として二酸化マンガンの種類を検討したものとして、リチウムをドープした電解二酸化マンガンや化学合成二酸化マンガンを加熱脱水により無水のガンマ形二酸化マンガンとしたもの<3>、<4>*、<5>、リチウムイオンをドープしたデルタ形、アルファ形、スピネル形、ラムダ形およびスピネル形とラムダ形の中間構造としたもの<6>、<7>、<8>、<9>*とがある。また、リチウム塩を二酸化マンガンの表面および細孔内部に入れ、焼成したもの<10>*、プロトンあるいはリチウムとマンガンを主成分カチオンとし、かつ、カリウムやアンモニウムイオンなどのカチオンを含有しないアルファ二酸化マンガンを正極活物質とするもの<11>*等がある。

参照文献（＊は抄録記載）

<1>*特開昭57-11476	<2>*特開昭61-239563	<3>特開昭62-108455	<4>*特開昭62-108457
<5>特開平2-54865	<6>特開昭63-148550	<7>特開昭63-187569	<8>特開昭63-218156
<9>*特開昭63-221559	<10>*特開平1-294359	<11>*特開平7-111149	

参照文献（Japio抄録）

<1>

昭57-011476
P出 55-86133　　　有機電解液二次電池
　S55.06.24　　　 湯浅電池　（株）
開 57-11476　　　〔目的〕リチウムと可逆的化合物を作る物質を正,負極活物質とし,
　S57.01.21　　　 リチウム塩を溶解した有機溶媒を電解液とすることにより,漏液を
告 63-1708　　　 生じなく,充電効率が良く,かつ長寿命な二次電池を得る。
　S63.01.13　　　〔構成〕充電状態でリチウムと可逆的化合物を形成した状態にある
登 1496155　　　 二酸化チタンまたは五酸化ニオブを負極活物質2とし,これより高い
　H01.05.16　　　電位で同種のアルカリ金属と反応して不溶性の化合物を形成し得る
H01M 4/40　　　 酸化物,酸無水物,硫化物等,例えば二酸化マンガンを正極活物質1と
H01M 10/40　Z　 する。また負極活物質2の表面に金属リチウムを直接接触させ,プ
　　　　　　　　 ロピレンカーボネートと1,2-ジメトキシエタンの混合液に過塩素リ
　　　　　　　　 チウムを溶解させた有機電解液を,ガラス繊維マットよりなるセパ
　　　　　　　　 レータ4に含浸させている。
　　　　　　　　＜有機　電解液,2次　電池,リチウム,可逆,化合物,物質,正,陰極
　　　　　　　　　活物質,リチウム塩,溶解,有機　溶媒,電解液,漏液,充放電　効率
　　　　　　　　,長寿命,2次　電池,充電　状態,形成,2　酸化　チタン,5　酸化
　　　　　　　　 ニオブ,高さ,電位,同種,アルカリ　金属,反応,不溶性,酸化物,酸無
　　　　　　　　 水物,硫化物,2　酸化　マンガン,陽極　活物質,表面,金属　リチウ
　　　　　　　　 ム,直接　接触,プロピレン　カーボネート,ジ　メトキシ　エタン,
　　　　　　　　 混合液,過塩素　リチウム,有機　電解液,ガラス　繊維　マット,分
　　　　　　　　 離器,含浸＞

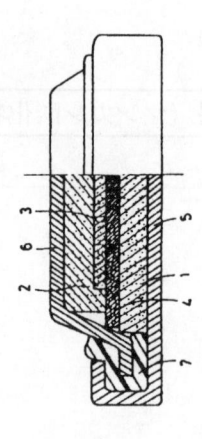

<2>

昭61-239563
P出 60-80564　　　非水電解質二次電池
　S60.04.16　　　 松下電器産業　（株）
開 61-239563　　〔目的〕正極活物質にMnO₂とクロム酸化物との混晶を用いるこ
　S61.10.24　　　 とにより、充放電挙動にすぐれた非水電解質二次電池を形成する。
告 07-32010　　 〔構成〕正極の活物質が、MnO₂とクロム酸化物との混晶であり
　H07.04.10　　 、Cr/Mn原子比が0.02～0.2の範囲であるものである。この
登 2000895　　　 正極活物質を用いると、充放電でのLi⁺等のアルカリ金属イオン
　H07.12.20　　　の侵入、放出による、活物質粒子の膨張、収縮の度合が小さく、カ
H01M 4/50　　　 ーボンブラック等の導電剤粒子との分離が少ない。このため充放電
H01M 4/02　　　 サイクルをくり返しても集電状態は良好であり、サイクル劣化は押
H01M 4/02　C　 えられる。以上の作用はCr/Mn原子比が0.02未満では作用が
H01M 4/48　　　 なく、また0.2を超える範囲ではMnとCrの複酸化物が生成する
　　　　　　　　 ため、一次電池にのみ有用であり、二次電池としてはサイクル特性
　　　　　　　　 から好ましくない。
　　　　　　　　＜非水　電解質,2次　電池,陽極　活物質,MnO↓2,クロム　酸
　　　　　　　　 化物,混晶,充放電,挙動,形成,陽極,活物質,クロム,マンガン,原子
　　　　　　　　 比,範囲,Li↑+,アルカリ　金属　イオン,侵入,放出,活物質　粒
　　　　　　　　 子,膨張,収縮,度合,カーボンブラック,導電剤,粒子,分離,充放電
　　　　　　　　 サイクル,繰返し,集電,状態,良好,サイクル　劣化,作用,未満,複酸
　　　　　　　　 化物,生成,1次　電池,有用,2次　電池,サイクル　特性＞

<4>

昭62-108457
P出 60-247471　　非水系二次電池
　S60.11.05　　　 三洋電機　（株）
開 62-108457　　〔目的〕Liをドープした化学MnO₂を熱処理して得た無水また
　S62.05.19　　　 は無水に近いγ型MnO₂を正極の活性質とすることにより,電池の
告 06-19997　　　サイクル特性が向上する。
　H06.03.16　　 〔構成〕正極活物質として,Liをドープした化学MnO₂を,例え
登 1892083　　　 ば400℃で熱処理して得られる無水または無水に近いγ型MnO₂が
　H06.12.07　　　用いられている。そして,この活物質を用いる正極4と,Liまたは
H01M 4/50　　　 Li合金を活物質とする負極6とが組み合わされて非水系電池に用
H01M 4/02　　　 いられている。前記のγ型MnO₂は放電後の結晶構造の崩れが小
H01M 4/02　C　 さく可逆性がよいため,電池のサイクル特性を向上させることがで
H01M 10/40　Z　きる。
H01M 10/40　　 ＜非水系　2次　電池,リチウム,ドープ,化学,MnO↓2,熱処理,無
　　　　　　　　 水,γ型　MnO↓2,陽極,活性質,電池,サイクル　特性,向上,陽極
　　　　　　　　　活物質,活物質,リチウム　合金,陰極,非水系　電池,放電,結晶
　　　　　　　　 構造,崩れ,可逆＞

134

<9>

昭63-221559
P出 62-54761　　非水系二次電池
　　S62.03.10　　三洋電機　（株）
開 63-221559　　〔目的〕含有リチウムを脱ドープした特定の結晶構造を有する二酸
　　S63.09.14　　化マンガンを正極活物質とすることにより，容量を増大し，かつ放電
告 07-24220　　サイクル特性を良好にする。
　　H07.03.15　　〔構成〕スピネル型或いはスピネル型とλ型の中間的な結晶構造を
登 2140392　　　有する二酸化マンガンが，その含有リチウムを非水電解液中で電気
　　H11.03.05　　化学的に脱ドープ処理されて正極活物質とされる。例えば，スピネ
H01M 4/50　　ル型二酸化マンガン90重量%にアセチレンブラック6重量%及びフ
H01M 4/58　　ツ素樹脂粉末4重量%を混合し，加圧，加熱処理して得た正極を，プ
　　　　　　　　ロピレンカーボネートとジメトキシエタンの等積混合溶媒に過塩素酸
　　　　　　　　リチウムを1M溶解した電解液中で，正極活物質中のリチウムが脱ド
　　　　　　　　ープされる。この際プロトンの侵入が生じないので，所期の目的が
　　　　　　　　達せられる。
　　　　　　　　＜非水系　2次　電池,含有,リチウム,脱ドープ,結晶　構造,2　酸
　　　　　　　　化　マンガン,陽極　活物質,容量,増大,放電　サイクル　特性,良
　　　　　　　　好,スピネル,λ,型,中間,非水　電解液,電気　化学的,処理,アセチ
　　　　　　　　レンブラック,フツ素　樹脂　粉末,混合,加圧,加熱　処理,陽極,プ
　　　　　　　　ロピレン　カーボネート,ジ　メトキシ　エタン,等積,混合　溶媒,
　　　　　　　　過塩素酸　リチウム,溶解,電解液,プロトン,侵入,所期,目的＞

<10>

平01-294359
P出 63-124514　　非水系二次電池用正極の製造法
　　S63.05.20　　三洋電機　（株）
開 01-294359　　〔目的〕正極活物質としてリチウム塩を溶解した水溶液中に二酸化
　　H01.11.28　　マンガンを浸漬し，水分を蒸発させた後焼成して得たリチウム含有
登 2627304　　　マンガン酸化物を用いることにより，深い深度での充放電サイクル
　　H09.04.18　　特性を改善する。
H01M 4/48　　〔構成〕リチウム塩を溶解した水溶液中に二酸化マンガンを浸漬し
H01M 4/04 A　，その後水分だけを蒸発させる。従ってリチウムイオンは二酸化マ
　　　　　　　　ンガン粒子の表面及び細孔内部に残存しておりその後の焼成による
　　　　　　　　リチウムとマンガンの反応が二酸化マンガン粒子の表面及び細孔内
　　　　　　　　部から拡がり，その結果二酸化マンガン粒子のほぼ全域に亘って充
　　　　　　　　放電反応の可逆性が保持されることになる。なお焼成温度としては
　　　　　　　　リチウムとマンガンの反応性を考慮して200℃以上とすることが好
　　　　　　　　ましい。これにより深い深度の充放電サイクル特性を向上させるこ
　　　　　　　　とができる。
　　　　　　　　＜非水系　2次　電池,陽極,製造,陽極　活物質,リチウム塩,溶解,
　　　　　　　　水溶液,2　酸化　マンガン,浸漬,水分,蒸発,焼成,リチウム,含有,
　　　　　　　　マンガン　酸化物,深い,深度,充放電　サイクル　特性,改善,リチ
　　　　　　　　ウム　イオン,2　酸化　マンガン　粒子,表面,細孔　内部,残存,マ
　　　　　　　　ンガン,反応,広がり,全域,充放電　反応,可逆,保持,焼成　温度,反
　　　　　　　　応性,向上＞

<11>

平07-111149
P出 05-166150　　リチウム二次電池
　　H05.06.08　　工業技術院長,大塚化学　（株）
開 07-111149　　〔目的〕（J）プロトンあるいはリチウムとマンガンを主成分カチ
　　H07.04.25　　オンとするα－二酸化マンガンを正極活物質とすることにより，高
登 2640613　　　電池容量とし，充放電繰り返しによる容量低下と充放電特性劣化を
　　H09.05.02　　防止する。£携帯電話等用、硫酸マンガン、金属リチウム、プロピ
H01M 4/50　　レンーカーボネート、ケツチエンブラツク
H01M 4/02 C　〔構成〕酸性条件下にマンガンの無機酸塩と過マンガン酸塩を反応
H01M 10/40 Z　させることにより，プロトンとマンガンを主成分カチオンとし，ア
H01M 4/04 A　ンモニウムイオンやカリウムイオンを含まないα－二酸化マンガン
H01M 10/36 Z　を製造する。また酸性条件下マンガンの無機酸塩を含む水溶液を加
　　　　　　　　熱しつつ，これに酸素－オゾン混合ガスを吹き込んでも製造できる
　　　　　　　　。更にリチウムとマンガンを主成分カチオンとするα－二酸化マン
　　　　　　　　ガンは，例えばプロトンのかわりにリチウムでイオン交換すること
　　　　　　　　により製造できる。この場合、Ｌｉ塩の使用量を適宜変更してＬｉ
　　　　　　　　／Ｍｎ比（モル比）を0＜Ｌｉ／Ｍｎ≦0．4とすることにより，リ
　　　　　　　　チウム二次電池用正極活物質としての性能を一層向上できる。
　　　　　　　　＜リチウム　2次　電池,プロトン,リチウム,マンガン,主成分,陽イ
　　　　　　　　オン,α,2　酸化　マンガン,陽極　活物質,電池　容量,充放電,繰
　　　　　　　　返し,容量　低下,充放電　特性,劣化,防止,携帯　電話,硫酸　マン
　　　　　　　　ガン,金属　リチウム,プロピレン,カーボネート,ケツチエンブラツ
　　　　　　　　ク,酸性　条件,無機酸塩,過マンガン酸塩,反応,アンモニウム　イ
　　　　　　　　オン,カリウム　イオン,製造,水溶液,加熱,酸素,オゾン　混合,ガ
　　　　　　　　ス,吹込,イオン　交換,リチウム塩,使用量,適宜　変更,比,モル比,
　　　　　　　　性能,1層,向上＞

（2）二酸化マンガン・Li$_2$MnO$_3$系
① 技術事項の特徴点

二酸化マンガン・Li$_2$MnO$_3$系は二酸化マンガンとリチウム塩との混合物を300〜430℃の温度で熱処理することによって得られ、リチウムの拡散経路が広がっており二酸化マンガンよりサイクル特性を改善したもので、Li$_2$MnO$_3$含有二酸化マンガンとして特徴ある二次電池用酸化物である<1>*、<2>*、<3>、<4>等がある。

参照文献（*は抄録記載）

<1>*特開昭63-114064　　<2>*特開平2-27660　　<3>特開平2-183963　　<4>特開平3-53455

参照文献（Japio 抄録）

<1>

昭63-114064	非水系二次電池
P出 61-258940	三洋電機（株）
S61.10.30	〔目的〕二酸化マンガンを活物質とする正極にLi$_2$MnO$_3$を含有させることにより,二酸化マンガンの可逆性を改善し,二酸化マンガン-リチウム非水系二次電池の充放電サイクル特性の向上を図る。
開 63-114064	
S63.05.18	
告 07-46608	〔構成〕二酸化マンガン80gと水酸化リチウム20gを混合した後,空気中において約375℃で20時間程熱処理する。この熱処理により二酸化マンガンとLi$_2$MnO$_3$が共存した混合物が得られる。このようにして得られた活物質と,導電剤としてのアセチレンブラック及び結着剤としてのアセチレンブラック及び結着剤としてのフツ素樹脂粉末を重量比で90:6:4の比率で混合して正極合剤とし,この正極合剤を加圧成型したのち約250℃で熱処理して正極とする。前記の如く正極にLi$_2$MnO$_3$を含有させると,Li$_2$MnO$_3$が二酸化マンガンの可逆性改善に寄与し,充放電サイクル特性が向上する。
H07.05.17	
登 2140117	
H11.02.05	
H01M 4/50	
H01M 4/58	
	<非水系 2次 電池,2 酸化 マンガン,活物質,陽極,Li↓2,MnO↓3,含有,可逆,改善,リチウム,充放電 サイクル 特性,向上,水酸化 リチウム,混合,空気中,0時間,熱処理,共存,混合物,導電剤,アセチレンブラック,結着剤,フツ素 樹脂 粉末,重量比,比率,陽極 合剤,加圧 成形,寄与>

<2>

平02-027660	非水系二次電池
P出 63-178803	三洋電機（株）
S63.07.18	〔目的〕Li$_2$MnO$_3$を含有する二酸化マンガンと、特定のマンガン酸化物との混合物を活物質とする正極を用いることにより、充放電サイクル特性の向上を図る。
開 02-27660	
H02.01.30	
登 2578646	〔構成〕正極活物質としてLi$_2$MnO$_3$を含有する二酸化マンガンと、Liを含有しCuKα線によるX線回折図において2θ=22°,31.5°,37°,42°及び55°付近にピークを有するマンガン酸化物との混合物を用いる。これにより浅い深度及び深い深度のいずれかにおいても充放電サイクル特性に優れた非水系二次電池を得ることができる。なおこれは非水電解液二次電池に限定されず固体電解質二次電池にも適用することができる。
H08.11.07	
H01M 4/58	
	<非水系 2次 電池,Li↓2,MnO↓3,含有,2 酸化 マンガン,マンガン 酸化物,混合物,活物質,陽極,充放電 サイクル 特性,向上,陽極 活物質,リチウム,銅 Kα線,X線 回折図,付近,ピーク,浅い,深度,深い,非水 電解液 2次 電池,限定,固体 電解質 2次 電池,適用>

（3）LiMn$_2$O$_4$系
① 技術事項の特徴点

　スピネル構造のLiMn$_2$O$_4$系複合酸化物、結晶崩壊改善のため遷移金属を中心とする他の元素でマンガンの一部を置換した複合酸化物とがある。具体的には、スピネル構造A（B$_2$）X$_4$の基本的文献<1>*、LiMn$_2$O$_4$正極とリチウムを含む負極との文献<2>がある。LiMn$_2$O$_4$のX線回折による結晶構造を特定したもの<3>*、<4>、<5>、リチウム塩と硝酸マンガンとを液相反応で製造したもの<6>*、マンガンの一部を特定元素で置換したものには、（Li$_{1-y}$・A$_y$）z・（Mn$_{1-z}$・B$_z$）$_2$・O$_4$(A：Na、K、Cu、Ag、Zn、B：V、Cr、Fe、Co、Ni)としたもの<7>、Li$_x$M$_y$Mn$_{(2-y)}$O$_4$(M：Co、Cr、Ni、Ta、Zn、Fe)としたもの<8>、<9>*、<10>、マンガンの一部をBまたはAlで置換したもの<11>、<12>、<13>*がある。また、合成方法としてリチウムマンガン複合酸化物の表面にAl、Mg、V、等の非マンガン金属元素の水酸化物等を被着させたもの<14>、ヨウ化リチウムと二酸化マンガンまたはLiMn$_2$O$_4$系との反応から合成したもの<15>*、<16>*、その他製造方法と合成原材料を工夫したもの<17>、<18>、<19>*、LiMn$_2$O$_4$に酸化チタン<20>*、五酸化バナジウム<21>、三二酸化マンガン<22>*を焼結または添加したもの等がある。

参照文献（*は抄録記載）

<1>*特開昭58-220362	<2>特開昭63-114065	<3>*特開昭63-274059	<4>特開平1-173574
<5>特開平2-139860	<6>*特開平2-109260	<7>特開平2-139861	<8>特開平4-141954
<9>*特開平4-160769	<10>特開平4-282560	<11>特開平4-237970	<12>特開平4-289662
<13>*特開平9-270259	<14>特開平11-71114	<15>*特開平10-50317	<16>*特表平6-505358
<17>特開平3-84874	<18>特開平8-130013	<19>*特開平11-204110	<20>*特開平4-14757
<21>特開平6-140040	<22>*特開平4-269468		

参照文献（Japio抄録）

<1>

昭58-220362
P出 58-97764
　　S58.06.01
開 58-220362
　　S58.12.21
告 04-30146
　　H04.05.20
登 2137789
　　H10.08.07
H01M 4/58
H01M 6/16　　Z
H01M 10/40　A
H01M 10/40　Z
H01M 6/18　　A

電気化学電池
インブリコ　BV
〔目的〕電子絶縁性で、立方密パツキングのホスト骨組構造の、固体電解質により共にカツプル（連結）されたアノードとカソードを含む電気化学電池を得る。
〔構成〕アノード、カソード及び電解質各々は、基本構造単位として式（B$_2$）X$_{4n^-}$の単位を有する立方密パツキングのホスト骨組構造を含んでおり、式（B$_2$）X$_{4n^-}$はA（B$_2$）X$_4$スピネルの構造単位であり、前記ホスト骨組構造は、相互接続されたすき間空間内に、骨組構造を介して拡散し得る電気化学的に活性の陽イオンM$^+$を収容している。ここで、（Bは金属陽イオン、XはⅥa族或いはⅦa族元素から選択された陰イオン、MはⅠa族或いはⅠb族元素から選択された陽イオンであり、n$^-$はホスト骨組構造の構造単位（B$_2$）X$_4$の全体電荷を指す。そして、アノードのB陽イオンはカソードの陽イオンよりも多くの正の電荷を有している。
<電気　化学　電池,電子　絶縁性,立方,密,パツキン,ホスト骨,組構造,固体　電解質,1対,連結,アノード,カソード,電解質,基本　構造,単位,式,B,スピネル　構造　単位,相互　接続,間隙,空間,骨組　構造,拡散,電気　化学的,活性,陽イオン,M↑+,収容,金属　陽イオン,6a族,7a族,元素,選択,陰イオン,1a族,1b族　元素,N↑-,全体,電荷,正>

<3>

昭63-274059
P出 62-107989　　非水電解液電池
　　S62.05.01　　ソニー　（株）
開 63-274059　　〔目的〕Liを主体とする負極活物質と、特定のLiMn₂O₄を主
　　S63.11.11　　体とする陽極活物質と、非水電解液とから構成することにより、充
登 2550990　　放電特性の向上を図る。
　　H08.08.22　　〔構成〕Liを主体とする負極活物質2と、LiMn₂O₄を主体と
H01M　4/58　　する陽極活物質5と、非水電解液とからなり、LiMn₂O₄は、F
H01M　4/02　C　eKα線を使用したX線回折において、回折角46.1°における回
H01M 10/40　Z　折ピークの半値幅が1.1～2.1°であるものとする。このようなL
　　　　　　　　iMn₂O₄を選択的に非水電解液電流の陽極活物質5として使用す
　　　　　　　　る。これにより理論充放電容量の90％以上という高い充放電容量を
　　　　　　　　確保することが可能となる。
　　　　　　　　＜非水　電解液　電池,リチウム,主体,陰極　活物質,LiMn↓2
　　　　　　　　O↓4,陽極　活物質,非水　電解液,構成,充放電　特性,向上,鉄,K
　　　　　　　　α線,使用,X線　回折,回折角,回折　ピーク,半値幅,選択的,電流,
　　　　　　　　理論,充放電　容量,高さ,確保＞

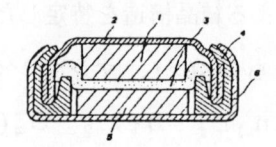

<6>

平02-109260
P出 63-261791　　リチウム二次電池用正極
　　S63.10.18　　松下電器産業　（株）
開 02-109260　　〔目的〕リチウム塩と硝酸マンガンとを酸素存在下で加熱して正極
　　H02.04.20　　活物質とすることにより、体積当り容量と大きく、かつサイクル特
告 07-73053　　性を良好になるようにする。
　　H07.08.02　　〔構成〕固相反応を行うマンガン酸化物を原料とせずに、室温で液
登 2039704　　体である硝酸マンガンを用いる。即ちリチウム塩を水に溶解し、こ
　　H08.03.28　　れに硝酸マンガンを加えると、均一な溶液状態となり、マンガンイ
H01M　4/50　　オンとリチウムイオンとは均一に溶解して、これを加熱して反応さ
H01M　4/04　A　せることにより均一な、かつかさ密度の大きいLiMn₂O₄が生成
H01M　4/58　　する。固相反応を用いないため200℃の低温でも反応が進行し、結
　　　　　　　　晶性の低い、正極活物質に用いた時には、単位重量当りの容量の大
　　　　　　　　きい活物質となる。これにより単位体積当りの容量の大きい、サイ
　　　　　　　　クル特性の良好な電池となる。
　　　　　　　　＜リチウム　2次　電池,リチウム塩,硝酸　マンガン,酸素　存在下
　　　　　　　　,加熱,陽極　活物質,体積当り,容量,大きさ,サイクル　特性,良好,
　　　　　　　　固相　反応,マンガン　酸化物,原料,室温,液体,水,溶解,均一,溶液
　　　　　　　　状態,マンガン　イオン,リチウム　イオン,反応,嵩密度,Li
　　　　　　　　Mn↓2O↓4,生成,低温,進行,結晶性,単位　重量当り,活物質,単位
　　　　　　　　体積当り,電池＞

<9>

平04-160769
P出 02-284991　　非水電解液二次電池
　　H02.10.22　　松下電器産業　（株）
開 04-160769　　〔目的〕LiMn₂O₄のMnの一部をCo,Ni,Fe,Crから選
　　H04.06.04　　ばれる少なくとも一種の元素で置換することにより、過放電時にお
登 2579058　　ける容量の低下を少なくする。
　　H08.11.07　　〔構成〕正極活性質としてマンガン複合酸化物であるLiMn₂O₄
H01M　4/50　　結晶中の一部をCoで置換したLi Mn₍₂₋ᵧ₎Coᵧ O₄で表わさ
H01M　4/02　C　れる物質において0.85≦x≦1.15、0.3≦y≦0.5の範囲のものを
H01M 10/40　Z　用いる。即ちMnのCo,Ni,Fe,Crから選ばれる少なくとも
H01M　4/58　　一種の元素の置換量を更に増大させ、正極活物質結晶の格子定数を
　　　　　　　　より収縮させることにより、結晶構造をより強固にしている。これ
　　　　　　　　により過放電における容量の低下を少なくすることができる。
　　　　　　　　＜非水　電解液　2次　電池,LiMn↓2O↓4,マンガン,一部,コ
　　　　　　　　バルト,ニッケル,鉄,クロム,1種,元素,置換,過放電,容量,低下,正
　　　　　　　　極活性,質,複合　酸化物,結晶,リチウム,O↓4,物質,範囲,置換量,
　　　　　　　　増大,陽極　活物質,格子　定数,収縮,結晶　構造,強固＞

<13>

平09-270259
P出 08-79215
　　H08.04.01
開 09-270259
　　H09.10.14
登 2893327
　　H11.03.05
H01M 4/58
H01M 4/02　C
H01M 10/40　Z

電極、及びリチウム二次電池
脇原　将孝

〔目的〕（J）スピネル型リチウムマンガン酸化物のMnの一部をB及び／又はAl、或いはB及び／又はAlと遷移金属とで置換された材料を用いることにより、充放電サイクルでの容量劣化を防止する。£インターカレーション化合物、リチウム塩、有機溶媒、格子体積

〔構成〕この電極、特にリチウム二次電池の正極は、スピネル型リチウムマンガン酸化物のマンガンの一部をホウ素及び／又はアルミニウム或いはホウ素及び／又はアルミニウムと遷移金属とで置換された材料を用いて構成される。特に$LiB_xM_yMn_{2-x-y}O_4$（$0<x$、$0\leq y$、$0<x+y<1$、MはCr,Fe,Co,Niの群の中から選ばれる少なくとも一種）で表される材料を用いて構成される。又、$LiAl_xM_yMn_{2-x-y}O_4$（$0<x$、$0\leq y$、$0<x+y<1$、MはCr,Fe,Co,Niの群の中から選ばれる少なくとも一種）で表される材料で構成される。そして特にxは0.01～1、yは0.01～1、x+yは0.01～1である。

<電極,リチウム　2次　電池,スピネル,リチウム,マンガン　酸化物,マンガン,一部,B,アルミニウム,遷移　金属,置換,充放電　サイクル,容量　劣化,防止,インターカレーション,化合物,リチウム塩,有機　溶媒,格子体,積,陽極,硼素,構成,My,Mn↓2,O↓4,クロム,鉄,コバルト,ニッケル,群,1種,リチウム　アルミニウム>

<15>

平10-050317
P出 09-135609
　　H09.05.26
開 10-50317
　　H10.02.20
登 2853708
　　H10.11.20
H01M 4/58
H01M 4/02　C
H01M 10/40　Z

有機電解質二次電池
ソニー　（株）

〔目的〕（J）ヨウ化リチウムと二酸化マンガンから合成した$LiMn_2O_4$を陽極活物質として陽極に用いることにより、充放電サイクルに伴う放電容量の劣化が少なくサイクル寿命特性にすぐれた有機電解質二次電池を得る。£各種小型電子機器

〔構成〕ヨウ化リチウム（LiI）と二酸化マンガン（MnO_2）とを、窒素雰囲気中で約300°Cに加熱して反応させて得た$LiMn_2O_4$を、有機電解質二次電池の陽極活物質として陽極に使用する。なお陰極材料には金属リチウム、リチウム合金（LiAl,LiPb等）を用い、電解液には$LiClO_4$等を1,2-ジメトキシエタン等に溶解したものを用いる。これにより放電反応によって陽極に移動した陰極材のリチウムイオンを、充電による反応によって良好にデインターカレーションさせることができ、有機電解質二次電池の充放電のサイクル寿命特性が大幅に向上する。

<有機　電解質　2次　電池,ヨウ化　リチウム,2　酸化　マンガン,合成,LiMn↓2O↓4,陽極　活物質,陽極,充放電　サイクル,放電　容量,劣化,サイクル　寿命　特性,小型　電子　機器,LiI,MnO↓2,窒素　雰囲気,加熱,反応,使用,陰極　材料,金属　リチウム,リチウム　合金,リチウム　アルミニウム,リチウム　鉛,電解液,LiClO↓4,ジ　メトキシ　エタン,溶解,放電　反応,移動,陰極材,リチウム　イオン,充電,良好,デインター,カレーション,充放電,大幅,向上>

<16>

平06-505358
P出 04-505684　リチウム酸化マンガンの製造方法
　H04.01.14　　ベル　コミユニケーシヨンズ　リサーチ　INC
表 06-505358　〔目的〕リチウム挿入カソード及びリチウム挿入アノードを使用した二次電池とすることにより，電池電圧の減少を最低限に押さえながら高電池容量を維持する。
　H06.06.16
登 2645609
　H09.05.09
〔構成〕電池はLiMn$_2$O$_4$カソード11及び黒鉛または石油コークスの形態でのアノード13としての炭素からなる。充電するとLiMn$_2$O$_4$からのリチウムは，LiC$_6$を形成するよう炭素アノードに挿入された後，アノードとなる。従つて，リチウムイオンは充電・放電サイクル中前後に揺れることになる。また，Li$_2$Mn$_2$O$_4$カソード使用でエネルギー密度を増加することができる。この電池の製作では最初のステツプとしてLi$_2$Mn$_2$O$_4$が製作される。これは適量のLi$_2$CO$_3$及びMnO$_2$の粉末を800℃で反応することで得られる。

＜リチウム,Mn↓2,O↓4,カソード,炭素　アノード,再充電　可能　電池,挿入,アノード,使用,2次　電池,電池　電圧,減少,最低限,押え,電池　容量,維持,電池,LiMn↓2O↓4,黒鉛,石油　コークス,形態,炭素,充電,LiC,形成,リチウム　イオン,放電　サイクル,前後,揺動,Li↓2,エネルギー　密度,増加,製作,最初,ステツプ,適量,Li↓2CO↓3,MnO↓2,粉末,反応＞

<19>

平11-204110
P出 10-161491　リチウムイオン電池用陽極材料の製造方法
　H10.05.27　　コーリア　クムホー　ペトロケミカル　CO
開 11-204110　〔目的〕(J)安定したスピネル構造を有するLiMn$_2$O$_4$粉末を合成し，リチウム塩とニツケル塩を特定割合に混合したイオン水溶液を製造し，LiMn$_2$O$_4$粉末をイオン水溶液に混合，撹拌，及び超音波処理して分散させ，濾過，熱処理することにより，サイクル特性の向上した，初期放電容量の優れた陽極材料を得る。£MnO$_2$,LiCoO$_2$
　H11.07.30
登 2903469
　H11.03.26
H01M 4/58
H01M 4/02　C
H01M 4/04　A
H01M 10/40　Z

〔構成〕リチウム塩は，LiCO$_2$,LiCl,LiCH$_3$CO$_2$,LiOH及びLi$_2$SO$_4$の中の一種以上の化合物，ニツケル塩は，Ni(NO$_3$)$_2$・6H$_2$O,NiCl$_2$・xH$_2$O,Ni(CH$_3$CO$_2$)$_2$・4H$_2$O,Ni(OH)$_2$,及びNiSO$_4$・4H$_2$Oの中の一種以上の化合物が好ましい。イオン水溶液の濃度は0.8～1.5Mとし，LiMn$_2$O$_4$粉末の周りにイオン水溶液を吸着させ，イオンの吸着された粉末を熱処理し，リチウムイオンとニツケルイオンをドーピングする。熱処理は600～800℃が好適である。

＜リチウム　イオン,電池,陽極　材料,製造　方法,安定,スピネル　構造,LiMn↓2O↓4,粉末,合成,リチウム塩,ニツケル塩,特定　割合,混合,イオン　水溶液,製造,撹拌,超音波　処理,分散,濾過,熱処理,サイクル　特性,向上,初期　放電　容量,MnO↓2,LiCoO↓2,酸素,LiCl,LiCH↓3,CO↓2,LiOH,Li↓2SO↓4,1種,化合物,Ni（NO↓3）↓2,6H↓2O,NiCl↓2,xH↓2O,Ni（CH↓3CO↓2）↓2,4H↓2O,Ni（OH）↓2,NiSO↓4,濃度,吸着,イオン,ニツケル　イオン,ドーピング,好適＞

<20>

平04-014757
P出 02-116555　非水溶媒二次電池
　　H02.05.02　東芝電池　（株）
開 04- 14757　〔目的〕マンガン酸化物に、酸化チタンを配合して焼結したマンガ
　　H04.01.20　ン質酸化物を活物質として含む正極を具備することにより、正極活
登　2835138　物質の充填密度を高めて正極容量を向上させた非水溶媒二次電池を
　　H10.10.02　提供する。
H01M　4/50
H01M 10/40　Z　〔構成〕二酸化マンガン、スピネル型リチウムマンガン酸化物、又
H01M　4/58　　はこれらの混合酸化物に、酸化チタンを配合して焼結したマンガン
H01M　4/02　C　質酸化物を活物質として用いる。マンガン酸化物に酸化チタンを配
　　　　　　　　合して焼結することによって、酸化チタンによる焼結助剤としての
　　　　　　　　作用によりマンガン酸化物の粒子同士が良好に焼結され、緻密でタ
　　　　　　　　ップ密度が大きくマンガン質酸化物が得られる。その結果、かかる
　　　　　　　　マンガン質酸化物を正極活物質に用いることにより、一定容積の電
　　　　　　　　池内における正極活物質の充填密度を高めることができるため、正
　　　　　　　　極容量が向上された高容量の非水溶媒二次電池を得ることができる
　　　　　　　　。
　　　　　　　　＜非水　溶媒　2次　電池,マンガン　酸化物,酸化　チタン,配合,
　　　　　　　　焼結,マンガン,質,酸化物,活物質,陽極,具備,陽極　活物質,充填
　　　　　　　　密度,陽極　容量,向上,提供,2　酸化　マンガン,スピネル,リチウ
　　　　　　　　ム,混合　酸化物,焼結　助剤,作用,粒子,同士,良好,緻密,タップ
　　　　　　　　密度,大きさ,一定　容積,電池,高容量＞

<22>

平04-269468
P出 03- 54085　リチウム二次電池
　　H03.02.25　日本電池　（株）
開 04-269468　〔目的〕4Vの高電圧で,かつサイクル特性に優れた安価なリチウム
　　H04.09.25　二次電池を提供することを目的とする。£炭酸リチウム、二酸化マ
告 07- 66833　ンガン、X線回折パターン、アセチレンブラック（導電助剤）、ポ
　　H07.07.19　リ4フツ化エチレン（結着材）、正極合剤
登　2132654　〔構成〕リチウムもしくはリチウムイオンを吸蔵放出可能とする物
　　H09.10.09　質を負極活物質とし,リチウムに対して4Vで作動するスピネル型L
H01M　4/02　C　iMn₂O₄を正極活物質とし,その正極活物質は三二酸化マンガン
H01M　4/58　　を含有することを特徴とする。
H01M 10/40　Z　＜ポリテトラフルオロエチレン＞
　　　　　　　　＜リチウム　2次　電池,4V,高電圧,サイクル　特性,安価,提供,目
　　　　　　　　的,炭酸　リチウム,2　酸化　マンガン,X線　回折　パターン,ア
　　　　　　　　セチレンブラツク,導電　助剤,ポリ　4　フツ化　エチレン,結着材
　　　　　　　　,陽極　合剤,リチウム,リチウム　イオン,吸蔵　放出,物質,陰極
　　　　　　　　活物質,作動,スピネル,LiMn↓2O↓4,陽極　活物質,3 2 酸
　　　　　　　　化　マンガン,含有,特徴＞

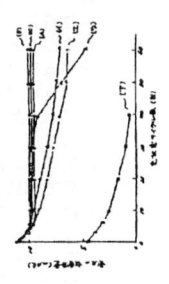

（4）LiMnO₂系

① 技術事項の特徴点

　　LiMnO₂の合成方法として過塩酸リチウムと過マンガン酸カリウムとから得た過マンガン酸

リチウムカリウム塩を熱分解したもの<1>*、マンガン酸化物等と、マンガン以外の第一遷移金属の

酸化物（M）とリチウム酸化物とを混合し加熱したもの（Li(Mn$_{1-y}$M$_y$)O₂）<2>*、

Li$_x$MO₂（M：は1以上の遷移金属）の平均粒径を特定したもの<3>等がある。

参照文献（＊は抄録記載）

<1>*特開昭 62-20250　　　　<2>*特開昭 63-210028　　　　<3>特開平 1-304664

参照文献（Japio抄録）

<1>

昭62-020250
P出 60-160531　有機電解液二次電池
　S60.07.19　松下電器産業　（株）
開 62- 20250
　S62.01.28　〔目的〕有機電解液二次電池の正極活物質として，過マンガン酸リチウムカリウム塩を熱分解したリチウム含有二酸化マンガンを用いることにより，充放電サイクルに伴う容量変化を低減する。
H01M 4/50
H01M 4/02
H01M 4/02　C　〔構成〕リチウム二次電池等の有機電解液二次電池の正極活物質として，過塩素酸リチウム（LiClO₄）と過マンガン酸カリウム（KMnO₄）とから得た過マンガン酸リチウムカリウム（(1-x)K・xLi・MnO₄，0.25≦x≦0.75）塩を熱分解したリチウム含有二酸化マンガン（Li,MnO₂）を用いる。またこのときの（Li,MnO₂）はリチウム含有量（y）を0.3～0.8の範囲とし，また熱分解温度は250～350℃の範囲とする。したがってサイクルに伴う容量変化を効果的に低減することができ，サイクル寿命を向上した電池を得ることができる。
＜有機 電解液 2次 電池,陽極 活物質,過マンガン酸,リチウム,カリウム塩,熱分解,含有,2 酸化 マンガン,充放電 サイクル,容量 変化,低減,リチウム 2次 電池,過塩素酸 リチウム,LiClO↓4,過マンガン酸 カリウム,KMnO↓4,カリウム,K,MnO↓4,塩,MnO↓2,含有量,範囲,熱分解 温度,サイクル,効果,サイクル 寿命,向上,電池＞

<2>

昭63-210028
P出 62- 43550　リチウムマンガン酸化物固溶体の合成法
　S62.02.25　日立マクセル　（株）
開 63-210028
　S63.08.31　〔目的〕Mnの酸化物等と，Mn以外の第一遷移金属の酸化物等と，Liの酸化物等とを混合し，加熱することにより，Li電池の正極活性物質として有用な標記固溶体を，供給O₂量を制限する必要なく，安全かつ容易に得る。
告 07-112929
H07.12.06
登 2082950　〔構成〕（A）Mnの酸化物または加熱により酸化物になる塩（例：MnCO₃）と，（B）Mn以外の第一遷移金属の酸化物または加熱により酸化物になる塩（例：CoCO₃）と，（C）Liの酸化物または加熱により酸化物になる塩（例：Li₂CO₃）とを混合する。次にこの混合物を，O₂供給量を制限しない開放雰囲気中，800～1200℃で加熱した後，急冷冷却し，式（MはMn以外の第一遷移金属；yは0.1～1）の標記固溶体を得る。
H08.08.23
H01M 4/58
C01G 45/00
C01G 51/00　A

Li(Mn₁₋ᵧMᵧ)O₂

＜リチウム,マンガン 酸化物,固溶体,合成,マンガン,酸化物,第1 遷移 金属,混合,加熱,リチウム 電池,陽極 活性 物質,有用,供給,酸素量,制限,安全,塩,MnCO↓3,CoCO↓3,Li↓2CO↓3,混合物,酸素 供給量,開放,雰囲気,急冷,冷却,式＞

（5）その他のマンガン系複合酸化物

① 技術事項の特徴点

　Li$_x$MnO$_y$におけるMnの価数分析値とLi／Mn原子比を特定したもの<1>、二酸化マンガンとリチウム塩とMO$_x$で表される金属酸化物（M：Mo、Nb、W、Ru、Co、Ti、Bi、Cu）とを混合焼成（350～430℃）したもの<2>*、<3>、LiMnCrO₄系<4>、Li$_x$M$_y$Mn$_{2-y}$O$_z$（m：Y、Ga、In、Tl）であるもの<5>*、L$_x$CaLi$_{2-x}$MnLi$_2$OLi$_6$またはL$_x$ErCa$_{2-x-y}$Mn$_2$O$_6$（L：YまたはLa、E：BaまたはSr）であるもの<6>*等がある。

参照文献（＊は抄録記載）

<1>特開平 2-37665　　<2>*特開平 2-65061　　<3>特開平 5-28991　　<4>特開平 2-199770

<5>*特開平 2-278661　　<6>*特開平 2-262241

参照文献（Japio 抄録）

<2>

平02-065061
P出 63-215870　　非水系二次電池
　S63.08.30　　三洋電機　（株）
開 02- 65061　　〔目的〕正極活物質としてマンガン酸化物とリチウム塩と特定の金
　H02.03.05　　属酸化物とを混合熱処理して得た化合物を用いることにより、充放
登 2703278　　電サイクル特性の向上を図る。
　H09.10.03　　〔構成〕ステンレス製の正負電極缶1,2はポリプロピレン製の絶縁
H01M 4/48　　パッキング3により隔離され、正極4は正極缶1の内底面に固着せる
H01M 4/58　　正極集電体5に圧接されている。負極6は負極缶2の内底面に固着せ
H01M 4/50　　る負極集電体7に圧着され、セパレータ8はポリプロピレン製微孔性
　　　　　　　薄膜よりなる。そして負極6はリチウム或いはリチウム合金を活物
　　　　　　　質とし、正極4はマンガン酸化物とリチウム塩とMOxで表わされ
　　　　　　　る金属酸化物（ここでMはMo、Nb、w、等或いはCrから選ば
　　　　　　　れる少くとも一種の金属）とを混合熱処理して得た化合物を活物質
　　　　　　　とする。このように安価で、可逆性に優れた化合物を正極活物質に
　　　　　　　用いて、この種二次電池の充放電サイクル特性を改善することがで
　　　　　　　きる。
　　　　　　　＜ポリプロピレン＞
　　　　　　　＜非水系 2次 電池,陽極 活物質,マンガン 酸化物,リチウム塩
　　　　　　　,金属 酸化物,混合 熱処理,化合物,充放電 サイクル 特性,向
　　　　　　　上,ステンレス,正負 電極,缶,ポリ プロピレン,絶縁 パッキン,
　　　　　　　隔離,陽極,陽極缶,内底面,固着,陽極 集電体,圧接,陰極,陰極缶,
　　　　　　　陰極 集電体,圧着,分離器,微孔性 薄膜,リチウム,リチウム 合
　　　　　　　金,活物質,MOx,モリブデン,ニオブ,クロム,1種,金属,安価,可逆
　　　　　　　,種,2次 電池,改善＞

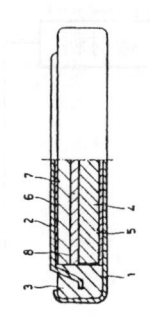

<5>

平02-278661
P出 01-101331　　非水電解液二次電池用正極活物質およびその製造方法
　H01.04.20　　富士電気化学　（株）
開 02-278661　　〔目的〕特定の複合酸化物を正極活物質とし、リチウム或いはリチ
　H02.11.14　　ウム合金を負極活物質とすることにより、充放電サイクルにおける
登 2528183　　正極の放電容量の低下を抑制し、サイクル特性の向上を図る。
　H08.06.14　　〔構成〕二次電池はLi$_x$M$_y$Mn$_{2-y}$O$_z$（ただしMは周期表Ⅲa又
H01M 4/58　　はⅢbから選ばれた元素、$0<x≦1, 0<y≦1, 4≦z<4.5$）の組
H01M 10/40 Z　成を持つ複合酸化物を正極活物質とし、リチウム或いはリチウム合
H01M 4/02 C　金を負極活物質とする。この複合酸化物はLiMMnO$_4$、Li$_2$O、
　　　　　　　M$_2$O$_3$、二酸化マンガンなどの酸化物が結晶構造の中にこの式の範
　　　　　　　囲内で混在するものを指す。この複合酸化物はリチウムイオンの出
　　　　　　　入りに関して可逆性に優れている。これにより充放電サイクルにお
　　　　　　　ける正極の放電容量の低下が抑制され、電池のサイクル特性の向上
　　　　　　　が図れる。
　　　　　　　＜非水 電解液 2次 電池,複合 酸化物,陽極 活物質,リチウム
　　　　　　　,リチウム 合金,陰極 活物質,充放電 サイクル,陽極,放電 容
　　　　　　　量,低下,抑制,サイクル 特性,向上,2次 電池,Mn↓2,O,周期律
　　　　　　　表,3a族,3b族,元素,組成,MM,O↓4,Li↓2O,M↓2O↓3,2
　　　　　　　酸化 マンガン,酸化物,結晶 構造,式,範囲,混在,リチウム イオ
　　　　　　　ン,出入,可逆,電池＞

<6>

平02-262241
P出 01- 82589　　リチウム二次電池用正極
　H01.03.31　　古河電池　（株）
開 02-262241　　〔目的〕LxCa$_{2-x}$Mn$_2$O$_6$またはLxErCa$_{2-x-y}$Mn$_2$O$_6$（
　H02.10.25　　LはYまたはLa、EはBaまたはSr）を正極活物質とすること
登 2750731　　により、放電容量を大きくする。
　H10.02.27　　〔構成〕LxCa$_{2-x}$Mn$_2$O$_6$またはLxErCa$_{2-x-y}$Mn$_2$O$_6$（
C01G 45/00　　LはYまたはLa、EはBaまたはSr）を正極活物質とする。C
C01F 17/00 A　a$_2$Mn$_2$O$_6$のCa^{2+}の一部を三価の希土類イオンのうち特に、Y
H01M 4/48　　またはLaで置換して得られる複合酸化物は、導電率がCa$_2$Mn$_2$
H01M 4/02 C　O$_6$に比し著しく低下する。従ってこれを電池の正極活物質として
H01M 4/04 A　使用し、放電容量の増大をもたらす。
C01F 17/00　　＜リチウム 2次 電池,陽極,Ca↓2,Mn↓2,O,エルビウム,Y,
H01M 4/02 A　ランタン,バリウム,ストロンチウム,陽極 活物質,放電 容量,大
H01M 10/40 Z　きさ,一部,3価,希土類 イオン,置換,複合 酸化物,導電率,低下,
　　　　　　　電池,使用,増大＞

[その他の正極材料]

1．技術テーマの構造

（ツリー図）

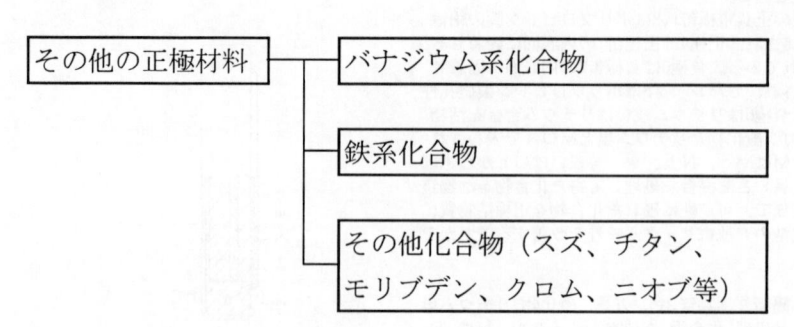

```
その他の正極材料 ─┬─ バナジウム系化合物
                  ├─ 鉄系化合物
                  └─ その他化合物（スズ、チタン、
                     モリブデン、クロム、ニオブ等）
```

　その他の正極材料は遷移金属類が中心であり、バナジウム系化合物、鉄系化合物、その他（セレン、チタン、モリブデン、クロム、ニオブ等）がある。有機化合物（導電性高分子等）およびポリアセン化合物についてはリチウムイオン二次電池の正極材料の分類から除外し、リチウムポリマー二次電池で述べる。また、炭素材正極は抽出文献すべて電気二重層キャパシター（活性炭分極性電極と電解質界面に生じる電気二重層を利用したコンデンサー）であり分類から除外した。

2．各技術事項について
（1）バナジウム系化合物
① 技術事項の特徴点
　　五酸化バナジウムを正極活物質とし、$LiTiO_2$、$LiNb_2O_5$、$LiTiS_2$を負極とした組み合わせのリチウムイオン二次電池<1>、<2>*、<3>、<4>がある。$xM_{2B}O_5・zM_CO_3$（x、y、zのうち少なくとも二つは零以外の値、x＋y＋z＝1.0）を有する酸化バナジウムと酸化タングステン等の少なくとも2種類の金属酸化物で、M_Aは周期律表の4B、5B、6B族であり、M_Bは周期律表の5B、6B族であり、M_Cは周期律表の4B族の元素で構成されるもの<5>、$Mo_xV_yO_{3x+2.5y}$（Y／Xは1〜20で表されるバナジウムとモリブデンとの複合酸化物）であるもの<6>*、バナジウムとクロムを含む複合酸化物であるもの<7>*、$LiMn_2O_4$と五酸化バナジウムのと複合酸化物<8>*がある。また、五酸化バナジウムの製造方法に関しては、五酸化バナジウムと五酸化リンとを溶融後、急冷し非晶質化したもの<9>*、<10>、<11>、非晶質相五酸化バナジウムと結晶相金属酸化物（例えばB_2O_5、SiO_2）との混晶系<12>*、結晶相五酸化バナジウム系<13>がある。五酸化バナジウム以外のバナジウム系には、$Li_xV_3O_8$の製造方法に関するもの<14>*等がある。

参照文献（＊は抄録記載）

<1>特開昭56-136462　　<2>*特開昭56-147368　　<3>特開昭57-152669　　<4>特開昭57-212773

<5>特開昭58-220361　　<6>*特開昭60-218766　　<7>*特開昭60-227358　　<8>*特開平6-140040

<9>*特開昭63-69154　　<10>特開昭63-69155　　<11>特開昭63-226882　　<12>*特開平1-128355

<13>特開昭63-289763　　<14>*特開平1-296567

参照文献（Japio抄録）

＜2＞

昭56-147368
P出 55- 52189　　有機電解液二次電池
　　S55.04.18　　湯浅電池　（株）
開 56-147368　　〔目的〕リチウムと層間化合物を形成した状態の五酸化ニオブを負
　　S56.11.16　　極活物質とし、これより高い電位で不溶性の化合物を形成し得る酸
告 62- 59412　　化物等を正極活物質として使用することにより、漏液を防止すると
　　S62.12.10　　共に長寿命化を図る。
登 1456471　　〔構成〕五酸化バナジウムに黒鉛を添加し、フツ素樹脂結着剤等に
　　S63.09.09　　て円板状に成形した正極活物質1とし、五酸化ニオブに黒鉛を添加し
H01M 4/40　　、フツ素樹脂結着剤等にて円板状に成形した負極活物質2として、円
H01M 4/48　　板状に打抜いた金属リチウム3を、負極活物質2の表面に直接々触さ
H01M 10/40 Z　　せる。プロピレンカーボネートと1,2-ジメトキシエタンの混合液
H01M 10/40 A　　等に過塩素リチウムを溶解した電解液を含浸したガラス繊維マット
　　　　　　　　よりなるセパレータ4を両極活物質間に配置し、正極、負極端子を兼
　　　　　　　　ねるステンレス鋼製容器5と蓋6をガスケット7を介してかしめてい
　　　　　　　　る。これによりクリープ現象による漏液を生ずることがなく、充放
　　　　　　　　電効率を高めることができる。
　　　　　　　　＜有機 電解液 2次 電池,リチウム,層間 化合物,形成,状態,5
　　　　　　　　　酸化 ニオブ,陰極 活物質,高さ,電位,不溶性,化合物,酸化物,
　　　　　　　　　陽極 活物質,使用,漏液,防止,長寿命化,5 酸化 バナジウム,黒
　　　　　　　　　鉛,添加,フツ素 樹脂 結着剤,円板状,成形,打抜,金属 リチウム
　　　　　　　　　,表面,直接,プロピレン カーボネート,ジ メトキシ エタン,混
　　　　　　　　　合液,過塩素 リチウム,溶解,電解液,含浸,ガラス 繊維 マット
　　　　　　　　　,分離器,両極,活物質,配置,陽極,陰極 端子,ステンレス鋼 容器,
　　　　　　　　　蓋,ガスケット,かしめ,クリープ 現象,充放電 効率＞

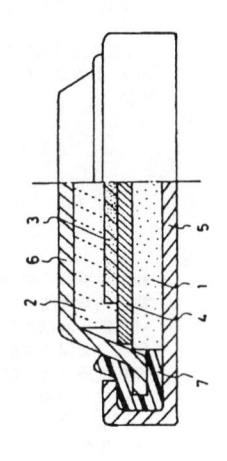

＜6＞

昭60-218766
P出 59- 74093　　非水電解質二次電池
　　S59.04.13　　松下電器産業　（株）
開 60-218766　　〔目的〕正極の活物質にモリブデンとバナジウムの複酸化物を用い
　　S60.11.01　　ることにより、高エネルギー密度で、しかも過放電を行ってもサイ
告 06- 46565　　クル特性の良いものを得る。
　　H06.06.15　　〔構成〕正極活物質に式$Mo_xV_yO_{3x+2.5y}$（ただしy／xは1〜20
登 1919147　　）で表わされるモリブデンとバナジウムの複酸化物を用いる。例え
　　H07.04.07　　ば、モリブデン・バナジウム複酸化物、アセチレンブラック、及び
H01M 4/58　　四弗化エチレン樹脂を混合し、チタンエキスパンドメタル集電体を
　　　　　　　　スポット溶接した電池ケース内に成形、圧着する。負極には金属リ
　　　　　　　　チウムを用い、ニツケルエキスパンドメタル集電体をスポット溶接
　　　　　　　　した封口板に加圧圧着する。電解液には、プロピレンカーボネート
　　　　　　　　とジメトキシエタンの混合溶媒に過塩素酸リチウムを溶解したもの
　　　　　　　　を用い、また金属リチウム極に発生するデンドライトによる内部短
　　　　　　　　絡を防ぐため、セパレータにポリプロピレン不織布を用いる。
　　　　　　　　＜ポリテトラフルオロエチレン,ポリプロピレン＞
　　　　　　　　＜非水 電解質 2次 電池,陽極,活物質,モリブデン,バナジウム,
　　　　　　　　　複酸化物,高エネルギー密度,過放電,サイクル 特性,陽極 活物質
　　　　　　　　　,式,V,オゾン,アセチレンブラック,4 フツ化 エチレン 樹脂,
　　　　　　　　　混合,チタン エキスパンド 金属,集電体,スポット 溶接,電池
　　　　　　　　　ケース,成形,圧着,陰極,リチウム,ニツケル エキスパンド
　　　　　　　　　金属,封口板,加圧 圧着,電解液,プロピレン カーボネート,ジ
　　　　　　　　　メトキシ エタン,混合 溶媒,過塩素酸 リチウム,溶解,極,発
　　　　　　　　　生,デンドライト,内部 短絡,分離器,ポリ プロピレン 不織布＞

<7>

昭60-227358
P出 59-84871
　　S59.04.25
開 60-227358
　　S60.11.12
告 06-36365
　　H06.05.11
登 1908632
　　H07.02.24
H01M 4/58

非水電解液二次電池の正極活物質用のクロム・バナジウム複合酸化物の製造方法

三洋電機（株）

〔目的〕正極活物質としてクロムとバナジウムを含む複合酸化物を用いることにより、高放電容量を有し、且つサイクル特性に優れたものを得る。

〔構成〕リチウム、ナトリウムなどの軽金属を活物質とする負極3と、非水電解液と、クロムとバナジウムを含む複合酸化物を活物質とする正極1とを設けている。例えば、メタバナジン酸アンモニウムと無水クロム酸を混合し、アルミナボートに入れアルゴン気流中において250～400℃の温度で反応させて得たクロムとバナジウムを含む複合酸化物を活物質とする。この活物質に、導電剤としてのアセチレンブラツク及び結着剤としてのフツ素樹脂粉末を加え、坩堝で充分混合した後加圧成型し、真空熱処理して正極1とする。これにより放電容量が増大し且つサイクル特性が向上する。

<非水 電解液 2次 電池,陽極 活物質,クロム,バナジウム,複合 酸化物,高放電 容量,サイクル 特性,リチウム,ナトリウム,軽金属,活物質,非水 電解液,陰極,メタ バナジウム酸 アンモニウム,無水 クロム酸,混合,アルミナ ボート,アルゴン 気流,温度,反応,導電剤,アセチレンブラツク,結着剤,フツ素 樹脂,粉末,るつぼ,充分,後加圧,成形,真空 熱処理,放電 容量,増大,向上>

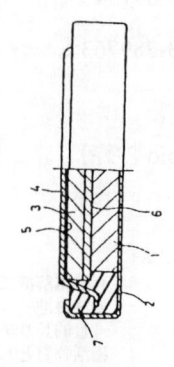

<8>

平06-140040
P出 04-105606
　　H04.03.31
開 06-140040
　　H06.05.20
登 2575993
　　H08.11.07
H01M 4/02　C
H01M 4/58
H01M 10/40　Z

非水電解質二次電池

新技術事業団

〔目的〕放電容量を増大させると共に充放電性に優れた二次電池を得る。£固体電解質二次電池、正極材料、3次元構造、結晶構造、充放電繰り返し特性

〔構成〕負極にアルカリ金属、アルカリ金属合金、又はイオン挿入の可能な金属酸化物若しくは炭素を、電解質に非水電解質溶液又は固体電解質を用いている。そして、二酸化マンガン、五酸化バナジウム及びリチウムを含む一般式LiyMn₂O₄・xV₂O₅ (0<x<0.75, 0<y<2)で示される3成分系化合物を正極活物質として用いる。この3成分系化合物はMnO₂結晶中にV₂O₅とLi+イオンを含む複合酸化物である。最初の放電容量が大きく（A、B、C）、充放電における放電容量も大きく、サイクル特性に優れている。

<非水 電解質 2次 電池,放電 容量,増大,充放電,性,2次 電池,固体 電解質 2次 電池,陽極 材料,3次元 構造,結晶 構造,繰返し 特性,陰極,アルカリ 金属,アルカリ 金属 合金,イオン,挿入,可能,金属 酸化物,炭素,電解質,非水 電解質 溶液,固体 電解質,2 酸化 マンガン,5 酸化 バナジウム,リチウム,一般,Mn↓2,O↓4,V↓2O↓5,3成分,化合物,陽極 活物質,MnO↓2,結晶,+イオン,複合 酸化物,最初,大きさ,B,C,サイクル 特性>

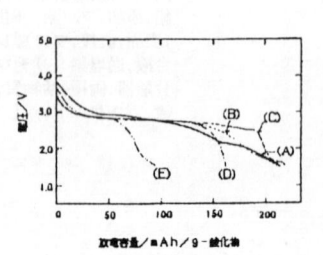

<9>

昭63-069154
P出 61-212691　　非水電解液二次電池
　　S61.09.11　　東芝電池　（株），三菱油化　（株）
開 63- 69154　　〔目的〕正極体は所定の五酸化リンとの混合物を溶融急冷法で調整
　　S63.03.29　　したものを用い,負極体には所定の炭素質物の粉末成形体を用いる
告 05- 80791　　ことにより,充放電サイクル寿命を長くすると共に,耐過放電特性を
　　H05.11.10　　向上させる。
登 1858701　　　〔構成〕正極体1は非晶質物の粉末成形体である。この非晶質物は
　　H06.07.27　　V₂O₅とP₂O₅とから成り,これらの量比開係はV₂O₅のモル数に
H01M　4/48　　　対し,P₂O₃のモル数を30％以下に設定する。そしてこのような非
H01M　4/58　　　晶物質は,P₂O₅,V₂O₅の各粉末を所定量比で混合して得られた混
H01M　4/02　C　合物を溶融し,この溶融物を例えば冷却された銅板や銅製ドラムに
H01M　4/02　D　接触させ急冷して調整する。負極体3は炭素質物の粉末成形体であ
H01M　4/04　A　り,この炭素質物は,H／C0.15未満,X線広角析法による面の面
H01M 10/40　Z　間隔3.37Å以上,及びC軸方向の結晶子の大きさ150Å以下のパラ
　　　　　　　　　メータで特定される炭素質物とする。
　　　　　　　　　＜非水　電解液　2次　電池,陽極体,5　酸化　リン,混合物,溶融
　　　　　　　　　急冷,調整,陰極体,炭素質物,粉末　成形体,充放電　サイクル　寿
　　　　　　　　　命,長い,耐過,放電　特性,向上,非晶質,V↓2O↓5,P↓2O↓5,量
　　　　　　　　　比,開,モル数,P↓2O↓3,設定,非晶,物質,粉末,所定量,比,混合,
　　　　　　　　　溶融,溶融物,冷却,銅板,銅製,ドラム,接触,急冷,H／C,未満,X線
　　　　　　　　　,広角,回折,面間隔,C軸　方向,結晶子,大きさ,パラメータ,特定＞

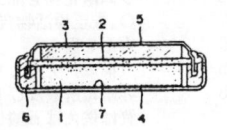

<12>

平01-128355
P出 62-282971　　非水溶媒電池
　　S62.11.11　　日本電信電話　（株），東芝：（株）
開 01-128355　　〔目的〕非晶質五酸化バナジウムを主体とする化合物中に特定量の
　　H01.05.22　　結晶相を含ませたものを正極活物質とすることにより,電池容量,充
告 05- 17660　　放電サイクル寿命等の向上を図る。
　　H05.03.09　　〔構成〕非晶質五酸化バナジウムを主体とする化合物中に体積比で
登 1808650　　　1～50％の結晶相を含ませたものを正極活物質とする。前記化合物
　　H05.12.10　　としては,一般式（V₂O₅）₁₀₀₋ₓMₓ〔但し,式中のMはB₂O₃，P₂
H01M　4/02　C　O₅，SiO₂，Bi₂O₃，TeO₂，WO₃，MoO₂，NbO₂，GeO₂，
H01M　4/48　　　Ag₂O，CuO，PbO，Sb₂O₃，SnO₂，TiO₂，xは0≦x≦30
　　　　　　　　　（モル比），である〕にて表わされるものを使用する。正極として
　　　　　　　　　は,例えば正極活物質である非晶質五酸化バナジウム化合物粉末を
　　　　　　　　　導電材,結晶材と共に成形してペレット状にしたもの,またはシート
　　　　　　　　　状物,あるいは塗膜としたもの等を用いる。
　　　　　　　　　＜非水　溶媒,非晶質,5　酸化　バナジウム,主体,化合物,特
　　　　　　　　　定量,結晶相,陽極　活物質,電池　容量,充放電　サイクル　寿命,
　　　　　　　　　向上,体積比,一般,V↓2O↓5,式,B↓2O↓3,P↓2O↓5,シリカ,
　　　　　　　　　Bi↓2O↓3,TeO↓2,WO↓3,MoO↓2,NbO↓2,GeO↓2
　　　　　　　　　,Ag↓2O,CuO,PbO,Sb↓2O↓3,SnO↓2,TiO↓2,モ
　　　　　　　　　ル比,使用,陽極,化合物　粉末,導電材,結晶材,成形,ペレット,シー
　　　　　　　　　ト状物,塗膜＞

<14>

平01-296567
P出 63-127268
　　S63.05.25
開 01-296567
　　H01.11.29
告 06-79487
　　H06.10.05
登　1945205
　　H07.06.23
H01M 4/58
H01M 4/02　　C

非水電解質二次電池
湯浅電池　（株）
〔目的〕水溶液処理により遊離したLi₂O,Li₂CO₃及びバナジウム酸化物を除去したリチエートバナジウム酸化物であるLi$_x$V₃O₈を正極活物質とすることにより,高容量,放電電圧の平坦性大,長寿命を図る。
〔構成〕アルカリ金属の負極活物質,アルカリ金属イオン導電性の非水電解液及びLi$_x$V₃O₈の正極活物質が用いられる。正極活物質は例えば五酸化バナジウムと炭酸リチウムをモル比5：2に混合の上,空気中で約700℃で48時間以上熱処理合成して得られたLi₁↓・₂V₃O₈を平均20μmの小径に粉砕したものを緩衝溶液等の水溶液に溶かし,口過し,数回水洗して口紙よりとり出し,約400℃で24時間以上乾燥して生成される。この生成法によるものは,例えば簡単な熱処理合成により生成された従来のものを用いた電池に比し電池放電電圧,容量に図示の差がある。
＜酸化リチウム,炭酸リチウム,酸化バナジウム,アルカリ金属,アルカリ金属イオン,金属イオン,5酸化,5酸化バナジウム＞
＜非水　電解質　2次　電池,水溶液　処理,遊離,Li↓2O,Li↓2CO↓3,バナジウム　酸化物,除去,チエート,リチウム,V,O↓8,陽極　活物質,高容量,放電　電圧,平坦性,長寿命,アルカリ　金属,陰極　活物質,アルカリ　金属　イオン　導電性,非水　電解液,5酸化　バナジウム,炭酸　リチウム,モル比,混合,空気中,48時間,熱処理,合成,平均,小径,粉砕,緩衝　溶液,水溶液,濾過,数回,水洗,濾紙,取出,24時間,乾燥,生成,簡易,電池,電池　放電,電圧,容量,図示,差＞

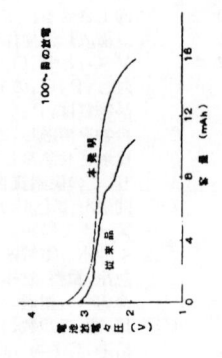

（2）鉄系化合物

① 技術事項の特徴点

　鉄系化合物は硫化物、酸化物が主体である。硫化物系には、二硫化鉄に多価金属硫化物（コバルト、ニッケル、銅、マンガン、セリウムから選択された硫化物）を含有させ電極の膨張を減少させたもの<1>*、<2>等がある。酸化物系には、硫酸第二鉄と硫酸ニッケルまたは硫酸コバルトの溶液反応から合成し500℃で熱処理後複合酸化物としたもの<3>、<4>、混合アルカリ水熱法により合成した、層状岩塩構造のリチウムフェライト（LiFeO₂）がある<5>*。また、FeCl₃を加熱してこれに水飽和空気を通して製造したFeOCl<6>*等がある。

参照文献（＊は抄録記載）

<1>*特開昭 52-64634　　<2>特開昭 52-103636　　<3>特開昭 55-30182　　<4>特開昭 55-46288
<5>*特開平 10-139593　　<6>*特開昭 53-12034

参照文献（Japio 抄録）

<1>

昭52-064634
P出 51- 84481
　　S51.07.15
開 52- 64634
　　S52.05.28
H01M 4/58

二次電池用陽極
アメリカ　ガツシユウコク
〔目的〕二次電池の陽極中における活物質組成を改良し,集電子を構成する不活性金属の量を減少して,放電の際生じる膨張を減少させること。
〔構成〕二次電池は陰極13,15,改良した活物質27を含む陽極17,これらの電極間にイオン伝導を与えるための電解質を有する。この改良された陽極活物質27は,重量の大部分は二硫化鉄であり,その二硫化鉄よりも重量の少ない多価金属硫化物（コバルト,ニツケル,銅,マンガン,セリウムからなる多価金属グループから選択された金属の硫化物）を含んでいる。このような改良された陽極活物質を用いることにより,活物質の利用が著しく改善され,電極の膨張が減少し,また電極抵抗が低減して,これによつて高出力を得ることができ,集電子の必要量も少なくてよい。
<2次　電池,陽極,活物質,組成,改良,集電子,構成,不活性　金属,量,減少,放電,膨張,陰極,電極,イオン　伝導,電解質,陽極　活物質,重量,大部分,2　硫化　鉄,多価　金属,硫化物,コバルト,ニツケル,銅,マンガン,セリウム,グループ,選択,金属,利用,改善,電極　抵抗,低減,高出力,必要量>

<5>

平10-139593
P出 08-318747
　　H08.11.13
開 10-139593
　　H10.05.26
登　2855190
　　H10.11.27
C01G 49/00　A
C30B　7/10
C30B 29/22　F
H01M　4/58
H01M　4/02　C
H01M　4/04　A

混合アルカリ水熱法による層状岩塩型リチウムフエライトの製造方法
工業技術院長
〔目的〕（J）水溶性鉄塩等の鉄源を水酸化ナトリウムと水酸化ナトリウムを含む水溶液中で水熱反応させることにより,単一工程でリチウム二次電池の正極材料として有用な層状岩塩構造のLiFeO₂を得る。£α－NaFeO₂型、可充電電源、リチウムコバルト酸化物、リチウムニツケル酸化物、リチウムマンガンスピネル
〔構成〕水溶性鉄塩,水酸化鉄,酸化水酸化鉄又は金属鉄を水酸化リチウムと水酸化ナトリウム又は水酸化カリを含む水溶液中で130～300℃で水熱処理して層状岩塩構造のLiFeO₂（リチウムフエライト系粉末）を造る。鉄源としては3価の硝酸塩,硫酸塩,塩化物が好ましく,濃度0.05～10M程度の水溶液を用いる。これに水酸化リチウム（1～20mol／kg・H₂O程度）と水酸化ナトリウム又は水酸化カリウム（10～100mol／kg・H₂O程度）を加える。水熱反応条件は好ましくは200～250℃で1～48時間オートクレーブ中で静置し,粉末状反応生成物を水洗,乾燥して製品を得る。
<混合,アルカリ水,熱,層状,岩塩,リチウム　フエライト,製造　方法,水溶性　鉄塩,鉄源,水酸化　ナトリウム,水溶液,水熱　反応,単1　工程,リチウム　2次　電池,陽極　材料,有用,構造,LiF,酸素,α,NaFeO↓2,型,可充電,電源,リチウム,コバルト　酸化物,ニツケル　酸化物,マンガン,スピネル,水酸化　鉄,酸化,金属　鉄,水酸化　リチウム,水酸化　カリ,水熱処理,粉末,3価,硝酸塩,硫酸塩,塩化物,濃度,程度,H↓2O,水酸化　カリウム,条件,48時間,オートクレーブ,静置,粉末状　反応　生成物,水洗,乾燥,製品>

<6>

昭53-012034
P出 52- 75408
　　S52.06.24
開 53- 12034
　　S53.02.03
告 61- 45353
　　S61.10.07
登　1389592
　　S62.07.23
H01M　4/58
H01M　4/02　A
H01M 10/40　Z

層状化合物の正極活性物質を有する電池
エクソン　リサーチ　アンド　ENG　CO
〔目的〕空間群V₁ₕ⁸から導き出される層状構造を有する陰極活物質を用いることにより,高エネルギー密度を有し,かつ充放電による循環使用を可能にすること。
〔構成〕FeCl₃を加熱してこのFeCl₃上に水飽和空気を通してFeOClを製造する。このFeOClを10重量％の炭素および10重量％のポリテトラフルオルエチレンと混合し,ステンレス鋼グリツド上に初め室温で,次に300℃でプレスする。次にこれをポリプロピレンセパレータで巻き,陽極として働く純粋な金属リチウムで巻いて,過塩素酸リチウムの2.5モルジオキサン溶液中に浸漬して電池とする。
<ポリテトラフルオロエチレン,ポリプロピレン>
<層状　化合物,陰極　活物質,電池,空間,V,H,層状　構造,高エネルギー密度,充放電,循環　使用,可能,FeCl↓3,加熱,水飽和,空気,FeOCl,製造,炭素,ポリ　テトラ　フルオロ　エチレン,混合,ステンレス鋼,グリツド,室温,プレス,ポリ　プロピレン　分離器,巻き,陽極,純粋,金属　リチウム,過塩素酸　リチウム,モル,ジオキサン　溶液,浸漬>

（3）その他化合物（スズ、チタン、モリブデン、クロム、ニオブ等）
① 技術事項の特徴点

　その他の正極活物質には、スズの化合物として二セレン化スズ（$SnSe_2$）を用いたもの<1>*、チタン化合物として等方性形状のTi_xS_2の合成法を含め検討したもの<2>*、<3>や、二硫化チタンに無水クロム酸を添加して熱分解した化合物<4>がある。モリブデン化合物には、Li_xMoS_2<5>*、二硫化モリブデンと二酸化モリブデンの混合または被覆粒子にしたもの<6>*、三酸化モリブデンと二酸化ジルコニウムとを特定割合混合した焼成体<7>がある。クロム化合物には、三酸化クロムと二酸化マンガンとを混合し熱処理したもの<8>*、ニオブ化合物には遷移金属トリカルコゲン化合物と同様の構造をもつ単斜晶三硫化ニオブ（NbS_3）がある<9>。また、三酸化モリブデン、酸化ビスマス、酸化チタン等の金属酸化物に五酸化バナジウムを加えて混合物を焼成したもの<10>等がある。

参照文献（＊は抄録記載）

<1>*特開昭55-60278	<2>*特開昭54-114493	<3>特開昭56-84318	<4>特開昭60-65461
<5>*特開昭55-69964	<6>*特開昭55-69963	<7>特開昭61-91869	<8>*特開昭60-79671
<9>特開昭61-124063	<10>特開昭54-108221		

参照文献（Japio 抄録）

<1>

```
昭55-060278
P出 53-133282           電池
   S53.10.31            日本電信電話　（株）
開 55- 60278           〔目的〕正極活物質として二セレン化スズ,負極活物質としてリチ
   S55.05.07            ウムを用い,電解質としてリチウムイオンの移動が可能な物質を用
告 59- 11189            いることにより,高エネルギー密度の二次電池を得る。
   S59.03.14           〔構成〕リチウムを負極活物質として用いる二次電池における正極
登   1239422            活物質として,二セレン化スズ（SnSe₂）を用い,電解質として
   S59.11.13            プロピレンカーボネイト等の非プロトン性有機溶媒と過塩素酸リ
H01M  4/58              チウム等のリチウム塩との組み合せ,またはLi'を伝導体とする固体
H01M 10/38              電解質あるいは溶融塩を用いている。この電解質は,二セレン化ス
                        ズおよびリチウムと反応せず,リチウムイオンが二セレン化スズに
                        インターカレントするために移動できる物質とする。また前記の正
                        極は,例えば二セレン化スズの粉末と結合剤粉末との混合物をニッ
                        ケル等の支持体上に膜状に圧着成形する等によって形成する。
              <電池,陽極　活物質,2,セレン化,スズ,陰極　活物質,リチウム,電
               解質,リチウム　イオン,移動,可能,物質,高エネルギー密度,2次
               電池,錫　セレン,プロピレン　カーボネート,非プロトン性　有機
                溶媒,過塩素酸　リチウム,リチウム塩,組合せ,Li↑+,伝導体,
                固体　電解質,溶融塩,反応,インター,カレント,陽極,粉末,結合剤
                粉末,混合物,ニッケル,支持体,膜状,圧着　成形,形成>
```

<2>

昭54-114493
P出 53-19151　　二硫化チタン粒子
　S53.02.23　　ラポート　IND　LTD
開 54-114493　〔目的〕TiCl₄に対して化学量論量よりも過剰量のH₂Sと,T
　S54.09.06　　iCl₄との混合物を,特定温度に加熱して,O₂の不存在下に,充分
告 61-28609　　なガス流速で反応器に導入して,電気化学電池の活性陰極物質用の
　S61.07.01　　Ti$_x$S₂粒子が得られるようにする。
登 1362881　〔構成〕TiCl₄16はフラッシュボイラー20で気化され,不活性ガ
　S62.02.09　　ス15と混合後,予熱器24で400〜500℃に加熱され反応器11へ導入さ
C01G 23/00　D　れる。一方,TiCl₄に対して化学量論量よりも過剰量のH₂S13
H01M 4/58　　は,不活性ガス14と混合後,予熱器23で同温度に加熱されて反応器11
C01G 23/00　　に導入される。ついで反応生成物は回収器12に落下し,フィルター2
　　　　　　　9により残存ガスと分離される。本方法により,互いに貫き合って
　　　　　　　いる六角プレートまたはプレート断片を含む,等方性形状のTi$_x$S₂
　　　　　　　(xは0.90〜0.99,好適には0.925〜0.99)粒子を得る。
　　　　　　　<2 硫化 チタン,粒子,TiCl↓4,化学量論量,過剰量,H↓2S
　　　　　　　,混合物,特定 温度,加熱,酸素,不存在下,充分,ガス 流速,反応器
　　　　　　　,導入,電気 化学 電池,活性 陰極 物質,Ti↓xS↓2,フラッ
　　　　　　　シュ ボイラ,気化,不活性 ガス,混合,予熱器,一方,同 温度,反
　　　　　　　応 生成物,回収機,落下,フイルタ,残存 ガス,分離,本,方法,六角
　　　　　　　形,プレート,断片,等方性,形状,好適>

<5>

昭55-069964
P出 54-105599　リチウム二硫化モリブデンを正極とする二次電池
　S54.08.21　　ルドルフ　ローランド　ヘーリング,ジエイムズ　アレクサンダー
開 55-69964　　　ロバート　スタイルズ,クラウス　ブラント
　S55.05.27　〔目的〕リチウムの負極と非水電解質を有する二次電池の正極とし
告 61-53828　　て,リチウム二硫化モリブデンを用いることにより,高度の可逆性が
　S61.11.19　　得られるようにする。
登 1389316　〔構成〕リチウムの負極と非水電解質とを有する二次電池の正極と
　S62.07.14　　して,化学式Li$_x$MoS₂(但し0<x≦3)で表わされるリチウム
H01M 4/58　　二硫化モリブデンを用いている。そしてこのリチウム二硫化モリブ
H01M 4/06　K　デンの正極は,リチウム陽イオン濃度xの値により可逆性能が左右
H01M 6/16　Z　されるので,電池を0.7〜1.1Vの第1電圧プラトーに放電させて,
H01M 4/02　　これより下の0.6V以上の放電電圧までで可逆的放電動作を整調す
H01M 4/02　C　る。あるいは電池を約0.8Vの電位に放電するときに正極のリチウ
　　　　　　　ム陽イオン濃度xの値が2以下で1以上の値に近づき,電池電圧2.7
　　　　　　　〜0.8Vの間で可逆リサイクリングできるようにする。
　　　　　　　<リチウム 2 硫化 モリブデン,電池,陰極,リチウム,非水 電
　　　　　　　解質,2次 電池,陽極,高度,可逆,化学式,MoS↓2,陽イオン 濃
　　　　　　　度,値,左右,第1 電圧,プラトー,放電,V,放電 電圧,放電 動作,
　　　　　　　整調,電位,電池 電圧,リサイクリング>

<6>

昭55-069963
P出 54-105598　電池とその製造法
　S54.08.21　　ルドルフ　ローランド　ヘーリング,ジエイムズ　アレクサンダー
開 55-69963　　　ロバート　スタイルズ,クラウス　ブラント
　S55.05.27　〔目的〕細分化した二硫化モリブデン粒子を基板に塗布し,酸素を
告 61-5262　　含む雰囲気中で焼成して二酸化モリブデンと二硫化モリブデンとか
　S61.02.17　　らなる正極とすることにより,高度の可逆性と放電率が得られるよ
登 1344141　　うにする。
　S61.10.29　〔構成〕リチウムの負極と非水電解質とを有する電池の正極活物質
H01M 4/48　　として,二酸化モリブデンと二硫化モリブデン,または二酸化モリブ
H01M 4/02　C　デンで被覆された二硫化モリブデン粒子を用いる。この正極を,基
H01M 4/58　　板上に細分化した二硫化モリブデン粒子の懸濁液の膜を形成し,こ
H01M 4/02　　れを酸素を含む雰囲気中で焼成して,一部を二酸化モリブデンに変
　　　　　　　換することによつて作成する。またこの正極を,一度三酸化モリブ
　　　　　　　デンにした後,還元雰囲気中でさらに焼成して二酸化モリブデンに
　　　　　　　変え,あるいは先に二酸化モリブデン粒子にした後,これを懸濁液と
　　　　　　　して基板上に膜を形成し,不活性雰囲気中で焼成して作成してもよ
　　　　　　　い。
　　　　　　　<電池,陰極,製造,細分化,2 硫化 モリブデン 粒子,基板,塗布,
　　　　　　　酸素,雰囲気,焼成,2 硫化 モリブデン,2 酸化 モリブデン,陽
　　　　　　　極,高度,可逆,放電率,リチウム,非水 電解質,陽極 活物質,被覆,
　　　　　　　懸濁液,膜,形成,一部,変換,作成,1度,3 酸化 モリブデン,還元
　　　　　　　雰囲気,粒子,不活性 雰囲気>

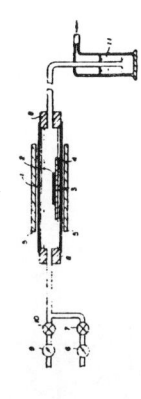

<8>

昭60-079671
P出 58-188064　　非水電解液電池
　S58.10.06　　三洋電機　（株）
開 60-79671　　〔目的〕二酸化マンガンと三酸化クロムとの混合物を特定温度で熱
　S60.05.07　　処理したものを正極活物質に使用することにより，排水電解液電池
告 05-52027　　の放電容量の増大と高率放電特性の向上を図る。
　H05.08.04　　〔構成〕正極活物質として，二酸化マンガンと三酸化クロムとの混
登　1839618　　合物を350～400℃で熱処理したものを使用する。この改質正極活物
　H06.04.25　　質を使用した正極と，リチウム，ナトリウム等の軽金属を活物質とす
H01M 4/06　L　 る負極と，非水電解液を用いて電池を組立てる。この正極活物質の
H01M 4/48　　　使用により，高容量を有し，かつ高率放電特性に優れた非水電解液電
H01M 4/50　　　池を提供できる。
H01M 4/06　　　＜非水 電解液 電池,2 酸化 マンガン,3 酸化 クロム,混合
H01M 4/58　　　物,特定 温度,熱処理,陽極 活物質,使用,排水 電解液,電池,放
　　　　　　　　電 容量,増大,高率 放電 特性,向上,改質,陽極,リチウム,ナト
　　　　　　　　リウム,軽金属,活物質,陰極,非水 電解液,組立,高容量,提供＞

[正極添加剤（結着剤含む）]

1．技術テーマの構造

(ツリー図)

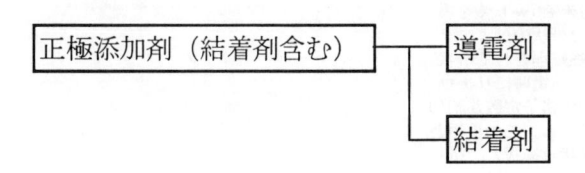

```
正極添加剤（結着剤含む）─┬─ 導電剤
                         └─ 結着剤
```

　正極の添加剤には、リチウムイオン二次電池特有の文献が少なく、リチウム一次電池、リチウム金属二次電池等と共通するものが多い。正極添加剤は、導電剤、結着剤とに大別される。導電剤は正極活物質や正極板との反応効率促進のため、電極全体としての抵抗を少なくし充放電反応をスムーズに起こさせる役割を持っている。また、結着剤は正極合剤を塗工によるシート化やペレット化した電極にする場合、粉体どうしを固め、充放電時に電極が壊れないようにし、充放電反応を長期にわたり安定に進める役割をしている。

2．各技術事項について

（1）導電剤
　①　技術事項の特徴点
　　　正極電極材料用導電剤は、炭素質材料が多い。正極活物質のリチウムインターカレーションに伴う体積変化を吸収し、長期にわたり粒子間の接触に関して形状変化の少ない電極にするため弾性黒鉛を用いたもの<1>*、2200℃以上でグラファイト化した炭素繊維を特定量含有させて成形することにより、良好な結着性をもたらし良い電池特性を得られるようにしたもの<2>*、正極にＢＥＴ表面積が10ｃm^2／g以下の無定形炭素を添加し充放電サイクルの劣化を抑制したもの<3>、ナノカーボンチューブを含有する炭素質材料ないし金属イオンを内包するナノカーボンチューブを添加したもの<4>*等がある。

参照文献（＊は抄録記載）
<1>*特開平2-87466　　　<2>*特開平2-94363　　　<3>特開平4-190561　　　<4>*特開平7-14582

参照文献（Japio 抄録）

<1>

平02-087466
P出 63-238479　非水電解液二次電池の正極
　　S63.09.22　古河電池　（株）
開 02-87466
　　H02.03.28
告 06-93361
　　H06.11.16
登 1956836
　　H07.08.10
H01M 4/62　Z
H01M 4/02　C
H01M 4/62　C

〔目的〕正極の導電材として弾性黒鉛を使用することにより、作用中の正極活物質の体積変化を吸収して、電池寿命の向上を図る。
〔構成〕正極活物質としてはTiS$_2$を用い、これに導電材として弾性黒鉛を10wt%、結着材としてフッ素樹脂粉末を5wt%を添加し、充分混合した後、その混合物を3t／cm^{2}で帯状のNiエクスパンドメタルに圧着成形した後、300℃で真空熱処理をして帯状の正極板を得る。この正極活物質粒子TiS$_2$は、放電時にリチウムイオンのインターカレーションによりC軸方向の格子定数が約10%伸びるが、弾性黒鉛はその変化を充分に吸収できる。この正極と、リチウム圧延板を所定の寸法に打抜いている帯状負極板と、帯状セパレータとを積層し、スパイラル状に捲回したものを円筒状容器内に収容し、プロピレンカーボネートと1,2ジメトキシエタンの混合溶媒に過塩素酸リチウムを溶解した非水電解液を注入し、密封して同筒形非水電解液二次電池を作製する。
<非水，電解液，2次，電池，陽極，導電材，弾性，黒鉛，使用，作用，陽極，活物質，体積，変化，吸収，電池，寿命，向上，TiS↓2，結着材，フツ素，樹脂，粉末，添加，充分，混合，混合物，帯状，ニツケル，エキスパンド，金属，圧着，成形，真空，熱処理，陽極板，陽極，活物質，粒子，放電時，リチウム，イオン，インターカレーション，C軸　方向，格子　定数，伸び，変化，リチウム　圧延板，寸法，打抜，帯状，陰極板，帯状　分離器，積層，螺旋状，巻回，円筒状　容器，収容，プロピレン　カーボネート，ジ　メトキシ　エタン，混合　溶媒，過塩素酸　リチウム，溶解，非水　電解液，注入，密封，同筒形，2次，電池，作製>

<2>

平02-094363
P出 63-247130　非水電解液二次電池用正極
　　S63.09.30　古河電池　（株）
開 02-94363
　　H02.04.05
登 2691580
　　H09.09.05
H01M 4/62　Z
H01M 4/02　C

〔目的〕導電材として炭素繊維を特定量含有させて成形することにより、良好な結着性、電池特性、電池寿命が得られるようにする。
〔構成〕導電材としてカーボン繊維を約0.5～25wt%含有すると、活物質の保持、集電材への結着性が向上し、バインダーとしてフツ素系樹脂バインダーを2wt%～0.5wt%の使用で足りるので、バインダーによる活物質粉や炭素繊維の被覆が少なくなり、導電性、集電性能が増大する。また活物質の使用量が増大でき、炭素繊維として黒鉛化した炭素繊維を使用すると、充放電性能、強度などが向上し、正極の電気特性の向上が見られる。これにより良好な結着性、電池特性、電池寿命が得られる。
<非水　電解液　2次　電池，陽極，導電材，炭素　繊維，特定量　含有，成形，良好，結着性，電池　特性，電池　寿命，含有，活物質，保持，集電材，向上，バインダー，フツ素　樹脂，使用，活物質粉，被覆，導電性，集電　性能，増大，使用量，黒鉛化，充放電　性能，強度，電気　特性>

<4>

平07-014582
P出 05-175929　電池電極合剤および非水電解液電池
　　H05.06.24　日本電気　（株）
開 07-14582
　　H07.01.17
登 2513418
　　H08.04.30
H01M 4/02　C
H01M 4/62　Z
H01M 10/40　Z

〔目的〕電子導電率を低減した電池電極合剤と、その電池電極合剤を用いて内部抵抗を低減した非水電解液電池を得る。£アセチレンブラック、ポリフツ化ビニリデン（PVDF）
〔構成〕正極活物質として二酸化マンガンまたはリチウム遷移金属酸化物を含む電池電極合剤に、カーボンナノチューブを含有する炭素質材料ないしは金属イオンを内包するカーボンナノチューブを含有する炭素質材料を正極導電付与剤として添加混合する。そして、これを電池電極合剤とする。
<ポリフツ化ビニリデン>
<電池　電極，合剤，非水　電解液　電池，電子，導電率，低減，内部抵抗，アセチレンブラック，ポリ　フツ化　ビニリデン，PVDF，陽極　活物質，2　酸化　マンガン，リチウム，遷移　金属　酸化物，炭素，ナノ，チユーブ，含有，炭素質　材料，金属　イオン，内包，陽極，導電　付与剤，添加　混合>

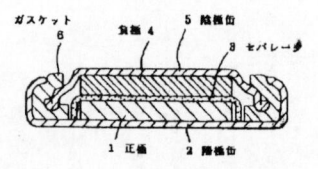

（2）結着剤
① 技術事項の特徴点

正極の結着剤は、結着力が強く、非水電解液で劣化しない高分子系材料が多用されている。正極活物質と混合するものは、フッ素系の結着剤では、特定フッ素系高分子共重合体を塗工有機溶媒に溶かし使用するもの<1>、フッ化ビニリデン系フッ素ゴムの塗工方法<2>*、フッ素原子／炭素原子の原子比0.75以上1.5以下である含フッ素系ポリマー<3>がある。それ以外では、ヘリックスコイル状ポリペプチド（例えばポリグリシン）<4>*、ポリビニルブチラール<5>、アクリロイル変性ポリアルキレンオキシドとリチウム塩とポリアルキレングリコールとからなる結着剤<6>、シリケート系またはホスケート系耐熱性無機接着剤<7>*がある。その他、導電性塗膜で被覆した集電体の塗膜結着剤としてビニル芳香族化合物のブロック共重合体に共役ジエン化合物の水添、変性ブロック共重合体とを含有したもの<8>等がある。

参照文献（＊は抄録記載）

<1>特開昭63-121262　　<2>*特開平9-245773　　<3>特開平8-78056　　<4>*特開昭57-132671

<5>特開平2-291664　　<6>特開昭63-181259　　<7>*特開昭58-147964　　<8>特開昭63-181258

参照文献（Japio抄録）

<2>

平09-245773
P出 08-56412　　　　非水溶媒二次電池用電極の製造方法
　　H08.03.13　　　東芝：（株）
開 09-245773　　　〔目的〕アルカリ成分の存在下における結着剤としてフツ化ビニリ
　　H09.09.19　　　デン系フツ素ゴムを含むスラリーの硬化を回避することが可能な非
登 2835310　　　　　水溶媒二次電池用電極を提供する。£LiNiO₂
　　H10.10.02　　　〔構成〕この非水溶媒二次電池用電極は、活物質としてコバルト、
H01M 4/04　　A　　ニツケル及びマンガンから選ばれる少なくとも1種の金属とリチウ
H01M 10/40　　Z　　ムとの複合酸化物、結着剤としてフツ化ビニリデン系フツ素ゴム及
H01M 4/58　　　　　び有機溶媒を含むスラリーを調製する工程と、前記スラリーを集電
H01M 4/02　　C　　体に塗布、もしくは充填する工程とを具備している。この場合、前
　　　　　　　　　　記スラリーは、少なくとも活物質、前記結着剤および前記有機溶媒
　　　　　　　　　　を含む電極材料を20℃以下に保持しながら撹拌することによって調
　　　　　　　　　　製されるようにする。
　　　　　　　　　　<非水 溶媒 2次 電池,電極,製造 方法,アルカリ 成分,結着
　　　　　　　　　　剤,フツ化 ビニリデン フツ素 ゴム,スラリー,硬化,回避,可能,
　　　　　　　　　　提供,LiNiO↓2,活物質,コバルト,ニツケル,マンガン,1種,金
　　　　　　　　　　属,リチウム,複合 酸化物,有機 溶媒,調製,工程,集電体,塗布,充
　　　　　　　　　　填,電極 材料,保持,撹拌>

<4>

昭57-132671
P出 56- 19194　　非水溶媒系電池の正極用結着剤
　　S56.02.12　　日本電信電話　　（株）
開 57-132671　　〔目的〕非水溶媒系電池の陽極に用いる結着剤として,ヘリックス
　　S57.08.17　　コイル状態をとるポリペプチドを用いることにより,エネルギー密
告 01- 36232　　度の向上を図る。
　　H01.07.28　　〔構成〕リチウム負極と,鉄フタロシアニンに導電剤等を混合した
登　　1553942　　正極と,過塩素酸リチウム等との非水溶媒溶液とを用いて,非水溶媒
　　H02.04.04　　系電池を形成する。この正極（陽極）には,その結着剤としてリツ
H01M　4/62　　　クス状態のポリペプチドを用いる。このポリペプチドとしては,例
H01M　4/06　K　えばポリーL－グルタミン酸－r－メチル,ポリグリシン,ポリーL
H01M　4/62　Z　－アラニン,ポリバリン,ポリロイシン,ポリーL－アスパラギン酸
　　　　　　　　－r－メチル等を用いる。
　　＜非水　溶媒,電池,陽極,結着剤,螺旋,コイル　状態,ポリ　ペプチ
　　ド,エネルギー　密度,向上,リチウム　陰極,鉄　フタロシアニン,
　　導電剤,混合,過塩素酸　リチウム,非水　溶媒　溶液,形成,リツク,
　　状態,ポリ,L－グルタミン酸,メチル,ポリ　グリシン,アラニン,バ
　　リン,ロイシン,Lアスパラギン酸＞

<7>

昭58-147964
P出 57- 30890　　非水電解液電池の正極
　　S57.02.26　　三洋電機　　（株）
開 58-147964　　〔目的〕結着剤として、シリケート系又はホスフエート系耐熱性無
　　S58.09.02　　機接着剤を用いることにより、電解液とのなじみを良くし、特に高
告 02- 8421　　電流密度における放電特性を優れたものにする。
　　H02.02.23　　〔構成〕集電体に、正極活物質、導電剤及び結着剤を主成分とする
登　　1586324　　ペーストを塗着して成形した非水電解液電池の正極であつて、結着
　　H02.10.31　　剤はシリケート系又はホスフエート系耐熱性無機接着剤である。シ
H01M　4/62　　　リケート系耐熱性無機接着剤とは、アルカリ金属シリケート又はそ
H01M　4/62　Z　の誘導体、コロイダルシリカ、アルキルシリケート等のシリケート
H01M　4/62　C　のモノマー及びポリマーを水に溶解又は分散させてなり適宜硬化剤
　　　　　　　　、耐熱顔料、分散安定剤等を含有するものである。また、ホスフエ
　　　　　　　　ート系耐熱性無機接着剤とは、リン酸のアルミニウム、マグネシウ
　　　　　　　　ム,カルシウムなどの酸性塩のごとき酸性金属ホスフエートを水に
　　　　　　　　溶解又は分散させてなり、適宜硬化剤、耐熱顔料、分散安定剤等を
　　　　　　　　含有するものである。
　　＜非水　電解液　電池,陽極,結着剤,珪酸塩,燐酸塩,耐熱性　無機
　　　接着剤,電解液,なじみ,高電流密度,放電　特性,集電体,陽極　活
　　物質,導電剤,主成分,ペースト,塗着,成形,アルカリ　金属　珪酸塩
　　,誘導体,コロイド　シリカ,アルキル　珪酸塩,単量体,重合体,水,
　　溶解,分散,硬化剤,耐熱　顔料,分散　安定剤,含有,燐酸,アルミニ
　　ウム,マグネシウム,カルシウム,酸性塩,酸性,金属＞

156

[正極構造・製造方法]

1．技術テーマの構造

（ツリー図）

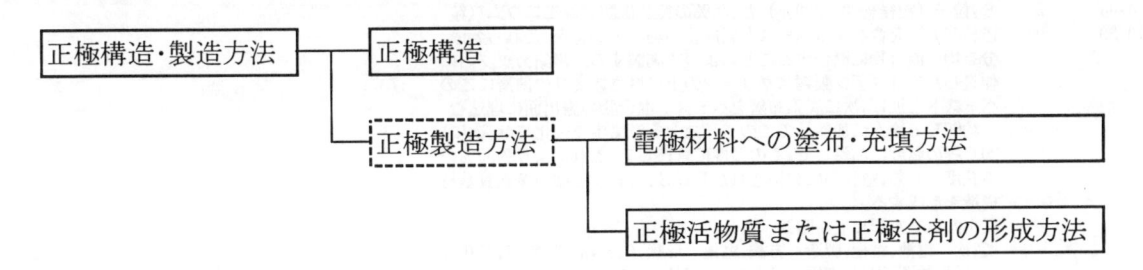

```
正極構造・製造方法 ─┬─ 正極構造
                    │
                    └─ 正極製造方法 ─┬─ 電極材料への塗布・充填方法
                                     │
                                     └─ 正極活物質または正極合剤の形成方法
```

　正極構造・製造方法では、特に製造方法は電池系が特定されていない文献が多々あるため、リチウムイオン二次電池に必ずしも適合していないこともあるが、応用可能と判断したものについて分類した。
　正極製造方法には正極合剤等の電極基材への塗布・充填方法、正極活物質または正極合剤の形成方法に関する技術に分類される。正極構造では主として、高率放電特性、安全性を目的に検討され、製造方法では、電極への高密度充填、均一塗布または生産性向上を目的に検討されている。

2．各技術事項について
（1）正極構造
① 技術事項の特徴点
　　約50％の多孔度をもち、空孔部に露呈された活物質を有する硬い多孔質基材構造<1>*、螺旋状電極で、長尺状多孔体の長手方向と直角の方向に加圧圧縮で帯状の溝を設け、この溝の中心に沿って切断することで高率放電特性向上を図ったもの<2>、正負極セパレータを介して巻回した渦巻き電極体の中央部に芯体を挿入して、非真円形渦巻電極体としたもの<3>*、正極活物質（$LiMn_2O_4$）の単位面積あたりの質量を規制しサイクル特性を向上したもの<4>*、正負極片方または両方の電極表面に不織布を密着一体化し内部ショートを防止したもの<5>、正極活物質が集電体に縞ま状に形成し、ひび割れ、剥離防止したもの<6>等がある。

参照文献（＊は抄録記載）

<1>*特開昭52-68929　　　<2>特開昭56-86459　　　<3>*特開昭60-25164　　　<4>*特開平1-120777

<5>特開平2-33861　　　<6>特開平4-24263

参照文献（Japio抄録）

<1>

昭52-068929
P出 51-144066
　　S51.12.02
開 52-68929
　　S52.06.08
H01M 4/58
H01M 4/04　Z
H01M 10/39　D

二次電池ならびにその電極の製造方法
アメリカ ガツシユウコク
〔目的〕電極形状に成形して，その形状のまま操作して多孔質基材物質に固化させることができるような電極ペースト物質。
〔構成〕5容量%のフエノールホルムアルデヒド樹脂と，45%のFeS₂粒子（粒径約60～230μ）と，50%の粒状炭酸アンモニウム（粒径約40μ）を含有するペースト組成物の約20～25gを，これら各成分を均一混合物に混合することによつて調製する。黒鉛カツプ内に伸長したモリブデン製鋼スクリーンの上に厚さ数ミリの薄層にこのペーストを拡げ，次に炭素布層をペースト混合物の露出面に埋込む。約60℃で徐々に加熱してこのペーストを空気中で硬化させ，次に120℃程の温度に加熱して，この温度に維持して，これにより約50%の多孔度をもち，空孔部に露呈されたFeS₂を有する硬い多孔質基材構造を形成する。
<ホルムアルデヒド樹脂>
<2次　電池,電極,製造　方法,電極　形状,成形,形状,操作,多孔質　基材,物質,固化,電極　ペースト,容量,フエノール　ホルム　アルデヒド　樹脂,FeS↓2,粒子,粒径,粒状　炭酸,アンモニウム,含有,ペースト　組成物,成分,均一　混合物,混合,調製,黒鉛,カツプ,伸長,モリブデン,鋼,スクリーン,厚さ,数,ミリ,薄層,ペースト,炭素布,層,混合物,露出面,埋込,加熱,空気中,硬化,温度,維持,多孔度,空孔,露出,構造,形成>

<3>

昭60-025164
P出 58-132505
　　S58.07.20
開 60-25164
　　S60.02.07
告 05-63914
　　H05.09.13
登 1850417
　　H06.06.21
H01M 6/10　Z
H01M 10/04　W
H01M 10/12　M

非真円形渦巻電極体の製造方法
三洋電機（株）
〔目的〕陽極板と陰極板をセパレータを介して巻回した断面真円形の渦巻電極体の中央透孔部に，所望の断面形状を有する芯体を挿入して圧縮成形することにより，非真円形渦巻電極体を形成する。
〔構成〕中央透孔部11の径がbより若干大きい真円筒状の電極体10を，陽極板と陰極板との間にセパレータを介在させ，渦巻状に巻回して形成する。ついでその中央透孔部11内に，厚みがa'幅がbである断面長方形の金属あるいは樹脂からなる芯体14を挿入し，2分割した成形金型で加圧成形することにより，楕円形渦巻電極体を形成する。したがつて電極体の中央透孔部に生じる不規則な変形を防止してスポツト溶接に用いる電極棒の挿入を容易にし，内部短絡をなくすと共に，電池パツクの小型化を行うことができる。
<非真円,渦巻　電極,製造　方法,陽極板,陰極板,分離器,巻回,断面　真円形,中央　透孔,断面　形状,芯体,挿入,圧縮　成形,形成,径,大きさ,中央,真円筒状,電極,介在,渦巻状,厚み,幅,断面　長方形,金属,樹脂,2分割,成形　金型,加圧　成形,楕円形　渦巻　電極,不規則,変形,防止,スポツト　溶接,電極棒,内部　短絡,電池　パツク,小型化>

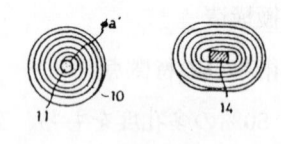

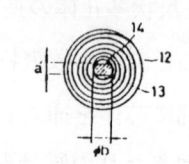

<4>

平01-120777
P出 62-276869
　　S62.10.31
開 01-120777
　　H01.05.12
登 2638849
　　H09.04.25
H01M 4/58
H01M 10/40　Z

非水電解液二次電池
ソニー（株）
〔目的〕正極を構成するLiMn₂O₄の単位面積当たりの重量を所定の値に規制することにより，充電時の不活性リチウムの生成を抑制し，短時間充電でも優れたサイクル寿命特性が得られるようにする。
〔構成〕LiMn₂O₄を正極活物質とした二次電池では一定時間内に充電を完了させようとした場合，正極片面の単位面積当たりのLiMn₂O₄量が多すぎると電極単位面積当たりの放電量が増加し，それに伴い充電時の電極単位面積当たりの通電電流，即ち充電電流密度が高くなる。これに対して18.2mg／cm²以下とすると短時間充電を行つた場合にも充電時の電極単位面積当たりの充電電流密度を抑えることができる。これにより負極に析出するリチウム中での不活性化が抑制されサイクル寿命特性が確保される。
<非水　電解液　2次　電池,陽極,構成,LiMn↓2O↓4,単位　面積,重量,値,規制,充電,不活性,リチウム,生成,抑制,短時間　充電,サイクル　寿命　特性,陽極　活物質,2次　電池,一定　時間,完了,場合,片面,量,電極,放電量,増加,通電　電流,充電　電流,密度,陰極,析出,不活性化,確保>

（2）電極材料への塗布・充填方法
① 技術事項の特徴点

電極への正極合剤塗布方法には、被塗布物の両面に塗付剤を同時塗布する方法<1>*、電極の限定された領域のみ所望の厚さに効率良く塗布する方法<2>*、正極合剤と集電体とを一定密度で、かつ一定厚さのシート状に予備成形し、打抜き後本成形することによる坪量バラツキ低減法<3>*がある。三次元網状金属フープ等多孔質電極基材へのペースト化正極合剤の充填方法に関しては、高充填密度化を主目的としたもの<4>、<5>、<6>、<7>、<8>、均一充填を主目的としたもの<9>、<10>、<11>、<12>、巻き込み時の活物質の脱落を抑制するためスキンパス圧延し、表面近傍の平均孔径を内部平均孔径より小さくして活物質をより多く充填する方法<13>、巻き込み方法を特定することで多孔体の、巻孔切断を防止するもの<14>、また、遷移金属カルコゲン化合物正極活物質と結着剤とを含む正極合剤をアミン化合物の存在下、フッ素系溶媒による湿潤状態で配合して成形することにより充放電特性や貯蔵特性向上する方法<15>*、電極スラリー調整時の粘度を調節し生産性を向上したもの<16>*等がある。

参照文献（＊は抄録記載）

<1>*特開平 1-194265	<2>*特開平 1-184069	<3>*特開昭 62-136758	<4>特開昭 54-162695
<5>特開昭 55-14687	<6>特開昭 55-90067	<7>特開昭 55-121270	<8>特開平 1-105467
<9>特開昭 54-58836	<10>特開昭 54-160583	<11>特開昭 63-261675	<12>特開平 6-163037
<13>特開昭 62-147657	<14>特開昭 55-28240	<15>*特開昭 59-173975	<16>*特開平 7-161350

参照文献（Japio抄録）

<1>

平01-194265
P出 63-15660　　塗布装置及びその使用方法
　　S63.01.26　　ソニー（株）
開 01-194265
　　H01.08.04　　〔目的〕被塗布物を相対的に移動させつつ,2個所の間で被塗布物の両面へ塗布剤を供給することにより,被塗布物の両面に塗布剤を同時に塗布可能とする。
登 2689457
　　H09.08.29　　〔構成〕シヤツタ部材35a,35bを方向Bへスライドさせると,これらの部材35a,35bとドクターブレード31a,31bとが離間する。このため滞留部36a,36bからAl箔21の両面へ同時に塗布剤43が供給され,更にこの塗布剤43がブレード31a,31bによって掻き取られて,塗布剤43がAl箔21の両面に同時に所定の厚さずつ塗布される。また部材35a,35bを方向Aへスライドさせブレード31a,31bに当接させると,滞留部36a,36bからAl箔21への塗布剤43の供給が抑止され,塗布剤43はAl箔21に塗布されない。従ってシヤツタ部材35a,35bの方向A及びBへの動作を繰り返すと,塗布剤43がAl箔21の両面に同時に間欠塗布される。
H01M 4/04 Z
H01M 4/26 Z
B05C 3/132

＜塗布　装置,使用　方法,被塗布物,相対的,移動,2個所,両面,塗布剤,供給,同時,塗布　可能,シヤツタ　部材,5a,5b,方向,B,スライド,部材,ドクター　ブレード,1a,1b,離間,滞留,6a,6b,アルミ箔,ブレード,掻取,厚さ,塗布,当接,抑止,動作,間欠　塗布＞

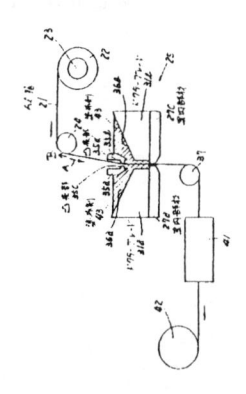

<2>

平01-184069
P出 63- 9992　　塗布装置及びその使用方法
　S63.01.20　　ソニー　（株）
開 01-184069　　〔目的〕被塗布物に所定間隔で対向している第1の部材に対して相
　H01.07.21　　対的に密接及び離間自在な第2の部材を，被塗布物に対向して設け
登 2546314　　ることにより，塗布装置を停止させずに，所定の塗布厚の塗布部を所望
　H08.08.08　　の領域にのみ形成できるようにする。
B05C　5/02　　〔構成〕滞留部34に塗布剤37を滞留させた状態で，シャフトから被
H01M　4/02　C　塗布物21を一定速度で方向Aへ送り出しながらシヤツタ部材32を方
H01M　4/04　Z　向Bへスライドさせ，シヤツタ部材32とドクターブレード25とを相
　　　　　　　互に離間させ，滞留部34から塗布剤37を，シヤツタ部材32とドクター
　　　　　　　ブレード25の離間部分を通して被塗布物21へ供給しつつ，この供給
　　　　　　　した塗布剤37をドクターブレード25で掻き取り，所定厚さで塗布剤
　　　　　　　37を塗布する。次いで非塗布部においては，シヤツタ部材32を方向A
　　　　　　　へスライドさせドクターブレード25に当接し，塗布剤37の被塗布物2
　　　　　　　1への供給を抑止し，塗布剤37を塗布しない。このような装置はリチ
　　　　　　　ウムマンガン電池の陽極板の製造に適している。
　　　　　　　＜塗布　装置，使用　方法，被塗布物，所定　間隔，対向，第1,部材,相
　　　　　　　対的，密接，離間　自在，第2,停止，塗布厚，塗布，領域，形成，滞留，塗
　　　　　　　布剤，状態，軸，一定　速度，方向，送出，シヤツタ　部材，B,スライド
　　　　　　　，ドクター　ブレード，相互，離間，離間　部分，供給，掻取，所定　厚
　　　　　　　さ，非塗布，当接，抑止，装置，リチウム，マンガン　電池，陽極板，製造
　　　　　　　＞

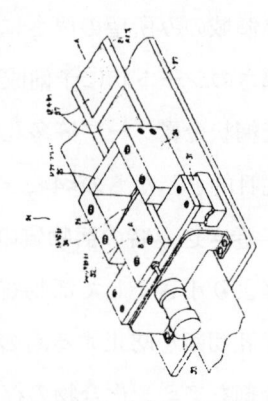

<3>

昭62-136758
P出 60-275387　　リチウム二次電池用の正極の製造方法
　S60.12.07　　日立マクセル　（株）
開 62-136758　　〔目的〕正極合剤と集電体とを一定密度で，かつ一定厚さのシート
　S62.06.19　　状に予備成形し，これを所定の寸法に打抜いた後，本成形することに
登 2558449　　より，正極合剤の秤量バラツキを防止して電気容量のバラツキを少
　H08.09.05　　なくする。
H01M　4/02　　〔構成〕正極合剤粉末は1aをロール11,12間隙を通すことによって
H01M　4/04　　シート状にし，ロール11,13間で集電体2に圧着し，集電体2付きシー
H01M　4/02　C　ト状正極合剤1bにする。これを集電体2と共に所定寸法に打抜き，
H01M　4/04　A　次いでそれを金型に入れて高圧力成形機で密度2～3g／cm³に本成
　　　　　　　形して集電体2付きの正極1を得る。このようにして得た集電体付き
　　　　　　　正極1を用いて電池組立を行い，リチウム二次電池を作製する。この
　　　　　　　製造方法によると，正極合剤の実質的秤量を正極合剤の予備成形後，
　　　　　　　シート状正極合剤を所定寸法に打抜くことによって行うので，乾燥
　　　　　　　空気の対流や，秤取壜の側壁への付着による正極合剤の秤量バラツ
　　　　　　　キを防止することができる。
　　　　　　　＜リチウム　2次　電池，製造　方法，陽極　合剤，集電体，一定　密
　　　　　　　度，一定　厚さ，シート状，予備　成形，寸法，打抜，本成形，秤量　ば
　　　　　　　らつき，防止，電気　容量，ばらつき，陽極　合剤　粉末，1a,ロール，
　　　　　　　2間　隙，圧着，1b,所定　寸法，金型，高圧力，成形機，密度，陽極，電池
　　　　　　　　組立，作製，実質的，秤量，乾燥　空気，対流，秤取，瓶，側壁，付着＞

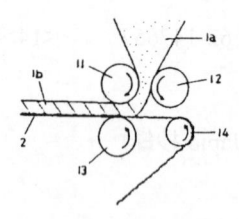

160

<15>

昭59-173975		
P出 58- 46356		非水電解質電池における正極の製造法
S58.03.20		日立マクセル　（株）
開 59-173975		〔目的〕層状結晶構造を有する遷移金属カルコゲン化合物からなる
S59.10.02		正極活物質と結着剤とを含む正極材料をアミン化合物の存在下、フ
告 05- 62436		ツ素系溶剤による湿潤状態で配合して成形することにより，充放電
H05.09.08		特性や高温貯蔵性を向上させる。
登 1891255		〔構成〕層状結晶構造を有する遷移金層カルコゲン化合物からなる
H06.12.07		正極活物質と結着剤とを含む正極材料を、アミン化合物の存在下、
H01M 4/62		フツ素溶剤による湿潤状態で配合して成形する。例えば、TiS_2 1
H01M 4/02	C	00G、超微粒子のPTFE10G、リン状黒鉛10Gおよび10GのTM
H01M 4/04	A	EDAを溶解したフレオン200mlを磁製乳鉢に投入し、フレオン
H01M 4/06	K	を自動滴下装置により滴下速度約10ml／分にて滴下補充しつつ90
H01M 4/08	K	分間撹拌配合したのち、100℃で2時間の真空乾燥を行い、100～700
H01M 4/62	Z	Kg／cm²程度で加圧成形して、非水電解質電池の形状に応じたコ
H01M 10/40	Z	イン形やシート状の成形物とする。

＜非水　電解質　電池,陽極,製造,層状　結晶　構造,遷移　金属　カルコゲン　化合物,陽極　活物質,結着剤,陽極　材料,アミン　化合物,フツ素　溶剤,湿潤　状態,配合,成形,充放電　特性,高温　貯蔵性,向上,遷移,金層,カルコゲン　化合物,フツ素,溶剤,$TiS↓2$,超微粒子,PTFE,燐　黒鉛,TME,DA,溶解,フレオン,磁製,乳鉢,投入,自動,滴下　装置,滴下　速度,分,滴下,補充,分間,撹拌,時間,真空　乾燥,程度,加圧　成形,形状,硬貨,シート状,成形物＞

<16>

平07-161350		
P出 05-307744		リチウム電池用電極スラリーの製造方法
H05.12.08		富士電気化学　（株）
開 07-161350		〔目的〕（J）電極活物質、導電材、結着剤及び溶剤を混練する際
H07.06.23		に粘度が所定ボイズに調整後、更に溶剤を加えて所定粘度まで混練
登 2750077		することにより、乾燥工程における乾燥時間を短縮して生産性を向
H10.02.20		上する。£スパイラル形リチウム電池、正極スラリー、ズリ速度
H01M 4/02	A	〔構成〕正極活物質としてのリチウム（金属複合酸化物としてのL
H01M 4/04	A	$iCoO_2$）と導電剤としての黒鉛及びアセチレンブラックと結着
H01M 4/26	Z	剤としてのポリフツ化ビニリデンとを混合して粉体を作製する。次
C08J 3/20	Z	に溶剤を加えて混練する際に、溶剤の量を調整してこの混練物の粘
B01F 3/12		度を300～600000ボイズに調整する。この際、加える溶剤量を混練
B01J 13/00	B	物に加える溶剤の全量の20～70重量％にすると共に、その後更に溶
H01M 4/02	C	剤を加えて混練した後の所定の粘度を20～70ボイズにする。この場
H01M 4/08	K	合、粉体は溶剤に均一に分散混合されるので、その後更に所定の粘
		度になるために加える溶剤は少量で済む。従って得られた電極スラ
		リーを電極シート芯材に塗布の際、乾燥工程での乾燥時間を短縮で
		きる。
		＜ポリフツ化ビニリデン＞

＜リチウム　電池,電極,スラリー,製造　方法,電極　活物質,導電材,結着剤,溶剤,混練,粘度,所定,ボイズ,調整,乾燥　工程,乾燥　時間,短縮,生産性,向上,螺旋状,陽極,ずり速度,陽極　活物質,リチウム,金属　複合　酸化物,$LiCoO↓2$,導電剤,黒鉛,アセチレン　ブラック,ポリ　フツ化　ビニリデン,混合,粉体,作製,量,混練物,溶剤量,全量,均一,分散　混合,少量,電極　シート,芯材,塗布＞

(3) 正極活物質または正極合剤の形成方法

① 技術事項の特徴点

正極活物質の電極基材への形成方法には、リチウムを吸蔵可能なスピネル構造マンガン化合物の超微粒子およびリチウムの超微粒子を各々気流に乗せて、同一基板に吹き付け活物質層を形成させ高容量電極としたもの<1>*、多孔体の内面に導電性をもつ電極の内部の活物質を付着させるもの<2>*、導電性粉末または導電性繊維の芯材に活物質を粒子状または膜状に形成させ電極としたもの<3>*、スパッタリングでLi-Ni-O系の酸化物皮膜形成したもの<4>*等がある。正極合剤の形成方法には、モリブデン酸を含有している合剤を成形後加熱脱水処理した正極<5>*、正極合剤に活物質とリチウムの反応物を濃度勾配をもたせて含有させ、負極に炭素化した有機物焼成体を用いリチウムの

デンドライトによる短絡を防止したもの<6>*、正極活物質の粒子表面に電解液の酸化分解抑制剤としてK、Ca、Sc、Ti等の酸化物またはAuを分散したもの<7>等がある。その他に正極活物質と導電剤とを溶媒を用いて湿式法で粉砕して高分散性、大表面積化したもの<8>、正極合剤の組成をアルミ箔板に付着性のある組成にすることにより薄い電極を作製する方法<9>*等がある。

参照文献（＊は抄録記載）

<1>*特開平 4-104461　　<2>*特開平 4-206343　　<3>*特開平 4-206342　　<4>*特開平 9-249962

<5>*特開昭 62-226564　<6>*特開平 1-89161　　<7>特開平 8-102332　　<8>特開昭 63-281358

<9>*特開平 3-81955

参照文献（Japio 抄録）

<1>

平04-104461
P出 02-221686　　リチウム電池用電極の製造法
　H02.08.22　　　湯浅電池　（株）
開 04-104461　　〔目的〕リチウムを吸蔵し得る金属化合物の超微粒子及びリチウム
　H04.04.06　　　の超微粒子を各々気流に乗せて，同一基板に吹き付け形成することに
登　2861329　　 より，体積効率の優れたリチウム電池用電極をうる。
　H10.12.11　　 〔構成〕スピネル系マンガン化合物Li₂Mn₂O₄を0.1～0.3μ
H01M 4/02　C　 mの微粉末状としたもの10重量部と，アセチレンブラック1重量部を
H01M 10/40　Z　均一に混合し，エアロゾル用容器6へ投入し，ヘリウムガスを導入し，
H01M 4/04　A　 微粉末を乗せた気流として析出室4にあるノズル1に導く。生成室11
　　　　　　　　内のルツボに，市販の金属リチウムを入れ，加熱してリチウム蒸気と
　　　　　　　　なし，これが凝集して0.1～0.3μmの微粒子となり，ヘリウムガス
　　　　　　　　に乗せてノズル2に導く。ノズル1とノズル2は，基板3上の同一部分
　　　　　　　　に吹き付けるように設置し，これによって強固な堆積体5が形成され
　　　　　　　　る。 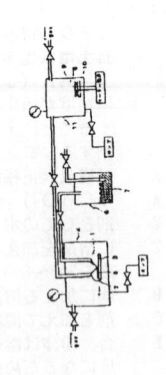
　　　　　　　　<リチウム　電池,電極,製造,リチウム,吸蔵,金属　化合物,超微粒
　　　　　　　　子,気流,同一　基板,吹付け,形成,体積　効率,スピネル,マンガン
　　　　　　　　　化合物,Li↓2,Mn↓2,O↓4,微粉末,重量,アセチレンブラッ
　　　　　　　　ク,均一,混合,エアゾール,容器,投入,ヘリウム　ガス,導入,析出室
　　　　　　　　,ノズル,生成室,るっぼ,市販,金属　リチウム,加熱,蒸気,凝集,微
　　　　　　　　粒子,基板,同一　部分,設置,強固,堆積物>

<2>

平04-206343
P出 02-333742　　リチウム電池
　H02.11.30　　　新神戸電機　（株），大塚化学　（株）
開 04-206343　　〔目的〕多孔体の内面に導電性をもつ電極の内部の活物質を付着さ
　H04.07.28　　　せることにより，充放電サイクル寿命、放電特性の向上を図る。
登　2552393　　〔構成〕抄造したガラス繊維1の不織布を多孔体2として導電性接着
　H08.08.22　　　剤3でステンレス箔4に接着させる。そしてこのステンレス箔4を正
H01M 4/02　B　 極活物質であるV₂O₅・nH₂O水溶液中に入れ，多孔体2内にV₂
H01M 4/80　C　 O₅・nH₂O水溶液を含浸させ，乾燥させて，多孔体2である不織
H01M 10/40　Z　布の内面にV₂O₅・nH₂O5の膜を形成させる。プロピレンカーボ
H01M 4/02　C　 ネートに過塩素酸リチウムを溶解した電解液をポリプロピレンからな
　　　　　　　　る不織布に含浸したもの6を正極7と密着させる。次に負極8を合わ
　　　　　　　　せてホットメルト状の封口剤9でステンレス箔4周囲を封口する。こ
　　　　　　　　れにより充放電サイクル寿命、放電特性が良く、加圧形成なしに正
　　　　　　　　極を作製できる。
　　　　　　　　<ポリプロピレン>
　　　　　　　　<リチウム　電池,多孔体,内面,導電性,電極,内部,活物質,付着,充
　　　　　　　　放電　サイクル　寿命,放電　特性,向上,抄造,ガラス　繊維,不織
　　　　　　　　布,導電性　接着剤,ステンレス箔,接着,陽極　活物質,V↓2O↓5,
　　　　　　　　nH↓2O,水溶液,含浸,乾燥,膜,形成,プロピレン　カーボネート,
　　　　　　　　過塩素酸　リチウム,溶解,電解液,ポリ　プロピレン,陽極,密着,陰
　　　　　　　　極,ホットメルト,封口剤,周囲,封口,加圧　形成,作製>

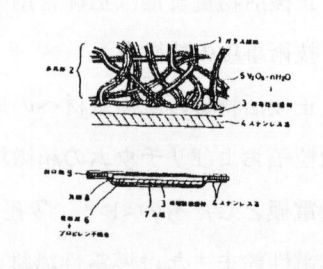

<3>

平04-206342
P出 02-333741　　　電池
　H02.11.30　　　　新神戸電機（株），大塚化学（株）
開 04-206342　　〔目的〕導電性粉体または導電性繊維からなる芯材に、電池の活物
　H04.07.28　　　質を粒子状または膜状に形成させた電極を用いることにより、活物
登 2695985　　　　質の利用率、充放電特性の向上を図る。
　H09.09.12
H01M 4/02　B　　〔構成〕アモルファスV_2O_5等を蒸留水に所定量溶かしこみ、V_2
H01M 4/70　Z　　$O_5・nH_2O$水溶液を作り、この中に、導電性粉体を入れて、導電
H01M 10/40　Z　 性粉体の表面に$V_2O_5・nH_2O$を付着させる。次にこれを乾燥器
　　　　　　　　に入れ、導電性粉体の表面に活物質の$V_2O_5・nH_2O$膜を形成さ
　　　　　　　　せた正極1を作る。次にこれを正極側のコイン形容器2に入れ、その
　　　　　　　　上に不織布を電解液保持体3としてのせ、加圧して成形する。電解
　　　　　　　　液を電解液保持体3に入れ、負極4をかぶせて加圧して封口材5で密
　　　　　　　　閉する。これにより活物質の利用率を向上させしかも充放電サイク
　　　　　　　　ル寿命やフロート使用寿命を長くできる。
　　　　　　　　＜電池,導電性　粉体,導電性　繊維,芯材,活物質,粒状,膜状,形成,
　　　　　　　　電極,利用率,充放電　特性,向上,非晶質,V↓2O↓5,蒸留水,所定
　　　　　　　　量,溶かし込み,nH↓2O,水溶液,表面,付着,乾燥機,膜,陽極,硬貨
　　　　　　　　,容器,不織布,電解液　保持体,加圧,成形,電解液,陰極,封口剤,密
　　　　　　　　閉,充放電　サイクル　寿命,フロート,使用　寿命,長い＞

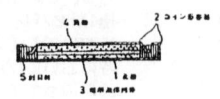

<4>

平09-249962
P出 08- 57654　　 酸化物薄膜の形成方法および酸化物薄膜
　H08.03.14　　　 東芝：（株）
開 09-249962　　〔目的〕超小型電池や超薄型電池の正極活物質、さらにエレクトロ
　H09.09.22　　　クロミックデバイスの材料として好適なLi-Ni-O系の酸化物
登 2810013　　　　薄膜の形成方法を提供する。£リチウムイオン、移動速度、移動方
　H10.07.31　　　向、制御、結晶配向性
G02F 1/15　　　　〔構成〕α-$NaFeO_2$型の結晶構造を有するLi-Ni-O系
C01G 53/00　A　 の酸化物薄膜の形成方法である。そして、少なくともLi、Niお
C23C 14/08　K　 よびOを含む組成のターゲットを用いて酸素雰囲気中でスパッタリ
H01M 4/58　　　 ングして基板上に前記組成の非晶質酸化物薄膜を堆積した後、この
H01M 4/02　C　 非晶質酸化物薄膜を酸素雰囲気中で熱処理する。
H01M 4/04　A
H01M 10/40　Z　 ＜酸化物　薄膜,形成　方法,超小型,電池,超薄型　電池,陽極　活
G02F 1/15 505　 物質,エレクトロ　クロミック　デバイス,材料,リチウム,ニッケル
　　　　　　　　,O系,提供,リチウム　イオン,移動　速度,移動　方向,制御,結晶
　　　　　　　　　配向性,α,NaFeO↓2,型,結晶　構造,O,組成,ターゲット,
　　　　　　　　　酸素　雰囲気,スパッタ,基板,非晶質　酸化物,薄膜,堆積,熱処理＞

<5>

昭62-226564
P出 61- 69090　　 非水電解液電池
　S61.03.27　　　 富士電気化学（株）
開 62-226564　　〔目的〕モリブデン酸を含んでいる合剤を成形後に加熱脱水処理し
　S62.10.05　　　た正極を設けることにより、放電特性の向上を図る。
告 06- 77448　　〔構成〕平均粒径3μのモリブデン酸粉末と黒鉛粉末とPTFE粉
　H06.09.28　　　末とを重量比で4：1：0.4の割合で混合する。次いでステンレスネ
登 1954287　　　　ット製の正極集電体を内底面中央にスポット溶接して固着した正極
　H07.07.28　　　缶2の内底面に金型を用いて得られた混合物を直接盛込み、1.5t
H01M 4/62　　　 on/cm²の圧力でこの混合物をディスク状に加圧成形すると共に
H01M 4/04　　　 、この成形体を正極集電体を介して正極缶2内底面に圧着する。加
H01M 4/06　　　 圧成形後、これらを真空中で温度250℃で15時間加熱すると、成形
H01M 4/62　Z　 体中のモリブデン酸が三酸化モリブデンと水に分解すると共に生成
H01M 4/04　A　 した水分が成形体から飛散して成形体の脱水が行なえる。このよう
H01M 4/06　K　 な加熱脱水処理をした成形体を正極とする。
H01M 4/58
H01M 4/02　C　 ＜テトラフルオロエチレン,3酸化,3酸化モリブデン,酸化モリブデ
　　　　　　　　ン＞
　　　　　　　　＜非水　電解液　電池,モリブデン酸,合剤,成形,加熱　脱水　処理
　　　　　　　　,陽極,放電　特性,向上,平均　粒径,粉末,黒鉛　粉末,PTFE
　　　　　　　　粉末,重量比,割合,混合,ステンレス　網製,陽極　集電体,内底面,
　　　　　　　　中央,スポット　溶接,固着,陽極缶,金型,混合物,直接,盛込,圧力,
　　　　　　　　ディスク状,加圧　成形,成形体,圧着,真空,温度,時間　加熱,3 酸
　　　　　　　　化　モリブデン,水,分解,生成,水分,飛散,脱水＞

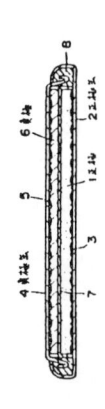

<6>

平01-089161
P出 62-246066　非水溶媒二次電池
　　S62.09.30　東芝電池　（株）
開 01- 89161　〔目的〕正極合剤に活物質とLiの反応物を濃度勾配を持たせて含
　　H01.04.03　有させ,かつ負極として炭素化した有機物焼成体を用いることによ
告 05- 63915　り,電解液の劣化及びデンドライトの成長に伴う短絡を防止する。
　　H05.09.13　〔構成〕正極端子を兼ねる容器1の底部には正極集電体2が着設され
登　 1856693　ている。この集電体2上にはLiと遷移金属カルコゲン化合物を活
　　H06.07.07　物質とする正極合剤3が圧着されている。この正極合剤3には,活物
H01M 4/48　　　質とLiの反応物を集電体2側ほど高濃度となるように含有させて
H01M 4/58　　　いる。この正極合剤3上には,炭素化された有機物焼成体からなる負
H01M 10/40　Z　極4がセパレータ5を介して配置されている。これにより,充放電時
H01M 4/02　C　においてLiが電解液中に溶解されるのを抑制できる。また充放電
　　　　　　　時において反応物の大部分をセパレータ5と反対側から正極合剤3内
　　　　　　　部を通ってその障壁作用によりセパレータ5側に均一に移動できる
　　　　　　　ため,イオン化されたLiを負極に均一に移動できる。更にLiの
　　　　　　　電解液中への溶解を防止できる。
　　　　　　　＜非水　溶媒　2次　電池,陽極　合剤,活物質,リチウム,反応物,濃
　　　　　　　度　勾配,含有,陰極,炭素化,有機物　焼成体,電解液,劣化,デンド
　　　　　　　ライト,成長,短絡,防止,陽極　端子,容器,底部,陽極　集電体,着設
　　　　　　　,集電体,遷移　金属　カルコゲン　化合物,圧着,高濃度,分離器,配
　　　　　　　置,充放電,溶解,抑制,大部分,反対側,内部,障壁,作用,均一,移動,
　　　　　　　イオン化＞

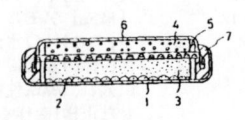

<9>

平03-081955
P出 01-216144　電池における正極部の製造方法
　　H01.08.24　富士電気化学　（株）
開 03- 81955　〔目的〕集電体を展延性に富むアルミニウム箔板とし,かつ正極合
　　H03.04.08　剤の組成をアルミ箔板に付着性のある組成とすることにより,正極
登　 2820969　部の厚みを大幅に薄くする。
　　H10.08.28　〔構成〕正極活物質としては,五酸化バナジウムV_2O_5などが用い
　　　　　　　られ,これらの100部に対して導電剤2部以上15部以下が混合される
H01M 4/08　K　。以上の正極合剤,導電剤,少量のバインダ,可塑剤及び溶剤は適宜
H01M 6/16　D　混合され,押出し成形によりシート状に成形される。次いで,乾燥工
H01M 4/02　C　程において段階的に昇温させることで溶剤,バインダ及び可塑剤は
H01M 4/04　Z　熱分解され,シート状の正極合剤が完成する。そしてシート状の正
H01M 10/04 Z　極合剤の完成後,アルミニウム箔板からなる正極集電体に圧着され
　　　　　　　る。この圧着工程に用いられるアルミニウム箔板の厚みは50μm以
　　　　　　　下とする。
　　　　　　　＜電池,陽極,製造　方法,集電体,展延性,アルミ箔,板,陽極　合剤,
　　　　　　　組成,アルミ箔板,付着性,厚み,大幅,薄さ,陽極　活物質,5　酸化
　　　　　　　バナジウム,V↓2O↓5,導電剤,2部,混合,少量,バインダー,可塑剤
　　　　　　　,溶剤,押出　成形,シート状,成形,乾燥　工程,段階,昇温,熱分解,
　　　　　　　完成,陽極　集電体,圧着,圧着　工程＞

［負極材料（黒鉛）］

1．技術テーマの構造

（ツリー図）

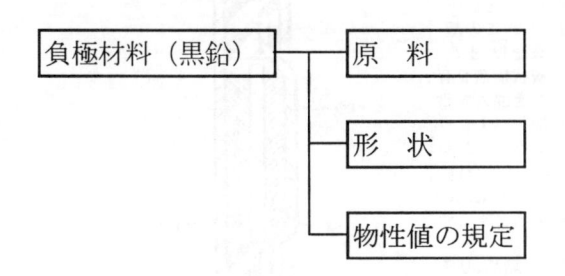

```
負極材料（黒鉛）─┬─原　料
                ├─形　状
                └─物性値の規定
```

　金属リチウムを用いた負極が充放電の繰り返しに伴って生じるリチウムデンドライトの問題を容易に解決できないことから、リチウムイオンを吸蔵・放出できる炭素材料を負極に用いる研究が活発に行われるようになり、安全性と高いサイクル寿命が得られるようになった。炭素材料は、活物質であるリチウムイオンを吸蔵・放出するホストとして機能する。

　黒鉛には、天然黒鉛と人造黒鉛があり、人造黒鉛は、易黒鉛化材料を2000℃以上で焼成することによって得られる。エックス線回折図から求められるc軸方向の結晶子の大きさ（Ｌｃ）が20nm以上に成長していることが、無定形炭素との違いとして特徴付けられる。

　この分野の出願は、焼成前の原料に特徴を持たせたもの、黒鉛粉末や黒鉛繊維の形状に特徴を持たせたもの、結晶構造等の物性値を規定したものがある。

2．各技術事項について

（1）原料

① 技術事項の特徴点

　　天然黒鉛を用いたもの<1>*、人造黒鉛として、ピッチ等を焼成して得られたメソカーボンマイクロビーズを熱処理して黒鉛化したもの<2>*、<3>、<4>、ポリアクリロニトリル、セルロース、ピッチ等を原料とした無定形炭素である炭素繊維をさらに高温で焼成して黒鉛化度の高い高密度炭素繊維としたもの<5>*、流動気層成長炭素繊維をさらに高温焼成して黒鉛化したもの<6>、ベンゼン等の炭化水素化合物を原料に熱分解ＣＶＤ法を用い、1000℃前後の低い温度で触媒作用のある基盤上に熱分解黒鉛を堆積させたもの<7>、ポリピロールのような共役系高分子を焼成して黒鉛化したもの<8>等がある。

参照文献（＊は抄録記載）

<1>*特開昭57-208079	<2>*特開平4-61747	<3>特開平4-115458	<4>特開平4-115457
<5>*特開平6-168738	<6>特開平6-212517	<7>特開平8-162098	<8>特開平8-165111

参照文献（Japio 抄録）

<1>

昭57-208079
P出 56-94788　　　再充電可能なリチウム電池
　　S56.06.18　　　三洋電機　（株）
開 57-208079　　〔目的〕負極電極基板の黒鉛の結晶中にリチウムイオンを混入して
　　S57.12.21　　　負極することにより、サイクル特性の改善を図る。
告 62-23433　　〔構成〕黒鉛粉末にフツ素樹脂を5％混合し、この混合粉末を加圧
　　S62.05.22　　　成型後300℃で熱処理した黒鉛粉末成型体を電極基板とし、この基
登 1769661　　　　板にリチウムイオンを混入して得た黒鉛層間化合物を負極4とする
　　H05.06.30　　　。黒鉛は炭素の結晶であってその結晶型は六方晶系で層状構造を有
H01M 4/66　A　　するものであり、この黒鉛の結晶層間にリチウムイオンを混入する
H01M 4/02　D　　と黒鉛の層間化合物が得られる。正極活物質として五酸化バナジウ
H01M 4/58　　　　ムを用い、これに導電剤を加えた混合物を極板芯体となるステンレ
H01M 10/40 Z　　ス金網に加圧成型して正極2とする。充電の際、リチウムイオンは
　　　　　　　　　黒鉛の結晶中に入りこんで層間化合物を形成するため、従来電池に
　　　　　　　　　おけるリチウムの樹枝状生長現象が激減し、内部短絡を因とするサ
　　　　　　　　　イクル特性の劣下が改善される。
　　　　　　　　　＜再充電　可能,リチウム　電池,陰極　電極,基板,黒鉛,結晶,リチ
　　　　　　　　　ウム　イオン,混入,陰極,サイクル　特性,改善,黒鉛　粉末,フツ素
　　　　　　　　　樹脂,混合,混合　粉末,加圧　成形,熱処理,成形体,電極　基板,
　　　　　　　　　黒鉛　層間　化合物,炭素,結晶形,六方晶,層状　構造,結晶層,層間
　　　　　　　　　化合物,陽極　活物質,5　酸化　バナジウム,導電剤,混合物,極板
　　　　　　　　　芯体,ステンレス　金網,陽極,充電,形成,電池,リチウム,樹枝状,
　　　　　　　　　生長,現象,激減,内部　短絡,劣下＞

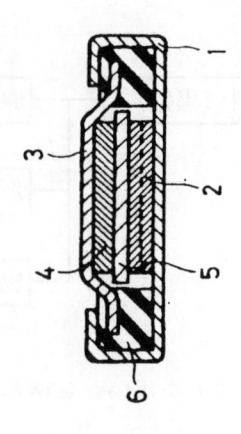

<2>

平04-061747
P出 02-168434　　　リチウム二次電池用負極
　　H02.06.28　　　新日本製鉄　（株）,新日鉄化学　（株）
開 04-61747　　〔目的〕メソフエースピッチを原料とした炭素繊維であって、特定
　　H04.02.27　　　の炭素繊維を用いることにより、繰り返し充放電に対する放電容量
告 08-21375　　　の安定性を高められるようにする。
　　H08.03.04　　〔構成〕構造を規定する炭素繊維を活物質に用いた負極である。即
登 2140242　　　　ちX線回折法による結晶子パラメータである格子面間隔（d₀₀₂）
　　H11.02.19　　　が0.338nm以上0.343nm以下、c軸方向の結晶子の大きさ（L
H01M 4/02　D　　c）が10nm以上30nm以下、配向係数（FWHM）が7°～20°
H01M 10/40 Z　　であり、繊維軸方向に長く伸びた黒鉛結晶横断面方向での
　　　　　　　　　平均の長さが20nm以上100nm以下である炭素繊維である。この
　　　　　　　　　炭素繊維は、黒鉛結晶子を非晶質部分が取り囲み、この非晶質部分
　　　　　　　　　が弾性的に黒鉛結晶子の膨張収縮を吸収することによって、マクロ
　　　　　　　　　な炭素繊維の構造の破壊には至らない。これにより放電容量が大き
　　　　　　　　　く、繰り返し充放電に対する放電容量の安定性が高い。
　　　　　　　　　＜リチウム　2次　電池,陰極,メソ相　ピッチ,原料,炭素　繊維,繰
　　　　　　　　　返し,充放電,放電　容量,安定性,構造,規定,活物質,X線　回折,結
　　　　　　　　　晶子,パラメータ,格子面　間隔,C軸,方向,大きさ,Lc,配向　係
　　　　　　　　　数,FW,HM,繊維軸　方向,長い,黒鉛　結晶,子,繊維　横断面,平
　　　　　　　　　均,長さ,非晶質　部分,取囲み,弾性,膨張　収縮,吸収,マクロ,破壊
　　　　　　　　　,高さ＞

<5>

```
平06-168738
P出 04-265493       充放電可能な電池
    H04.09.07      東レ（株），日本電池（株）
開 06-168738        〔目的〕（J）Liイオンをドープして得られた炭素繊維を負極活
    H06.06.14      物質とし、電解液にLiイオンを含ませることにより、充放電特性
登 2811389          にすぐれると共に、自己放電を小さくし、かつ高出力の充電を可能
    H10.08.07      にする。£導電性高重合体、ポリアクリロニトリル、セルロース、
H01M 4/02  C        ピッツ、グラファイト化率
H01M 4/02  D       〔構成〕ポリアセチレン正極活物質1、正極集電体2、炭素繊維を織
H01M 4/58           った布からなる負極活物質3、負極集電体4、セパレータとしての多
H01M 4/60           孔性ガラス板5、電解液6等を設ける。そしてLiイオンをドープし
H01M 10/40 A        て得られた炭素繊維を活物質3とし、液6に陽イオンを含ませる。こ
H01M 10/40 Z        の場合、炭素繊維に高導電性炭素繊維を用い、かつ電池のクーロン
                   効率を90％以上にする。あるいはLiイオンをドープして得られた
                   炭素繊維を負極活物質とし、電解液に陽イオンを含ませると共に、
                   炭素繊維を炭素繊維の束とし、かつ電池のクーロン効率を90％以上
                   にする。これにより充放電特性にすぐれると共に、自己放電が小さ
                   く、高出力の充電可能な電池を得ることができる。
                   <ポリアクリロニトリル,ポリアセチレン>
                   <充放電,可能,電池,リチウム　イオン,ドープ,炭素　繊維,陰極
                   活物質,電解液,充放電　特性,自己　放電,高出力,充電,導電性,高
                   重合体,ポリ　アクリロ　ニトリル,セルロース,ピッツ,黒鉛化率,
                   ポリ　アセチレン,陽極　活物質,陽極　集電体,布,陰極　集電体,
                   分離器,多孔性　ガラス　板,活物質,液,陽イオン,高導電性　炭素
                   繊維,クーロン　効率,束,充電　可能>
```

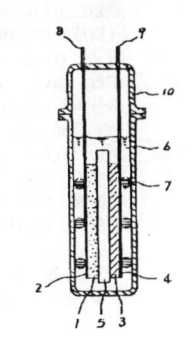

（2）形状

① 技術事項の特徴点

繊維状の原料を焼成して得られた繊維状黒鉛を用い、炭素断面の配向の仕方や長さと径の比等を規定したもの<1>*、<2>、<3>、<4>、繊維状黒鉛が織物状等の形状をしているもの<5>*、球状粒子を用いたもの<6>*、球状粒子の黒鉛と炭素繊維を複合させたもの<7>、薄片状黒鉛粒子を用いたもの<8>等がある。

参照文献（＊は抄録記載）

<1>*特開昭 64-645　　　<2>特開平 2-291673　　<3>特開平 5-502481　　<4>特開平 7-320783

<5>*特開昭 60-36315　　<6>*特開平 4-115457　　<7>特開平 4-237971　　<8>特開平 8-273666

参照文献（Japio抄録）

<1>

```
平01-000645
P出 62-154526       非水電解質系二次電池
    S62.06.23      矢崎総業（株）
開 64-  645         〔目的〕少なくとも一方の電極を特定の黒鉛質炭素繊維を用いて形
    S64.01.05      成することにより,負極に樹枝状金属結晶が発生するのを防ぎ,特に
登 2615054          不活性ガス雰囲気を必要としない電池製造を可能にする。
    H09.03.11      〔構成〕正負電極のいずれか一方またはその双方が,0.1〜3μm径
H01M 4/02  B        の黒鉛質炭素繊維であつてその炭素断面が繊維軸に対して2〜45度
H01M 4/58           の傾斜角度で円錐状ないし角錐状に配向しているもので形成されて
H01M 4/02  D        いる。この物質は例えばベンゼンと硫化水素の混合ガスを1100℃で
                   気相熱分解して得られる径0.5〜1.5μm,長さ0.1〜2mmの炭素
                   繊維を2400℃で熱処理して得られる。これにより形成された電池は
                   充電時に析出した物質を黒鉛層内に取り込み,放電時これをイオン
                   として放出する。従って負極に,樹枝状金属結晶が析出せず,特に不
                   活性ガス雰囲気なしに製造できる。
                   <非水　電解質,2次　電池,一方,電極,黒鉛質　炭素　繊維,形成,陰
                   極,樹枝状,金属　結晶,発生,不活性　ガス　雰囲気,電池　製造,可
                   能,正負　電極,双方向,径,炭素,断面,繊維軸,45度,傾斜　角度,円
                   錐状,角錐,配向,物質,ベンゼン,硫化　水素,混合　ガス,気相　熱
                   分解,長さ,炭素　繊維,熱処理,電池,充電,析出,黒鉛層,取入,放電
                   時,イオン,放出,製造>
```

<5>

昭60-036315
P出 58-144918　炭素繊維構造体およびそれを用いた二次電池
　　S58.08.10　東レ（株）
開 60- 36315　〔目的〕特定のラマン強度比を有する高黒鉛化炭素層によって炭素
　　S60.02.25　繊維間を被覆連結し、かつかさ密度を特定することにより得られる、
告 02- 13423　黒鉛に近い結晶性を有し有効面積が大きい炭素繊維多孔性構造体。
　　H02.04.04　〔構成〕炭素繊維をクロス状に織ることによって、かさ密度ρが0.
登 1648598　　07g／cm³≦ρ≦1.5g／cm³の範囲にある炭素繊維構造体を作製
　　H04.03.13　する。ついでベンゼン等の炭化水素のモノマーをCVD法によって
H01M 4/02 C 　熱分解して多孔性炭素繊維構造体表面上に、ラマンスペクトルにお
H01M 4/58　　　いて1580cm⁻¹のラマン強度に対する1360cm⁻¹のラマン強度の比
C01B 31/02 101Z が1/10以下である高黒鉛化炭素層を沈積させ、炭素繊維間を被覆連
D04H 1/42 E　　結する。これにより二次電池用電極剤として有望な素材を得る。
H01M 4/02　　　＜炭素　繊維、構造体、2次　電池、ラマン、強度比、黒鉛化　炭素、層、
C01B 31/04 102 被覆　連結、高密度、特定、黒鉛、結晶性、有効　面積、大きさ、多孔性
H01M 4/38　　　構造体、クロス、織、ρ、範囲、作製、ベンゼン、炭化　水素、単量体、
H01M 10/40 Z 　CVD、熱分解、多孔性　炭素　繊維、構造体　表面、ラマン　スペク
　　　　　　　　トル、強度、比、沈積、2次　電池　電極、剤、有望、素材＞

<6>

平04-115457
P出 02-233512　非水電解液2次電池
　　H02.09.03　松下電器産業（株）
開 04-115457　〔目的〕負極に易黒鉛化性の球状粒子からなる黒鉛質材料を使用す
　　H04.04.16　ることにより、高電圧、高容量を有し、サイクル特性に優れた非水電
登 2884746　　解液2次電池を得る。
　　H11.02.12　〔構成〕熱処理によって容易に黒鉛化するフリュードコークスに、
H01M 4/02 D 　フツ素樹脂系結着剤を混合し、カルボキシルメチルセルロース水溶
H01M 10/40 Z 　液に懸濁させてペースト状にして鋼箔の両面に塗着し、乾燥後圧延
H01M 4/58　　　して負極板を得る。次にLiCoO₂の粉末、アセチレンブラック、
　　　　　　　　グラファイト、フツ素樹脂系結着剤を混合し、カルボキシルメチルセ
　　　　　　　　ルロース水溶液に懸濁したものから正極板を得る。次いでリード取
　　　　　　　　付け、巻回、電池ケース1への収納、電解液の充填を行う。これにより
　　　　　　　　、高電圧、高容量を有し、サイクル特性に優れた非水電解液2次電池を
　　　　　　　　得ることができる。
　　　　　　　　＜非水　電解液、2次　電池、陰極、易黒鉛化性、球状　粒子、黒、質材
　　　　　　　　料、使用、高電圧、高容量、サイクル　特性、熱処理、黒鉛化、フルート、
　　　　　　　　コークス、フツ素　樹脂系　結着剤、混合、カルボキシル　メチル
　　　　　　　　セルロース　水溶液、懸濁、ペースト、鋼箔、両面、塗着、乾燥後、圧延、
　　　　　　　　陰極板、LiCoO↓2、粉末、アセチレンブラック、黒鉛、陽極板、リー
　　　　　　　　ド　取付、巻回、電池　ケース、収納、電食、液、充填＞

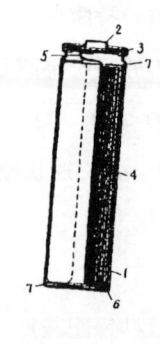

（3）物性値の規定

① 技術事項の特徴点

エックス線回折法によって得られる(002)面の面間隔d_{002}、c軸方向の結晶子の大きさLcおよびa軸方向の結晶子の大きさLaを規定したものが多い<1>、<2>、<3>。これらのパラメータに加え、比表面積、真密度、粒度分布、細孔容積等の物性値を規定したもの<4>*や、結晶子サイズに異方性を有するもの<5>*等の他、僅かに乱層構造を有するもの<6>*、<7>や、低結晶性黒鉛を混合したもの<8>*等がある。

参照文献（*は抄録記載）

<1>特開平 8-273666　　<2>特開平 6-168723　　<3>特開平 7-296814　　<4>*特開昭 63-121248
<5>*特開平 4-190556　　<6>*特開平 2-82466　　<7>特開昭 63-24555　　<8>*特開平 1-311565

参照文献（Japio抄録）

<4>

昭63-121248
P出 61-265841　　　非水系二次電池
　　S61.11.08　　　旭化成工業　（株）
開 63-121248　　　〔目的〕特定の粉粒状炭素質材料のn-ドープ体を負極活物質とす
　　S63.05.25　　　ることにより，小型軽量であり，特にサイクル特性，自己放電特性に
登 2630939　　　　優れた電源を得る。
　　H09.04.25　　　〔構成〕粉粒状炭素質材料のn-ドープ体を負極活物質とする非水
H01M 4/58　　　　系二次電池であつて，炭素質材料のBET法比表面積A（m²／g）
H01M 4/02　　D　が0.1＜A＜100の範囲である。かつX線回折における結晶厚みL
　　　　　　　　　c（Å）と真密度ρ（g／cm³）の値が次の条件1.70＜ρ＜2.18
　　　　　　　　　と10＜Lc＜120ρ-189を満たすものとする。また炭素質材料が，0
　　　　　　　　　.1μm～50μmの範囲に体積換算で90％以上の粒度分布を有し，活
　　　　　　　　　物質の初回の電流効率は50％以上とする。炭素質材料のBET法比
　　　　　　　　　表面積A（m²／g）が0.1m²／g以下の場合は余りに表面積が小さ
　　　　　　　　　く，電極表面での円滑な電気化学的反応が進行しにくい。又，100m²
　　　　　　　　　／g以上の場合は，サイクル寿命特性，自己放電特性，更には電流効
　　　　　　　　　率特性等の面で特性の低下が見られ好ましくない。
　　　　　　　　　＜炭素質　材料,2次　電池,粉粒状,ドープ,体,陰極　活物質,小型
　　　　　　　　　　軽量,サイクル　特性,自己　放電　特性,電源,非水系　2次　電
　　　　　　　　　　池,BET　比表面積,範囲,X線　回折,結晶　厚み,Lc,真密度,
　　　　　　　　　　ρ,値,条件,体積,換算,粒度　分布,活物質,初回,電流　効率,余り,
　　　　　　　　　　表面積,電極　表面,円滑,電気　化学的　反応,進行,サイクル　寿
　　　　　　　　　　命　特性,特性,面,低下＞

<5>

平04-190556
P出 02-319166　　　リチウム二次電池
　　H02.11.22　　　大阪瓦斯　（株）
開 04-190556　　　〔目的〕結晶子サイズに特定の異方性のある炭素材または黒鉛材を
　　H04.07.08　　　負極体のリチウム担持体に用いることにより、サイクル特性に優れ
登 2886331　　　　たリチウム二次電池が得られるようにする。
　　H11.02.12　　　〔構成〕結晶子サイズに特定の異方性を有する炭素材または黒鉛材
H01M 4/62　　Z　をリチウムの担持体として用いる。即ち結晶子サイズに異方性を有
H01M 4/02　　D　する炭素材または黒鉛材に負極活物質を担持させ、負極活物質がリ
H01M 10/40　Z　チウム金属またはリチウムイオンであつて、結晶子サイズにおける
H01M 4/58　　　　c軸方向サイズ（Lc）及びa軸方向サイズ（La）がLc／La
　　　　　　　　　≧1.3の関係を有するリチウム二次電池用負極体とする。これによ
　　　　　　　　　りサイクル特性の向上が図れる。
　　　　　　　　　＜リチウム　2次　電池,結晶子　サイズ,異方性,炭素材,黒鉛材,陰
　　　　　　　　　　極体,リチウム,担持体,サイクル　特性,陰極　活物質,担持,リチ
　　　　　　　　　　ウム　金属,リチウム　イオン,C軸,方向,サイズ,Lc,a軸,ランタ
　　　　　　　　　　ン,関係＞

<6>

平02-082466
P出 63-233759　　　炭素繊維を両極に用いたリチウム二次電池
　　S63.09.20　　　新日本製鉄　（株），新日鉄化学　（株）
開 02-82466　　　〔目的〕正極、負極に、各々特定の炭素繊維を使用することにより
　　H02.03.23　　　、放電容量が大きく、充放電安定性にも優れ、自己放電が少ないよ
登 2612320　　　　うにする。
　　H09.02.27　　　〔構成〕正極には、多量の電気量を収容できるように黒鉛化度の高
H01M 4/58　　　　いピッチ系炭素繊維、つまり炭素層面の平均面間隔が3.40Å以下
H01M 4/02　　C　で、c軸方向及び、a軸方向の結晶子の大きさが、各々、200～800
H01M 4/02　　D　Å、200～1000Åであるピッチ系炭素繊維を用いる。負極には、乱
H01M 10/40　Z　層構造と言われるような適度に乱れ、適度に黒鉛化した炭素繊維、
　　　　　　　　　つまり炭素層面の平均面間隔が3.45～3.37Å、c軸方向及び、a
　　　　　　　　　軸方向の結晶子の大きさが、各々、40～500Å、40～700Åで、且つ
　　　　　　　　　アルゴンレーザーを用いたラマンスペクトルにおける1580cm⁻¹の
　　　　　　　　　ピーク強度に対する1360cm⁻¹のピッチ強度の比が0.2以上1.0以
　　　　　　　　　下である炭素繊維を用いる。これにより放電容量が大きく、繰り返
　　　　　　　　　し充放電に対する安定性が高く、自己放電が少ない。
　　　　　　　　　＜炭素　繊維,両極,リチウム　2次　電池,陽極,陰極,使用,放電
　　　　　　　　　　容量,大きさ,充放電,安定性,自己　放電,多量,電気量,収容,黒鉛化
　　　　　　　　　　度,ピッチ　炭素　繊維,炭素　層面,平均面,間隔,C軸,方向,a軸,
　　　　　　　　　　結晶子,乱層　構造,適度,乱れ,黒鉛化,7Å,アルゴン　レーザ,ラマ
　　　　　　　　　　ン　スペクトル,ピーク　強度,ピッチ,強度,比,繰返し＞

<8>

平01-311565
P出 63-141374
　　S63.06.08
開 01-311565
　　H01.12.15
登　2718696
　　H09.11.14

H01M 4/58
H01M 4/02　C
H01M 4/04　A

電極

シャープ（株）

〔目的〕黒鉛構造における面間隔が夫々特定の範囲内にある高結晶性黒鉛と低結晶性黒鉛との混合物を電極活物質として用いることにより，黒鉛電極の高容量化を図る。

〔構成〕黒鉛構造における面間隔が0.3354～0.3400nmの範囲内にある高結晶性黒鉛と，同じく面間隔が0.343～0.355nmの範囲内にある低結晶性黒鉛との混合物を電極活物質として用いる。異なった面間隔を有する黒鉛の調製方法としては，鉄族元素（鉄，コバルト，ニツケル）または，それを含む合金よりなる基板上に，出発物質である炭化水素化合物を化学気相堆積法により熱分解することにより合成する方法を利用し，分子量150以下の炭化水素化合物を用い，かつ所定の条件で黒鉛の堆積を行う。これにより効率よく黒鉛を形成させることができる。

＜電極,製造　方法,黒鉛　構造,面間隔,範囲,高結晶性,黒鉛,低結晶性,混合物,電極　活物質,黒鉛　電極,高容量化,調製　方法,鉄族　元素,鉄,コバルト,ニツケル,合金,基板,出発　物質,炭化　水素　化合物,化学　気相　堆積,熱分解,合成,方法,利用,分子量,条件,堆積,効率,形成＞

[負極材料（無定形炭素）]

1．技術テーマの構造

（ツリー図）

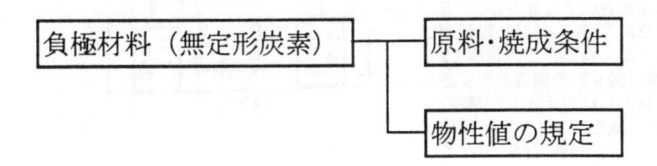

```
負極材料（無定形炭素）─┬─原料・焼成条件
                      └─物性値の規定
```

　前述の黒鉛に対し、非黒鉛とも呼ばれる。フェノール樹脂、ポリアクリロニトリル、ピッチ酸素架橋品等の、原料を 2000℃以上で焼成しても黒鉛化しない難黒鉛化炭素（ハードカーボン）を焼成したものが主である。コークス等の、易黒鉛化炭素（ソフトカーボン）を焼成したものであっても、例えば溶媒との副反応を防止する等の目的で、1500℃以下の温度で焼成して非黒鉛としたものもある。後者の目的としては、溶媒にプロピレンカーボネートを用いたときの副反応を避けること等が挙げられる。エックス線回折図では、ブロードなピークが観察され、c軸方向の結晶子の大きさ（Lc）が 0.8～2 nm と未発達であることが、黒鉛との違いとして特徴付けられる。焼成前の原料や焼成条件に関するものや物性値を規定したものがある。

2．各技術事項について
（1）原料・焼成条件
① 技術事項の特徴点

　　ポリアクリロニトリル、結晶セルロース、ポリビニルアルコール等線状高分子を焼成したもの<1>*、<2>、<3>、アリールアセチレン等共役二重結合を有する高分子を焼成するもの<4>*、縮合多環化合物を原料とするものとしては、ナフタレンやペリレンのテトラカルボン酸二無水物を炭素化したもの<5>*、ナフタレン等をニトロ化合物と反応させて窒素含有炭素材料を得たもの<6>、ナフタレンのスルホン化物を炭素化したもの<7>等がある。このほか、導電性を高めるため、Al、Pb等、リチウムと合金可能な金属の有機金属化合物を炭素質物に接触させた状態で焼成し、複合物材料を得たもの<8>*、層状構造部分を多くするため、有機化合物粉体を分散したNi等のメッキ浴から形成した皮膜を焼成し、金属との複合材料を得たもの<9>等もみられる。

参照文献（＊は抄録記載）
<1>*特開昭 58-93176　　　<2>特開平 2-54866　　　<3>特開昭 63-100009　　　<4>*特開昭 59-154763
<5>*特開昭 61-111907　　<6>特開平 6-187988　　　<7>特開平 8-273667　　　<8>*特開平 2-121258
<9>特開平 5-129018

参照文献（Japio 抄録）

<1>

昭58-093176
P出 56-190489　　二次電池
　　S56.11.30　　東レ（株）
開 58- 93176
　　S58.06.02
H01M　4/60
H01M　4/58
〔目的〕共役系を有する高分子焼成体を,陽極および／または陰極として用いることにより,加工が容易で電極として種々の形状に成形することができ,軽量・安定で無公害な二次電池を得る。
〔構成〕充電(図a)によって陽極には電解質のアニオンが,一方,陰極には電解質のカチオンがドーピングされる。その結果,陽極側の高分子焼成体電極の電位が陰極に対して高くなる。この状態で両極間に放電(図c)を起こさせると,充電(図a)の場合と全く逆の反応,すなわち陽極よりアニオンが,陰極からはカチオンが離脱し,電流が陽極から陰極に流れる。この充電・放電はイオンの焼成体へのドーピングと離脱によるものであるので可逆的に行なわれ,くり返しが可能である。高分子材料は,ポリアクリロニトリル等焼成によって脱水素,脱塩素などを生ぜしめ,その結果,共役系化合物が得られるもので,高分子焼成体は,その密度が1.8G／cm³以下である高分子焼成構造体であることが特に好ましい。
＜ポリアクリロニトリル＞
＜2次　電池,共役,高分子,焼成体,陽極,陰極,加工,容易,電極,種々,形状,成形,軽量,安定,無公害,充電,図,電解質,陰イオン,一方,陽イオン,ドーピング,電位,状態,両極,放電,場合,反応,離脱,電流,イオン,可逆,繰返し,高分子　材料,ポリ　アクリロ　ニトリル,焼成,脱水素,脱塩素,化合物,密度,構造体＞

<4>

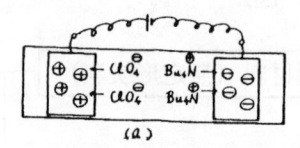

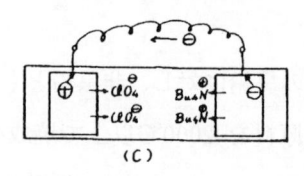

昭59-154763
P出 58- 28974　　リチウム二次電池用負極材
　　S58.02.22　　三洋化成工業（株）
開 59-154763
　　S59.09.03
H01M　4/60
H01M 10/40　　Z
〔目的〕アリールアセチレン重合体の熱分解生成物にリチウムを含有させて形成することにより,電池の安定性,充放電特性の向上を図ったリチウム二次電池用負極材。
〔構成〕式（XはH,ハロゲン基,シアノ基,Aはアルキル基,アリール基等,nは0～5,mは重合体の分子量が5000以上となる数）で表わされるアリールアセチレン共重合体を,フイルム状,織布状等に形成する。この共重合を熱分解し,多孔質で高い伝導性の生成物を得る。この生成物を電極材料とし,熱分解生成物100g当り,リチウムを0.1～40g程度含有させてリチウム二次電池用負極材を形成する。この負極材の使用により,リチウム二次電池の充放電サイクルにおいて良好な可逆性が得られる。
＜ポリアセチレン＞
＜リチウム　2次　電池,陰極材,アリール　アセチレン　重合体,熱分解　生成物,リチウム,含有,形成,電池,安定性,充放電　特性,向上,式,H,ハロゲン基,シアン基,アルキル,アリール,重合体,分子量,数,アリール　アセチレン,共重合体,フイルム,織布,共重合,熱分解,多孔質,高さ,伝導性,生成物,電極　材料,当り,程度,使用,充放電　サイクル,良好,可逆＞

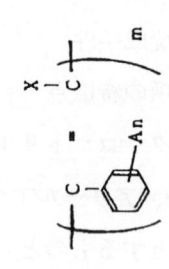

<5>

昭61-111907
P出 59-230292
　　S59.11.02
開 61-111907
　　S61.05.30
告 07-82836
　　H07.09.06
登 2073349
　　H08.07.25
C04B 35/52　A
C01B 31/02
H01M 4/02　B
H01M 10/34

電極材
三菱油化（株）
〔目的〕縮合多環炭化水素系化合物または多環複素環系化合物を炭素化して得られる特定の擬黒鉛構造及び電子構造を有する炭素質材料を用いてなる，安定性に優れ起電力が高くエネルギー密度が大きい電極材。
〔構成〕縮合多環炭化水素系化合物，多環複素環系化合物よりなる群から選択した化合物（好ましい群の例；ベンゼンの1,2,4,5－テトラカルボン酸，1,2,4,5－テトラカルボン酸ジイミド化合物等）を，真空中あるいは不活性ガス中で炭素化する。得られる炭素質材料中，X線広角回折により求めた（002）の面間隔（d002）が3.40Å以上で，またC軸方向の結晶子の大きさが220Å以上の擬黒鉛構造を有し，かつ電子スピン共鳴の一次微分吸収スペクトルのピーク間の線幅が7ガウス以上の電子構造を有する炭素質材料より，電極材を得る。
＜電極材，縮合　多環　炭化　水素，化合物，多環，複素環　化合物，炭素化，擬黒鉛　構造，電子，構造，炭素質　材料，安定性，起電力，エネルギー　密度，大きさ，群，選択，ベンゼン，テトラ　カルボン酸，テトラ　カルボン酸　ジ　イミド，真空，不活性　ガス，X線，広角，回折，(002)，面間隔，C軸　方向，結晶子，電子　スピン　共鳴，1次　微分，吸収　スペクトル，ピーク，線幅，ガウス＞

<8>

平02-121258
P出 63-273146
　　S63.10.31
開 02-121258
　　H02.05.09
登 2726285
　　H09.12.05
H01M 4/02　D
H01M 4/58
H01M 4/04　A

二次電池
三菱化成（株），東芝電池（株）
〔目的〕活物質が、リチウムまたはリチウムを主体とするアルカリ金属で、担持体が特定の炭素質物に、活物質と合金可能な金属を含有する有機金属化合物を作用させて得られる複合物材料とすることにより、電池容量の増加、自己放電特性の改善を図る。
〔構成〕活物質が、リチウムまたはリチウムを主体とするアルカリ金属であり、担持体が、水素／炭素の原子比が0.15未満；X線広角回折法による002面の面間隔が3.37Å以上；およびc軸方向の結晶子の大きさが150Å以下である。この炭素質物に、活物質と合金可能な金属を含有する有機金属化合物を接触させた状態で、有機金属化合物を熱分解して得られる炭素質物と該活物質と合金可能な金属との複合物材料で形成する。これにより充放電サイクル寿命が長く、大電流における充放電特性も良好になる。
＜2次　電池，活物質，リチウム，主体，アルカリ　金属，担持体，炭素質物，合金，可能，金属，含有，有機　金属　化合物，作用，複合体，材料，電池　容量，増加，自己　放電　特性，改善，水素，炭素，原子比，未満，X線，広角，回折，2面，面間隔，C軸，方向，結晶子，大きさ，接触，状態，熱分解，形成，充放電　サイクル　寿命，長い，大電流，充放電　特性，良好＞

（2）物性値の規定

① 技術事項の特徴点

　元素分析によって求められる水素／炭素の原子比、エックス線回折法によって得られる（002）面の面間隔d_{002}、c軸方向の結晶子の大きさL_C、比表面積A、真密度ρ等の値を規定したもの<1>*、<2>、<3>が多い。その他のパラメータとして、細孔径分布に着目して低温性能を上げたもの<4>*、電解液との副反応が大きい微細粒子を除く目的で粒度分布を定めたもの<5>*、示差熱分析による発熱ピークとの関連で規定したもの<6>*、電子スピン共鳴スペクトルで規定したもの<7>*等がある。

参照文献（＊は抄録記載）

<1>*特開昭62-122066　　<2>特開昭63-102166　　<3>特開平6-187987　　<4>*特開昭61-214417

<5>*特開昭63-121248　　<6>*特開平2-66856　　<7>*特開平3-114149

参照文献（Japio抄録）

<1>

昭62-122066
P出 61- 82000　　非水溶媒二次電池
　　S61.04.11　　三菱化成（株），東芝電池（株）
開 62-122066　　〔目的〕負極が、有機高分子系化合物等の化合物を炭素化して得ら
　　S62.06.03　　れる炭素質材料よりなることにより、充放電サイクル特性、貯蔵安
告 05- 17669　　定性の向上を図る。
　　H05.03.09　　〔構成〕負極を構成する炭素質材料は有機高分子系化合物、縮合多
登 2128590　　環炭化水素化合物及び多環複素環系化合物よりなる群から選択され
　　H09.04.25　　た少なくとも一種の化合物を炭素化して得られるものであり、かつ
H01M　4/58　　以下の各条件を同時に満足する擬黒鉛構造を有するものである。即
H01M 10/40　Z　ち第1に元素分析により求められる水素／炭素の原子比が0.15未満
　　　　　　　　であり、更に好ましくは0.07未満である。第2に、X線広角回折に
　　　　　　　　より求めた（002）面の面間隔（d₀₀₂）が3.37Å以上であり、更
　　　　　　　　に好ましくは、3.41Å以上かつ3.70Å以下である。第3に同じく
　　　　　　　　X線広角回折により求めたC軸方向の結晶子の大きさ（Lc）が15
　　　　　　　　0Å以下であり、更に好ましくは、10Å以上70Å以下である。
　　　　　　　　＜非水 溶媒,2次 電池,陰極,有機 高分子 化合物,化合物,炭
　　　　　　　　素化,炭素質 材料,充放電 サイクル 特性,貯蔵 安定性,向上,
　　　　　　　　構成,縮合 多環 炭化 水素,多環,複素環 化合物,群,選択,1種,
　　　　　　　　各 条件,同時,満足,擬黒鉛 構造,第1,元素 分析,水素,炭素,原
　　　　　　　　子比,未満,第2,X線,広角,回折,（002）,面間隔,第3,C軸 方向,
　　　　　　　　結晶子,大きさ,Lc＞

<4>

昭61-214417
P出 60- 54911　　エネルギー貯蔵装置
　　S60.03.19　　松下電器産業（株）
開 61-214417　　〔目的〕炭化収率が高く、高強度で低抵抗の活性炭繊維と、低粘度
　　S61.09.24　　、高電気伝導性の電解液とを組合せて用いることにより、低内部抵
告 06- 18156　　抗で、高容量のエネルギー貯蔵装置を容易に、かつ低い材料コスト
　　H06.03.09　　でつくることを可能とする。
登 1949090　　〔構成〕2nm以下の径を有する細孔の占める細孔容積が、全細孔
　　H07.07.10　　の占める細孔容積の50％以上を有する炭素繊維を分極性電極1に用
H01M　6/16　Z　い、エーテル系溶媒を含む液を電解液とし、セパレータ3、対向電
H01M 10/40　Z　極2からエネルギー貯蔵装置を構成する。これにより炭化収率の高
H01M　4/02　　い、高強度の活性炭繊維を分極性電極1として用いることが可能に
H01M　4/02　B　なり、製造時の作業性、材料コストなどの点で大きなメリットがあ
H01G　9/00　301D　る。また活性炭繊維は、賦活が進行するに従って繊維径が細くなる
H01G　9/00　A　ため、その電気抵抗は、賦活前よりも徐々に大きくなり、この点か
H01M　4/02　Z　らも、賦活をあまり進行させすぎないで得た活性炭繊維は、その電
H01M　6/16　　気抵抗が低く、これを分極性電極1に用いた時、キヤパシタまた
H01M 10/40　　は電池の内部抵抗が小さくなり、容量取出し効率が向上する。
　　　　　　　　＜エネルギー 貯蔵 装置,炭化 収率,高強度,低抵抗,活性炭 繊
　　　　　　　　維,低粘度,高電気,伝導性,電解液,低内部 抵抗,高容量,材料 コ
　　　　　　　　スト,径,細孔,細孔 容積,炭素 繊維,分極性 電極,エーテル 溶
　　　　　　　　媒,液,分離器,対向 電極,構成,製造,作業性,点,メリット,賦活,進
　　　　　　　　行,繊維径,電気 抵抗,すぎ,キヤパシタ,電池,内部 抵抗,容量,取
　　　　　　　　出 効率,向上＞

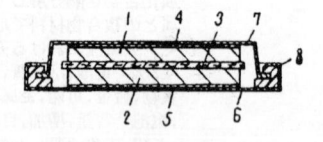

<5>

昭63-121248
P出 61-265841　　　非水系二次電池
　　S61.11.08　　　旭化成工業　（株）
開 63-121248　　　〔目的〕特定の粉粒状炭素質材料のn-ドープ体を負極活物質とすることにより，小型軽量であり，特にサイクル特性，自己放電特性に優れた電源を得る。
　　S63.05.25
登 2630939
　　H09.04.25
H01M 4/58　　　〔構成〕粉粒状炭素質材料のn-ドープ体を負極活物質とする非水系二次電池であつて，炭素質材料のBET法比表面積A（㎡／g）が0.1＜A＜100の範囲である。かつX線回折における結晶厚みLc（Å）と真密度ρ（g／cm³）の値が次の条件1.70＜ρ＜2.18と10＜Lc＜120ρ－189を満たすものとする。また炭素質材料が，0.1μm～50μmの範囲に体積換算で90％以上の粒度分布を有し，活物質の初回の電流効率は50％以上とする。炭素質材料のBET法比表面積A（㎡／g）が0.1㎡／g以下の場合は余りに表面積が小さく，電極表面での円滑な電気化学的反応が進行しにくい。又，100㎡／g以上の場合は，サイクル寿命特性，自己放電特性，更には電流効率特性等の面で特性の低下が見られ好ましくない。
H01M 4/02　　D
　　　　　　　　　＜炭素質　材料,2次　電池,粉粒状,ドープ,体,陰極　活物質,小型　軽量,サイクル　特性,自己　放電　特性,電源,非水系　2次　電池,BET　比表面積,範囲,X線　回折,結晶　厚み,Lc,真密度,ρ,値,条件,体積,換算,粒度　分布,活物質,初回,電流　効率,余り,表面積,電極　表面,円滑,電気　化学的　反応,進行,サイクル　寿命　特性,特性,面,低下＞

<6>

平02-066856
P出 63-217295　　　非水電解液電池
　　S63.08.31　　　ソニー　（株）
開 02-66856　　　〔目的〕面間隔3.70Å以上，真密度1.70g／cm³,示差熱分析700度以上に発熱ピークを有しない炭素質材料よりなる負極と，250mAH／g以上の充放電容量相当分のLiを含んだ正極とを有することにより，サイクル寿命を長くする。
　　H02.03.06
登 2674793
　　H09.07.18
H01M 4/58　　　〔構成〕リチウムをドープした炭素は，その層間距離〔（002）面の面間隔〕d002が3.70Åになり層間距離は拡大する。d002＜3.70Åの炭素質材料では層間を拡げなければならない分だけリチウムのドープが困難になり，これによりドープ量が少なくなる。真空度ρはρ＞1.70g／cm³となると層間距離を確保が難しくなり，ドープ量が減少する。空気気流中における示差熱分析で700度以上に発熱ピークを有しないことにより，放電容量やサイクル寿命特性は改善される。これにより，放電容量が大きく，しかもサイクル寿命の長い非水電解液電池をうることができる。
H01M 10/40　　Z
　　　　　　　　　＜非水　電解液　電池,面間隔,真密度,示差熱　分析,零度,発熱,ピーク,炭素質　材料,陰極,H,充放電　容量,相当分,リチウム,陽極,サイクル　寿命,長い,ドープ,炭素,層間　距離,(002),拡大,層間,困難,ドープ量,真空度,ρ,確保,減少,空気　気流,放電　容量,サイクル　寿命　特性,改善,大きさ＞

<7>

平03-114149
P出 02-218957　　　二次電池
　　H02.08.22　　　三菱油化　（株）
開 03-114149　　　〔目的〕特定の擬黒鉛構造及び電子構造を有する炭素質材料を電極材として用いることにより，安定性に優れ，起電力が高く，最大出力及びエネルギー密度が大きく，繰り返し使用に耐える電極を用いた二次電池を得る。
　　H03.05.15
告 05-80110
　　H05.11.05
登 1914369
　　H07.03.23
　　　　　　　　　〔構成〕二次電池の電極はX線広角回折により求めた（002）の面間隔（d₀₀₂）が3.40Å以上であり，またc軸方向の結晶子の大きさ（Lc）が220Å以下の擬黒鉛構造を有し，かつ電子スピン共鳴の一次微分吸収スペクトルのピーク間の線幅（ΔHpp）が7ガウス以上の電子構造を有する炭素質材料と結合剤とからなる混合物を成形することにより得られる。このような炭素質材料は縮合多環炭化水素系化合物及び多環複素環系化合物よりなる群より選択される有機化合物を炭素化して得られる。
C01B 31/04　　101A
H01M 10/40　　Z
H01M 4/58
H01M 4/02　　B
　　　　　　　　　＜2次　電池,擬黒鉛　構造,電子,構造,炭素質　材料,電極材,安定性,起電力,最大　出力,エネルギー　密度,大きさ,繰返し　使用,電極,X線,広角,回折,(002),面間隔,C軸,方向,結晶子,電子　スピン　共鳴,1次　微分,吸収　スペクトル,ピーク,線幅,ΔH,PP,ガウス,結合剤,混合物,成形,縮合　多環　炭化　水素,化合物,多環,複素環　化合物,群,選択,有機　化合物,炭素化＞

[その他の負極材料]

1．技術テーマの構造

（ツリー図）

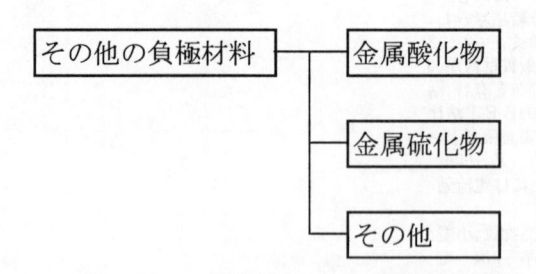

```
その他の負極材料 ─┬─ 金属酸化物
                 ├─ 金属硫化物
                 └─ その他
```

　リチウムイオン電池は原理的に正極・負極ともインターカレーションまたはインサーション反応によって作動することから、炭素質材料以外のリチウムイオン電池用負極としては、構造や反応メカニズムが正極材料と同様または類似のものが多い。金属酸化物や金属硫化物がこれにあたる。正極材料との組み合わせに当たっては、主に材料中のリチウム元素の有無や作動電圧が選択のポイントとなる。

　なお、電極反応機構が異なる、ポリアセチレンに代表される共役二重結合を有する導電性高分子を負極に用いるものについては「リチウムポリマー二次電池」の技術ブロックで取り上げ、Ａｌ、Ｐｂ等の金属合金類については「リチウム金属二次電池」の技術ブロックで取り上げた。金属粉等を炭素材料と混合したものについては、本技術ブロックの「負極構造・製造方法」のテーマの中で一部触れた。

2．各技術事項について

（1）金属酸化物

① 技術事項の特徴点

　　二酸化チタンや五酸化ニオブを用いたもの<1>*、<2>、<3>、二酸化モリブデンを用いたもの<4>*、酸化タングステン、酸化タンタルを用いたもの<5>*、酸化第二鉄を用いたもの<6>*、<7>、酸化コバルトや酸化スズ、酸化珪素を用いたもの<8>、<9>、<10>等がある。また、Ｌｉ Ｍｎ$_2$ Ｏ$_4$のようなスピネル構造物質を用いる考え<11>も示されている。

参照文献（＊は抄録記載）

<1>*特開昭57-11476	<2>特開昭57-152669	<3>特開平5-13080	<4>*特開昭60-89067
<5>*特開昭60-249247	<6>*特開昭62-219465	<7>特開平3-112070	<8>特開平3-291862
<9>特開平6-275268	<10>特開平6-325765	<11>特開昭58-220362	

参照文献（Japio 抄録）

<1>

昭57-011476
P出 55- 86133　　有機電解液二次電池
　　S55.06.24　　湯浅電池　（株）
開 57- 11476　　〔目的〕リチウムと可逆的化合物を作る物質を正，負極活物質とし，
　　S57.01.21　　リチウム塩を溶解した有機溶媒を電解液とすることにより，漏液を
告 63- 1708　　生じることなく，充放電効率が良く，かつ長寿命な二次電池を得る。
　　S63.01.13　　〔構成〕充電状態でリチウムと可逆的化合物を形成した状態にある
登 1496155　　二酸化チタンまたは五酸化ニオブを負極活物質2とし，これより高い
　　H01.05.16　　電位で同種のアルカリ金属と反応して不溶性の化合物を形成し得る
H01M　4/40　　酸化物，酸無水物，硫化物等，例えば二酸化マンガンを正極活物質1と
H01M 10/40　Z　する。また負極活物質2の表面に金属リチウムを直接接触させ，プロ
　　　　　　　　ピレンカーボネートと1,2-ジメトキシエタンの混合液に過塩素リ
　　　　　　　　チウムを溶解させた有機電解液を，ガラス繊維マットよりなるセパ
　　　　　　　　レータ4に含浸させている。
　　　　　　　　＜有機　電解液　2次　電池,リチウム,可逆,化合物,物質,正,陰極
　　　　　　　　　活物質,リチウム塩,溶解,有機　溶媒,電解液,漏液,充放電　効率
　　　　　　　　,長寿命,2次　電池,充電　状態,形成,2　酸化　チタン,5　酸化
　　　　　　　　ニオブ,高さ,電位,同種,アルカリ　金属,反応,不溶性,酸化物,酸無
　　　　　　　　水物,硫化物,2　酸化　マンガン,陽極　活物質,表面,金属　リチウ
　　　　　　　　ム,直接　接触,プロピレン　カーボネート,ジ　メトキシ　エタン,
　　　　　　　　混合液,過塩素　リチウム,有機　電解液,ガラス　繊維　マット,分
　　　　　　　　離器,含浸＞

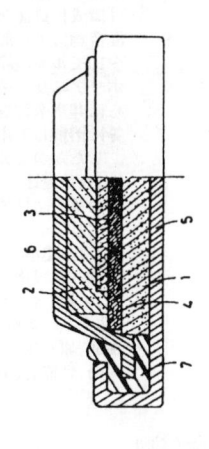

<4>

昭60-089067
P出 58-196488　　非水電解液二次電池
　　S58.10.19　　三洋電機　（株）
開 60- 89067　　〔目的〕負極活物質に二酸化モリブデン酸リチウムを使用すること
　　S60.05.18　　により，非水電解液二次電池の充放電サイクル特性の改善を図る。
告 05- 64431　　〔構成〕二酸化モリブデン酸リチウム（Li$_x$MoO$_2$）の活物質粉
　　H05.09.14　　末に，導電剤，結着剤等を混合して成型，熱処理し，負極6を形成する
登 1857564　　。この負極6を負極缶2の内底面に固着させた負極集電体7に圧接す
　　H06.07.27　　る。この負極6と，V$_2$O$_5$等を活物質とする正極4,非水電解液を含浸
H01M　4/40　　させたセパレータ8等を用いて二次電池を組立てる。この負極によ
H01M 10/40　Z　れば，Li単独使用の場合のような金属Liの樹枝状成長がないの
　　　　　　　　で，充放電サイクル特性が改善される。
　　　　　　　　＜非水　電解液　2次　電池,陰極　活物質,2　酸化　モリブデン,
　　　　　　　　酸リチウム,使用,充放電　サイクル　特性,改善,リチウム,MoO
　　　　　　　　↓2,活物質　粉末,導電剤,結着剤,混合,成型,熱処理,陰極,形成,陰
　　　　　　　　極缶,内底面,固着,陰極　集電体,圧接,V↓2O↓5,活物質,陽極,非
　　　　　　　　水　電解液,含浸,分離器,2次　電池,組立,単独　使用,場合,金属
　　　　　　　　リチウム,樹枝状　成長＞

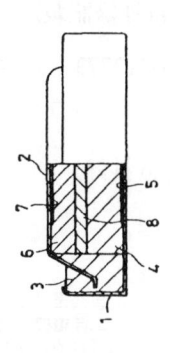

<5>

昭60-249247
P出 59-105272　　電池
　　S59.05.24　　松下電器産業　（株）
開 60-249247　　〔目的〕酸化タングステン,酸化タンタル,酸化チタンの1種以上を
　　S60.12.09　　負極母体として用いることにより，優れたサイクル寿命を有し，液漏
告 02- 8420　　れや破裂のない電池を提供する。
　　H02.02.23　　〔構成〕負極として酸化タングステン,酸化タンタル,酸化チタンの
登 1584073　　1種以上を電極母体に使用する。これらの遷移金属酸化物は，それぞ
　　H02.10.22　　れの金属を電気化学的に陽極酸化して得られる被膜とする。この負
H01M　4/40　　極と，カーボンよりなる正極及び有機電解液を要素として電池を組
H01M　4/58　　立てる。この電池は充放電のくり返しによる容量低下が少なく，液
H01M 10/40　　漏れや破裂等の損傷がなく，商品品質が高い。
　　　　　　　　＜電池,酸化　タングステン,酸化　タンタル,酸化　チタン,1種
　　　　　　　　以上,陰極,母体,サイクル　寿命,漏液,破裂,提供,電極,使用,遷移
　　　　　　　　金属　酸化物,金属,電気　化学的,陽極　酸化,被膜,炭素,陽極,
　　　　　　　　有機　電解液,要素,組立,充放電,繰返し,容量　低下,損傷,商品,品
　　　　　　　　質,高さ＞

<6>

昭62-219465
P出 61-60950
　　S61.03.20
開 62-219465
　　S62.09.26
H01M　4/40
H01M　4/02
H01M　4/02　D

二次電池
昭和電工　(株),日立製作所：(株)
〔目的〕負極を、α型三酸化第二鉄と四価以上の金属の酸化物との混合物で形成し、正極を非晶質無機酸化物で形成することにより、エネルギー密度を高く、自己放電を小さくして電池性能を向上する。
〔構成〕負極を、α型三酸化第二鉄と四価以上の金属の酸化物との混合物により形成し、その配合量を、α型三酸化第二鉄に対して0.5～10モル%の範囲の四価以上の金属の酸化物とする。また正極を、ポリアニリン系化合物または非晶質無機酸化物により形成する。さらに非水系電解液として、LiClO₄等をプロピレンカーボネート等に溶解して用いる。そしてそれらを組合せて二次電池を構成する。したがって負極を構成する混合物の原子価制御によって電気伝導性、充放電速度を向上し、電池のエネルギー密度、自己放電、サイクル寿命等の諸性能を良好にすることができる。
<ポリアニリン>
<2次　電池,陰極,α型　3　酸化　第2　鉄,4価,金属,酸化物,混合物,形成,陽極,非晶質　無機　酸化物,エネルギー　密度,自己　放電,電池　性能,向上,配合量,モル比,範囲,ポリ　アニリン　化合物,非水系　電解液,LiClO↓4,プロピレン　カーボネート,溶解,構成,原子価　制御,電気　伝導性,充放電　速度,電池,サイクル　寿命,性能,良好>

(2) 金属硫化物

① 技術事項の特徴点

二硫化チタン<1>*、二硫化モリブデン<2>*、硫化ニッケル<3>*などがある。

参照文献（*は抄録記載）

<1>*特開昭57-212773　　<2>*特開昭63-241864　　<3>*特開平1-253174

参照文献（Japio抄録）

<1>

昭57-212773
P出 56-98687
　　S56.06.24
開 57-212773
　　S57.12.27
H01M　4/40
H01M　4/58

再充電可能なリチウム電池
三洋電機　(株)
〔目的〕リチウムイオンを結晶中に混入した層間化合物を負極活物質として用いることにより、充電の際、樹枝状のリチウム金属が生長せず、依って内部短絡現象も生ずることがないようにしてサイクル特性を改善する。
〔構成〕負極活物質としてTiS₂の結晶中にリチウムイオンを混入した層間化合物を用いる。TiS₂は層状遷移金属カルコゲン化物に属し六方晶系の結晶構造を有するものであり、このTiS₂にリチウムイオンを混入すると、リチウムイオンがTiS₂の結晶層間の八面体位置に侵入してLi_xTiS₂で表わされる層間化合物が得られる。この負極活物質に結着剤（フツ素樹脂）を加えた混合物を極板芯体となるステンレス金網に加圧成型して負極4とする。一方V₂O₅粉末に導電剤及び結着剤を加えた混合物を極板芯体となるステンレス金網に加圧成型して正極2とする。電解液はプロピレンカーボネイトとジメトキシエタンとの等体積比混合溶媒に1モルの過塩素酸リチウムを溶解したものであり、これをポリプロピレン不織布よりなるセパレータ5に含浸して電池を作成した。
<ポリプロピレン>
<再充電　可能,リチウム　電池,リチウム　イオン,結晶,混入,層間　化合物,陰極　活物質,充電,樹枝状,リチウム　金属,生長,内部　短絡　現象,サイクル　特性,改善,TiS↓2,層状,遷移　金属　カルコゲン化物,六方晶,結晶　構造,結晶層,8面体　位置,侵入,リチウム,結着剤,フツ素　樹脂,混合物,極板　芯体,ステンレス　金網,加圧　成形,陰極,一方,V↓2O↓5,粉末,導電剤,陽極,電解液,プロピレン　カーボネート,ジ　メトキシ　エタン,体積比　混合,溶媒,1モル,過塩素酸　リチウム,溶解,ポリ　プロピレン　不織布,

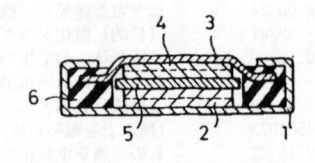

178

<2>

昭63-241864
P出 62- 76902　　電気化学セル
　　S62.03.30　　松下電器産業　（株）
開 63-241864　　〔目的〕Ｌｉを含む特定の組成の化合物よりなる電極を構成要素と
　　S63.10.07　　することにより,放電分極を小さくし,長寿命を実現する。
告 08- 21381　　〔構成〕Ｌｉ$_x$ＭＭｏ$_y$Ｓ$_{2-z}$で表わされる化合物を負極3に用いる
　　H08.03.04　　。式中ＭはＮａ,Ｍｇ,Ａｌ,Ｃａ,Ｓｃ,Ｍｎ,Ｆｅ,Ｃｏ等より選ぶ
登 2112082　　　元素で,0＜x＜13,0≦y≦0.5,0≦z≦4である。この式で表わさ
　　H08.11.21　　れる元素は,ＭｏＳ$_{2-z}$が作る三次元骨格の中をＬｉ⁺イオンが自由
H01M　4/58　　に出入りする。この際結晶格子内におけるＬｉ⁺イオンの移動に必
　　　　　　　　要なエネルギーは非常に小さく,従って,電極表面でのＬｉイオンの
　　　　　　　　溶解析出反応は優れたものとなる。このためＬｉの溶解析出に際し
　　　　　　　　電極表面におけるＬｉの針状結晶が成長しにくくなる。以上の作用
　　　　　　　　により上記化合物は,電極としての可逆性が優れ,これを負極3として
　　　　　　　　して用いた電気化学セル例えば二次電池では,充放電の繰り返しによ
　　　　　　　　る容量低下は非常に小さい。
　　　　　　　　＜電気　化学　セル,リチウム,組成,化合物,電極,構成　要素,放電
　　　　　　　　,分極,長寿命,実現,モリブデン,陰極,式,ナトリウム,マグネシウム
　　　　　　　　,アルミニウム,カルシウム,スカンジウム,マンガン,鉄,コバルト,
　　　　　　　　元素,3次元　骨格,Ｌｉ↑＋　イオン,自由,出入,結晶　格子,移動,
　　　　　　　　エネルギー,非常,電極　表面,リチウム　イオン,溶解　析出,反応,
　　　　　　　　針状　結晶,成長,作用,可逆,2次　電池,充放電,繰返し,容量　低下
　　　　　　　　＞

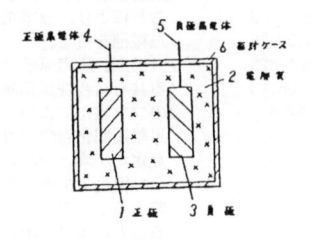

<3>

平01-253174
P出 63- 80930　　二次電池
　　S63.03.31　　日本電池　（株）
開 01-253174　　〔目的〕負極活物質及び正極を構成する物質を所定のものとし,か
　　H01.10.09　　つリチウムイオンを含む有機電解液を用いることにより,充放電サ
告 07- 54717　　イクル寿命の長期化と放電電圧の上昇を可能にする。
　　H07.06.07　　〔構成〕リチウムを電気化学的にインタカレーションしその組成を
登 2029857　　　Ｌｉ$_x$ＮｉＳ（x＝0.5～1.0）とした物質が負極活物質とされる
　　H08.03.19　　。リチウムの出入りが可能でかつリチウムのインタカレーション反
H01M　4/40　　応の電位が負極活物質の電位より高い化合物が正極を構成する材料
H01M　4/58　　に含まれる。電解液はリチウムイオンを含む有機電解液とされる。
H01M 10/40　Ｚ　この構成による二次電池においては充放電に際しての両極活物質の
H01M　4/02　Ｂ　結晶構造の変化はほとんど無くて充放電サイクル寿命が長くなる。
　　　　　　　　正極活物質の選択により放電電圧の向上が得られる。
　　　　　　　　＜2次　電池,陰極　活物質,陽極,構成,物質,リチウム　イオン,有
　　　　　　　　機　電解液,充放電　サイクル　寿命,長期化,放電　電圧,上昇,可
　　　　　　　　能,リチウム,電気　化学的,インターカレーション,組成,ＮｉＳ,出
　　　　　　　　入,反応,電位,高さ,化合物,材料,電解液,充放電,両極,活物質,結晶
　　　　　　　　構造,変化,長い,陽極　活物質,選択,向上＞

（3）その他

① 技術事項の特徴点

　　フッ化黒鉛を用いたもの<1>*、金属フタロシアニンを用いたもの<2>*、炭素の他にホウ素、窒素
および水素が付加された層状化合物ＢＣＮ（Ｈ）を用い、層間でのリチウムイオンの拡散をグラファ
イトよりも速めたもの<3>*、炭素体の層状部分を多くするため、ニッケルと炭素との固溶体または
Ｎｉ$_3$Ｃからなる層を形成させたもの<4>等がある。他に、フラーレン<5>やカーボンナノチューブ
<6>など、新規炭素材料をリチウム電池に用いる試みもみられる。

参照文献（*は抄録記載）

<1>*特開昭 61-116759　　<2>*特開昭 62-229670　　<3>*特開平 3-165463　　<4>特開平 4-92364

<5>特開平 5-275078　　<6>特開平 5-266890

参照文献（Japio 抄録）

<1>

昭61-116759
P出 59-236852
　　S59.11.12
開 61-116759
　　S61.06.04
告 06-77458
　　H06.09.28
登 1941895
　　H07.06.23
H01M 4/58

電池活物質
渡辺　信淳

〔目的〕共有結合性黒鉛層間化合物を分解して得られる分解残留炭素をフツ素と反応させて得られるフツ化黒鉛を活物質として用いることにより、放電電位、電位平坦性及び放電容量において共に優れた電池を得る。
〔構成〕炭素原子と層間侵入体とが共有結合によって結合されている共有結合性黒鉛層間化合物の分解によって得られる分解残留炭素のフツ素化によって得られるフツ化黒鉛よりなる。即ち共有結合性黒鉛層間化合物が酸化黒鉛の場合、炭素材料である結晶性炭素又は無定形炭素と強酸系酸化剤及び水とからなる反応系を120℃を越えない温度で加熱することにより、生成した酸化黒鉛を反応系から単離することなく、そのまま120℃以上約230℃くらいまで加熱昇温することによって酸化黒鉛の分解残留炭素を製造する。分解残留炭素のフツ素化は一般にフツ素気流中約20～550℃で行なわれる。
<電池　活物質,共有　結合性,黒鉛,層間　化合物,分解,残留　炭素,フツ素,反応,フツ化　黒鉛,活物質,放電　電位,電位,平坦性,放電　容量,電池,炭素　原子,層間,侵入体,共有　結合,結合,フツ素化,酸化　黒鉛,場合,炭素　材料,結晶性,炭素,無定形　炭素,強酸,酸化剤,水,反応系,温度,加熱,生成,単離,加熱　昇温,製造,一般,気流>

<2>

昭62-229670
P出 61-70529
　　S61.03.28
開 62-229670
　　S62.10.08
告 07-89498
　　H07.09.27
登 2070524
　　H08.07.10
H01M 10/40　Z
H01M 10/36　Z

電池
ぺんてる　（株）

〔目的〕正極に活性炭を,負極としてフタロシアニンを使用することにより,廃棄,その他の取扱性の向上を図る。
〔構成〕正極側の活性炭は正に帯電し易く,比表面積が大きいので充電によって正の電荷を多量にチャージし,放電によって放出する。一方,負極側のフタロシアニンは充電によって電解液中の金属イオンを取り込み,放電によって取り込んだ金属或は元から有する金属を電解液中に放出する。これにより充電可能な2次電池を廃棄,その他の処理を良好にして得ることができる。
<電池,陽極,活性炭,陰極,フタロシアニン,使用,廃棄,取扱性,向上,正,帯電,比表面積,大きさ,充電,電荷,多量,チャージ,放電,放出,一方,電解液,金属　イオン,取入,金属,充電　可能,2次　電池,処理,良好>

<3>

平03-165463
P出 01-305084
　　H01.11.24
開 03-165463
　　H03.07.17
告 08-17094
　　H08.02.21
登 2101296
　　H08.10.22
H01M 4/58
H01M 4/02　B

電極材料およびその製造法
セントラル硝子　（株）

〔目的〕ホウ素源ガス,炭素源ガス,窒素源ガス及びキャリヤーガスからなる混合ガスをCVD法で反応させることにより,耐熱性,化学的安定性,耐熱衝撃性が大でかつエネルギー密度大の電極材料を生成する。
〔構成〕CVD法は500℃以上の状態で行われる。生成物は炭素の他にほう素,窒素および／または水素が付加された均一な化合物〔BCN(H)〕が層状構造を有し,グラファイトと同様にLi等が層間に挿入された化合物となる。しかもその組成をコントロールすることにより相互作用の大きさがコントロールできる。この材料を極材料としたものは放電時の閉回路電圧が低く,エネルギー密度が大である。
<BCN,H,電極　材料,製造,硼素源,ガス,炭素源,窒素源,キャリア　ガス,混合　ガス,CVD,反応,耐熱性,化学的　安定性,耐熱衝撃性,エネルギー　密度,生成,状態,生成物,炭素,硼素,窒素,水素,付加,均一,化合物,層状　構造,黒鉛,リチウム,層間,挿入,組成,制御,相互　作用,大きさ,材料,極材料,放電時,閉回路,電圧>

［負極添加剤（結着剤含む）］

1．技術テーマの構造

（ツリー図）

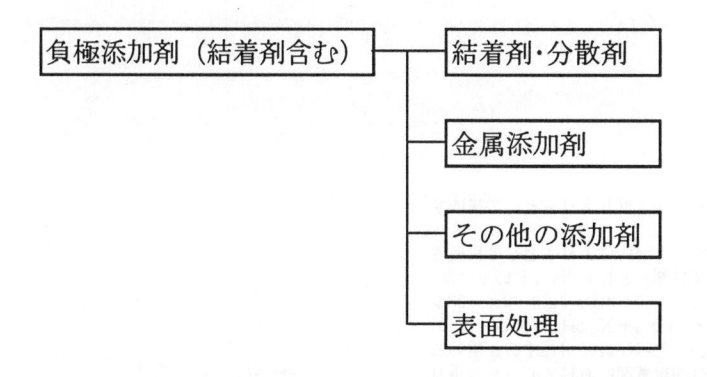

```
負極添加剤（結着剤含む）─┬─結着剤・分散剤
                        ├─金属添加剤
                        ├─その他の添加剤
                        └─表面処理
```

電極に添加されるもののうち、電気化学反応に寄与しないものをまとめた。

炭素材料や活物質材料の粉体粒子を電極形状に成形し、使用中の脱落を防ぐ目的で、粒子同士をつなぎ止める役割をする結着剤や、粉体の各粒子が良好に電解液と接触するよう、電極形成前に粒子同士の寄り集まりをほぐす役割をする分散剤等が添加される。結着剤が分散剤の役割を兼ね備えることが多い。

また、粒子同士の電子伝導を補助する役割をする導電剤、主に電解液との副反応を防止する目的で種々の添加剤が加えられることもある。

他に、電解液との濡れ性の向上や、副反応の防止等の目的で施される表面処理についても触れた。

2．各技術事項について

（1）結着剤・分散剤

① 技術事項の特徴点

リチウムイオン電池に用いられる負極材料は、その多くが粉体であることから、従来から正極に用いられてきた結着剤を用いる試みが、まずみられる。ポリテトラフルオロエチレン（－CF_2－CF_2－）を中心として、結着剤用溶解への溶解性や電解液への不溶性を制御するため、ポリ三フッ化エチレン（－CHF－CF_2－）、ポリフッ化ビニリデン（CH_2－CF_2－）等に分子構造を変えたもの、あるいはこれらとポリエチレン、ポリプロピレンとの共重合体（コポリマー）等を用いたもの[1]*、[2]が見られる。また、フッ素樹脂がリチウムと反応する等の理由から、フッ素樹脂を避け、塩化ビニル－酢酸ビニル共重合体を用いたもの[3]、[4]*、セルロースやスチレン－ブタジエン・ラバーを用いたもの[5]、[6]*、フェノール樹脂等の熱硬化性樹脂を用いたもの[7]等がある。

結着剤に分散効果を兼ね備えさせることが一般的であるが、特に分散効果を意識したものとしては、ポリエチレン、アクリル系共重合等の粒子を含む分散体を用いたもの[8]*、ポリエーテル鎖を有するカチオン界面活性剤やポリエーテル化合物を用いたもの[9]、[10]等がある。

参照文献（＊は抄録記載）

<1>＊特開昭63-121262　　<2>特開平6-203833　　<3>特開平4-255670　　<4>＊特開平4-294060

<5>特開昭59-207568　　<6>＊特開平6-60864　　<7>特開平3-233862　　<8>＊特開平4-51459

<9>特開平4-248257　　<10>特開平4-267055

参照文献（Japio抄録）

<1>

昭63-121262
P出 61-266304　　非水系電池用電極
　　 S61.11.08　　旭化成工業　（株）
開 63-121262　　〔目的〕バインダーを特定のモノマーユニットより主として構成す
　　 S63.05.25　　ることにより，電池性能の向上を図る。
告 08-　4007　　〔構成〕式Ⅰで示すモノマーユニットＡ，Ｂ，Ｃより主として構成さ
　　 H08.01.17　　れるフツ素系高分子共重合体をバインダーとして用い，そのモノマ
登 2136954　　ーユニットＡ，Ｂ，Ｃの割合X_A，X_B，X_Cを0.3≦X_A≦0.9，0.03≦
　　 H10.06.26　　X_B≦5，0≦X_C≦0.5，0.80≦X_A＋X_B＋X_C≦1，好ましくは，0
H01M 4/62　　Ｚ　．4≦X_A≦0.8，0.1≦X_B≦0.3，0.1≦X_C≦0.4とする。用いる
バインダー量は，例えば電極活物質100重量部に対して0.1～20重量
部，好ましくは0.5～10重量部の範囲である。これにより製造プロ
セス上の問題，例えば乾燥，溶剤の毒性，溶剤の回収，塗工設備の耐薬
品性等にかかわる問題を解決することができ，優れた性能を有する
電極を安価に得られる。
＜非水系　電池，電極，バインダー，単量体　ユニット，構成，電池
性能，向上，式，□1，Ｂ，Ｃ，フツ素　高分子，共重合体，割合，バインダ
ー量，電極　活物質，重量，範囲，製造　プロセス，問題，乾燥，溶剤，毒
性，回収，塗工，設備，耐薬品性，解決，性能，安価＞

$-CH_2-CF_2-$
$-CF-CF_2-$
　$|$
　CF_3
$-CF_2-CF_2-$

<4>

平04-294060
P出 03- 60050　　非水電解質二次電池用負極
　　 H03.03.25　　松下電器産業　（株）
開 04-294060　　〔目的〕本発明は充放電サイクル特性の優れた非水電解質二次電池
　　 H04.10.19　　用負極を提供することを目的とする。£セパレータ，ガスケツト，
登 2529479　　$LiCoO_2$，V_2O_5，Cr_2O_5，MnO_2，TiS_2，MoS_2，カ
　　 H08.06.14　　ルコゲン化合物
H01M 4/02　　Ｄ　〔構成〕リチウムを吸蔵，放出することのできる正極1と負極4で構
H01M 4/62　　Ｚ　成される非水電解質二次電池の負極結着剤に塩化ビニルと酢酸ビニ
H01M 10/40　　Ｚ　ルの共重合樹脂を用いる。負極結着剤に結着性に富む塩化ビニルと
酢酸ビニルの共重合樹脂を用いることで，充放電時の電極の膨張，収
縮により生じる集電不良が抑制され，充放電サイクル特性の優れた
非水電解質二次電池用負極を得ることができる。
＜非水　電解質　2次　電池，陰極，充放電　サイクル　特性，提供，
目的，分離器，ガスケツト，$LiCoO↓2$，$V↓2O↓5$，$Cr↓2O↓5$
，$MnO↓2$，$TiS↓2$，$MoS↓2$，カルコゲン　化合物，リチウム，
吸蔵，放出，陽極，構成，結着剤，塩化　ビニル，酢酸　ビニル，共重合
樹脂，結着性，充放電，電極，膨張，収縮，集電，不良，抑制＞

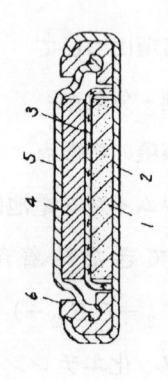

<6>
平06-060864
P出 04-233146　　　2次電池用電極
　　H04.08.06　　　鐘紡（株）
開 06-60864　　　〔目的〕顆粒状不溶不融性基体の流動性が良く、圧縮成型機の臼部
　　H06.03.04　　　に定量的に供給し,成型物の精度が良好で、寸法のバラツキ（標準
登　2702853　　　偏差）を小さくする。£メチルセルロース、カルボキシメチルセル
　　　　　　　　　ロース、ヒドロキシプロピルセルロース、エチルセルロース、粉砕
H01M　4/02　B　　物
H01M　4/58　　　〔構成〕炭素・水素および酸素から成る芳香族系縮合ポリマーの熱
H01M　4/62　Z　　処理物であって、水素原子／炭素原子の原子比が0．05〜0．5であ
　　　　　　　　　るポリアセン系骨格構造を含有する不溶不融性基体粉末に、スチレ
　　　　　　　　　ン・ブタジエンラバー結合剤及びセルロース系結合助剤を加え、混
　　　　　　　　　合・造粒して得られる顆粒状不溶不融性基体を圧縮成型する。臼部
　　　　　　　　　の形状を変えることにより、板状、円板状等の任意の形状に成型で
　　　　　　　　　きる。
　　　　　　　　　＜ブタジエンゴム＞
　　　　　　　　　＜2次　電池,電極,顆粒,不溶　不融性　基体,流動性,圧縮　成形機
　　　　　　　　　,臼,定量,供給,成形物,精度,良好,寸法,ばらつき,標準　偏差,メチ
　　　　　　　　　ル　セルロース,カルボキシ　メチル　セルロース,ヒドロキシ　プ
　　　　　　　　　ロピル　セルロース,エチル　セルロース,粉砕物,炭素,水素,酸素,
　　　　　　　　　芳香族　縮合　重合体,熱処理物,水素　原子,炭素　原子,原子比,
　　　　　　　　　ポリ　アセン　骨格　構造,含有,粉末,スチレン,ブタジエン　ラバ
　　　　　　　　　ー,結合剤,セルロース,結合　助剤,混合,造粒,圧縮　成形,形状,板
　　　　　　　　　状,円板状,任意,成形＞

<8>
平04-051459
P出 02-157556　　　非水系電池電極の製造方法
　　H02.06.18　　　旭化成工業（株）
開 04-51459　　　〔目的〕炭素質材料粉末と非フツソ系有機重合体の水性分散体から
　　H04.02.19　　　なるスラリーを基材に塗布乾燥させることにより、容易に優れた電
登　2872354　　　池性能を有する電池電極を製造する。
　　H11.01.08　　　〔構成〕炭素質材料粉末と非フツソ系有機重合体の水性分散体から
H01M　4/04　A　　なるスラリーを基材1、2に塗布乾燥させる。非フツソ系有機重合体
H01M 10/40　Z　　の水性分散体とは、例えば低密度ポリエチレン、高密度ポリエチレ
H01M　4/62　Z　　ン、エチレン／アクリル酸（塩）共重合体、アクリル系重合体、ビ
　　　　　　　　　ニル系重合体、スチレン／ブタジエンゴム等の10μ以下の粒子、好
　　　　　　　　　ましくは5μ以下更に好ましくは0．5μ以下の粒子を含む水性分散
　　　　　　　　　媒への分散体をいう。炭素質材料の平均粒径は電流効率の低下、ス
　　　　　　　　　ラリーの安定性の低下、又得られる電極の塗膜内での粒子間抵抗の
　　　　　　　　　増大等の問題より、0．1〜50μ、好ましくは3μ〜25μ、更に好ま
　　　　　　　　　しくは5μ〜15μの範囲であることが好適である。
　　　　　　　　　＜ポリエチレン,ポリアクリル,ブタジエンゴム＞
　　　　　　　　　＜電池,電極,製造,方法,炭素質　材料,粉末,フツ素,有機　重合
　　　　　　　　　体,水性　分散体,スラリー,基材,塗布　乾燥,電池　性能,製造,低
　　　　　　　　　密度　ポリ　エチレン,高密度　ポリ　エチレン,エチレン,アクリ
　　　　　　　　　ル酸,塩,共重合体,アクリル　重合体,ビニル　重合体,スチレン,ブ
　　　　　　　　　タジエン　ゴム,粒子,水性　分散媒,分散体,平均　粒径,電流　効
　　　　　　　　　率,低下,安定性,電極,塗膜,抵抗,増大,問題,範囲,好適＞

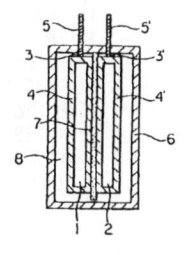

（2）金属添加剤

① 技術事項の特徴点

　　炭素材料は金属に比べると電子伝導性が低いことから、導電剤として金属粉末を添加して負極の電子伝導性を向上させ、大電流を取り出せるようにしたものがある。さらに、特に過充電時において負極で過剰となるリチウムを、添加した金属と合金化させ、炭素電極にリチウムデンドライトが析出することを防止し、安全性への配慮も兼ね備えたものもある。さらに、添加金属にリチウムイオンのホストとしての役割を期待し、負極容量を上げようとする試みもある。この思想を延長すると、「リチウム金属二次電池」の負極材料に反応機構的に近づく。

　　リチウム合金を炭素材料と共に用いたものとしては<1>が古い。炭素粉末にリチウムと合金可能な金属、例えばＡｌ粉末約10％を添加したもの<2>*、<3>、炭素粉末の表面に金属やリチウム合金を真

空蒸着によりコーティングしたもの<4>*、黒鉛粒子表面に無電解メッキにより銅をコーティング後、酸化銅としたもの<5>*、Au、Ag、Cu、Ni、Cr、Zn、Cdの金属粉体を混合またはメッキしたもの<6>、金属粉末を芯材とし、表面に熱分解炭素を堆積して得た炭素材料を用いたもの<7>等がある。金属負極の表面を炭素で覆ったものとしては、<8>、<9>等がある。

参照文献（*は抄録記載）

<1>特開昭59-14264　　<2>*特開平1-255165　　<3>特開平1-298645　　<4>*特開平2-68859

<5>*特開平6-349482　　<6>特開平8-45548　　<7>特開平5-28994　　<8>特開平3-285259

<9>特開平4-179050

参照文献（Japio抄録）

<2>

平01-255165
P出 63-82256　　　二次電池
　　S63.04.05　　東芝電池　（株），三菱化成　（株）
開 01-255165　　〔目的〕負極体を特定の炭素質物と活物質と合金可能な金属との混
　　H01.10.12　　合物からなる担持体に活物質を担持させることにより、より大きな
登 2691555　　　電池容量を有し、自己放電特性が改善されるようにする。
　　H09.09.05　　〔構成〕負極体は活物質がリチウムを主体とするアルカリ金属であ
H01M 4/02 D　　り、担持体が、水素／炭素の原子比が0.15未満でかつ、X線広角
H01M 4/66 A　　回折法による面の面間隔が3.37Å以上及びc軸方向の結晶子の大
　　　　　　　　きさが150Å以下である炭素質物及び活物質と合金可能な金属との
　　　　　　　　混合物よりなる。炭素質物と活物質と合金可能な金属との混合物の
　　　　　　　　配合比は、混合物中での活物質と合金可能な金属の割合が好ましく
　　　　　　　　は3重量％以上50重量％未満である。担持体への活物質の好ましい
　　　　　　　　担持量は、炭素質物に対して1～20重量％であり、合金可能な金属
　　　　　　　　に対して1～80モル％である。これにより大電流放電が可能となり
　　　　　　　　、さらに自己放電特性も良くなる。
　　　　　　　　＜2次　電池,陰極体,炭素質物,活物質,合金,可能,金属,混合物,担
　　　　　　　　持体,担持,電池　容量,自己　放電　特性,改善,リチウム,主体,ア
　　　　　　　　ルカリ　金属,水素,炭素,原子比,未満,X線,広角,回折,面間隔,C
　　　　　　　　軸,方向,結晶子,大きさ,配合比,割合,担持量,モル比,大電流　放電
　　　　　　　　＞

<4>

平02-068859
P出 63-216283　　二次電池
　　S63.09.01　　三菱化成　（株），東芝電池　（株）
開 02-68859　　　〔目的〕活物質をリチウムまたはリチウムを主体とするアルカリ金
　　H02.03.08　　属とし、担持体を特定の炭素質物の表面に活物質と合金可能な金属
登 2749826　　　および／または活物質の合金をコーティングした材料より形成する
　　H10.02.20　　ことにより、安定した大電流放電を可能とする。
H01M 4/02 D　　〔構成〕活物質がリチウムまたはリチウムを主体とするアルカリ金
H01M 4/66 A　　属であり、担持体が水素／炭素の原子比が0.15未満かつX線広角
　　　　　　　　回折法による（002）面の面間隔（d₀₀₂）が3.37Å以上およびc
　　　　　　　　軸方向の結晶子の大きさ（Lc）が150Å以下である炭素質物の表
　　　　　　　　面に活物質と合金可能な金属および／または活物質の合金をコーテ
　　　　　　　　ィングした材料よりなる。これにより充放電サイクル寿命が長く、
　　　　　　　　また充電時にあっては活物質であるLiまたはLiを主体とするア
　　　　　　　　ルカリ金属を安定した形で担持体に定着できるため、安定した大電
　　　　　　　　流放電が可能となる。
　　　　　　　　＜2次　電池,活物質,リチウム,主体,アルカリ　金属,担持体,炭素
　　　　　　　　　質物,表面,合金,可能,金属,コーティング,材料,形成,安定,大電流
　　　　　　　　　放電,水素,炭素,原子比,未満,X線,広角,回折,(002),面間隔,
　　　　　　　　C軸,方向,結晶子,大きさ,Lc,充放電　サイクル　寿命,長い,充
　　　　　　　　電,形,定着＞

<5>
平06-349482
P出 05-136099　　　リチウム二次電池
　　H05.06.07　　　シャープ（株）
開 06-349482　　　〔目的〕（J）負極が、負極活性物質の主成分として、特定の性質
　　H06.12.22　　　を備えた黒鉛よりなり、この黒鉛粒子全部あるいは一部分の表面上
登 2960834　　　　に酸化銅が付着している複合体と、結着剤を混合して電極とするこ
　　H11.07.30　　　とにより、大きい放電容量と、高い電池電圧を得ることを可能とす
H01M 4/02 D　　　る。£ポリテトラフルオロエチレン、ポリフツ化ビニリデン、ポリ
H01M 4/58　　　　エチレン、ポリプロピレン、ポリオレフィン系ポリマー‐
H01M 4/62 Z　　　〔構成〕黒鉛としてリチウムイオンのインタカレーション・ディン
H01M 10/40 Z　　　タカレーション可能なものを用意する。次に、その黒鉛粉末に無電
　　　　　　　　　解銅メツキを行い、銅被覆黒鉛粉末を得る。これを空気中で酸化し
、所定の処理を行って負極を得る。次いで、正極缶1の内底面に正
極集電体2を溶接し、正極缶1に絶縁パツキン8を入れ正極3を圧着す
る。その上にセパレータ7をのせ、電解液を含浸する。負極缶4の内
面に負極集電体5を溶接し、その負極6を圧着させてコイン電池を得
る。なお、黒鉛の粒径は80μm以下がよく、黒鉛と被覆された銅の
比率が重量比で98.5：1.5～62：38の範囲が好ましい。
＜ポリテトラフルオロエチレン,ポリフツ化ビニリデン,ポリエチレン
,ポリプロピレン,ポリオレフィン＞
＜リチウム　2次　電池,陰極,陰極　活性　物質,主成分,性質,黒鉛
,黒鉛　粒子,全部,一部分,表面,酸化　銅,付着,複合体,結着剤,混
合,電極,大きさ,放電　容量,高さ,電池　電圧,ポリ　テトラ　フル
オロ　エチレン,ポリ　フツ化　ビニリデン,ポリ　エチレン,ポリ
　プロピレン,ポリ　オレフィン　重合体,リチウム　イオン,イン
ターカレーション,デインタカレーション,可能,黒鉛　粉末,無電解
　銅メツキ,銅被覆,空気中,酸化,処理,陽極缶,内底面,陽極　集電
体,溶接,絶縁　パツキン,陽極,圧着,分離器,電解液,含浸,陰極缶,

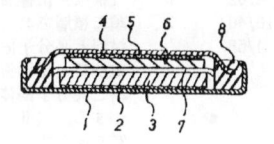

（3）その他の添加剤

① 技術事項の特徴点

　電解液との副反応を防止するものが多い。ただ、この目的に有効な添加剤が電解液に溶解するもの
である場合には、電解液に添加することができるため、電解液の添加剤としての出願も多く、これに
ついては特に平成8年以降頻出している。負極における不動体の生成を抑える目的で炭素材料と高分
子固体電解質とを複合化させたもの<1>*、プロピレンカーボネートが炭素材料表面で分解する反応
を防ぐため、固体電解質で炭素材料を被覆して直接の接触を避けたもの<2>、電解液の不純物である
フッ化水素が炭素材料と反応し、吸蔵されているリチウムイオンが消費されることを防ぐため、フッ
化水素に対して優先的に反応する炭酸リチウム、水酸化リチウム等を添加したもの<3>*、安定被膜
形成剤として不飽和カルボン酸のリチウム塩を添加したもの<4>*等がある。

　炭素表面をSiLi$_x$基で修飾し、リチウムデンドライトの成長と電解液の分解を抑制したもの
<5>*がある。負極電位が放電末期で立ち上がることを防ぐため、補助活物質として金属酸化物や金
属窒化物を添加したもの<6>、<7>もある。

参照文献（＊は抄録記載）

<1>*特開平 3-25866　　　<2>特開平 5-275077　　　<3>*特開平 7-235297　　　<4>*特開平 11-265719
<5>*特開平 7-296798　　　<6>特開平 7-192723　　　<7>特開平 8-78018

参照文献（Japio 抄録）

<1>

平03-025866
P出 01-160415　　二次電池
　H01.06.21　　シャープ　（株）
開 03-25866　　〔目的〕負極層を炭素質材料と高分子固体電解質との複合体で構成
　H03.02.04　　することにより、負極における化学反応を安定化して、長期間保存
登 2703350　　しても経時的な容量低下が少なく、自己放電特性に優れた二次電池
　H09.10.03　　を提供する。
H01M 4/02　D　〔構成〕正極層2、有機電解液を含むセパレータ層6及び負極層1が
H01M 10/40　Z　順に積層され、電池容器に封入されている。前記負極層1は炭素質
H01M 4/58　　　材料と高分子固体電解質との複合体で構成されている。この高分子
　　　　　　　　電解質と炭素質材料から複合体を製造する方法は、（i）炭素質材
　　　　　　　　料と高分子固体電解質とを適量ずつ混ぜ、機械的にねり込んで複合
　　　　　　　　化する。（ii）炭素質材料の電解液と接触する面に高分子固体電解
　　　　　　　　質を塗布する方法及び（iii）あらかじめ高分子固体電解質を溶解さ
　　　　　　　　せた液状電解質溶液に炭素質材料を浸漬させ、その界面に高分子固
　　　　　　　　体電解質を化学的に反応させて複合化する方法等がある。
　　　　　　　　<2次 電池,陰極層,炭素質 材料,高分子 固体 電解質,複合体,
　　　　　　　　構成,陰極,化学 反応,安定化,長期間 保存,経時,容量 低下,自
　　　　　　　　己 放電 特性,提供,陽極層,有機 電解液,分離層,積層,電池 容
　　　　　　　　器,封入,高分子 電解質,製造,方法,適量,機械的,練込,複合化,電
　　　　　　　　解液,接触,面,塗布,溶解,液状 電解質,溶液,浸漬,界面,化学的,反
　　　　　　　　応>

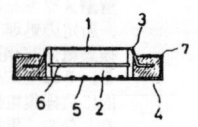

<3>

平07-235297
P出 06-225929　　非水電解液二次電池
　H06.08.25　　三洋電機　（株）
開 07-235297　　〔目的〕充放電サイクル特性及び充電状態での保存特性に優れるも
　H07.09.05　　のを得る。£LiPF₆、分解生成物、正極活物質、導電剤、人造
H01M 4/02　D　黒鉛、結着剤、ポリフツ化ビニリデン
H01M 4/64　A　〔構成〕非水電解液二次電池はリチウムイオンを吸蔵及び放出する
H01M 10/40　Z　ことが可能な炭素材料を負極材料とする負極と、正極と、含フツ素
　　　　　　　　リチウム塩を有機溶媒に溶かしてなる非水電解液とを備える。そし
　　　　　　　　て、前記炭素材料に炭酸リチウム、水酸化リチウム、塩化リチウム
　　　　　　　　、フツ化リチウム、臭化リチウム、ヨウ化リチウム、酸化リチウム
　　　　　　　　、硫化リチウム、窒化リチウム、リン化リチウム、硝酸リチウム、
　　　　　　　　硫酸リチウム及びリン酸リチウムよりなる群から選ばれた少なくと
　　　　　　　　も一種のリチウム化合物が、前記含フツ素リチウム塩100重量部に
　　　　　　　　対して1〜100重量部添加混合されている。これにより、添加せるリ
　　　　　　　　チウム化合物とフツ酸との反応が、充電時に生成したC₆Liとフ
　　　　　　　　ツ酸との反応に優先して起こるため、C₆Liからリチウムイオン
　　　　　　　　が放出されにくくなる。
　　　　　　　　<ポリフツ化ビニリデン>
　　　　　　　　<非水 電解液 2次 電池,充放電 サイクル 特性,充電 状態,
　　　　　　　　保存 特性,LiPF↓6,分解 生成物,陽極 活物質,導電剤,人工
　　　　　　　　黒鉛,結着剤,ポリ フツ化 ビニリデン,リチウム イオン,吸蔵
　　　　　　　　,放出,可能,炭素 材料,陰極,陽極,含弗素,リチウム塩
　　　　　　　　,有機 溶媒,非水 電解液,炭酸 リチウム,水酸化 リチウム,塩
　　　　　　　　化 リチウム,フツ化 リチウム,臭化 リチウム,ヨウ化 リチウ
　　　　　　　　ム,酸化 リチウム,硫化 リチウム,窒化 リチウム,燐化,リチウム
　　　　　　　　,硝酸 リチウム,硫酸 リチウム,燐酸 リチウム,群,1種,リチ
　　　　　　　　ウム 化合物,重量,添加 混合,添加,フツ酸,反応,充電,生成,C↓

<4>

平11-265719
P出 10-66660　　リチウム二次電池
　　H10.03.17　　東芝：（株）
開 11-265719　　〔目的〕充放電サイクル寿命特性の優れたリチウム二次電池を提供
　　H11.09.28　　する。£合剤、集電体
登 2938430　　〔構成〕このリチウム二次電池は、正極4及び負極6を具備し、正極4
　　H11.06.11　　及び負極6のうち少なくとも一方の電極は、A（COOLi）$_n$（但
H01M　4/58　　し、AはHからなるか、あるいはC及びHを含む有機物であり、n
H01M　4/62　Z　は1≦nを示す）で表される組成の化合物を含有する。正極4は、活
H01M　4/02　B　物質としてLi$_x$MO$_2$（但し、Mは1種以上の遷移元素、xはx≦1
H01M 10/40　Z　.1を示す）で表される組成のリチウム複合金属酸化物を含む。
　　　　　　　　<リチウム 2次 電池,充放電 サイクル 寿命 特性,提供,合剤
　　　　　　　　,集電体,陽極,陰極,一方,電極,COOL,H,C,有機物,組成,化合
　　　　　　　　物,含有,活物質,リチウム,MO,1種 以上,遷移 元素,複合 金属
　　　　　　　　酸化物>

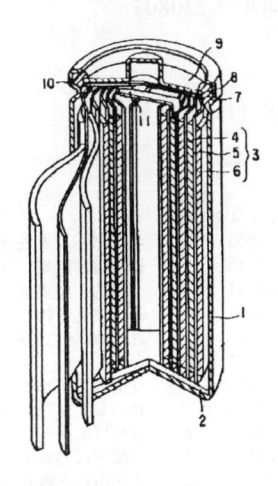

<5>

平07-296798
P出 06-107920　　炭素系負極及びLi二次電池
　　H06.04.22　　三菱電線工業　（株）
開 07-296798　　〔目的〕デンドライトが成長しにくい特性を維持しつつ、電解液を
　　H07.11.10　　分解しにくい炭素系負極を得て、エネルギー密度や起電力、放電容
H01M　4/02　D　量、サイクル寿命等の電池特性に優れるLi二次電池を得る。£導
H01M 10/40　Z　電性支持基材
　　　　　　　　〔構成〕炭素からなる層1を少なくとも表面に有してなり、かつそ
　　　　　　　　の炭素からなる層の少なくとも表面がSiLi$_x$基（ただし、xは1
　　　　　　　　～3の整数である。）により修飾又は置換されてなるLi二次電池
　　　　　　　　用の炭素系負極、及びかかる炭素系負極を有するLi二次電池であ
　　　　　　　　る。これにより、電解液に対する制約が少なく、種々の組成の幅広
　　　　　　　　い電解液を使用できる。
　　　　　　　　<炭素,陰極,リチウム 2次 電池,デンドライト,成長,特性,維持,
　　　　　　　　電解液,分解,エネルギー 密度,起電力,放電 容量,サイクル 寿
　　　　　　　　命,電池 特性,導電性,支持 基材,層,表面,SiLi,整数,修飾,
　　　　　　　　置換,制限,種々,組成,幅広,使用>

（4）表面処理

① 技術事項の特徴点

　電解液との濡れ性の向上や副反応の防止を主な目的として、炭素材料表面の物性や官能基等を改変する表面処理を行うことがある。自己放電を抑制する目的で、炭素電極を400～1000℃で加熱し、表面の吸着分子、官能基等を還元、除去するもの<1>、電解液との親和性を向上させるため、紫外線を照射し、表面に付着する有機化合物を分解除去するもの<2>*、電解液の含浸速度を早めるため、カルボキシメチルセルロース（CMC）等の水溶性高分子を塗布するもの<3>、活物質であるリチウムが炭素表面で反応して消費されるのを防ぐため、炭素材料をアルカリ処理し、炭素表面の酸素含有官能基や不対電子、ラジカル等の活性点の反応性を抑止させるもの<4>*、電解液溶媒が炭素に吸着され、容量が減少するのを防ぐため、炭素の細孔入口に熱分解炭素を析出させて細孔径を絞ったもの<5>*等がある。

参照文献（＊は抄録記載）

<1>特開昭 59-18579　　<2>*特開昭 60-149114　　<3>特開平 3-145060　　<4>*特開平 6-187986

<5>*特開平 7-230803

参照文献（Japio 抄録）

<2>

昭60-149114
P出 59- 5005　　　　キヤパシタまたは電池用電極の製造法
　　S59.01.13　　　松下電器産業　（株）
開 60-149114　　　〔目的〕炭素または活性炭素に紫外線を照射し，表面に付着してい
　　S60.08.06　　　る有機化合物を分解除去することにより，電解液との親和性を向上
告 02- 3532　　　　させ，電気二重層キヤパシタあるいは電池などに好適な電極を得る
　　H02.01.24　　　。
登 1579104　　　　〔構成〕アルミニウムネツトの上に活性炭電極70を重ね，これらを
　　H02.09.13　　　セパレータ72を介して積層巻回し，幅方向端部にリード73と74とを
H01M 4/02　　A　　取付けてケース75内に収容し，端部をゴムキヤツプ6で封口する。こ
H01M 4/04　　A　　の構成において，電極70は活性炭素繊維または炭素繊維で紡糸した
H01M 4/26　　Z　　糸を用いた織布または不織布で構成し，ここに酸素分子の存在下で1
H01M 4/58　　　　 84.9～253.7nmに波長ピークをもつ紫外線を照射する。このよ
H01M 4/02　　　　 うにして織布の表面に付着している有機化合物を分解させると共に
H01M 4/04　　　　 ，紫外線によって発生したオゾンによって有機化合物を揮発性物質
H01M 4/26　　　　 に変え，これを汚染面から取り除く。このようにして電極の有効利
H01G 9/00　 301A　用面積を増加させ，電解液と電極との界面における酸化還元反応を
C01B 31/12　　　　促進させる。
　　　　　　　　　＜キヤパシタ,電池　電極,製造,炭素,活性　炭素,紫外線,照射,表
　　　　　　　　　面,付着,有機　化合物,分解　除去,電解液,親和性,向上,電気 2重
　　　　　　　　　層　キヤパシタ,電池,電極,アルミニウム,ネツト,活性炭　電極,重
　　　　　　　　　ね,分離器,積層　巻回,幅方向　端部,リード,取付,ケース,収容,端
　　　　　　　　　部,ゴム　キヤツプ,封口,構成,活性　炭素　繊維,炭素　繊維,紡糸
　　　　　　　　　,糸,織布,不織布,酸素　分子,波長　ピーク,分解,発生,オゾン,揮
　　　　　　　　　発性　物質,汚染面,除去,有効　利用　面積,増加,界面,酸化　還元
　　　　　　　　　反応,促進＞

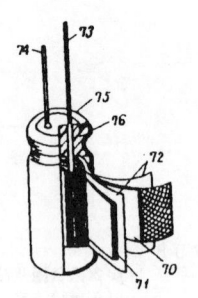

<4>

平06-187986
P出 04-170235　　　非水系二次電池及び非水系二次電池用負極材料
　　H04.06.03　　　興亜石油　（株）,三洋電機　（株）
開 06-187986　　　〔目的〕（J）負極材料として，酸素含有官能基や活性点の反応性
　　H06.07.08　　　が抑止されたコークスを使用することにより，電池容量を大きくし
告 08- 15082　　　 ，保存特性とサイクル特性を高める。£セパレータ,ジエツトミル
　　H08.02.14　　　粉砕機
H01M 4/02　　D　　〔構成〕非水系二次電池はアルカリ金属または土類金属が酸素含有
H01M 4/58　　　　 官能基と活性点に結合され，それらの反応性が抑止されているコー
H01M 10/40　Z　　 クスが負極材料として使用されている。そして、アルカリ金属やア
　　　　　　　　　ルカリ土類金属を酸素含有官能基と活性点に結合させる方法として
　　　　　　　　　は，アルカリまたはアルカリ塩を溶媒に溶かした溶液もしくはこれ
　　　　　　　　　らの溶融物にコークスを浸漬する。
　　　　　　　　　＜非水系 2次　電池,陰極　材料,酸素　含有　官能基,活性点,反
　　　　　　　　　応性,抑止,コークス,使用,電池　容量,保存　特性,サイクル　特性
　　　　　　　　　,分離器,ジエツト　ミル　粉砕機,アルカリ　金属,土類　金属,結
　　　　　　　　　合,アルカリ土類　金属,方法,アルカリ,アルカリ塩,溶媒,溶液,溶
　　　　　　　　　融物,浸漬＞

<5>

平07-230803
P出 06-21344　　リチウム二次電池用の炭素負極材及びその製造方法
　　H06.02.18　　日本酸素　（株）
開 07-230803
　　H07.08.29　〔目的〕（J）難黒鉛化性炭素の微粒子表面の細孔入口径を、電解
登 2844302　　　液中のリチウムイオンが通過可能で、かつ電解液中の有機溶媒が実
　　H10.10.30　　質的に通過不可能な径とすることにより、電池容量を大幅に向上す
H01M 4/58　　　る。£熱分解性炭化水素、熱分解法、分子篩炭素
H01M 4/02　D　〔構成〕炭素負極材を用いた電極1、対極として用いるリチウム電
H01M 4/96　M　極2、両極間のセパレータ3、電解液4、リチウム電極でなる参照電
H01M 10/40　　極5により構成されるテストセルにおいて、負極材は細孔入口径の
H01M 10/40　Z　調整処理を終えた難黒鉛化性炭素粒子に結合剤を加えて成型される
　　　　　　　　。この場合、難黒鉛化性炭素の微粒子表面の細孔入口径は、リチウ
　　　　　　　　ム二次電池の液4中のリチウムイオンが通過可能で、かつ液4中の有
　　　　　　　　機溶媒が実質的に通過不可能な径とする。そしてこれを負極として
　　　　　　　　用いることにより、液4として用いる有機溶媒が負極の難黒鉛化性
　　　　　　　　炭素に吸着して放電容量の低下を防止できると共に、充電容量も増
　　　　　　　　加させ、放電効率を高めて、電池容量を大幅に向上できる。
　　　　　　　＜リチウム 2次 電池,炭素,陰極材,難黒鉛化性,微粒子 表面,細
　　　　　　　　孔,入口径,電解液,リチウム イオン,通過 可能,有機 溶媒,実質
　　　　　　　　的,通過,不可能,径,電池 容量,大幅,向上,熱分解性,炭化 水素,
　　　　　　　　熱分解,分子篩 炭素,電極,対極,リチウム 電極,両極,分離器,参
　　　　　　　　照 電極,構成,試験 セル,調整 処理,炭素 粒子,結合剤,成形,
　　　　　　　　液,陰極,吸着,放電 容量,低下,防止,充電 容量,増加,放電 効率
　　　　　　　＞

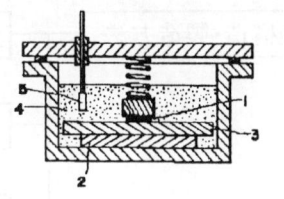

[負極構造・製造方法]

1．技術テーマの構造

（ツリー図）

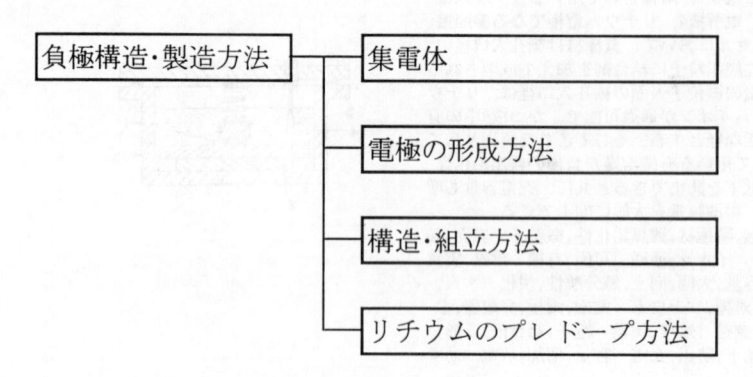

```
負極構造・製造方法 ─┬─ 集電体
                　 ├─ 電極の形成方法
                 　├─ 構造・組立方法
                 　└─ リチウムのプレドープ方法
```

　炭素材料の結晶構造のような微視的構造については「負極材料」のテーマの中で触れることとし、ここでは電池部品としての負極電極の構造や製造方法に関するものを挙げた。集電体の形状や材質に特徴を持たせたもの、電極の形成または成型方法に特徴を持たせたもの、部品の部分構造や組み立て方法に関するもの、活物質であるリチウムイオンをあらかじめ負極材料へドープ（吸蔵）する方法に関するものがある。

2．各技術事項について

（1）集電体

① 技術事項の特徴点

　集電体に関する出願は、総じて、電極から電流を効率よく取り出すために、形状や材質に工夫を凝らしている。

　形状に関しては、金属長繊維からなる綿状体に活物質を充填したもの<1>、金属繊維を焼結して多孔質シートとしたもの<2>*、さらに電極を金属布で被覆したもの<3>等がある。金属箔の場合は、表面に凹凸を設け、粗面化したもの<4>*、<5>、<6>が提案されている。特に銅箔を用いる場合、従来の圧延銅箔に代えて電解銅箔を用いることで表面を粗面化できる<7>。

　材質に関しては、炭素負極の電位の変動による集電体金属の溶解を避けるため、銅を主体としてニッケル・亜鉛・クロム・ベリリウム等を被覆または合金化したもの<8>*、<9>、<10>、銅に代えてステンレス鋼を用いたもの<11>*、さらにＣｒ、Ｍｏを含有するフェライト系ステンレス鋼としたもの<12>等がある。短絡時等に大電流が流れた場合に電流を遮断する目的で樹脂に金属を被覆させたもの<13>、<14>もある。

　集電体と電極との電気的接触を向上させる目的で、導電性カーボンやニッケルを樹脂に分散したペーストを集電体表面に塗布して導電性被膜を形成する方法<15>*、<16>も提案されている。

参照文献（＊は抄録記載）

<1>特開平 7-142052	<2>*特開平 7-176301	<3>特開平 7-99053	<4>*特開平 6-140045
<5>特開平 6-267543	<6>特開平 8-195202	<7>特開平 6-260168	<8>*特開平 5-182670
<9>特開平 8-306390	<10>特開平 9-312161	<11>*特開平 6-45006	<12>特開平 7-161382
<13>特開平 6-187996	<14>特開平 9-259891	<15>*特開平 1-188542	<16>特許 2632427

参照文献（Japio 抄録）

<2>

平07-176301
P出 05-344949
　　H05.12.20
開 07-176301
　　H07.07.14
H01M 4/48
H01M 4/02　A
H01M 4/04　A
H01M 4/66　A

二次電池用電極および該電極の製造法
リコー：（株）
〔目的〕（J）電極活性化物質と共に電池用電極を形成する集電体として金属繊維焼結多孔質シートを用いる等のことにより、加工性に優れ、軽量で体積エネルギ密度が高く強度が大な電極を得る。£リチウム電池、塗料溶液
〔構成〕2次電池用電極は少くも電極活性物質と集電体とで形成されている。この集電体として空隙率が30〜70%の繊維径が50μm以下の金属繊維焼結多孔性シートを用いる。また、電極活性物質は、少くも1種類の電気化学的に酸化還元性を示す導電性高分子マトリックス中に、サイズが平均粒径10μm以下、最大粒径が30μm以下の1種類以上の無機活性物が均質に分散されているものを使用する。これにより、加工性に優れ、軽量で体積エネルギ密度が高く強度が大な2次電池用電極となる。
<2次　電池，電極，電極，製造，電極　活性化，物質，電池　電極，形成，集電体，金属　繊維，焼結，多孔質　シート，加工性，軽量，体積，エネルギー　密度，強度，リチウム　電池，塗料　溶液，2次　電池，電極　活性　物質，空隙率，繊維径，多孔性　シート，1種類，電気　化学的，酸化　還元性，導電性　高分子，マトリックス，サイズ，平均　粒径，最大　粒径，無機，活性物，均質，分散，使用>

<4>

平06-140045
P出 04-287440
　　H04.10.26
開 06-140045
　　H06.05.20
H01M 4/02　C
H01M 4/58
H01M 4/70　A
H01M 10/40　Z

電極およびそれを用いた二次電池
東レ（株）
〔目的〕（J）集電体表面を粗面に形成した集電体上に炭素質材料からなる電極活物質を固着することにより、集電体と電極活物質との接着強度を増し充放電サイクル特性を向上する。£リチウム二次電池、粉体状、結着材、有機溶媒、ペースト状
〔構成〕石炭ピッチコークスをボールミルで粉砕したものにバインダーとしてポリフツ化ビニリデンを混合しN−メチルピロリドンを添加してスラリー状とする。このスラリーを予めエメリー紙で擦り表面を粗に形成した銅箔上に塗布し乾燥後プレスし電極を形成する。この負極に対し正極にリチウム金属箔を用いプロピレンカーボネートに過塩素酸リチウムを溶解した電解液を用いて電池を形成する。このように集電体表面を粗面とすることにより、電極活物質と集電体との接着強度を増し電池の充放電サイクル特性を向上する。
<ポリフツ化ビニリデン>
<電極，2次　電池，集電体　表面，粗面，形成，集電体，炭素質　材料，電極　活物質，固着，接着　強度，充放電　サイクル　特性，向上，リチウム　2次　電池，粉体，結着材，有機　溶媒，ペースト，石炭　ピッチ　コークス，ボール　ミル，粉砕，バインダー，ポリ　フツ化　ビニリデン，混合，N，メチル，ピロリドン，添加，スラリー，エメリー紙，摺り，表面，粗，銅箔，塗布，乾燥後，プレス，陰極，陽極，リチウム　金属，箔，プロピレン　カーボネート，過塩素酸　リチウム，溶解，電解液，電池>

<8>

平05-182670
P出 03-360255
　　H03.12.27
開 05-182670
　　H05.07.23
H01M 4/64　A

電池用電極

三洋電機　（株）

〔目的〕（J）凹凸のある合金めつき層又は複合めつき層を表面に形成して粗面化した集電体に粉末状電極材料の結着体を固着することにより、集電体と結着体との接触制を良好とし電池特性の向上を図る。£炭素材料、摩擦抵抗、接触抵抗、充填密度、導電剤、結着剤

〔構成〕圧延銅箔をキリンス組成液で前処理した後銅めつき浴を用いて銅めつきを行い、更に銅とニツケル又は銅と亜鉛からなる合金めつきを行う。このときめつきの緒条件を適宜調節して表面を粗面とする。表裏両面を粗面化した銅箔に黒鉛とフツ素樹脂からなる負極合剤を圧延し真空下で加熱処理して負極2とする。LiCoO₂、アセチレンブラツク及びフツ素樹脂からなる正極合剤を集電体としてのA l 箔表面に圧延加熱処理した正極1と負極2をセパレータ3と共に巻取り負極缶7に挿入し電解液を注入して電池ＢＡとする。

＜電池　電極,凹凸,合金　メツキ層,複合　メツキ層,表面,形成,粗面化,集電体,粉末状,電極　材料,結着体,固着,接着制,良好,電池特性,向上,炭素　材料,摩擦　抵抗,接触　抵抗,充填　密度,導電剤,結着剤,圧延　銅箔,キリンス,組成液,前処理,銅メツキ浴,銅メツキ,銅,ニツケル,亜鉛,合金　メツキ,メツキ,緒条,調節,粗面,表裏両面,銅箔,黒鉛,フツ素　樹脂,陰極　合剤,圧延,真空,加熱　処理,陰極,LiCoO↓2,アセチレンブラツク,陽極　合剤,アルミ箔　表面,陽極,分離器,巻取,陰極缶,挿入,電解液,注入,電池,ＢＡ＞

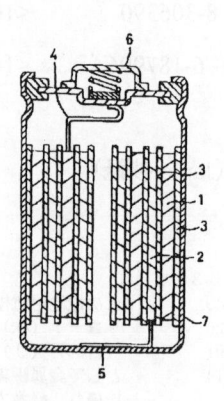

<11>

平06-045006
P出 04-198399
　　H04.07.24
開 06-45006
　　H06.02.18
H01M 4/02　B
H01M 10/40　Z

非水系電解液二次電池

三洋電機　（株）

〔目的〕（J）カーボン材料からなる負極構成部材をステンレススチールで構成することにより、短絡や過放電された場合でも電池特性の低下を防止する。£オーステナイト系、導電剤、結着剤、LiCoO₂、溶媒

〔構成〕正極1はリチウム含有化合物からなり、負極2はリチユウムイオンを吸蔵放出できるカーボン材料からなる。また負極材料と直接的あるいは間接的に接する負極材料がステンレススチールで構成されている。そして正極1と負極2とをセパレータ3を介して巻回し、渦巻電極体として外層缶7内に挿入される。負極2からは負極リード5が延出して外装缶7と溶接され、正極1からは正極リード4が延出して安全弁機構を備えた正極外部端子6に電気接続されている。この電極体を外挿缶7に挿入し、非水電解液を注入した後、端子6を絶縁パツキング8を介して外装缶開口部にかしめ固定する。これで過放電で負極2に高電位が生じても負極集電体が溶解することなく、電気特性の低下を抑制できる。

＜非水系　電解液,2次　電池,炭素　材料,陰極,構成　部材,ステンレス　スチール,構成,短絡,過放電,場合,電池　特性,低下,防止,オーステナイト,導電剤,結着剤,LiCoO↓2,溶媒,陽極,リチウム,含有　化合物,イオン,吸蔵　放出,陰極　材料,直接,間接,分離器,巻回,渦巻　電極体,外層,缶,挿入,リード,延出,外装缶,溶接,陽極　リード,安全弁　機構,外部　端子,電気　接続,電極,外挿,非水　電解液,注入,端子,絶縁　パツキン,開口,かしめ　固定,高電位,陰極　集電体,溶解,電気　特性,抑制＞

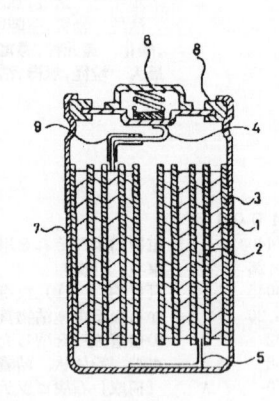

<15>

平01-188542　　　　　導電性ポリプロピレン組成物
P出 63- 10901
　　S63.01.22　　　　　新日鉄化学　　（株）
開 01-188542　　　　　〔目的〕ポリプロピレンと導電性カーボンフイラーとの混合物に特
　　H01.07.27　　　　　定の化合物を配合してなる,成形時にうける熱履歴に対して安定で,
告 06- 45733　　　　　導電性及び耐熱性に優れ,電池用の電極板等に有用な標記組成物。
　　H06.06.15　　　　　〔構成〕（A）ポリプロピレン100（重量）部と（B）導電性カー
C08K 3/04   CAHI　　　ボンフイラー15～250部の混合物に,（C）トリス-（4-ヒドロキ
C08L 23/12   KDZA　　　シフエニルアルキレニル）イソシアヌレート0.05～3部,及び（D
C08L 23/12   KEUB　　　）（i）トリス（2,4-ジ-t-ブチルフエニル）ホスフアイトと
C08L 23/12   KFLC　　　（ii）4,4'-チオビス（3-メチル-6-t-ブチルフエノール）
C08K 5/16   I　　　　　との一方または両方を夫々0.5部以上,合計3部以下配合して,目的
C08K 5/49   I　　　　　の組成物を得る。
H05B 3/14   A　　　　＜ポリプロピレン＞
B03C 3/64   A　　　　＜導電性,ポリ　プロピレン　組成物,ポリ　プロピレン,導電性
C08K 13/02   KFB　　　炭素,充填剤,混合物,化合物,配合,成形,熱履歴,安定,耐熱性,電池,
C08K 13/02   KFD　　　電極板,有用,組成物,重量,トリス,ヒドロキシ　フエニル,アルキレ
C08K 13/02   KFM　　　ニル,イソ　シアヌレート,3部,ジ,ブチル　フエニル,燐酸塩,チオ
C08L 23/10   KDZ　　　ビス,メチル,ブチル　フエノール,一方,両方,合計,目的＞
C08L 53/00   LLV
C08L 53/00   LLW
C08K 3:04
C08K 5:3477
C08K 5:36
C08K 5:524
C25C 7/02
H05K 9/00   X
H01M 4/00

（2）電極の形成方法

① 技術事項の特徴点

　　炭素粉末に熱不融性結着剤を混合、成型し、熱処理するもの<1>*、混練後、破砕してから成形す
　るもの<2>、熱可塑性結着剤を混合、成形し、結着剤の融点以上で熱処理するもの<3>、結着剤溶液
　と混練して得たペーストを集電体に塗布、乾燥し、プレスするもの<4>*、多孔質基盤上に気相堆積
　法によって炭素材料を直接形成するもの<5>*、前記方法において、炭素材料の結晶性を上げるため、
　触媒作用を示すニッケル等で基盤表面を覆ったもの<6>、<7>、<8>等がある。

参照文献（＊は抄録記載）
<1>*特開昭 57-208079　　<2>特開平 6-60865　　<3>特開平 3-233861　　<4>*特開平 4-363864
<5>*特開昭 63-102167　　<6>特開平 5-28994　　<7>特開平 3-95857　　<8>特開平 5-74454

参照文献（Japio抄録）

<1>

昭57-208079
P出 56-94788　　　再充電可能なリチウム電池
　　S56.06.18　　　三洋電機　（株）
開 57-208079　　　〔目的〕負極電極基板の黒鉛の結晶中にリチウムイオンを混入して
　　S57.12.21　　　負極することにより、サイクル特性の改善を図る。
告 62-23433　　　〔構成〕黒鉛粉末にフツ素樹脂を5％混合し、この混合粉末を加圧
　　S62.05.22　　　成型後300℃で熱処理した黒鉛粉末成型体を電極基板とし、この基
登 1769661　　　　板にリチウムイオンを混入して得た黒鉛層間化合物を負極4とする
　　H05.06.30　　　。黒鉛は炭素の結晶であつてその結晶型は六方晶系で層状構造を有
H01M 4/66　A　　　するものであり、この黒鉛の結晶層間にリチウムイオンを混入する
H01M 4/02　D　　　と黒鉛の層間化合物が得られる。正極活物質として五酸化バナジウ
H01M 4/58　　　　ムを用い、これに導電剤を加えた混合物を極板芯体となるステンレ
H01M 10/40　Z　　ス金網に加圧成型して正極2とする。充電の際、リチウムイオンは
　　　　　　　　　黒鉛の結晶中に入りこんで層間化合物を形成するため、従来電池に
　　　　　　　　　おけるリチウムの樹枝状生長現象が激減し、内部短絡を因とするサ
　　　　　　　　　イクル特性の劣化が改善される。
　　　　　　　　　＜再充電　可能,リチウム　電池,陰極　電極,基板,黒鉛,結晶,リチ
　　　　　　　　　ウム　イオン,混入,陰極,サイクル　特性,改善,黒鉛　粉末,フツ素
　　　　　　　　　樹脂,混合,混合　粉末,フツ素　樹脂,加圧　成形,熱処理,成形体,電極　基板,
　　　　　　　　　黒鉛　層間　化合物,炭素,結晶形,六方晶,層状　構造,結晶層,層間
　　　　　　　　　化合物,陽極　活物質,5　酸化　バナジウム,導電剤,混合物,極板
　　　　　　　　　芯体,ステンレス　金網,陽極,充電,形成,電池,リチウム,樹枝状,
　　　　　　　　　生長,現象,激減,内部　短絡,劣下＞

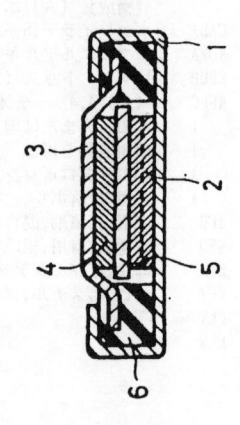

<4>

平04-363864
P出 03-137414　　　非水電解質二次電池用負極
　　H03.06.10　　　松下電器産業　（株）
開 04-363864　　　〔目的〕（J）塩化ビニル樹脂と接着性の強い樹脂の混合物を用い
　　H04.12.16　　　,芯材上に塗布して,シート状負極を易く得る。
登 2679447　　　　〔構成〕塩化ビニル樹脂単独,或は塩化ビニル含有率60モル％の塩
　　H09.08.01　　　化ビニル等を負極の結着剤とする。所定粒径のAl粉末を活物質保
H01M 4/02　D　　　持体とし,アセチレンブラックを導電材とする。予め溶剤で溶解し
H01M 4/62　Z　　　た結着剤と,例えば重量比70：20：10で練合する。得られた負極合
H01M 10/40　Z　　材ペーストを,銅基材7に塗布,乾燥し,負極4をプレス成形する。正
　　　　　　　　　極1は活物質LiCoO₂と導電剤アセチレンブラックと結合剤ポリ
　　　　　　　　　4弗化エチレン樹脂を重量比7：2：1で混合し,プレス成形する。正
　　　　　　　　　極1をケース2におき,セパレータとして微孔性ポリプロピレンフイ
　　　　　　　　　ルム3をおく。負極4をポリプロピレンのガスケット5を外周に嵌着
　　　　　　　　　した封口板6の内面中央に圧着する。非水電解質として,1モル／l
　　　　　　　　　の過塩素酸Liのプロピレンカーボネート溶液を負極に滴下する。
　　　　　　　　　＜ポリ塩化ビニル,ポリテトラフルオロエチレン,ポリプロピレン＞
　　　　　　　　　＜非水　電解質　2次　電池,陰極,塩化　ビニル　樹脂,接着性,樹
　　　　　　　　　脂,混合物,芯材,塗布,シート状,単独,塩化　ビニル　含有,率,モル
　　　　　　　　　比,塩化　ビニル,結着剤,所定　粒径,アルミニウム　粉末,活物質
　　　　　　　　　保持体,アセチレンブラック,導電材,溶剤,溶解,重量比,練合,合
　　　　　　　　　材,ペースト,銅基材,乾燥,プレス　成形,陽極,活物質,LiCoO
　　　　　　　　　₂,導電剤,結合剤,ポリ　4　フツ化　エチレン　樹脂,混合,ケー
　　　　　　　　　ス,分離器,微孔性　ポリ　プロピレン　フイルム,ポリ　プロピレ
　　　　　　　　　ン,ガスケット,外周,嵌着,封口板,内面,中央,圧着,非水　電解質,1
　　　　　　　　　モル,過塩素酸,リチウム,プロピレン　カーボネート　溶液,滴下＞

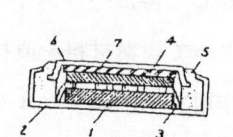

<5>

```
昭63-102167
P出 61-261569        非水系二次電池用電極
   S61.10.31         シャープ　(株)
開 63-102167
   S63.05.07
告 07- 56795
   H07.06.14
登 2020815
   H08.02.19
H01M  4/58
H01M  4/02  C
H01M  4/02  B
```

〔目的〕多孔性の高い金属等の導電性基板上に炭素体を低温熱分解による気相堆積法で形成して得られた電極を用いることにより,溶出,分解等を起こすことがなく,高容量で充放電の繰り返し特性を良好とする。

〔構成〕高い多孔度を有する三次元構造体の導電性基板に,炭素体を例えば炭化水素化合物から1500℃以下の低温熱分解による気相堆積法で炭素堆積物として直接形成して電荷担体の担持体とした電極を用いる。高い多孔度を有する構造体としては発泡状金属と呼ばれる三次元構造を有する金属体,綿状金属体,網状金属体多孔度が60%以上の平板状焼結体等を用いる。炭素体は,炭素平面の層間隔が0.337nm～0.355nmであり,ラマンスペクトルの1,580cm^{-1}のピーク強度に対する1,360cm^{-1}の強度比が0.4～1.0の範囲のものを用いる。

<電極,電池,多孔性,金属,導電性　基板,炭素体,低温　熱分解,気相　堆積,形成,溶出,分解,高容量,充放電,繰返し　特性,良好,高さ,多孔度,3次元　構造体,炭化　水素　化合物,炭素　堆積物,直接形成,電荷　担体,担持体,構造体,発泡,3次元　構造,金属体,綿状,網状,平板,焼結体,炭素,平面,層間隔,ラマン　スペクトル,ピーク強度,強度比,範囲>

（3）構造・組立方法

① 技術事項の特徴点

　　電池設計において正極との容量バランスを考慮したもの<1>*、巻き込み式電極において最外周外側の活物質を除去し、エネルギー密度を向上させたもの<2>*、組み立て方法において電極にセパレータを密着させてから一体化することでセパレータの損傷を防ぐもの<3>*、集電体のエッジ部分に電極合剤を除くことで短絡を防止したもの<4>*等がある。

参照文献（＊は抄録記載）

<1>*特開昭63-13282　　　<2>*特開平1-279578　　　<3>*特開平2-33861　　　<4>*特開平3-93164

参照文献（Japio抄録）

<1>

```
昭63-013282
P出 61-156966        非水電解液型二次電池
   S61.07.02         シャープ　(株)
開 63- 13282
   S63.01.20
告 06- 3745
   H06.01.12
登 2135414
   H10.03.13
H01M  4/60
H01M 10/40  Z
H01M  4/58
H01M  4/02  D
```

〔目的〕正極,非水電解液及び所定の炭素体を活物質とする負極よりなる非水電解液型二次電池の正極の充放電容量を負極の容量より大きくすることにより,充放電サイクル特性を向上し,放電容量を負極支配可能にし,使用可能な材料の範囲を広くする。

〔構成〕非水系有機溶媒液を用いた二次電池の負極として,炭化水素化合物から1500℃以下の低温熱分解による気相堆積法で形成される,わずかに乱層構造をもちかつ選択的配向構造をもった平面網状六員環構造（黒鉛構造）をもつ炭素を主成分とする炭素体を用いることで,負極の容量を正極の容量より小さくする。その炭素体の平均平面間隔は0.337～0.355nmで,かつラマンスペクトルにおける1580cm^{-1}のラマン強度に対して1360cm^{-1}のラマン強度の比を0.4～1.0とする。正極にはV$_2$O$_5$,Cr$_2$O$_3$,カルコゲン化合物その他の化合物の単一ないし複合物,混合物が用いられる。

<非水　電解液,型,2次　電池,陽極,炭素体,活物質,陰極,充放電容量,容量,充放電　サイクル　特性,向上,放電　容量,支配,使用可能,材料,範囲,非水系　有機　溶媒,液,炭化　水素　化合物,低温　熱分解,気相　堆積,形成,乱層　構造,選択的,配向　構造,平面網状,6員環　構造,黒鉛　構造,炭素,主成分,平均,平面　間隔,ラマン　スペクトル,ラマン,強度,比,V↓2O↓5,クロム酸,カルコゲン　化合物,化合物,単1,複合体,混合物>

<2>

平01-279578
P出 63-108579　　非水電解液二次電池
　　S63.04.30　　ソニー　（株）
開 01-279578　　〔目的〕負極材の最外周部は銅箔表面を露呈することにより,有効
　　H01.11.09　　電極面積を大きくし,エネルギー密度の向上を図る。
登　2638919　　〔構成〕負極材の有機物焼成体は,銅箔5の両面に塗布されるが,特
　　H09.04.25　　に銅箔5のうち巻回体としたときの最外周部に相当する部分には,銅
H01M　4/02　D　箔5の片側のみ塗布する。従ってこの部分では銅箔が露呈5aする。
H01M 10/40　Z　従って放電容量に寄与していない巻回体最外周部の負極活物質を除
　　　　　　　　去することになり,電池缶内容積の有効利用が可能となる。これに
　　　　　　　　より巻回体の巻回数の増加と有効電極面積の増大が図れ,エネルギ
　　　　　　　　ー密度を高くすることができる。
＜非水　電解液　2次　電池,陰極材,最外周,銅箔　表面,露出,有効
　電極　面積,エネルギー　密度,向上,有機物　焼成体,銅箔,両面,
　塗布,巻回体,相当,部分,片側,5a,放電　容量,寄与,陰極　活物質,
　除去,電池缶,内容積,有効　利用,巻回数,増加,増大＞

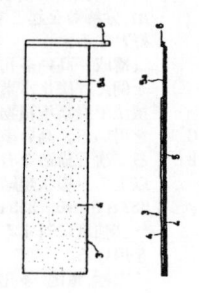

<3>

平02-033861
P出 63-185245　　非水電解液電池
　　S63.07.25　　ソニー　（株）
開 02- 33861　　〔目的〕正極または負極のうちのどちらか一方の電極若しくは両方
　　H02.02.05　　の電極の表面に不織布を密着させて一体化させることにより,セパ
登　2733970　　レータが薄くても,セパレータの損傷をなくして,電池内部の短絡を
　　H10.01.09　　防止する。
H01M　6/16　D　〔構成〕正極2または負極4のうちどちらか一方の電極若しくは両方
H01M　4/02　C　の電極の表面に不織布1a,1bを密着させる。不織布の材料として
H01M　4/04　Z　は,電解液と反応せず電位的に安定したもの,例えば,ポリエチレン,
　　　　　　　　ポリプロピレン,ポリエステルなどの高分子系,ステンレス鋼などの
　　　　　　　　金属系,炭素繊維系などを用いる。また不織布の厚さは,不織布をシ
　　　　　　　　ート状電極に密着させる前では2～50μmであり,密着一体化後は密
　　　　　　　　着前の厚さの1/2～1/10程度とする。
＜ポリエチレン,ポリプロピレン,ポリエステル＞
＜非水　電解液　電池,陽極,陰極,一方,電極,両方,表面,不織布,密
　着,一体化,分離器,損傷,電池,内部,短絡,防止,1a,1b,材料,電解
　液,反応,電位,安定,ポリ　エチレン,ポリ　プロピレン,ポリ　エス
　テル,高分子,ステンレス鋼,金属,炭素　繊維,厚さ,シート状　電極
　,密着　一体化,程度＞

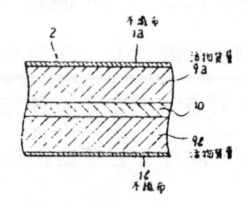

<4>

平03-093164
P出 01-228432　　非水電解液二次電池
　　H01.09.05　　ソニー　（株）
開 03- 93164　　〔目的〕正極及び負極の帯状電極をセパレータを介して渦巻状に巻
　　H03.04.18　　いた電極構造を有する円筒型排水電解液二次電池において、集電体
登　2932516　　の幅方向の両端部を残して電極合剤を被覆することにより、内部短
　　H11.05.28　　絡を防止する。
H01M　4/70　A　〔構成〕正極1及び負極2の帯状電極をセパレータ3を介して渦巻状
H01M　4/74　C　に巻いた電極構造を有する。帯状電極は帯状集電体10は帯状集電体
H01M　4/02　B　10と、集電体10を幅方向の両端部を残して被覆する電極合剤20の層
H01M 10/40　Z　とから構成される。即ち負極2及び正極1を作製するとき、合剤スラ
　　　　　　　　リーを集電体10の両端部を残して集電体10の両面に塗布して電池を
　　　　　　　　作製する。これにより電池の内部短絡を防止することが可能となり
　　　　　　　　、エネルギー密度が大きく、急速充放電サイクル特性に優れた二次
　　　　　　　　電池が得られる。
＜非水　電解液　2次　電池,陽極,陰極,帯状　電極,分離器,渦巻状
　,電極　構造,円筒状,排水　電解液,2次　電池,集電体,幅方向,両端
　,電極　合剤,被覆,内部　短絡,防止,帯状,層,構成,作製,合剤,スラ
　リー,両面,塗布,電池,エネルギー　密度,大きさ,急速　充放電,サ
　イクル　特性＞

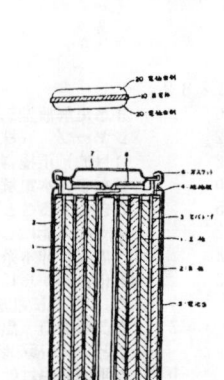

（4）リチウムのプレドープ方法

① 技術事項の特徴点

　　リチウムイオン二次電池においては、炭素材料には元々活物質であるリチウムイオンが存在しない
ため、原理的にリチウムイオンは正極側から取り出し、負極側に吸蔵させる充電工程から始まるが、
あらかじめ負極側にリチウムイオンを別途吸蔵させておくことで種々の効果が得られる。

負極炭素表面への金属リチウムの析出を防ぐ等の目的で、電解処理によってリチウムイオンの担持量をセパレータ側ほど少なくなるように吸蔵させたもの<1>*、逆にセパレータ側ほど多くなるように吸蔵させたもの<2>、気層熱分解炭素の電気容量を増加させるため、リチウム蒸気と接触させることによって層間化合物を形成させたもの<3>*、特に初期充電時に副反応によって生じるリチウムイオンのロスを補うため、炭素負極に金属リチウムを接触させておくもの<4>*、<5>等がある。また、炭素粒子間の結着を良好にする目的で、リチウムイオンを吸蔵した炭素材料と吸蔵していない炭素材料とを混合し、成形したもの<6>もある。

参照文献（＊は抄録記載）

<1>*特開昭63-298963　　　<2>特開昭62-283571　　　<3>*特開平3-190053　　　<4>*特開昭63-2247

<5>特開平4-167359　　　<6>特開昭63-45748

参照文献（Japio 抄録）

<1>

```
昭63-298963
P出 62-131352       非水溶媒二次電池用負極体の製造方法
   S62.05.29       東芝電池　（株）
開 63-298963
   S63.12.06       〔目的〕負極体を，有機化合物を焼成した炭素質物にLiまたはL
告 06-46579        iを主体とするアルカリ金属をセパレータ側ほど少なく担持させる
   H06.06.15       ことにより，自己放電を抑制し充放電サイクル寿命を延長する。
登 1916143         〔構成〕フェノール樹脂を窒素ガス中で焼成炭素化し，この粉末と
   H07.03.23       ポリテトラフルオロエチレン粉末とを混合し，加圧成形してペレッ
H01M 4/02  D       トとする。このペレットをプロピレンカーボネートにLiClO₄
H01M 10/40 Z       を溶解した電解液に浸漬し，ペレットを陽極，金属Liを陰極として
H01M 4/04  A       電解処理を行う。電解処理は初期には電流密度を低くし，進行に伴
                   って密度を上げてゆく。これにより活物質は，炭素質物の金属Li
                   に対向する面側ほど多量に担持される。このようにして活物質の担
                   持量が，セパレータ4側ほど少ない負極体5を形成することにより，自
                   己放電を抑制し充放電サイクル寿命を長くすることができる。
                   <フエノール樹脂，ポリテトラフルオロエチレン>
                   <非水 溶媒 2次 電池,陰極体,有機 化合物,焼成,炭素質物,リ
                   チウム,主体,アルカリ 金属,分離器,担持,自己 放電,抑制,充放
                   電 サイクル 寿命,延長,フェノール 樹脂,窒素 ガス,焼成 炭
                   素化,粉末,ポリ テトラ フルオロ エチレン 粉末,混合,加圧
                   成形,ペレット,プロピレン カーボネート,LiClO↓4,溶解,電
                   解液,浸漬,陽極,金属 リチウム,陰極,電解 処理,初期,電流 密
                   度,進行,密度,活物質,対向,面側,多量,担持量,形成,長い>
```

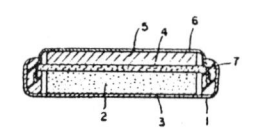

<3>

```
平03-190053
P出 01-329880      非水系リチウム二次電池用炭素電極の製造方法
   H01.12.19       シャープ　（株）
開 03-190053
   H03.08.20       〔目的〕炭化水素類を気相で分解して製造した熱分解炭素とリチウ
登 2592152         ム蒸気とを接触させて層間化合物を形成した後，熱分解炭素を電極
   H08.12.19       とすることにより，容量密度が大きく，放電曲線の平坦化した負極を
                   得る。
H01M 4/02  D       〔構成〕脂肪族炭化水素,芳香族炭化水素,脂環族炭化水素等の炭化
H01M 4/04  A       水素類を気相で熱分解して熱分解炭素を製造し，熱分解炭素とリチ
H01M 10/40 Z       ウム蒸気とを接触させて熱分解炭素とリチウムの層間化合物を形成
                   した後，熱分解炭素を電極とする。このように熱分解炭素とリチウ
                   ム蒸気とを接触させて熱分解炭素とリチウムとの層間化合物を形成
                   すると高結晶性の成分にも均一にリチウムがドープされて活性化さ
                   れ，従って，容量密度が大きく，放電曲線の平坦性の優れたリチウム
                   二次電池用の負極となる。
                   <電極,製造 方法,炭化 水素,気相,分解,製造,熱分解 炭素,リ
                   チウム,蒸気,接触,層間 化合物,形成,容量 密度,大きさ,放電
                   曲線,平坦化,陰極,脂肪族 炭化 水素,芳香族 炭化 水素,脂環
                   族 炭化 水素,熱分解,高結晶性,成分,均一,ドープ,活性化,平坦
                   性,リチウム 2次 電池>
```

<4>

昭63-002247
P出 61-145935　二次電池
　　S61.06.20　三洋化成工業　（株）
開 63- 2247　〔目的〕リチウム塩を溶解した有機溶媒を電解液とし、遷移金属の
　　S63.01.07　カルコゲン化合物からなるものを正極材とし、乱層構造をもつ焼成
告 08- 15071　体炭素と金属リチウムを電池内で電気的に接触させたものを負極材
　　H08.02.14　とすることにより、充放電サイクルを向上させる。
登　2131335　〔構成〕リチウム塩を溶解した有機溶媒を電解液とし、遷移金属の
　　H09.08.08　カルコゲン化合物からなるものを正極材とし、乱層構造をもつ焼成
H01M 4/40　　体炭素と金属リチウムを電池内で電気的に接触させたものを負極材
H01M 4/02　D　とする。乱層構造をもつ焼成体炭素を製造する方法としては、通常
H01M 10/40　Z　、フエノール樹脂やピツチを密閉下や不活性ガスたとえば窒素ガス
雰囲気下で加熱、熱処理する方法があげられる。加熱温度は通常70
0℃以上、好ましくは1000-1700℃、加熱時間は通常1-50時間、好
ましくは2-20時間である。加熱は段階的、たとえば800-600℃で0
．5～10時間加熱、熱処理し、次いで600～1500℃で1～10時間加熱
、熱処理することにより行うこともできる。
＜フエノール樹脂＞
＜2次　電池,リチウム塩,溶解,有機　溶媒,電解液,遷移　金属,カ
ルコゲン　化合物,陽極材,乱層　構造,焼成体,炭素,金属　リチウ
ム,電池,電気,接触,陰極材,充放電　サイクル,向上,製造,方法,通
常,フエノール　樹脂,ピツチ,密閉,不活性　ガス,窒素　ガス　雰
囲気,加熱,熱処理,加熱　温度,加熱　時間,0時間,段階＞

[電解液]

1．技術テーマの構造

(ツリー図)

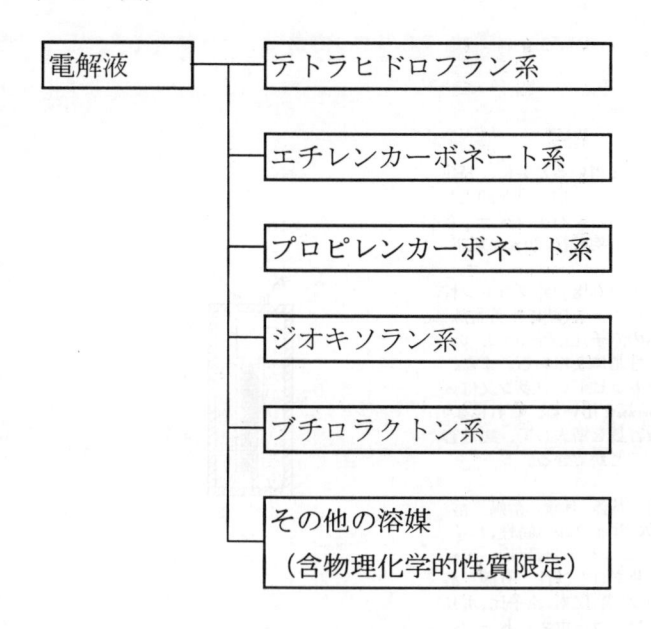

```
電解液 ─┬─ テトラヒドロフラン系
        ├─ エチレンカーボネート系
        ├─ プロピレンカーボネート系
        ├─ ジオキソラン系
        ├─ ブチロラクトン系
        └─ その他の溶媒
             (含物理化学的性質限定)
```

　電解液に関する技術は、正極活物質、負極活物質および電解質塩等に関係したものが多い。リチウム一次電池の電解液としての溶媒が使用されている。テトラヒドロフラン、エチレンカーボネート、プロピレンカーボネート、オキソラン、ブチロラクトン等である。物理化学的性質(ドナー数、粘度、比誘電率等)を限定した電解液もある。また、これら以外の電解液の提案もある。

2．各技術事項について
(1) テトラヒドロフラン系
① 技術事項の特徴点

　電解液として、リチウム塩の溶媒を備えた電池において、負極に、芳香族系縮合ポリマーの熱処理物で、水素と炭素の原子比が0.5〜0.05のポリアセン系骨格構造を有する不溶不融性基体を用い、有機溶媒は、テトラヒドロフランとエチレンカーボネートとまたは/および2-メチルテトラヒドロフランを用いるもの<1>*、非水電解液はブチレンカーボネートと少なくとも1種類の環状エーテルとを含む混合溶媒にリチウム塩を溶解させた電解液とし、環状エーテルはテトラヒドロフラン、2-メチルテトラヒドロフラン等を用いるもの<2>*、有機溶媒として、炭酸ジエチルに炭酸エチレン、炭酸プロピレン、ジメチルテトラヒドロフランのうち少なくとも1種以上を混合させたもの<3>*、その他、混合溶媒として使用されているもの<4>、<5>、<6>等がある。

参照文献(＊は抄録掲載)

<1>＊特開平 8-7929　　<2>＊特開平 1-76684　　<3>＊特開平 2-12777　　<4>特開昭 60-154478

<5>特開昭 60-243972　　<6>特開昭 63-32872

参照文献（Japio 抄録）

<1>

平08－007929
P出 06-164746　　　有機電解質電池
　　 H06.06.22　　　鐘紡　（株）
開 08- 7929　　　〔目的〕（J）負極に特定の不溶不融性基体を用いると共に、特定
　　 H08.01.12　　の有機溶媒溶液を電解として用いることにより、負極容量を向上し
登 2781725　　　　て電池容量を増大し、サイクル特性を向上する。£バインダー、含
　　 H10.05.15　　フツ素系ポリマー、ポリフツ化ビニリデン、平均粒径100μm以下
H01M 4/02　　D　　、正極、セパレータ、導電剤
H01M 10/40　　A　　〔構成〕正極、負極及び電解液として、リチウム塩の非プロトン性
H01M 10/40　　Z　　有機溶媒溶液を備えた有機電解質電池において、負極2に、芳香族
　　　　　　　　　系縮合ポリマーの熱処理物で、水素と炭素の原子比が0.5〜0.05
　　　　　　　　　のポリアセン系骨格構造を有する不溶不融性基体を用いる。また、
　　　　　　　　　有機溶媒には、エチレンカーボネートとテトラヒドロフラン又は／
　　　　　　　　　及び2ーメチルテトラヒドロフランの混合溶媒を用いる。これによ
　　　　　　　　　り、リチウムを安定にドーピングし、負極容量を増大して、電池容
　　　　　　　　　量を高めると共にサイクル特性を向上することができる。
　　　　　　　　　＜ポリフツ化ビニリデン＞
　　　　　　　　　＜有機 電解質 電池,陰極,不溶 不融性 基体,有機 溶媒 溶
　　　　　　　　　液,電解,陰極 容量,向上,電池 容量,増大,サイクル 特性,バイ
　　　　　　　　　ンダー,含フツ素系,重合体,ポリ フツ化 ビニリデン,平均 粒径
　　　　　　　　　,陽極,分離器,導電剤,電解液,リチウム塩,非プロトン性 有機 溶
　　　　　　　　　媒 溶液,芳香族 縮合 重合体,熱処理物,水素,炭素,原子比,ポリ
　　　　　　　　　アセン 骨格 構造,有機 溶媒,エチレン カーボネート,テト
　　　　　　　　　ラ ヒドロ フラン,メチル テトラ ヒドロ フラン,混合 溶媒
　　　　　　　　　,リチウム,安定,ドーピング＞

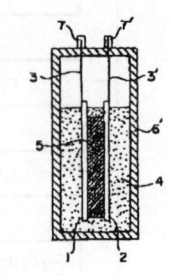

<2>

平01－076684
P出 62-233360　　　非水電解液二次電池
　　 S62.09.17　　 三洋電機　（株）
開 01- 76684　　　〔目的〕非水電解液がブチレンカーボネートと少なくとも1種類の
　　 H01.03.22　　環状エーテルを含む混合溶媒にリチウム塩を溶解させた電解液とす
登 2557659　　　　ることにより,充放電効率を高めると共に,寿命が短くなるのを防止
　　 H08.09.05　　する。
H01M 10/40　　A　　〔構成〕非水電解液はブチレンカーボネートと少なくとも1種類の
　　　　　　　　　環状エーテルとを含む混合溶媒にリチウム塩を溶解させた電解液と
　　　　　　　　　する。そして環状エーテルはテトラヒドロフラン,2ーメチルテトラ
　　　　　　　　　ヒドロフラン,1.3ージオキソラン,或いは4ーメチルー1.3ージオ
　　　　　　　　　キソラン,又はこれら物質を2種以上含むものとする。
　　　　　　　　　＜非水 電解液 2次 電池,非水 電解液,ブチレン,カーボネート
　　　　　　　　　,1種類,環状 エーテル,混合 溶媒,リチウム塩,溶解,電解液,充放
　　　　　　　　　電 効率,寿命,防止,テトラ ヒドロ フラン,メチル テトラ ヒ
　　　　　　　　　ドロ フラン,ジ オキソラン,メチル,物質,2種 以上＞

200

<3>

```
平02-012777
P出 63-163467      有機電解液二次電池
   S63.06.29      松下電器産業　（株）
開 02- 12777      〔目的〕有機溶媒として、炭酸ジエチルに炭酸エチレン、炭酸プロ
   H02.01.17     ピレン、ジメチルテトラヒドロフランのうち少なくとも一種以上を
登   2656305     混合させたものを使用することにより、高エネルギー密度でかつサ
   H09.05.30     イクル寿命が長いものとする。
H01M 10/40   A   〔構成〕炭酸ジエチルに、炭酸エチレン、炭酸プロピレン、ジメチ
                 ルテトラヒドロフランのうち少なくとも一種以上を混合させた有機
                 溶媒を用いたものである。このような有機溶媒を用いることにより
                 、充電時に溶媒が還元され難く、そのため負極の充放電効率が向上
                 し、過剰な負極活物質量も低減できるため、サイクル寿命の長く、
                 かつ高エネルギー密度の有機電解液二次電池が得られる。
                 ＜有機 電解液 2次 電池,有機 溶媒,炭酸 ジ エチル,炭酸
                 エチレン,炭酸 プロピレン,ジ メチル,テトラ ヒドロ フラン
                 ,1種,混合,使用,高エネルギー密度,サイクル 寿命,充電,溶媒,還元
                 ,陰極,充放電 効率,向上,過剰,陰極 活物質,量,低減,長い＞
```

（２）エチレンカーボネート系

① 技術事項の特徴点

　　少なくとも一方の電極に導電性高分子を用いた二次電池において電解液の溶媒を図示の化学式で示されるエチレンカーボネートとγ-ブチロラクトンの２物質の混合物とすることにより、充放電効率の低下防止および保存特性の劣化防止を図るもの<1>*、電解液がエチレンカーボネート（ＥＣ）とジメチルカーボネート（ＤＭＣ）とジエチルカーボネート（ＤＥＣ）との混合溶媒からなり、ＥＣとＤＭＣとの組成比率は体積比で１：１であり、かつＤＥＣの組成比率は溶媒全体の10～33vol％であるもの<2>*、有機電解質の溶媒として３の位置の水素をアセチル基で置換したエチレンカーボネートを使用することにより、負極の充放電の電流効率と電池のサイクル特性との向上を図ったもの<3>*がある。その他、混合溶媒として使用されているもの<4>、<5>、<6>等がある。

参照文献（＊は抄録掲載）
<1>*特開平 1-163974　　　<2>*特開平 5-283104　　　<3>*特開昭 62-290074　　　<4>特開平 5-205745
<5>特開平 5-41244　　　　<6>特開昭 63-271886

参照文献（Japio抄録）

<1>

平01-163974
P出 62-322266　　二次電池
　S62.12.18　　　三洋電機　（株）
開 01-163974　　〔目的〕少なくとも一方の電極に導電性ポリマーを用いた二次電池
　H01.06.28　　　において電解液の溶媒を図示の化学式で示される2物質の混合物と
登 2567644　　　することにより，充放電効率の低下防止及び保存特性の劣化防止を
　H08.10.03　　　図る。
H01M 10/40　A　〔構成〕混合溶媒は図示の化学式で示されるエチレンカーボネート
　　　　　　　　とγ-ブチロラクトンの2物質からなる。電極に用いられる導電性
　　　　　　　　ポリマーはポリピロール或いはポリアニリンからなる。この構成に
　　　　　　　　より電解液の分解電圧が高くなるので，たとえ充電時に充電容量を
　　　　　　　　増加することにより充電終止電圧がある程度高くなっても，充放電
　　　　　　　　効率が低下したり保存特性が劣化することがない。加えて充放電電
　　　　　　　　圧が幾分低くなるため，電池缶の腐食が防止され且つ電解液の分解
　　　　　　　　が抑制される。
　　　　　　　　＜ポリピロール，ポリアニリン＞
　　　　　　　　＜2次　電池,一方,電極,導電性　重合体,電解液,溶媒,図示,化学式
　　　　　　　　,物質,混合物,充放電　効率,低下　防止,保存　特性,劣化　防止,
　　　　　　　　混合　溶媒,エチレン　カーボネート,γ,ブチロ　ラクトン,ポリ
　　　　　　　　ピロール,ポリ　アニリン,構成,分解　電圧,充電,充電　容量,増加
　　　　　　　　,充電　終止　電圧,程度,低下,劣化,充放電　電圧,幾分,電池缶,腐
　　　　　　　　食,防止,分解,抑制＞

<2>

平05-283104
P出 04-353055　　有機電解液二次電池
　H04.12.10　　　日本電池　（株）
開 05-283104　　〔目的〕充放電サイクルの進行にともなう放電容量の低下が少なく
　H05.10.29　　　、低温での放電容量が大きい有機電解液二次電池を得る。£リチウ
登 2845069　　　ムイオン、充放電特性、イオン導電率、混合電解液、凝固点
　H10.10.30　　　〔構成〕電解液がエチレンカーボネート（EC）とジメチルカーボ
H01M 10/40　A　ネート（DMC）とジエチルカーボネート（DEC）との混合溶媒
H01M 10/40　Z　からなる。ECとDMCとの組成比率は体積比で1:1であり、かつ
　　　　　　　　DECの組成比率は溶媒全体の10～33vol％である。
　　　　　　　　＜有機　電解液　2次　電池,充放電　サイクル,進行,放電　容量,
　　　　　　　　低下,低温,大きさ,リチウム　イオン,充放電　特性,イオン　導電
　　　　　　　　率,混合　電解液,凝固点,電解液,エチレン　カーボネート,（EC
　　　　　　　　）,ジ　メチル　カーボネート,DMC,ジ　エチル　カーボネート,
　　　　　　　　DEC,混合　溶媒,EC,組成　比率,体積比,溶媒,全体＞

<3>

昭62-290074
P出 61-133307　　有機電解質二次電池
　S61.06.09　　　松下電器産業　（株）
開 62-290074　　〔目的〕有機電解質の溶媒として3の位置の水素をアセチル基で置
　S62.12.16　　　換したエチレンカーボネートを使用することにより、負極の充放電
告 07- 19620　　の電流効率と電池のサイクル特性との向上を図る。
　H07.03.06　　　〔構成〕有機電解質の溶媒に、3の位置の水素をアセチル基で置換
登 1986458　　　したエチレンカーボネートを用いる。溶媒にプロピレンカーボネー
　H07.11.08　　　ト（PC）を用いた場合Cの位置の水素をアセチル基で置換するこ
H01M 10/40　A　とでこれらの強い電子吸引性のため、C-Oの結合は切れにくくな
　　　　　　　　り、電流効率は向上する。さらにカーボネートの骨格をエチレンカ
　　　　　　　　ーボネートとすることで、CH₃基の電子供与性はなくなり、充放
　　　　　　　　電の電流効率は増加する。例えば3の位置をアセチル基で置換した3
　　　　　　　　-アセチルエチレンカーボネート式のような構造となる。
　　　　　　　　＜有機　電解質　2次　電池,有機　電解質,溶媒,位置,水素,アセチル
　　　　　　　　基,置換,エチレン　カーボネート,使用,陰極,充放電,電流　効率
　　　　　　　　,電池,サイクル　特性,向上,プロピレン　カーボネート,PC,場合
　　　　　　　　,C,電子　吸引性,C-O,結合,切れ,カーボネート,骨格,メチル,
　　　　　　　　電子　供与性,増加,アセチル,式,構造＞

（3）プロピレンカーボネート系
① 技術事項の特徴点

　　プロピレンカーボネートを含む非水電解液に所定量の鎖状カーボネートを添加する。鎖状カーボネートはジメチルカーボネート（DMC）とジエチルカーボネート（DEC）の少なくとも一つとし、プロピレンカーボネートに対する添加率はDMCが体積比で0.1～0.4の割合、DECが体積比で0.2～0.7の割合としたもの<1>*、電解液はテトラアルキルホスホニウム塩を有機溶媒で溶解した溶液であり、プロピレンカーボネート、またはプロピレンカーボネートとエチレンカーボネートの混合溶媒を用いたもの<2>*、有機電解質の溶媒に、少なくとも3または4の位置の水素をアセチル基で置換したプロピレンカーボネートを使用するもの<3>*がある。その他、混合溶媒として使用されているもの<4>、<5>、<6>、<7>、<8>等がある。

参照文献（＊は抄録掲載）

<1>*特開平2-10666　　　<2>*特開平5-205745　　<3>*特開昭63-32870　　<4>特開平2-12777
<5>特開平4-14769　　　<6>特開平5-162370　　　<7>特開平5-41244　　　<8>特開昭62-31961

参照文献（Japio抄録）

<1>

平02-010666
P出 63-161573　　　非水電解液二次電池
　　S63.06.29　　　松下電器産業　（株）
開 02- 10666　　〔目的〕プロピレンカーボネートを含む非水電解液に所定量の鎖状
　　H02.01.16　　カーボネートを添加することにより、充放電効率の向上を図る。
登 2701327　　　〔構成〕鎖状カーボネートはジメチルカーボネート（DMC），ジ
　　H09.10.03　　エチルカーボネート（DEC）のうち少なくとも1つとされる。プ
　　　　　　　　　ロピレンカーボネート（PC）に対する添加率はDMCが体積比で
H01M 10/40　A　　0.1～0.4の割合，DECが体積比で0.2～0.7の割合とされる。
　　　　　　　　　負極はリチウムイオンを吸蔵，放出できる合金，または金属リチウム
　　　　　　　　　から構成される。この添加により電析リチウムと電解液中のPCと
　　　　　　　　　の接触が防がれ充放電効率が向上する。鎖状カーボネートは図示の
　　　　　　　　　構造式を有するものであり，充放電率の一試例は図示の通りである
　　　　　　　　　。
　　　　　　　　　＜非水　電解液　2次　電池，プロピレン　カーボネート，非水　電
　　　　　　　　　解液，鎖状，カーボネート，添加，充放電　効率，向上，ジ　メチル　カ
　　　　　　　　　ーボネート，DMC，ジ　エチル　カーボネート，DEC，1つ，PC，
　　　　　　　　　添加率，体積比，割合，陰極，リチウム　イオン，吸蔵，放出，合金，金属
　　　　　　　　　　リチウム，構成，電析　リチウム，電解液，接触，図示，構造式，充放
　　　　　　　　　電率，1，通り＞

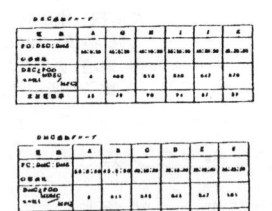

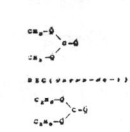

<2>

平05-205745	有機電解質電池
P出 04-38743	鐘紡 (株), セイコー電子工業 (株)
H04.01.28	〔目的〕(J)特定の有機溶媒溶液を電解液として使用する事により、高温保存性向上を図る。£有機半導体、ボタン型有機電解質電池
開 05-205745	
H05.08.13	
登 2619845	〔構成〕電解液はテトラアルキルホスホニウム塩を有機溶媒で溶解した溶液であり、充分に乾燥、精製して調製する。有機溶媒として、プロピレンカーボネート、又はプロピレンカーボネートとエチレンカーボネートの混合溶媒を用いて電池耐圧を高く設定する。テトラアルキルホスホニウム塩は(C₂H₅)₄PBF₄を用いる。そして、ポリアセン系骨格構造を有する不溶不融性基体を正、負極に用いた場合、高温保存(70℃、2.5V印加)後の内部抵抗の上昇が抑止できる。この電解液を正極4、負極2及びセパレータ3に含ませ電池を成形する。
H09.03.11	
H01M 4/60	
H01M 10/40 A	

<有機 電解質 電池,有機 溶媒 溶液,電解液,使用,高温 保存性,向上,有機 半導体,ボタン,テトラ アルキル ホスホニウム塩,有機 溶媒,溶解,溶液,充分,乾燥,精製,調製,プロピレン カーボネート,エチレン カーボネート,混合 溶媒,電池,耐圧,設定,エチル,PBF,ポリ アセン 骨格 構造,不溶 不融性 基体,正極,陰極,場合,高温 保存,V,印加,内部 抵抗,上昇,抑止,陽極,分離器,含有,成形>

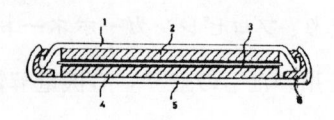

<3>

昭63-032870	有機電解質二次電池
P出 61-174209	松下電器産業 (株)
S61.07.24	〔目的〕有機電解質の溶媒に少くとも3または4の位置の水素をアセチル基で置換したプロピレンカーボネートを使用することにより、負極充放電の電流効率及び電池のサイクル特性の向上を図る。
開 63-32870	
S63.02.12	
告 07-60702	〔構成〕負極と正極と有機電解質とからなり、有機電解質の溶媒に、少くとも3または4の位置の水素をアセチル基で置換したプロピレンカーボネート(PC)を用いる。例えば3の位置をアセチル基で置換した3-アセチルプロピレンカーボネートは式Ⅰのような構造であり、同様に4-アセチルプロピレンカーボネートは式Ⅱのような構造である。この3または4のCの位置にアセチル基を置換することによりこれらの強い電子吸引性のためC-Oの結合は切れにくくなる。これにより充放電の電流効率は増大する。
H07.06.28	
登 2026425	
H08.02.26	
H01M 10/40 A	

<有機 電解質 2次 電池,有機 電解質,溶媒,位置,水素,アセチル基,置換,プロピレン カーボネート,使用,陰極,充放電,電流 効率,電池,サイクル 特性,向上,陽極,PC,アセチル,式,Ⅰ,構造,C,電子 吸引性,C-O,結合,切れ,増大>

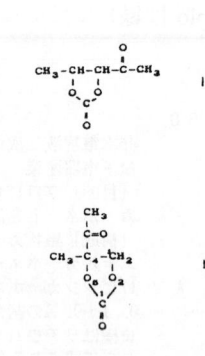

(4) ジオキソラン系

① 技術事項の特徴点

特定の1、3-ジオキソラン系化合物の単独、またはそれとの混合溶媒を電解液に用いるもの<1>*、非水電解液を構成する溶媒としてジオキソランとトリメトキシメタンとの混合溶媒を用いるもの<2>*、非水電解液電池の電解液にジオキソランとプロピレンカーボネートとジメトキシエタンの混合溶媒を用いるもの<3>*がある。その他、混合溶媒として使用されているもの<4>、<5>等がある。

参照文献(＊は抄録掲載)

<1>*特開昭62-15771　　<2>*特開昭61-285679　　<3>*特開平2-44659　　<4>特開平1-76684
<5>特開昭60-154478

参照文献（Japio抄録）

<1>

昭62-015771
P出 60-154599　　有機電解液電池
　　S60.07.12　　松下電器産業　（株）
開 62- 15771　　〔目的〕特定の1,3－ジオキソラン系化合物の単独，またはこれとの
　　S62.01.24　　混合溶媒を電解液に用いることにより，一次電池では放電電圧が，二
告 06- 10995　　次電池では充放電効率が向上する。
　　H06.02.09　　〔構成〕2,4,5の位置の1つ以上にフルオロアルキル基をもつ1,3－
登　1884611　　　ジオキソラン（例：2－テトラフルオロエチル－4－ペンタフルオロ
　　H06.11.10　　エチル－1,3－ジオキソラン）の単独，または他の溶媒（例：プロピ
H01M 6/16　A　　レンカーボネート）との混合溶媒と，この溶媒に溶解した1種以上の
H01M 10/40　A　溶質（例：過塩素酸リチウム）とから，電解液は構成されている。
　　　　　　　　そして，正極1，負極2およびセパレータ3からなる電池の電解液4とし
　　　　　　　　て用いられている。この構成によると，一次電池では放電電圧を，二
　　　　　　　　次電池では充放電効率を向上させることができる。
　　　　　　　　＜有機　電解液　電池，ジ　オキソラン，化合物，単独，混合　溶媒，
　　　　　　　　電解液,1次　電池,放電　電圧,2次　電池,充放電　効率,向上,位置
　　　　　　　　,1つ,フルオロ　アルキル,テトラ　フルオロ,エチル,ペンタ　フル
　　　　　　　　オロ,溶媒,プロピレン　カーボネート,溶解,1種　以上,溶質,過塩
　　　　　　　　素酸　リチウム,構成,陽極,陰極,分離器,電池＞

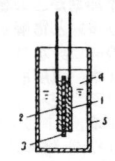

<2>

昭61-285679
P出 60-127384　　非水電解液電池
　　S60.06.12　　三洋電機　（株）
開 61-285679　　〔目的〕非水電解液を構成する溶媒としてジオキソランとトリメト
　　S61.12.16　　キシメタンとの混合溶媒を用いることにより，良好な低温特性を維
告 06- 30259　　持し，且保存特性に優れた非水電解液電池を得る。
　　H06.04.20　　〔構成〕ステンレス製の正，負極缶1,2はポリプロピレンよりなる
登　1904446　　　絶縁パツキング3により隔離されている。正極4は、二硫化チタン活
　　H07.02.08　　物質に導電剤としてのアセチレンブラツク及び結着剤としてのフツ
H01M 6/16　A　　素樹脂粉末を重量比で80：10：10の割合で混合した正極合剤を加圧
H01M 10/40　A　成形したものであり，正極缶1の内底面に固着した正極集電体5に圧
H01M 6/16　　　接されている。負極6は，所定寸法に打抜いたリチウム圧延板より
　　　　　　　　なり負極缶2の内底面に固着せる負極集電体7に圧着されている。ポ
　　　　　　　　リプロピレン不織布よりなるセパレータ8には電解液が含浸されて
　　　　　　　　いる。電解液の溶媒としてジオキソランとトリメトキシメタンとの
　　　　　　　　混合溶媒を用い、この混合溶媒に過塩素酸リチウムを1モル／1溶
　　　　　　　　解している。
　　　　　　　　＜ポリプロピレン＞
　　　　　　　　＜非水　電解液　電池,非水　電解液,構成,溶媒,ジ　オキソラン,
　　　　　　　　トリ　メトキシ　メタン,混合　溶媒,良好,低温　特性,維持,保存
　　　　　　　　　特性,ステンレス,正,陰極缶,ポリ　プロピレン,絶縁　パツキン,
　　　　　　　　隔離,陽極,2　硫化　チタン　活物質,導電剤,アセチレンブラツク,
　　　　　　　　結着剤,フツ素　樹脂　粉末,重量比,割合,混合,陽極　合剤,加圧
　　　　　　　　成形,陽極缶,内底面,固着,陽極　集電体,圧接,陰極,所定　寸法,打
　　　　　　　　抜,リチウム　圧延板,陰極　集電体,圧着,ポリ　プロピレン　不織
　　　　　　　　布,分離器,電解液,含浸,過塩素酸　リチウム,1モル,溶解＞

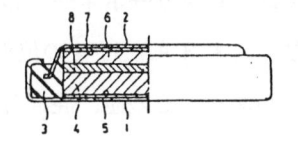

205

<3>

平02-044659
P出 63-192486　　非水電解液電池
　　S63.08.01　　富士電気化学　（株）
開 02-44659　　〔目的〕非水電解液電池の電解液にプロピレンカーボネイトとジオ
　　H02.02.14　　キソランとジメトキシエタンの混合溶媒とLiCF$_3$SO$_3$に特定量
告 06-77465　　のLiClO$_4$を溶解したものを用いることにより放電性能と安全
　　H06.09.28　　性を向上する。
登 1963699　　〔構成〕リチウムやナトリウムからなる負極2と二酸化マンガンや
　　H07.08.25　　フツ化カーボンからなる正極1とを渦巻状に巻回して電池缶5内に収
H01M 10/40　　A　納し非水電解液を注入してリチウム電池を作成する。そして電解液
にはプロピレンカーボネイト,ジオキソラン,ジメトキシエタンの混
合溶媒を用いLiCF$_3$SO$_3$を主溶質とし更にLiClO$_4$を0.00
1〜0.1mol/l溶解したものを使用する。この場合LiClO$_4$
の添加量がこの範囲より少ないと必要な放電性能が得られず,範囲
より多いと電解液の安全性が損われる。これにより放電性能と安全
性の高い非水電解液電圧が得られる。
<非水　電解液　電池,電解液,プロピレン　カーボネート,ジ　オ
キソラン,ジ　メトキシ　エタン,混合　溶媒,LiCF↓3SO↓3,
特定量,LiClO↓4,溶解,放電　性能,安全性,向上,リチウム,ナ
トリウム,陰極,2　酸化　マンガン,フツ化　炭素,陽極,渦巻状,巻
回,電池缶,収納,非水　電解液,注入,リチウム　電池,作成,溶質,使
用,添加量,範囲,電圧>

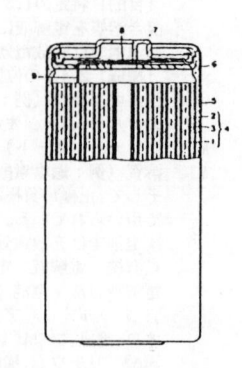

（5）ブチロラクトン系

① 技術事項の特徴点

　ホウフッ化リチウムを電解質として含むγ-ブチロラクトン溶液を電解液に用いるもの<1>*、電解
質としてテトラアルキルアンモニウム塩と、溶媒としてγ-ブチロラクトンまたはγ-ブチロラクトン
とプロピレンカーボネートの混合液とからなる電解液を使用するもの<2>*、有機電解質の溶媒に、
少なくとも3または4の位置の水素をアセチル基で置換したγ-ブチロラクトンを使用するもの
<3>*がある。その他、混合溶媒として使用されているもの<4>、<5>、<6>、<7>等がある。

参照文献（＊は抄録掲載）

<1>*特開平 3-110765　　<2>*特開昭 62-31961　　<3>*特開昭 63-32871　　<4>特開平 1-163974

<5>特開平 4-14769　　<6>特開昭 59-219869　　<7>特開昭 62-31958

参照文献（Japio 抄録）

<1>

平03-110765
P出 01-248483　　有機電解液二次電池
　　H01.09.25　　日本電池　（株）
開 03-110765　　〔目的〕ホウフツ化リチウムを電解質として含むガンマブチロラク
　　H03.05.10　　トン溶液を電解液に用いることにより、充放電サイクルにともなう
登 2940015　　放電容量の保持特性が優れるようにする。
　　H11.06.18　　〔構成〕正極活物質にリチウムコバルト複合酸化物（LiCoO$_2$
H01M 10/40　　A　）を用いて、負極活物質にリチウム、またはリチウム合金を用いた
H01M 10/40　　Z　有機電解液電池において、ホウフツ化リチウム（LiBF$_4$）を電
H01M　4/38　　　解質として含むガンマブチロラクトン（γ-Butyrolact
H01M　4/41　　　one）溶液を電解液に用いる。これによりリチウムコバルト複合
H01M　4/58　　　酸化物・リチウム電池は、従来の二酸化マンガン・リチウム電池に
H01M　4/02　　C　比較して放電電圧が約1Vも高く、しかも耐酸化性の優れた電解液
H01M　4/02　　D　を用いることによって優れた充放電可逆性を得ることができる。
<有機　電解液　電池,棚弗化　リチウム,電解質,γ　ブチロ　ラ
クトン,溶液,電解液,充放電　サイクル,放電　容量,保持　特性,陽
極　活物質,リチウム,コバルト,複合　酸化物,LiCoO↓2,陰極
　活物質,リチウム　合金,LiBF↓4,γ,Bu,tyr,act,オ
ン,リチウム　電池,2　酸化　マンガン,比較,放電　電圧,耐酸化性
,充放電　可逆>

<2>

昭62-031961
P出 60-171670　　有機電解質電池
　　S60.08.02　　鐘紡　(株)
開 62- 31961　　〔目的〕電解質としてテトラアルキルアンモニウム塩と,溶媒とし
　　S62.02.10　　てγ-ブチロラクトン又はγ-ブチロラクトンとプロピレンカーボ
告 06- 24160　　ネイトの混合液とからなる電解液を使用することにより,自己放電
　　H06.03.30　　を防止する。
登　1893841　　〔構成〕電解液4の溶媒はγ-ブチロラクトン又はγ-ブチロラク
　　H06.12.26　　トン／プロピレンカーボネイト＝10／0〜2／8（重量比）の混合液
H01M 4/60　　　　である。また溶媒に溶解せしめる電解質はテトラアルキルアンモニ
H01M 10/40　A　ウム塩である。これらの電解質及び溶媒は充分脱水したものを使用
H01M 10/40　Z　する。電解液は電解質を溶媒に溶解して調製されるが電解液中の
H01M 4/58　　　電解質の濃度は電解液による内部抵抗を小さくするため,少なくと
　　　　　　　　も0.1モル／l以上とする。
　　　　　　　　<有機　電解質　電池,電解質,テトラ　アルキル　アンモニウム塩
　　　　　　　　,溶媒,γ,ブチロ　ラクトン,プロピレン　カーボネート,混合液,電
　　　　　　　　解液,使用,自己　放電,防止,重量比,溶解,充分,脱水,調製,濃度,内
　　　　　　　　部　抵抗,1モル>

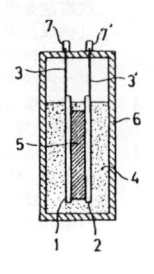

<3>

昭63-032871
P出 61-174210　　有機電解質二次電池
　　S61.07.24　　松下電器産業　(株)
開 63- 32871　　〔目的〕有機電解質の溶媒に、少なくとも3または4の位置の水素をア
　　S63.02.12　　セチル基で置換したγ-ブチロラクトンを使用することにより、負
告 07- 60703　　極充放電の電流効率及び電池のサイクル特性の向上を図る。
　　H07.06.28　　〔構成〕負極と正極と有機電解質とからなり、有機電解質の溶媒に
登　2026426　　、少なくとも3または4の位置の水素をアセチル基で置換したγ-ブチ
　　H08.02.26　　ロラクトンを用いる。例えば3の位置を塩素で置換した3-アセチル
H01M 10/40　A　-γ-ブチロラクトンは式Iのような構造であり、同様に4-アセ
　　　　　　　　チル-γ-ブチロラクトンの構造を式IIに、3,4-ジアセチル-γ
　　　　　　　　-ブチロラクトンの構造を式IIIに示す。γ-ブチロラクトンの3ま
　　　　　　　　たは4の位置にアセチル基を導入することによりこの強い電子吸引
　　　　　　　　性のためにC-Oの結合が切れ難くなり電流効率が向上する。
　　　　　　　　<有機　電解質　2次　電池,有機　電解質,溶媒,位置,水素,アセチ
　　　　　　　　ル基,置換,γ,ブチロ　ラクトン,使用,陰極,充放電,電流　効率,電
　　　　　　　　池,サイクル　特性,向上,陽極,塩素,アセチル,式,◻1,構造,ジ　ア
　　　　　　　　セチル,◻3,導入,電子　吸引性,C-O,結合,切れ>

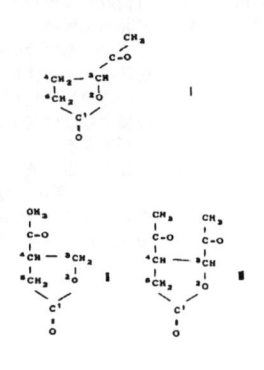

（6）その他の溶媒(含物理化学的性質限定)

① 技術事項の特徴点

　気相熱分解して得られる炭素材料を負極とし、ドナー数24未満のＰＣ等の高誘電率溶媒とドナー数24未満のＴＨＦ等のエーテル系低粘度溶媒との混合溶媒にリチウム塩を溶解した溶液を電解液とするもの<1>*、非水電解液の溶媒成分に鎖状カーボーネートと環状カーボーネートとを含み、その体積比率を特定するもの<2>*、非水電解液の有機溶媒として、1．2-ジブトキシエタンと比誘電率が特定値以上の高誘電率の溶媒との混合溶媒を用いるもの<3>*、その他、ジメトキシエタン<4>、ブチレンカーボネート<5>、アセトニトリル<6>、1．3-プロパンスルトン<7>、リン酸トリエステル<8>、オキサゾリジノン<9>、ジメチルカーボネート<10>等がある。

参照文献（＊は抄録掲載）

<1>*特開平 5-54909　　<2>*特開平 4-162370　　<3>*特開昭 59-219869　　<4>特開昭 63-1708
<5>特開平 2-75169　　<6>特開昭 63-114075　　<7>特開昭 63-102173　　<8>特開平 8-111238
<9>特開昭 60-109182　　<10>特開平 7-45304

参照文献（Japio 抄録）

<1>

平05-054909
P出 03-341669　　二次電池
　　H03.12.25　　シャープ　（株）
開 05-54909　　〔目的〕充放電効率、サイクル特性、低温特性に優れた大容量の二
　　H05.03.05　　次電池を得る。£乱層構造黒鉛、六角網面、リチウム二次電池
登 2733402　　〔構成〕炭化水素または炭化水素化合物を気相熱分解して得られる
　　H09.12.26　　炭素材料を負極とし、ドナー数24未満のPC等の高誘電率溶媒とド
H01M 4/58　　ナー数24未満のTHF等のエーテル系低粘度溶媒との混合溶媒にリ
H01M 10/40　A　チウム塩を溶解した溶液を電解液とする。
H01M 10/40　Z　<2次　電池,充放電　効率,サイクル　特性,低温　特性,大容量,乱
H01M 4/04　A　層　構造,黒鉛,六角網,面,リチウム　2次　電池,炭化　水素,炭化
　　　　　　　　水素　化合物,気相　熱分解,炭素　材料,陰極,ドナー,数,未満,
　　　　　　　　PC,高誘電率,溶媒,THF,エーテル,低粘度,混合　溶媒,リチウ
　　　　　　　　ム塩,溶解,溶液,電解液>

<2>

平04-162370
P出 02-289150　　非水電解液二次電池
　　H02.10.25　　松下電器産業　（株）
開 04-162370　　〔目的〕非水電解液の溶媒成分に鎖状カーボネートと環状カーボネー
　　H04.06.05　　トとを含み、その体積比率を特定することにより、低温特性に優
登 2780480　　れた非水電解液二次電池が得られるようにする。
　　H10.05.15　　〔構成〕リチウムイオンを吸蔵・放出できる炭素材からなる負極4
H01M 10/40　A　と非水電解液とリチウム含有化合物からなる正極6とを備える。そ
　　　　　　　　して非水電解液の溶媒成分に鎖状カーボネートと環状カーボネート
　　　　　　　　を含み、その体積比率（鎖状カーボネートの体積÷環状カーボネー
　　　　　　　　トの体積）を1以上9以下とする。これにより電解液の電導度をある
　　　　　　　　程度上げ、低温での溶質析出を防ぎ、主に低温特性の向上を図るこ
　　　　　　　　とができる。
　　　　　　　　<非水　電解液　2次　電池,非水　電解液,溶媒　成分,鎖状,カー
　　　　　　　　ボネート,環状　カーボネート,体積　比率,特定,低温　特性,リチ
　　　　　　　　ウム　イオン,吸蔵,放出,炭素材,陰極,リチウム,含有　化合物,陽
　　　　　　　　極,体積,電解液,導電率,程度,上げ,低温,溶質,析出,向上>

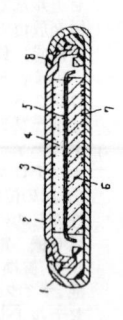

<3>

昭59-219869
P出 58-93460　　リチウム二係電池用電解液
　　S58.05.27　　日本電信電話　（株）
開 59-219869　　〔目的〕非水電解液の有機溶媒として、1,2-ジブトキシエタンと
　　S59.12.11　　比誘電率が特定値以上の高誘電率の非プロトン性溶媒との混合溶媒
告 06-52670　　を用いることにより、Li極の充放電特性の優秀なリチウム電池を
　　H06.07.06　　得る。
登 1924918　　〔構成〕リチウム塩を有機溶媒に溶解した電解液の有機溶媒として、
　　H07.04.25　　1,2-ジブトキシエタンと比誘電率が10以上の高誘電率溶媒との
H01M 10/40　A　混合溶媒を用いる。高誘電率の非プロトン性極性溶媒としては、た
H01M 10/40　　とえばプロピレンカーボネイト、γ-ブチロラクトン、ジメチルス
　　　　　　　　ルホキシド、スルホラン、N,N-ジメチルホルムアミド、N,N-
　　　　　　　　ジメチルアセトアミドなどの一種以上を用いる。1,2-ジブトキシ
　　　　　　　　エタンと高誘電率の非プロトン性極性溶媒の混合比は1:9～9:1で
　　　　　　　　あるのが好ましく、この混合比範囲から逸脱すると、充放電特性が
　　　　　　　　悪化する。
　　　　　　　　<リチウム　電池　電解液,非水　電解液,有機　溶媒,ジ　ブトキ
　　　　　　　　シ,エタン,比誘電率,特定値　以上,高誘電率,非プロトン性　溶媒,
　　　　　　　　混合　溶媒,リチウム極,充放電　特性,優秀,リチウム　電池,リチ
　　　　　　　　ウム塩,溶解,電解液,溶媒,非プロトン性　極性　溶媒,プロピレン
　　　　　　　　カーボネート,γ,ブチロ　ラクトン,ジ　メチル　スルホキシド,
　　　　　　　　スルホラン,N,ジ　メチル　ホルム　アミド,ジ　メチル　アセト
　　　　　　　　アミド,1種,混合比,範囲,逸脱,悪化>

[電解質塩]

1．技術テーマの構造

（ツリー図）

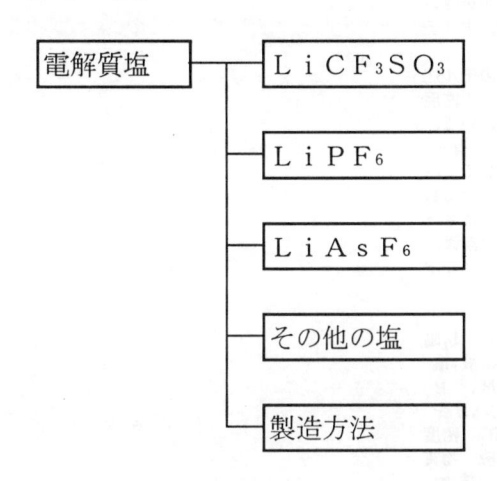

```
電解質塩 ─┬─ LiCF₃SO₃
         ├─ LiPF₆
         ├─ LiAsF₆
         ├─ その他の塩
         └─ 製造方法
```

　電解質塩に関する技術は、正極活物質、負極活物質および電解液等に関係したものが多い。リチウム一次電池の電解質塩が使用されている。$LiCF_3SO_3$、$LiPF_6$、$LiAsF_6$等である。これらの電解質塩について製造方法に関するものもある。また、これら以外の電解質塩もある。

2．各技術事項について

（1）$LiCF_3SO_3$

① 技術事項の特徴点

　　アニリン含有アモルファスFeOOHを正極活物質として用い、$LiCF_3SO_3$を溶解した溶液を電解液として使用するもの<1>*、非水電解液として少なくとも2種類の高沸点溶媒を含む混合溶媒に$LiCF_3SO_3$を溶解したもの<2>*、電解液に用いる溶質を$LiClO_4$に代えて$LiCF_3SO_3$を用いるもの<3>*、電解液の溶媒をプロピレンカーボネートとテトラヒドロフランとし、溶質を$LiCF_3SO_3$とするもの<4>がある。

参照文献（＊は抄録掲載）

<1>*特開平 5-258774　　　<2>*特開平 2-86074　　　<3>*特開昭 63-148565　　　<4>特開平 1-14880

参照文献（Japio抄録）

<1>

平05-258774
P出 04-88072　　　非水電解液二次電池
　　H04.03.11　　　工業技術院長
　開 05-258774　　〔目的〕（J）アニリン含有アモルフアスFeOOHを正極活物質
　　H05.10.08　　　に用い、トルフルオロメタンスルホン酸リチウムを用いた溶液を電
　告 07-19622　　　解液とすることにより、電池の安全性を高め、サイクル寿命を改善
　　H07.03.06　　　する。£正極合剤、導電剤、アセチレンブラツク、粘結剤、ポリテ
　登 1976360　　　トラフルオロエチレン
　　H07.10.17　　　〔構成〕オキシ塩化鉄（FeOCl）とアニリンとを4：1のモル比
H01M 4/58　　　　で混合し、水中25〜35°Cで撹拌合成する。また粉末としての密度
H01M 10/40　A　　が約2.3g／cm^{3}であり、CuKα線を用いたX線回析において、
H01M 10/40　Z　　2θ＝14°．27°及び44°にγ-FeOOHに類似のピークを有す
H01M 4/04　A　　る有機物質が残存した結晶化度の低い物質を用意する。そしてこれ
　　　　　　　　らの鉄化合物を含む正極活物質とリチウムホスト化合物からなる負
　　　　　　　　極活物質とを電池活物質として使用する。またエチレンカーボネー
　　　　　　　　トとエーテル系溶媒との混合比（体積比）の2：1〜1：2混合溶媒に
　　　　　　　　トルフルオロメタンスルホン酸リチウムを1.0〜1.5mol／dm^3
　　　　　　　　の濃度で溶解させた溶液を有機電解液として使用する。
　　　　　　　　＜ポリテトラフルオロエチレン＞
　　　　　　　　＜非水　電解液　2次　電池,アニリン,含有,非晶質,FeOOH,陽
　　　　　　　　極　活物質,トルフルオロ,メタン　スルホン酸,リチウム,溶液,電
　　　　　　　　解液,電池,安全性,サイクル　寿命,改善,陽極　合剤,導電剤,アセ
　　　　　　　　チレンブラツク,粘結剤,ポリ　テトラ　フルオロ　エチレン,オキ
　　　　　　　　シ　塩化　鉄,FeOCl,モル比,混合,水中,撹拌,合成,粉末,密度
　　　　　　　　,銅　Kα線,X線　回折,γ-FeOOH,類似,ピーク,有機　物質
　　　　　　　　,残存,結晶化度,物質,鉄化合物,ホスト　化合物,陰極　活物質,電
　　　　　　　　池　活物質,使用,エチレン　カーボネート,エーテル　溶媒,混合比
　　　　　　　　,体積比,混合　溶媒,濃度,溶解,有機　電解液＞

<2>

平02-086074
P出 63-235816　　　非水電解液二次電池
　　S63.09.20　　　三洋電機　（株）
　開 02-86074　　〔目的〕非水電解液として少なくとも2種類の高沸点溶媒を含む混
　　H02.03.27　　　合溶媒にLiCF$_3$SO$_3$を溶解したものを用いることにより,充放
　登 2735842　　　電サイクル特性の向上を図る。
　　H10.01.09　　　〔構成〕非水電解液として少なくとも2種類の高沸点溶媒を含む混
H01M 10/40　A　　合溶媒にLiCF$_3$SO$_3$を溶解したものを用いる。これにより強い
　　　　　　　　酸化雰囲気においてもCF$_3$SO$_3$$^-$の耐酸化性が大きいために電解
　　　　　　　　液の分解が抑制される。そして,少なくとも2種類の高沸点溶媒を含
　　　　　　　　む混合溶媒としては,少なくとも2種類の環状炭酸エステル,或いは
　　　　　　　　少なくとも1種類の環状炭酸エステルとγ-ブチロラクトンまたは
　　　　　　　　スルホランとの混合溶媒を用い,且つ炭酸エステルとしてはエチレ
　　　　　　　　ンカーボネート,プロピレンカーボネート及びブチレンカーボネー
　　　　　　　　トよりなる群から選ばれたものを用いる。これによりリチウムの反
　　　　　　　　応阻害が抑えられ,サイクル特性の向上を図ることができる。
　　　　　　　　＜非水　電解液　2次　電池,非水　電解液,2種類,高沸点　溶媒,混
　　　　　　　　合　溶媒,LiCF↓3SO↓3,溶解,充放電　サイクル　特性,向上
　　　　　　　　,酸化　雰囲気,CF↓3SO↓3,耐酸化性,大きさ,電解液,分解,抑
　　　　　　　　制,環状　炭酸　エステル,1種類,γ,ブチロ　ラクトン,スルホラン
　　　　　　　　,炭酸　エステル,エチレン　カーボネート,プロピレン　カーボネ
　　　　　　　　ート,ブチレン,カーボネート,群,リチウム,反応　阻害,サイクル
　　　　　　　　特性＞

<3>
昭63-148565　非水電解液電池
P出 61-294273　富士電気化学　（株）
　S61.12.10
開 63-148565　〔目的〕電解液に用いる溶質をLiClO₄に代えてLiCF₃SO₃を用いることにより、電池の放電性能低下を招くことなく取扱性及び安全性の向上を図る。
　S63.06.21
告 05-38426
　H05.06.08
登　1832394　〔構成〕リチウム、ナトリウムなどの軽金属を活物質とする負極5にセパレータ4を介して正極3を組合せてなる非水電解液電池において、ジメトキシエタン、テトラヒドロフラン、2メチルジオキソラン、4メチルジオキソラン、ジメチルジオキサン、ジオキサンより選ばれる少なくとも一種からなる有機溶媒にプロピレンカーボネートを混合した電解液溶媒に、溶質としてLiCF₃SO₃を溶解してなる非水電解液を用いる。LiCF₃SO₃は有機溶媒中で安定であり、また高温保存時における劣化が非常に小さく、また電解液はLiClO₄を用いた電解液とほぼ同程度の導電率となる。これにより電池放電性能の低下を招くことなく、非水電解液の安全性を高め、取扱性及び安全性の向上を図ることができる。
　H06.03.29
H01M 10/40　A

<非水　電解液，電池，電解液，溶質，LiClO↓4,LiCF↓3SO↓3,電池,放電　性能,低下,取扱性,安全性,向上,リチウム,ナトリウム,軽金属,活物質,陰極,分離器,陽極,ジ メトキシ エタン,テトラ ヒドロ フラン,メチル ジ オキソラン,4 メチル,ジ オキソラン,ジ メチル ジ オキサン,ジオキサン,1種,有機　溶媒,プロピレン　カーボネート,混合,電解液　溶媒,溶解,非水　電解液,安定,高温　保存,劣化,非常,同　程度,導電率,電池　放電,性能>

（２）LiPF₆

① 技術事項の特徴点

　非水電解液が特定の濃度範囲をもつ六フッ化リン酸リチウムを支持塩とし、これを溶解したジメチルカーボネートとスルホランとの混合溶液からなるもの<1>*、六フッ化リン酸リチウムLiPF₆を支持塩とする電解液において、このLiPF₆に含まれる残留フッ化水素の量を特定するもの<2>*、電解液に用いる溶質にLiPF₆およびLiClO₄を併用するもの<3>*がある。

参照文献（＊は抄録掲載）

<1>*特開平2-148663　　<2>*特開平2-144860　　<3>*特開昭63-148572

参照文献（Japio抄録）

<1>

平02-148663
P出 63-302885　非水電解液二次電池
　S63.11.30　松下電器産業　（株）
開 02-148663　〔目的〕非水電解液が特定の濃度範囲をもつ六フツ化リン酸リチウムを支持塩とし、これを溶解したジメチルカーボネートとスルホランとの混合溶媒からなることにより、貯蔵特性寿命特性の向上を図る。
　H02.06.07
登　2712428
　H09.10.31
H01M 10/40　A　〔構成〕耐食性ステンレス製のケース1、封口板2、ステンレス製ネットの集電体3、リチウム負極4、セパレータ5、正極6から構成する。そして六フツ化リン酸リチウムを支持塩とし、その濃度が0.75～1.5モル／lの範囲にあるジメチルカーボネートとスルホランとからなる混合溶媒で、その体積混合比が33：67～67：33の範囲内の溶媒に溶解した非水電解液を用いる。これにより高温貯蔵特性および寿命特性を向上することができる。

<非水　電解液　2次　電池,非水　電解液,濃度　範囲,6 フツ化,燐酸　リチウム,支持塩,溶解,ジ メチル　カーボネート,スルホラン,混合　溶媒,貯蔵　特性,寿命　特性,向上,耐食性,ステンレス,ケース,封口板,ステンレス　ネット,集電体,リチウム　陰極,分離器,陽極,構成,濃度,モル,範囲,体積　混合比,溶媒,高温　貯蔵,特性>

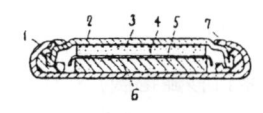

211

<2>

平02-144860
P出 63-299840　非水電解液二次電池
　　S63.11.28　松下電器産業　（株）
開 02-144860　〔目的〕六フツ化リン酸リチウムLiPF₆を支持塩とする電解液
　　H02.06.04　ではこのLiPF₆に含まれる残留フツ化水素の量を特定すること
登 2778065　により、高温貯蔵特性の向上を図る。
　　H10.05.08　〔構成〕支持塩であるLiPF₆を安定かつ高純度に製造する際に
H01M 10/40　A　用いられるフツ化水素（HF）の製品中の残留量を規制し、エチレンカーボネート（EC）と一緒に用いるとき、その量を500ppm以下にする。このようにLiPF₆中に残留するHFが、電池の中ではセパレータなどの部品や正極などに残存した水分によりフツ化水素酸となり、この酸が電解液中の有機溶媒を分解させるために高温貯蔵特性を低下させる。このことからLiPF₆中のHFの量を規制することで電解液の分解が抑制され、高温貯蔵特性にすぐれた非水電解液二次電池を得ることができる。
＜非水　電解液　2次　電池,6　フツ化,燐酸　リチウム,LiPF↓6,支持塩,電解液,残留,フツ化　水素,量,特定,高温　貯蔵,特性,向上,安定,高純度,製造,HF,製品,残留量,規制,エチレン　カーボネート,(EC),ppm,電池,分離器,陽極,残存,水分,フツ化　水素酸,酸,有機　溶媒,分解,低下,抑制＞

<3>

昭63-148572
P出 61-294280　非水電解液電池
　　S61.12.10　富士電気化学　（株）
開 63-148572　〔目的〕電解液に用いる溶質にLiPF₆及びLiClO₄を併用することにより、取扱性及び安全性の向上を図る。
　　S63.06.21
告 05-39077　〔構成〕リチウム、ナトリウムなどの軽金属を活物質とする負極5
　　H05.06.14　にセパレータ4を介して正極3を組合せてなる非水電解液電池において、2メチルテトラヒドロフラン、2メチルジオキソラン、4メチル
登 1832400　ジオキソラン、ジオキサンより選ばれる少なくとも一種からなる有
　　H06.03.29　機溶媒にプロピレンカーボネートを混合した電解液溶媒に、溶質と
H01M 10/40　A　してLiPF₆及びLiClO₄を溶解してなる非水電解液を用いる。LiPF₆は有機溶媒中でLiClO₄よりはるかに安定である。これにより非水電解液の安全性が高まり、取扱性及び安全性の向上を図ることができる。
＜非水　電解液　電池,電解液,溶質,LiPF↓6,LiClO↓4,併用,取扱性,安全性,向上,リチウム,ナトリウム,軽金属,活物質,陰極,分離器,陽極,メチル　テトラ　ヒドロ　フラン,メチル　ジ　オキソラン,4　メチル,ジ　オキソラン,ジオキサン,1種,有機　溶媒,プロピレン　カーボネート,混合,電解液　溶媒,溶解,非水　電解液,かに,安定,高まり＞

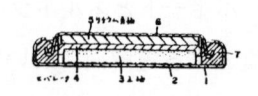

（3）LiAsF₆

① 技術事項の特徴点

　アニリン含有アモルファスFeOOHを正極活物質として用い、六フツ化ヒ素酸リチウム等を用いた溶液を電解液として使用するもの<1>*、溶媒としてポリエチレングリコールジアルキルエーテルを用い、溶質としてフッ素系ルイス酸リチウム塩（LiAsF₆）を用いるもの<2>*、誘電率が特定の高誘電率有機溶媒と、引火点が特定の低粘度有機溶媒との混合溶媒にLiAsF₆を電解質として溶解したもの<3>*がある。

参照文献（＊は抄録掲載）

<1>*特開平 5-258772　　　<2>*特開平 1-319269　　　<3>*特開平 1-14880

参照文献（Japio抄録）

<1>

平05-258772
P出 04- 88074　　非水電解液二次電池
　　H04.03.11　　工業技術院長
開 05-258772　　〔目的〕（J）アニリン含有アモルフアスFeOOHを正極活物質
　　H05.10.08　　として用い、6フツ化ヒ素酸リチウム等を用いた溶液を電解液とし
告 07- 19621　　て使用することにより、電池の安全性を高め、サイクル寿命を改善
　　H07.03.06　　する。£導電剤、アセチレンブラック、粘結剤、ポリテトラフルオ
登 1976361　　ロエチレン
　　H07.10.17　　〔構成〕オキシ塩化鉄（FeOCl）とアニリンとを4：1のモル比
H01M 4/58　　で混合し、水中25〜35°Cで撹拌合成する。また粉末としての密度
H01M 10/40　A　が約2.3g／cm^{3}であり、CuKα線を用いたX線回析において、
H01M 4/04　A　2θ＝14°，27°及び44°にγ-FeOOHに類似のピークを有する
H01M 10/40　Z　有機物質が残存した結晶化度の低い物質を用意する。そしてこれ等
　　　　　　　　の鉄化合物を含む正極活物質とリチウムホスト化合物からなる負極
　　　　　　　　活物質とを電池活物質として使用する。またエチレンカーボネート
　　　　　　　　とエーテル系溶媒との混合比（体積比）の2：1〜1：2混合溶媒に6
　　　　　　　　フツ化ヒ素リチウム等を1.0〜1.5mol／dm^{3}の濃度で溶解させ
　　　　　　　　た溶液を有機電解液として用いる。これにより電池の安全性等を改
　　　　　　　　善できる。
　　　　　　　　＜ポリテトラフルオロエチレン＞
　　　　　　　　＜非水　電解液　2次　電池,アニリン,含有,非晶質,FeOOH,陽
　　　　　　　　極　活物質,6　フツ化,ヒ素酸,リチウム,溶液,電解液,使用,電池,
　　　　　　　　安全性,サイクル　寿命,改善,導電剤,アセチレンブラック,粘結剤,
　　　　　　　　ポリ　テトラ　フルオロ　エチレン,オキシ　塩化　鉄,FeOCl
　　　　　　　　,モル比,混合,水中,撹拌,合成,粉末,密度,銅　Kα線,X線　回折,
　　　　　　　　γ-FeOOH,類似,ピーク,有機　物質,残存,結晶化度,物質,鉄
　　　　　　　　化合物,ホスト　化合物,陰極　活物質,電池　活物質,エチレン　カ
　　　　　　　　ーボネート,エーテル　溶媒,混合比,体積比,混合　溶媒,砒素,濃度

<2>

平01-319269
P出 63-151743　　非水電解液二次電池
　　S63.06.20　　三洋電機　（株）
開 01-319269　　〔目的〕溶媒としてポリエチレングリコールジアルキルエーテルを
　　H01.12.25　　用い、溶質としてフツ素系ルイス酸リチウム塩を用いることにより
登 2647909　　、サイクル特性の向上を図る。
　　H09.05.09　　〔構成〕溶媒としてポリエチレングリコールジアルキルエーテルを
H01M 10/40　A　用い、溶質としてフツ素系ルイス酸リチウム塩を用いる。ポリエチ
　　　　　　　　レングリコールジアルキルエーテルは耐還元性に優れると共に、溶
　　　　　　　　質としてフツ素系ルイス酸リチウム塩を溶解させることにより、電
　　　　　　　　子供与性の高いフツ素系ルイス酸イオンが生成し、これがポリエチ
　　　　　　　　レングリコールジアルキルエーテルに作用しリチウムに対する安定
　　　　　　　　性を更に高める。これにより負極のサイクル特性が改善され、電池
　　　　　　　　の充放電サイクル特性が向上する。
　　　　　　　　＜ポリエチレングリコール＞
　　　　　　　　＜非水　電解液　2次　電池,溶媒,ポリ　エチレン　グリコール
　　　　　　　　ジ　アルキル　エーテル,溶質,フツ素,ルイス酸　リチウム塩,サイ
　　　　　　　　クル　特性,向上,耐還元性,溶解,電子　供与性,ルイス酸,イオン,
　　　　　　　　生成,作用,リチウム,安定性,陰極,改善,電池,充放電　サイクル
　　　　　　　　特性＞

<3>

平01-014880
P出 62-170347　　非水電解液電池
　　S62.07.08　　富士電気化学　（株）
開 01- 14880　　〔目的〕リチウム,ナトリウム等の非水電解液電池において,誘電率
　　H01.01.19　　が特定の高誘電率有機溶媒と,引火点が特定の低粘度有機溶媒との
告 06- 65075　　混合溶媒を用いることにより,実用性能を維持しつつ電池安全性,取
　　H06.08.22　　扱容易性向上を図る。
登 1939925　　〔構成〕温度20℃における誘電率が30以上の高誘電率有機溶媒と引
　　H07.06.09　　火点が30℃以上の低粘度有機溶媒との混合溶媒にLiCF$_3$SO$_3$,
H01M 10/40　A　LiPF$_6$,LiAsF$_6$,LiClO$_4$の内の1種の電解質と溶解させ
　　　　　　　　た電解質液を用いて電池を形成する。すると,導電率を適正に保持
　　　　　　　　しつつ爆発性,発火性が著しく低減し,実用性能を維持しつつ安全性
　　　　　　　　,取扱容易性の高められた非水電解液電池となる。
　　　　　　　　＜非水　電解液　電池,リチウム,ナトリウム,誘電率,高誘電率,有
　　　　　　　　機　溶媒,引火点,低粘度,混合　溶媒,実用性,維持,電池,安全性,
　　　　　　　　取扱　容易,性向,温度,LiCF↓3SO↓3,LiPF↓6,LiAsF
　　　　　　　　↓6,LiClO↓4,1種,電解質,溶解,電解液,形成,導電率,適正,保
　　　　　　　　持,爆発性,発火性,低減,性＞

(4) その他の塩
① 技術事項の特徴点

スルホランとエチレンカーボネイトとを含有する混合有機溶媒に、特定組成のテトラアルキルアンモニウム塩を溶解した溶液を電解液とするもの<1>*、特定の有機金属的アルカリ金属塩(例えば、$LiB(CH_3)_4$)を特定の有機溶媒に溶解したもの<2>*、非水電解液に鉄塩あるいはガリウム塩を添加させたもの<3>*がある。

参照文献(*は抄録掲載)

<1>*特開平2-177273　　<2>*特開昭53-75435　　<3>*特開平3-289065

参照文献(Japio抄録)

<1>

平02-177273
P出 63-333779　　有機電解質電池
S63.12.28　　鐘紡 (株)
開 02-177273
　　H02.07.10　　〔目的〕スルホランとエチレンカーボネイトとを含有する混合有機
登 2681888　　溶媒に,特定組成のテトラアルキルアンモニウム塩を溶解した溶液
　　H09.08.08　　を電解液とすることにより,パッケージをコンパクト化し,高容量で
H01M 10/40 Z　　,内部抵抗が小さく,かつ長寿命とする。
H01M 10/40 A　　〔構成〕スルホンとエチレンカーボネイトを含有する混合有機溶媒
　　　　　　　　に,式Ⅰで示されるテトラアルキルアンモニウム塩を溶解した溶液
　　　　　　　　を電解液とする。電解液は,スルホランとエチレンカーボネイトと
　　　　　　　　を含有する混合溶媒にテトラアルキルアンモニウム塩を少なくとも
　　　　　　　　0.7mol/l以上濃度で調整する。スルホランとエチレンカーボ
　　　　　　　　ネイトの混合溶媒の混合比は重量比でスルホラン:エチレンカーボ
　　　　　　　　ネイト=5:15~18:2とする。
<有機 電解質 電池,スルホラン,エチレン カーボネート,含有,
混合 有機 溶媒,特定 組成,テトラ アルキル アンモニウム塩
,溶解,溶液,電解液,パッケージ,小型化,高容量,内部 抵抗,長寿命
,スルホン,式,□1,混合 溶媒,濃度,調整,混合比,重量比>

<2>

昭53-075435
P出 52-126341　　アルカリ金属塩および有機溶剤を有するアルカリ金属陰極含有電池
S52.10.20　　エクソン リサーチ アンド ENG CO
開 53-75435
S53.07.04　　〔目的〕特定の有機金属的アルカリ金属塩を,特定の有機溶剤に溶
告 58-56232　　解したものを電解質として使用することにより,高エネルギー密度
S58.12.14　　二次電池電解質の低抵抗化と,サイクル寿命の延長を図る。
登 1221388　　〔構成〕式ZMR$_n$で表わされる有機金属的アルカリ金属塩を,置換
S59.07.26　　または未置換のエーテル,スルホン等の有機溶剤に溶解している。
　　　　　　　　上記式中Zはアルカリ金属,MはZn,Cd,B,Al,Ga,Sn(第
H01M 6/16 A　　1スズ),In,Tl,P,Asのいずれか,Rは炭素数1~8のアルキル
H01M 10/40 A　　基,炭素数6~18のアリール基等,nはMの原子価に1を加えた数とす
　　　　　　　　る。例えばLiB(CH$_3$)$_4$をジオキソランに溶解した1~3モル/
　　　　　　　　lの溶液は,陰極にリチウム,陽極に二硫化チタン等の遷移金属カル
　　　　　　　　コゲン化物を使用する高エネルギー密度二次電池の有機電解質と
　　　　　　　　して好適である。
<アルカリ 金属,可逆,電池,電解質 組成物,有機 金属,的,アル
カリ 金属塩,有機 溶剤,溶解,電解質,使用,高エネルギー密度 2
次 電池,低抵抗化,サイクル 寿命,延長,式,MR,置換,エーテル,
スルホン,亜鉛,カドミウム,B,アルミニウム,ガリウム,錫,第1,ス
ズ,インジウム,タリウム,P,砒素,炭素数,アルキル,アリール,原子
価,数,LiB(CH↓3)↓4,ジ オキソラン,モル,溶液,陰極,リ
チウム,陽極,2 硫化 チタン,遷移 金属 カルコゲン化物,有機
電解質,好適>

214

<3>

```
平03-289065
P出 02- 89745        リチウム二次電池用非水電解液
   H02.04.04        古河電池　（株）
開 03-289065        〔目的〕非水電解液に鉄塩あるいはガリウム塩を添加させることに
   H03.12.19        より、充放電サイクル特性を向上させ、長寿命のリチウム二次電池
登 2945944         を実現する。
   H11.07.02        〔構成〕非水電解液中に鉄塩あるいはガリウム塩のうち少なくとも
H01M 10/40    A    1種の金属塩を100ｐｐｍ以下の濃度で添加させる。これにより添加
                   金属が析出することにより活性度が異常に高い部分をなくすことが
                   可能となり、負極表面全体で均一な電析が進行し、リチウムと添加
                   金属との極めて薄い合金相が形成されリチウムと非水電解液との反
                   応を抑制でき、非水電解液及び負極の劣化を防止し充放電サイクル
                   特性を向上させて電池を長寿命にする。
                   ＜リチウム,2次,電池,非水,電解液,非水,電解液,鉄塩,ガリウ
                   ム塩,添加,充放電　サイクル　特性,向上,長寿命,リチウム,2次
                   電池,実現,1種,金属塩,ｐｐｍ,濃度,添加　金属,析出,活性度,異常
                   ,高さ,部分,陰極　表面,全体,均一,電析,進行,リチウム,薄い,合金
                   相,形成,反応,抑制,陰極,劣化,防止,電池＞
```

（５）製造方法

① 技術事項の特徴点

特定の非水溶媒を用いてＬｉＦとＢＦ₃を反応させることにより無水ホウフッ化リチウムを製造するもの<1>*、無水アンモニア等の飽和反応帯内で低沸点溶媒中で、ナトリウム塩等とリチウム塩とを塩基性条件下で反応させることにより、リチウムヘキサフルオロホスフェート溶液を生成させるもの<2>*、六フッ化リン酸リチウムを五フッ化リンを含むガスと接触させることにより不純物濃度が低い六フッ化リン酸リチウムを得るもの<3>*がある。その他、六フッ化リン酸リチウム製造方法の提案<4>がある。

参照文献（＊は抄録掲載）

<1>*特開昭56-145113　　<2>*特表平9-506329　　<3>*特開平6-298507　　<4>特開平2-276163

参照文献（Japio抄録）

<1>

```
昭56-145113
P出 55- 46409       無水ホウフツ化リチウムの合成方法
   S55.04.09        森田化学工業　（株）
開 56-145113        〔目的〕特定の非水溶媒を用いてＬｉＦとＢＦ₃を反応させること
   S56.11.11        により、Ｌｉ電池の電解液溶質として優れた特性を有する無水ホウ
告 59- 53216        弗化リチウムを製造する。
   S59.12.24        〔構成〕ＬｉＢＦ₄の溶解度が大きく、ＢＦ₄とコンプレツクスを作
H01M  4/58         る酢酸メチル,酢酸エチル,ジメトキシエタン等の非水溶媒中でＢＦ
H01M  6/16    A    ₃とＬｉＦを反応させて一旦溶液とし,不溶物を濾別した後,更に
C01B 35/06         ＢＦ₃を吸収させて,溶媒の1部または全部をＢＦ₃コンプレツクスと
                   してＬｉＢＦ₄の溶解度を減少させる。或は溶媒を濃縮して無水の
                   ＬｉＢＦ₄結晶を析出させる。極めて不純物が少なくＬｉ電池の非
                   水性電解液の溶質としての優れたＬｉＢＦ₄を製造できる。
                   ＜無水,硼弗化　リチウム,合成　方法,非水　溶媒,ＬｉＦ,ＢＦ↓3
                   ,反応,リチウム　電池,電解液　溶質,特性,製造,ＬｉＢＦ↓4,溶解
                   度,大きさ,ＢＦ↓4,コンプレツクス,酢酸　メチル,酢酸　エチル,
                   ジ　メトキシ　エタン,溶液,不溶物,濾別,吸収,溶媒,一部,全部,Ｂ
                   Ｆ↓3　コンプレツクス,減少,濃縮,結晶,析出,不純物,非水性　電
                   解液,溶質＞
```

<2>

平09-506329
P出 07-517401　　リチウムヘキサフルオロホスフエートの製造法
　 H06.09.02　　エフ エム シー CORP
表 09-506329　　〔目的〕無水アンモニア等の飽和反応帯内で低沸点非プロトン性有
　 H09.06.24　　機溶媒中で,ナトリウム塩等とリチウム塩とを塩基性条件下で反応
登　2832644　　させることにより,バッテリー品質のリチウムヘキサフルオロホス
　 H10.10.02　　フエート溶液を生成させる。
　　　　　　　　〔構成〕無水のアンモニウム,メチルアミンまたはエチルアミンか
　　　　　　　ら選んだ化合物で連続的に飽和させた反応帯内において,低沸点性
　　　　　　　有機溶媒中でナトリウム,カリウム,アンモニウム等から選んだ塩と
　　　　　　　リチウム塩とを塩基性条件下で反応させる。なお有機溶媒としては
　　　　　　　アセトニトリル,ジメチルカーボネート等を用いる。これによりリ
　　　　　　　チウムヘキサフルオロホスフエートと反応物リチウム塩(塩化リチ
　　　　　　　ウム等)の陰イオンを含む沈澱したナトリウム,カリウム,アンモニ
　　　　　　　ウム等の塩の溶液を生成し,高エネルギーバッテリーに好適な高純
　　　　　　　度のリチウムヘキサフルオロホスフエート溶液を製造することがで
　　　　　　　きる。
　　　　　　　＜リチウム　ヘキサ　フルオロ　燐酸塩,製造,無水　アンモニア,
　　　　　　　飽和,反応帯,低沸点,非プロトン性　有機　溶媒,ナトリウム塩,リ
　　　　　　　チウム塩,アルカリ性　条件,反応,電池,品質,溶液,生成,無水,アン
　　　　　　　モニウム,メチル　アミン,エチル　アミン,化合物,連続的,性,有機
　　　　　　　　溶媒,ナトリウム,カリウム,塩,アセト　ニトリル,ジ　メチル
　　　　　　　カーボネート,反応物,塩化　リチウム,陰イオン,沈殿,高エネルギ
　　　　　　　ー　電池,高純度＞

<3>

平06-298507
P出 05- 87187　　六フツ化リン酸リチウムの精製方法
　 H05.04.14　　セントラル硝子　(株)
開 06-298507　　〔目的〕（J）六フツ化リン酸リチウムを五フツ化リンを含むガス
　 H06.10.25　　と接触させることにより、フツ化リチウムやオキシフツ化リン等の
登 2882723　　不純物濃度が従来品よりも低い、高純度な六フツ化リン酸リチウム
　 H11.02.05　　を比較的容易に得る。£リチウム2次電池用電解質、有機合成反応
C01B 25/455　　用触媒
H01M 6/16　　A　〔構成〕六フツ化リン酸リチウムを五フツ化リンを含むガスと接触
H01M 10/40　　A　させる。この精製は、0.1～100％、好ましくは10～100％の五フツ
　　　　　　　化リンガスを六フツ化リン酸リチウムと接触させることにより行わ
　　　　　　　れる。六フツ化リン酸リチウムの熱による解離を防ぐため温度は30
　　　　　　　0°C以下が好ましい。五フツ化リンと混合するガスは、六フツ化
　　　　　　　リン酸リチウムと反応しないものであればよいが、このガスにフツ
　　　　　　　化水素を用いると、100％五フツ化リンガスを使用するよりも効果
　　　　　　　が大きい。この方法で精製された六フツ化リン酸リチウムは、非常
　　　　　　　に高純度であり、フツ化リチウムやオキシフツ化リン等の不純物濃
　　　　　　　度は0～200ｐｐｍである。
　　　　　　　＜6　フツ化,燐酸　リチウム,精製　方法,5　フツ化,リン,ガス,接
　　　　　　　触,フツ化　リチウム,オキシ　フツ化　リン,不純物　濃度,従来品
　　　　　　　,高純度,リチウム,2次　電池,電解質,有機　合成　反応,触媒,精製
　　　　　　　,リン　ガス,熱,解離,温度,混合,反応,フツ化　水素,使用,効果,大
　　　　　　　きさ,方法,非常,ｐｐｍ＞

[その他の要素材料／要素構造・製造方法]

1．技術テーマの構造

（ツリー図）

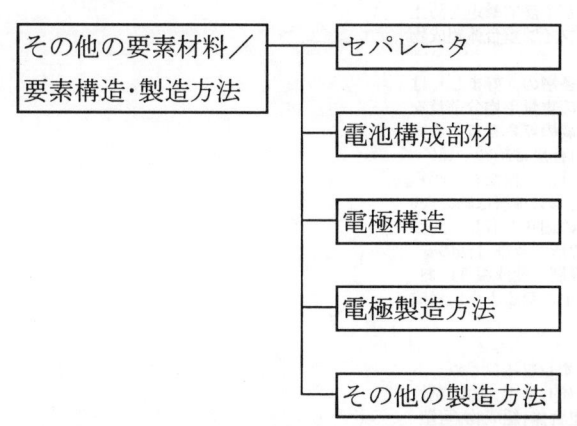

```
その他の要素材料／ ─┬─ セパレータ
要素構造・製造方法  │
                    ├─ 電池構成部材
                    │
                    ├─ 電極構造
                    │
                    ├─ 電極製造方法
                    │
                    └─ その他の製造方法
```

　要素材料について、セパレータの技術は、材質、処理等に関するもの、電池構成部材は、材質、形状等の改良に関するもの、電極構造は、巻回体、正極と負極との構造等に関するもの、電極製造方法は、巻回体の製造方法に関するもの、その他の製造方法は、電解液の注液方法、リードの溶接方法、合剤ペースト塗布方法等に関するものである。

2．各技術事項について

（1）セパレータ

① 技術事項の特徴点

　　所定の物性を有し、かつ所定の厚さと細孔を持つ2種類のポリオレフィン製シートを積層してセパレータとして用いるもの<1>*、合成樹脂製の微細孔膜にプラズマまたはスパッタエッチングで表面処理を施した膜をセパレータとして用いるもの<2>*、ガラス繊維とポリオレフィン系繊維ステイプルの混抄不織布をセパレータとして用いるもの<3>*がある。その他、セパレータの改良に関するもの<4>、<5>、<6>等がある。

参照文献（＊は抄録掲載）

<1>*特開平 8-287897	<2>*特開平 2-192655	<3>*特開平 2-181364	<4>特開昭 63-126177
<5>特開平 8-45546	<6>特開平 2-281574		

参照文献（Japio抄録）

<1>

平08-287897
P出 08- 97462　　電池
　　H08.03.27　　ヘキスト セラニーズ CORP
開 08-287897
　　H08.11.01　　〔目的〕（J）所定の物性を有し、かつ所定の厚さと細孔をもつ2
登 2714605　　　種類のポリオレフィン製シートを積層してセパレータに用い、高温
　　H09.11.07　　の場合に高い電解抵抗を不可逆的に得るようにして熱的暴走を防止
　　　　　　　　する。£粘性、ポリエチレン、非充填ポリオレフィン重合体組成物
H01M 2/16　L　、可塑剤、不活性粒状充填剤
H01M 2/16　P　〔構成〕リチウム電池等のセパレータに有用な多層の、好ましくは
H01M 6/16　Z　2層の積層シートの2種の層は、共に100000以上の重量平均分子量を
H01M 10/40 Z　有し、かつ所定の長さと幅の寸法及び10ミル未満の厚さを有する微
　　　　　　　　細孔性のポリオレフィン膜からなる。また、第1種層は約80～150°
　　　　　　　　Cの範囲内の所定の温度で、所定の長さと幅の寸法が保たれながら
　　　　　　　　無孔生膜状シートに変成可能な組成物とされる。第2種層は約0.00
　　　　　　　　5～5μmの平均孔径と約25体積％以上の細孔率の細孔を有し、かつ
　　　　　　　　第1種層の変成温度より約10°C以上高い温度で形状及び寸法の安
　　　　　　　　定なシートとされる。更に、積層シートは第1種層の変成温度にお
　　　　　　　　ける電解抵抗率の増加が約1500オーム・cm以上となるように構成
　　　　　　　　される。
　　　　　　　　<ポリオレフイン,ポリエチレン>
　　　　　　　　<電池,分離器,物性,厚さ,細孔,2種類,ポリ オレフイン シート
　　　　　　　　,積層,分離器,高温,高さ,電解 抵抗,非可逆,熱的,暴走,防止,粘性
　　　　　　　　,ポリ エチレン,非充填,ポリ オレフイン 重合体,組成物,可塑
　　　　　　　　剤,不活性 粒状,充填剤,リチウム 電池,有用,多層,2層,積層 シ
　　　　　　　　ート,2種,層,重量 平均 分子量,長さ,幅,寸法,ミル,未満,微細孔
　　　　　　　　性,ポリ オレフイン膜,第1種,範囲,温度,無孔,生膜,シート,変成,
　　　　　　　　可能,第2種,平均 孔径,細孔率,形状,安定,率,増加,オーム,構成>

<2>

平02-192655
P出 01- 9865　　二次電池
　　H01.01.20　　三菱瓦斯化学 （株）,湯浅電池 （株）
開 02-192655
　　H02.07.30　　〔目的〕合成樹脂製の微細孔膜にプラズマまたはスパッタエッチン
登 2665479　　　グで表面処理を施した膜をセパレーターとして使用することにより
　　H09.06.27　　、体積効率が高く強負荷充放電特性に優れ、しかも製造を容易にす
　　　　　　　　る。
H01M 2/16　P　〔構成〕負極を炭素繊維または炭素粉末を使用した成型体に予めリ
H01M 10/40 Z　チウムを吸蔵させた複合体とする。そして二次電池に使用されるセ
　　　　　　　　パレーターはプラズマまたはスパッタエッチングにより表面処理さ
　　　　　　　　れた合成樹脂製微細孔膜で多数の微細孔を有する薄膜状組織の集積
　　　　　　　　構造体である。また微細孔膜において、処理前には1つの孔が多く
　　　　　　　　の膜状の仕切りによって複数の小さな微細孔に分割されているが、
　　　　　　　　処理後にはこの仕切りの一部乃至は全部が消失させられる。これに
　　　　　　　　より体積効率が高く、強負荷放電特性に優れ、製造も容易になる。
　　　　　　　　<2次 電池,合成 樹脂,微細孔膜,プラズマ,スパッタ エッチン
　　　　　　　　グ,表面 処理,膜,分離器,使用,体積 効率,強負荷,充放電 特性,
　　　　　　　　製造,陰極,炭素 繊維,炭素 粉末,成形体,リチウム,吸蔵,複合体,
　　　　　　　　多数,微細孔,薄膜,組織,集積 構造,体,処理,1つ,孔,膜状,仕切,複
　　　　　　　　数,分割,一部,全部,消失,強負荷 放電 特性>

<3>

平02-181364
P出 63-334690　　有機電解質電池
　　S63.12.29　　鐘紡　（株）
開 02-181364　　〔目的〕ガラス繊維とポリオレフイン系繊維ステイブルの混抄不織
　　H02.07.16　　布をセパレーターとして用いることにより、濡れ性及び機械的強度
登　2749605　　の向上を図る。
　　H10.02.20　　〔構成〕ポリオレフイン系繊維ステイブルとガラス繊維との混合体
H01M　2/16　F　からなる不織布をセパレーター3とする。ここでポリオレフイン系繊
H01M　2/16　P　維としては、電解液及び電池内で生ずる電池反応に対して安定なポ
H01M 10/40　Z　リエチレン、ポリプロピレン、ポリブテン、ポリスチレン、ポリペ
　　　　　　　　ンテン等ポリオレフイン系繊維のいずれでも使用できるが、好まし
　　　　　　　　くはポリプロピレン、ポリエチレンが用いられる。これによりガラ
　　　　　　　　ス不織布が持つ濡れ性とポリオレフイン系繊維ステイブルの不織布
　　　　　　　　の持つ機械的強度とを同時に持たせることができる。
　　　　　　　　＜ポリオレフイン,ポリエチレン,ポリプロピレン,ポリブテン,ポリ
　　　　　　　　スチレン＞
　　　　　　　　＜有機　電解質　電池,ガラス　繊維,ポリ　オレフイン　繊維,ス
　　　　　　　　テーブル,混抄,不織布,分離器,濡れ性,機械的　強度,向上,混合体,
　　　　　　　　電解液,電池,電池　反応,安定,ポリ　エチレン,ポリ　プロピレン,
　　　　　　　　ポリ　ブテン,ポリ　スチレン,ポリ　ペンテン,使用,ガラス　不織
　　　　　　　　布,同時＞

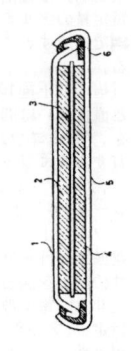

（2）電池構成部材

① 技術事項の特徴点

　　正極活物質と直接あるいは間接的に接する正極構成部材を、特定量のアルミニウムと珪素を含有さ
　せたフェライト系ステンレス鋼で形成するもの<1>*、電池構成部品の一部あるいは全部に磁界を発
　生するものを用いたもの<2>*、帯状の電極群を螺旋状に巻回した発電要素を用いた電池に関し、ス
　ペーサとして発電要素側に多数の可撓性突起を有するものを用いるもの<3>*、絶縁リングに関する
　もの<4>、電池用導体箔<5>、電池外装用複合フイルム<6>、電池の中心部に配置されるセンターピン
　<7>等がある。

参照文献（＊は抄録掲載）

<1>*特開昭 62-246263　　<2>*実開平 4-46364　　<3>*実開平 1-150372　　<4>特開平 3-134955
<5>実出平 10-8068　　　<6>実出平 10-8904　　　<7>特開平 9-270251

参照文献（Japio抄録）

<1>

昭62-246263
P出 61- 88906　　非水電解液電池
　　S61.04.17　　三洋電機　（株）
開 62-246263　　〔目的〕正極活物質と直接或いは間接的に接する正極構成部材を，
　　S62.10.27　　特定量のアルミニウムと珪素を含有させたフエライト系ステンレス
告 06- 24118　　鋼で形成することにより，耐蝕性を向上して高温保存特性を良くす
　　H06.03.30　　る。
登　1897158　　〔構成〕正極4の金属の酸化物，硫化物，ハロゲン化物などの活物質
　　H07.01.23　　と直接或いは間接的に接する構成部材である正極缶5や正極集電体6
H01M 4/02　　　　を，アルミニウムを0.5～10.0重量%，珪素を1.2～5.0重量%含
H01M 4/06　　　　有するフエライト系ステンレス鋼を用いて形成する。そしてリチウ
H01M 4/64　　　　ム，ナトリウムなどの軽金属を活物質とする負極1，非水電解液，セパ
H01M 4/66　　　　レータ7等と組合せ，非水電解液電池を構成する。したがってアルミ
H01M 4/02　C　　ニウムによって電位的に電解現象を抑制し，また珪素によって粒界
H01M 4/06　K　　腐蝕感受性を低下させて耐蝕性を向上し，高温保存特性，サイクル特
H01M 4/64　B　　性の向上を図ることができる。
H01M 4/66　A　　＜非水　電解液　電池，陽極　活物質，直接，間接，陽極，構成　部材，
H01M 10/40　Z　　特定量，アルミニウム，珪素，含有，フエライト　ステンレス鋼，形成，
　　　　　　　　耐食性，向上，高温　保存　特性，金属，酸化物，ハロゲン化物
　　　　　　　　,活物質,陽極缶,陽極　集電体,重量%　含有,リチウム,ナトリウム
　　　　　　　　,軽金属,陰極,非水　電解液,分離器,組合せ,構成,電位,電解　現象
　　　　　　　　,抑制,粒界　腐食　感受性,低下,サイクル　特性＞

<2>

平04-046364
U出 02- 88288　　二次電池
　　H02.08.22　　三洋電機　（株）
開 04- 46364　　〔要約〕電池構成部品の一部あるいは全部に磁界を発生するものを
　　H04.04.20　　用いたので，磁界を発生するもの同士，或いは磁界を発生するもの
告 08- 1558　　と磁界に反応する磁性体の間で引力が発生し，電極群や電極群と集
　　H08.01.17　　電体の間等に圧力が加わり，密着性が向上し，充放電特性，サイク
登　2142757　　ル特性を向上できる。£乾電池,リチウム電池
　　H08.11.13　　＜2次　電池,電池　構成,部品,一部,全部,磁界,発生,同士,反応,磁
H01M 10/40　Z　　性体,引力,電極,集電体,圧力,密着性,向上,充放電　特性,サイクル
H01M 10/38　　　　特性,乾電池,リチウム　電池＞

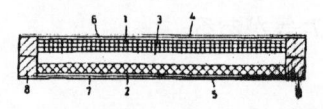

<3>

平01-150372
U出 63- 47671　　電池
　　S63.04.08　　富士電気化学　（株）
開 01-150372　　〔要約〕帯状の電極群を渦巻状に巻回した発電要素を用いた電池に
　　H01.10.18　　関し，スペーサとして発電要素側に多数の可撓性突起を有するもの
告 05- 35574　　を用いるので，発電要素上部における電極群の長さにバラツキがあ
　　H05.09.09　　っても，可撓性突起がこれを吸収し，発電要素の上下動を常に有効
登　2022987　　に抑止でき，内部短絡が確実に防止されて安全性が向上する。£ス
　　H06.06.21　　パイラル形リチウム電池,円筒形ニッケル－カドミウム蓄電池
H01M 2/34　B　　＜電池,帯状,電極,渦巻状,巻回,発電　要素,スペーサ,多数,可撓性
H01M 6/16　D　　突起,上部,長さ,ばらつき,吸収,上下動,有効,抑止,内部　短絡
H01M 10/04　W　　確実,防止,安全性,向上,螺旋状,リチウム　電池,円筒状,ニッケル,
　　　　　　　　カドミウム　蓄電池＞

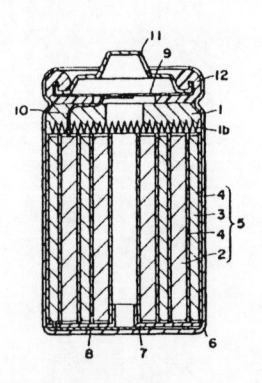

220

（3）電極構造
① 技術事項の特徴点

非水電解液二次電池において、巻回体の外径D、内径をdとしたときに、内径と外径の比d／Dを0.1＜d／D＜0.5としたもの<1>*、正極板のプラスチックフィルム上に金属被膜と正極活物質とを積層し、かつ、その金属被膜の一部にヒューズ部を有することにより内部短絡を防止するもの<2>*、負極として、所定の炭素体を活物質とする二次電池において正極の充放電容量を負極の容量より大きくしたもの<3>*がある。螺旋状に巻回される二つの電極構造体を有し、電極構造体は所定の複数の多孔性の絶縁シートにより分割されているもの<4>、負極缶と負極との間にアルカリ金属を有する導電性材料よりなる薄層を介在させたもの<5>、正極および負極活物質層の膜厚和に所定の条件を決めたもの<6>、負極の面積を正極の面積より大とし、かつ負極の一部が正極に対向しないように配置したもの<7>等がある。

参照文献（*は抄録掲載）

<1>*実開平2-79566   <2>*特開平4-147574   <3>*特開昭63-13282   <4>特開昭61-230274
<5>特開昭62-285371   <6>特開平2-56871   <7>特開平1-128370

参照文献（Japio抄録）

<1>

平02-079566
U出 63-158455   非水電解液二次電池
  S63.12.07   ソニー　（株）
開 02- 79566   〔要約〕負極板と正極板とがセパレータを介して渦巻き状に積層巻
  H02.06.19   回された巻回体と電解液とが電池缶内に収納されてなる非水電解液
登 2503541   二次電池において、巻回体の外径をD、内径をdとしたときに、内
  H08.04.25   径と外径の比d／Dを0.1＜d／D＜0.5としたので、電池反応に
H01M 10/04   W   必要十分な量の活物質や電解液を注入できる。
H01M 10/40   Z   ＜非水　電解液　2次　電池,陰極板,陽極板,分離器,渦巻,積層　巻
H01M 10/38   回,巻回体,電解液,電池缶,収納,外径,内径,比,電池　反応,必要
                   十分,量,活物質,注入＞

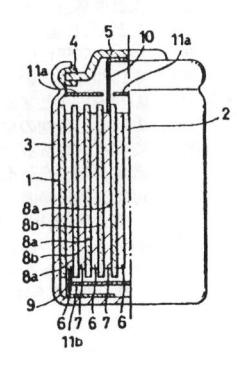

<2>

平04-147574
P出 02-272672　　角型リチウム二次電池
　　H02.10.09　　東洋高砂乾電池 (株)，三菱電機 (株)
開 04-147574　　〔目的〕正極板のプラスチツクフイルム上に金属被膜と正極活物質
　　H04.05.21　　とを積層し、かつ、その金属被膜の一部にヒユーズ部を有すること
登 2941927　　により、内部短絡による電池の発火、破裂を未然に防止し、電池の
　　H11.06.18　　損傷を最小限に抑える。
H01M 2/34　A　〔構成〕正極板3は、欠落部3fを有するプラスチツクフイルム3a
H01M 10/40　Z　の基板上に金属被膜3bを蒸着形成した後、その金属被膜3bの一部
H01M 4/02　C　をパターニングして除去し、集電部3cとヒユーズ部3dを形成し、
　　　　　　　　さらに金属被膜3b上に再充電可能な正極活物質3eを塗布して作製
する。放電時は負荷板4からセパレータ5に含浸された電解液中にリ
チウムがイオンとなって溶け出し、正極板3の正極活物質3eと結合
し、充電時は正極活物質3eとリチウムとが解離してリチウムイオ
ンとして電解液中に放出され、負極板4上にリチウムが析出して充
放電をくり返す。この時、負極板4上に析出するリチウムはデンド
ライト(樹木状)となり、セパレータ5をつき破り、正極板3と負極
板4との内部短絡が発生しても、短絡電流による過大電流によって
正極板3に設けられたヒユーズ部3dが溶断され、それ以降の他の正
・負極板からの電流の流れ込みを防止する。
＜角形,リチウム 2次 電池,陽極板,プラスチツク フイルム,金
属 被膜,陽極 活物質,積層,一部,ヒユーズ,内部 短絡,電池,発
火,破裂,未然,防止,損傷,最小限,欠落,3a,基板,3b,蒸着 形成,
パターニング,除去,集電,形成,再充電 可能,塗布,作製,放電時,負
荷板,分離器,含浸,電解液,リチウム,イオン,溶出,結合,充電,解離,
リチウム イオン,放出,陰極板,析出,充放電,繰返し,デンドライト
,樹木,突破,発生,短絡 電流,過大 電流,溶断,以後,正,電流,流込
み＞

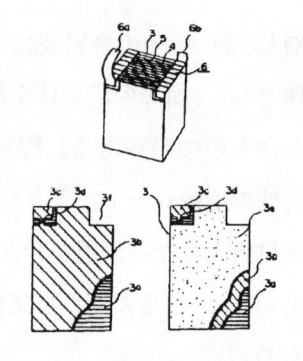

<3>

昭63-013282
P出 61-156966　　非水電解液型二次電池
　　S61.07.02　　シヤープ (株)
開 63-13282　　〔目的〕正極,非水電解液及び所定の炭素体を活物質とする負極よ
　　S63.01.20　　りなる非水電解液型二次電池の正極の充放電容量を負極の容量より
告 06-3745　　大きくすることにより,充放電サイクル特性を向上し,放電容量を負
　　H06.01.12　　極支配可能にし,使用可能な材料の範囲を広くする。
登 2135414　　〔構成〕非水系有機溶媒液を用いた二次電池の負極として,炭化水
　　H10.03.13　　素化合物から1500℃以下の低温熱分解による気相堆積法で形成され
H01M 4/60　　る,わずかに乱層構造をもちかつ選択的配向構造をもった平面網状
H01M 10/40　Z　六員環構造(黒鉛構造)をもつ炭素を主成分とする炭素体を用いる
H01M 4/58　　ことで,負極の容量を正極の容量より小さくする。その炭素体の平
H01M 4/02　D　均平面間隔は0.337〜0.355nmかつラマンスペクトルにおけ
る1580cm^{-1}のラマン強度に対して1360cm^{-1}のラマン強度の比を
0.4〜1.0とする。正極にはV$_2$O$_5$,Cr$_2$O$_3$,カルコゲン化合物そ
の他の化合物の単一ないし複合物,混合物が用いられる。
＜非水 電解液,型,2次 電池,陽極,炭素体,活物質,陰極,充放電
容量,容量,充放電 サイクル 特性,向上,放電 容量,支配,使用
可能,材料,範囲,非水系 有機 溶媒,液,炭化 水素 化合物,低温
熱分解,気相 堆積,形成,乱層 構造,選択的 配向 構造,平面
網状,6員環 構造,黒鉛 構造,炭素,主成分,平均,平面 間隔,ラマ
ン スペクトル,ラマン,強度,比,V↓2O↓5,クロム酸,カルコゲン
化合物,化合物,単1,複合体,混合物＞

(4) 電極製造方法

① 技術事項の特徴点

　　帯状の正、負プレートと圧縮性セパレートを重ねて、駆動面を有し、プログラム的に移動する巻付ヘッドで押圧しながらマンドレルに螺旋状に巻付けるもの<1>*、微孔性樹脂フィルムをその微細孔の長軸方向が螺旋状に巻くときの巻き方向になるように配置して渦巻電極を作製するもの<2>*、正極、負極、セパレータを重ねて螺旋状に巻き込み、円筒形の電極セットとするときに、割出しテーブルの周囲に各手段の機能を持つステーションを設けるもの<3>*がある。巻芯のスリットに一方の極板の先端部を挿入狭持し、巻回軸で支持して極板群を巻回して、容器内に収納するもの<4>、方向性

のある樹脂フィルムと不織布とを重ね合わせたセパレータを特定の条件に配置して螺旋状に巻くもの<5>、巻芯に送られる途中の極板、セパレータの帯状積重体上面に、多数のエアスポットを当てて巻回を行なうもの<6>等がある。

参照文献（＊は抄録掲載）

<1>＊特開昭53-51445　　<2>＊特開昭60-41772　　<3>＊特開平6-203839　　<4>特開昭58-10375

<5>特開平8-45547　　<6>特開昭54-126936

参照文献（Japio抄録）

<1>

```
昭53-051445
P出 52-124373          ら旋状電気化学セルパツク巻きつけ装置
   S52.10.17           ゲーツ ラバー CO：ザ
開 53- 51445          〔目的〕帯状の正, 負プレートと圧縮性セパレータを重ねて, 駆動面
   S53.05.10           を有し, プログラム的に移動する巻付けヘッドで押圧しながらマン
告 60- 52545           ドレルに渦巻状に巻付けることにより, 一定した外径の円筒状素子
   S60.11.20           を得ること。
登 1330209           〔構成〕それぞれ所定の長さと厚さをもつ帯状の, 正・負プレート1
   S61.08.14           2,14および圧縮性セパレータ16を, サンドイッチ状に重ねて渦巻状
H01M 10/04  W          に巻いて円筒状の電気化学セルを作成する際に, エンドレスベルト6
H01M 10/14  E          6,68からなる駆動面を有し, 巻回の進行と同調してX－X線に沿つ
B65H 18/22             て外側へ所定の移動を行う巻き付けヘッドで, 両側から押圧しながらマンドレル40への巻き付けを行なっている。マンドレル40は帯状物の巻き始め部を受け入れる渦巻状の縁面152,154を有し, 自由回転するものであり, 帯状物は送り装置から図示の様に供給されるため, 各帯状物間のスリツプがなく, 格子基板22の両面に酸化鉛等のペースト24を充填した電極プレート等も破損なく一定寸法に巻回できる。
                      <螺旋状, 電気 化学 セル, 製造 方法, 製造 装置, 帯状, 正, 負, プレート, 圧縮性, 分離器, 駆動面, プログラム, 移動, 巻付 ヘッド, 押圧, マンドレル, 渦巻状, 一定, 外径, 円筒状 素子, 長さ, 厚さ, サンドイッチ, 円筒状, 作成, エンドレス ベルト, 巻回, 進行, 同調, X 線, 外側, 巻付, ヘッド, 両側, 帯状体, 巻始, 縁面, 自由 回転, 送り, 図示, 供給, スリツプ, 格子 基板, 両面, 酸化 鉛, ペースト, 充填, 電極プレート, 破損, 一定 寸法>
```

<2>

```
昭60-041772
P出 58-150867          渦巻電極の製造方法
   S58.08.17           日立マクセル　（株）
開 60- 41772          〔目的〕微孔性樹脂フイルムをその微細孔の長軸方向が渦巻状に巻
   S60.03.05           くときの巻き方向と同じ方向になるように配置して渦巻電極を作製
告 06- 73305           することにより, 内部短絡を防止し, セパレータ効果を向上させる。
   H06.09.14
登 2130874           〔構成〕微孔性ポリプロピレンフイルム1とポリプロピレン不織布
   H09.07.18           とを重ね合わせてセパレータ2にし, これを長方形の袋状に形成す
H01M 10/04  W          る。その際, 微孔性ポリプロピレンフイルム1を外側にし, かつそ
H01M 10/36  Z          の微細孔1aの長軸方向が袋状セパレータ2の長さ方向と同一方向に
H01M 10/04             なるように配置する。そして例えば, この袋状セパレータ2内に,
H01M 10/36             二硫化チタンを正極活物質とし, ステンレス鋼製の集電網4に保持
                       させた正極板3を入れ, 一方, リチウムをステンレス鋼製の集電網
                       に圧着して負極板5を形成し, これをセパレータ2で包被した正極板
                       3と重ね合わせ, 蓋7付きの集電パイプ6を芯にして渦巻状に巻いて
                       渦巻電極を形成する。
                      <ポリプロピレン>
                      <渦巻 電極, 製造 方法, 微孔性 樹脂 フイルム, 微細孔, 長軸
                       方向, 渦巻状, 巻方向, 方向, 配置, 作製, 内部 短絡, 防止, 分離器 効
                       果, 向上, 微孔性 ポリ プロピレン フイルム, ポリ プロピレン
                       不織布, 重ね合せ, 分離器, 長方形, 袋状, 形成, 外側, 1a, 袋状 分
                       離器, 長さ 方向, 同一 方向, 2 硫化 チタン, 陽極 活物質, ステ
                       ンレス鋼, 集電網, 保持, 陽極板, 一方, リチウム, 圧着, 陰極板, 包被,
                       蓋, 集電, パイプ, 芯>
```

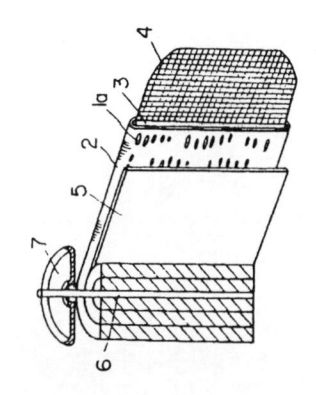

<3>

平06-203839
P出 04-357923　電池用の帯状電極とセパレータとをスパイラル状に巻き込んで成形
　　H04.12.25　する装置
開 06-203839　富士電気化学　（株）
　　H06.07.22
登　2662715　〔目的〕（J）帯状正極、帯状負極、帯状セパレータを重ねてスパ
　　H09.06.20　イラル状に巻き込み、円筒形の電極セットとするときに、割出しテ
H01M 4/78　A　ーブルの周囲に各手段の機能をもつステーションを設けることにより、姿勢を安定にしてシワ発生、螺旋状ずれ発生を無くす。£成形
H01M 6/02　A　作業、自動的
H01M 10/04　W

〔構成〕装置の中心要素である円形の割出しテーブル10の外周面を6等分する位置に、夫々第1～第6の作業ステーションＳｔｎ1～Ｓｔｎ6を設定し、各ステーションを順番に通過して一周する過程でスパイラル形電極セットを順次作成する。またテーブル10の外周を6等分する位置には深い凹部10ａを設けこれを巻き込み作業空間として用い、テーブル10の円周方向には連続させて2つの第1、第2固定ガイド11,12を配設する。このようにし重ね合わせた帯状正極1、帯状セパレータ3、帯状負極2がガイド11,12を通過する間に、マグネット錘17ａ,17ｂを用いて第1、第2可動ガイド14,16によって正極1、セパレータ3、負極2にテンションを与えつつ巻き込ませる。

<電池,帯状　電極,分離器,螺旋状,巻込,成形,装置,帯状　陽極,帯状,陰極,帯状　分離器,円筒状,電極　セット,割出　テーブル,周囲,手段,機能,ステーション,姿勢,安定,シワ　発生,ずれ発生,成形作業,自動的,中心,要素,円形,外周面,6等分,位置,第1,第6,作業ステーション,Ｓｔ,設定,順番,通過,1周,過程,順次,作成,テーブル,外周,深い,凹部,作業　空間,円周　方向,連続,2個,第2,固定　案内,配設,重ね合せ,案内,磁石,錘,7ａ,7ｂ,可動　案内,陽極,張力>

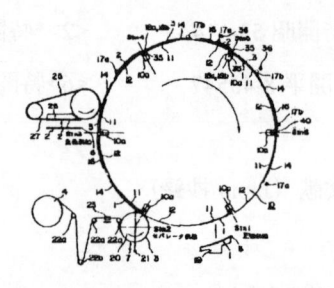

（5）その他の製造方法

① 技術事項の特徴点

　電池の封止を行なう場合、電池内の雰囲気を減圧状態にして封止を行なうもの<1>*、装置内および含浸体内を減圧にし、次いで含浸体の容器の開口に接続されたヘッダに含浸液を注入し、装置内を加圧して、含浸時間の短縮を図るもの<2>*、電極のリードを電池ケースの内底にスポット溶接する際、底面から一定の高さに段部を有する加工体で渦巻電極上面を加圧するもの<3>*がある。合剤スラリーを集電体の両端部を残して集電体両面に塗布して電池を作製するもの<4>、少なくとも一周にわたり他の部分より突出させたセパレータに囲まれた部分から電解液を注入するもの<5>等がある。

参照文献（＊は抄録掲載）

<1>*特開平 2-72566　　<2>*特開平 2-172158　　<3>*特開平 5-299099　　<4>特開平 3-93164
<5>特開平 1-77881

参照文献（Japio抄録）

<1>

平02-072566
P出 63-222530
　　S63.09.07
開 02-72566
　　H02.03.12
登 2688502
　　H09.08.22
H01M 10/40　Z
H01M 10/40　B

薄型電池の製造方法
リコー：（株）
〔目的〕正極負極及び電解液を電池外装材に収納後、封止を行わない状態で電池雰囲気を減圧状態にして封止を行うことにより、電池電圧と放電容量と充放電の繰返し寿命との向上を図る。
〔構成〕外装材6内に正極1、負極3、電解液などの発電要素を収納後、真空装置内へ移動し、真空装置内を所定の減圧度にする。減圧度としては40mmHg～0.1mmHg、好ましくは20mmHg～1mmHgである。こうして減圧した真空装置内で外装材6を封止する。封止の方法としては熱可塑性樹脂を用いたヒートシールによる封止が接着性、作業性、経済性を考慮して最も好ましい。これにより電池電圧、放電容量、充放電の繰返し寿命が向上する。
＜薄形,電池,製造,方法,陽極,陰極,電解液,電池,外装,材,収納後,封止,状態,電池,雰囲気,減圧,状態,電池,電圧,放電,容量,充放電,繰返し,寿命,向上,外装材,陽極,陰極,発電,要素,真空,装置,移動,減圧度,水銀,減圧,方法,熱可塑性,樹脂,熱,シール,接着性,作業性,経済性＞

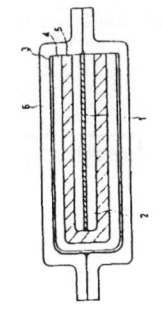

<2>

平02-172158
P出 63-326116
　　S63.12.26
開 02-172158
　　H02.07.03
登 2815880
　　H10.08.14
H01M 6/16　Z
H01G 9/02
H01M 10/04　Z

含浸方法および装置
旭化成工業（株）
〔目的〕含浸装置内に、被含浸体を収納している容器を入れた後、装置内及び被含浸体内を減圧にし、次いで被含浸体の容器の開口に接続されたヘツダに含浸液を注入し、装置内を加圧して、含浸時間を大幅に短縮し、生産性を向上させる。
〔構成〕電池を減圧・加圧槽5に入れ、またヘツダー10を電池12上部に装着する。減圧・加圧槽5内を5～6torr程度まで真空排気後、電解液を注液口7より、含浸必要量分をヘツダー10を通してヘツダー10及び電池内に注入する。この時、ヘツダー10内に電解液面14が形成され液封状態になるように電解液の少なくとも一部がヘツダー内に保持される様にする。その後、バルブ1,2を閉じ、バルブ3を開き、大気圧以上のN₂またはドライエア等のガスを減圧・加圧槽5内に導入し、大気圧以上に加圧する。加圧圧力は、通常1～3Kg／cm²-G程度とする。ヘツダー10内の電解液面14は、電解液がセル13に吸収されるに従い下がり、セル13は所定量の電解液を含浸する。
＜含浸,方法,装置,含浸,装置,被含浸体,収納,容器,減圧,開口,接続,ヘツダ,含浸液,注入,加圧,含浸,時間,大幅,短縮,生産性,向上,電池,加圧槽,上部,装着,トル,程度,真空,排気,電解液,注液口,含浸,必要量分,形成,電解液面,形成,液封,状態,一部,保持,バルブ,開き,大気圧,窒素,乾燥,エア,ガス,導入,加圧,圧力,通常,セル,吸収,下がり＞

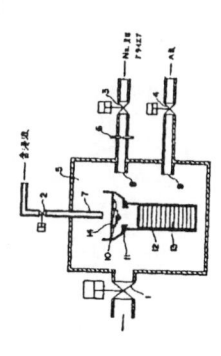

<3>

平05-299099
P出 04-99219
　　H04.04.20
開 05-299099
　　H05.11.12
登 2725523
　　H09.12.05
H01M 6/16　D
H01M 2/22　B
H01M 6/02　Z
H01M 10/04　W

渦巻電極を備えた電池の製造法
松下電器産業（株）
〔目的〕（J）一方の電極板のリード体を電池ケースの内底面にスポット溶接する際、底面から一定高さに段部を有する加工体で渦巻電極上面を加圧することにより、溶接不良やリーク不良の大幅な減少を図る。£貫通孔、大径部、小径部、溶接強度、内部短絡、工程不良
〔構成〕正極板1と負極板2をセパレータ3を介して重ね合わせ巻芯を中心にして渦巻状に巻回して渦巻電極4を構成する。電極4を金属製電池ケース5に挿入し巻心を引き抜きスポット溶接電極Aの加圧体Bをケース5に挿入しその底面で電極4を加圧する。次で巻芯部の孔10aに電極Aの一方の電極棒10を挿入しケース外面5aに当接した他方の電極棒Cにより負極板2の負極リード体2aの端部をケース5にスポット溶接する。底面から一定の高さに段部14を有する加圧体Bで電極A上面を加圧するためリード体2aはケース5の内面に完全に密着して溶接できる。
＜渦巻,電極,電池,製造,一方,電極板,リード体,電池,ケース,内底面,スポット,溶接,底面,一定,高さ,段部,加工体,上面,加圧,溶接,不良,漏洩,不良,大幅,減少,貫通孔,大径,小径,溶接,強度,内部,短絡,工程,不良,陽極板,陰極板,分離器,重ね合せ,巻芯,中心,渦巻状,巻回,構成,電極,金属,電池,ケース,挿入,引抜,スポット,溶接,電極,加圧体,B,ケース,孔,電極棒,ケース,外面,5a,当接,他方,C,陰極,2a,端部,一定,高さ,内面,完全,密着,溶接＞

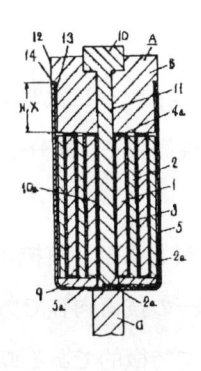

225

【リチウムポリマー二次電池】

[正極材料]

1．技術テーマの構造

（ツリー図）

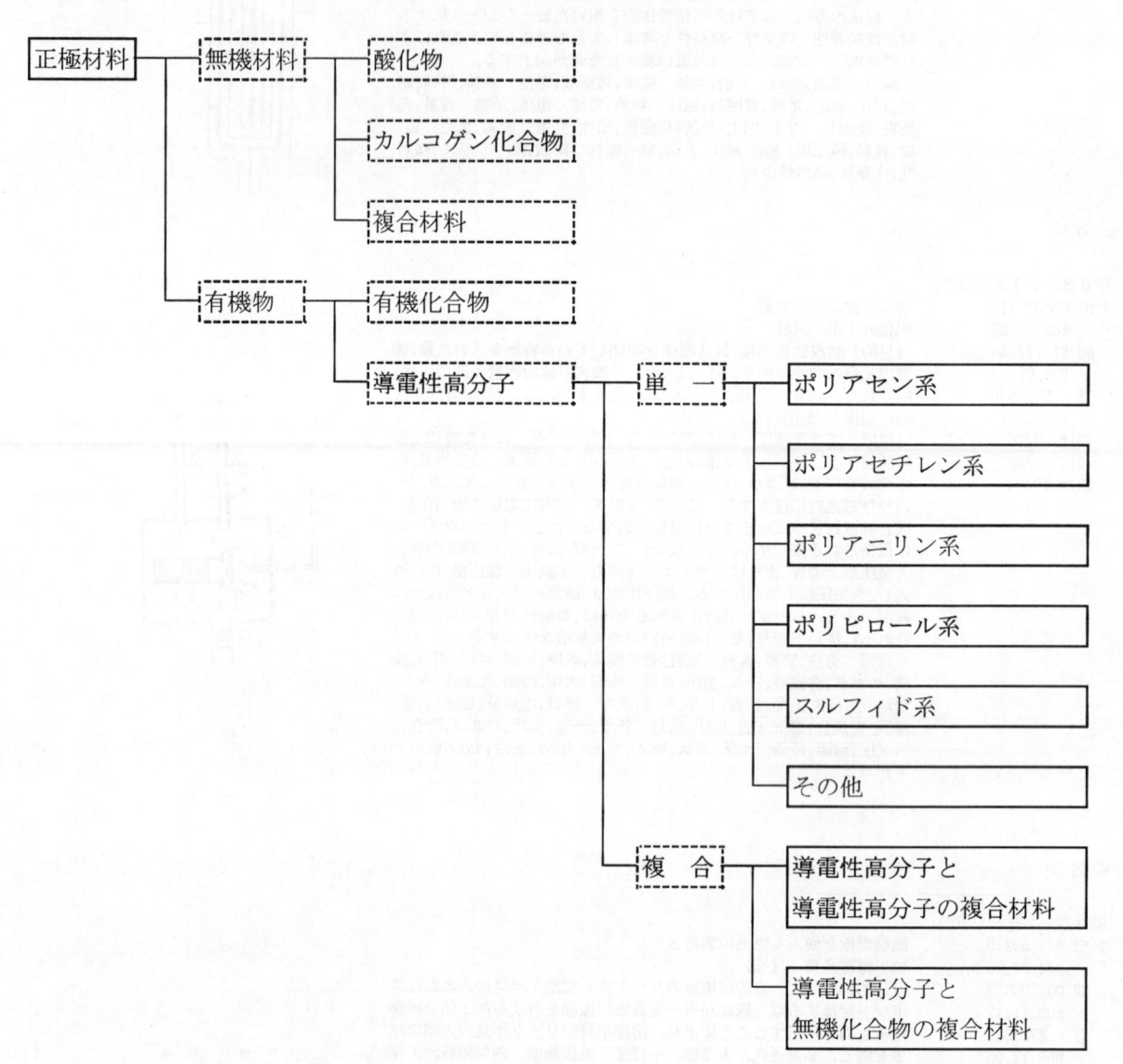

```
正極材料 ─┬─ 無機材料 ─┬─ 酸化物
          │             ├─ カルコゲン化合物
          │             └─ 複合材料
          │
          └─ 有機物 ─┬─ 有機化合物
                     └─ 導電性高分子 ─┬─ 単一 ─┬─ ポリアセン系
                                      │         ├─ ポリアセチレン系
                                      │         ├─ ポリアニリン系
                                      │         ├─ ポリピロール系
                                      │         ├─ スルフィド系
                                      │         └─ その他
                                      │
                                      └─ 複合 ─┬─ 導電性高分子と
                                                │   導電性高分子の複合材料
                                                └─ 導電性高分子と
                                                    無機化合物の複合材料
```

　リチウムポリマー二次電池の正極材料は、遷移金属の酸化物、カルコゲン化合物に代表される無機材料と、導電性高分子、高分子ではない有機化合物（以下、「有機化合物」という）からなる有機材料に大別できる。

　該無機材料および、有機化合物は、前述の「リチウム金属二次電池」、「リチウムイオン二次電池」の正極材料と同一の技術内容であるため、それらを参照されたい。以下では、リチウムポリマー二次電池の正極材料として特徴的である導電性高分子に関する技術事項について記述する。

　導電性高分子系正極材料は、ポリアセン骨格を有するもの、主鎖に共役二重結合を有する、ポリアセ

チレン系、ポリアニリン系、ポリピロール系のもの、構造内にS-S結合を有するスルフィド系、その他に分類できる。又、夫々の材料は単一材料として用いられる場合と、種々の材料を組み合わせた、複合材料として用いられる場合に分類できる。

2. 各技術事項について

(1) ポリアセン系

① 技術事項の特徴点

リチウムポリマー二次電池の正極材料のうち、特にポリアセン系材料に関するものである。炭素、水素および酸素からなる芳香族系縮合ポリマーの熱処理物であつて水素原子／炭素原子の原子比が0.33～0.15で表わされるポリアセン系骨格構造を含有する不溶不融性基体を正極とするもの<1>*、長寿命化のために水素原子／炭素原子の原子比を 0.05～0.5 とするもの<2>、<3>*、<4>、<5>、水素原子／炭素原子の原子比を 0.05～0.6 とするもの<6>、<7>、高容量化のために、この化合物を酸により処理したもの<8>*、内部抵抗を減少させるために、平均孔径 10μm以下の連通孔を持つ、芳香族系縮合ポリマーとする<9>*等がある。

参照文献（＊は抄録記載）

<1>*特開昭 58-209864　　<2>特開昭 60-170163　　<3>*特開昭 61-80773　　<4>特開昭 61-80774

<5>特開昭 61-91870　　<6>特開昭 63-218160　　<7>特開平 1-220372　　<8>*特開昭 64-650

<9>*特開昭 61-218060

参照文献（Japio 抄録）

<1>

```
昭58-209864
P出 57- 93437        有機電解質電池
    S57.05.31        鐘紡　（株）
開 58-209864         〔目的〕ポリアセン系骨格構造を含有する不溶不融性基体を電極と
    S58.12.06        し、電解により該電極にドーピングされ得るイオンを生成し得る化
告 04- 6072          合物を非プロトン性有機溶媒に溶解したものを電解液とすることに
    H04.02.04        より、小型軽量化或は薄形化を図る。
登 1733809           〔構成〕炭素、水素および酸素からなる芳香族系縮合ポリマーの熱
    H05.02.17        処理物であつて水素原子／炭素原子の原子比が0.33～0.15で表わ
H01M  4/36           されるポリアセン系骨格構造を含有する不溶不融性基体を正極又は
H01M 10/40   Z       ／及び負極とし、電解により該電極にドーピングされ得るイオンを
H01M  4/60           生成し得る化合物を非プロトン性有機溶媒に溶解したものを電解液
H01M  4/58           とする。そして、電池機能は正極又は負極に電子受容性物質又は電
                     子供与性物質をドーピングすることにより発揮される。このように
                     して、小型化、軽量化、薄形化が可能で且つ高容量、高出力で長寿
                     命の新規な高性能電池を得ることができる。
                     <有機　電解質　電池,ポリ　アセン　骨格　構造,含有,不溶　不
                     融性　基体,電極,電解,ドーピング,イオン,生成,化合物,非プロト
                     ン性　有機　溶媒,溶解,電解液,小型　軽量化,薄形化,炭素,水素,
                     酸素,芳香族　縮合　重合体,熱処理物,水素　原子,炭素　原子,原
                     子比,陽極,陰極,電池,機能,電子　受容性　物質,電子　供与性　物
                     質,発揮,小型化,軽量化,可能,高容量,高出力,長寿命,新規,高性能
                     電池>
```

<3>

昭61-080773
P出 59-203450
　　S59.09.27
開 61- 80773
　　S61.04.24
H01M　4/02　B
H01M　10/40　Z
H01M　4/58
H01M　4/02

有機電解質電池
鐘紡　（株）
〔目的〕電極として強度に優れたポリアセン系骨格構造を有する不溶不融性基体を使用することにより、小型化、薄形化、軽量化が可能で且つ高容量、高出力で長寿命の2次電池を得る。
〔構成〕150℃以上の温度で熱処理したフエノール繊維もしくは繊維構造物の熱処理物と、フエノール樹脂と塩化亜鉛とから形成された複合成形体を、非酸化性雰囲気中で熱処理して得られた水素原子／炭素原子の原子比0.05〜0.5であり、且つBET法による比表面積値が600㎡／G以上であるポリアセン系骨格構造を有する不溶不融性基体からなる成形体を正極1及び／又は負極2とする。電解液4としては、電解により電極にドーピング可能なイオンを生成し得る化合物の非プロトン性有機溶媒溶液を用いる。そして、電池を組み立てた後、外部電源より電圧を印加してドーピング剤をドーピングする。
＜ヒドロキシベンゼン,フエノール樹脂,塩化亜鉛,水素原子,炭素原子＞
＜有機　電解質　電池,電極,強度,ポリ　アセン　骨格　構造,不溶　不融性　基体,使用,小型化,薄形化,軽量化,可能,高容量,高出力,長寿命,2次　電池,温度,熱処理,フエノール　繊維,繊維　構造物,熱処理物,フエノール　樹脂,塩化　亜鉛,形成,複合　成形体,非酸化性　雰囲気,水素　原子,炭素　原子,原子比,ＢＥＴ,比表面積値,成形体,陽極,陰極,電解液,電解,ドーピング,イオン,生成,化合物,非プロトン性　有機　溶媒　溶液,電池,組立,外部　電源,電圧,印加,ドーピング剤＞

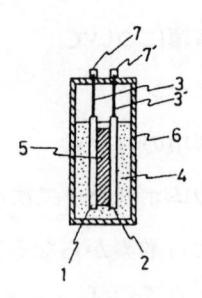

<8>

平01-000650
P出 62-154523
　　S62.06.23
開 64- 650
　　S64.01.05
登 2532879
　　H08.06.27
H01M　4/58
H01M　4/04　A
H01M　4/02　B
H01M　4/60

有機電解質電池用電極の製造法
鐘紡　（株）
〔目的〕特定のポリアセン系骨格構造及びＢＥＴ法による比表面積値を有する芳香族縮合ポリマーの熱処理物を酸処理したもので電極を形成することにより,電池の小型軽量化と高性能化を図る。
〔構成〕フエノールホルムアルデヒドの縮合ポリマーが塩化亜鉛等の無機塩と混合され加熱硬化される。これを非酸化性雰囲気中で加熱し脱水素脱水反応によりポリアセン系骨格構造を持つようにされ,その原子数比が水素原子／炭素原子で0.5〜0.05の反応度のものとされる。これを水等で洗浄し乾燥し,ＢＥＴ法による比表面積が600㎡／gの不溶不融性物体が得られる。この物体を硫酸等の強酸で処理して電池の正極または負極に使用する。この工法により小型軽量で,電池容量が大きく,酸化安定性が高く,製作の容易な電池が製造される。
＜ヒドロキシベンゼン,ホルムアルデヒド,塩化亜鉛,水素原子,炭素原子＞
＜有機　電解質　電池,電極,製造,ポリ　アセン　骨格　構造,ＢＥＴ,比表面積値,芳香族,縮合　重合体,熱処理物,酸処理,形成,電池,小型　軽量化,高性能化,フエノール　ホルム　アルデヒド,塩化　亜鉛,無機塩,混合,加熱　硬化,非酸化性　雰囲気,加熱,脱水素,脱水　反応,原子数比,水素　原子,炭素　原子,反応率,水等,洗浄,乾燥,比表面積,不溶　不融性,物体,硫酸,強酸,処理,陽極,陰極,使用,工法,小型　軽量,電池　容量,大きさ,酸化　安定性,製作,容易＞

<9>
昭61-218060
P出 60- 58604　　有機電解質電池
　　S60.03.25　　鐘紡　（株）
開 61-218060　　〔目的〕特定の物性を持つフェノール性水酸基を有する芳香族炭化
　　S61.09.27　　水素化合物とアルデヒド類との縮合物である芳香族系縮合ポリマー
告 06- 30260　　から成る有機半導体を電極活物質とすることにより，小型化，薄形化
　　H06.04.20　　あるいは軽量化を可能とするとともに，起電圧を高く，内部抵抗を小
登　1902878　　さく，長期にわたる充電，放電を可能とする。
　　H07.02.08　　〔構成〕水素原子／炭素原子の原子比が0.5〜0.05であるポリア
H01M 10/40　　Z　セン系骨格構造を有し，BET法による比表面積値が少なくとも600
H01M 4/60　　　m²／gであり，そして平均孔系10μm以下の連通孔を持つ，芳香族系
H01M 4/02　　　縮合ポリマーよりなる不溶不融性基体を，正極および／または負極
H01M 4/02　　B　とし，電解により該電極にドーピングされうるイオンを生成しうる
H01M 4/02　　C　化合物を，非プロトン性有機溶媒に溶解した溶液を，電解液とする。
H01M 10/40　　　このような多孔性不溶不融性基体を電極として使用すると，内部抵
　　　　　　　　抗を小さく，繰返し充放電を可能とし，長期にわたって電池性能が低
　　　　　　　　下しないようにすることができる。
　　　　　　　　<有機　電解質　電池,物性,フェノール性　水酸基,芳香族　炭化
　　　　　　　　　水素　化合物,アルデヒド,縮合物,芳香族　縮合　重合体,有機
　　　　　　　　　半導体,電極　活物質,小型化,薄形化,軽量化,起電圧,内部　抵抗,
　　　　　　　　　長期,充電,放電,水素　原子,炭素　原子,原子比,ポリ　アセン　骨
　　　　　　　　　格　構造,BET,比表面積値,平均孔,連通孔,不溶　不融性　基体,
　　　　　　　　　陽極,陰極,電解,電極,ドーピング,イオン,生成,化合物,非プロトン
　　　　　　　　　性　有機　溶媒,溶解,溶液,電解液,多孔性,使用,繰返し,充放電,可
　　　　　　　　　能,電池　性能,低下>

（2）ポリアセチレン系

① 技術事項の特徴点

　　リチウムポリマー二次電池の正極材料のうち、特にポリアセチレン系材料に関するものである。主
　鎖に共役二重結合を有する高分子化合物であるポリアセチレン系化合物を正極活物質として用いる
　基本的な方法が<1>*に詳述されている。改良技術に関しては、軽量、小型で、かつ高いエネルギー
　密度を有する二次電池を得るために、該活物質を特定の比表面積（100m²/g以上）のアセチレン高重
　合体で形成する<2>*、嵩さ密度を所定の値（0.7g/cm³以上）に規定したもの<3>、導電剤を混合する
　ことにより、電気伝導度を改善して充電初期における電池電圧値を低くし、定電流充電を可能とした
　もの<4>、電池の高率特性を向上させるため、ポリアセチレン膜を積層体で構成し、セパレータ側の
　ポリアセチレン膜の密度が集電体側のポリアセチレン膜より大きいもの<5>*、高容量化を目的とし
　たポリアセチレン誘導体<6>等がある。

参照文献（＊は抄録記載）

<1>*特開昭56-136469　　<2>*特開昭58-38465　　<3>特開昭58-40781　　<4>特開昭58-111275
<5>*実開昭60-150778　　<6>特開昭59-184460

参照文献（Japio 抄録）

<1>

昭56-136469
P出 56- 34052　　2次電池及びその充電方法
　S56.03.11　　　ユニバーシテイ　パテンツ　INC
開 56-136469　　〔目的〕活性材料として複合重合体を用いて，これに電気化学的手
　S56.10.24　　段により電解質から所定イオンを生じさせてドープさせることによ
告 05- 80109　　り，所望の特性が得られるようにすること。
　H05.11.05　　〔構成〕電極の活性材料として複合重合体，好ましくはフイルム状
登 1973373　　のポリアセチレンを用いて，所望の室温n形導電率を有する陽極を
　H07.09.27　　得る場合は下記の有機陽イオン・ドーパント種にイオン化され得る
H01M 4/60　　化合物からなる電解質中で前記重合体を陰極として電解し，生じる
H01M 10/36　Z　有機陽イオンをドープさせる。前記の有機陽イオンは一般式R_{4-x}
H01M 10/40　A　MH_x^+およびR_3E^+（式中Rはアルキルまたはアリル，MはN，Pま
H01M 10/40　Z　たはAs，EはOまたはS，xは0〜4の整数）であって，所望の導電
H01M 10/44　A　率が得られるように電解の程度と電解質中のドーパント種濃度とを
H01M 4/02　A　調整および制御する。陰極を得る場合は陰イオン・ドーパント種を
H01M 10/36　　　ドープする。
H01M 10/44　　＜ポリアセチレン＞
　　　　　　　＜2次　電池,充電　方法,活性　材料,複合　重合体,電気　化学的
　　　　　　　　手段,電解質,所定,イオン,ドープ,特性,電極,フイルム,ポリ　ア
　　　　　　　　セチレン,室温,N型,導電率,陽極,有機　陽イオン,ドーパント種,
　　　　　　　　イオン化,化合物,重合体,陰極,電解,一般,MH,式,アルキル,アリ
　　　　　　　　ル,N,P,砒素,O,S,整数,程度,濃度,調整,制御,陰イオン＞

<2>

昭58-038465
P出 56-136072　　二次電池
　S56.09.01　　　昭和電工　（株）
開 58- 38465　　〔目的〕カソード極またはアノード極の一方または双方の極を大き
　S58.03.05　　な比表面積を有するアセチレン高重合体で形成することにより，得
H01M 4/60　　られる二次電池を軽量,小型でエネルギー密度の高いものにする。
H01M 4/02　B　〔構成〕アノード極,カソード極及び有機非水電解液から構成され
H01M 10/40　Z　る二次電池において，少なくとも一方の極を，比表面積100m²／g以
　　　　　　　上のアセチレン高重合体で形成する。この場合,電池を密閉式とし，
　　　　　　　実質的に無酸素の状態にしてアセチレン高重合体が酸化されないよ
　　　　　　　うにする。そして，高重合体をカソード極に用いた場合,アノード極
　　　　　　　としては,ポーリングの電気陰性度約1.6を越えない金属を，支持電
　　　　　　　解質としては電気陰性度約1.6を越えない金属の陽イオンと陰イオン
　　　　　　　との塩などを用いる。なお,このアセチレン高重体はチーグラー
　　　　　　　・ナツタ触媒を用いて製造される。
　　　　　　　＜ポリアセチレン＞
　　　　　　　＜2次　電池,カソード極,アノード極,一方,双方向,極,比表面積,ア
　　　　　　　　セチレン　高重合体,形成,軽量,小型,エネルギー　密度,有機　非
　　　　　　　　水,電解液,構成,電池,密閉,実質的,無酸素,酸化,高重合体,場合,ポ
　　　　　　　　ーリング,電気　陰性度,金属,支持　電解質,陽イオン,陰イオン,塩
　　　　　　　　,アセチレン,重体,チーグラー,ナツタ,触媒,製造＞

<5>

昭60-150778
U出 59- 37531　　プラスチツク電極二次電池
　S59.03.16　　　ほくさん：（株）
開 60-150778　　〔要約〕ポリアセチツレン膜を電極としたプラスチツク電極二次電池
　S60.10.07　　に関し,ポリアセチレン膜の正負両極との接触面積が増大すること
告 04- 540　　により,短絡電流値も大となると共に,ポリアセチレン膜電極全体
　H04.01.09　　として,空洞部分が極端に小さくなり,電解液と膜電極との接触面
登 1934901　　積が削減しないので,重負荷に耐え得る。
　H04.10.23　　＜ポリアセチレン＞
H01M 4/02　B　＜プラスチツク　電極　2次　電池,ポリ　アセチレン膜,電極,正負
H01M 4/02　C　　両極,接触　面積,増大,短絡　電流値,全体,空洞　部分,極端,電
H01M 4/02　D　　解液,膜電極,削減,重負荷＞
H01M 10/40　Z
H01M 4/02

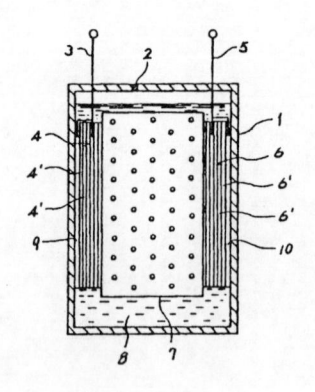

(3) ポリアニリン系
① 技術事項の特徴点

　リチウムポリマー二次電池の正極材料のうち、特にポリアニリン系材料に関するものである。ポリアニリンも主鎖に共役二重結合を有する高分子化合物の代表的な一つである。正極活物質にポリアニリンを用いて高出力電池が得られることが<1>*に示されている。改良技術に関しては、長寿命化、高容量化を目的として、繊維状構造を有するポリアニリン系材料を用いた<2>*、<3>、同様の目的で、ポリマー鎖の各窒素が1個、しかも1個のみの水素原子と結合しているポリアニリン種を用いた<4>*、高エネルギー密度、低自己放電、高充・放電効率および長寿命を得るため酸化状態のポリアニリンをプロトン酸により錯化してから正極に用いる<5>、<6>、ポリアニリンとポリマーアニオンとの錯形成物を正極に用いることにより、高分子固体電解質を用いることが可能となり、全固体系のポリマー電池が得られるとした<7>、高エネルギー密度化を図るため、特定の導電性ポリアニリンからなる多孔質膜を正極活物質として用いた<8>等がある。

参照文献（＊は抄録記載）

<1>*特開昭61-68864	<2>*特開昭62-43066	<3>特開昭62-93862	<4>*特開昭62-71169
<5>特開昭62-259350	<6>特開昭63-055861	<7>特開平1-311561	<8>特開平2-220373

参照文献（Japio 抄録）

<1>

```
昭61-068864
P出 59-188866      電池
　　 S59.09.11     ブリヂストン：(株)
開 61- 68864       〔目的〕正極としてポリアニリン、負極として、アルミニウム、亜
　　 S61.04.09     鉛、アルミニウム・リチウム合金あるいは亜鉛・リチウム合金のい
H01M 10/36    Z    ずれを用いることにより、軽量かつ高放電容量でサイクル寿命も向
H01M  4/60         上した電池を得る。
                   〔構成〕正極活物質としてポリアニリンを用い、負極材料としてア
                   ルミニウム、亜鉛、アルミニウム・リチウム合金、亜鉛・リチウム
                   合金のうちの一種以上を使用し、かつリチウムイオンを含む塩を電
                   解質として使用する。例えば、アニリンを塩酸溶液中で電解重合し
                   て得たポリアニリンを正極に用い、負極にはアルミニウム片、隔膜
                   としてポリプロピレン製多孔質膜を使用して電池を作成する。電解
                   質は1モルLiClO₄／プロピレンカーボネート溶液を用いる。こ
                   れにより、高出力であり、放電電圧の平坦性が良好で充放電効率が
                   高く、かつサイクル寿命が向上した電池が得られる。
                   <アミノベンゼン,ポリアニリン,リチウム合金,リチウムイオン,塩
                   化水素酸,ポリプロピレン,過塩素酸リチウム,プロピレンカーボネ
                   ート,炭酸エステル>
                   <電池,陽極,ポリ　アニリン,陰極,アルミニウム,亜鉛,リチウム
                   合金,軽量,高放電　容量,サイクル　寿命,向上,陽極　活物質,陰極
                   　材料,1種,使用,リチウム　イオン,塩,電解質,アニリン,塩酸　溶
                   液,電解　重合,アルミニウム片,隔膜,ポリ　プロピレン,多孔質膜,
                   作成,1モル,LiClO14,プロピレン　カーボネート　溶液,高出
                   力,放電　電圧,平坦性,良好,充放電　効率>
```

<2>
昭62-043066
P出 60-181511　　二次電池
　S60.08.19　　　昭和電工（株），日立製作所：（株）
開 62- 43066　　〔目的〕繊維状構造を有するアニリン類のポリマーでなる導電性ポ
　S62.02.25　　　リマーを電極活物質として正極を形成し，それを用いて二次電池を
H01M　4/60　　　構成することにより，高エネルギー密度として実用性を向上する。
　　　　　　　　〔構成〕アニリンを含む各種酸の水溶液から，電解酸化や高温での
　　　　　　　　化学酸化により，繊維状のポリアニリンを生成する。ついでそれに
　　　　　　　　アセチレンブラック等を添加して混合し，ペレットに成形して正極
　　　　　　　　を形成する。そしてリチウムなどのアルカリ金属等でなる負極と，
　　　　　　　　LiBF₄などのリチウム塩を非プロトン性溶媒に溶解した電解液
　　　　　　　　と組合せ，正極の電極活物質に導電性ポリマーを用いた二次電池を
　　　　　　　　構成する。したがってエネルギー密度に影響する陰イオンのドーピ
　　　　　　　　ング率を良好にすると共に，充放電サイクル寿命を長くすることが
　　　　　　　　でき，実用性の向上を図ることができる。
　　　　　　　　<ポリアニリン>
　　　　　　　　<2次　電池,繊維状　構造,アニリン,重合体,導電性　重合体,電極
　　　　　　　　　活物質,陽極,形成,構成,高エネルギー密度,実用性,向上,酸,水溶
　　　　　　　　　液,電解　酸化,高温,化学　酸化,繊維状,ポリ　アニリン,生成,ア
　　　　　　　　　セチレンブラック,添加,混合,ペレット,成形,リチウム,アルカリ
　　　　　　　　　金属,陰極,LiBF↓4,リチウム塩,非プロトン性　溶媒,溶解,電
　　　　　　　　　解液,組合せ,エネルギー　密度,影響,陰イオン,ドーピング率,良好
　　　　　　　　　,充放電　サイクル　寿命,長い>

<4>
昭62-071169
P出 61-170949　　高容量ポリアニリン電極
　S61.07.22　　　ユニバーシテイ　パテンツ　INC
開 62- 71169　　〔目的〕アノード手段およびカソード手段の少なくとも1つが，ポリ
　S62.04.01　　　マー鎖の各窒素が1個のみの水素原子と結合する様にすることによ
告 08- 15084　　り，電極の容量および効率の向上を図る。
　H08.02.14　　〔構成〕アノード手段およびカソード手段の少なくとも1つは，ポリ
登　2102982　　アニリン種のポリマ鎖の各窒素が1個，しかも1個のみの水素原子と
　H08.10.22　　結合しているポリアニリン種からなっている。ここでポリマー鎖の
H01M　4/60　　　窒素が1個より多いか又は少ない結合水素原子を有する比率は，約10
　　　　　　　　％以下，好ましくは約5％以下とする。これにより電極の容量と効率
　　　　　　　　を極めて高くできる。
　　　　　　　　<アミノベンゼン,ポリアニリン,水素原子>
　　　　　　　　<高容量,ポリ　アニリン,電極,アノード,手段,カソード,1つ,重合
　　　　　　　　　体鎖,窒素,1個,水素　原子,結合,容量,効率,向上,種,結合　水素,
　　　　　　　　　原子,比率>

（4）ポリピロール系

① 技術事項の特徴点

　リチウムポリマー二次電池の正極材料のうち、特にポリピロール系材料に関するものである。ポリピロールもポリアセチレン系、ポリアニリン系化合物と同様に、主鎖に共役二重結合を有する高分子化合物の代表的な一つで、大気環境では、空気酸化し易いポリアセチレン系化合物に比べ、安定性が高く、取り扱いが容易な導電性高分子である。高導電率、高機械的水準、安定性等を有するポリピロールはピロールおよびアルケン、芳香族化合物を導電性塩の存在下に正極重合させることにより得られることが<1>*に示されている。改良技術には、長寿命化を目的として、非晶質のポリピロール粉末より得た成形品を正極活物質に用いるもの<2>*、機械強度が高く、高エネルギー密度化を図ったもの<3>*、化学酸化でありながら、高い導電率を得るために酸化剤に特定の第二鉄化合物を用いて得られるもの<4>、電極作製時の環境管理を容易化し、かつ電極自身の保存性を向上させるため、ピロール系化合物と酸化剤とを反応させて得る特定の粒子径と加圧成形密度を持つ一次粒子の導電材料を電極に用いるもの<5>等がある。

参照文献（＊は抄録記載）

<1>＊特開昭 59-8723　　　<2>＊特開昭 61-32357　　　<3>＊特開昭 61-271746　　　<4>特開昭 62-226568

<5>特開昭 63-72070

参照文献（Japio 抄録）

<1>

```
昭59-008723
P出 58-111122           ピロールの導電性共重合体及びその製法
   S58.06.22            ベー アー エス エフ AG
開 59- 8723             〔目的〕ピロール及びアルケン,芳香族化合物を導電性塩の存在下
   S59.01.18            に陽極重合させることにより,高導電率,高機械的水準,安定性等を
H01M  4/60              有するピロール及びアルケン,芳香族化合物の導電性共重合体を製
H01L 29/28              造する。
C08L 65/00   LNY        〔構成〕ピロールとアルケン（例えばアセチレン等）及び／または
C08F 38/00   MPU        芳香族化合物（例えばベンゼン系芳香族炭化水素等）の単量体を,
C08G 61/00   NLJ        極性有機溶媒（例えばアルコール等）中で導電性塩（例えばアルカ
C08J  7/02              リ土類金属陽イオン等）の存在下に陽極酸化し且つその際に重合さ
H01B  1/12   E          せることにより,目的のピロールの導電性共重合体を製造する。
C08J  7/02   A          ＜ピロール,導電性　共重合体,製法,アルケン,芳香族　化合物,導
H01L 29/72              電性塩,陽極,重合,高導電率,高機械的,水準,安定性,製造,アセチレ
C08L 65/00              ン,ベンゼン,芳香族　炭化　水素,単量体,極性　有機　溶剤,アル
C08G 61/10              コール,アルカリ土類　金属　陽イオン,陽極　酸化,目的＞
```

<2>

```
昭61-032357
P出 59-153744           二次電池
   S59.07.24            三菱化成　（株）
開 61- 32357            〔目的〕正極又は負極の少なくとも一方に実質的に非晶質のポリピ
   S61.02.15            ロール粉末より得た成形品を使用することにより,酸化による劣化
H01M  4/60              がなく成形及び加工性に優れた電極を有する二次電池を提供する。
                        〔構成〕ピロール又はN－アルキルピロールと支持電解質を溶剤に
                        溶解して反応容器中に入れる。これに陽極と陰極を浸漬し,電極間
                        に電位差を与えて電気化学的重合反応させる。陽極材料として銅又
                        は銅より卑な材料を用いる。この重合方法で得られたポリピロール
                        又はポリ－N－アルキルピロールの実質的に非晶質の粉末を用い,
                        加圧成形等により正極又は負極の少なくとも一方に形成する。この
                        電極はポリマーの劣化による性能の低下がない。従って,定電流で
                        の充電及び定抵抗での放電を長期間くり返して行える二次電池を形
                        成できる。
                        ＜ポリピロール＞
                        ＜2次　電池,陽極,陰極,一方,実質的,非晶質,ポリ　ピロール,粉末
                        ,成形品,使用,酸化,劣化,成形,加工性,電極,提供,ピロール,N,ア
                        ルキル　ピロール,支持　電解質,溶剤,溶解,反応　容器,浸漬,電位
                        差,電気　化学的　重合,反応,陽極　材料,銅,材料,重合　方法,ポ
                        リ,加圧　成形,形成,重合体,性能,低下,定電流,充電,定抵抗,放電,
                        長期間,繰返し＞
```

233

<3>

昭61-271746
P出 60-113894
　　S60.05.27
開 61-271746
　　S61.12.02
告 07- 85420
　　H07.09.13
登 2051598
　　H08.05.10
H01M 4/60
H01M 4/02　C
H01M 10/40　Z

有機二次電池
リコー：（株）
〔目的〕陽極活物質としてピロール又はその誘導体と未置換又は置換芳香族アニオン及び無機アニオンとを主成分とするピロール系重合錯体を用いることにより、機械的強度が高く、高寿命、高電流密度の有機電池を形成する。
〔構成〕陽極活物質としてピロール又はその誘導体と未置換又は置換芳香族アニオン及び無機アニオンとを主成分とするピロール系重合錯体を用いるものである。未置換または置換芳香族アニオンとしては、芳香族スルホン酸、芳香族カルボン酸が好ましく、この置換基としては炭素数1～3の低級アルキル基、ニトロ基、シアノ基などが例示される。無機アニオンとしては、ClO₄⁻等を用いることができる。ピロール系重合錯体は、例えば、未置換または置換芳香族アニオンの塩及び無機アニオンの塩の存在下で、ピロール系モノマーを電解重合することによって得られる。
<置換アリール,ポリピロール,芳香族スルホン酸,芳香族カルボン酸,低級アルキル>
<有機 2次 電池,陽極 活物質,ピロール,誘導体,未置換,置換 芳香族 陰イオン,無機 陰イオン,主成分,ピロール 重合 錯体,機械的 強度,高寿命,高電流密度,有機 電池,形成,芳香族 スルホン酸,芳香族 カルボン酸,置換基,炭素数,低級 アルキル,ニトロ基,シアン基,例示,4等,塩,単量体,電解 重合>

（5）スルフィド系

① 技術事項の特徴点

　　リチウムポリマー二次電池の正極材料のうち、特にスルフィド系材料に関するものである。正極活物質を、放充電サイクル中に可逆的に酸化還元可能な多硫化物タイプの結合を多数備えた有機化合物で構成することにより、新しいタイプのカソードが得られ、その電荷を回復し再現可能な形でサイクル作用を行うことができることが<1>*で述べられている。当該材料には、S－S結合を生成するS－Liイオン結合を有するリチウムチオレート化合物を主体とするものが<2>*、<3>で述べられ、関連技術としては、大電流充放電目的として、電解還元によりS－S結合が開裂しS－Liイオン結合を生成し電解酸化によりS－S結合を再成する有機化合物とポリピロールとアクリロニトリルとアクリル酸メチルあるいはメタアクリル酸メチルとの共重合体とリチウム塩とプロピレンカーボネートあるいは／およびエチレンカーボネートを含む固形電極組成物で電極を構成することが<4>*で提案されている。

参照文献（＊は抄録記載）

<1>*特開平 3-93169　　　<2>*特開平 4-267073　　　<3>*特開平 4-284375　　　<4>*特開平 6-20692

参照文献（Japio抄録）

<1>

平03-093169
P出 02-232300　　固体再充電式電気化学電池及びカソード
　　H02.08.31　　ハイドロ　ケベック
開 03- 93169　　〔目的〕全体がソリッドステートで、放充電サイクル中に可逆的に
　　H03.04.18　　酸化還元可能な多硫化物タイプの結合を多数備えた有機化合物で構
登 2698471　　成することにより、新しいタイプのカソードが得られるようにする
　　H09.09.19　　。
H01M 10/40　Z　〔構成〕充電状態の発電気において、Li°又はリチウム合金によ
H01M 4/60　　る完全充電状態のアノード1、Li⁺イオンにより伝導するポリマ電
H01M 10/40　B　解液2、導電性を有する金属とブラツク又はポリマによるカソード
のコレクタ3、電解液2との複合混合物として存在するR－S－S－
Rの形をした充電状態にあるカソードの活性材料4を備える。式R
－S－S－Rに相当する化合物は相当するアルカリ塩又は酸塩をヨ
ードで酸化することによつて作成することができる。これにより電
極の材料がその電荷を回復し再現可能な形でサイクル作用を行うこ
とができる。
＜ポリ硫化物,リチウム合金,リチウムイオン,アルカリ金属塩＞
＜固体,再充電,電気　化学,発電機,全体,固体　状態,充放電,サイ
クル,可逆,酸化　還元　可能,多硫化物,タイプ,結合,多数,有機
化合物,構成,新しい,カソード,充電　状態,リチウム,リチウム　合
金,完全　充電　状態,アノード,Li↑＋　イオン,伝導,重合体,電
解液,導電性,金属,ブラツク,コレクタ,複合　混合物,存在,RS,S
－R,形,活性　材料,式,相当,化合物,アルカリ塩,酸塩,ヨウ素,酸
化,作成,電極,材料,電荷,回復,再現　可能,作用＞

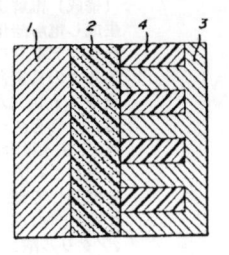

<2>

平04-267073
P出 03- 28403　　リチウム二次電池
　　H03.02.22　　松下電器産業　（株）
開 04-267073　　〔目的〕本発明は,固体あるいは固形状のリチウムイオン伝導性電
　　H04.09.22　　解質を用いるリチウム二次電池に関し,安全性の高いリチウム二次
登 2605989　　電池を提供することを目的とする。£ポリエーテル化合物、層状化
　　H09.02.13　　合物、リチウム塩、電極面積、繊維径、繊維長、金属アルミニウム
H01M 10/38　　、均一分散、イオン交換性、粘土鉱物、極性化合物、電解質スラリ
H01M 10/40　B　ー、ラミネートフイルム
〔構成〕本発明のリチウム二次電池は,正極には,電解酸化により硫
黄－硫黄結合を生成する硫黄－リチウムイオン結合を有するリチウ
ムチオレート化合物を主体とする活物質を用いる。そして,負極に
は,金属アルミニウムあるいはその合金と炭素材料とを主体とする
組成物を用いる。さらに,電解質には,リチウムイオンを含む固体あ
るいは固形状であるリチウムイオン伝導性電解質を用いるもので,
化学的に活性な金属リチウムあるいはその合金を電池組立時に扱う
ことなくリチウム二次電池を安全に組み立てることができる。また
,放電状態では電池中に金属リチウムが実質上ないので,電池が破壊
された際においても発火することはない利点を有している。
＜リチウムイオン,ポリエーテル,金属アルミニウム,金属リチウム
＞
＜リチウム　2次　電池,固体,固形,リチウム　イオン　伝導性　電
解質,安全性,提供,目的,ポリ　エーテル　化合物,層状　化合物,リ
チウム塩,電極　面積,繊維径,繊維長,金属　アルミニウム,均一
分散,イオン　交換性,粘土　鉱物,極性　化合物,電解質,スラリー,
積層　フイルム,陽極,電解　酸化,硫黄,硫黄　結合,生成,リチウム
イオン,結合,リチウム,チオレート,化合物,主体,活物質,陰極,合
金,炭素　材料,組成物,化学的,活性,金属　リチウム,電池　組立,

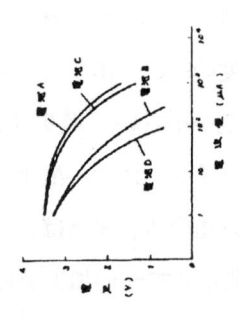

<4>

```
平06-020692
P出 03- 62810      固形電極組成物
    H03.03.27     松下電器産業　（株）
開 06-20692
    H06.01.28     〔目的〕（J）ジスルフイド系化合物とポリピロールとを複合化し
登   2940198      た正極と、ポリアクリロニトリルとアクリル酸メチル等との共重合
    H11.06.18     体を含む固形電解質とを用いることにより、大電流充放電を可能と
H01M  4/60        する。£リチウム二次電池、リチウムイオン伝導性電解質、電気化
H01M 10/40   Z    学素子、電極触媒、有機溶媒
                  〔構成〕電解還元によりS－S結合が開裂しS－Liイオン結合を
                  生成し電解酸化によりS－S結合を再成する有機化合物とポリピロ
                  ールとアクリロニトリルとアクリル酸メチル或はメタアクリル酸メ
                  チルとの共重合体とリチウム塩とプロピレンンカーボネート或は／
                  及びエチレンカーボネートを含む固形電極組成物で電極円板1を作
                  る。これをケース2に接触配置し正極モジユールとする。固形電解
                  質6を注入後金属リチウム円板3を当接した封口板5を負極モジユ
                  ールとしこれでポリプロピレン製封口リング4を介しケース2の開
                  口部を密閉して電池とする。
                  <2硫化物,ポリピロール,アクリロニトリル,ポリアクリロニトリル
                  ,アクリル酸メチル,リチウムイオン,メタアクリル酸,メタクリル酸
                  メチル,炭酸エステル,エチレンカーボネート,金属リチウム,ポリプ
                  ロピレン>
                  <固形,電極 組成物,ジ スルフイド,化合物,ポリ ピロール,複
                  合化,陽極,ポリ アクリロ ニトリル,アクリル酸 メチル,共重合
                  体,固形 電解質,大電流 充放電,リチウム 2次 電池,リチウム
                         イオン 伝導性 電解質,電気 化学 素子,電極 触媒,有機
                  溶媒,電解 還元,S－S 結合,開裂,S,リチウム イオン,結合,
                  生成,電解 酸化,再生,有機 化合物,アクリロ ニトリル,メタ
                  アクリル酸 メチル,リチウム塩,プロピレン,カーボネート,エチレ
```

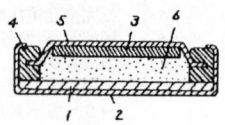

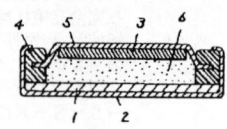

(6) その他

① 技術事項の特徴点

　その他の材料として、空気中でも酸化され難く、従来のポリアセチレンより電気化学的にも酸化劣化し難い、ベンゾチオフエン系高重合体<1>*、空気酸化し難く、軽量で、エネルギー密度および出力密度の高い、ポリ（ジアルコキシフェニレン）<2>、ポリアセチレンやポリフェニレンに比べ、自己放電が小さい、ポリ（2，5－チエニレン）<3>、高い充放電特性を有するポリニトリル<4>、ポリアセチレンに比べ酸化劣化し難く、高率充放電性の良好な多孔性基体に担持したアリーレンカーバイド系重合体、または、ビニレンカーバイド系重合体<5>、主鎖に共役二重結合を持たず、熱可塑性で、酸化せず成形加工が可能で、充放電の繰り返し性、充放電クーロン効率および充電状態での保存性に優れる、ポリーN－ビニルカルバゾール<6>*、主鎖に共役二重結合をもたないにも拘らず、粉体加圧成型性に優れるアセナフチレン化合物<7>*、<8>等がある。

参照文献（＊は抄録記載）

<1>*特開昭 60-264051　　<2>特開昭 59-169068　　<3>特開昭 58-212067　　<4>特開昭 59-66056

<5>特開昭 60-211769　　<6>*特開昭 61-16474　　<7>*特開昭 62-40175　　<8>特開昭 61-224264

参照文献（Japio 抄録）

<1>

昭60-264051
P出 59-119818　　2次電池
　S59.06.13　　昭和電工　（株）
開 60-264051　　〔目的〕正極又は負極の少なくとも一方にベンゾチオフェン系高重
　S60.12.27　　合体を用いることにより，高エネルギー密度で自己放電量が少なく，
H01M 4/60　　　充・放電効率の高い2次電池を提供する。
　　　　　　　　〔構成〕2次電池の正極又は負極の少なくとも一方に，一般式（式中
　　　　　　　　，RはC数5以下のアルキル基，nは0または4以下）で表わされるベ
　　　　　　　　ンゾチオフェン基を繰返し単位とする，ベンゾチオフェン系重合体
　　　　　　　　を使用する。この重合体はその共役構造がシス型ポリアセチレンに
　　　　　　　　類似し，又，硫黄原子を含むことから，その特異的電子構造を有する
　　　　　　　　ものとして電導性材料として期待できる。この重合体の使用により
　　　　　　　　，長期間経過しても電極劣化の小さい性能の優れた2次電池を形成で
　　　　　　　　きる。
　　　　　　　　＜ポリアセチレン＞
　　　　　　　　＜2次　電池,陽極,陰極,一方,ベンゾ　チオフェン,高重合体,高エ
　　　　　　　　ネルギー密度,自己　放電量,充放電,効率,提供,一般,式,炭素数,ア
　　　　　　　　ルキル,繰返し　単位,重合体,使用,共役　構造,シス,ポリ　アセチ
　　　　　　　　レン,類似,硫黄　原子,特異的,電子,構造,導電性　材料,期待,長期
　　　　　　　　間　経過,電極　劣化,性能,形成＞

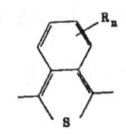

<6>

昭61-016474
P出 59-136391　　二次電池
　S59.06.30　　丸善石油化学　（株）
開 61- 16474　　〔目的〕ポリーN－ビニルカルバゾール電極を両極又は正極に使用
　S61.01.24　　することにより、放電時の電圧の平坦性、充放電の繰り返し性、充
告 03- 29129　　放電クーロン効率および充電状態での保存性の向上を図る。
　H03.04.23　　〔構成〕集電端子1,9、集電体2,8、中央に長方形の窓を開けたガラ
登　1662487　　ス繊維濾紙3,6、その中に充填された110ｍｇのポリーN－ビニルカ
　H04.05.19　　ルバゾール微粉末4,7及びガラス繊維濾紙隔膜5によって電池を組立
H01M 4/60　　　て、集電端子1,9の両端に0．5ｍAの所電流を60分間流し続けて充
H01M 10/40　Z　電した。その際、端子電圧は3．2Vから3．4Vまで変化した。充電
　　　　　　　　後直ちに0．1ｍAの定電流放電を行なったところ、端子電圧は初め
　　　　　　　　3．3Vであったが、その後ゆるやかに下り、72分後に2．6Vになっ
　　　　　　　　た。その後、急激に下り1．0Vになったところで放電を停止した。
　　　　　　　　放電の開始から停止までに要した時間は100分で、充放電時のクー
　　　　　　　　ロン効率は33％と計算された。
　　　　　　　　＜2次　電池,電極,ポリ,N,ビニル　カルバゾール,両極,陽極,使用
　　　　　　　　,放電時,電圧,平坦性,充放電,繰返し,充放電　クーロン　効率,充
　　　　　　　　電　状態,保存性,向上,集電　端子,集電体,中央,長方形,窓,ガラス
　　　　　　　　　繊維　濾紙,充填,微粉末,隔膜,電池,組立,両端,電流,分間,流し,
　　　　　　　　充電,端子　電圧,V,4V,変化,定電流　放電,下り,2分,急激,放電,
　　　　　　　　停止,開始,時間,分,クーロン　効率,計算＞

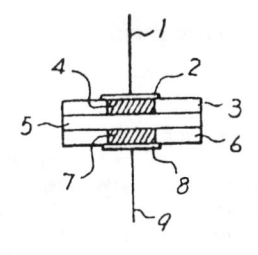

<7>

昭62-040175
P出 60-179132　　二次電池
　S60.08.14　　三菱化成　（株）,三洋電機　（株）
開 62- 40175　　〔目的〕主鎖に共役二重結合を持たない導電性ポリマーを少なくと
　S62.02.21　　も一方の電極とすると共に、固体電解質を有してなることにより、
告 07- 27776　　長期保存や高温での保存、作動に優れたものとする。
　H07.03.29　　〔構成〕主鎖に共役二重結合を持たない導電性ポリマーを少なくと
登　2006324　　も一方の電極とすると共に、固体電解質を有してなるものである。
　H08.01.11　　主鎖に共役二重結合を有さない導電性ポリマーの分子量としては、
H01M 4/60　　　一般に1万〜50万程度のものが使用され、例えば式1の構成単位を有
H01M 10/36　Z　するもの等のアセナフチレン系重合体が挙げられる。具体的には、例
H01M 4/02　B　えば、ポリアセナフチレン等が挙げられる。負極として用いられる
H01M 10/36　Z　ポリマーは、式2で示されるアセナフチレン化合物をラジカル重合
H01M 10/40　Z　する方法等に準じて得ることができる。式1,2中、R^1、R^2は、水素
　　　　　　　　原子等である。
　　　　　　　　＜水素原子＞
　　　　　　　　＜2次　電池,主鎖,共役　2重　結合,導電性　重合体,一方,電極,固
　　　　　　　　体　電解質,長期　保存,高温,保存,作動,分子量,一般,1万,万,程度
　　　　　　　　,使用,式,構成　単位,アセナフチレン　重合体,具体的,ポリ　アセ
　　　　　　　　ナフチレン,陰極,重合体,アセナフチレン,化合物,ラジカル　重
　　　　　　　　合,方法,水素　原子＞

(7) 導電性高分子と導電性高分子の複合材料
① 技術事項の特徴点

前述の正極材料を単独で用いるより、急速充・放電が可能で、しかも放電時の電圧平坦性がよく、サイクル寿命を良好とする技術として種々の正極材料を複合化させて用いる技術が多く提案されている。導電性高分子と導電性高分子の複合材料には、容量が大きく、エネルギー密度が高く、かつ急速充放電特性の良い二次電池を得ることを目的として、ポリアセン系骨格構造を有する特定の不溶不融性基体とアニリン類重合物との複合材料を正極活物質として用いたもの<1>*、高エネルギー密度、低自己放電・高充・放電効率および長サイクル寿命を同時に満足させるため、特定の複素環式化合物を含有するアニリン系化合物と複素環式化合物との酸化共重合体を正極活物質とした<2>*、正極活物質をポリアニリンと、このポリアニリンに被覆のポリピロール系化合物から成る複合材料で形成した<3>*、空気酸化し難く、軽量で、エネルギー密度および出力密度の高い電池を得ることを目的とした、ポリ（ジアルコキシフェニレン）とポリフェニレンとの複合体<4>等がある。

参照文献（＊は抄録記載）

<1>*特開昭63-301465　　<2>*特開昭61-279059　　<3>*特開昭61-245468　　<4>特開昭59-173959

参照文献（Japio 抄録）

<1>

昭63-301465
P出 62-133282　　アニリン複合物を正極とする有機電解質電池
　　S62.05.30　　鐘紡　（株）
開 63-301465　　〔目的〕特定の不溶不融性基体とアニリン類重合物との複合物を正
　　S63.12.08　　極活物質として用いることにより、容量が大きく、エネルギー密度
登　2515547　　が高く、かつ急速充放電特性の良い二次電池が得られるようにする
　　H08.04.30
H01M 4/60
H01M 4/02　 C　〔構成〕フエノール性水酸基を有する芳香族炭化水素化合物とアル
H01M 4/02　 D　デヒド類との縮合物である芳香族系縮合ポリマーの熱処理物であっ
H01M 4/04　 A　て、水素原子／炭素原子の原子比が0．05～0．5であるポリアセン
　　　　　　　　系骨格構造を有し比表面積値が少くとも600㎡／gである不溶不融
H01M 10/40　Z　性基板とアニリン類の重合物との複合物を正極1活物質とする。そ
　　　　　　　　して電解により正極活物質にドーピングできるイオンを生成可能な
　　　　　　　　化合物を非プロトン性有機溶媒に溶解した溶液を電解液4とする。
　　　　　　　　これにより高容量、高エネルギー密度でかつ急速充放電特性の良い
　　　　　　　　有機電解質電池が得られる。
　　　　　　　　＜アミノベンゼン,ヒドロキシベンゼン,ヒドロキシ官能基,フエノ
　　　　　　　　ール性水酸基,炭化水素,芳香族炭化水素,水素原子,炭素原子＞
　　　　　　　　＜アニリン,複合体,陽極,有機　電解質　電池,不溶　不融性　基体
　　　　　　　　,重合物,陽極　活物質,容量,大きさ,エネルギー　密度,急速　充放
　　　　　　　　電,特性,2次　電池,フエノール性　水酸基,芳香族　炭化　水素
　　　　　　　　化合物,アルデヒド,縮合物,芳香族　縮合　重合体,熱処理物,水素
　　　　　　　　　原子,炭素　原子,原子比,ポリ　アセン　骨格　構造,比表面積値
　　　　　　　　,不溶　不融性,基板,活物質,電解,ドーピング,イオン,生成,可能,
　　　　　　　　化合物,非プロトン性　有機　溶媒,溶解,溶液,電解液,高容量,高エ
　　　　　　　　ネルギー密度＞

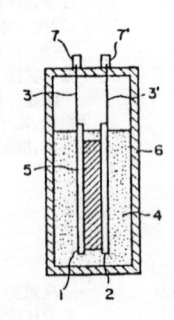

< 2 >

昭61-279059
P出 60-119746　　非水二次電池
　　S60.06.04　　昭和電工　（株），日立製作所：（株）
開 61-279059
　　S61.12.09
H01M　4/60
H01M　4/02
H01M　4/02　C

〔目的〕特定置の複素環式化合物を含有するアニリン系化合物と複素環式化合物との酸化共重合体を正極に用いることにより、高エネルギー密度、低自己放電・高充・放電効率及び長サイクル寿命を同時に満足するようにする。

〔構成〕正極、負極及び非水電解液を主要構成要素とする非水二次電池において、正極として式（a）〜（c）で表わされる複素環式化合物から選ばれた少なくとも一種の化合物を1〜50モル％含有するアニリン系化合物と複素環式化合物との酸化共重合体を用いる。酸化共重合体中のチオフエン系化合物、ピロール系化合物、フラン系化合物またはこれらの混合物の含有量は、1〜50モル％であり、好ましくは1〜30モル％の範囲である。1モル％未満では、共重合効果が得られず、電池性能の改良効果が認められない。一方、50モル％より多い場合には、ドープ率の充分高いものが得られず、性能の良好な電池が得られ難い。

<非水 2次 電池,特定,複素環 化合物,含有,アニリン 化合物,酸化 共重合体,陽極,高エネルギー密度,低自己 放電,高充・放電効率,長サイクル 寿命,同時,満足,陰極,非水 電解液,主要 構成 要素,式,1種,化合物,モル比,チオフエン 化合物,ピロール 化合物,フラン 化合物,混合物,含有量,範囲,1モル,未満,共重合,効果,電池 性能,改良,一方,ドープ率,充分,高さ,性能,良好,電池>

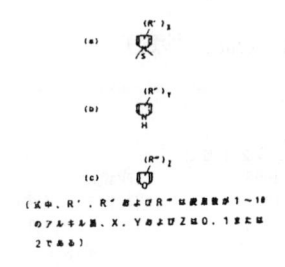

< 3 >

昭61-245468
P出 60-87092　　非水電解液蓄電池
　　S60.04.23　　豊田中央研究所：（株）
開 61-245468
　　S61.10.31
H01M　4/60
H01M　4/02
H01M　4/02　C

〔目的〕正極体の高分子複合体をポリアニリンと、このポリアニリンに被覆のポリピロール系化合物から成る複合体で形成することにより、ポリアニリンの脱落をなくして、充放電の安定な繰返しを可能にする。

〔構成〕水にアニリン単量体、支持電界質としての過塩素酸を溶解して電界槽1中に、ポリアニリン電析液2を調製し、カーボンペーパの正電極31と2枚の負電極32を浸漬して電解を行って、電極31表面に針状重合物の集合体であるポリアニリンを析出させる。この後に極性有機溶媒としてプロピレンカーボネートにピロール単量体と支持電界質としての過塩素リチウムを溶解したポリピロール電析液中に正電極としてのポリアニリンが析出した電極とカーボンペーパの負電極を浸漬し、直流の定電流を流してポリアニリン上にポリピロールを析出する。この高分子複合体を正極体として使用することによってポリアニリンの動作中の脱落をなくして、安定に繰返して充放電を行うことができる。

<ポリアニリン,ポリピロール>

<非水 電解液,蓄電池,陽極体,高分子 複合体,ポリ アニリン,被覆,ポリ ピロール,化合物,複合体,形成,脱落,充放電,安定,繰返し,可能,水,アニリン,単量体,支持,電解質,過塩素酸,溶解,電界槽,電析液,調製,炭素 紙,陽極,2枚,負電極,浸漬,電解,電極,表面,針状,重合物,集合体,析出,極性 有機 溶媒,プロピレン カーボネート,ピロール,過塩素 リチウム,直流,定電流,使用,動作>

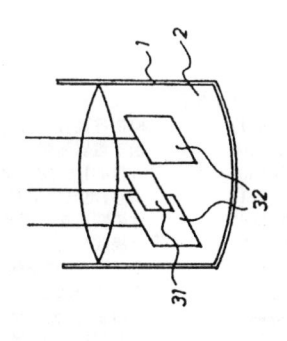

（8）導電性高分子と無機化合物の複合材料

① 技術事項の特徴点

　導電性高分子と無機化合物の複合材料についても、導電性高分子および無機カルコゲン、あるいは導電性高分子および無機酸化物の複合体を正極とするとして<1>*で提案されている。他には、二酸化マンガンと電解重合高分子とを複合化したもの<2>*、ポリアセン系骨格構造を有する特定の不溶不融性基体とバナジウムやモリブデンの酸化物との複合体<3>*、さらに<3>にポリアニリンを複合させたもの<4>、ポリアセン系骨格構造を有する特定の不溶不融性基体と岩塩構造を有するコバルト酸リチウムとを複合化したもの<5>*、<6>等がある。

参照文献（＊は抄録記載）

<1>＊特開昭63-102162　　<2>＊特開昭63-250482　　<3>＊特開昭63-314759　　<4>特開昭63-314761

<5>＊特開平6-20679　　<6>特開平6-20722

参照文献（Japio抄録）

<1>

昭63-102162
P出 61-246589　　二次電池
　　S61.10.17　　昭和電工　（株），日立製作所：（株）
開 63-102162　　〔目的〕導電性高分子及び無機カルコゲナイド，或は導電性高分子
　　S63.05.07　　及び無機酸化物の複合体を正極とすることにより，急速充・放電が
登 2504428　　可能で，しかも放電時の電圧平坦性がよく，サイクル寿命を良好とす
　　H08.04.02　　る。
H01M　4/36　　〔構成〕導電性高分子としては，アニリンまたはピロールの重合体，
H01M　4/02　C　或はアニリン及びピロールの共重合体を用いる。また無機カルコゲ
H01M　4/66　A　ナイドとしては，チタニウム硫化物，モリブデン硫化物，タンタル硫
H01M 10/40　Z　化物，クロム硫化物，バナジウム硫化物またはそれらの非晶質物質，
　　　　　　或いは混合物を用い，無機酸化物としてはコバルト酸化物，バナジウ
　　　　　　ム酸化物，クロム酸化物，タングステン酸化物，マンガン酸化物を用
　　　　　　いる。正極複合体中の導電性高分子の配合割合は，導電性高分子が1
　　　　　　0wt％〜90wt％の範囲内にあるようにする。
　　　　　　＜2次　電池,導電性　高分子,無機,カルコゲナイド,無機　酸化物,
　　　　　　複合体,陽極,急速,充放電,可能,放電時,電圧　平坦性,サイクル
　　　　　　寿命,良好,アニリン,ピロール,重合体,共重合体,チタン,硫化物,モ
　　　　　　リブデン　硫化物,タンタル,クロム,バナジウム,非晶質　物質,混
　　　　　　合物,コバルト　酸化物,バナジウム　酸化物,クロム　酸化物,タン
　　　　　　グステン　酸化物,マンガン　酸化物,配合　割合,範囲＞

<2>

昭63-250482
P出 62- 84017　　導電性高分子複合体およびその製造方法
　　S62.04.06　　松下電器産業　（株）
開 63-250482　　〔目的〕二酸化マンガンと電解重合高分子とを複合化させることに
　　S63.10.18　　より，電気化学的な活性が高く高導電性を有する導電性高分子複合
登 2653048　　体の製造を可能とする。
　　H09.05.23　　〔構成〕この複合材料の合成法の基本的なプロセスは，電解重合性
C25B 11/04　　モノマーの電解重合と同時にMnO₂の電解合成を行わせようとす
H01M　4/02　B　るものである。陽極3として白金，高Crステンレス鋼等，陰極4とし
H01M　4/04　A　て白金，白金ブラック等，モノマーとしてピロール，チオフエン，チエ
C25B 11/12　　ニルピロール，アニリン等，支持電解質として硫酸Mn，塩化Mn等
C25B 11/16　　のMn塩を用いて電解を行う。これにより，ポリピロール，ポリチオ
C25B　3/02　　フエン，ポリチエニルピロール，ポリアニリン等とMnO₂が均一に
H01G　4/18　327Z　複合（分子状複合）した膜が陽極3上に得られる。この導電性高分
H01B　1/06　A　子複合体を用いる事により，電導度が幅広い範囲で制御された導電
　　　　　　性皮膜が得られ，MnO₂よりも高い電気化学的活性が得られる。
　　　　　　＜2酸化,2酸化マンガン,酸化マンガン,アミノベンゼン,ポリピロール,
　　　　　　ポリチオフエン,ポリアニリン＞
　　　　　　＜導電性　高分子,複合体,製造　方法,2　酸化　マンガン,電解
　　　　　　重合　高分子,複合化,電気　化学的,活性,高導電性,製造,複合　材
　　　　　　料,合成,基本的,プロセス,電解　重合性　単量体,電解　重合,同時
　　　　　　,MnO↓2,電解　合成,陽極,白金,高クロム　ステンレス鋼,陰極,
　　　　　　白金　黒色,単量体,ピロール,チオフエン,チエニル,アニリン,支持
　　　　　　　電解質,硫酸,マンガン,塩化,マンガン塩,電解,ポリ　ピロール,
　　　　　　ポリ　チオフエン,ポリ,ポリ　アニリン,均一,複合,分子状,膜,導
　　　　　　電率,幅広,範囲,制御,導電性　被膜,高さ,電気　化学的　活性＞

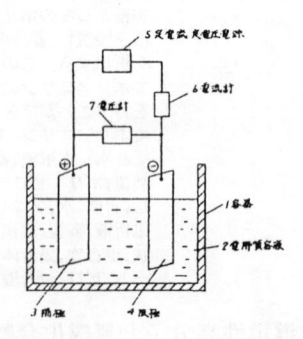

<3>

昭63-314759
P出 62-149182　　金属酸化物複合物を正極とする有機電解質電池
　　S62.06.17　　鐘紡　（株）
開 63-314759　　〔目的〕特定の不溶不融性物質と金属酸化物との複合物を正極活物
　　S63.12.22　　質として用いることにより,容量を大きくし,かつ急速充放電におけ
登 2616774　　　る容量低下の少ない二次電池を得る。
　　H09.03.11　〔構成〕フエノール性水酸基を有する芳香族炭化水素化合物とアル
H01M 4/48　　　デヒド類との縮合物である芳香族系縮合ポリマの熱処理物であつて
H01M 4/58　　　,水素原子／炭素原子の原子比が0.05～0.5であるポリアセン系骨
H01M 4/60　　　格構造を有し,ＢＥＴ法による比表面積値が少なくとも600㎡／gで
H01M 4/02　C　ある不溶不融物質と金属酸化物との複合物を正極1の活物質としてい
H01M 4/04　A　る。また,電解により正極活物質にドーピングされ得るイオンを
　　　　　　　　生成能な化合物の非プロトン性有機溶媒溶液を電解液4としている
　　　　　　　　。そして,正極活物質の複合物へのドーピング剤の電気化学的ドー
　　　　　　　　ピングと電気化学的アンドーピングを利用して電池作用を得ている
　　　　　　　　。
　　　　　　　　＜金属酸化物,ヒドロキシベンゼン,ヒドロキシ官能基,フエノール
　　　　　　　　性水酸基,炭化水素,芳香族炭化水素,水素原子,炭素原子＞
　　　　　　　　＜金属　酸化物,複合体,陽極,有機　電解質　電池,不溶　不融性,
　　　　　　　　物質,陽極　活物質,容量,急速　充放電,容量　低下,2次　電池,フ
　　　　　　　　エノール性　水酸基,芳香族　炭化　水素　化合物,アルデヒド,縮
　　　　　　　　合物,芳香族,縮合　重合体,熱処理物,水素　原子,炭素　原子,原子
　　　　　　　　比,ポリ　アセン　骨格　構造,ＢＥＴ,比表面積値,不溶　不融,活
　　　　　　　　物質,電解,ドーピング,イオン,生成能,化合物,非プロトン性　有機
　　　　　　　　　　溶媒　溶液,電解液,ドーピング剤,電気　化学的　ドーピング,電
　　　　　　　　気　化学的,アンドーピング,利用,電池　作用＞

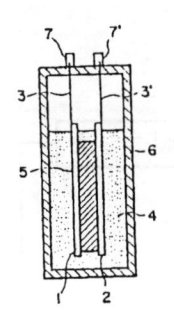

<5>

平06-020679
P出 04-202928　　電池用電極
　　H04.07.06　　鐘紡　（株）
開 06-20679　　〔目的〕電池用電極は単位体積当たりの容量が大きく、該電極を用
　　H06.01.28　　いた電池は長期に亘つて充電,放電が可能であり、しかも製造を容
登 2744555　　　易とする。£芳香族縮合ポリマー、熱処理物、原子数比、ＢＥＴ法
　　H10.02.06　　比表面積、不溶不融性基体
H01M 4/02　C　〔構成〕ポリアセン系有機高分子半導体とリチウム酸化コバルトと
H01M 4/58　　　の複合物とを活物質とする電池用電極であつて、リチウム酸化コバ
H01M 10/40　Z　ルトの平均粒子径が1μm以下であり、01μm以下の細孔体積が全
H01M 4/02　B　細孔体積に対して70％以上である。
　　　　　　　　＜電池　電極,単位　体積,容量,大きさ,電極,電池,長期,充電,放電
　　　　　　　　,可能,製造,容易,芳香族,縮合　重合体,熱処理物,原子数比,ＢＥＴ
　　　　　　　　　比表面積,不溶　不融性　基体,ポリ　アセン,有機　高分子　半
　　　　　　　　導体,リチウム酸,コバルト,複合体,活物質,平均　粒径,細孔体,積
　　　　　　　　＞

241

[正極構造・製造方法]

1. 技術テーマの構造

(ツリー図)

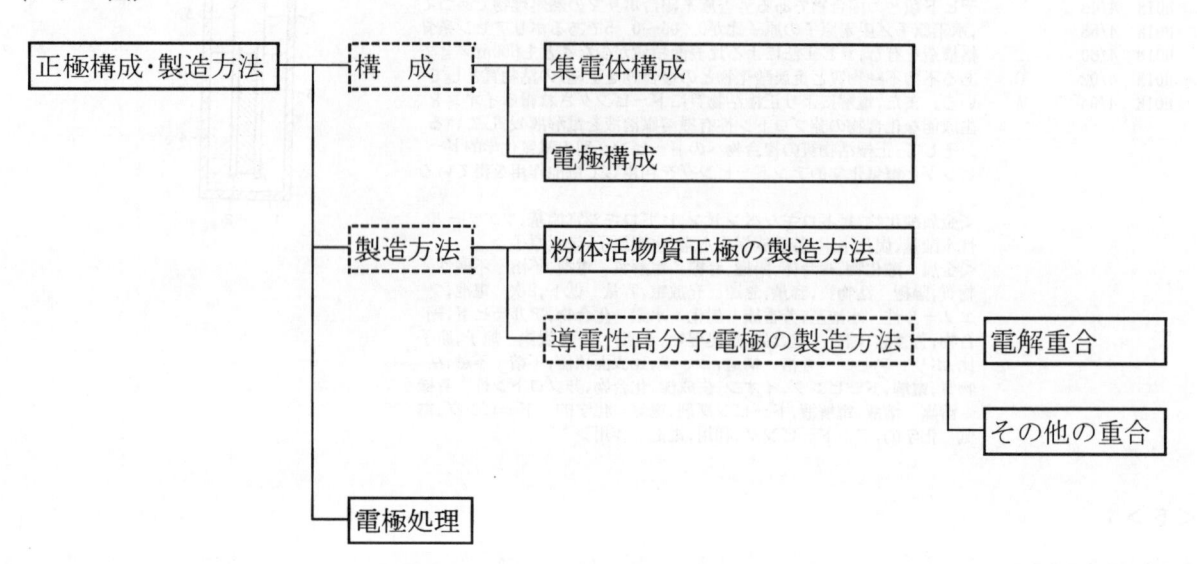

```
正極構成・製造方法 ─┬─ 構　成 ─┬─ 集電体構成
                   │         └─ 電極構成
                   │
                   ├─ 製造方法 ─┬─ 粉体活物質正極の製造方法
                   │           └─ 導電性高分子電極の製造方法 ─┬─ 電解重合
                   │                                          └─ その他の重合
                   │
                   └─ 電極処理
```

リチウムポリマー二次電池の正極構成・製造方法に関する技術は、主として構成、製造方法、得られた正極の処理に分類できる。正極の構成は、集電体構成に関するものと、集電体を除いた材料構成からなる電極構成に分類することができる。製造方法は、充填、塗工を中心とした粉体活物質正極の製造方法に関するものと、集電体への直接重合を中心とした導電性高分子正極の製造方法に関する方法に分類される。さらに、該導電性高分子正極の製造方法は電解重合により合成する技術と、その他の重合技術に分類される。電極処理には、前述の製造方法で得られた電極の特性向上を目的として行う、加工処理、化学処理等の二次的な加工処理がある。

2. 各技術事項について

(1) 集電体構成

① 技術事項の特徴点

　　リチウムポリマー二次電池の正極のうち、特に集電体に特徴のある技術に関するものである。集電体にスポンジ状金属多孔体を用いる渦巻形電極の、巻き始め部分が他の部分より高多孔度とすることにより、亀裂や破断による寿命低下を防止し、長寿命で、高容量となる<1>*、発泡メタルとして片面が高多孔度で他面が低多孔度の発泡メタルを用いることにより、活物質の脱落を無くし、また高多孔度の一面によって充填性を良好にする<2>、多孔度を70〜98%に規定した金属発泡体を用いて、導電性高分子の利用率を高めて充放電効率の向上を図ることを目的にした<3>、二次元網目状金属よりなる電極基材の表面に導電性高分子を電解重合により析出させ、乾燥時に発生する収縮力を緩和してポリアニリンの電極からはく離を防ぐとともに、電極基体への活物質の塗布工程を省略して直接電池への組み込みを可能とした<4>*、グラファイトのフェルトを用いて、電極の電気伝導度を改善し、

充電初期における電池電圧を抑え、定電流充電を可能にすると共に、有機溶媒の分解を阻止することを目的とした<5>*、所定の処理がなされたＡｌの集電体を用いることにより、均一で、軽量で、機械的特性が高く、密着性の高い電極を得ることを目的とした<6>*、特定の結晶面を有するＡｌ上に導電性高分子を析出させ、密着性を向上させ、界面インピーダンス特性を改善することを目的とした<7>、3次元構造を有する長尺電極基板を加圧して基板の長手方向に沿って所定の多孔度の1本または複数本の低多孔度領域を形成することにより、ローラプレスに際して電極基板のペースト充填部と無充填部との間の伸延度の差を緩和して、それらの境界で破損することを防止することを目的とした<8>*等がある。

参照文献（＊は抄録記載）

<1>*実開昭57-23871　　<2>特開昭62-140359　　<3>特開昭62-256362　　<4>*特開昭62-20243

<5>*特開昭58-189968　<6>*特開平2-168560　　<7>特開平2-043266　　<8>*特開平1-265452

参照文献（Japio抄録）

<1>

昭57-023871
U出 55-101464　　　電池用渦巻形電極
　S55.07.17　　　　松下電器産業　（株）
開 57- 23871　　　〔要約〕スポンジ状金属多孔体を用いる渦巻形電極の亀裂や破断に
　S57.02.06　　　　よる寿命低下を防止し、長寿命で、高容量である。
告 62- 42448　　　<電池,渦巻 電極,スポンジ 金属 多孔体,亀裂,破断,寿命 低
　S62.10.30　　　　下,防止,長寿命,高容量>
登　1733171
　S63.06.06
H01M 4/78　　A
H01M 4/80　　C
H01M 4/24　　Z
H01M 4/02
H01M 4/24
H01M 4/80
H01M 4/02　　Z
H01M 10/04　 W

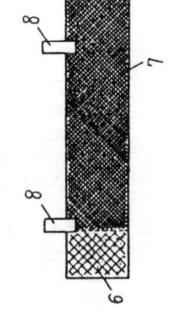

<4>

昭62-020243
P出 60-158247　　　二次電池の電極及びその製法
　S60.07.19　　　　昭和電工　（株），日立製作所：（株）
開 62- 20243　　　〔目的〕二次元網目状金属よりなる電極基材の表面に,電極活物質
　S62.01.28　　　　としての導電性高分子であるポリアニリンを電解重合により析出さ
H01M 4/02　　　　せることにより,二次電池用電極の製造工程数を削減する。
H01M 4/04　　　〔構成〕ステンレス鋼,チタン,ニオブ,タンタル,タングステン,ス
H01M 4/02　 B　　ズ,パラジウム,ルテニウム,ロジウム,イリジウム,白金,金の内から
H01M 4/04　 A　　選ばれる二次元網目状金属からなる電極基材の表面に,電極活物質
　　　　　　　　　としての導電性高分子であるポリアニリンを電解重合により析出さ
　　　　　　　　　せることにより,二次電池用電極を形成する。そして乾燥時に発生
　　　　　　　　　する収縮力を緩和してポリアニリンの電極からはく離を防ぐととも
　　　　　　　　　に,電極基体への活物質の塗布工程を省略して直接電池への組込み
　　　　　　　　　を可能とする。したがつて製造を容易にし,かつ電池寿命の向上を
　　　　　　　　　図ることができる。
　　　　　　　　　<ポリアニリン>
　　　　　　　　　<2次 電池,電極,製法,2次元,網目状 金属,電極 基材,表面,電
　　　　　　　　　極 活物質,導電性 高分子,ポリ アニリン,電解 重合,析出,2次
　　　　　　　　　電池 電極,製造 工程数,削減,ステンレス鋼,チタン,ニオブ,タ
　　　　　　　　　ンタル,タングステン,スズ,パラジウム,ルテニウム,ロジウム,イリ
　　　　　　　　　ジウム,白金,金,形成,乾燥,発生,収縮力,緩和,電極 基体,活物質,
　　　　　　　　　塗布 工程,省略,直接,電池,組込,製造,電池 寿命,向上>

<5>

```
昭58-189968
P出 57-74081       有機電解質二次電池
   S57.04.30      三洋電機 (株)
開 58-189968
   S58.11.05
H01M 4/02   B
H01M 10/40  Z
```
〔目的〕電極を導電性基体とこの基体上に合成したポリアセチレンとで形成することにより,有機電解質二次電池における電極の電気伝導度の改善を図る。
〔構成〕電極の基体として,グラファイトのフエルト等の導電性基体を使用する。この基体上に適宜の方法でポリアセチレンを合成させ,有機電解質二次電池の少なくとも一方に使用する。この電極構成により,電極の電気伝導度を改善し,充電初期における電池電圧値を抑え,定電流充電を可能にすると共に,有機溶媒の分解を阻止できる。
＜ポリアセチレン＞
＜有機　電解質　2次　電池,電極,導電性　基体,基体,合成,ポリアセチレン,形成,電気　伝導率,改善,黒鉛,フエルト,使用,方法,一方,電極　構成,充電　初期,電池　電圧値,抑え,定電流　充電,可能,有機　溶媒,分解,阻止＞

<6>

```
平02-168560
P出 63-152227     シート状電極、その製造方法およびそれを用いた二次電池
   S63.06.22     リコー：(株)
開 02-168560
   H02.06.28
登 2725786
   H09.12.05
H01M 4/60
H01M 4/02   B
H01M 10/40  Z
```
〔目的〕特定系重合体の高分子材料活性物質と所定処理されたAlの集電体とで形成することにより,軽量で高エネルギ密度の機械的特性が高く,密着性の高いシート状電極を得る。
〔構成〕アニリン系重合体の高分子活性物質と,粗面化処理されたAlの集電体とで電極を形成すると,軽量で高密度の機械的特性が高く,密着性の高いシート状電極となる。
＜アミノベンゼン,ポリアニリン＞
＜シート状　電極,製造　方法,2次　電池,特定,重合体,高分子　材料,活性　物質,所定,処理,アルミニウム,集電体,形成,軽量,高エネルギー密度,機械的　特性,密着性,アニリン　重合体,高分子,粗面化　処理,電極,高密度＞

<8>

```
平01-265452
P出 63-95018      ペースト式電極の製造方法
   S63.04.18     東芝電池 (株)
開 01-265452
   H01.10.23
登 2708123
   H09.10.17
H01M 4/04   Z
H01M 4/26   Z
```
〔目的〕3次元構造を有する長尺電極基板を加圧して基板の長手方向に沿つて所定の多孔度の1本または複数本の低多孔度領域を形成することにより,ペースト充填部と無充填部との境界での破損を防止する。
〔構成〕3次元構造を有する電極基板フープ1から供給された長尺電極基板2を外周面に1本または複数本の環状突起3が形成された一対の突起付ローラ4a,4b間を通して加圧し,長尺電極基板2の長手方向に沿つて多孔度が20〜60体積％の複数の低多孔度領域5を形成する。次いでこの長尺電極基板2への活物質を含むペーストの充填,低多孔度領域5のペースト除去,更に電極基板のローラプレスを行つた後,電極基板の低多孔度領域5に集電体14を溶接する。これによりローラプレスに際して電極基板のペースト充填部と無充填部との間の伸延度の差を緩和して,それらの境界で破損することを防止できる。
＜ペースト　電極,製造　方法,3次元　構造,長尺,電極　基板,加圧,基板,長手　方向,多孔度,1本,複数本,低多孔度,領域,形成,ペースト　充填,無充填,境界,破損,防止,フープ,供給,外周面,環状　突起,1対,突起　ローラ,4a,4b,複数,活物質,ペースト,充填,除去,ローラ　プレス,集電体,溶接,伸延度,差,緩和＞

(2) 電極構成

① 技術事項の特徴点

　リチウムポリマー二次電池の正極のうち、特に電極構成に特徴のある技術に関するものである。リチウムポリマー二次電池の電解質に高分子固体電解質を用いて構成される電池において最も重要な課題は固体電極と固体電解質の界面の電気的導通を如何なる充電状態においても確保し、また、これ

を長期にわたって維持することである。この課題を解決する手段として、電極活物質の表面および細孔に固体電解質を存在させる技術が<1>*、<2>、<3>、<4>、<5>等で提案されている。

電極構成に関するその他の技術としては、熱可塑性重合体粉末の存在下でアセチレン系化合物を重合して得られる重合体組成物を電極に用いることにより、高エネルギー密度で放電時の平担性およびサイクル寿命の良好な軽量化、小型化が容易でかつ安価な電池を得るもの<6>、アセチレン高重合体、熱可塑性樹脂、導電性材料および網目状物質よりなる複合体を電極に用いることにより、電極の強度を増大し、サイクル寿命を改善・向上し、高エネルギー密度にするもの<7>、特定一般式で示されるオルトエステル誘導体の少なくとも1種を用いてポリアセチレン重合体を被覆することにより、実用的な二次電池として有用なポリアセチレン複合体を得るもの<8>、導電性高分子の電池集電面と対向する面を炭化させることにより、接触抵抗を大幅に低減して充放電容量の増大とサイクル寿命の向上を図るもの<9>等がある。

参照文献（＊は抄録記載）

<1>*特開昭60-97561　　　<2>特開昭61-211963　　　<3>特開昭61-281458　　　<4>特開平1-311561

<5>特開平5-166511　　　<6>特開昭59-196582　　　<7>特開昭60-10570　　　<8>特開昭60-125665

<9>特開昭62-37873

参照文献（Japio抄録）

<1>

```
昭60-097561
P出 58-205270        固体電解質二次電池
    S58.10.31        日立製作所：（株），昭和電工　（株）
開 60- 97561         〔目的〕電極活物質の表面及び細孔に固体電解質を存在させること
    S60.05.31        により、高い電流密度で使用できるようにする。
H01M  4/02  A        〔構成〕電極活物質の表面および細孔に固体電解質を存在させてい
H01M  4/62           る。例えば、アセトニトリル溶媒にポリエチレンオキシドとLiB
H01M 10/36  Z        F₄を溶解し、この溶媒にゲル状のポリアセチレンを入れ一晩放置
H01M  4/62  Z        する。冷媒とポリアセチレンを分離し、次いでポリアセチレン中の
H01M  4/02           溶媒を真空下で除去し、ポリアセチレン2,4の微細孔に固体電解質
                     を保持させる。得られたポリアセチレンを圧縮成形し、フイルム状
                     とする。一方、先のアセトニトリル溶媒にポリエチレンオキシドと
                     LiBF₄を溶解させたものの溶媒を揮散させ、厚さ0.2～0.3m
                     mの固体電解質3を調製し、前記のポリアセチレン電極2,4を用い、
                     電池を構成する。
                     <ポリエチレンオキサイド,ポリアセチレン>
                     <固体　電解質　2次　電池,電極　活物質,表面,細孔,固体　電解
                     質,存在,高さ,電流　密度,使用,アセト　ニトリル　溶媒,ポリ　エ
                     チレン　オキシド,LiBF↓4,溶解,溶媒,ゲル,ポリ　アセチレン
                     ,一晩,放置,冷媒,分離,真空,除去,微細孔,保持,圧縮　成形,フイル
                     ム,一方,揮散,厚さ,調製,ポリ　アセチレン　電極,電池,構成>
```

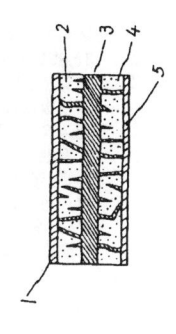

（3）粉体活物質正極の製造方法

① 技術事項の特徴点

　　リチウムポリマー二次電池の正極のうち、特に粉体活物質正極の製造方法に特徴のある技術に関するものである。粉体活物質正極の製造方法は多孔体集電体にペーストを充填する技術と、集電体シートにコーティングする技術とに分類できる。充填技術に関しては、発泡メタルに摺動治具でペースト状活物質を充填する際に、この治具に設けた複数個の擦り板を柔軟度が順次小さくなるように配列す

ることにより活物質を高密度で充填可能にするもの<1>*、連続集電体に低粘度ペーストを充填するペースト充填ボックスを設け、ペースト充填ボックスに連続集電体を通過させ、かつ、連続集電体の一方の面側に低粘度ペーストを供給することにより連続集電体に充填する低粘度ペーストの充填量や充填厚みのばらつきを少なくするもの<2>*、発泡メタルの表面を一部露出させながら、ペースト状活物質との接触を保持して強制的にペーストを移動させて、発泡メタルに連続的に充填することにより、高密度の充填、量産性の向上を図るもの<3>、ペーストの半乾燥状態で多数の凹凸部を有する加圧面で加圧成形することにより、充填密度の高い電極を得るもの<4>等がある。コーティング技術には被塗布物を相対的に移動させつつ、2個所の間で被塗布物の両面へ塗布剤を供給するもの<5>*、活物質層を集電体に島状に形成することにより、積層物を螺旋状に巻き取っても、正極活物質に、ひび、われ、剥離などが生ずることを防止することを目的としたもの<6>*等がある。

参照文献（＊は抄録記載）

<1>*特開昭55-121270　　<2>*特開平6-163037　　<3>特開昭55-14687　　<4>特開昭55-90067

<5>*特開平1-194265　　<6>*実開平4-24263

参照文献（Japio 抄録）

<1>

```
昭55-121270
P出 54- 28985       電池用活物質の充填装置
   S54.03.13       松下電器産業　（株）
開 55-121270       〔目的〕発泡メタルに摺動治具でペースト状活物質を充填する際に
   S55.09.18       ,この治具に設けた複数個の擦り板を柔軟度が順次小さくなるよう
告 61- 51379       に配列することにより,活物質を高密度で充填可能にする。
   S61.11.08       〔構成〕長尺帯状の発泡メタル1を案内ローラ2～5で移動させなが
登  1384994        らペースト槽6に収容したペースト状活物質7を,摺動治具11で摺り
   S62.06.26       込んで連続して充填する。この摺動治具は,本体11とクランク治具1
                   3と複数個の擦り板12とで構成し,発泡メタル1の下側に設けた多孔
H01M 4/20  Z       性支持板8と摺動する擦り板12との間で充填を行う。この複数個の
H01M 4/26  Z       擦り板12は,軟質合成樹脂,ゴム等で形成し,さらにその柔軟度を,発
H01M 4/04  Z       泡メタル1の移動方向に対して順次小さくするように配列する。
H01M 4/04  Z       <電池 活物質,充填 方法,発泡 金属,摺動 治具,ペースト 活
                   物質,充填,治具,複数個,摺板,柔軟度,順次,配列,活物質,高密度,充
                   填 可能,長尺 帯状,案内 ローラ,移動,ペースト槽,収容,摺り,
                   連続,本体,クランク,構成,下側,多孔性 支持板,摺動,軟質 合成
                   樹脂,ゴム,形成,移動 方向>
```

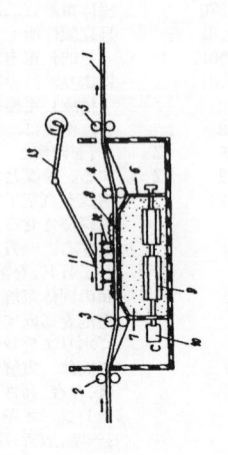

＜2＞

平06-163037
P出 04-316721　　蓄電池用ペースト充填装置
　　H04.11.26　　新神戸電機　（株）
開 06-163037　　〔目的〕連続集電体に充填する低粘度ペーストの充填量や充填厚み
　　H06.06.10　　のばらつきの少ない蓄電池用ペースト充填装置を得る。£エキスパ
登 2734322　　　ンド格子、連続鋳造格子、充填部、充填圧力、横断面積
　　H10.01.09　　〔構成〕連続集電体5に低粘度ペーストを充填するペースト充填ボ
H01M 4/20 Q　　ックス8を設ける。ペースト充填ボックス8には、連続集電体5を通
H01M 4/04 Z　　過させる連続集電体通路9と、連続集電体通路9内の連続集電体5の
　　　　　　　　一方の面側に低粘度ペーストを供給する加圧低粘度ペースト供給路
　　　　　　　　10と、連続集電体通路9から余剰ペーストを連続集電体通路9からみ
　　　　　　　　て加圧低粘度ペースト供給路10が設けられている側と同じ側に排出
　　　　　　　　させる余剰ペースト排出路11とを設ける。
　　　　　　　　＜蓄電池，ペースト　充填　装置，連続，集電体，充填，低粘度，ペー
　　　　　　　　スト，充填量，充填　厚み，ばらつき，エキスパンド　格子，連続　鋳造，
　　　　　　　　格子，充填　圧力，横断面積，ペースト　充填，ボックス，通過，通路，
　　　　　　　　一方，面側，供給，加圧，供給路，余剰　ペースト，排出，排出路＞

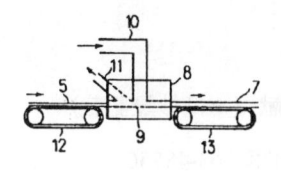

＜5＞

平01-194265
P出 63-15660　　塗布装置及びその使用方法
　　S63.01.26　　ソニー　（株）
開 01-194265　　〔目的〕被塗布物を相対的に移動させつつ，2個所の間で被塗布物の
　　H01.08.04　　両面へ塗布剤を供給することにより，被塗布物の両面に塗布剤を同
登 2689457　　　時に塗布可能とする。
　　H09.08.29　　〔構成〕シヤツタ部材35ａ,35ｂを方向Bへスライドさせると、
H01M 4/04 Z　　これらの部材35ａ,35ｂとドクターブレード31ａ,31ｂとが離間する。こ
H01M 4/26 Z　　のため滞留部36ａ,36ｂからＡｌ箔21の両面へ同時に塗布剤43が供
B05C 3/132　　　給され，更にこの塗布剤43がブレード31ａ,31ｂによって掻き取られ
　　　　　　　　て，塗布剤43がＡｌ箔21の両面に同時に所定の厚さずつ塗布される
　　　　　　　　。また部材35ａ,35ｂを方向Aへスライドさせてブレード31ａ,31ｂ
　　　　　　　　に当接させると、滞留部36ａ,36ｂからＡｌ箔21への塗布剤43の供給
　　　　　　　　が抑止され、塗布剤43はＡｌ箔21に塗布されない。従ってシヤツタ
　　　　　　　　部材35ａ,35ｂの方向A及びBへの動作を繰り返すと、塗布剤43がＡ
　　　　　　　　ｌ箔21の両面に同時に間欠塗布される。
　　　　　　　　＜塗布　装置，使用　方法，被塗布物，相対的，移動，2個所，両面，塗布
　　　　　　　　剤，供給，同時，塗布　可能，シヤツタ　部材，5ａ,5ｂ，方向，B，スラ
　　　　　　　　イド，部材，ドクター　ブレード，1ａ,1ｂ，離間，滞留，6ａ,6ｂ，アル
　　　　　　　　ミ箔，ブレード，掻取，厚さ，塗布，当接，抑止，動作，間欠　塗布＞

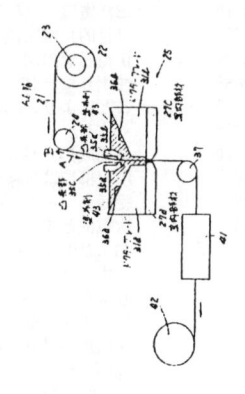

＜6＞

平04-024263
U出 02-59671　　筒状ポリマー電池
　　H02.06.07　　リコー：（株）
開 04-24263　　〔要約〕正極活物質が集電体にしま状に形成されている正極、セパ
　　H04.02.27　　レータ及び負極を重ねて、角型渦巻状に形成したので、正極、セパ
登 2527838　　　レータ及び負極の積層物を渦巻状に巻き取っても、正極活物質に、
　　H08.12.02　　ひび、われ、剥離などが生ずることを防止できる。
H01M 4/70 A　　＜筒状，重合体　電池，陽極　活物質，集電体，縞状，形成，陽極，分離
H01M 10/40 Z　　器，陰極，角形，渦巻状，積層物，巻取，ひび，われ，剥離，防止，2次　電
H01M 10/38　　　池＞

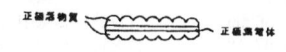

（4）電解重合

① 技術事項の特徴点

　リチウムポリマー二次電池の正極に用いる導電性高分子を合成する技術のうち、特に電解重合に関する技術である。電圧が時間と共に正負間で交互に反復して変化し、かつ正電圧値の期間が大きい非対称電圧を印加して電解重合させるもの<1>*、ポリアニリンを合成する段階で、硫酸含有反応媒体中で電気化学重合法を行うにあたり、反応電極に対して交流を印加することにより、高度なモルフォロジーを有し、化学的安定性、集電体との密着性に優れたポリアニリン電極が得られるようにするも

の<2>、溶媒中のポリアニリン単量体を、特定電位で定電位電解重合を行ったのち、定電流電解重合を連続して行うことにより、高い生産性で、膜の機械的強度に優れ、均一で非水電解液に不溶なポリアニリン類が得られるもの<3>*、溶媒中のポリアニリン単量体を、定電流電解重合で重合開始後、特定の設定電位で定電位電解重合を継続することにより、膜質の良好な高性能なポリアニリン類を短時間で製造するもの<4>*等がある。

参照文献（＊は抄録記載）

<1>*特開昭63-48750　　　<2>特開平 1-132051　　　<3>*特開平 3-166390　　　<4>*特開平 3-166391

参照文献（Japio 抄録）

<1>

昭63-048750
P出 61-192288　　　二次電池
　　S61.08.18　　　三洋電機　（株）
開 63- 48750　　　〔目的〕電圧値が時間と共に正負間で交互に反復して変化し、かつ
　　S63.03.01　　　正電圧値の期間が大きい非対称電圧を印加して電解重合させた導電
告 06- 79488　　　性ポリマーを、正極あるいは負極の少なくとも一方の電極に用いる
　　H06.10.05　　　ことにより、充放電反応をスムースにすると共に充放電容量を大き
登　1947278　　　くする。
　　H07.07.10　　　〔構成〕セパレータ3を挟んで正極1と負極2とを設け、負極2の外面
H01M　4/60　　　中央部には負極集電体7を形成する。次にこの積層体を外周縁には
H01M　4/02　　B　絶縁パッキング6を介在させながら正極缶4と負極缶5とで締付け二
H01M　4/04　　A　次電池とする。この電池を作成するには0.2MのピロールC_4H_5N
　　　　　　　　　および0.2Mの過塩素酸リチウム$LiClO_4$を夫々プロピレンカ
　　　　　　　　　ーボネートに溶かして電解液とし、ここにSUS網からなる陽極と
　　　　　　　　　リチウム箔からなる陰極を浸し波高最高値が4.0Vで周波数が150
　　　　　　　　　Hzの交流電圧と+2.0Vの直流電圧とを重畳した非対称交流電圧
　　　　　　　　　を印加し電気分解を行い陽極にポリピロールを電解重合させる。
　　　　　　　　　＜ポリピロール＞
　　　　　　　　　＜2次　電池,電圧値,時間,正負,反復,変化,正電圧,値,期間,大きさ
　　　　　　　　　,非対称,電圧,印加,電解　重合,導電性　重合体,陽極,陰極,一方,
　　　　　　　　　電極,充放電　反応,平滑,充放電　容量,分離器,外面,中央部,陰極
　　　　　　　　　　集電体,形成,積層体,外周縁,絶縁　パッキン,介在,陽極缶,陰極
　　　　　　　　　缶,締付,電池,作成,ピロール,C↓4,H,過塩素酸　リチウム,Li
　　　　　　　　　ClO↓4,プロピレン　カーボネート,電解液,SUS,網,リチウム
　　　　　　　　　箔,浸漬,波高,最高値,V,周波数,交流　電圧,直流　電圧,重畳,非
　　　　　　　　　対称　交流　電圧,電気　分解,ポリ　ピロール＞

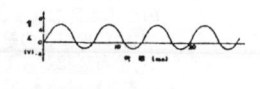

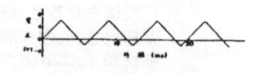

<3>

平03-166390
P出 01-304990　　　ポリアニリン類の製造方法
　　H01.11.25　　　リコー：（株）
開 03-166390　　　〔目的〕溶媒中のポリアニリン単量体を、特定電位で定電位電解重
　　H03.07.18　　　合を行った後,定電流電解重合を連続して行うことにより,高い生産
登　2826849　　　性で膜質の良好なポリアニリン類を製造する。
　　H10.09.18　　　〔構成〕HBF_4等を含む水等を溶媒とし,アニリン等単量体を電解
C08G 73/00　NTB　重合してポリアニリン類を得る。上記ポリアニリン類の電解重合に
C25B　3/00　　　よる製造方法に於いて,はじめ0.6～1.0VvsSCEの定電位電
H01M　4/60　　　解重合を行う。その後重合電流がある程度上昇した時点で定電流電
C08G 73/00　　　解重合に切り換える。これにより高い生産性で,膜の機械的強度に
C08F　2/58　　　優れ,均一で非水電解液に不溶なポリアニリン類が得られる。
C25D　9/02　　　＜アミノベンゼン,ポリアニリン,フツ化硼素酸＞
　　　　　　　　　＜ポリ　アニリン,製造　方法,溶媒,単量体,特定　電位,定位
　　　　　　　　　電解,重合,定電流　電解,連続,高さ,生産性,膜質,良好,製造,HB
　　　　　　　　　F↓4,水等,アニリン,電解　重合,V,SC,後重合,電流,程度,上昇
　　　　　　　　　,時点,切換,膜,機械的　強度,均一,非水　電解液,不溶＞

248

<4>

平03-166391	ポリアニリン類の製造方法
P出 01-304991	リコー：(株)
H01.11.25	〔目的〕溶媒中のポリアニリン単量体を，定電流電解重合で重合開始後，特定の設定電位で定電位電解重合を継続することにより，膜質の良好な高性能なポリアニリン類を短時間で製造する。
開 03-166391	
H03.07.18	
登 2826850	〔構成〕水等の溶媒中で，アニリン等の単量体を電解重合してポリアニリン類を得る。上記ポリアニリン類の電解重合による製造方法に於いて，重合開始時は0.5～50mA／cm²程度の重合電流で，定電流電解重合を行う。その後ポリアニリン類の被覆が完了し，電極電位が減少した時点で定電位電解重合に切換えて電解重合を継続する。その際重合電位を0.55～0.8VvsSCEの設定電位とする。これにより生産性高く，機械的強度，均一性の点で良好な膜質で非水溶媒に不溶なポリアニリン類を得る。
H10.09.18	
C08F 2/58	
C25B 3/00	
C08G 73/00 NTB	
C08G 73/00	
C25D 9/02	
H01M 4/60	

＜アミノベンゼン，ポリアニリン＞
＜ポリ アニリン,製造 方法,溶媒,単量体,定電流 電解,重合,重合 開始,設定 電位,定電位 電解,継続,膜質,良好,高性能,短時間,製造,水等,アニリン,電解 重合,程度,電流,被覆,完了,電極電位,減少,時点,切換,電位,V,SCE,生産性,機械的 強度,均一性,非水 溶媒,不溶＞

（5）その他の重合

① 技術事項の特徴点

　リチウムポリマー二次電池の正極に用いる導電性高分子を合成する技術のうち、該合成方法が電解重合以外の技術に関するものである。金属微粉末を混入した触媒を金属メッシュに付着させ、アセチレンガスを供給して重合反応させることにより、膜厚が均一で機械的安定性に優れた導電性を有するポリアセチレンフィルムを効率的に得るもの<1>*、酸化剤を保持しうる空間を有したフィルム状の基材上で共役二重結合を有する化合物を気相雰囲気で重合させ、この重合体を形成したフィルム状導電材料を得て、この導電材料を正極材料として用いることにより、充電効率ならびにサイクル寿命の向上を図り、コストを低減するもの<2>*、酸化剤を保持して溶媒に可溶な材質の多孔性基材中で導電性高分子を重合させて多孔性基材中の空間にポリマーを形成する。また溶媒で多孔性基材を溶解除去して導電性高分子多孔体を得、電池サイクル特性の向上および電池容量の増加を図るもの<3>*、活線光線を照射して複合正極電解質を形成することにより、品質の均一性を図るもの<4>等がある。

参照文献（＊は抄録記載）

<1>*特開昭 61-108632　　<2>*特開昭 62-119860　　<3>*特特開平 1-134856　　<4>特開平 5-41247

参照文献（Japio抄録）

<1>

昭61-108632
P出 59-231479　　導電性ポリアセチレンフイルムの製造方法
　　S59.11.02　　ほくさん：（株）
開 61-108632　　〔目的〕金属微粉末を混入した触媒を金属メツシユに付着させ,ア
　　S61.05.27　　セチレンガスを供給して重合反応させることにより,膜厚が均一で
告 03-　7208　　機械的安定性に優れた導電性を有するポリアセチレンフイルムを効
　　H03.02.01　　率的に得る。
登　1647822　　〔構成〕まず,チーグラーナツタ触媒の中に金属微粉末を混入する
　　H04.03.13　　。この金属微粉末の粒径は,5～15μが最適である。次いで,この金
H01M 4/04　A　　属微粉末が混入された触媒を,閉成器体に配設した金属メツシユに
H01B 5/16　　　毛細管現象を利用して付着させる。この金属メツシユのサイズとし
H01M 4/60　　　ては,20メツシユ以下,金属の厚みが50～150μ程度が好ましい。次
C08F 38/00 MPU いで前記閉成器体内の触媒にアセチレンガスを供給して,重合反応
C08J 5/18　　　を生じさせる。この結果,ポリアセチレンフイルムの中に金属微粉
H01B 1/12　C　　末が均一に分散されると共に,このポリアセチレンフイルムと金属
H01M 4/04　　　メツシユが一体に結合された導電性ポリアセチレンフイルムを得る
C08J 5/18 CER　。
C08F 38/02　　　＜ポリアセチレン＞
C08F138/00 MPU ＜導電性　ポリ　アセチレン,フイルム,製造　方法,金属　微粉末,
H01M 10/40　Z　　混入,触媒,金属　メツシユ,付着,アセチレン　ガス,供給,重合　反
　　　　　　　　応,膜厚,均一,機械的　安定性,導電性,ポリ　アセチレン　フイル
　　　　　　　　ム,効率,チーグラー　ナツタ　触媒,粒径,最適,閉成,器体,配設,毛
　　　　　　　　細管　現象,利用,サイズ,メツシユ,金属,厚み,程度,閉成器体内,分
　　　　　　　　散,一体,結合＞

<2>

昭62-119860
P出 60-260923　　二次電池
　　S60.11.20　　三菱化成　（株）,三洋電機　（株）
開 62-119860　　〔目的〕共役二重結合を有する化合物を特定の基材上に重合した導
　　S62.06.01　　電材料を得,この導電材料を電極材料として用いることにより,充電
告 06-36360　　効率並びにサイクル寿命の向上を図り,コストを低減する。
　　H06.05.11　　〔構成〕酸化剤を保持しうる空間を有したフイルム状の基材上で共
登　1918195　　役二重結合を有する化合物を気相雰囲気で重合させ,この重合体を
　　H07.04.07　　形成したフイルム状導電材料を,正または負極1,2の少なくとも一方
H01M 4/02　　　の電極として用いる。酸化剤としては共役二重結合を有する化合物
H01M 4/04　　　に対し重合活性を有する化合物であり,単独又は2種類以上組合せて
H01M 4/02　B　　使用される。基材は酸化剤を保持し得る空間を有したものが使用さ
H01M 4/04　A　　れ,多孔性材料,織布,不織布,複数の単繊維で構成された繊維状物等
H01M 4/60　　　が用いられる。共役二重結合を有する化合物はピロール系,チオフ
H01M 10/40　Z　　エン系化合物が使用される。
　　　　　　　　＜2次　電池,共役　2重　結合,化合物,基材,重合,導電　材料,電極
　　　　　　　　　材料,充電　効率,サイクル　寿命,向上,コスト,低減,酸化剤,保
　　　　　　　　持,空間,フイルム,気相　雰囲気,重合体,形成,正,陰極,一方,電極,
　　　　　　　　重合　活性,単独,2種類　以上,使用,多孔性　材料,織布,不織布,複
　　　　　　　　数,単繊維,構成,繊維状物,ピロール,チオフエン　化合物＞

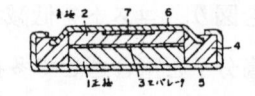

<3>

平01-134856
P出 62-293236　　二次電池の製造方法
　　S62.11.20　　三菱化成　（株）,三洋電機　（株）
開 01-134856　　〔目的〕導電性ポリマ多孔体中でこの導電性ポリマと異種の導電性
　　H01.05.26　　ポリマを重合させてなる導電性ポリマ複合体を正極あるいは負極の
告 07-73061　　電極として用いることにより,電池サイクル特性の向上および電池
　　H07.08.02　　容量の増加を図る。
登　2040770　　〔構成〕酸化剤を保持して溶媒に可溶な材質の多孔性基材中で導電
　　H08.03.28　　性ポリマを重合させて多孔性基材中の空間にポリマを形成する。ま
H01M 4/04　A　　た溶媒で多孔性基材を溶解除去して導電性ポリマ多孔体を得る。更
H01M 4/02　B　　にこの導電性ポリマ多孔体中でこの導電性ポリマと異種の導電性ポ
H01M 10/36　Z　　リマを重合させ,得られる導電性ポリマ複合体を用いて二次電池の
H01M 10/38　　　正極1または負極2の少なくとも一方の電極を形成する。そして上記
　　　　　　　　導電性ポリマ,異種の導電性ポリマはポリピロール,ポリアニリンの
　　　　　　　　いずれが用いられる。このようにして電池サイクル特性を向上でき
　　　　　　　　,また単位体積当りの電池容量を増加できる。
　　　　　　　　＜ポリピロール,アミノベンゼン,ポリアニリン＞
　　　　　　　　＜2次　電池,導電性　重合体,多孔体,異種,重合,複合体,陽極,陰極
　　　　　　　　,電極,電池,サイクル　特性,向上,電池　容量,増加,酸化剤,保持,
　　　　　　　　溶媒,可溶,材質,多孔性　基材,空間,重合体,形成,溶解　除去,一方
　　　　　　　　,ポリ　ピロール,ポリ　アニリン,単位　体積当り＞

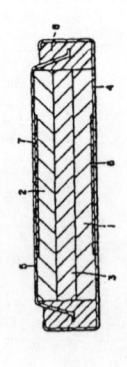

(6) 電極処理
① 技術事項の特徴点

リチウムポリマー二次電池の正極において、特性向上を目的として、前述の製造方法で得られた電極に対して行う加工処理、化学処理等の二次的な加工処理に関する技術である。発泡メタルの上面部を活物質とともに、擦り具の擦り速度を特定値に規定して、擦ることにより、電極の均一性と量産性の向上を図るもの<1>*、電極材料として用いる導電性高分子膜の厚み方向に複数の切り込みまたは貫通孔を設けることにより、高エネルギー密度、高出力密度で、よりコンパクトな電池を得るもの<2>、主鎖に共役二重結合を有する高分子化合物を用いた電極をあらかじめ真空加熱処理することにより、クーロン効率が高く、自己放電の小さい二次電池を得るもの<3>、所定の有機脂肪族カルボン酸類で処理して導電材料を形成することにより、半径の大きな細孔を増大させ、電池容量の増大と充放電効率の向上を図るもの<4>*、<5>、電解重合時の不純物や電解液、オリゴマーを除去し、電池のエネルギー密度を高くするとともに、充放電のサイクル特性を向上させる目的でアルカリによる洗浄処理を行うもの<6>*等がある。

参照文献（＊は抄録記載）

<1>*特開昭 54-58836　　<2>特開昭 59-49161　　<3>特開昭 60-97568　　<4>*特開平 1-194202

<5>特開平 1-194266　　<6>*特開昭 62-10861

参照文献（Japio 抄録）

<1>

昭54-058836
P出 52-126562
　　S52.10.20
開 54- 58836
　　S54.05.11
告 58- 33668
　　S58.07.21
登　1201348
　　S59.04.05
H01M 4/04　Z
H01M 4/20　Z
H01M 4/26　Z

電池用電極の製造法
松下電器産業　（株）
〔目的〕発泡メタルの上面部を活物質とともに，擦り具の擦り速度を特定値に規定して，擦ることにより，電極の均一性と量産性の向上を図ること。
〔構成〕活物質4を活物質容器2の中に入れ，撹拌機3を駆動させて，よく混練し，発泡メタル1の底面に当る多孔板5より上部にくるように調節する。発泡メタル1はペースト状活物質4の中を，駆動モータ7で作動する擦り具6により発泡メタルの上面部を活物質とともに擦られながら通っていくことにより，電極を形成する。1秒間当りの擦り具による擦り速度をｙｃｍとし，擦り具の振幅をａｃｍとし，1秒間当りの擦り具の移動サイクルをX回とする時，次の関係式が成立する。$y=2aX, 10cm \leq y \leq 64cm$。なお擦り具の振幅ａを30ｃｍ以下とすることが必要である。
<電池　電極,製造,発泡　金属,上面,活物質,摺り具,摺り,速度,特定値,規定,電極,均一性,量産,向上,容器,撹拌機,駆動,混練,底面,多孔板,上部,調節,ペースト,活物,駆動　モータ,作動,形成,秒間,当り,振幅,ａｃ,移動　サイクル,関係,成立,2ａ>

<4>

平01-194202
P出 63-16372　　導電材料
　S63.01.27　　三菱化成　(株)
開 01-194202　　〔目的〕特定のアニリン系化合物の酸化重合体を所定の有機脂肪族
　H01.08.04　　カルボン酸類で処理して導電材料を形成することにより，電気伝導
登　2684617　　度を増大し，半径の大な細孔を増大する。
　H09.08.15　　〔構成〕式のアニリン系化合物を電気化学的に重合した酸化重合体
H01B 1/12　G　を飽和脂肪族モノカルボン酸類，飽和脂肪族ジカルボン酸類，不飽和
C08G 73/00　　脂肪族の同様のカルボン酸類から選ばれた有機脂肪族カルボン酸類
H01B 1/12　　の液状物で処理して洗浄，減圧乾燥等し導電材料を作成すると，電気
H01M 4/60　　伝導度，半径の大な細孔の増大した良好なものとなる。式中，R¹，R
　　　　　　²：水素原子，アルキル基，アルコキシ基，アリール基，アリロキシ基，
　　　　　　アミノ基，アルキルアミノ基，アリールアルキル基，R³，R⁴：水素原
　　　　　　子，アルキル基，アリール基；。
　　　　　　＜アミノベンゼン,脂肪族カルボン酸,モノカルボン酸,脂肪族モノ,
　　　　　　脂肪族モノカルボン酸,飽和脂肪族,飽和脂肪族モノカルボン酸,ジ
　　　　　　カルボン,ジカルボン酸,脂肪族ジカルボン酸,飽和脂肪族ジカルボ
　　　　　　ン酸,不飽和脂肪族,水素原子,アルキルオキシ,アミノ官能基,アル
　　　　　　キルアミノ,アリールアルキル＞
　　　　　　＜導電　材料,アニリン　化合物,酸化　重合体,有機,脂肪族　カル
　　　　　　ボン酸,処理,形成,電気　伝導率,増大,半径,細孔,式,電気　化学的
　　　　　　,重合,飽和　脂肪族　モノ　カルボン酸,飽和　脂肪族　ジ　カル
　　　　　　ボン酸,不飽和　脂肪族,カルボン酸,液状物,洗浄,減圧　乾燥,作成
　　　　　　,良好,水素　原子,アルキル,アルコキシ基,アリール,アリロキシ基
　　　　　　,アミノ基,アルキル　アミノ基,アリール　アルキル＞

<6>

昭62-010861
P出 60-146766　　非水系二次電池
　S60.07.05　　昭和電工　(株),日立製作所：(株)
開 62-10861　　〔目的〕アニリン（誘導体）の重合体をアルカリ処理してから正極
　S62.01.19　　に用いることにより，電池のエネルギー密度と充放電の可逆性とを
告 06-3734　　向上させる。
　H06.01.12　　〔構成〕正極にアニリン（誘導体）の重合体が用いられ，負極にア
登　1879289　　ルカリ金属（合金），導電性高分子，またはアルカリ金属合金と導電
　H06.10.07　　性高分子との複合体が用いられている。そして，アニリン（誘導体
H01M 4/60　　）の重合体は，電気化学的重合法または化学的重合法で得られ，アル
H01M 4/02　　カリによる洗浄処理が行われてから正極に使用されている。この構
H01M 4/02　C　成によると，電池のエネルギー密度を高くするとともに，充放電の可
H01M 10/40　Z　逆性を向上させることができる。
　　　　　　＜アミノベンゼン,アルカリ金属＞
　　　　　　＜非水系　2次　電池,アニリン,誘導体,重合体,アルカリ　処理,陽
　　　　　　極,電池,エネルギー　密度,充放電,可逆,向上,陰極,アルカリ　金
　　　　　　属,合金,導電性　高分子,アルカリ　金属　合金,複合体,電気　化
　　　　　　学的　重合,化学的,重合,アルカリ,洗浄　処理,使用,構成＞

[負極材料]

1．技術テーマの構造

(ツリー図)

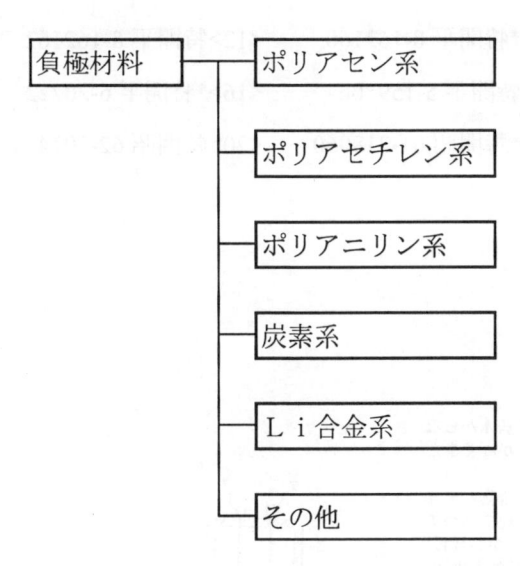

```
負極材料 ─┬─ ポリアセン系
          ├─ ポリアセチレン系
          ├─ ポリアニリン系
          ├─ 炭素系
          ├─ Li合金系
          └─ その他
```

　リチウムポリマー二次電池の負極材料に関する技術は、主としてポリアセン系骨格構造を有する不溶不融性基体からなるポリアセン系に関するものと、主鎖に共役二重結合を有するアセチレン重合体からなるポリアセチレン系に関するものと、アニリン系化合物の重合体であるポリアニリン系に関するものと、導電性高分子と炭素との混合からなる炭素系に関するものと、導電性高分子とLi合金との混合からなるLi合金系に関するものと、その他に関するものに分類できる。その他に関するものには、ピロール系化合物からなるもの、フェニレン系化合物からなるもの、チオフェン系化合物からなるものがある。

2．各技術事項について

(1) ポリアセン系

① 技術事項の特徴点

　リチウムポリマー二次電池の負極材料のうち、特にポリアセン系骨格構造を有するものである。芳香族系縮合ポリマーの熱処理であって、水素原子／炭素原子の原子数比が 0.05～0.5、ＢＥＴ法による比表面積が 600 ㎡／g 以上である特定のポリアセン系骨格構造を有する不溶不融性基体からなる有機半導体を負極とするもの<1>*、<2>、<3>、<4>、<5>、<6>、<7>、電池容量の向上のために、この有機半導体を酸により処理するもの<8>、有機半導体の粉砕時に細孔の一部を崩さずにＢＥＴ法による比表面積を 1500 ㎡／g 以上にしたもの<9>*、電極の電気抵抗を適正なものとするために、水素原子／炭素原子の原子数比を 0.15～0.33 としたもの<10>*、ポリアセン系骨格構造を有する不溶不融性基体のLi量を制御したもの<11>*、<12>、<13>、電極のゆるみを抑止するために、不溶不融性基体と熱硬化製樹脂とからなる成形体のもの<14>、<15>、<16>*、<17>、<18>*、内部抵抗を小さくするために、電解液が細部まで侵入し易い構造となるように不溶不融性基体が特定の孔径を持つもの

<19>*、<20>等がある。

参照文献（*は抄録記載）

<1>*特開昭63-218157　　<2>特開昭63-218160　　<3>特開昭60-170163　　<4>特開昭63-298965

<5>特開昭61-80773　　<6>特開昭61-80774　　<7>特開平1-220372　　<8>特開昭64-650

<9>*特開平2-220368　　<10>*特開昭58-209864　　<11>*特開平8-162160　　<12>特開平8-162162

<13>特開平8-162163　　<14>特開平5-159805　　<15>特開平5-159806　　<16>*特開平6-20722

<17>特開平3-233860　　<18>*特開平3-233861　　<19>*特開昭61-218060　　<20>特開昭62-301464

参照文献（Japio抄録）

<1>

昭63-218157
P出 62-50115
　　　S62.03.06
開 63-218157
　　　S63.09.12
登 2534490
　　　H08.06.27
H01M 4/58
H01M 4/02　B
H01M 10/40　Z

有機電解質電池
鐘紡　（株）
〔目的〕特定のポリアセン系骨格構造を持つ不溶不融性基体からなる有機半導体を電極活物質とすることにより、電池電圧が高くまた容量の大きい有機電解質電池を得る。
〔構成〕フエノール性水酸基を有する芳香族炭化水素化合物とアルデヒド類との縮合物である芳香族系縮合ポリマーの熱処理であつて、水素原子／炭素原子の原子数比が0.05～0.5であり、かつＢＥＴ法による比表面積が600㎡／G以上であるポリアセン系骨格構造を含有する不溶不融性基体に、予め電子供与性物質又はカチオンをドーピングした不溶不融性基体を正極1及び負極2とする。そして電解によつてこの電極1,2にドーピングされるイオンを生成できる電解質と非プロトン性有機溶媒とを含む溶液を電解液4とする。このようにドーピングを予め施した不溶不融性基体を正極1及び負極2に用いることにより大きい容量を有し、かつ広い作動電位幅を持つことができる。
＜有機 電解質 電池,ポリ アセン 骨格 構造,不溶 不融性 基体,有機 半導体,電極 活物質,電池 電圧,容量,大きさ,フエノール性 水酸基,芳香族 炭化 水素 化合物,アルデヒド,縮合物,芳香族 縮合 重合体,熱処理,水素 原子,炭素 原子,原子数比,ＢＥＴ,比表面積,含有,電子 供与性 物質,陽イオン,ドーピング,陽極,陰極,電解,電極,イオン,生成,電解質,非プロトン性 有機 溶媒,溶液,電解液,作動,電位幅＞

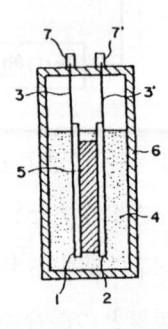

<9>

平02-220368
P出 01-41062
　　　H01.02.20
開 02-220368
　　　H02.09.03
登 2919848
　　　H11.04.23
C08L101/00　LSY
H01M 10/40　Z
C08L101/00

有機電解質電池
鐘紡　（株）
〔目的〕特定のポリアセン系骨格構造を含有する不溶不融基体を粉末とし,この粉末を正極,負極として使用することにより,高容量の有機電解質電池を得る。
〔構成〕正極1及び負極2は,炭素,水素及び酸素から成る芳香族系ポリマーの熱処理物であつて,平均粒径が5.0～0.1μmであり,且つ水素原子／炭素原子の原子比が0.5～0.05であるポリアセン系骨格構造を含有する不溶不融性基体の,ＢＥＴ法による比表面積値が少なくとも1500㎡／gの粉末成形体である。また電解液4には,電解により電極にドーピング可能なイオンを生成できる化合物の非プロトン性有機溶媒溶液を使用する。これにより高容量の有機電解質電池を得ることができる。
＜有機 電解質 電池,ポリ アセン 骨格 構造,含有,不溶 不融,基体,粉末,陽極,陰極,使用,高容量,炭素,水素,酸素,芳香族 重合体,熱処理物,平均 粒径,水素 原子,炭素 原子,原子比,不溶 不融性 基体,ＢＥＴ,比表面積値,粉末 成形体,電解液,電解,電極,ドーピング,可能,イオン,生成,化合物,非プロトン性 有機 溶媒 溶液＞

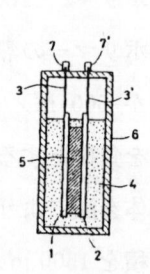

<10>

昭58-209864
P出 57- 93437　　有機電解質電池
　　S57.05.31　　鐘紡　(株)
開 58-209864　　〔目的〕ポリアセン系骨格構造を含有する不溶不融性基体を電極と
　　S58.12.06　　し、電解により該電極にドーピングされ得るイオンを生成し得る化
告 04- 6072　　合物を非プロトン性有機溶媒に溶解したものを電解液とすることに
　　H04.02.04　　より、小型軽量化或は薄形化を図る。
登 1733809　　〔構成〕炭素、水素および酸素からなる芳香族系縮合ポリマーの熱
　　H05.02.17　　処理物であつて水素原子／炭素原子の原子比が0.33〜0.15で表わ
H01M 4/36　　されるポリアセン系骨格構造を含有する不溶不融性基体を正極又は
H01M 10/40　Z　／及び負極とし、電解により該電極にドーピングされ得るイオンを
H01M 4/60　　生成し得る化合物を非プロトン性有機溶媒に溶解したものを電解液
H01M 4/58　　とする。そして、電池機能は正極又は負極に電子受容性物質又は電
　　　　　　　子供与性物質をドーピングすることにより発揮される。このように
　　　　　　　して、小型化、軽量化、薄形化が可能で且つ高容量、高出力で長寿
　　　　　　　命の新規な高性能電池を得ることができる。
　　　　　　　＜有機 電解質 電池,ポリ アセン 骨格 構造,含有,不溶 不
　　　　　　　融性 基体,電極,電解,ドーピング,イオン,生成,化合物,非プロト
　　　　　　　ン性 有機 溶媒,溶解,電解液,小型 軽量化,薄形化,炭素,水素,
　　　　　　　酸素,芳香族 縮合 重合体,熱処理物,水素 原子,炭素 原子,原
　　　　　　　子比,陽極,陰極,電池,機能,電子 受容性 物質,電子 供与性 物
　　　　　　　質,発揮,小型化,軽量化,可能,高容量,高出力,長寿命,新規,高性能
　　　　　　　電池＞

<11>

平08-162160
P出 06-330719　　有機電解質電池
　　H06.12.06　　鐘紡　(株)
開 08-162160　　〔目的〕(J)正極に金属酸化物、負極に特定の不溶不融性基体を
　　H08.06.21　　用い、リチウム量を制御し且つリチウムを適切に担持させることに
登 2869354　　より、高容量、高電圧で安全且つ低内部抵抗の製造容易な2次電池
　　H10.12.25　　を得る。£芳香族炭化水素化合物、アルデヒド類、リチウム金属、
H01M 4/60　　エチレンカーボネート、製造容易
H01M 10/38　　〔構成〕正極と負極を備え、リチウム塩の非プロトン性有機溶媒溶
H01M 10/40　Z　液を電解液として、有機電解質電池を得る。上記電池の正極を、L
H01M 4/58　　i_xCoO_2等の金属酸化物とする。又負極を、芳香族ポリマーの
H01M 4/02　C　熱処理物でH／C比が0.5〜0.05のポリアセン系骨格構造を有す
H01M 4/02　D　る不溶不融性基体(PAS)とする。更に上記負極PASに対し、
　　　　　　　電池内に含まれる総リチウム量を500mAh／g以上、且つ負極由
　　　　　　　来のリチウムを100mAh／g以上とする。又負極由来のリチ
　　　　　　　ウムを、負極板同一平面且つ外周部の全部或いは一部に配置されたリチ
　　　　　　　ウムと負極PAS又は負極集電体との少なくとも一部の直接な接触に
　　　　　　　より担持させる。
　　　　　　　＜有機 電解質 電池,陽極,金属 酸化物,陰極,不溶 不融性 基
　　　　　　　体,リチウム量,制御,リチウム,適正,担持,高容量,高電圧,安全,低
　　　　　　　内部 抵抗,製造 容易,2次 電池,芳香族 炭化 水素 化合物,
　　　　　　　アルデヒド,リチウム 金属,エチレン カーボネート,リチウム塩,
　　　　　　　非プロトン性 有機 溶媒 溶液,電解液,電池,CoO_2,芳香族
　　　　　　　重合体,熱処理物,H／C,比,ポリ アセン 骨格 構造,PAS,
　　　　　　　由来,陰極板,同一 平面,外周,全部,一部,配置,陰極 集電体,直接
　　　　　　　,接触＞

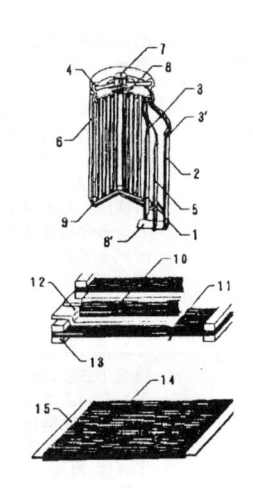

<16>

平06-020722
P出 04-202927　　有機電解質電池
　　H04.07.06　　鐘紡　(株)
開 06- 20722　　〔目的〕容量が大きく且つ高電圧で長期に亘つて充放電が可能であ
　　H06.01.28　　り、安全性に優れており、しかも製造が容易且つ経済的な二次電池
登 2703696　　を得る。£不溶不融性物質正極、不溶不融性物質負極
　　H09.10.03　　〔構成〕正極がポリアセン系ポリマーと平均粒径が1μm以下で0.
H01M 4/02　B　1μm以下の細孔直径を有する細孔体積が全細孔体積に対して70%
H01M 4/58　　以上を占めるリチウム酸化コバルト粒子との複合物、負極がポリア
H01M 10/40　Z　セン系ポリマーと熱硬化性樹脂とを含む成形体にリチウムを3%以
H01M 4/02　C　上担持せしめたものであることを特徴とする。
H01M 4/02　D　＜有機 電解質 電池,容量,大きさ,高電圧,長期,充放電,可能,安
　　　　　　　全性,製造,容易,経済性,2次 電池,不溶 不融性,物質,陽極,陰極,
　　　　　　　ポリ アセン,重合体,平均 粒径,細孔 直径,細孔体,積,リチウム
　　　　　　　酸,コバルト,粒子,複合体,熱硬化性 樹脂,成形体,リチウム,担持,
　　　　　　　特徴＞

<18>

平03-233861
P出 02- 29889　　有機電解質電池
　　H02.02.08　　鐘紡　（株）
開 03-233861　　〔目的〕負極活物質をリチウムとし、負極として炭素、水素及び酸
　　H03.10.17　　素からなる特定の芳香族系縮合ポリマーの熱処理物を用いることに
登　2574731　　より、長期に亘って充電、放電を可能にする。
　　H08.10.24　　〔構成〕正極1、負極2並びに電解液4を備え、負極2として炭素、水
C08L 61/06　LMS　素及び酸素からなる芳香族系縮合ポリマーの熱処理物を用いる。こ
H01M　4/60　　こで芳香族系縮合ポリマーは（a）フエノール性水酸基を有する芳
H01M 10/40　Z　香族炭化水素化合物とアルデヒドとの縮合物、（b）フエノール性
C08L 61/04　　水酸基を有する芳香族炭化水素化合物、フエノール性水酸基をもた
　　　　　　　　ない芳香族炭化水素化合物及びアルデヒドの縮合物及び（c）フラ
　　　　　　　　ン樹脂から選ばれる。そして熱処理物の水素／炭素の原子比が0．5
　　　　　　　　0～0．05であるポリアセン系骨格構造を含有する不溶不融基体を熱
　　　　　　　　可塑性樹脂バインダーを用いて成形する際、もしくは成形後、熱可
　　　　　　　　塑性樹脂の融点以上で加熱処理した不溶不融性基体成形体にリチウ
　　　　　　　　ムをモル百分率で3％以上坦持させる。これにより長期サイクル特
　　　　　　　　性が良好になる。
　　　　　　　　＜フラン樹脂＞
　　　　　　　　＜有機　電解質　電池，陰極　活物質，リチウム，陰極，炭素，水素，酸
　　　　　　　　素，芳香族　縮合　重合体，熱処理物，長期，充電，放電，可能，陽極，電
　　　　　　　　解液，フエノール性，水産，芳香族　炭化　水素　化合物，アルデヒド
　　　　　　　　，縮合物，フエノール性　水酸基，たな，フラン　樹脂，原子比，ポリ
　　　　　　　　アセン　骨格　構造，含有，不溶　不融，基体，熱可塑性　樹脂　バイ
　　　　　　　　ンダー，成形，熱可塑性　樹脂　融点　以上，加熱　処理，不溶　不融
　　　　　　　　性　基体，成形体，モル，百分率，担持，長期　サイクル，特性，良好＞

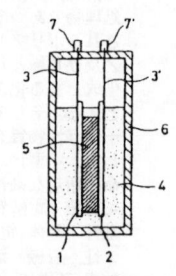

<19>

昭61-218060
P出 60- 58604　　有機電解質電池
　　S60.03.25　　鐘紡　（株）
開 61-218060　　〔目的〕特定の物性を持つフエノール性水酸基を有する芳香族炭化
　　S61.09.27　　水素化合物とアルデヒド類との縮合物である芳香族系縮合ポリマー
告 06- 30260　　から成る有機半導体を電極活物質とすることにより，小型化，薄形化
　　H06.04.20　　あるいは軽量化を可能とするとともに，起電圧を高く，内部抵抗を小
登　1902878　　さく，長期にわたる充電，放電を可能とする。
　　H07.02.08　　〔構成〕水素原子／炭素原子の原子比が0．5～0．05であるポリア
H01M 10/40　Z　セン系骨格構造を有し，BET法による比表面積値が少なくとも600
H01M　4/60　　㎡／gであり，そして平均孔系10μm以下の連通孔を持つ，芳香族系
H01M　4/02　　縮合ポリマーよりなる不溶不融性基体を，正極および／または負極
H01M　4/02　B　とし，電解により該電極にドーピングされうるイオンを生成しうる
H01M　4/02　C　化合物を，非プロトン性有機溶媒に溶解した溶液を，電解液とする。
H01M 10/40　　このような多孔性不溶不融性基体を電極として使用すると，内部抵
　　　　　　　　抗を小さく，繰返し充放電を可能とし，長期にわたって電池性能が低
　　　　　　　　下しないようにすることができる。
　　　　　　　　＜有機　電解質　電池,物性,フエノール性　水酸基,芳香族　炭化
　　　　　　　　　水素　化合物,アルデヒド,縮合物,芳香族　縮合　重合体,有機
　　　　　　　半導体,電極　活物質,小型化,薄形化,軽量化,起電圧,内部　抵抗,
　　　　　　　長期,充電,放電,水素　原子,炭素　原子,原子比,ポリ　アセン　骨
　　　　　　　格　構造,BET,比表面積値,平均孔,連通孔,不溶　不融性　基体,
　　　　　　　陽極,陰極,電解,電極,ドーピング,イオン,生成,化合物,非プロトン
　　　　　　　性　有機　溶媒,溶解,溶液,電解液,多孔性,使用,繰返し,充放電,可
　　　　　　　能,電池　性能,低下＞

(2) ポリアセチレン系

① 技術事項の特徴点

　　リチウムポリマー二次電池の負極材料のうち、特にポリアセチレン高重合体を有するものである。
高エネルギー密度で、小型軽量の電池を得るために、アセチレン高重合体の比表面積、嵩密度を特定
したもの<1>*、<2>、電極の機械的強度を向上させるために、熱可塑性重合体粉末表面にポリアセチ
レン重合体を形成したもの<3>、アセチレン高重合体と熱可塑性樹脂と導電性材料と網目状物質から
なるもの<4>*、電極の電気伝導度を改善するために、導電性基体上にポリアセチレン重合体を形成
したもの<5>*、ポリアセチレンに導電剤を混合したもの<6>*、ポリアセチレンと電極との接触面積

を大きくして電流値を増大させるために、多孔質の発泡金属上にポリアセチレンを形成したもの等がある。

参照文献（＊は抄録記載）

<1>*特開昭 58-38465　　<2>特開昭 58-40781　　<3>特開昭 59-196582　　<4>*特開昭 60-10570
<5>*特開昭 58-189968　　<6>*特開昭 58-111275

参照文献（Japio 抄録）

<1>

```
昭58-038465
P出 56-136072        二次電池
   S56.09.01        昭和電工　(株)
開 58-38465         〔目的〕カソード極またはアノード極の一方または双方の極を大き
   S58.03.05        な比表面積を有するアセチレン高重合体で形成することにより，得
H01M  4/60          られる二次電池を軽量，小型でエネルギー密度の高いものにする。
H01M  4/02 B        〔構成〕アノード極，カソード極及び有機非水電解液から構成され
H01M 10/40 Z        る二次電池において，少なくとも一方の極を，比表面積100m²／g以
                    上のアセチレン高重合体で形成する。この場合，電池を密閉式とし，
                    実質的に無酸素の状態にしてアセチレン高重合体が酸化されないよ
                    うにする。そして，高重合体をカソード極に用いた場合，アノード極
                    としては，ポーリングの電気陰性度約1．6を越えない金属を，支持電
                    解質としては電気陰性度約1．6を越えない金属の陽イオンと陰イオン
                    との塩などを用いる。なお，このアセチレン高重体はチーグラー
                    ・ナツタ触媒を用いて製造される。
                    ＜ポリアセチレン＞
                    ＜2次　電池，カソード極，アノード極，一方，双方向，極，比表面積，ア
                    セチレン　高重合体，形成，軽量，小型，エネルギー　密度，有機　非
                    水，電解液，構成，電池，密閉，実質的，無酸素，酸化，高重合体，場合，ポ
                    ーリング，電気　陰性度，金属，支持　電解質，陽イオン，陰イオン，塩
                    ，アセチレン，重体，チーグラー，ナツタ，触媒，製造＞
```

<4>

```
昭60-010570
P出 58-116889        二次電池
   S58.06.30        昭和電工　(株)，日立製作所：(株)
開 60- 10570        〔目的〕アセチレン高重合体，熱可塑性樹脂，導電性材料及び網目状
   S60.01.19        物質よりなる複合体を電極に用いることにより，電極の強度を増大
H01M  4/02 A        し，二次電池のサイクル寿命を長くし，高エネルギー密度にする。
H01M  4/62          〔構成〕二次電池の正極又は負極の少なくとも一方に，粉末状，微小
H01M  4/62 Z        片状又は短繊維状のアセチレン高重合体と，ポリエチレン等の熱可
H01M  4/02          塑性樹脂（好ましくは軟化点又は融点が約330℃以下）と，カーボン
                    ブラック等の電導性材料，及び電導性網目状物質とで形成した複合
                    体を使用する。この複合体はアセチレン高重合体と熱可塑性樹脂及
                    び電導性材料とを混合し，この混合物と電導性網目状物質とを重ね
                    てプレスする等により成形する。この電極を用いた二次電池は放電
                    時の電圧の平坦性が良好で，軽量化，小型化が容易である。
                    ＜ポリアセチレン，ポリエチレン＞
                    ＜2次　電池，アセチレン　高重合体，熱可塑性　樹脂，導電性　材料
                    ，網目状物，質，複合体，電極，強度，増大，サイクル　寿命，高エネルギ
                    ー密度，陽極，陰極，一方，粉末状，微小片状，短繊維，ポリ　エチレン，
                    軟化点，融点，カーボンブラツク，導電性，形成，使用，混合，混合物，プ
                    レス，成形，放電時，電圧，平坦性，良好，軽量化，小型化，容易＞
```

< 5 >

昭58-189968	有機電解質二次電池
P出 57- 74081	三洋電機 (株)
S57.04.30	〔目的〕電極を導電性基体とこの基体上に合成したポリアセチレンとで形成することにより,有機電解質二次電池における電極の電気伝導度の改善を図る。
開 58-189968	
S58.11.05	
H01M 4/02 B	〔構成〕電極の基体として,グラファイトのフエルト等の導電性基体を使用する。この基体上に適宜の方法でポリアセチレンを合成させ,有機電解質二次電池の少なくとも一方に使用する。この電極構成により,電極の電気伝導度を改善し,充電初期における電池電圧値を抑え,定電流充電を可能にすると共に,有機溶媒の分解を阻止できる。
H01M 10/40 Z	

<ポリアセチレン>
<有機 電解質 2次 電池,電極,導電性 基体,基体,合成,ポリアセチレン,形成,電気 伝導率,改善,黒鉛,フエルト,使用,方法,一方,電極 構成,充電 初期,電池 電圧値,抑え,定電流 充電,可能,有機 溶媒,分解,阻止>

< 6 >

昭58-111275	有機電解質二次電池
P出 56-211782	三洋電機 (株)
S56.12.23	〔目的〕正・負極を形成するポリアセチレンに導電剤を混合することにより,電気伝導度を改善して充電初期における電池電圧値を低くし,定電流充電を可能とする。
開 58-111275	
S58.07.02	
H01M 4/02 B	〔構成〕ポリアセチレン粉末90重量部と,導電剤としてのグラファイト10重量部とを混合し,これを加圧成型することにより正・負極を形成する。そしてプロピレンカーボネートと,1,2ジメトキシエタンとの等体積混合溶媒に過塩素酸リチウムを溶解した有機電解質と組合せて二次電池を形成する。したがつて充電時に一部のリチウムイオンがグラファイトにドープされ,このリチウムイオンも放電に利用しうるため,電気伝導度を向上して充電初期における電池電圧値を低く抑え,定電流充電を可能とすることができる。
H01M 10/40 Z	

<ポリアセチレン>
<有機 電解質 2次 電池,正,陰極,形成,ポリ アセチレン,導電剤,混合,電気 伝導率,改善,充電 初期,電池 電圧値,定電流 充電,ポリ アセチレン 粉末,重量,黒鉛,加圧 成形,プロピレン カーボネート,ジ メトキシ エタン,体積 混合 溶媒,過塩素酸 リチウム,溶解,有機 電解質,2次 電池,充電,一部,リチウム イオン,ドーブ,放電,利用,向上,抑え>

(3) ポリアニリン系

① 技術事項の特徴点

　リチウムポリマー二次電池の負極材料のうち、特にポリアニリン系を有するものである。電極の伝導度を向上させ、電池容量を増大するために、アニリン系化合物の酸化重合体を有機脂肪族カルボン酸類で処理するもの<1>*、<2>、有機スルホキシド類で処理するもの<3>*、電極の高容量化のために、ポリアニリン種のポリマー鎖の窒素が１個のみ水素原子と結合しているポリアニリン種からなるもの<4>*、ホウフッ化水素酸とp-トルエンスルホン酸との混合電解質を用いてポリアニリン膜を合成することにより、膜強度、膜均一性を向上させて、電極の崩れを防止し電池のサイクル特性を向上させるもの<5>*等がある。

参照文献（＊は抄録記載）

<1>*特開平 1-194266 　　<2>特開平 1-194202 　　<3>*特開平 1-194267 　　<4>*特開昭 62-71169
<5>*特開平 2-100265

参照文献（Japio 抄録）

<1>

平01-194266
P出 63- 16374　　二次電池
　　S63.01.27　　三洋電機　（株），三菱化成　（株）
開 01-194266　　〔目的〕特定のアニリン系化合物の酸化重合体を特定の有機脂肪族
　　H01.08.04　　カルボン酸類で処理して得られる導電材料を電極に用いることに
告 08- 21383　　より，電池容量の増大と充放電容量効率の向上を図る。
　　H08.03.04　　〔構成〕アニリン系化合物として式で示されるものを用い，有機脂
登 2114654　　肪族カルボン酸類としては飽和脂肪族ジカルボン酸類，飽和脂肪族
　　H08.12.06　　カルボン酸類，不飽和脂肪族モノカルボン酸類，不飽和脂肪族ジカル
H01M 4/60　　ボン酸類を用いる。そしてアニリン系化合物を電気化学的に重合す
　　　　　るか，またはアニリン系化合物またはこれらの化合物と酸との反応
　　　　　生成物である塩を酸化剤により処理してアニリン系化合物の酸化重
　　　　　合体とし，この重合体を有機脂肪族カルボン酸類で処理して得られ
　　　　　た導電材料を正極または負極の少なくとも一方に電極として用いる
　　　　　ことにより，電池容量，放電容量効率を向上する。
　　　　　<2次　電池,アニリン　化合物,酸化　重合体,有機,脂肪族　カル
　　　　　ボン酸,処理,導電　材料,電極,電池　容量,増大,充放電　容量,効
　　　　　率,向上,式,飽和　脂肪族　ジ　カルボン酸,飽和　脂肪族　カルボ
　　　　　ン酸,不飽和　脂肪族　モノ　カルボン酸,不飽和　脂肪族　ジ　カ
　　　　　ルボン酸,電気　化学的,重合,化合物,酸,反応　生成物,塩,酸化剤,
　　　　　重合体,陽極,陰極,一方,放電　容量>

<3>

平01-194267
P出 63- 16375　　二次電池
　　S63.01.27　　三洋電機　（株），三菱化成　（株）
開 01-194267　　〔目的〕特定のアニリン系化合物の酸化重合体を特定の有機スルホ
　　H01.08.04　　キシド類で処理して得られる導電材料を電極に用いることにより，
告 08- 21384　　電池容量の増大と充放電容量効率の向上を図る。
　　H08.03.04　　〔構成〕アニリン系化合物として式Ⅰで示されるものを用い，有機
登 2114655　　スルホキシド類としては式Ⅱで示されるものを用いる。そしてアニ
　　H08.12.06　　リン系化合物を電気化学的に重合するか，またはアニリン系化合物
H01M 4/60　　またはこれらの化合物と酸との反応生成物である塩を酸化剤により
　　　　　処理してアニリン系化合物の酸化重合体を得，この重合体を有機
　　　　　スルホキシド類で処理して得た導電材料を，正極または負極の少なく
　　　　　とも一方の電極として用いることにより，電池容量，放電容量効率の
　　　　　向上が図られる。
　　　　　<2次　電池,アニリン　化合物,酸化　重合体,有機　スルホキシド
　　　　　,処理,導電　材料,電極,電池　容量,増大,充放電　容量,効率,向上
　　　　　,式,Ⅰ,電気　化学的,重合,化合物,酸,反応　生成物,塩,酸化剤,
　　　　　重合体,陽極,陰極,一方,放電　容量>

<4>

昭62-071169
P出 61-170949　　高容量ポリアニリン電極
　　S61.07.22　　ユニバーシテイ　パテンツ　INC
開 62- 71169　　〔目的〕アノード手段およびカソード手段の少なくとも1つが,ポリ
　　S62.04.01　　マー鎖の各窒素が1個のみの水素原子と結合する様にすることによ
告 08- 15084　　り,電極の容量および効率の向上を図る。
　　H08.02.14　　〔構成〕アノード手段およびカソード手段の少なくとも1つは,ポリ
登 2102982　　アニリン種のポリマ鎖の各窒素が1個,しかも1個のみの水素原子と
　　H08.10.22　　結合しているポリアニリン種からなっている。ここでポリマー鎖の
H01M 4/60　　窒素が1個より多いか又は少ない結合水素原子を有する比率は,約10
　　　　　％以下,好ましくは約5％以下とする。これにより電極の容量と効率
　　　　　を極めて高くできる。
　　　　　<ポリアニリン>
　　　　　<高容量,ポリ　アニリン,電極,アノード,手段,カソード,1つ,重合
　　　　　体鎖,窒素,1個,水素　原子,結合,容量,効率,向上,種,結合　水素,
　　　　　原子,比率>

<5>

```
平02-100265
P出 63-253365        二次電池
   S63.10.06        三洋電機 (株)
開 02-100265
   H02.04.12
登 2632021
   H09.04.25
H01M  4/60
H01M  4/04   A
```

〔目的〕少なくとも一方の電極に、ホウフツ化水素酸とPートルエンスルホン酸との混合電解質を用いて合成したポリアニリン膜を用いることにより、充放電容量の低下防止、電池のサイクル寿命の向上を図る。

〔構成〕負極2は負極集電体7の内面に圧着され、負極集電体7は負極缶5の内底面に固着され、また正極缶4の内底面には正極集電体6が固定され、正極集電体6の内面には正極1が固定される。正極1と負極2との間にはセパレータ3が介装される。そして少なくとも一方の電極1或いは2に、アニリンの電解重合時における重合浴中の電解質として、ホウフツ化水素酸とPートルエンスルホン酸との混合電解質を用いて合成したポリアニリン膜を用いる。従って膜強度、膜の均一性が向上するので、充放電サイクル中にポリアニリン膜を用いた電極がくずれたり、反応が電極の一部に集中することがない。これにより充放電容量の低下が防止でき、電池のサイクル寿命の向上が図れる。

＜ポリアニリン＞
＜2次 電池,一方,電極,硼弗化 水素酸,P,トルエン スルホン酸,混合,電解質,合成,ポリ アニリン膜,充放電 容量,低下 防止,電池,サイクル 寿命,向上,陰極,陰極 集電体,内面,圧着,陰極缶,内底面,固着,陽極缶,陽極 集電体,固定,陽極,分離器,介装,アニリン,電解 重合,重合,浴中,膜強度,膜,均一性,充放電 サイクル,崩れ,反応,一部,集中,低下,防止＞

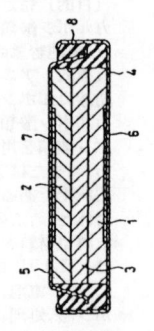

（4）炭素系

① 技術事項の特徴点

リチウムポリマー二次電池の負極材料のうち、特に炭素を有するものである。電極容量が大きく、充放電サイクル特性を向上させるために、炭素質物と高分子組成物との混合物にアルカリ金属を担持させるもの<1>*、<2>、<3>、電極面積が大きく、均質な電極組成物を得るために、炭素粉末と金属アルミニウムまたはその合金と高分子化合物からなるもの<4>*、<5>、<6>、<7>、電極の作動効率を最適化するために、炭素質物と高分子物質とリチウム合金との混合物とするもの<8>*、電池の充放電の繰り返しによっても、リチウムデンドライトの形成から保護するために、フレーレンと熱硬化性樹脂の混合物を粘土層間に挿入するもの<9>*等がある。

参照文献（＊は抄録記載）

<1>*特開平4-141953	<2>特開平4-112454	<3>特開平3-176963	<4>*特開平4-248257
<5>特開平4-248256	<6>特開平4-267073	<7>特開平4-284375	<8>*特開昭59-14264
<9>*特開平9-132695			

参照文献（Japio抄録）

<1>

平04-141953
P出 02-260487　　二次電池電極
　　H02.10.01　　三菱化成　（株）
開 04-141953　　〔目的〕水素／炭素の原子比、X線広角回折法による（002）面の
　　H04.05.15　　面間隔及びc軸方向の結晶子の大きさを特定する炭素質物と、アル
登 2874999　　　カリ金属イオン伝導性を有する高分子組成物との混合物からなる担
　　H11.01.14　　持体に、アルカリ金属を電気的に接触させて、アルカリ金属を活物
H01M 4/02　B　　質として担持させることにより、電極容量が大きく、充放電サイク
H01M 10/40　Z　　ル特性に優れるようにする。
H01M 4/02　D　　〔構成〕電極体を構成する活物質の担持体に用いる炭素質物は、水
　　　　　　　　素／炭素の原子比が0.15未満であり、X線広角回折押圧により（0
　　　　　　　　02）面の面間隔が3.37Å以上、c軸方向の結晶子の大きさが220Å
　　　　　　　　以下とする。これにより電極容量と充放電サイクル特性のバランス
　　　　　　　　に優れ、かつ電池を組み立てる前に予め必要なアルカリ金属、好ま
　　　　　　　　しくはリチウムを効率よく担持させることができるため、工業的に
　　　　　　　　有利である。
　　　　　　　　＜2次　電池,電極,水素,炭素,原子比,X線,広角,回折,(002),面
　　　　　　　　間隔,C軸,方向,結晶子,大きさ,特定,炭素質物,アルカリ　金属,
　　　　　　　　イオン,伝導性,高分子　組成物,混合物,担持体,アルカリ　金属,電
　　　　　　　　気,接触,活物質,担持,電極　容量,充放電　サイクル　特性,構成,
　　　　　　　　未満,押圧,バランス,電池,組立,リチウム,効率,工業,有利＞

<4>

平04-248257
P出 03-7501　　固形電極組成物
　　H03.01.25　　松下電器産業　（株）
開 04-248257　　〔目的〕分極の小さな,均質な固体リチウム二次電池用の負極とし
　　H04.09.03　　て用いられる電極組成物を提供する。£電気化学素子、キヤパシタ
登 2929726　　　ー、センサー、表示素子、記録素子
　　H11.05.21　　〔構成〕炭素粉末,アルミニウムあるいはアルミニウム合金粉末,エ
H01M 4/02　B　　チレンオキサイド鎖および、またはプロピレンオキサイド鎖を付加
H01M 4/36　　　したカチオン界面活性剤,イオン交換性の層状化合物,式MXで表さ
H01G 9/00 301A　れるイオン性物質（ただし、Mは電界の作用で固形電解質組成物内
H01B 1/06　A　　を移動する金属イオン,プロトン,アンモニウムイオンであり、Xは
H01M 4/38　Z　　強酸のアニオンである）より構成される電極組成物。カチオン界面
H01M 4/62　Z　　活性剤の作用で炭素粉末とアルミニウムあるいはアルミニウム合金
H01M 4/02　D　　粉末は均一に分散し大きな反応面積が得られると共に、カチオン界
H01M 10/40　B　　面活性剤はイオン性物質とイオン交換性の層状化合物とで電極組成
　　　　　　　　物内に電池反応に有利なイオン伝導経路を形成する。分極の小さな
　　　　　　　　リチウム電池用の負極として有効に用いることができる。
　　　　　　　　＜固形,電極　組成物,分極,均質,固体　リチウム,2次　電池,陰極,
　　　　　　　　提供,電気　化学　素子,キヤパシタ,センサ,表示　素子,記録　素
　　　　　　　　子,炭素　粉末,アルミニウム,アルミニウム　合金　粉末,エチレン
　　　　　　　　　オキシド鎖,プロピレン　オキシド,鎖,付加,陽イオン　界面　活
　　　　　　　　性剤,イオン　交換性,層状　化合物,式,MX,イオン性　物質,電界
　　　　　　　　,作用,固形　電解質,組成物,移動,金属　イオン,プロトン,アンモ
　　　　　　　　ニウム　イオン,強酸,陰イオン,構成,均一,分散,反応　面積,電池
　　　　　　　　　反応,有利,イオン　伝導,経路,形成,リチウム　電池,有効＞

<8>

```
昭59-014264
P出 58-116829        非水性媒質を用いるリチウム電池用可撓性複合アノード
   S58.06.28        ハイドロ ケベツク
開 59- 14264        〔目的〕リチウム合金と反応し得るような不純物をごく僅かしか含
   S59.01.25        まないアセチレンブラック等のカーボンブラックまたはグラフアイ
告 04-  6259        トの如き炭素を電極構成粒子組成物に添加することにより、複合ア
   H04.02.05        ノードの組成および作動効率を最適化する。
登   1721212        〔構成〕イオン導電性を有するプラスチツクまたはエラストマー型
   H04.12.24        高分子物質、リチウム合金中のリチウム活性が、リチウム電極を基
H01M  4/40          準として+1.2ボルトよりも低い電位に相当するものであるように
H01M  4/02   D      選ばれた40μmよりも細かい粒度を有する微粉状リチウム合金、お
H01M  4/06   X      よびLi_xC(ここに、0<x<0.3である)を有しかつ40μmより
H01M  6/16   Z      も細かい粒度を有する炭素化合物粒子の混合物を含有させる。
H01M  4/38          <非水性 媒質,リチウム 電池,可撓性,複合,アノード,リチウム
H01M  4/62   Z       合金,反応,不純物,アセチレンブラック,カーボンブラック,黒鉛,
H01M  4/38   Z       炭素,電極 構成,粒子 組成物,添加,組成,作動 効率,最適化,イ
                     オン 導電性,プラスチツク,弾性体,高分子 物質,リチウム,活性,
                     リチウム 電極,基準,ボルト,電位,相当,粒度,微粉,C,炭素 化合
                     物,粒子,混合物,含有>
```

<9>

```
平09-132695
P出 07-314836        球殻状炭素含有ポリマー粘土複合体
   H07.11.07        工業技術院長
開 09-132695        〔目的〕(J)特定の熱硬化性樹脂を粘土層間に挿入することによ
   H09.05.20        り、リチウム電池の電極材料として、リチウムデンドライトの形成
登   2708097        から防護しうる新材料の球殻状炭素含有ポリマー粘土複合体を得る
   H09.10.17        。£フラーレン、アルカリ金属ドープフラーレン、重合促進剤、重
C08K  3/04   I      合性有機化合物、プレポリマー、フエノールーホルムアルデヒド混
C08K  3/34   I      合物
C08K  5/353  I      〔構成〕この球殻状炭素含有ポリマー粘土複合体は球殻状炭素及び
C08L 61/06          電導性フエノールーホルムアルデヒド樹脂を含有する熱硬化性樹脂
H01M  4/60          を粘土層間に挿入したものである。球殻状炭素としてはC₆₀が好ま
C08L 39/04          しい。粘土としてはモンモリロナイト及びサポナイトの少なくとも
                    1種が好ましい。また、粘土層間拡張剤としてはN-ビニル-2-ピ
                    ロリドン及びN-ビニル-2-オキサリドンの少なくとも1種の重合
                    体が好ましい。
                    <ホルムアルデヒド樹脂>
                    <球殻,炭素 含有,重合体,粘土,複合体,熱硬化性 樹脂,粘土層,
                    挿入,リチウム 電池,電極 材料,リチウム,デンドライト,形成,防
                    護,新材料,フラーレン,アルカリ 金属,ドープ,重合 促進剤,重合
                    性 有機 化合物,プレポリマー,フエノール,ホルム アルデヒド,
                    混合物,炭素,導電性,ホルム アルデヒド 樹脂,含有,C↓6↓0,モ
                    ンモリロナイト,サポナイト,1種,拡張剤,N,ビニル,ピロリドン,オ
                    キサリドン>
```

(5) Li合金系

① 技術事項の特徴点

リチウムポリマー二次電池の負極材料のうち、特にLi合金を有するものである。充放電サイクル特性、耐漏液性のために、リチウム合金粉末を1,3ジオキソラン重合体で結合した負極を用いるもの<1>*、リチウムあるいはリチウム合金を主体とする粒子と、高分子固体電解質との混合物により、リチウム表面の電流密度が低下し、デンドライトを抑制し、負極側の過電圧を小さくするもの<2>*等がある

参照文献（＊は抄録記載）

<1>*特開昭60-182663   <2>*特開平4-167373

参照文献（Japio 抄録）

<1>
昭60-182663
P出 59-38948　　　　有機電解質二次電池
　　S59.02.29　　　　三洋電機　（株）
開 60-182663　　　　〔目的〕リチウム合金粉末をゲル状電解質で結合したるものを負極
　　S60.09.18　　　　として用いることにより、充放電サイクル特性に優れ、且耐漏液性
告 05-58221　　　　に優れたものを得る。
　　H05.08.26　　　　〔構成〕リチウム合金粉末をゲル状電解質で結合したるものを負極
登 1846711　　　　　6として用いている。例えば、リチウムの小片とアルミニウム粉末
　　H06.06.07　　　　の混合物をアルゴン雰囲気下600℃で数時間反応させ、冷却後粉砕
H01M 4/02　D　　　　し粉末状とする。次に蒸留された1,3ジオキソラン液中に前記の合
H01M 4/62　　　　　金粉末を入れ、さらにホウフツ化リチウムを徐々に加えながら撹拌
H01M 4/62　Z　　　　し、数時間放置してゲル状電解質で結合されたリチウム―アルミニ
H01M 4/02　　　　　ウム合金粉末の結合体を取出し、所定の寸法に加圧、成型して負極
H01M 10/40　Z　　　　6とする。これにより、ゲル状電解質によって負極の機械的強度を
　　　　　　　　　　　高めて充放電サイクル特性を改善することができると共に、結合剤
　　　　　　　　　　　がゲル状電解質であるため負極活物質の表面に電解質が豊富に存在
　　　　　　　　　　　することになり負極活物質の反応効率を高めることができる。
　　　　　　　　　　　<有機 電解質 2次 電池,リチウム 合金 粉末,ゲル 電解質,
　　　　　　　　　　　結合,陰極,充放電 サイクル 特性,耐漏液性,リチウム,小片,アル
　　　　　　　　　　　ミニウム 粉末,混合物,アルゴン 雰囲気,数時間,反応,冷却 粉
　　　　　　　　　　　砕,粉末状,蒸留,ジ オキソラン,液中,合金 粉末,硼弗化 リチウ
　　　　　　　　　　　ム,撹拌,放置,アルミニウム 合金 粉末,結合体,取出,寸法,加圧,
　　　　　　　　　　　成形,機械的 強度,改善,結合剤,陰極 活物質,表面,電解質,豊富,
　　　　　　　　　　　存在,反応 効率>

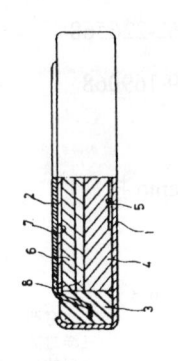

<2>
平04-167373
P出 02-293050　　　　リチウム電池
　　H02.10.30　　　　新神戸電機　（株）,大塚化学　（株）
開 04-167373　　　　〔目的〕Li,またはLi合金を主体とする粒子あるいは繊維状物
　　H04.06.15　　　　と高分子固体電解質の混合物で負極を構成することにより,Li表
登 2584894　　　　　面の電流密度の低下,デンドライト発生の抑制,負極側の過電圧低減
　　H08.11.21　　　　と製造上の自由度,量産性向上を図る。
H01M 10/40　B　　　　〔構成〕負極の活物質として,Li,Li合金を使用したLi電池に
H01M 10/40　Z　　　　おいて,LiあるいはLi合金を主体とする粒子,また繊維状物とポ
H01M 4/02　Z　　　　リフォスファゼン系,ポリエーテル系,ポリエステル系,ポリイミン
　　　　　　　　　　　系等の高分子固体電解質との混合物で負極を構成する。すると,電
　　　　　　　　　　　解質との接触面積が高められ,電流密度が低減してデンドライト発
　　　　　　　　　　　生の抑制や負極側過電圧低下等の電池特性が高められ,而も作成自
　　　　　　　　　　　由度が大で量産性が向上したリチウム電池となる。
　　　　　　　　　　　<ポリホスファゼン,ポリエーテル,ポリエステル>
　　　　　　　　　　　<リチウム 電池,リチウム,リチウム 合金,主体,粒子,繊維状物,
　　　　　　　　　　　高分子 固体 電解質,混合物,陰極,構成,表面,電流 密度,低下,
　　　　　　　　　　　デシ,乾燥,発生,抑制,過電圧,低減,製造,自由度,量産 向上,活物
　　　　　　　　　　　質,使用,ポリ ホスファゼン,ポリ エーテル,ポリ エステル,ポ
　　　　　　　　　　　リ イミン,電解質,接触 面積,デンドライト,過電圧 低下,電池
　　　　　　　　　　　特性,作成,量産,向上>

（6）その他

① 技術事項の特徴点

　その他の負極材料としては、電極各部の充放電反応の不均一などに起因する電池の特性劣化を防止して、充放電効率ならびにサイクル特性を向上させるために、ピロール系化合物と第二鉄化合物からなる酸化剤とを反応させるもの<1>*、酸化によって劣化することがなく、成形、加工性に優れた電池を提供するために、粉末状で、非晶質のポリピロールまたはポリ－N－アルキルピロールを用いるもの<2>、軽量、薄型、高エネルギー密度とするために、主鎖に共役二重結合を有する高分子材料のポリフェニレン系重合膜を用いるもの<3>*、ポリ（ジアルコキシフェニレン）を用いるもの<4>、ポリフェニレンとポリ（ジアルコキシフェニレン）との複合体を用いるもの<5>、酸化劣化をうけにくく、高エネルギー密度を有するものとして、ベンゾチオフェン系重合体を用いるもの<6>*、電気伝

導度が大きく、電池の特性劣化も小さいものとして、ビチオフェン化合物と酸化剤とを反応させるもの<7>等がある

参照文献（＊は抄録記載）

<1>＊特開昭62-226568　　<2>特開昭61-32357　　<3>＊特開昭62-31952　　<4>特開昭59-169068

<5>特開昭59-169068　　<6>＊特開昭60-264051　　<7>特開昭62-226567

参照文献（Japio抄録）

<1>

```
昭62-226568
P出 61- 69880         二次電池
   S61.03.28         三洋電機　（株）,三菱化成　（株）
開 62-226568         〔目的〕ピロール系化合物と酸化剤とを反応させて得られる有機半
   S62.10.05         導体を正極または負極の少なくとも一方の電極として用いた二次電
告 07- 22025         池の酸化剤を特定の第二鉄化合物とすることにより、電池特性の劣
   H07.03.08         化を防止する。
登   2011487         〔構成〕ピロール系化合物と酸化剤とを反応させて得られる有機半
   H08.02.02         導体を正極または負極の少なくとも一方の電極として用いた二次電
H01M  4/60           池であつて、酸化剤にFe_mX_n（式中、XはClO_4^-,BF_4^-,AsF
H01M  4/02   B       _6^-,PF_6^-,SbF_6^-,CH_3C_6H_4SO_3^-,CF_3SO_3^-,ZrF_6^-,TiF
H01M 10/40   Z       _6^-またはSiF_6^-を表わし、m及びnは1～3の整数を表わす。）で
                     示される第二鉄化合物を用いる。これにより電池並びに電池の充放
                     電容量が制限をうけることなく、電極内における電極各部の充放電
                     反応の不均一などに起因する電池の特性劣化も僅かで充放電効率、
                     サイクル寿命など特性向上が図れる。
                     <2次　電池,ピロール　化合物,酸化剤,反応,有機　半導体,陽極,
                     陰極,一方,電極,第2　鉄　化合物,電池　特性,劣化,防止,鉄,式,C
                     lO↑-,BF↑-↓4,AsF↑-↓6,PF,SbF,メチル,C↓6,
                     H↓4S,O↑-,CF↓3,SO↑-,ジルコニウム,F↑-,TiF,
                     SiF,整数,電池,充放電　容量,制限,各部,充放電　反応,不均一,
                     起因,特性　劣化,充放電　効率,サイクル　寿命,特性　向上>
```

<3>

```
昭62-031952
P出 60-172035        有機二次電池
   S60.08.05         リコー：（株）
開 62- 31952         〔目的〕負極活物質に膜状のポリフエニレン類を用いることにより
   S62.02.10         ,軽量,薄型でかつ無公害の高エネルギー密度にする。
告 08- 15083         〔構成〕負極の活物質にポリフエニレン類の膜を用いる。ポリフエ
   H08.02.14         ニレン類としては,ベンゼンあるいはその誘導体であるジフエニル,
登   2113584         α－ターフエニル,m－ターフエニル,o－ターフエニルなどの単量
   H08.11.21         体から得られる重合体又はそのハロゲンおよび／又はアルキルの置
H01M  4/60           換体を用いる。またポリフエニレンの膜の製造は,主として電気化
H01M 10/40   Z       学的方法により行なわれる。
H01M 10/40           <ポリフエニレン>
                     <有機　2次　電池,陰極　活物質,膜状,ポリ　フエニレン,軽量,薄
                     形,無公害,高エネルギー密度,陰極,活物質,膜,ベンゼン,誘導体,ジ
                     フエニル,α,ターフエニル,単量体,重合体,ハロゲン,アルキル,
                     置換体,製造,電気　化学的　方法>
```

<6>

昭60-264051
P出 59-119818
　　S59.06.13
開 60-264051
　　S60.12.27
H01M 4/60

2次電池
昭和電工　（株）

〔目的〕正極又は負極の少なくとも一方にベンゾチオフエン系高重合体を用いることにより，高エネルギー密度で自己放電量が少なく，充・放電効率の高い2次電池を提供する。

〔構成〕2次電池の正極又は負極の少なくとも一方に，一般式（式中，RはC数5以下のアルキル基，nは0または4以下）で表わされるベンゾチオフエン基を繰返し単位とする，ベンゾチオフエン系重合体を使用する。この重合体はその共役構造がシス型ポリアセチレンに類似し，又，硫黄原子を含むことから，その特異的電子構造を有するものとして電導性材料として期待できる。この重合体の使用により，長期間経過しても電極劣化の小さい性能の優れた2次電池を形成できる。

<ポリアセチレン>
<2次　電池,陽極,陰極,一方,ベンゾ　チオフエン,高重合体,高エネルギー密度,自己　放電量,充放電,効率,提供,一般,式,炭素数,アルキル,繰返し　単位,重合体,使用,共役　構造,シス,ポリ　アセチレン,類似,硫黄　原子,特異的,電子,構造,導電性　材料,期待,長期間　経過,電極　劣化,性能,形成>

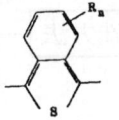

[負極構造・製造方法]

1．技術テーマの構造

(ツリー図)

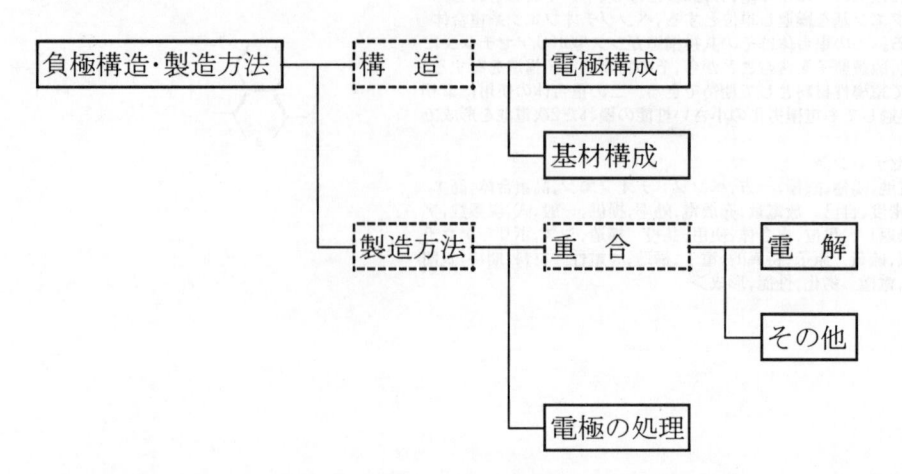

```
負極構造・製造方法 ─┬─ 構　造 ─┬─ 電極構成
                  │          └─ 基材構成
                  └─ 製造方法 ─┬─ 重　合 ─┬─ 電解
                              │          └─ その他
                              └─ 電極の処理
```

　リチウムポリマー二次電池の負極構造・製造方法に関する技術は、主として負極の構造と負極の製法に分類される。そして、負極の構造は、電極の構成に関するものと基材の構成に関するものとに分類することができる。製法は、導電性高分子を重合により製造するものに関するものと、ポリマー電極の性能向上のために電極を処理する方法に関するものに分類される。さらに重合方法は、電解重合により製造する方法と、その他の方法により製造するものに分類される。

2．各技術事項について

(1) 電極構成

① 技術事項の特徴点

　　リチウムポリマー二次電池の負極に用いられる電極の構成に関するものである。ポリマー電極表面に機能性を備えた導電性高分子層が形成されている構成であり、電極副反応により生成する分解生成物を補足する物質が導電性高分子層に添加されており、これにより電池特性が向上する電極構成のもの<1>*、リチウム、アルミニウム、ナトリウム等の活性金属元素を含みかつ、周囲に半固体状の電解質を保持させており、半固体状電解質は、高分子を非水電解液中に溶解させゲル化したものを使用し、負極活物質の脱落、充電時に起こる樹脂状成長および内部短絡を抑制する電極構成のもの<2>*、リチウム、ナトリウムなどの軽金属を活物質とし、負極表面上で生じるデンドライトを防止する目的で正極と対向する側の表面にポリアセチレン層を形成した電極構成とするもの<3>*、サイクル特性、充放電効率の向上、電極表面の強化を目的として、導電性高分子の表面にイオン交換樹脂をアルカリイオン等でイオン交換したものからなる高分子電解質層を形成した構成とするもの<4>*等がある。

参照文献（＊は抄録記載）

<1>*特開昭 60-65478　　　<2>*特開昭 59-73865　　　<3>*特開昭 58-111276　　　<4>*特開昭 61-211963

参照文献（Japio 抄録）

<1>

```
昭60-065478
P出 58-173056           ポリマ2次電池
    S58.09.21           日立製作所：（株），昭和電工　（株）
開 60- 65478            〔目的〕2次電池にポリマ電極中の共役2重結合の減少を抑制する手
    S60.04.15           段を設けることにより，電池の寿命特性の向上を図る。
告 04- 60304            〔構成〕充電可能なポリマ2次電池において，電極幅反応により生成
    H04.09.25           するラジカルを捕捉する物質，例えばメルカプタン類，ハイドロキノ
登 1772885              ン等をポリマ電極の表面又は内部に担持させる。又は活性アルミニ
    H05.07.14           ウム，スチレン等の無機或は有機の吸着剤を電極中又は電解液中に
H01M  4/02    B         共存させ，分解生成物をこれに吸着させる。或はニトリル化合物等
H01M  4/62              の電極副反応の起きにくい安定な溶媒を電解質の溶媒として使用す
H01M 10/40    Z         る。この2次電池により，ポリマ電極中の共役2重結合の減少率を充
H01M  4/62    Z         放電操作1サイクル当り0．35モル%以下とすることができ，充放電
H01M  4/02              サイクル寿命を向上できる。
                        ＜重合体　2次　電池,2次　電池,重合体　電極,共役　2重　結合,
                        減少,抑制,手段,電池,寿命　特性,向上,充電　可能,電極幅,反応,
                        生成,ラジカル,捕捉,物質,メルカプタン,ヒドロ　キノン,表面,内
                        部,担持,活性　アルミニウム,スチレン,無機,有機,吸着剤,電極中,
                        電解液,共存,分解　生成物,吸着,ニトリル　化合物,電極,副反応,
                        安定,溶媒,電解質,使用,減少率,充放電,操作,1サイクル当り,モル
                        比,充放電　サイクル　寿命＞
```

<2>

```
昭59-073865
P出 57-184023           二次電池
    S57.10.20           松下電器産業　（株）
開 59- 73865            〔目的〕二硫化チタン-リチウム電池の負極周囲に半固体状電解質
    S59.04.26           が存在を設けることにより、負極活物質の脱落、内部短絡を防止し
告 05-  6309            、充放電特性の優れた二次電池を得る。
    H05.01.26           〔構成〕リチウムシートをチタンのエキスバンドメタル2上に圧着
登 1859840              した後、リチウムの周囲をポリプロピレン製セパレータ3で包囲し
    H06.07.27           て正極とする。次に、負極としてチタンのエキスバンドメタル5上
H01M  4/02    D         に圧着されたリチウムシート4を作製し、リチウムの周囲を半固体
H01M 10/40    A         状電解質6で包囲し、さらにセパレータ3で全体を包囲する。このよ
H01M 10/40    B         うにして作製した正極1、負極4と、過塩素酸リチウムの1モル／
H01M 10/40    Z         1プロピレンカーボネート電解質溶液7をガラス容器8中に入れ、脱気
                        した後ゴム栓で密閉して電池とする。なお半固体状電解質は過塩素
                        酸リチウムの1モル／1プロピレンカーボネート溶液に重合度約700
                        0のポリメタクリル酸メチルの粉末20重量部を入れ、約90℃の温度
                        で加熱してゲル化したものである。
                        ＜ポリプロピレン,ポリメタクリル,ポリメタクリル酸,ポリメタク
                        リル酸メチル＞
                        ＜2次　電池,2　硫化　チタン,リチウム　電池,陰極,周囲,半固体
                        　電解質,存在,陰極　活物質,脱落,内部　短絡,防止,充放電　特性
                        ,リチウム　シート,チタン,エキスバンド　金属,圧着,リチウム,ポ
                        リ　プロピレン　分離器,包囲,陽極,作製,分離器,全体,過塩素酸
                        リチウム,1モル,プロピレン　カーボネート,電解質　溶液,ガラス
                        　容器,脱気,ゴム栓,密閉,電池,プロピレン　カーボネート　溶液,
                        重合度,ポリ　メタクリル酸　メチル,粉末,重量,温度,加熱,ゲル化
                        ＞
```

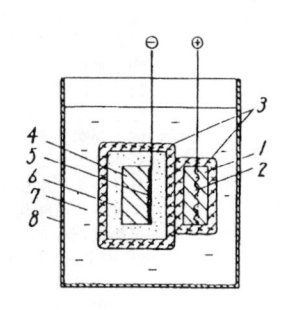

<3>

```
昭58-111276
P出 56-211784    有機電解液二次電池
   S56.12.23    三洋電機 (株)
開 58-111276    〔目的〕リチウムなどの軽金属を活物質とする負極の,正極と対向
   S58.07.02    する表面にポリアセチレン層を配設することにより,負極活物質の
H01M 4/02  D   樹枝状生長を抑制して充放電サイクル寿命を向上する。
H01M 10/40 Z   〔構成〕リチウムなどの軽金属を活物質とする負極1の,正極2との
                対向面にポリアセチレン膜よりなるポリアセチレン層3を配設し,活
                物質としての硫化チタンに導電剤,結着剤を混合して加圧成型した
                正極2およびプロピレンカーボネートとジメトキシエタンとの混合
                有機溶剤に溶質としての過塩素酸リチウムを溶解してなる有機電解
                液を含浸したセパレータ4と組合せて二次電池を形成する。したが
                つてリチウムイオンがポリアセチレンにドープする反応が起きつい
                で金属リチウムとして析出するため,析出を均一として樹枝状生長
                を抑制することができる。
```

<ポリアセチレン>
<有機 電解液 2次 電池,リチウム,軽金属,活物質,陰極,陽極,対向,表面,ポリ アセチレン層,配設,陰極 活物質,樹枝状,生長,抑制,充放電 サイクル 寿命,向上,対向面,ポリ アセチレン膜,硫化 チタン,導電剤,結着剤,混合,加圧 成形,プロピレン カーボネート,ジ メトキシ エタン,混合 有機 溶剤,溶質,過塩素酸 リチウム,溶解,有機 電解液,含浸,分離器,2次 電池,形成,リチウム イオン,ポリ アセチレン,ドープ,反応,金属 リチウム,析出,均一>

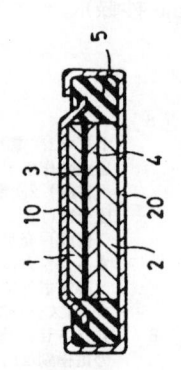

<4>

```
昭61-211963
P出 60- 53576   非水電解液二次電池
   S60.03.18    三洋電機 (株)
開 61-211963    〔目的〕導電性ポリマー電極の表面に高分子電解質層を形成するこ
   S61.09.20    とにより、充放電効率、充放電サイクル特性及び保存特性の向上を
告 06- 36372    図る。
   H06.05.11    〔構成〕導電性ポリマー電極1の表面に高分子電解質層を形成した
登 1908662     ものである。ここで用いる高分子電解質層は特殊な構造を持ち電解
   H07.02.24    液としての利用が可能なポリマーであつて、例えばらせん構造を有
H01M 10/40 Z   するポリマーとアルカリ金属塩との複合体或いはイオン交換樹脂を
H01M 10/40 B   アルカリイオンでイオン交換したものが挙げられる。前者の具体例
H01M 4/02  B   としてポリエチレンオキシド、ポリメタクリル酸メチル、ポリビニ
H01M 10/40     ルピロリドンなどのポリマーと過塩素酸リチウム、ホウフツ化リチ
                ウムなどのリチウム塩との複合体が知られている。これにより機械
                的強度が向上して崩壊されにくく、且高分子電解質層が電解液を保
                持する作用を示すため電極からの電解液の逸散が抑制され安定した
                電池容量が得られるのでサイクル特性、保存特性及び充放電効率の
                向上が図れる。
```

<ポリエチレンオキサイド,ポリメタクリル,ポリメタクリル酸,ポリメタクリル酸メチル,ポリビニルピロリドン>
<非水 電解液 2次 電池,導電性 重合体 電極,表面,高分子 電解質,層,形成,充放電 効率,充放電 サイクル 特性,保存 特性,向上,特殊,構造,電解液,利用,可能,重合体,螺旋 構造,アルカリ 金属塩,複合体,イオン 交換 樹脂,アルカリ イオン,イオン 交換,前者,ポリ エチレン オキシド,ポリ メタクリル酸 メチル,ポリ ビニル ピロリドン,過塩素酸 リチウム,硼弗化 リチウム,リチウム塩,機械的 強度,崩壊,保持,作用,電極,逸散,抑制,安定,電池 容量,サイクル 特性>

(2) 基材構成

① 技術事項の特徴点

　　リチウムポリマー二次電池の基材を用いた負極において、特に基材に特徴を有する技術に関するものである。導電性向上を目的として、ポリアセチレンからなる導電性高分子をグラファイトのフェルトからなる導電性基体上に構成するもの<1>、基材上に導電性高分子を形成するものにおいて、電極自体の含液性が良くなり、充放電効率が向上することを目的として、基材を特定の多孔度を有する金属発泡体とするもの<2>*、製造工程の簡略化、電池性能を低下させる結着材を使わないことを目的として、基材として二次元網目状金属を用いるもの<3>*、耐酸化性に優れ、電極の保存性を向上す

ることを目的として、酸化剤を保持しうる空間を有したフィルム状の基材を用いるもの<4>*、2層からなる導電性高分子電極であって、このうち1層が直接電解重合によって集電体に形成されているもの<5>*等がある。

参照文献（＊は抄録記載）

<1>特開昭58-189968　　<2>*特開昭62-256362　　<3>*特開昭62-20243　　<4>*特開昭62-119860
<5>*特開昭61-214358

参照文献（Japio抄録）
<2>

```
昭62-256362
P出 61- 99564      二次電池
   S61.04.30       三菱化成 （株），三洋電機 （株）
開 62-256362       〔目的〕特定の多孔度を有する金属発泡体上で導電性ポリマーを重
   S62.11.09       合させ、金属発泡体の空間に導電性ポリマーを形成した導電材料を
告 06- 19982      一方の電極材料として用いることにより、導電性ポリマーの利用率
   H06.03.16       を高めて充放電効率の向上を図る。
登  1896425       〔構成〕酸化剤の存在下、酸化剤を保持しうる空間を有した多孔度
   H07.01.23       が70〜98％の金属発泡体8上で導電性ポリマーを気相雰囲気で重合
H01M  4/60         させ、金属発泡体の空間に導電性ポリマーを形成してなる導電材料
H01M  4/02         を少なくとも一方の電極材料として用いる。酸化剤は、導電性ポリ
H01M  4/04         マーを重合するためのモノマー化合物に対して重合性を有する化合
H01M  4/02   B    物であり、単独または2種類以上組合せて使用される。通常、強酸
H01M  4/04   A    残基やハロゲン、シアンを有する金属塩,過酸化物,窒素酸化物等を
H01M 10/40   Z    使用する。モノマー化合物に対する酸化剤の割合は重合体の生成量
                   と関連するが、好ましくは0．005〜5000モル倍である。
                   <2次　電池,多孔度,金属　発泡体,導電性　重合体,重合,空間,形
                   成,導電　材料,一方,電極　材料,利用率,充放電　効率,向上,酸化
                   剤,保持,気相　雰囲気,単量体　化合物,重合性,化合物,単独,2種類
                   　　以上,使用,通常,強酸,残基,ハロゲン,シアン,金属塩,過酸化物,
                   窒素　酸化物,割合,重合体,生成量,関連,モル>
```

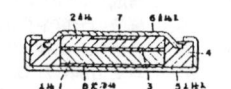

<3>

```
昭62-020243
P出 60-158247      二次電池の電極及びその製法
   S60.07.19       昭和電工 （株），日立製作所 （株）
開 62- 20243       〔目的〕二次元網目状金属よりなる電極基材の表面に,電極活物質
   S62.01.28       としての導電性高分子であるポリアニリンを電解重合により析出さ
H01M  4/02         せることにより,二次電池用電極の製造工程数を削減する。
H01M  4/04        〔構成〕ステンレス鋼,チタン,ニオブ,タンタル,タングステン,ス
H01M  4/02   B    ズ,パラジウム,ルテニウム,ロジウム,イリジウム,白金,金の内から
H01M  4/04   A    選ばれる二次元網目状金属からなる電極基材の表面に,電極活物質
                   としての導電性高分子であるポリアニリンを電解重合により析出さ
                   せることにより,二次電池用電極を形成する。そして乾燥時に発生
                   する収縮力を緩和してポリアニリンの電極からはく離を防ぐととも
                   に,電極基体への活物質の塗布工程を省略して直接電池への組込み
                   を可能とする。したがつて製造を容易にし,かつ電池寿命の向上を
                   図ることができる。
                   <ポリアニリン>
                   <2次　電池,電極,製法,2次元,網目状　金属,電極　基材,表面,電
                   極　活物質,導電性　高分子,ポリ　アニリン,電解　重合,析出,2次
                   　　電池　電極,製造　工程数,削減,ステンレス鋼,チタン,ニオブ,タ
                   ンタル,タングステン,スズ,パラジウム,ルテニウム,ロジウム,イリ
                   ジウム,白金,金,形成,乾燥,発生,収縮力,緩和,電極　基体,活物質,
                   塗布　工程,省略,直接,電池,組込,製造,電池　寿命,向上>
```

<4>

昭62-119860
P出 60-260923　二次電池
　S60.11.20　三菱化成 （株），三洋電機 （株）
開 62-119860　〔目的〕共役二重結合を有する化合物を特定の基材上に重合した導電材料を得,この導電材料を電極材料として用いることにより,充電効率並びにサイクル寿命の向上を図り,コストを低減する。
　S62.06.01
告 06- 36360
　H06.05.11　〔構成〕酸化剤を保持しうる空間を有したフイルム状の基材上で共役二重結合を有する化合物を気相雰囲気で重合させ,この重合体を形成したフイルム状導電材料を,正または負極1,2の少なくとも一方の電極として用いる。酸化剤としては共役二重結合を有する化合物に対し重合活性を有する化合物であり,単独又は2種類以上組合せて使用される。基材は酸化剤を保持し得る空間を有したものが使用され,多孔性材料,織布,不織布,複数の単繊維で構成された繊維状物が用いられる。共役二重結合を有する化合物はピロール系,チオフェン系化合物が使用される。
登　1918195
　H07.04.07
H01M　4/02
H01M　4/04
H01M　4/02　B
H01M　4/04　A
H01M　4/60
H01M 10/40　Z

<2次 電池,共役 2重 結合,化合物,基材,重合,導電 材料,電極 材料,充電 効率,サイクル 寿命,向上,コスト,低減,酸化剤,保持,空間,フイルム,気相 雰囲気,重合体,形成,正,陰極,一方,電極,重合 活性,単独,2種類 以上,使用,多孔性 材料,織布,不織布,複数,単繊維,構成,繊維状物,ピロール,チオフエン 化合物>

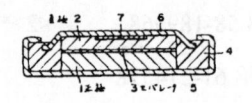

<5>

昭61-214358
P出 60- 55341　非水電解液二次電池
　S60.03.19　三洋電機 （株）
開 61-214358　〔目的〕導電性ポリマー電極を少なくとも二層の導電性ポリマーで構成し,そのうちの一層を集電体に直接電解重合により形成して,電解液の分解や金属材の腐蝕を防止する。
　S61.09.24
告 06- 46562
　H06.06.15　〔構成〕正極1の作成に際してアセトニトリルにホウフツ化リチウムを溶解したものを電解液とし,これにチオフエンを混入し,そしてこの液中に陽,陰極としてのステンレス板を夫々浸漬し電解重合を行ないポリチオフエンを形成する。次いでこれを直径20mmに打抜いた後,更にステンレス板が存在しない面にポリチオフエン粉末と結着剤としてのフツ素樹脂とを所定割合で混合した混合物を加圧成型した成型体を正極とする。負極6はリチウム板を直径20mmに打抜いたものを用いる。これにより集電体と導電性ポリマーとの電気的接触が充分となり電解液の分解液の分解や金属材の腐蝕を防止できる。
登　1921935
　H07.04.07
H01M 10/40　Z
H01M　4/02
H01M　4/02　B
H01M 10/40

<ポリチオフエン>
<非水 電解液 2次 電池,導電性 重合体 電極,2層,導電性 重合体,構成,1層,集電体,直接 電解,重合,形成,電解液,分解,金属,材,腐食,防止,陽極,作成,アセト ニトリル,硼弗化 リチウム,溶解,チオフエン,混入,液中,陽,陰極,ステンレス板,浸漬,電解 重合,ポリ チオフエン,直径,打抜,存在,面,粉末,結着剤,フツ素 樹脂,所定 割合,混合,混合物,加圧 成形,成形体,リチウム板,電気 接触,充分,分解液>

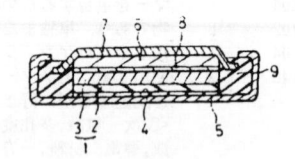

（3）電解

① 技術事項の特徴点

　リチウムポリマー二次電池用の負極に用いる導電性高分子を重合により製造する方法のうち,特に電解重合による製造方法に関する技術である。非混和性液体もしくは気体を含有する液体に共重合性混合物を溶解した電解浴を用いて電解重合を行なうもの<1>*、電解重合時の電圧値を時間と共に正負の間で交互に反復して変化させ、正電圧値の期間を長くして電解重合するもの<2>*、電解重合の際に電極内に取り込んだ特定のイオンを脱ドープして製造するもの<3>、定電流電解重合と定電位電解重合を組み合わせて電解重合を行なうもの<4>*、<5>*等がある。

参照文献（＊は抄録記載）

<1>*特開昭 59-166529 　　<2>*特開昭 63-48750 　　<3>特開昭 62-90879 　　<4>*特開平 3-166390
<5>*特開平 3-166391

参照文献（Japio 抄録）

<1>

昭59-166529
P出 59- 11774
　　 S59.01.24
開 59-166529
　　 S59.09.19
H01M 4/60
C08G 73/00   NTE
H01B 1/12   E
C08G 73/10

導電性材料、導電性ポリピロールもしくはピロール共重合体の製造方法、および電気化学的電池
ルブリゾール　エンタープライジズ　ＩＮＣ

〔目的〕特定の電解浴中においてピロールまたはピロールを含有する共重合性混合物を導電性表面で電解重合し，正または負のポリマー電極として電気化学的電池に用いられる導電性ポリピロールまたはピロール共重合体を得る。

〔構成〕1種以上の液体（例；水等）と1種以上の非混和性液体（例；水に非混和性の有機希釈剤等）または気体または微粉砕固体粒子を含有する電解浴であつて，ピロールまたはピロールを含有する共重合性混合物が該液体の1つであるかまたは該液体の少なくとも1つに溶解しているものの中に導電性表面を浸漬し，上記ピロールまたはピロールを含有する共重合性混合物を上記導電性表面で電解重合し，導電性ポリピロールまたはピロール共重合体を得る。尚、見掛け密度が約0.01g／cm³〜バルク密度であり，表面積が特定であるポリピロールまたはピロール共重合体は新規な多孔質導電性材料である。

＜ポリピロール＞
＜導電性　材料,導電性　ポリ　ピロール,ピロール,共重合体,製造　方法,電気　化学的　電池,電解浴,含有,共重合性　混合物,導電性　表面,電解　重合,正,負,重合体　電極,1種　以上,液体,水等,不混和性　液体,水,不混和性,有機　希釈剤,気体,微粉砕　固体,粒子,1つ,溶解,浸漬,見掛　密度,バルク　密度,表面積,特定,ポリピロール,新規,多孔質＞

<2>

昭63-048750
P出 61-192288
　　 S61.08.18
開 63- 48750
　　 S63.03.01
告 06- 79488
　　 H06.10.05
登 1947278
　　 H07.07.10
H01M 4/60
H01M 4/02   B
H01M 4/04   A

二次電池
三洋電機　（株）

〔目的〕電圧値が時間と共に正負間で交互に反復して変化し，かつ正電圧値の期間が大きい非対称電圧を印加して電解重合させた導電性ポリマーを，正極あるいは負極の少なくとも一方の電極に用いることにより，充放電反応をスムースにすると共に充放電容量を大きくする。

〔構成〕セパレータ3を挟んで正極1と負極2とを設け，負極2の外面中央部には負極集電体7を形成する。次にこの積層体を外周縁には絶縁パッキング6を介在させながら正極缶4と負極缶5とで締付け二次電池とする。この電池を作成するには0.2MのピロールC₄H₅Nおよび0.2Mの過塩素酸リチウムLiClO₄を夫々プロピレンカーボネートに溶かして電解液とし，ここにＳＵＳ網からなる陽極とリチウム箔からなる陰極を浸し波高最高値が4.0Ｖで周波数が150Ｈzの交流電圧と+2.0Ｖの直流電圧とを重畳した非対称交流電圧を印加し電気分解を行い陽極にポリピロールを電解重合させる。

＜ポリピロール＞
＜2次　電池,電圧値,時間,正負,反復,変化,正電圧,値,期間,大きさ,非対称,電圧,印加,電解　重合,導電性　重合体,陽極,陰極,一方,電極,充放電　反応,平滑,充放電　容量,分離器,外面,中央部,陰極　集電体,形成,積層体,外周縁,絶縁　パッキン,介在,陽極缶,陰極缶,締付,電池,作成,ピロール,C↓4,H,過塩素酸　リチウム,LiClO↓4,プロピレン　カーボネート,電解液,ＳＵＳ,網,リチウム箔,浸漬,波高,最高値,Ｖ,周波数,交流　電圧,直流　電圧,重畳,非対称　交流　電圧,電気　分解,ポリ　ピロール＞

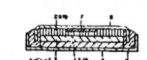

<4>

平03-166390
P出 01-304990　　　ポリアニリン類の製造方法
　H01.11.25　　　　リコー：（株）
開 03-166390　　　〔目的〕溶媒中のポリアニリン単量体を，特定電位で定電位電解重
　H03.07.18　　　合を行つた後，定電流電解重合を連続して行うことにより，高い生産
登　2826849　　　性で膜質の良好なポリアニリン類を製造する。
　H10.09.18　　　〔構成〕HBF$_4$等を含む水等を溶媒とし，アニリン等単量体を電解
C08G 73/00　NTB　重合してポリアニリン類を得る。上記ポリアニリン類の電解重合に
C25B 3/00　　　　よる製造方法に於いて，はじめ0.6～1.0VvsSCEの定電位電
H01M 4/60　　　　解重合を行う。その後重合電流がある程度上昇した時点で定電流電
C08G 73/00　　　　解重合に切り換える。これにより高い生産性で，膜の機械的強度に
C08F 2/58　　　　優れ，均一で非水電解液に不溶なポリアニリン類が得られる。
C25D 9/02　　　　＜ポリアニリン＞
　　　　　　　　　＜ポリ　アニリン,製造　方法,溶媒,単量体,特定　電位,定電位
　　　　　　　　　電解,重合,定電流　電解,連続,高さ,生産性,膜質,良好,製造,HB
　　　　　　　　　F↓4,水等,アニリン,電解　重合,V,SC,後重合,電流,程度,上昇
　　　　　　　　　,時点,切換,膜,機械的　強度,均一,非水　電解液,不溶＞

<5>

平03-166391
P出 01-304991　　　ポリアニリン類の製造方法
　H01.11.25　　　　リコー：（株）
開 03-166391　　　〔目的〕溶媒中のポリアニリン単量体を，定電流電解重合で重合開
　H03.07.18　　　始後，特定の設定電位で定電位電解重合を継続することにより，膜質
登　2826850　　　の良好な高性能なポリアニリン類を短時間で製造する。
　H10.09.18　　　〔構成〕水等の溶媒中で，アニリン等の単量体を電解重合してポリ
C08F 2/58　　　　アニリン類を得る。上記ポリアニリン類の電解重合による製造方法
C25B 3/00　　　　に於いて，重合開始時は0.5～50mA／cm²程度の重合電流で，定電
C08G 73/00　NTB　流電解重合を行う。その後ポリアニリン類の被覆が完了し，電極
C08G 73/00　　　　電位が減少した時点で定電位電解重合に切換えて電解重合を継続する
C25D 9/02　　　　。その際重合電位を0.55～0.8VvsSCEの設定電位とする。
H01M 4/60　　　　これにより生産性高く，機械的強度，均一性の点で良好な膜質で非水
　　　　　　　　　溶媒に不溶なポリアニリン類を得る。
　　　　　　　　　＜ポリアニリン＞
　　　　　　　　　＜ポリ　アニリン,製造　方法,溶媒,単量体,定電流　電解,重合,重
　　　　　　　　　合　開始,設定　電位,定電位　電解,継続,膜質,良好,高性能,短時
　　　　　　　　　間,製造,水等,アニリン,電解　重合,程度,電流,被覆,完了,電極
　　　　　　　　　電位,減少,時点,切換,電位,V,SC,生産性,機械的　強度,均一性,
　　　　　　　　　非水　溶媒,不溶＞

(4) その他

① 技術事項の特徴点

　リチウムポリマー二次電池用の負極に用いる導電性高分子を重合により製造する方法のうち、その重合方法が電解重合に限られないもの、または、電解重合以外の製造方法に関するものである。π電子共役構造を有する重合体の存在下で単量体を重合してアニオン性導電性高分子とするもの<1>*、高分子半導体モノマーと高分子絶縁体モノマーとを交互に重合させるもの<2>*、導電性高分子多孔体中に異種の導電性高分子を形成するもの<3>*等がある。

参照文献（＊は抄録記載）

<1>*特開昭63-215772　　　<2>*特開昭58-107624　　　<3>*特開平1-134856

参照文献（Japio抄録）

<1>

昭63-215772
P出 62-47776　　電導性重合体組成物の製造方法
　　S62.03.04　　昭和電工　（株）
開 63-215772
　　S63.09.08　　〔目的〕アニオン性高分子電解質を形成し得る単量体を，π電子共
告 06-78493　　役構造を有する重合体の存在下に重合することにより，ドーピング
　　H06.10.05　　状態で長く保存しても，脱ドーピングを生じない電導性重合体組成
登 1953281　　物を得る。
　　H07.07.28　　〔構成〕アニオン性高分子電解質を形成し得る単量体（例；アクリ
C08L101/00 LSY　ル酸，スチレンスルホン酸）を，π電子共役構造を有する重合体（例
C08F 2/44 MCS　；ポリアセチレン，ポリイソチアナフテン）の存在下に重合する。
H01G 9/04 301　これにより，重合によって生成したアニオン性高分子電解質がπ電
H01M 4/60　　　子共役構造を有する重合体中に均一に分散した状態の電導性重合体
C08G 61/12　　組成物を製造することができる。またこの電導性重合体組成物の電
C08L101/00　　導度をさらに高くする必要があるときは，電気化学的ドーピングを
C08F 2/44 C　行うことによって達成される。この電導性重合体組成物は表示素子
　　　　　　　　の電極材料等として好適に用いられる。
　　　　　　　　＜ポリアセチレン＞
　　　　　　　　＜導電性　重合体　組成物,製造　方法,陰イオン性　高分子　電解
　　　　　　　　質,形成,単量体,π電子,共役　構造,重合体,重合,ドーピング,状態
　　　　　　　　,長い,保存,脱ドーピング,アクリル酸,スチレン　スルホン酸,ポリ
　　　　　　　　　アセチレン,ポリ,イソ　チア　ナフテン,生成,均一,分散,製造,
　　　　　　　　導電率,電気　化学的　ドーピング,達成,表示　素子,電極　材料,
　　　　　　　　好適＞

<2>

昭58-107624
P出 56-206738　　高分子半導体と高分子絶縁体との多層構造の製造方法
　　S56.12.21　　日本電信電話　（株）
開 58-107624
　　S58.06.27　　〔目的〕高分子半導体モノマと高分子絶縁体モノマとを交互に重合
告 63-9754　　させ,高分子半導体と高分子絶縁体の多層構造を形成することによ
　　S63.03.01　　り,多層構造の界面の乱れを防止すると共に,製造を容易にする。
登 1462509　　〔構成〕試料台7に絶縁基板6を設置し,真空グローブボツクス1を一
　　S63.10.14　　度真空にして,アルゴンガスを1気圧まで導入する。そして,チーグ
　　　　　　　　ラー触媒を触媒スプレー10に入れ,トルエンをトルエンスプレー9に
H01M 10/40 Z　入れておく。そして,触媒を絶縁基板6にスプレーした後,モノマカ
H01L 29/28　　プセル5を下げ,アセチレンボンベ13aを開けて,アセチレンを一定
B32B 7/02 104　流量でモノマカプセル5内に導入し,絶縁基板6上にポリアセチレン
H01M 4/04 A　を生成する。次に,モノマカプセル5を上げ,触媒をスプレーして,モ
H01L 21/208 T　ノマカプセル5を下げる。次に,エチレンボンベ13bを開け,ポリア
B32B 27/08　　セチレン上にポリエチレンを生成する。この操作を繰り返して多層
H01L 29/72　　構造を形成した後,トルエンスプレー9により触媒を除去する。
　　　　　　　　＜ポリアセチレン,ポリエチレン＞
　　　　　　　　＜高分子　半導体,高分子　絶縁体,多層　構造,製造　方法,単量体
　　　　　　　　,重合,形成,界面,乱れ,防止,製造,試料台,絶縁　基板,設置,真空,
　　　　　　　　グローブ　ボックス,1度,アルゴン　ガス,1気圧,導入,チーグラー
　　　　　　　　　触媒,触媒,噴霧,トルエン,カプセル,アセチレン,ボンベ,3a,一
　　　　　　　　定　流量,ポリ　アセチレン,生成,エチレン,3b,ポリ　エチレン,
　　　　　　　　操作,繰返し,除去＞

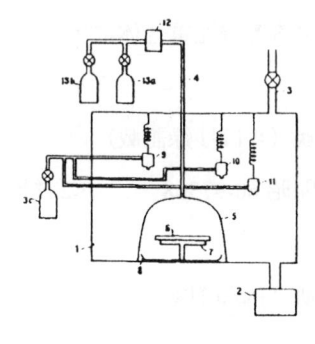

<3>

平01-134856
P出 62-293236
　　S62.11.20
開 01-134856
　　H01.05.26
告 07- 73061
　　H07.08.02
登 2040770
　　H08.03.28
H01M 4/04　A
H01M 4/02　B
H01M 10/36　Z
H01M 10/38

二次電池の製造方法
三菱化成　（株），三洋電機　（株）
〔目的〕導電性ポリマ多孔体中でこの導電性ポリマと異種の導電性ポリマを重合させてなる導電性ポリマ複合体を正極あるいは負極の電極として用いることにより，電池サイクル特性の向上および電池容量の増加を図る。
〔構成〕酸化剤を保持して溶媒に可溶な材質の多孔性基材中で導電性ポリマを重合させて多孔性基材中の空間にポリマを形成する。また溶媒で多孔性基材を溶解除去して導電性ポリマ多孔体を得る。更にこの導電性ポリマ多孔体中でこの導電性ポリマと異種の導電性ポリマを重合させ，得られる導電性ポリマ複合体を用いて二次電池の正極1または負極2の少なくとも一方の電極を形成する。そして上記導電性ポリマ，異種の導電性ポリマはポリピロール，ポリアニリンのいずれが用いられる。このようにして電池サイクル特性を向上でき，また単位体積当りの電池容量を増加できる。
<ポリピロール，ポリアニリン>
<2次　電池,導電性　重合体,多孔体,異種,重合,複合体,陽極,陰極,電極,電池,サイクル　特性,向上,電池　容量,増加,酸化剤,保持,溶媒,可溶,材質,多孔性　基材,空間,重合体,形成,溶解　除去,一方,ポリ　ピロール,ポリ　アニリン,単位　体積当り>

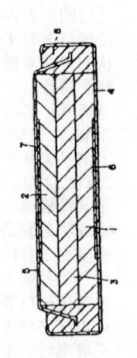

（5）電極の処理

① 技術事項の特徴点

　ポリマー電極の性能向上のために行なう処理に関するものである。主鎖に共役2重結合を有する高分子電極を真空加熱処理するもの<1>*、主鎖に共役2重結合を有する高分子電極をプラズマ処理するもの<2>*、主鎖に共役2重結合を有する高分子電極を還元処理するもの<3>、中性化したπ電子共役構造を有する導電性重合体にアニオン性高分子電解質をドーピングさせるもの<4>*等がある。

参照文献（＊は抄録記載）

<1>*特開昭60-97568　　　<2>*特開昭60-97569　　　<3>特開昭60-97570　　　<4>*特開昭63-135453

参照文献（Japio抄録）

<1>

昭60-097568
P出 58-205268
　　S58.10.31
開 60- 97568
　　S60.05.31
H01M 4/02　B
H01M 4/04　A
H01M 4/60
H01M 4/02
H01M 4/04

2次電池
日立製作所：（株），昭和電工　（株）
〔目的〕主鎖に共役2重結合を有する高分子化合物を用いた電極を予め真空加熱処理することにより，クーロン効率が高く，自己放電率の小さい2次電池を得る。
〔構成〕主鎖に共役2重結合を有する高分子を用いた電極を予め真空加熱処理している。例えば，真空下（10⁻¹mmHg以下）において加熱処理することにより，ポリアセチレンに吸着内は付着していた未反応のアセチレン，水，酸素などを除去し，ポリアセチレンの表面を浄化する。この真空加熱処理の条件としては，ポリアセチレンの異性化温度（145℃）以下が望ましく，100℃以下で十分である。真空度は高い方が望ましいが，実用的には，10⁻²Hg〜10⁻⁴mmHgで十分である。これにより，自己放電率が低く，初期よりクーロン効率が高い高分子2次電池を得ることができる。
<ポリアセチレン>
<2次　電池,主鎖,共役　2重　結合,高分子　化合物,電極,真空　加熱　処理,クーロン　効率,自己　放電率,高分子,真空,水銀,加熱　処理,ポリ　アセチレン,吸着,付着,未反応,アセチレン,水,酸素,除去,表面,浄化,条件,異性化,温度,十分,真空度,高さ,実用的,2H,初期>

<2>

昭60-097569
P出 58-205271
　　S58.10.31
開 60-97569
　　S60.05.31
H01M 4/02 B
H01M 4/04 A
H01M 4/60
H01M 4/02
H01M 4/04

二次電池
日立製作所：(株),昭和電工　(株)
〔目的〕主鎖に共役二重結合を有する高分子化合物を予めプラズマ処理し、これを電極活物質とすることにより、自己放電のない二次電池を得る。
〔構成〕主鎖に共役二重結合をもつ高分子化合物を予めプラズマ処理し、これを電極活物質としている。例えば、合成してアルゴン雰囲気中で2週間放置したポリアセチレンを円板状に打ちぬき、これをアルゴンのプラズマ反応管で5分間処理したものを正極および負極に用い、(C_2H_5)$_4NBF_4$をアセトニトリルに溶かしたものを電解液として電池を構成する。これにより、ポリアセチレンの酸素汚染を取り除くことができ、電池の自己放電を大幅に減少させることができる。
<ポリアセチレン>
<2次　電池,主鎖,共役　2重　結合,高分子　化合物,プラズマ　処理,電極　活物質,自己　放電,合成,アルゴン　雰囲気,週間,放置,ポリ　アセチレン,円板状,打抜,アルゴン,プラズマ　反応管,分間,処理,陽極,陰極,($C↓2H↓5$)↓4NBF↓4,アセト　ニトリル,電解液,電池,構成,酸素　汚染,除去,くこ,大幅,減少>

<4>

昭63-135453
P出 61-280865
　　S61.11.27
開 63-135453
　　S63.06.07
告 06-78492
　　H06.10.05
登 2131528
　　H09.08.15
C08L101/00 LSY
C08F 2/58 MDY
C08F 2/44 MCS
H01G 9/04 301
H01M 4/60
C08G 61/12
C08L101/00
C08F 2/44 C
C08F 2/00 Z

高電導性重合体組成物及びその製造方法
昭和電工　(株)
〔目的〕中性化したπ電子共役構造を有する電導性重合体にアニオン性高分子電解質を電気化学的にドーピングすることにより,長期間安定にドーピング状態を維持できる高電導性重合体組成物を得る。
〔構成〕中性化したπ電子共役構造を有する電導性重合体にアニオン性高分子電解質を電気化学的にドーピングする。前記電気化学的にドーピングする方法としては,例えばπ電子共役構造を有する電導性重合体を作用極とし,この電導性重合体が適度に膨潤する溶媒にアニオン性高分子電解質を溶解させて電解液とし,対極と参照極を取り付けて電解セルを構成した後,作用極に適当な電位をかけることによって電導性重合体にアニオン性高分子電解質をドーピングする方法が採用される。使用される好ましい電導性重合体としては,ポリチオフエン,ポリピロール等がある。また,アニオン性高分子電解質としては,ポリ(メタ)アクリル酸,ポリビニル硫酸等が挙げられる。
<ポリチオフエン,ポリピロール>
<高電導性　重合体　組成物,製造　方法,中性化,π電子,共役　構造,導電性　重合体,陰イオン性　高分子　電解質,電気　化学的,ドーピング,長期間　安定,状態,維持,方法,作用極,適度,膨潤,溶媒,溶解,電解液,対極,参照極,取付,電解　セル,構成,電位,採用,使用,ポリ　チオフエン,ポリ　ピロール,ポリ,メタ,アクリル酸,ポリビニル　硫酸>

[固体電解質（ゲル含む）]

1．技術テーマの構造

(ツリー図)

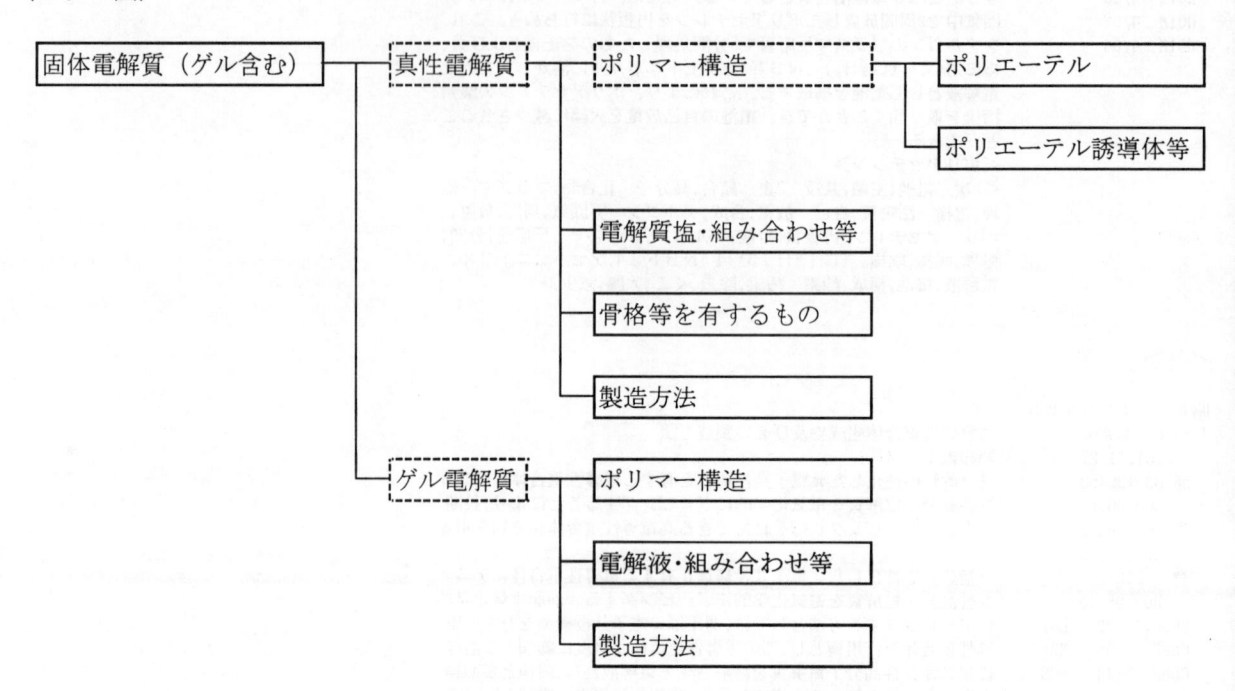

```
固体電解質（ゲル含む）─┬─真性電解質─┬─ポリマー構造─┬─ポリエーテル
                    │           │            └─ポリエーテル誘導体等
                    │           ├─電解質塩・組み合わせ等
                    │           ├─骨格等を有するもの
                    │           └─製造方法
                    └─ゲル電解質─┬─ポリマー構造
                                ├─電解液・組み合わせ等
                                └─製造方法
```

　ポリマー固体電解質は、真性ポリマー固体電解質（真性電解質）とゲルポリマー固体電解質（ゲル電解質）とに大別される。

　真性電解質はポリマー中に電解質塩が溶解されているものであり、ポリマーの構造に特徴を有するもの、溶解される電解質塩やポリマーと電解質塩との組み合わせ等に特徴を有するもの、膜としての強度を確保するための骨格等を有することに特徴のあるもの、製法に特徴を有するものに分類される。真性電解質において用いられているヘテロ原子としては酸素（O）原子が最も多く、ポリマーの基本構造としてはポリエーテル構造を利用したものが多い。そこで、ポリマー構造を、ポリエーテルやポリエーテルを用いた共重合体、これらの架橋体等を含んだ、ポリエーテルを用いていることに特徴を有するものと、窒素（N）や珪素（Si）等が導入されたポリエーテル誘導体、ポリエステル等のエーテル結合以外の結合様式を有するポリマー等を含んだ、ポリエーテル誘導体等であることに特徴を有するものとに分類した。

　ゲル電解質は、ポリマー中に電解液が保持されているゲルであって、電解液を保持するポリマーの構造に特徴を有するもの、ポリマー中に保持される電解液やポリマーと電解液との組み合わせ等に特徴を有するもの、ポリマーの製造方法やゲルの形成方法等、製法に特徴を有するものとに分類される。

2．各技術事項について

（1）ポリエーテル

① 技術事項の特徴点

エチレンオキシドと第2のモノマーとのコポリマーとしたもの<1>*、ポリアルキレンオキシドとポリアルキレングリコールとを混合したもの等、2種以上のポリマーを混合したもの<2>、<6>、<8>*、ブロック共重合体にポリエチレンオキシドをグラフト重合させたようなブロック-グラフト共重合体としたもの<3>*、<4>、<5>、ブロック共重合としたもの<7>*、ポリエーテルを架橋構造としたものやエーテル共重合体を架橋構造としたもの<10>*、<11>、<12>、<14>、<15>、<16>、<22>*、特定の重合反応性化合物を架橋反応させたもの<18>*、<19>、<20>、<21>、2種のポリマーを反応させてインターペネトレイトネットワークを構成したもの<13>、ポリエーテルとラクトン系ポリマーとを混合または共重合させたもの<23>等があり、いずれもイオン伝導率を大きくすることを共通の目的としている。

参照文献（＊は抄録記載）

<1>*特開昭 59-182844	<2>特開昭 63-135477	<3>*特開平 2-60925	<4>特開平 2-230667
<5>特開平 2-229826	<6>特開平 4-147571	<7>*特開平 2-79375	<8>*特開平 3-177409
<9>特開平 2-87482	<10>*特開昭 63-55811	<11>特開昭 63-76273	<12>特開平 2-24975
<13>特開平 2-34660	<14>特開平 2-98004	<15>特開平 2-186561	<16>特開平 3-210313
<17>特開平 3-296556	<18>*特開平 3-200863	<19>特開平 3-200864	<20>特開平 3-200865
<21>特開平 4-36959	<22>*特開平 1-135856	<23>特開平 2-295070	

参照文献（Japio抄録）

<1>

昭59-182844
P出 59- 48011　電解液及び／又は電極製造用の新規高分子材料
　　S59.03.12　ナシオナル　エルフ　アキテーヌ　プロデユクシオン：SOC
開 59-182844　〔目的〕エチレンオキシドと環状エーテルオキシドとのコポリマー
　　S59.10.17　にイオン化合物を溶解させた固溶体よりなる,幅広い温度及び塩濃
告 02- 9627　度の範囲で結晶質を構成しない導電率と均質性に優れた標記材料。
　　H02.03.02　〔構成〕エチレンオキシドと環状エーテルオキシドより構成される
登　1729084　第2のモノマー1種以上とのコポリマーで,ポリエーテル構造をもち
　　H05.01.29　良好な伝導性を示しながら使用温度で結晶質を構成しないよう第2
C08L 71/00　LQC　のモノマーをエチレンオキシドに対して配合してなる高分子材料に
C08L 71/00　LQD　,1種以上のイオン化合物を溶解させた固溶体より構成される材料。
C08K 3/00　I　第2のモノマーは式〔RはRaでC$_{1 \sim 12}$好ましくはC$_{1 \sim 4}$のアルキル
C08K 5/00　I　かアルケニル,CH$_2$-O-Re-Ra；Reはーー(CH$_2$-CH$_2$-O
C08L 71/02　LQD　)$_p$で pは0〜10のポリエーテル〕から選ばれたものを用いる。
C08G 65/06　I　<ポリエーテル>
H01B 1/12　Z　<電解液,電極　製造,新規,高分子　材料,エチレン　オキシド,環
C08L 71/02　　　状　エーテル,オキシド,共重合体,イオン　化合物,溶解,固溶体,幅
H01M 10/40　B　広,温度,塩濃度,範囲,結晶質,構成,導電率,均質,標記材,第2,単量
　　　　　　　　体,1種　以上,ポリ　エーテル　構造,良好,伝導性,使用　温度,配
　　　　　　　　合,材料,式,ラジウム,C↓1,アルキル,アルケニル,メチレン,O,レ
　　　　　　　　ニウム,CH↓2-CH↓2,↓p,ポリ　エーテル>

$$\overline{CH_2-CH-O}$$
$$\ \ \ \ \ \ \ \ \ \ \ \ |$$
$$\ \ \ \ \ \ \ \ \ \ \ \ R$$

<3>

平02-060925
P出 63-211672
　　S63.08.26
開 02-60925
　　H02.03.01
告 05-51612
　　H05.08.03
登 1842047
　　H06.05.12
C08G 65/08　NQK
H01B 1/12　Z
H01M 6/18　E
H01M 10/40　B
C08G 65/28　NQP
C08F 8/00　MJD
H01M 10/40　A
C08G 65/14
C08G 65/28
C08F 8/00

ブロツク-グラフト共重合体およびその製造方法
信越化学工業　（株）
〔目的〕ヒドロキシポリスチレン系ブロツクとポリエチレン系ブロツク共重合体にポリエチレンオキシドをグラフトした構造とすることにより，高分子固体電解質等の機能性高分子材料として有用化を図る。
〔構成〕式Ⅰ（R¹はH，CH₃，C₂H₅；R²はH，CH₃；R³はアルキル，アリール，アシル，シリル；nは1〜45），式中の式Ⅱで示されるグラフト鎖の数平均分子量：45〜2000）で表わされる繰返し単位を有する重合体ブロツクと，式Ⅲ（R⁴はH，CH₃，C₂H₅；Mは-CH=CH₂，-C（CH₃）=CH₂，-COOCH₃，-COOC₂H₅，置換または未置換フエニル）で表わされる繰返し単位を有する重合体ブロツクとで構成してブロツク-グラフト共重合体とする。このブロック共重合体は，ヒドロキシスチレン重合体ブロツク鎖と式Ⅲの重合体ブロツク鎖とから構成されるブロック共重合体のヒドロキル基に有機アルカリ金属を作用させてカルバニオン化し，これにアルキレンオキシドをグラフトさせて製造する。
＜スチレン共重合，エチレン共重合，ポリエチレン，ポリエチレンオキサイド＞
＜ブロツク，グラフト　共重合体，製造　方法，ヒドロキシ，ポリ　スチレン　ブロツク，ポリ　エチレン　ブロツク，共重合体，ポリ　エチレン　オキシド，グラフト，構造，高分子　固体　電解質，機能　高分子　材料，有用，式，☐1，H，メチル，エチル，アルキル，アリール，アシル，シリル，グラフト鎖，数平均　分子量，繰返し　単位，重合体　ブロツク，☐3，-CH=CH↓2，C，（CH↓3），メチレン，COO，置換，未置換，フエニル，構成，ブロツク　共重合体，ヒドロキシ　スチレン　重合体，ブロツク鎖，鎖，有機　アルカリ　金属，作用，カル

<7>

平02-079375
P出 63-228545
　　S63.09.14
開 02-79375
　　H02.03.19
登 2635715
　　H09.04.25
G02F 1/15　507
H01G 9/02　331G
H01B 1/12　Z
H01M 6/18　E
H01M 10/40　B
C08L 75/08
C08G 18/48　Z

高分子固体電解質
リコー：（株）
〔目的〕ポリマーマトリツクスをPEO鎖とPPO鎖とが交互に規則的に共重合した構造にすることにより、塩濃度領域依存性を小さくし、高い塩濃度においても高いイオン伝導度の保持を可能にする。
〔構成〕イオン伝導は高分子マトリツクス中へ溶媒和された電解質塩が解離してマトリツクス中を電界に沿つた拡散移動することによつてなされる。ここでエチレンオキシド（EO）単位とプロピレンオキシド（PO）単位の繰返し数及び繰返し形態が重要で、式Ⅰ中ECの繰返し単位Xが8〜30ごとにPOの繰返し単位Yが1〜5、さらにPEO-PPOのブロック共重合ユニツトをPEOユニツトが3つ以上となるように導入する。このようにポリマーマトリツクスの分枝鎖間のイオン解離基が長くなる。これによりイオン伝導度の塩濃度依存性が小さくなり、高濃度の塩の添加によるイオン伝導度の低下がほとんどみられなくなる。
＜高分子　固体　電解質，重合体　マトリツクス，PEO，鎖，PPO，規則的，共重合，構造，塩濃度，領域，依存性，高さ，イオン　伝導率，保持，可能，イオン　伝導，高分子　マトリツクス，溶媒和，電解質塩，解離，マトリツクス，電界，拡散　移動，エチレン　オキシド，EO，単位，プロピレン　オキシド，PO，繰返し数，繰返し，形態，重要，式，☐1，EC，繰返し　単位，Y，ブロック　共重合，ユニツト，3個，導入，分岐鎖，イオン　解離基，長い，高濃度，塩，添加，低下＞

<8>
平03-177409
P出 01-315337　　高分子固体電解質
　　H01.12.06　　日本石油　(株)
開 03-177409　　〔目的〕特定アルキレンオキシド共重合体,ポリ塩化ビニル等及び
　　H03.08.01　　アルカリ金属塩等を含むグリセリンのアクリルエステル誘導体硬化
登 2543996　　　物からなる,イオン伝導度,フイルム強度の高い,電池用等の標記固
　　H08.07.25　　体電解質。
C08L 27/06　LFT　〔構成〕式Ⅰ（R^1はH,メチル；m≧3；n≧0；m≧n,3≦m+n
C08L 71/02　LQD　≦50,n／m=0〜5)で示される化合物に,（A）両末端がアルキル
C08G 65/32　NQH　エーテル化された低分子量エチレンオキシド−プロピレンオキシド
C08F 20/28　MMV　ランダム共重合体等,（B）ポリ塩化ビニル,高分子量アルキレンオ
C08F299/00　MRM　キシド（共)重合体,式Ⅱ（R^2はH,$C_{1〜5}$アルキル；R^3は$C_{1〜5}$
H01B 1/12　Z　　アルキル；2≦P≦30)の化合物と式Ⅲ（R^4はH,$C_{1〜3}$アルキル)及
H01M 6/18　E　　び／または式Ⅳ（R^5はH,$C_{1〜3}$アルキル)の化合物との共重合体
C08F 2/44　MCS　等の1種以上の化合物,及び（C）アルカリ金属塩またはアンモニウ
C08F299/02　MRS　ム塩の有機溶媒溶液を加えて流延し,有機溶媒を蒸発させた後,80℃
H01M 10/40　A　　で3時間加熱硬化させることにより目的の固体電解質を得る。
C08L 27/06　　　＜ポリ塩化ビニル,ポリアルキレンオキサイド＞
C08L 71/02　　　＜高分子　固体　電解質,特定,アルキレン　オキシド　共重合体,
C08G 65/32　　　ポリ　塩化　ビニル,アルカリ　金属塩,グリセリン,アクリル　エ
C08F 2/44　C　　ステル,誘導体,硬化物,イオン　伝導率,フイルム　強度,電池,固体
C08F290/00　　　　電解質,式,☐1,H,メチル,化合物,両末端,アルキル　エーテル化
C08F 20/10　　　,低分子量,エチレン　オキシド,プロピレン　オキシド,ランダム
　　　　　　　　共重合体,高分子量,C↓1,アルキル,P,☐3,☐4,共重合体,1種　以
　　　　　　　　上,アンモニウム塩,有機　溶媒　溶液,流延,有機　溶媒,蒸発,3
　　　　　　　　時間,加熱　硬化,目的＞

<10>
昭63-055811
P出 61-198177　　固体電解質組成物
　　S61.08.26　　宇部興産　(株)
開 63- 55811　　〔目的〕三官能性ポリオキシアルキレングリセリンとアルキレンジ
　　S63.03.10　　イソシアネートとを反応させて得られる架橋型樹脂と無機イオン塩
告 05- 88482　　とから構成することにより,高いイオン導電性と優れた成形加工性
　　H05.12.22　　を持つようにする。
登 1874764　　　〔構成〕式で表わされる数平均分子量4000未満の三官能性ポリオキ
　　H06.09.26　　シアルキレングリセリンとアルキレンジイソシアネートとを反応さ
H01B 1/12　Z　　せて得られる架橋型樹脂と無機イオン塩とからなる。固体電解質と
H01M 6/18　E　　して高分子材料を用いる場合,導電率に寄与する物性として,用い
H01M 8/10　　　る高分子固体電解質のガラス転移点が低い物質であるほど高分子鎖
C08G 18/48　NDZ　のミクロブラウン運動が活発になりイオン伝導が促進される。この
H01M 10/40　B　　場合三官能性ポリオキシグリセリンを架橋フイルム化する時に架橋
H01M 10/36　A　　剤として脂肪族ジイソシアネートを用いることにより高い電導性を
C08G 18/48　Z　　有するものを得る。
　　　　　　　　＜ポリオキシアルキレン＞
　　　　　　　　＜固体　電解質　組成物,3官能性,ポリ　オキシ　アルキレン,グリ
　　　　　　　　セリン,アルキレン　ジ　イソ　シアネート,反応,架橋　樹脂,無機
　　　　　　　　イオン,塩,構成,高さ,イオン　導電性,成形　加工性,式,数平均
　　　　　　　　分子量,未満,固体　電解質,高分子　材料,場合,導電率,寄与,物
　　　　　　　　性,高分子　固体　電解質,ガラス　転移点,物質,高分子鎖,マイク
　　　　　　　　ロ,ブラウン　運動,活発,イオン　伝導,促進,ポリ　オキシ,架橋
　　　　　　　　フイルム,架橋剤,脂肪族　ジ　イソ　シアネート,導電性＞

<18>

平03-200863
P出 02-59132　　イオン導伝性ポリマー電解質
　　H02.03.09　　第一工業製薬（株）
開 03-200863　　〔目的〕特定の重合反応性化合物を架橋反応させて得られる有機ポ
　　H03.09.02　　リマーと，可溶性電解質塩化合物とを含有させることにより，イオン
登 2813828　　　伝導度，扱い易さを向上させる。
　　H10.08.14　　〔構成〕（ⅰ）活性水素含有化合物と，グリシジルエーテル類とを
C08K 3/00　 I　 反応させて得られるポリエーテル化合物の主鎖末端に，（ⅱ）必要
C08L 71/02　LQD に応じて重合反応性官能基を導入して，平均分子量100～2万の，式〔
C08L 71/02　　　Zは活性水素含有化合物残基；Yは重合反応性官能基；mは1～250
H01B 1/06　 A　 ；nは0～25；kは1～12；RはC$_{1～20}$のアルキル，アルケニル，（ア
H01M 6/18　 E　 ルキル）アリール〕の骨格を有する重合反応性化合物（a）を得る
H01M 10/40　B　 。次に，a成分を架橋反応させて，有機ポリマー（A）を得る。A成
　　　　　　　　分に，（B）A成分のエチレンオキシドユニット（EO）に対する
　　　　　　　　モル数が0.0001～5.0（モル／EO）の，可溶性電解質塩化合物を
　　　　　　　　ドーピングさせる。
　　　　　　　　＜ポリエーテル＞

＜イオン，伝導性，重合体，電解質，重合　反応性，化合物，架橋　反応
，有機　重合体，可溶性，電解質塩，含有，イオン　伝導率，易さ，向上，
活性　水素　含有　化合物，グリシジル　エーテル，反応，ポリ　エ
ーテル　化合物，主鎖　末端，官能基，導入，平均　分子量，万，式，残
基，Y，C↓1，アルキル，アルケニル，アリール，骨格，成分，エチレン
　オキシド　ユニット，EO，モル数，モル，ドーピング＞

<22>

平01-135856
P出 63-257415　　固状高分子電解質及び電池
　　S63.10.14　　エニリチエルチエ　SPA
開 01-135856　　〔目的〕固状の架橋ポリエーテル中に溶解させたイオン化合物の固
　　H01.05.29　　溶体で成る，優れた機械的強度及び寸法安定性を有し，比較的低い温
登 2699280　　　度においても高い伝導性を有し，電池用として好適な固状高分子電
　　H09.09.26　　解質。
C08L 71/02　LQD 〔構成〕（A）A$_1$：式Ⅰ（Rはメチル，エチルで好ましくはメチル
C08L 29/10　LGZ ；nは1～16で好ましくは1～6）のビニルエーテルと，A$_2$：式Ⅱ（
C08F216/12　MLA mは1～16）のジビニルエーテルとを，A$_2$／A$_1$のモル比1／100～10
C08K 3/24　 CAHI ／100，好ましくは1／100～3／100で共重合させて得た固状の架橋ポ
C08F216/14　MKZ リエーテルであり，重合平均分子量10000，好ましくは20000～100000
C08K 3/24　　　 ，ガラス転移温度-60～-80℃を有するものと，（B）イオン化合物
C08F216/12　101I ，好ましくはLi化合物，特に過塩素酸Liを，ポリエーテル酸素／
H01M 10/40　B　 金属の原子比が4／1～12／1の割合で含有して成る，膜厚50～200μ
C08L 29/10　　　 の膜状の固状高分子電解質。
C08L 55/00　　　 ＜ポリエーテル＞
C08F299/02
C08F216/12　　　 ＜固状，高分子　電解質，電池，架橋，ポリ　エーテル，溶解，イオン
C08F216/14　　　 化合物，固溶体，機械的　強度，寸法　安定性，温度，高さ，伝導性，式，
H01M 10/40　A　 A↓1，メチル，エチル，ビニル　エーテル，A↓2，ジ　ビニル　エーテ
C08L 71/02　　　 ル，モル比，共重合，重合，平均　分子量，ガラス　転移　温度，リチウ
C08F 16/14　　　 ム　化合物，過塩素酸，リチウム，酸素，金属，原子比，割合，含有，膜厚
C08F 16/32　　　 ，膜状＞

（2）ポリエーテル誘導体等

① 技術事項の特徴点

　カチオン性ポリマーとアニオン性ポリマーとを混合したもの<1>、フラン重合錯体を用いたもの<3>、リン酸エステルマクロマーとアルカリ金属塩とをカチオン重合させたもの<2>*、ポリグルタミン酸等の主鎖にポリエチレンオキシド等の側鎖が結合されたもの<4>*、<5>、ウレタン結合構造の水素原子をアルカリ金属原子等で置換した構造のもの<6>、ポリプロピレングリコールのジ（メタ）アクリル酸エステルの架橋高分子を用いるもの<7>、エポキシ基がカチオン開環重合されて形成された高分子を用いるもの<8>、オリゴアルキレンオキシポリホスファゼン等のポリホスファゼンを用いるもの<9>*、<10>、<18>、ジアルキルシロキサン基を有するもの<11>*、<12>、液晶性分子構造分子鎖とイオン伝導性分子鎖から構成されるブロック共重合体からなるもの<13>*、側鎖液晶ポリシロキ

サン重合体からなる錯体<14>*、オルガノポリシロキサンの共重合体架橋物からなるもの<15>*、ポリマーがポリパラバン酸等であるもの<16>*、キトサン等の天然または合成多糖類を用いるもの<17>、ポリビニルアルコールを用いたもの<19>、<20>等があり、いずれもイオン伝導率を大きくすることを共通の目的としている。

参照文献（＊は抄録記載）

<1>特開昭 60-23974   <2>*特開昭 61-256573   <3>特開昭 62-150651   <4>*特開昭 63-205364
<5>特開平 2-181366   <6>特開平 1-197974   <7>特開平 3-207711   <8>特開平 3-297006
<9>*特開平 2-169628   <10>特開平 2-223159   <11>*特開平 2-199173   <12>特開平 2-265927
<13>*特開平 4-323260 <14>*特開平 4-19903   <15>*特開平 3-146559   <16>*特開平 2-86658
<17>特開平 2-20537   <18>特開平 2-223160   <19>特開平 2-87482   <20>特開平 3-296556

参照文献（Japio 抄録）

<2>

昭61-256573
P出 60- 97355　　　固体電解質電池
　　S60.05.08　　　理化学研究所
開 61-256573　　　〔目的〕特定のリン酸エステルマクロマーと，アルカリ金属を用い
　　S61.11.14　　　た負極と同種のアルカリ金属イオンの特定の塩の混合物を脱水溶剤
告 05- 72714　　　中で重合して得たハイブリッド型イオン伝導体を固体電解質として
　　H05.10.12　　　用いることにより，成形性等が優れた高出力の二次電池を得る。
登 1858284　　　〔構成〕式（4≦n≦22,1≦a≦2,2≧b≧1, a＋b＝3, RはC₂～₄
　　H06.07.27　　　の直鎖ないし枝分れアルキレン, R³はHまたはCH₃）で表わされ
H01M 6/18   E　　るリン酸エステルマクロマー80〜95重量部と，Li，Na，Kのア
H01M 10/40   B　　ルカリ金属の過塩素酸塩，テトラフロロホウ酸塩，トルエンスルホン
H01B 1/12   Z　　酸塩，チオシアン酸塩等から選ばれた塩の20〜5重量部の混合物をテトラヒドロフラン等の溶媒中でカチオン重合させて得たハイブリッド型イオン伝導体を固体電解質として用い，負極にアルカリ金属を用いた二次電池とする。用いた固体電解質は成形性，電極との密着性が優れ，しかも高いイオン伝導性を持ち，高出力の電池を得る。
＜固体　電解質　電池,燐酸　エステル　マクロマー,アルカリ　金属,陰極,同種,アルカリ　金属　イオン,塩,混合物,脱水　溶剤,重合,ハイブリッド,イオン　伝導体,固体　電解質,成形性,高出力,2次　電池,式,C↓2,直鎖,枝分れ,アルキレン,H,メチル,リチウム,ナトリウム,K,過塩素酸塩,テトラ　フロロ　硼酸,トルエン　スルホン酸塩,チオ　シアン酸塩,テトラ　ヒドロ　フラン,溶媒,陽イオン　重合,電極,密着性,高さ,イオン　伝導性,電池＞

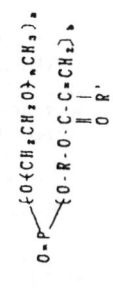

<4>

昭63-205364
P出 62-37337　　　高分子固体電解質
　　S62.02.20　　　リコー：（株）
開 63-205364
　　S63.08.24　　　〔目的〕主鎖が規則的高次構造をとり、側鎖にイオン解離基を有す
登 2583762　　　　る高分子マトリツクスと、電解質塩との複合体からなる、高イオン伝
　　H08.11.21　　　導性を有し、成膜性、強度に優れた高分子固体電解質。
　　　　　　　　　　〔構成〕主鎖が規則的高次構造（例：ポリグルタミン酸等）をとり、
C08K 3/00　　KAA　側鎖にイオン解離基（例：ポリエチレンオキシド鎖等）を有する
C08L 77/04　　LQR　高分子マトリツクスと、電解質塩（例：LiClO₄等）との複合体
C08L101/00　 LSY　からなる、高いイオン伝導性を有し、しかも成膜性、強度に優れた高
C08K 3/00　　　　　分子固体電解質。この高分子固体電解質、すなわちポリマーマトリ
H01M 10/40　 B　　ツクスと電解質との複合体を作製するには、電解質塩を溶解させた
C08L 77/04　　KKQ　ポリマーが不溶の溶液に、高分子マトリツクスフイルムを浸漬して
C08L101/02　 LSY　含浸させる方法等がある。この高分子固体電解質は、高分子全固体
H01B 1/12　　 Z　　二次電池、湿度センサー、エレクトロルミネツセンス素子等に利用す
H01M 10/36　 A　　ることができる。
C08L 77/00　　　　　＜ポリエチレンオキサイド＞
C08L101/00　　　　　＜高分子　固体　電解質,主鎖,規則的,高次　構造,側鎖,イオン
　　　　　　　　　　解離基,高分子　マトリツクス,電解質塩,複合体,高イオン　伝導性
　　　　　　　　　　,成膜性,強度,ポリ　グルタミン酸,ポリ　エチレン　オキシド,鎖,
　　　　　　　　　　LiClO↓4,高さ,イオン　伝導性,重合体,電解
　　　　　　　　　　質,作製,溶解,重合体,不溶,溶液,フイルム,浸漬,含浸,方法,高分子
　　　　　　　　　　,全固体,2次　電池,湿度　センサ,エレクトロ　ルミネツセンス
　　　　　　　　　　素子,利用＞

<9>

平02-169628
P出 63-324364　　　フルオロアルキルスルホン基を有するオリゴアルキレンオキシポリ
　　S63.12.21　　　ホスフアゼンとその製法並びに用途
開 02-169628
　　H02.06.29　　　大塚化学　（株）
登 2711560
　　H09.10.31　　　〔目的〕特定の3種のセグメントが任意に配列して形成された、高い
　　　　　　　　　　電導度を有し、かつ目的イオンの輸率が100％に近い固体電解質とな
H01M 10/40　 Z　　り得る、フルオロアルキルスルホン基を有するオリゴアルキレンオ
C08G 79/04　　NUQ　キシポリホスフアゼン。
C08G 79/04　　　　　〔構成〕式I、II、IIIで示されるセグメントが任意に配列した、フル
C08G 79/02　　　　　オロアルキルスルホン基を有するオリゴアルキレンオキシポリホス
　　　　　　　　　　フアゼンまたはこれらの混合物である。式I〜III中、Mは水素,オニ
　　　　　　　　　　ウム基またはアルカリ金属；Rは水素またはメチル基；R'はメチ
　　　　　　　　　　ル,エチルまたはブロキル基；h及びkはアルキレンオキシ単位の
　　　　　　　　　　平均の繰り返し数を意味し、それぞれ0≦h≦18,0≦k≦20の範囲の
　　　　　　　　　　実数値；l,m,nは整数で3≦l+m+n≦200000の範囲をとり、か
　　　　　　　　　　つl+nは0ではない。このオリゴアルキレンオキシポリホスフア
　　　　　　　　　　ゼンは、例えばオリゴアルキレンオキシトリフルオロブチルスルホ
　　　　　　　　　　ン酸またはその塩,オリゴエチレンオキシモノアルキルエーテルの
　　　　　　　　　　アルコラート及びジクロロホスホニトリルポリマーを反応させて得
　　　　　　　　　　られる。
　　　　　　　　　　＜ポリホスフアゼン＞
　　　　　　　　　　＜フルオロ　アルキル,スルホン酸基,オリゴ,アルキレン　オキシ,
　　　　　　　　　　ポリ　ホスフアゼン,製法,用途,3種,セグメント,配列,形成,高さ,
　　　　　　　　　　導電率,目的,イオン,輸率,固体　電解質,式,□1,□3,混合物,水素,
　　　　　　　　　　オニウム基,アルカリ　金属,メチル基,メチル,エチル,ブロキル,ア
　　　　　　　　　　ルキレン　オキシ　単位,平均,繰返し数,意味,範囲,実数値,整数,
　　　　　　　　　　トリ　フルオロ,ブチル,スルホン酸,塩,エチレン　オキシ,モノ
　　　　　　　　　　アルキル　エーテル,アルコキシド,ジ　クロロ,ホスホ　ニトリル,

$$-[N=P]- \begin{array}{c} O(CHRCH_2O)hCH_2CH_2CFHCF_2SO_3M \\ | \\ O(CHRCH_2O)hCH_2CH_2CFHCF_2SO_3M \end{array}$$

$$-[N=P]- \begin{array}{c} O(CH_2CH_2O)kR' \\ | \\ O(CH_2CH_2O)kR' \end{array}$$

$$-[N=P]- \begin{array}{c} O(CHRCH_2O)hCH_2CH_2CFHCF_2SO_3M \\ | \\ O(CH_2CH_2O)kR' \end{array}$$

<11>

平02-199173
P出 01-18381　　高分子電解質
　　H01.01.27　　富士写真フイルム　（株）
　開 02-199173　　〔目的〕夫々特定された高分子化合物と金属イオンの塩とを含有す
　　H02.08.07　　る高分子電解質を成分とすることにより，室温以下の低温域でも高
　告 08-26161　　いイオン伝導度を有する高分子電解質を得る。
　　H08.03.13　　〔構成〕少なくとも，式で示されるくり返し単位を含有する高分子
　登 2120052　　化合物と周期律表ⅠａまたはⅡａ族に属する金属イオンの塩を含有
　　H08.12.20　　する高分子電解質。式中，R_1，R_2はアルキル，アルケニル，アラルキ
　C08K 3/00　　ル，アリール，R_1，R_2のいずれかはC_2以上である；R_3はH，アルキ
　C08L 83/16　LRX　ル；$p≧1$を表わす。前記高分子化合物は主鎖中にアルキレンオキ
　H01B 1/12　Z　シド基を有することから誘電率が高く，支持電解質を溶解，解離する
　H01M 6/18　E　能力に優れ，また主鎖中にジアルキルシロキサン基を有しているか
　C08L 83/12　LRX　らガラス転移点が低く，イオンの移動を容易にしていると考えられ
　C08G 77/46　NUL　る。また高分子化合物であることから沸点をもたず，高温における
　H01M 10/36　A　安定性も高いと考えられる。
　C08L 83/04　　＜高分子　電解質，特定，高分子　化合物，金属　イオン，塩，含有，成
　C08G 77/46　　分，室温　以下，低温域，高さ，イオン　伝導率，式，繰返し，単位，周期
　　　　　　　　律表，Ⅰa，2a族，アルキル，アルケニル，アラルキル，アリール，C↓
　　　　　　　　2，H，主鎖，アルキレン　オキシド基，誘電率，支持　電解質，溶解，解
　　　　　　　　離，能力，ジ　アルキル　シロキサン，ガラス　転移点，イオン，移動，
　　　　　　　　沸点，高温，安定性＞

<13>

平04-323260
P出 03-119361　　高分子固体電解質およびこれを用いた電池
　　H03.04.22　　湯浅電池　（株）
　開 04-323260　　〔目的〕（J）室温及び室温以下でのイオン伝導度が高く，製膜性
　　H04.11.12　　や加工性が従来のＰＥＯ系高分子固体電解質より優れ，電池，電気
　登 2581338　　二重層キヤパシタ及びその他の電気化学デバイス用材料に好適な高
　　H08.11.21　　分子固体電解質。£誘電率，イオン性化合物，溶解能，解離，ミク
　C08G 65/28　Ⅰ　ロ相分離
　C08K 3/18　Ⅰ　〔構成〕式Ⅰ（Lは液晶性分子構造分子鎖；Aは式Ⅱ（R_1，R_2は
　C08K 3/30　Ⅰ　H，C_1〜アルキル；nは5〜1500）；Bは式Ⅲ（R_3，R_4はH，C
　C08K 3/38　Ⅰ　$_1$〜アルキル；mは0〜1500））で表わされる骨格を有し，液晶性分
　C08K 5/17　Ⅰ　子構造分子鎖とイオン伝導性分子鎖から形成されるブロツクコポリ
　C08K 5/42　Ⅰ　マーからなる高分子固体電解質。前記液晶性分子構造分子鎖が式Ⅳ
　C08L 71/02　　（R，R'は$C_{1〜10}$アルキル；Kは1〜20；hは1〜6）等である。
　H01B 1/06　A　＜高分子　固体　電解質，電池，室温，室温　以下，イオン　伝導率，
　H01M 10/40　B　製膜性，加工性，PEO，電気　2重層　キヤパシタ，電気　化学，デバ
　C08L 71/00　LQD　イス，材料，誘電率，イオン性　化合物，溶解能，解離，ミクロ相　分離
　C08L 71/02　LQD　，式，▢1，液晶性，分子　構造，分子鎖，H，C↓1，アルキル，B，▢3，骨
　　　　　　　　格，イオン　伝導性，形成，ブロック　共重合体，▢4，K＞

<14>

平04-019903
P出 02-115306　　イオン型電導性側鎖液晶重合体電解質
　　H02.05.02　　ナシヨナル　サイエンス　カウンシル
　開 04-19903　　〔目的〕アルカリ金属塩とオリゴオキシエチレンスペーサーを有す
　　H04.01.23　　る側鎖液晶ポリシロキサン重合体よりなる錯体を含むことにより，
　告 06-19923　　高いイオン電導性があるイオン型電導性固形重合体電解質を得る。
　　H06.03.16　　〔構成〕アルカリ金属塩，例えば$LiSO_3CF_3$と，オリゴオキシエ
　登 1897480　　チレンスペーサーと液晶等を含んでいる側鎖液晶重合体よりなる錯
　　H07.01.23　　体とから製造される。使用する液晶重合体は液晶単量体をオリゴオ
　G02F 1/15　507　キシエチレンスペーサーで高分子主幹にグラフトした側鎖液晶重合
　H01B 1/06　A　体であり，その化学式は式Ⅰで示される。また側鎖液晶重合体主幹
　H01M 6/18　E　に適用する高分子は，基本的には低いガラス移転温度と高い熱安定
　H01M 10/40　　性を有する重合体であり，例えばポリシロキサン重合体等，その数平
　C08G 77/38　NUF　均分子量Mnが400〜15000間のものを用いる。
　C08G 77/46　NUL　＜ポリシロキサン＞
　H01M 10/40　A　＜イオン，導電性，側鎖，液晶，重合体　電解質，アルカリ　金属塩，オ
　C08G 77/38　　リゴ，オキシ　エチレン，スペーサ，ポリ　シロキサン　重合体，錯体，
　C08G 77/46　　高さ，イオン　導電性，固形　重合体，電解質，リチウム，SO↓3C
　　　　　　　　F，重合体，製造，使用，単量体，高分子，主幹，グラフト，化学式，式，▢
　　　　　　　　1，適用，基本的，ガラス　移転　温度，熱安定性，数平均　分子量，マ
　　　　　　　　ンガン＞

283

<15>

平03-146559
P出 01-284312　　　イオン導電性高分子組成物
　　H01.10.31　　　東レ　ダウコーニング　シリコーン　（株）
開 03-146559　　　〔目的〕2種のオルガノポリシロキサンを反応させた共重合体架橋
　　H03.06.21　　　物と金属イオンを配合してなる，電子デバイス等とした際には液漏
登 2921765　　　　れや副作用のない内部抵抗の経時低下を防ぐ高信頼性の製品となる
　　H11.04.30　　　無色透明材料。
C08K　3/00　LRU　〔構成〕（A）1分子中に少なくとも2個のカルボキシル基含有炭化
C08L 83/06　LRZ　水素基を有するオルガノポリシロキサンと，（B）式（R^1は1価の
C08L 83/12　　I　　有機基；R^2，R^3はアルキレン；R^4は1価の有機基；l，nは0～100
H01B　1/12　　Z　　0の整数；mは2～1000；pは1～100）のポリオキシアルキレン鎖を
H01M　6/18　　E　　有するオルガノポリシロキサンと反応させてなる共重合体架橋物に
H01M 10/40　　B　　，（C）周期律表第Ⅰ族または第Ⅱ族の金属イオンを分散配合させ
C08L 83/04　　　　る。これを加熱して硬化する。
C08K　3/08　　　　＜ポリシロキサン，ポリオキシアルキレン＞
C08L 71/02　　　　＜イオン　導電性　材料，製造　方法，2種，オルガノ　ポリ　シロキ
C08L 83/06　　　　サン，反応，共重合体　架橋物，金属　イオン，配合，電子　デバイス，
C08L 83/12　　　　漏液，副作用，内部　抵抗，経時　低下，高信頼性，製品，無色　透明
H01M 10/40　　A　　材料，1分子，2個，カルボキシル基　含有　炭化　水素基，式，1価，有
　　　　　　　　　機基，アルキレン，整数，ポリ　オキシ　アルキレン，周期律表　第1
　　　　　　　　　族，2族，分散　配合，加熱，硬化＞

<16>

平02-086658
P出 63-237937　　　新しい高分子固体電解質
　　S63.09.21　　　山本　隆一，湯浅電池　（株）
開 02- 86658　　　〔目的〕特定の高分子化合物に，アルカリ（土）金属塩を含有させ
　　H02.03.27　　　ることにより，耐熱性，耐寒性及び機械的強度に優れた高分子固体電
登 2833626　　　　解質を得る。
　　H10.10.02　　　〔構成〕特定の高分子化合物にアルカリ金属塩またはアルカリ土類
G02F　1/15　507　金属塩を含有させた高分子固体電解質において，この高分子化合物
C08K　3/10　　I　　が式Ⅰの繰返し単位からなるセグメント（Ⅰ）またはセグメント（
C08L 79/04　LRA　Ⅰ）及び式Ⅱの繰返し単位からなるセグメント（Ⅱ）の結合を有す
H01G　9/00　301G　るポリパラバン酸またはそのイミノ型前駆体である固体電解質。式
H01G　9/02　331　中，Ar，Ar'は異なる2価の芳香族基；XはNH，Oを表わす。使
H01M 10/40　　B　　用されるアルカリ金属塩またはアルカリ土類金属塩としては，特に
C08L 79/04　　　　$LiClO_4$，$LiBF_4$，$LiAsF_6$，$Li[CF_3SO_3]$，LiI，
H01B　1/12　　Z　　$LiBr$，$LiPF_6$等の塩が好ましい。
C08K　3/10　　　　＜ポリパラバン酸＞
H01G　9/00　301　＜新しい，高分子　固体　電解質，高分子　化合物，アルカリ，土，金
H01M 10/40　　A　　属塩，含有，耐熱性，耐寒性，機械的　強度，アルカリ　金属塩，アルカ
　　　　　　　　　リ土類　金属塩，式，□1，繰返し　単位，セグメント，2，結合，ポリ
　　　　　　　　　パラバン酸，イミノ，前駆体，固体　電解質，アルゴン，2価，芳香族基，
　　　　　　　　　O，使用，$LiClO↓4$，$LiBF↓4$，$LiAsF↓6$，リチウム，C
　　　　　　　　　$F↓3SO↓3$，LiI，$LiBr$，$LiPF↓6$，塩＞

（3）電解質塩・組み合わせ等

① 技術事項の特徴点

　ポリエチレングリコールジアクリレートにMCF_3SO_3等の式で表されるアルカリ金属塩が含有
された組み合わせに特徴を有するもの<1>、<5>、ポリエーテル型のアモルファス構造ポリマーにエ
トキシル化塩を溶解した組み合わせに特徴を有するもの<2>*、特定構造の塩に特徴を有するもの
<3>*、<4>*、架橋ポリマー中に高誘電率溶媒と相間移動剤とを保持させることを特徴とするもの<6>*、
スルホン化誘導体に塩が溶解されたことに特徴を有するもの<7>等があり、イオン伝導率を大きくす
ることを共通の目的としている。

参照文献（＊は抄録記載）
<1>特開昭62-285954　　<2>*特開昭62-64073　　<3>*特開昭63-276803　　<4>*特開平2-37673
<5>特開平2-267809　　<6>*特開平1-95470　　<7>特開昭63-187578

参照文献（Japio 抄録）

<2>

昭62-064073
P出 61-162925
　　S61.07.10
開 62- 64073
　　S62.03.20
告 07- 89496
　　H07.09.27
登 2065327
　　H08.06.24
H01B 1/12　　Z
C08K 5/04
C08L 71/02　LQC
H01M 10/40　B
C08K 5/04　　I
C08L 71/02
H01M 10/36　A

イオン導電性高分子物質
ナシオナル　エルフ　アキテーヌ　プロデユクシオン：SOC,ハイドロ　ケベツク
〔目的〕ポリエーテル型のアモルフアス構造からなる高分子物質に溶解する塩を,式R－F－Mで表わされるエトキシル化塩することにより,そのアニオンを不活発としかつ完全に相溶し得るものとする。
〔構成〕イオン導電性高分子物質を,主としてポリエーテル型のアモルフアス構造からなる高分子物質に,少なくとも1種の塩を溶解して形成する。またその塩は,式R－F－Mによって表わされるエトキシル化塩とし,式中のMはアルカリ金属特にリチウムであり,Rはポリエーテル型構造とする。さらにFは,アルコラート,ホウ酸塩,スルホン酸塩,硫酸塩などの中から選択される官能基を表わすものとする。したがつて溶解させるべき塩を,電気化学的に安定で,高いイオン解離率を有するものとし,電気化学的蓄電池に使用してその性能を向上することができる。
＜ポリエーテル＞
＜イオン　導電性,高分子　物質,ポリ　エーテル,非晶質　構造,溶解,塩,式,F,エトキシル化,陰イオン,不活発,完全,相溶,1種,形成,アルカリ　金属,リチウム,構造,アルコキシド,硼酸塩,スルホン酸塩,硫酸塩,選択,官能基,電気　化学的,安定,高さ,イオン　解離,率,電気　化学的　蓄電池,使用,性能,向上＞

<3>

昭63-276803
P出 62-275578
　　S62.10.30
開 63-276803
　　S63.11.15
登 2862238
　　H10.12.11
C09K 3/00　　C
C07C 49/167
C07C147/02　Z
C08K 5/04　KAMB
C08K 5/41　KBUA
C08L 71/02　LQC
H01B 1/12　　Z
H01M 6/18　　E
C07C 45/00　X
C08K 5/04　CAH1
C08K 5/41　CAH1
C07C317/04
C07C317/24
H01M 10/40　B
C07C313/00　X
C07C 67/00　X
C08K 5/04
C08K 5/41
C08L 71/02
H01M 10/40　A

イオン伝導物質
ナシオナル　エルフ　アキテーヌ　プロデユクシオン：SOC,ハイドロ　ケベツク,サントル　ナシオナル　ド　ラ　ルシエルシユ　シアンテイフイツク
〔目的〕溶媒中の塩の溶液によってイオン伝導物質を構成するときに,塩として特定な塩を使用することにより,電池製造用液体または固体電解質などに好適なイオン伝導物質を得る。
〔構成〕イオン伝導物質を構成する塩を,式Ⅰ～Ⅴに示す組成物で構成する。式Ⅰ～Ⅴ中のMはアルカリ金属,アルカリ土類,遷移金属または希土類である。またRFおよびR'Fは同一か,あるいは異なる物質であり,夫々1～12個の炭素原子を含むハロゲン化基,好ましくは過フツ化基,Rは水素または1～30個の炭素原子をもつアルキル基である。さらにQFは,2～6個の炭素原子をもつ2価の過フツ化基である。またこれらを溶解させる物質は,エチレンオキサイドのホモポリマーまたはコポリマー,あるいはポリホスフアゼンなどの何れも高分子物質とする。このようにして溶媒に対して高い溶解度をもつ塩が得られる。
＜ポリホスフアゼン＞
＜新規,イオン　伝導　物質,溶媒,塩,溶液,構成,特定,使用,電池製造,液体,固体　電解質,式,1,5,組成物,アルカリ　金属,アルカリ土類,遷移　金属,希土類,RF,F,同一,物質,炭素　原子,ハロゲン化基,過弗化,水素,アルキル,QF,6個,2価,溶解,エチレンオキシド,ホモ　重合体,共重合体,ポリ　ホスフアゼン,高分子物質,高さ,溶解度＞

Ⅰ $\left[RF-SO_2-C-SO_2-R'F \right]_R$

Ⅱ $\left[RF-SO_2-C-CO-R'F \right]_R$

Ⅲ $\left[RF-CO-C-CO-R'F \right]_R$

Ⅳ $R\left[\begin{smallmatrix} SO_2 \\ QF \\ SO_2 \end{smallmatrix} C \right]$

Ⅴ $R\left[\begin{smallmatrix} CO \\ QF \\ CO \end{smallmatrix} C \right]$

<4>
平02-037673
P出 01- 2146　　イオン性化合物を用いた電池
　　H01.01.10　　アンバール アジャンス ナシオナル ド バロリザシオン ド
開 02-37673　　　ラ ルシエルシュ,ナシオナル エルフ アキテーヌ プロデユク
　　H02.02.07　　シオン：ＳＯＣ
告 06-38346　　〔目的〕1つのヘテロ原子を含有するポリマーで形成される巨大分
　　H06.05.18　　子材中に完全に溶解する特定のイオン導電性を有する材料で電解質
登　1908250　　を構成することにより、導電性の向上を図る。
　　H07.02.24　　〔構成〕用いるイオン性化合物は、式により示され、ポリプロピレ
H01M 4/02　B　ンオキシドと極めて満足すべき相互溶解性を有する。そしてその（
H01M 6/18　E　1又は数種の）単量体単位が、イオン性化合物のカチオンと供与体
H01M 10/40　B　－受容体型結合を形成するのに適した少なくとも1つのヘテロ原子
H01M 10/40　A　、特に、酸素又は窒素を含有するポリマーにより少なくとも部分的
　　　　　　　　に形成されている巨大分子材に完全に溶解するもので、部分的に、
　　　　　　　　1又は数種の、イオン性化合物の固溶体により構成される新規なポ
　　　　　　　　リマー性固体電解質を用いる。これにより導電性を向上することが
　　　　　　　　できる。
　　　　　　　　＜ポリプロピレンオキサイド＞
　　　　　　　　＜イオン性 化合物,電池,1つ,ヘテロ 原子,含有,重合体,形成,巨
　　　　　　　　大 分子,材中,完全,溶解,イオン 導電性,材料,電解質,構成,導電
　　　　　　　　性,向上,式,ポリ プロピレン オキシド,満足,相互 溶解性,数種
　　　　　　　　,単量体 単位,陽イオン,供与体,受容体,型,結合,酸素,窒素,部分
　　　　　　　　的,材,固溶体,新規,重合性,固体 電解質＞

<6>
平01-095470
P出 62-251141　　高分子固体電解質
　　S62.10.05　　湯浅電池　（株）
開 01- 95470　　〔目的〕高分子網目中に相間移動剤を媒体として高誘電率溶媒を保
　　H01.04.13　　持することにより、イオン導電性の高い高分子固体電解質が得られ
告 08-34770　　るようにする。
　　H08.03.29　　〔構成〕無定形ポリマーを架橋した高分子化合物に金属塩を溶解し
登　2124102　　た固体電解質において、架橋構造中に高誘電率溶媒とりわけ1,3－
　　H08.12.20　　ジメチルイミダゾリジノンを共存させ、又固体電解質中に四級アン
C08K 5/19　KAZB　モニウム塩を添加する。高誘電率溶媒を用いたものは極めて高いイ
C08K 5/34　KBKA　オン伝導性を与えるが、高誘電率溶媒が保持されたポリエチレンオ
C08K 5/19　CAMI　キシド架橋体は塩の溶解度が大きくなく結晶化を起こしやすい。こ
H01B 1/12　Z　　のために相間移動剤として四級アンモニウム塩を添加することによ
C08L101/00　I　り、塩の溶解度を上げることができる。これにより塩の結晶化を防
C08K 5/34　CAHI　ぎ、室温付近のイオン伝導度を上昇させることができる。
H01M 10/40　B　＜ポリエチレンオキシド＞
H01M 10/40　A　＜高分子 固体 電解質,高分子網,目,相間 移動剤,媒体,高誘電
C08G 18/48　NDZ　率,溶媒,保持,イオン 導電性,無定形 重合体,架橋,高分子 化合
C08K 5/17　　　　物,金属塩,溶解,固体 電解質,架橋 構造,ジ メチル イミダゾ
C08K 5/3442　　　リジノン,共存,4級 アンモニウム塩,添加,高さ,イオン 伝導性,
C08G 18/48　Z　　ポリ エチレン オキシド,架橋物,塩,溶解度,大きさ,結晶化,室温
　　　　　　　　　付近,イオン 伝導率,上昇＞

（4）骨格等を有するもの

① 技術事項の特徴点

　　高分子多孔膜にポリマー固体電解質が充填されたもの<1>*、非導電性網状体が骨格とされたもの<2>、特定のモノマーを多孔質膜に含浸後重合するもの<3>*、Ｌｉイオン伝導性高分子錯体電解質にＬｉイオン伝導性無機固体電解質を加えたもの<4>、ポリエチレンテレフタレート繊維等の平織織布を骨格とするもの<5>、モンモリロナイト等からなるもの<6>*、<7>、<8>、<9>、ポリ酸化エチレンの連続ネットワークとイオン性伝導相との２相構造を有するもの<10>*等があり、イオン伝導率を大きくすることに加え、形態安定性等を目的とするものが多い。

参照文献（＊は抄録記載）

<1>＊特開平 1-158051　　<2>特開平 2-60002　　<3>＊特開平 3-177410　　<4>特開平 3-129603

<5>特開平 3-84856　　<6>＊特開平 4-33950　　<7>特開平 4-33951　　<8>特開平 4-33952

<9>特開平 4-33949　　<10>＊特開平 1-294768

参照文献（Japio 抄録）

<1>

```
平01-158051
P出 63-237500        固定化液膜電解質
   S63.09.24         東燃　(株)
開 01-158051         〔目的〕特定の固体高分子多孔薄膜の空孔中にイオン導電体を充填
   H01.06.21         してなる、一次電池、センサー等に利用し、電気抵抗性が低く、力学的
登 2644002           強度の優れた標記薄膜。
   H09.05.02         〔構成〕膜厚0.1～50μm（好ましくは2～25μm、空孔率40～90%
H01B  1/06   A       （好ましくは60～90%），平均貫通孔径0.001～0.1μm（好まし
H01M 10/40   B       くは0.005～0.1μm），破断強度200Kg／cm²（好ましくは500
C08J  9/00           Kg／cm²）の固体高分子多孔膜（例；重量平均分子量が5×10⁵以
C08J  9/00   CERA    上のPE等）の空孔中に、イオン導電体（例；ポリエチレングリコ
C08L 57:00           ール等）を充填させて、目的の薄膜を得る。尚、イオン導電体を、空
H01M  6/18   E       孔中で毛管凝縮させて不動化するために、20℃における表面張力が5
H01M  6/22   C       0dyen・cm⁻¹以下、固体高分子多孔膜との接触角が70°以下に
H01M 10/40   A       するのが好ましい。
                     <ポリエチレングリコール>
                     <薄膜、電解質、特定、固体、高分子、多孔 薄膜、空孔、イオン 導電
                     体、充填、1次 電池、センサ、利用、電気 抵抗性、力学的 強度、膜厚
                     、空孔率、平均、貫通孔径、破断 強度、高分子 多孔膜、重量 平均
                     分子量、PE、ポリ エチレン グリコール、目的、毛管 凝縮、不動
                     化、表面 張力、接触角>
```

<3>

```
平03-177410
P出 01-316116        高分子固体電解質
   H01.12.05         富士写真フイルム　(株)
開 03-177410         〔目的〕特定の多官能性モノマー及び単官能性モノマー等を多孔質
   H03.08.01         膜に含浸後、極性中性溶媒及び特定金属イオンの塩の存在下で重合
登 2632224           してマトリックスを形成した、イオン伝導性の良い、電池用等の標記
   H09.04.25         固体電解質。
C08L 33/06   LJB     〔構成〕式I（X₁,Y₁はO,NR₇（R₇はH,アルキル）；R₁はH
C08L 33/26   LJW     ,アルキル,Cl,CN；R₂は低級アルキレン；L₁はZ₁価の連結基
C08L 37/00   LJX     ；Z₁は2以上の整数；qは1～30）の多官能性モノマー、またはこれ
C08F  2/44   MCS     と式II（X₅,L₄,Z₂,R₈は夫々X₁,L₁,Z₁,R₁と同義；l₁,l₂
C08F  4/08   MEH     は0,1）の多官能性モノマー、またはこれらの1つと式III（R₅,R₄,
C08F  4/10   MEJ     Y₂,X₂,pは夫々R₁,R₂,Y₁,qと同義；R₃はH,アルキル等），
C08F 20/20   MMV     式IV（R₁₁,X₃,は夫々R₁,X₁と同義；L₂は2価連結基；rは0,1
C08F 20/36   MMW     ；A₁,B₁,D₁はO,S）等の単官能性モノマーを多孔質膜に含浸後
C08F 20/60   MNJ     ，極性中性溶媒及び周期律表Ia,IIa族の金属イオンの塩の存在下
C08F220/26   MML     で重合することにより目的の固体電解質を得る。
C08F220/38   MMU     <高分子 固体 電解質、多官能性 単量体、単官能性 単量体、多
C08F299/00   MRM     孔質膜、含浸、極性 中性 溶媒、特定 金属、イオン、塩、重合、マト
H01B  1/12   Z       リックス、形成、イオン 伝導性、電池、固体 電解質、式、▢1,Y,O,
H01M  6/18   E       NR,H,アルキル,塩素,CN,低級 アルキレン,1価,連結基,整数,
H01M 10/40   B       同義,1つ,▢3,▢4,2価,S,周期律表 ▢1,2a族,金属 イオン,目
C08L 33/04           的>
C08L 33/24
C08L 37/00
C08F  2/44   C
C08F  4/06
C08F290/00
```

<6>

平04-033950　固形電解質組成物
P出 02-140935　松下電器産業　(株)
　　H02.05.30
開 04-33950
　　H04.02.05
登　2917416
　　H11.04.23
C08L 71/02　LQD
H01B 1/06　A
H01M 6/18　E
H01M 10/40　B
C08L 71/02

〔目的〕エチレンオキサイド鎖及び／またはブチレンオキサイド鎖を有するカチオン界面活性剤,イオン交換性層状化合物及びイオン性物質から成る,成形性,イオン伝導性等に優れた固形電解質組成物。

〔構成〕(A)エチレンオキサイド鎖(以下EO)及び／またはブチレンオキサイド鎖(以下BO)を有するカチオン界面活性剤,例えば式Ⅰ或いは式Ⅱ(YはN,P；ZはS；AはCl⁻,Br⁻,OH⁻等；R₁～R₄はH,C₁～₃₀の炭化水素基で少なくとも1つはEO,BOを有する置換基を有する炭化水素基)のもの,(B)イオン交換性層状化合物(例；モンモリロナイト,りん酸ジルコニウム)及び,(C)式MX(Mは金属イオン,プロトン,アンモニウムイオン；Xは強酸のアニオン)のイオン性物質(アルカリ金属塩の好適)を含有して成る固形電解質組成物。

$[R_2-Y-R_4] \cdot A^-$
$\quad\quad R_3$

$[R_2-Z\quad] \cdot A^-$
$\quad R_3$

<固形 電解質,組成物,エチレン オキシド鎖,ブチレン オキシド,鎖,陽イオン 界面 活性剤,イオン 交換性,層状 化合物,イオン性 物質,成形性,イオン 伝導性,EO,BO,式,Ⅰ,Y,N,P,S,Cl↑⁻,Br↑⁻,OH↑⁻,H,C↓₁,炭化 水素基,1つ,置換基,モンモリロナイト,燐酸,ジルコニウム,MX,金属 イオン,プロトン,アンモニウム イオン,強酸,陰イオン,アルカリ 金属塩,好適,含有>

<10>

平01-294768　固体電解質としてポリマーネットワークを含有する液
P出 63-234691　デヴアーズ エムエス CO,ホープ アンド ランズガード ENG INC
　　S63.09.19
開 01-294768
　　H01.11.28
登　2547439
　　H08.08.08
C08L 71/00　LQA
C08L 71/02　LQD
H01M 6/18　E
H01M 10/40　B
C08L 71/02　LQA
H01M 10/40　A
C08L 71/00
C08L 71/02

〔目的〕架橋されたポリ酸化エチレンの連続ネットワークと,特定のイオン性伝導相とを含有させることにより,固体状態の電気化学的セル内で電解質として使用できるようにする。

〔構成〕(a)ポリ酸化エチレンと,(b)a成分100部当り3～6部のポリアクリレート架橋剤とを,(c)触媒〔例：2,2′ーアゾビス(2-メチルプロピオニトリル)の存在下,(d)不活性有機溶媒中,N₂下に加熱して,b成分を,a成分100部当り1～10部の量で反応させて,架橋されたマトリックスを含有する粘稠溶液を得る。この溶液と,(e)電解質塩である金属塩40～80wt％を溶解させた,(f)双極性非プロトン性溶媒とを混合した後,d成分を蒸発させて,(A)架橋されたa成分の連続ネットワークと,(B)e成分とd成分とを含有するイオン性伝導相とを含む二相の固体ポリマー電解質を得る。

<ポリオキシエチレン,ポリアクリレート>

<固体 電解質,重合体,ネットワーク,含有,液,架橋,ポリ 酸化 エチレン,連続,イオン性,伝導相,固体 状態,電気 化学的 セル,電解質,使用,成分,当り,ポリ アクリレート,架橋剤,触媒,アゾビス,メチル プロピオ ニトリル,不活性 有機 溶剤,窒素,加熱,量,反応,マトリックス,粘稠 溶液,溶液,電解質塩,金属塩,溶解,双極性 非プロトン性,溶剤,混合,蒸発,2相,固体 重合体 電解質>

(5) 製造方法

① 技術事項の特徴点

ポリマーを溶融押し出しすることを特徴とするもの<1>*、イオン解離基およびエネルギー線反応基を有するポリマーをエネルギー線照射で架橋することを特徴とするもの<2>、電極間に電解合成によりポリマー固体電解質を形成することを特徴とするもの<3>、アクリレート系モノマーを不飽和ポリエーテル存在下で熱重合することを特徴とするもの<4>*、ラジカル重合開始剤溶液とラジカル重合加速剤溶液を用いることを特徴とするもの<5>*、<7>、<10>、合成脂質二分子膜会合体を用いてポリマー薄膜を形成することを特徴とするもの<6>、環状エーテル等を用い、気相反応によりポリマー薄膜を形成することを特徴とするもの<8>、可塑剤を含ませるもの<9>*等があり、イオン伝導率を大きくすることに加え、生産性を上げることを目的にするものが多い。

参照文献（＊は抄録記載）

<1>＊特開昭 60-151979　　<2>特開平 1-95117　　<3>特開平 2-215060　　<4>＊特開平 2-300211

<5>＊特開平 4-331220　　<6>特開平 3-102707　　<7>特開平 4-211412　　<8>特開平 5-320324

<9>＊特開平 2-142063　　<10>特開平 5-36305

参照文献（Japio 抄録）

<1>

```
昭60-151979
P出 59-265152        電池の製法
   S59.12.15        サイマツト　LTD
開 60-151979        〔目的〕ポリマーまたはこれに誘電性を有する可塑剤或は電解質を
   S60.08.10        含有させて溶融押出しすることにより,強度の向上及び自動組立を
告 05- 42786        容易にした電気化学的電池用の電解質及び電極材料を得る。
   H05.06.29        〔構成〕ポリエチレンオキシド等のポリマーを溶剤に溶解させ,必
登 1861842          要に応じてこのポリマーに誘電率20以上の可塑剤,電解質材料,陽極
   H06.08.08        材料,陰極材料等を添加含有させる。このポリマーを溶融押出しし
H01M  4/02   D     てフイルム状に成形するか、又は電池要素上に溶融押出しして電気
H01M 10/40   Z     器具用材料を形成する。この押出し材料はリチウム電極等に対して
H01M  4/60         特に有用である。この材料は電気器具組立時に自動的に整合でき,
H01M  4/02         又,物理的保護を要する部品に適用できる。
H01M 10/40   B     <ポリエチレンオキサイド>
H01M 10/40         <電気　器具,材料,重合体,誘電性,可塑剤,電解質,含有,溶融　押
                   出,強度,向上,自動　組立,電気　化学的　電池,電極　材料,ポリ
                   エチレン オキシド,溶剤,溶解,誘電率,電解質材,陽極　材料,陰極
                   材料,添加　含有,フイルム,成形,電池　要素,形成,押出　材料,
                   リチウム　電極,有用,組立,自動的,整合,物理的,保護,部品,適用>
```

<4>

```
平02-300211
P出 01-120643       高分子固体電解質及びその製造方法
   H01.05.15        富士写真フイルム　（株）
開 02-300211        〔目的〕（ポリ）アクリレート系モノマーを不飽和ポリエーテル存
   H02.12.12        在下で熱重合して高分子マトリツクスを形成させることにより,室
告 07- 25840        温付近でも高いイオン伝導性を示し,製膜性に優れた高分子固体電
   H07.03.22        解質とする。
登 2139111          〔構成〕式I,II〔X,X'及びY,Y'は-O-,-NR₉-（R₉
   H10.11.13        ,R₅はH,アルキル,Cl,CN；R₂,R₄は低級
C08F  2/44   MCQ    アルキレン,LはZ価の連結基,Z≧2；p,qは1～30,R₃はH,アル
C08F 20/20   MMV    キル,アルケニル,アリール,アラルキル,-COR₆,-SO₂R₆〕で
C08F 20/26   MML    表わされる繰返し単位を有するアクリル系モノマー（例：トリエチ
C08F 20/34   MMQA   レングリコールジアクリレート）をIAまたはIIA族金属の塩及び
C08F 20/34   MMWB   ,式III,IV（Q,Rは低級アルケニル等,MはR₂と同じ,Tは3価の連
C08F 20/38   MMU    結基）で表わされるポリエーテル存在下,熱重合させ,高分子マト
C08F 20/54   MNF    リツクスを形成させて高分子固体電解質とする。
C08F 20/58   MNGA   <ポリエーテル>
C08F 20/58   MNJB   <高分子　固体　電解質,製造　方法,ポリ,アクリレート　単量体,
C08F 20/60   MNH    不飽和　ポリ　エーテル,熱重合,高分子　マトリツクス,形成,室温
C08F 26/02   MNL    付近,高さ,イオン　伝導性,製膜性,式,□1,Y,O,NR,H,アル
C08F299/02   MRRB   キル,塩素,CN,低級　アルキレン,価,連結基,アルケニル,アリー
C08F299/02   MRSA   ル,アラルキル,CO,SO↓2,繰返し　単位,アクリル　単量体,ト
H01B  1/12   Z      リ　エチレン　グリコール　ジ　アクリレート,1a族,2a族　金属
H01M 10/40   B      ,塩,□3,□4,低級　アルケニル,3価,ポリ　エーテル>
C08F 20/26   MMV
C08F 20/34   MMQ
C08F 20/58   MNG
C08F299/00   MRS
```

<5>
平04-331220
P出 03- 19158　　　高分子固体電解質の製造方法
　　H03.01.21
開 04-331220　　　日本石油（株）
　　H04.11.19　　〔目的〕（J）ラジカル重合開始加速剤と溶解したポリエチレング
登　2934656　　　　リコール（メタ）アクリレートと、ポリアルキレングリコールのい
　　H11.06.04　　　ずれか一方にラジカル重合遅延剤及びアルカリを添加して両者を混
C08F 2/38 MCN　　　合することにより、電極密着性に優れ、イオン伝導性が高い導電性
C08F 2/44 MCS　　　ポリマーを得る。£リチウム電池、プラスチック電池、大容量コン
C08F220/28 MML　　デンサー、エレクトロクロミツクデイスプレー
C08F299/02 MRS　　〔構成〕ラジカル重合開始加速剤を溶解したA液と、ラジカル重合
H01B 1/06 A　　　 開始を溶解したB液（A，Bの何れか一方にラジカル重合遅延剤、
C08F 2/38　　　　　アルカリ金属塩及び／またはNH₄塩を含有する）とを混合して高
C08F 2/44 C　　　　分子固体電解質を得る。A液は式1（R¹はH，C₁～₅のアルキル、
C08F290/00　　　　R²はC₁～₅のアルキル、mは2≦m≦30）で示されるポリエチレグ
C08F 20/26　　　　リコールアクリレートを含み、B液は式II（R³，R⁵はC₁～₅のアル
C08L 33/14　　　　キル、R₄はH，C₁～₅のアルキル、nは2≦n≦30）で示されるポ
C08L 55/00　　　　リエーテル、及び／または式III（XはCO，SO₂，SO，R⁶はC
C08F 2/00 A　　　 ₁～₆の炭化水素基等）で示されるポリエーテルである。
C08F 2/44 A　　　＜ポリエチレングリコール、ポリアルキレングリコール、ポリエーテ
C08F 2/44 B　　　ル＞
C08F 4/40　　　　＜高分子　固体　電解質,製造　方法,ラジカル　重合,開始,加速剤
C08F299/02　　　 ,溶解,ポリ　エチレン　グリコール,メタ,アクリレート,ポリ　ア
C08F 20/28　　　 ルキレン　グリコール,一方,遅延剤,アルカリ,添加,両者,混合,電
H01M 6/18 E　　　 極　密着性,イオン　伝導性,高さ,導電性　重合体,リチウム　電池
H01M 10/40 B　　　,プラスチツク　電池,大容量　コンデンサ,エレクトロ　クロミツク　デイスプレイ,A液,B液,B,アルカリ　金属塩,アンモニウム　塩,含有,式,H,C↓1,アルキル,ポリ,エチ,レグ,リコール,ポリ　エーテル,◻3,CO,SO↓2,SO,炭化　水素基＞

<9>
平02-142063
P出 01-236772　　　固体電気化学的電池用電解質組成物
　　H01.09.12
開 02-142063　　　エム　エッチ　ビー　ジヨイント　ヴエンチヤー
　　H02.05.31　　〔目的〕特定量の可塑剤と、ヘテロ原子含有モノマーから誘導した
登　2735311　　　 熱可塑性又は熱硬化性ポリマーと、溶解アルカリ金属塩とを含むと
　　H10.01.09　　　により、アノード又はカソードハーフエレメントに溶融押出などす
C08L101/00 LSY　　るときに、極薄の電解質層を形成可能にする。
H01M 6/18 E　　　〔構成〕少なくとも65重量％の可塑剤と、ポリマーがアルカリ金属
H01B 1/06 A　　　イオンを溶解できるようヘテロ原子（例えば酸素原子或いは窒素原
C08K 3/10　　　　子）をもつモノマーから全体又は部分的に誘導される熱可塑性ポリ
C08K 5/04　　　　マー又は熱硬化性ポリマー及びアルカリ金属塩（ポリマー中にて
C08L101/00　　　　固溶体を形成する）とを含む。これによりカソードハーフエレメン
H01M 2/16 P　　　ト又はアノードハーフエレメントに押出法や溶液流延法等によって
H01M 6/22 C　　　極薄の電解質層を形成することができる。
H01M 10/40 A　　 ＜固体,電気　化学的　電池,電解質　組成物,特定量,可塑剤,ヘテ
H01M 10/40 B　　 ロ　原子,含有　単量体,誘導,熱可塑性,熱硬化性　重合体,溶解,ア
　　　　　　　　　 ルカリ　金属塩,アノード,カソード,ハーフ,エレメント,溶融　押
　　　　　　　　　 出,極薄,電解質層,形成　可能,重合体,アルカリ　金属　イオン,酸
　　　　　　　　　 素　原子,窒素　原子,単量体,全体,部分的,熱可塑性　重合体,固溶
　　　　　　　　　 体,形成,押出,溶液　流延＞

（6）ポリマー構造

① 技術事項の特徴点

　アルキレンカーボネート構造に特徴を有するもの<1>*、<2>、重合性ビニルモノマーが重合したマトリックスポリマーにジベンジリデンソルビトールが含有された構造を有するもの<3>、<4>、特定の単量体が塩とカーボネート類の存在下で加熱重合されて形成されたもの<5>*、<6>、特定の有機化合物が架橋された構造を有するもの<7>*、<8>*、エチレンオキシドとメチレンオキシド等とのランダム共重合体またはブロック共重合体が架橋された構造を有するもの<9>、<10>、<11>、<12>、<13>*、ポリ（フッ化ビニリデン）共重合体構造に特徴を有するもの<14>、フッ化ビニリデン系樹脂等を含む構造のもの<15>*、酢酸ビニル系の共重合体構造に特徴を有するもの<16>*、架橋構造ポリ酸化エチレンの連続ネットワーク構造に特徴を有するもの<17>等があり、イオン伝導率を大きくすることを共通の目的としている。

参照文献（＊は抄録記載）

<1>＊特開昭 62-30147　　<2>特開昭 62-30148　　<3>特開平 1-309205　　<4>特開平 2-14506

<5>＊特開平 2-298504　　<6>特開平 2-298505　　<7>＊特開平 4-36347　　<8>＊特開平 4-68064

<9>特開平 3-188115　　<10>特開平 3-196409　　<11>特開平 3-205416　　<12>特開平 3-212415

<13>＊特開平 3-212416　　<14>特開平 8-507407　　<15>＊特開平 10-283839　　<16>＊特開平 10-324719

<17>特開平 1-294768

参照文献（Japio 抄録）

＜1＞

```
昭62-030147
P出 60-167737      イオン伝導性高分子複合体
   S60.07.31      日産化学工業　　（株）
開 62- 30147     〔目的〕特定のポリアルキレンカーボネートと特定の金属塩と有機
   S62.02.09      溶媒を配合してなる,安定な高いイオン伝導性を有し,透明で加工性
告 05- 56383      に優れ機械的性質が任意に調節できるイオン伝導性の高分子複合体
   H05.08.19      。
登 1852638       〔構成〕式（R₁,R₂,R₃,R₄はH,C₁～₅アルキル及びフエニルか
   H06.06.21      ら選ばれる置換基；X,Yはモル分率を示しXは0～1,Yは0～1で,
H01B  1/12    Z   X＋Y＝1）で示されるポリアルキレンカーボネートと,周期律表第
C08L 69/00    KKH  Ⅰ族及び第Ⅱ族から選ばれる1種または2種以上の金属塩と,前記2成
H01M  6/18    E    分を溶解する有機溶媒を配合する。式のポリアルキレンカーボネー
C08K  3/16    I    トとしては,ガラス転移点が10℃のポリエチレンカーボネート等を
C08L 69/00         用いる。金属塩はLiClO₄等を用いる。
C08K  3/16    CAHI ＜ポリエチレン＞
C08K  3/24    CAHI ＜イオン　伝導性　高分子　複合体,ポリ　アルキレン　カーボネ
H01M 10/40    B    ート,金属塩,有機　溶媒,配合,安定,高さ,イオン　伝導性,透明,加
C08K  3/24    I    工性,機械的　性質,調節,高分子　複合体,式,H,C↓1,アルキル,
H01M 10/36    A    フエニル,置換基,Y,モル　分率,周期律表　第1族,2族,1種,2種
C08K  3/00         以上,2成分,溶解,ガラス　転移点,ポリ　エチレン,カーボネート,
                   LiClO↓4＞
```

＜5＞

```
平02-298504
P出 01-118680      高分子固体電解質
   H01.05.15      富士写真フイルム　　（株）
開 02-298504     〔目的〕特定の単量体を特定の金属イオンの塩及びカーボネート類
   H02.12.10      の存在下で加熱重合させて,高分子マトリツクス化してなる,室温付
告 07- 25838      近でも高イオン伝導性を示し,かつ成膜性に優れた新規な標記電解
   H07.03.22      質。
登 2134959       〔構成〕式Ⅰ及び／またはⅡ（R₁,R₅はH,アルキル等；R₂,R₄
   H10.02.20      は低級アルキレン；R₃はH,アルケニル等；LはZ価の連結基；p
C08F  2/44    MCQ  ,qは1～30；zは2以上）の単量体を,少なくとも周期律表Ⅰa或は
C08F 20/26    MMLA Ⅱa族に属する金属イオンの塩（好適にはLiPF₆等のLi塩）
C08F 20/26    MMVB 及びカーボネート類（好適にはエチレンカーボネート及びプロピレ
C08F 20/38    MMU  ンカーボネート）の存在下で,加熱重合させることにより,高分子マ
H01M  6/18    E    トリツクスを形成して,目的物を得る。尚,加熱重合は,加熱重合開
H01M 10/40    B    始剤を用いて,50～120℃で0.1～3時間,行うとよい。
C08F 20/26    MML  ＜高分子　固体　電解質,単量体,金属　イオン,塩,カーボネート,
C08F 20/26    MMV  加熱　重合,高分子　マトリツクス,室温　付近,高イオン　伝導性,
C08F299/00    MKS  成膜性,新規,電解質,式,□1,H,アルキル,低級　アルキレン,アル
H01B  1/12    Z    ケニル,価,連結基,周期律表,Ⅰa,2a族,好適,LiPF↓6,リチウム
C08F  2/44    A    塩,エチレン　カーボネート,プロピレン　カーボネート,形成,目
C08F290/00         的物,開始剤,3　時間＞
C08F 20/26
C08F 20/38
C08F 20/10
H01M 10/40    A
```

<7>

平04-036347
P出 02-143697
H02.05.31
開 04-36347
H04.02.06
登 2813834
H10.08.14
C08L 71/02　LQD
H01M 6/18　　E
H01M 10/40　B
C08L 71/02　　
H01B 1/06　　A

イオン導伝性ポリマー電解質
第一工業製薬　(株)
〔目的〕特定の有機化合物を架橋反応させた有機高分子化合物と,可溶性電解質塩化合物と,有機溶剤とを配合することにより,低温でも安定して優れたイオン伝導度を示す,扱い易い電解質を得る。
〔構成〕式Ⅰで示される骨格を有する有機化合物を架橋反応させた有機高分子化合物(A)と有機溶剤(B)からなるイオン導伝性ポリマー電解質。式Ⅰ中,Zは活性水素含有化合物残基；Yは活性水素基,重合反応性官能基；mは1～250；kは1～25；Aは式Ⅱ；nは0～25；R はC$_{1\sim20}$のアルキル,アルケニル,アリール,アルキルアリールを表わす。なお,前記有機化合物は,重合により架橋されるが,この重合反応は,必要に応じて重合開始剤や増感剤を用いて,光,熱,電離放射線等で行われる。
＜イオン,伝導性,重合体,電解質,有機　化合物,架橋　反応,有機高分子　化合物,可溶性,電解質塩,化合物,有機　溶剤,配合,低温,安定,イオン　伝導率,式,□1,骨格,活性　水素　含有　化合物,残基,Y,活性　水素基,重合　反応性,官能基,C↓1,アルキル,アルケニル,アリール,アルキル　アリール,重合,架橋,重合　反応,重合開始剤,増感剤,光,熱,イオン化　放射線＞

$Z-[(A)_m-Y]_k$　Ⅰ

$-(CH_2-CH_2-O)_n-$
$　　　　|$
$　　　CH_2-O-(CH_2-CH_2-O)_n-R$

<8>

平04-068064
P出 02-180355
H02.07.06
開 04-68064
H04.03.03
登 2923542
H11.05.07
C08F299/02　MRS
C08G 18/48　NDZ
H01B 1/06　　A
H01M 6/18　　E
H01M 10/40　B
C08L 71/02　PQB
C08F290/00
C08G 18/48　　Z
C09D 5/08
C08L 71/02

イオン導伝性ポリマー電解質
第一工業製薬　(株)
〔目的〕特定の有機化合物を架橋反応させて得た有機高分子化合物と,可溶性電解質塩化合物と,有機溶剤とからなる,優れたイオン伝導度を示し,かつ扱い易いイオン導伝性ポリマー電解質。
〔構成〕式1で示される有機化合物を架橋反応させて得られる有機高分子化合物と,可溶性電解質塩化合物と,有機溶媒とから形成されたイオン導伝性ポリマー電解質。式1中,Zは活性水素含有化合物残基；Yは活性水素基または重合反応性官能基；Eは式Ⅱと式Ⅲから構成されるものであり,その組合せはランダム及び/またはブロック型であって,かつ式Ⅱの総和mが1～230の整数で,式Ⅲの総和pが1～360の整数である；Aは式Ⅳであり,R¹はC$_{1\sim20}$のアルキル基,アルケニル基,アリール基またはアルキルアリール基である；nは0～25の整数；R²はC$_3$以上のアルキレン基；kは1～12の整数である。
＜イオン,伝導性,重合体,電解質,有機　化合物,架橋　反応,有機高分子　化合物,可溶性,電解質塩,化合物,有機　溶剤,イオン　伝導率,式,有機　溶媒,形成,活性　水素　含有　化合物,残基,Y,活性　水素基,重合　反応性,官能基,□3,構成,組合せ,ランダム,ブロック型,総和,整数,□4,C↓1,アルキル,アルケニル,アリール,アルキル　アリール,アルキレン＞

$Z-[-E-Y]_k$　Ⅰ

$-A-$　Ⅱ

$-R^2-O-$　Ⅲ

$-CH_2-CH-O-$
$　　　|$
$　　CH_2-O-(CH_2-CH_2-O)_n-R^1$　Ⅳ

<13>

平03-212416
P出 02-7302
H02.01.16
開 03-212416
H03.09.18
登 2518073
H08.05.17
C08F299/00　MRM
H01B 1/06　　A
H01M 6/18　　E
C08L 55/00　LMC
C08F 2/44　MCR
C08F290/06　MRS
H01M 10/40　A
C08L 55/00
C08F 2/44　　B
C08F290/00

ポリマー固体電解質
湯浅電池　(株)
〔目的〕エチレンオキシドとプロピレンオキシドからなる,特定分子量の共重合体のジメタクリル酸エステル等を反応させてなる,イオン性塩を含有する,機械的強度に優れ,イオン伝導度の高いポリマー固体電解質。
〔構成〕エチレンオキシドとプロピレンオキシドを共重合して得た,分子量2000～3万,好ましくは2000～5000の,好ましくはプロピレンオキシド含有率30モル%以下の共重合体(好ましくはランダム及び/またはブロック共重合体)のジメタクリル酸エステル及び/またはジアクリル酸エステルと,イオン性塩溶液(例；LiClO$_4$のプロピレンカーボネート溶液等)を混合し,加熱等により反応させて,架橋ネットワーク構造として,一次電池等に好適なポリマー固体電解質を得る。
＜エチレンオキサイド,エチレンオキシ,プロピレンオキサイド,ジメタクリレート,メタアクリル酸,メタクリル酸エステル,アクリル酸エステル,ジアクリレート,過塩素酸リチウム,プロピレンカーボネート,炭酸エステル＞
＜重合体,固体　電解質,エチレン　オキシド,プロピレン　オキシド,特定　分子量,共重合体,ジ　メタクリル酸　エステル,反応,イオン性塩,含有,機械的　強度,イオン　伝導率,共重合,分子量,万,含有率,モル比,ランダム,ブロック　共重合体,ジ　アクリル酸　エステル,溶液,LiClO↓4,プロピレン　カーボネート　溶液,混合,加熱,架橋,ネットワーク,構造,1次　電池＞

<15>

平10-283839
P出 09-260487
H09.09.25
開 10-283839
H10.10.23
登 2896361
H11.03.05
C08L 27/16
C08L 33/26
H01B 1/12 Z
H01M 10/40

高分子固体電解質、その製造方法及び該高分子固体電解質を採用したリチウム2次電池

三星電子　(株)

〔目的〕（J）重合性モノマーと架橋剤の共重合体からなる高分子マトリックスと、重合開始剤と、無機塩と溶媒からなる電解液とを含む高分子固体電解質媒体に、フツ化ビニリデン系樹脂および／またはN，N－ジエチルアクリルアミドを含有させることにより、イオン伝導度と機械的強度に優れた固体電解質を得る。£メチル基、アルキル基、γ－ブチロラクトン、ポリエチレングリコールジメチルエーテル、四フツ化硼酸リチウム、アクリルアミド
〔構成〕重合性モノマーは式Ⅰ、架橋剤は式Ⅱで表される化合物である。式中、R₁はH、メチル基；R₂とR₃はH、メチル、エチル、ジアルキルアミノプロピル基等；R₄、R₅はH、メチル基；n＝3〜30である。無機塩は過塩素酸リチウム等であり、溶媒はプロピレンカーボネート、エチレンカーボネート等であり、フツ化ビニリデン系樹脂はポリフツ化ビニリデンまたはフツ化ビニリデンと六フツ化プロピレンの共重合体で高分子電解質媒体に対して1〜9重量％、N，N－ジエチルアクリルアミドは1〜9重量％であることが好ましい。
<ポリフツ化ビニリデン,ポリエチレングリコール>
<高分子　固体　電解質,製造　方法,採用,リチウム,2次　電池,重合性　単量体,架橋剤,共重合体,高分子　マトリックス,重合　開始剤,無機塩,溶媒,電解液,媒体,フツ化　ビニリデン　樹脂,N,ジエチル　アクリル　アミド,含有,イオン　伝導率,機械的　強度,固体　電解質,メチル基,アルキル,γ,ブチロ　ラクトン,ポリ　エチレン　グリコール　ジ　メチル　エーテル,4　フツ化,硼酸　リチウム,アクリル　アミド,式,◻1,化合物,H,メチル,エチル,ジ　ア

<16>

平10-324719
P出 10-150721
H10.05.14
開 10-324719
H10.12.08
登 2872223
H11.01.08
C08L 31/04
C08L 33/08
C08L 35/00
C08L 73/00
C08G 67/02
C08F218/08
C08F220/12
C08F222/06
C08F226/10
H01B 1/12 Z
H01M 10/40 B
C08L 23/08
C08L 31/04 S
C08L 31/04 Z
C08L 33/06
C08L 39/06
C08F210/02

酢酸ビニル系共重合体、これを含むゲル高分子電解質組成物およびリチウム高分子二次電池

サムソン ジエネラル CHEM CO LTD

〔目的〕（J）リチウム高分子二次電池に有用な、優れたイオン伝導度を有するゲル高分子電解質組成物を得るための標記新規化合物。£電気化学的安定性、成形性、機械的強度、電気化学的互換性、加工性
〔構成〕式Ⅰ〔R₁はH、CH₃；R₂は式Ⅱ（R₃はメチル、エチル、プロピル、イソプロピル、ブチル）或は1－ピロリドン；m,nは整数でm：n＝50〜99：1〜50〕で表わされる共重合体。該共重合体は、夫々の単量体を用い、乳化重合法で得ることができる。該酢酸ビニル共重合体、エチレン／酢酸ビニル共重合体、酢酸ビニル／一酸化炭素三員共重合体、エチレン／酢酸ビニル／無水マレイン酸三員共重合体からなる群から選ばれる共重合体、無機素材充填剤、及びリチウム塩を非プロトン性溶媒に溶解した液体電解質を含有させることにより、ゲル高分子電解質組成物を得る。
<酢酸ビニル共重合,エチレン酢酸ビニル共重合>
<酢酸　ビニル　共重合体,ゲル,高分子　電解質　組成物,リチウム,高分子　2次　電池,有用,イオン　伝導率,新規　化合物,電気化学的　安定性,成形性,機械的　強度,電気　化学的,互換性,加工性,式,◻1,H,メチル,エチル,プロピル,イソ　プロピル,ブチル,ピロリドン,整数,共重合体,単量体,乳化　重合,エチレン　酢酸　ビニル　共重合体,エチレン,酢酸　ビニル,1　酸化　炭素,三員,無水　マレイン酸,群,無機　素材,充填剤,リチウム塩,非プロトン性　溶媒,溶解,液体　電解質,含有>

（7）電解液・組み合わせ等

① 技術事項の特徴点

特定誘電率のポリマーと特定誘電率の溶媒と特定の電解質とを特定の比率で混合した組み合わせに特徴を有するもの<1>、<2>*、<3>、<4>、ポリ（エテンオキシド）等のポリマーとエチレンカーボネート、プロピレンカーボネート混合溶媒等との組み合わせに特徴を有するもの<5>、特定の混合溶媒に特徴を有するもの<6>*等があり、イオン伝導率を大きくすることを共通の目的としている。

参照文献（＊は抄録記載）

<1>特開昭 57-143356　　<2>*特開昭 57-137359　　<3>特開昭 57-143355　　<4>特開昭 57-137360
<5>特開昭 63-213266　　<6>*特開平 3-8271

参照文献（Japio 抄録）

<2>

```
昭57-137359           イオン導電性固形体組成物
P出 56- 22570         日本電気　(株)
   S56.02.18
開 57-137359          〔目的〕特定の金属イオンからなる電解質,有機高分子化合物及び
   S57.08.24          両者を溶解する有機溶媒からなる,高いイオン導電性と任意の形状
告 61- 23944          に成形できる易加工性とを併有する,電子部品の素材料として有用
   S61.06.09          な組成物。
登 1360481            〔構成〕(A) 周期律表第Ⅰ族及び／または第Ⅱ族に属する金属の
   S62.01.30          イオンからなる電解質,(B) 有機高分子化合物,好ましくは熱硬化
C08K  3/00   KAC      性樹脂を除く高分子化合物,特にオレフィン系,ビニル系等の一次元
H01M  6/18   A        構造の熱可塑性樹脂及び(C) A,B両成分を溶解する有機溶媒か
H01M  6/18   B        らなるイオン導電性固形体組成物。電解質及び有機溶媒の組成物中
H01M  6/18   C        における最大含有率は,電解質は70～90モル％,溶媒は50～90重量％
H01M  6/18   E        の範囲から選ばれる。
C08L  7/00   LAY      ＜イオン　導電性　固形物　組成物,金属　イオン,電解質,有機
C08K  3/10            高分子　化合物,両者,溶解,有機　溶媒,高さ,イオン　導電性,任意
C08L101/00            ,形状,成形,易加工性,併有,電子　部品,素材,有用,組成物,周期律
H01B  1/06   A        表　第1族,2族,金属,イオン,熱硬化性　樹脂,高分子　化合物,オレ
C08K  3/10   CAH      フィン,ビニル,1次元,構造,熱可塑性　樹脂,B,成分,最大,含有率,
H01M 10/40   B        モル比,溶媒,範囲＞
C08L 23/00   LBZ
C08L 27/00   LEL
C08L 51/00   LKN
C08L 21/00
C08L 33/00   LHR
C08L 77/00   LQR
C08L  1/00
C08L 33/02
```

<6>

```
平03-008271           二次電池
P出 01-142082         リコー：(株)
   H01.06.06
開 03- 8271           〔目的〕二次電池の電解質が比誘電率10倍以上の溶媒1と,特定な式
   H03.01.16          で表わされる溶媒2及び電解質塩とからなり,かつ固体状を呈するこ
登 2934452            とにより,漏液を防止し,また自己放電も低減する。
   H11.05.28          〔構成〕溶媒1はエチレンカーボネート（比誘電率ε＝89.6），プ
                      ロピレンカーボネート（ε＝64.4）等を使用する。式1で表わさ
H01M 10/40   B        れる溶媒2としては,式中n＝1～5,特に1～3が好ましく,溶媒2は溶
H01M  4/60            媒1に対してモル比で20％以上が好ましい。電解質塩としては有機
H01M  4/02   C        カチオン等のカチオンからなる電解質塩が挙げられ,電解質塩の濃
H01M 10/40   A        度は4～8mol／1が好ましい。ゲル状電解質は,その構成溶媒に
                      よって多少異なるが,40～70℃付近に融点を有する。実装した電池
                      において各要素間に電解質が浸透してなじみを良くするため,実装
                      後,上記温度で加熱して,いったんゲル状電解質を溶解させる方法を
                      とるのが好ましい。これにより,二次電池の信頼性を向上すること
                      ができる。
                      ＜2次　電池,電解質,比誘電率,10倍　以上,溶媒,特定,式,電解質塩
                      ,固体,漏液,防止,自己　放電,低減,エチレン　カーボネート,ε,プ
                      ロピレン　カーボネート,使用,▢1,モル比,有機　陽イオン,陽イオ
                      ン,濃度,ゲル　電解質,構成,多少,付近,融点,実装,電池,要素,浸透
                      ,なじみ,実装後,温度,加熱,溶解,方法,信頼性,向上＞
```

（8）製造方法
① 技術事項の特徴点

　　ポリマーとアルカリ金属塩との錯体を含んだポリマー電解質を用意し、次いでこの中のポリマーを架橋してゲル化することを特徴とするもの<1>*、特定の高吸収性樹脂に非水電解質溶液を吸収させることを特徴とするもの<2>*、ラジカル重合開始剤とラジカル重合加速剤を用いることを特徴とするもの<3>、架橋性ポリシロキサン、イオン導電液体、イオン性アンモニウムの混合物に化学線を照射することを特徴とするもの<4>等があり、イオン伝導率の大きいものを製造することを共通の目的とする。

参照文献（＊は抄録記載）

<1>*特開平 1-54602 　　　<2>*特開平 1-112667 　　　<3>特開平 5-36305 　　　<4>特開平 5-109310

参照文献（Japio 抄録）

<1>

平01-054602　　　　　固体高分子電解質の製造方法
P出 63-189536　　　　エイ イー エイ テクノロジー PLC
　　S63.07.28　　　　〔目的〕固体状態電気化学電池に使用する高分子電解質をポリマー
開 01- 54602　　　　　とアルカリ金属塩との錯体を含む高分子電解質とし、ポリマーの架
　　H01.03.02　　　　橋をひきおこして溶液からゲルに変換させることにより、温度の低
登 2807998　　　　　　下に伴う結晶化傾向を抑制し、いかなる温度にても電池作用を可能
　　H10.07.31　　　　にすること。
C08L 71/02　LQD
H01B 1/06　A　　　　〔構成〕ポリマーとアルカリ金属塩との錯体を含む高分子電解質を
H01M 10/40　B　　　 用い、ポリマーがアルカリ金属イオンとドナーーアクセプター型の
C08L 71/02　　　　　結合を形成し、アルカリ金属イオンを伝達できる高分子電解質を照
C08L 7/02　　　　　　射し、固体高分子電解質を製造する。この高分子電解質の製作のと
H01B 1/12　Z　　　　 きにポリマーの架橋をひきおこして溶液からゲルに変換させること
H01M 10/40　A　　　　により、ポリマーの非晶質から結晶質への変換を条件種類及び溶媒
　　　　　　　　　　を用い、高分子電解質を溶液状で照射する。この溶液を水溶液とし、
　　　　　　　　　　ゲルをヒドロゲルとする。また照射をγ線または電子線の照射とする。
　　　　　　　　　　<高分子 電解質,固体 状態,電気 化学 電池,使用,重合体,ア
　　　　　　　　　　ルカリ 金属塩,錯体,架橋,おこし,溶液,ゲル,変換,温度,低下,結
　　　　　　　　　　晶化 傾向,抑制,電池 作用,可能,アルカリ 金属 イオン,ドナ
　　　　　　　　　　ー,アクセプタ,型,結合,形成,伝達,照射,固体,製造,製作,非晶質,
　　　　　　　　　　結晶質,条件,種類,溶媒,水溶液,ヒドロ ゲル,γ線,電子線>

<2>

平01-112667　　　　　非水電解質溶液の固体化法
P出 62-269056　　　　住友精化 （株）,明成化学工業 （株）
　　S62.10.23　　　　〔目的〕特定の高吸水性樹脂に非水電解質溶液を吸収させることに
開 01-112667　　　　　より、電解質溶液を固体化して取扱いを容易にし、液漏れを防止する。
　　H01.05.01
登 2593320　　　　　　〔構成〕ポリエチレンオキシドにモノまたはポリイソシアナート化
　　H08.12.19　　　　合物を反応させて得られるポリエチレンオキサイド変性物系の高吸
H01M 6/18　E　　　　 水性樹脂に非水電解溶液を吸収させる。そのモノまたはポリイソシ
C08G 18/48　NDZ　　　アナート化合物の使用量はポリエチレンオキシドに対して0.01～5
H01M 10/40　B　　　　重量％、好ましくは0.05～2重量％である。非水電解溶液は電解質
G02F 1/15　507　　　 を炭酸エステル,γーブチロラクトン等の非水溶液に溶解したもの
C08J 7/00　CEZZ　　　である。炭酸エステルとしてはエチレンカーボネート,プロピレン
C08L 75/08　NFZ　　　カーボネート等が用いられ,電解質としてはLiClO₄,LiBF₄
H01M 6/22　C　　　　 等が用いられる。
H01M 10/40　A
H01B 1/06　A　　　　<ポリエチレンオキサイド>
C08L 75/00　　　　　<非水 電解質 溶液,固体化法,高吸水性 樹脂,吸収,電解質 溶
C08G 18/48　Z　　　　液,固体化,取扱,漏液,防止,ポリ エチレン オキシド,モノ,ポリ
　　　　　　　　　　　イソ シアネート 化合物,反応,変性物,非水 電解 溶液,使用
　　　　　　　　　　　量,電解質,炭酸 エステル,γ,ブチロ ラクトン,非水溶液,溶解,
　　　　　　　　　　　エチレン カーボネート,プロピレン カーボネート,LiClO↓
　　　　　　　　　　　4,LiBF↓4>

[その他の電解質]

1．技術テーマの構造

（ツリー図）

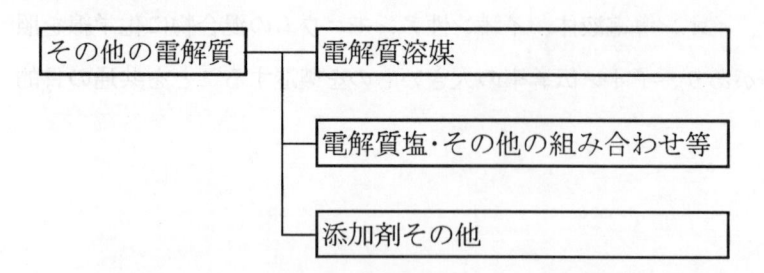

```
その他の電解質 ─┬─ 電解質溶媒
                ├─ 電解質塩・その他の組み合わせ等
                └─ 添加剤その他
```

その他の電解質は、固体電解質以外の電解質であってリチウムポリマー二次電池に特有の電解質である。例えば、正極で用いられるポリマーのサイクル特性を向上させる作用を有する電解液である。ここでは、有機溶媒の種類や混合組成といったような電解質を構成する溶媒に特徴を有する電解質溶媒、有機溶媒に溶解される電解質塩や有機溶媒と電解質塩との組み合わせ等に特徴を有する電解質塩・組み合わせ等、非水電解液中に加えられる添加剤等に特徴を有する添加剤その他に分類される。

2．各技術事項について

（1）電解質溶媒

① 技術事項の特徴点

芳香族ニトリル系化合物を使用するもの<1>*、γ－ブチロラクトンを用いるもの<2>*、ポリマー電極のサイクル寿命等を向上することを目的とし、トルニトリルを使用することを特徴とするもの<3>、サイクル特性の向上を目的とし、特定の混合溶媒を用いることを特徴とするもの<4>*、<5>、<6>、<10>*、サイクル特性の向上を目的とし、混合溶媒を用いるが直鎖ジエーテル系化合物を用いることを特徴とするもの<7>、負極利用率の向上やサイクル特性の向上を目的とし、エチレンカーボネートとジエチルカーボネートの混合溶媒を用いることを特徴とするもの<8>、集電体の腐食等を防止することを目的とし、直鎖ジエーテル系化合物と環状炭酸エステル系化合物の混合溶媒を用いることを特徴とするもの<9>等がある。

参照文献（＊は抄録記載）

<1>*特開昭 59-203368	<2>*特開昭 62-31961	<3>特開昭 60-56377	<4>*特開平 1-163974
<5>特開平 2-98069	<6>特開平 3-11563	<7>特開平 3-74060	<8>特開平 8-7927
<9>特開平 2-192668	<10>*特開平 3-84871		

参照文献（Japio抄録）

<1>

昭59-203368
P出 58-77510
　　S58.05.04
開 59-203368
　　S59.11.17
告 05-30026
　　H05.05.07
H01M 4/60
H01M 10/40　A

電池
昭和電工　（株），日立製作所：（株），日立製作所：（株）
〔目的〕電導性高分子化合物を電極に用いた電池において，電解液の有機溶媒として特定構造の芳香族ニトリル系化合物を使用することにより，電池の充放電効率を高め，サイクル寿命の向上，軽量化等を図る。
〔構成〕主鎖に共役二重結合を有するアセチレン高重合体等の高分子化合物，又はこれにドーパントをドープした電導高分子化合物を，少なくとも一つの電極に用いた電池において，電解液の有機溶媒に，式（R₁はC数5以下のアルキル基，x，y，zは0または5以下）で表わされる芳香族ニトリル系化合物，例えばベンゾニトリルを使用する。この電池は従来の一次電池または二次電池と比較して，放電容量が大きく，電池の平坦性が良好で，自己放電が小さく，かつ，繰り返し寿命が長い等の利点を有する。
＜ポリアセチレン＞
＜電池，導電性　高分子　化合物，電極，電解液，有機　溶媒，特定構造，芳香族　ニトリル　化合物，使用，充放電　効率，サイクル　寿命，向上，軽量化，主鎖，共役　2重　結合，アセチレン　高重合体，高分子　化合物，ドーパント，ドープ，1つ，式，炭素数，アルキル，ベンゾニトリル，1次　電池，2次　電池，比較，放電　容量，大きさ，平坦性，良好，自己　放電，繰返し　寿命，長い，利点＞

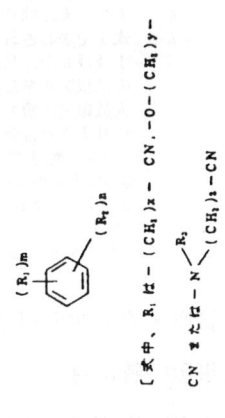

<2>

昭62-031961
P出 60-171670
　　S60.08.02
開 62-31961
　　S62.02.10
告 06-24160
　　H06.03.30
登 1893841
　　H06.12.26
H01M 4/60
H01M 10/40　A
H01M 10/40　Z
H01M 4/58

有機電解質電池
鐘紡　（株）
〔目的〕電解質としてテトラアルキルアンモニウム塩と，溶媒としてγ-ブチロラクトン又はγ-ブチロラクトンとプロピレンカーボネイトの混合液とからなる電解液を使用することにより，自己放電を防止する。
〔構成〕電解液4の溶媒はγ-ブチロラクトン又はγ-ブチロラクトン／プロピレンカーボネイト=10／0～2／8（重量比）の混合液である。また溶媒に溶解せしめる電解質はテトラアルキルアンモニウム塩である。これらの電解質及び溶媒は充分脱水したものを使用する。電解液4は電解質を溶媒に溶解して調製されるが電解液中の電解質の濃度は電解液による内部抵抗を小さくするため，少なくとも0.1モル／l以上とする。
＜有機　電解質　電池，電解質，テトラ　アルキル　アンモニウム塩，溶媒，γ-ブチロ　ラクトン，プロピレン　カーボネート，混合液，電解液，使用，自己　放電，防止，重量比，溶解，充分，脱水，調製，濃度，内部　抵抗，1モル＞

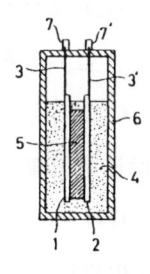

<4>

平01-163974
P出 62-322266
　　S62.12.18
開 01-163974
　　H01.06.28
登 2567644
　　H08.10.03
H01M 10/40　A

二次電池
三洋電機　（株）
〔目的〕少なくとも一方の電極に導電性ポリマーを用いた二次電池において電解液の溶媒を図示の化学式で示される2物質の混合物とすることにより，充放電効率の低下防止及び保存特性の劣化防止を図る。
〔構成〕混合溶媒は図示の化学式で示されるエチレンカーボネートとγ-ブチロラクトンの2物質からなる。電極に用いられる導電性ポリマーはポリピロール或いはポリアニリンからなる。この構成により電解液の分解電圧が高くなるので，たとえ充電時に充電容量を増加することにより充電終止電圧がある程度高くなっても，充放電効率が低下したり保存特性が劣化することがない。加えて充放電電圧が幾分低くなるため，電池缶の腐食が防止され且つ電解液の分解が抑制される。
＜ポリピロール，ポリアニリン＞
＜2次　電池，一方，電極，導電性　重合体，電解液，溶媒，図示，化学式，物質，混合物，充放電　効率，低下　防止，保存　特性，劣化　防止，混合　溶媒，エチレン　カーボネート，γ-ブチロ　ラクトン，ポリピロール，ポリ　アニリン，構成，分解　電圧，充電，充電　容量，増加，充電　終止　電圧，程度，低下，劣化，充放電　電圧，幾分，電池缶，腐食，防止，分解，抑制＞

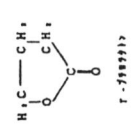

<10>

平03-084871
P出 01-218653　　二次電池
　　H01.08.28　　リコー：(株)
開 03-84871　　〔目的〕電解液溶媒に特定の溶媒を2種含有させることにより、繰
　　H03.04.10　　返し充放電の放電容量安定性の向上、最大放電電流の増大を図る。
登　2849120　　〔構成〕この電池は基本的には正極、負極及び電解液、セパレータ
　　H10.11.06　　ーより構成され、正極の電極活物質に導電性高分子が使用され、リ
H01M 10/40　A　　チウムまたはリチウム合金を負極に使用する。そして電解液溶媒に
H01M 10/40　Z　　式Iで表わされる溶媒と式IIで表わされる溶媒とを含有させる。式　　$R_1-OC_2H_4O-R_2$　 I
　　　　　　　　　I及びII中、R_1, R_2は各々異なる低級アルキル基、R_3, R_4は同一
　　　　　　　　　の低級アルキル基である。これにより放電容量の劣化も少なく、最
　　　　　　　　　大放電電流値も大きく、優れた特性を有する二次電池が得られる。
　　　　　　　　　＜リチウム合金,低級アルキル＞
　　　　　　　　　＜2次　電池,電解液　溶媒,溶媒,2種,含有,繰返し,充放電,放電　　$R_3-OC_2H_4O-R_4$　 II
　　　　　　　　　容量,安定性,向上,最大,放電　電流,増大,電池,基本的,陽極,陰極
　　　　　　　　　,電解液,分離器,構成,電極　活物質,導電性　高分子,使用,リチウム
　　　　　　　　　,リチウム　合金,式,▢I,低級　アルキル,同一,劣化,放電　電流値
　　　　　　　　　,大きさ,特性＞

（2）電解質塩・その他の組み合わせ等

① 技術事項の特徴点

　　エネルギー密度の向上等を目的とし、ポリアセチレンとHF$_2$アニオンを含有する電解液を組み合わせることを特徴とするもの<1>、自己放電の低減等を目的とし、非酸素酸系電解質を用いることを特徴とするもの<2>、諸特性向上のために特定の第4級アンモニウム塩を用いることを特徴とするもの<3>、<4>*、<5>、正極エネルギー密度向上を目的とし、電解液中のアニオンの半径を正極活物質に含まれるアニオンの半径より小さいものにすることを特徴とするもの<6>、高温での保存性向上を目的とし、テトラアルキルアンモニウム塩を用いることを特徴とするもの<7>*、サイクル特性等の改善を目的とし、リチウム塩が不溶性になるアニオンを用いることを特徴とするもの<8>*等がある。

参照文献（＊は抄録記載）

<1>特開昭 58-40781　　<2>特開昭 58-121569　　<3>特開昭 61-153959　　<4>*特開昭 60-93773

<5>特開昭 60-180072　　<6>特開昭 62-12073　　<7>*特開平 8-17469　　<8>*特開平 4-349366

参照文献（Japio 抄録）

<4>

昭60-093773
P出 58-199280　　二次電池
　　S58.10.26　　昭和電工　（株）,日立製作所：（株）
開 60- 93773　　〔目的〕電解液の電解質として,特定の4級アンモニウムイオンをカ
　　S60.05.25　　チオン成分とするアンモニウム塩を用いることにより,二次電池を
告 05- 82032　　高エネルギー密度にし,充放電効率,サイクル寿命等の改善を図る。
　　H05.11.17　　〔構成〕主鎖に共役二重結合を有するアセチレン高重合体等の高分
H01M 10/40　 A　子化合物,又はこれにドーパントをドープした導電性高分子化合物
H01M 10/40　 Z　を,二次電池の電極に使用する。電解液の電解質として,一般式で表
　　　　　　　　わされる（式中R₁～R₄はC数1～16のアルキル基,アリール基）第
　　　　　　　　4級アンモニウムイオンをカチオン成分として含有するアンモニウ
　　　　　　　　ム塩を用いる。アンモニウム塩のカチオン成分として,例えば,トリ
　　　　　　　　メチルプロピルアンモニウムを用いる。この二次電池は,自己放電
　　　　　　　　率が小さく,放電時の電圧の平坦性が良好で,軽量,小形化が容易で
　　　　　　　　ある。
　　　　　　　　＜ポリアセチレン＞
　　　　　　　　＜2次　電池,電解液,電解質,4級　アンモニウム　イオン,陽イオン
　　　　　　　　　成分,アンモニウム塩,高エネルギー密度,充放電　効率,サイクル
　　　　　　　　　寿命,改善,主鎖,共役　2重　結合,アセチレン　高重合体,高分子
　　　　　　　　　化合物,ドーパント,ドープ,導電性　高分子　化合物,電極,使用,
　　　　　　　　　一般,式,炭素数,アルキル,アリール,第4級　アンモニウム　イオン
　　　　　　　　　,含有,トリ　メチル,プロピル,アンモニウム,自己　放電率,放電時
　　　　　　　　　,電圧,平坦性,良好,軽量,小型化,容易＞

$$\begin{bmatrix} & & R_1 & & \\ & & | & & \\ R_2 & - & N & - & R_3 \\ & & | & & \\ & & R_4 & & \end{bmatrix}^+$$

<7>

平08-017469
P出 06-173321　　有機電解質電池
　　H06.06.30　　鐘紡　（株）,セイコー電子工業　（株）
開 08- 17469　　〔目的〕（J）アルキル基の何れか1つがメチル基であるテトラア
　　H08.01.19　　ルキルアンモニウム塩の有機溶媒溶液を電解液として使用すること
登 2920073　　により,高温保存性を格段に向上する。£ポリアセン系骨格構造,
　　H11.04.23　　モノメチルトリエチルアンモニウムテトラフルオロボレート
H01M 4/60　　 〔構成〕コイン型有機電解質電池において、有機電解液に化学式に
H01M 10/40　 A　示されるテトラアルキルアンモニウム塩の有機溶媒溶液を用いる。
　　　　　　　　ここで式中のR₁～R₄のうち何れか1つはメチル基で、他の3つはエ
　　　　　　　　チル基であり、Xはテトラアルキルアンモニウム塩の陰イオン残基
　　　　　　　　を表わす。この電解液として、CH₃(C₂H₅)₃NBF₄-プロピ
　　　　　　　　レンカーボネートの1mol/l溶液を用い、電極に含浸させる。
　　　　　　　　これにより、高温保存下でも内部抵抗の増加を低く抑えることがで
　　　　　　　　きる。
　　　　　　　　＜有機　電解質　電池,アルキル,1つ,メチル基,テトラ　アルキル
　　　　　　　　　アンモニウム塩,有機　溶媒　溶液,電解液,使用,高温　保存性,
　　　　　　　　　段,向上,ポリ　アセン　骨格　構造,モノ　メチル,トリ　エチル,
　　　　　　　　　アンモニウム,テトラ　フルオロ,硼酸塩,硬貨,有機　電解液,化学
　　　　　　　　　式,式,3個,エチル,陰イオン,残基,メチル,(C↓2H↓5)↓3N,B
　　　　　　　　　F↓4,プロピレン　カーボネート,溶液,電極,含浸,高温　保存,内
　　　　　　　　　部　抵抗,増加＞

$$\begin{bmatrix} & & R_1 & & \\ & & | & & \\ R_2 & - & N^+ & - & R_3 \\ & & | & & \\ & & R_4 & & \end{bmatrix} X^-$$

<8>

平04-349366
P出 03-121281　　リチウム二次電池
　　H03.05.27　　富士写真フイルム　（株）
開 04-349366　　〔目的〕充放電容量が大きく,充放電サイクル特性に優れ,かつ,取
　　H04.12.03　　扱安全性に優れたリチウム二次電池を提供する。£リチウムハライ
登 2717890　　　ド、炭酸リチウム、硫酸リチウム、ポリアニリン誘導体、ポリプロ
　　H09.11.14　　ピレン、ピリジン
H01M 10/40　 Z　〔構成〕少なくとも負極活物質,電解液,電解質および正極活物質か
H01M 4/58　 　 ら成るリチウム二次電池において,負極活物質は該有機電解液に実
H01M 4/60　 　 質的に不溶なリチウム化合物を含み、また,該電解質はリチウム塩が
H01M 10/40　 A　不溶性になるアニオンを含み、また,正極活物質はアニオンドーピン
　　　　　　　　グ型化合物あるいは電解質で用いたカチオンを含む化合物を用いる
　　　　　　　　。
　　　　　　　　＜ポリアニリン,ポリプロピレン＞
　　　　　　　　＜リチウム　2次　電池,充放電　容量,大きさ,充放電　サイクル
　　　　　　　　　特性,取扱,安全性,提供,リチウム　ハロゲン化物,炭酸　リチウム,
　　　　　　　　　硫酸　リチウム,ポリ　アニリン,誘導体,ポリ　プロピレン,ピリジ
　　　　　　　　　ン,陰極　活物質,電解液,電解質,陽極　活物質,有機　電解液,実質
　　　　　　　　　的,不溶,リチウム　化合物,リチウム塩,不溶性,陰イオン,ドーピン
　　　　　　　　　グ,型,化合物,陽イオン＞

（3）添加剤その他
① 技術事項の特徴点

　寿命向上を目的とし、メルカプタン類等を担持させることを特徴とするもの<1>*、自己放電の低減等を目的とし、電解液にクラウンエーテルを添加することを特徴とするもの<2>、負極表面での不動体皮膜の生成防止を目的とし、ヘキサメチルホスホルアミドを電解液に添加することを特徴とするもの<3>、電池容量増大を目的とし、常温型溶融塩を用いることを特徴とするもの<4>*、エネルギー密度の向上を目的とし、γ-ブチロラクトンとグライム類との混合溶媒に高濃度の電解質を溶解したものを用いることを特徴とするもの<5>、低温特性向上を目的とし、芳香族ニトリル系化合物、支持電解質、ドープにあずからない無機塩とで構成した電解液を用いることを特徴とするもの<6>等がある。

参照文献（＊は抄録記載）

<1>*特開昭60-65478　　<2>特開昭61-284071　　<3>特開昭62-100951　　<4>*特開昭62-165879

<5>特開平2-250273　　<6>特開昭60-35473

参照文献（Japio 抄録）

<1>

```
昭60-065478
P出 58-173056          ポリマ2次電池
    S58.09.21          日立製作所：(株),昭和電工　(株)
開 60- 65478          〔目的〕2次電池にポリマ電極中の共役2重結合の減少を抑制する手
    S60.04.15          段を設けることにより,電池の寿命特性の向上を図る。
告 04- 60304          〔構成〕充電可能なポリマ2次電池において,電極幅反応により生成
    H04.09.25          するラジカルを捕捉する物質,例えばメルカプタン類,ハイドロキノ
登  1772885           ン等をポリマ電極の表面又は内部に担持させる。又は活性アルミニ
    H05.07.14          ウム,スチレン等の無機或は有機の吸着剤を電極中又は電解液中に
H01M  4/02    B        共存させ,分解生成物をこれに吸着させる。或はニトリル化合物等
H01M  4/62             の電極副反応の起きにくい安定な溶媒を電解質の溶媒として使用す
H01M 10/40    Z        る。この2次電池により,ポリマ電極中の共役2重結合の減少率を充
H01M  4/62    Z        放電操作1サイクル当り0.35モル％以下とすることができ,充放電
H01M  4/02             サイクル寿命を向上できる。
                       <重合体　2次　電池,2次　電池,重合体　電極,共役　2重　結合,
                       減少,抑制,手段,電池,寿命　特性,向上,充電　可能,電極幅,反応,
                       生成,ラジカル,捕捉,物質,メルカプタン,ヒドロ　キノン,表面,内
                       部,担持,活性　アルミニウム,スチレン,無機,有機,吸着剤,電極中,
                       電解液,共存,分解　生成物,吸着,ニトリル　化合物,電極,副反応,
                       安定,溶媒,電解質,使用,減少率,充放電,操作,1サイクル当り,モル
                       比,充放電　サイクル　寿命>
```

<4>

昭62-165879
P出 61- 5963　　二次電池
　　S61.01.14　　三洋電機　（株）
開 62-165879　　〔目的〕導電性ポリマーを一方の電極とする正負極と、常温型溶融
　　S62.07.22　　塩よりなる電解液とを設けることにより、電池容量の増大を図る。
告 06- 54686　　〔構成〕正負極ともポリアセチレンを用い、電解液として常温型溶
　　H06.07.20　　融塩を用いる。常温型溶融塩の代表的なものとしてはn-ブチル-
H01M 4/02 　　　ピリジニウムクロライドと塩化アルミニウムとの混合物、n-エチ
H01M 4/02　A　　ル-ピリジニウムクロライドと塩化アルミニウムとの混合物或いは
H01M 10/36 A　　1-メチル-3エチルイミダゾリウムクロライドと塩化アルミニウム
H01M 10/36 Z　　との混合物が挙げられる。常温型溶融塩を電解液とした場合、電解
　　　　　　　　液体積は極めて小さくなりそのため同一内容積においては電池容量
　　　　　　　　を増大できる。
　　　　　　　　＜ポリアセチレン＞
　　　　　　　　＜2次　電池,導電性　重合体,一方,電極,陰陽極,常温,溶融塩,電解
　　　　　　　　液,電池　容量,増大,ポリ　アセチレン,代表,ブチル,ピリジニウム
　　　　　　　　,塩化物,塩化　アルミニウム,混合物,エチル,メチル,イミダゾリウ
　　　　　　　　ム,場合,電解液体,積,同一　内容＞

[その他の要素材料／要素構造・製造方法]

1．技術テーマの構造

（ツリー図）

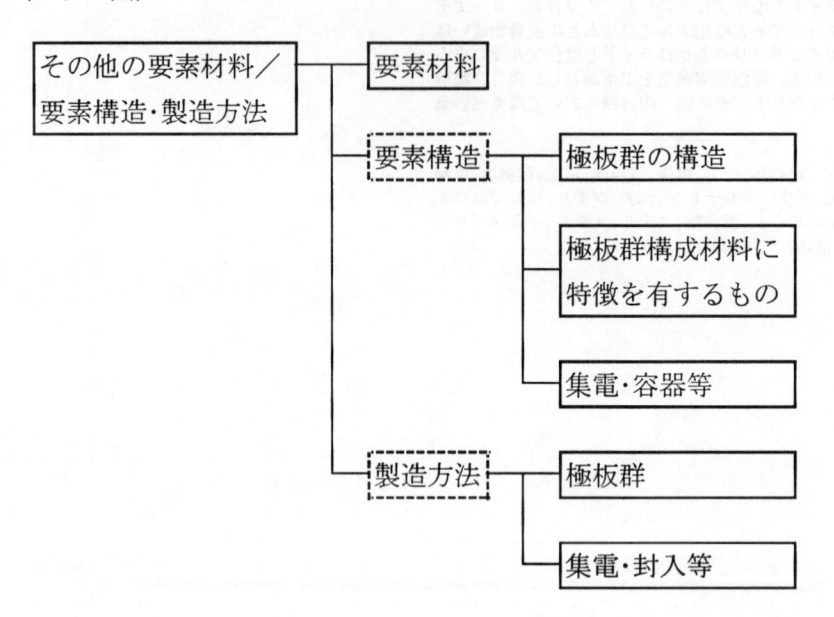

```
その他の要素材料／──┬──要素材料
要素構造・製造方法  │
                    ├──要素構造──┬──極板群の構造
                    │            │
                    │            ├──極板群構成材料に
                    │            │  特徴を有するもの
                    │            │
                    │            └──集電・容器等
                    │
                    └──製造方法──┬──極板群
                                 │
                                 └──集電・封入等
```

　その他の要素材料／構造・製造方法は、電池を構成する要素材料の中から正極材料、負極材料、電解質を除いたものからなる要素材料、正極、負極、電解質以外の部分の構造、複数の要素材料の組み合わせやその構造、電池全体の構造に関する要素構造、これらの構造についての製造方法に分類され、さらに、要素構造は、極板群の構造に特徴を有するもの、極板群の構成材料に特徴を有するもの、集電や容器等の構造に特徴を有するものに分類される。また、製造方法は、極板群の製造方法に特徴を有するもの、集電や封入等を行うための方法に特徴を有するものに分類される。

2．各技術事項について

（1）要素材料

① 技術事項の特徴点

　安定性等を目的とし、ピロール等からなる集電子を用いることを特徴とするもの<1>*、漏液防止を目的とし、フラン重合錯体のセパレータを用いることを特徴とするもの<2>*、集電効率向上を目的とし、繊維状形態の導電シート集電体を用いることを特徴とするもの<3>*、正極集電体表面の防食を目的とし、Cr、Mo、Ti、Nb、C、Nを特定量含有したフェライト系ステンレス鋼を用いることを特徴とするもの<4>、導電性と耐熱性の向上を目的とし、ポリプロピレンとカーボンフィラー、添加剤からなる電極板材料を用いることを特徴とするもの<5>、ラミネートフィルム外装材<6>、エッチング孔を有する集電体用銅箔<7>等がある。

参照文献（＊は抄録記載）

<1>*特開昭61-193367　　　<2>*特開昭62-150651　　　<3>*特開平2-10660　　　<4>特開平2-236972

<5>特開平1-188542　　　<6>実登3059866　　　<7>実登3058450

参照文献（Japio抄録）

<1>

```
昭61-193367
P出 60- 32854       電池
    S60.02.22       リコー：（株）
開 61-193367        〔目的〕主鎖に共役系をもつ有機高分子物質を電極とする電池にお
    S61.08.27       いて,ピロールまたはその誘導体と未置換あるいは置換芳香族アニ
告 05- 68829        オンを主成分とするピロール重合錯体を集電子として用いることに
    H05.09.29       より,安定で電気特性にすぐれ,且つエネルギー密度の高い電池を得
登 1859393          る。
    H06.07.27       〔構成〕電池を構成する缶内に,陽極活物質13で包んだ集電子11か
H01M  4/60          らなる陽極15と,対向するリチウム陰極17とを設け,これらの間に多
H01M  4/66          孔質ポリプロピレン膜19を挟む。その後,缶内にプロピレンカーボ
H01M  4/66   A      ネートの電解液21を満して所望の電池とする。この構成において,
H01M 10/40   Z      活物質13には主鎖に共役系をもつ有機高分子物質であるポリアセチ
                    レン,ポリパラフエニレンなどを使用し,また集電子11を構成するピ
                    ロールまたはその誘導体には,ピロール3,4-アルキルピロール,3,4
                    -アリールピロールなどを使用し,大きい電流密度を得る。
                    <ポリピロール,ポリプロピレン,ポリアセチレン>
                    <電池,主鎖,共役,有機 高分子 物質,電極,ピロール,誘導体,未
                    置換,置換 芳香族 陰イオン,主成分,ピロール 重合 錯体,集電
                    子,安定,電気 特性,エネルギー 密度,構成,缶内,陽極 活物質,
                    陽極,対向,リチウム 陰極,多孔質 ポリ プロピレン膜,プロピレ
                    ン カーボネート,電解液,活物質,ポリ アセチレン,ポリ パラ
                    フェニレン,使用,アルキル ピロール,アリール,大きさ,電流 密
                    度>
```

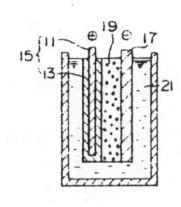

<2>

```
昭62-150651
P出 60-172036       有機二次電池
    S60.08.05       リコー：（株）,吉野　勝美
開 62-150651        〔目的〕フラン重合錯体の膜をセパレータとして用いることにより
    S62.07.04       、漏液性のない有機二次電池を得る。
告 07- 63001        〔構成〕主鎖に共役系を有する有機高分子物質を活物質とし,フラ
    H07.07.05       ン重合錯体の膜を一種の固体電解質とするものであり,活物質とフ
登 2037172          ラン重合錯体とよりなる密着積層体を利用したものである。なおこ
    H08.03.28       のフラン重合錯体膜は電極間のセパレータとしても機能する。フラ
H01M  2/16   P      ン重合錯体は、フラン系単量体とアニオンで形成される錯体である
H01M 10/40   Z      。このような特定の構成をとることによって得られる有機二次電池
                    は,漏液性がなく,かつ電流密度が高い。
                    <有機 2次 電池,フラン,重合,錯体,膜,分離器,漏液性,主鎖,共
                    役,有機 高分子 物質,活物質,1種,固体 電解質,あり,密着 積
                    層,体,利用,錯体膜,電極,機能,単量体,陰イオン,形成,構成,電流
                    密度,高さ>
```

<3>

```
平02-010660
P出 63-159204       シート状電極
    S63.06.29       リコー：（株）
開 02- 10660        〔目的〕シート状電極の集電体が導電シートであつて,かつ非繊維
    H02.01.16       状本体表面に繊維状形態を持たすことにより,電極活物質と集電体
登 2752377          との密着性,集電効率の向上を図る。
    H10.02.27       〔構成〕集電体表面を繊維状の形態を持たす。その繊維の太さとし
H01M  4/64   A      ては5μm～200μmである導電性の物質とし,集電体シート部と同
H01M  4/02   A      じ材質であつてもよいし,異なっていてもよい。繊維部分の材質と
H01M  4/70   Z      しては,Au,Pt,Ni,Al等の金属,ステンレス鋼等の合金,炭素
                    繊維あるいは樹脂上に金属,合金,炭素,SnO₂,In₂O₃等を蒸着,
                    塗布などにより導電化したものを用いる。
                    <シート状 電極,集電体,導電 シート,非繊維,本体 表面,繊維
                    状 形態,電極 活物質,密着性,集電 効率,向上,集電体 表面,繊
                    維状,形態,繊維,太さ,導電性,物質,シート,材質,集電体 部分,金,白
                    金,ニツケル,アルミニウム,金属,ステンレス鋼,合金,炭素 繊維,
                    樹脂,炭素,SnO↓2,オゾン,蒸着,塗布,導電化>
```

（2）極板群の構造
① 技術事項の特徴点

　高電流密度実現を目的とし、電極活物質表面と細孔に固体電解質が存在することを特徴とするもの<1>*、容量低下防止を目的とし、ポリマー重合体がフィルム状に付着した導電性基板を電気的に不活性な樹脂の薄膜で被覆することを特徴とするもの<2>、電流効率向上を目的とし、電極の片面を高抵抗層で被覆することを特徴とするもの<3>、容量増大を目的とし、保液性を有さない絶縁性薄膜材をセパレータとして用いることを特徴とするもの<4>、機械的衝撃に対する耐久性向上を目的とし、電極材料等を可塑性樹脂で包み込んだことを特徴とするもの<5>*、作製過程中の温度上昇による劣化を防ぐことを目的としたもの<6>*、放電容量の向上を目的とし、渦巻き状に巻き込んだことを特徴とするもの<7>*、サイクル特性の向上を目的とし、カーボン負極等を用いて積層構造としたことを特徴とするもの<8>、電池特性の安定を目的とし、金属薄膜基板と電極活物質との間に炭素粒子と結着剤とからなる接着層を介在させたことを特徴とするもの<9>、電極材料でのひび割れ発生の防止を目的とし、セパレータ面に直接ポリマー電極を形成したことを特徴とするもの<10>、内部抵抗の低減を目的とし、集電体と活物質層との間に導電性薄膜を介したことを特徴とするもの<11>、ポリマー固体電解質上にリチウム膜を制御しながら形成することを目的とするもの<12>*等がある。

参照文献（＊は抄録記載）

<1>*特開昭60-97561	<2>特開昭61-190871	<3>特開昭62-24554	<4>特開昭63-105479
<5>*特開昭63-245871	<6>*特表平1-503741	<7>*実開平1-56149	<8>特開平1-241767
<9>特開平1-241766	<10>特開平4-51474	<11>特開平8-78056	<12>*特開平2-94262

参照文献（Japio抄録）

<1>

```
昭60-097561
P出 58-205270      固体電解質二次電池
   S58.10.31      日立製作所：(株),昭和電工 (株)
開 60- 97561      〔目的〕電極活物質の表面及び細孔に固体電解質を存在させること
   S60.05.31      により、高い電流密度で使用できるようにする。
H01M  4/02   A    〔構成〕電極活物質の表面および細孔に固体電解質を存在させてい
H01M  4/62        る。例えば、アセトニトリル溶媒にポリエチレンオキシドとLiB
H01M 10/36   Z    F₄を溶解し、この溶媒にゲル状のポリアセチレンを入れ一晩放置
H01M  4/62   Z    する。冷媒とポリアセチレンを分離し、次いでポリアセチレン中の
H01M  4/02        溶媒を真空下で除去し、ポリアセチレン2,4の微細孔に固体電解質
                  を保持させる。得られたポリアセチレンを圧縮成形し、フイルム状
                  とする。一方、先のアセトニトリル溶媒にポリエチレンオキシドと
                  LiBF₄を溶解させたものの溶媒を揮散させ、厚さ0.2～0.3m
                  mの固体電解質3を調製し、前記のポリアセチレン電極2,4を用い、
                  電池を構成する。
                  <ポリエチレンオキサイド,ポリアセチレン>
                  <固体 電解質 2次 電池,電極 活物質,表面,細孔,固体 電解
                  質,存在,高さ,電流 密度,使用,アセト ニトリル 溶媒,ポリ エ
                  チレン オキシド,LiBF↓4,溶解,溶媒,ゲル,ポリ アセチレン
                  ,一晩,放置,冷媒,分離,真空,除去,微細孔,保持,圧縮 成形,フイル
                  ム,一方,揮散,厚さ,調製,ポリ アセチレン 電極,電池,構成>
```

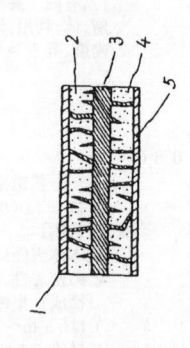

<5>

昭63-245871
P出 62-263457
　　S62.10.19
開 63-245871
　　S63.10.12
登 2553588
　　H08.08.22
H01G 9/00　301G
H01M 4/02　　A
H01M 10/36　 A
H01M 10/36　 Z
H01G 9/00　301
H01M 4/06　　N
H01M 4/08　　N
H01M 6/18　　E

固体電気化学素子およびその製造法
松下電器産業　（株）
〔目的〕固体電解質、電極材料を可塑性樹脂で包み込んだ材料を構成要素とすることにより、機械的衝撃に対し十分耐えられる可とう性を有する固体電気化学素子を得る。
〔構成〕可塑性樹脂3を適当な割合で固体電解質粉粒体1、電極材料粉粒体2にそれぞれ乾式混合或いは湿式混合し、粉粒体1,2の表面を完全に可塑性樹脂3により覆い尽くす。そしてこの混合物をプレス機等で、必要に応じ加熱しながら適当な形状に加圧成形する。このようにして成形された固体電解質成形体Bを介して電極材料成形体A,Cを、必要に応じ集電体4等の他の素子構成要素と一体になるよう再度加圧成形することで固体電気化学素子が得られる。これにより機械強度に優れた可撓性のある、かつ酸素、水分等に影響されにくい固体電気化学素子が得られる。
＜固体　電気　化学　素子,製造,固体　電解質,電極　材料,可塑性　樹脂,包込み,材料,構成　要素,機械的　衝撃,十分,可撓性,割合,粉粒体,乾式　混合,湿式　混合,表面,完全,覆い,混合物,プレス機,加熱,形状,加圧　成形,成形,固体　電解質　成形体,B,成形体,C,集電体,4等,素子,一体,再度　加圧,機械　強度,酸素,水分,影響＞

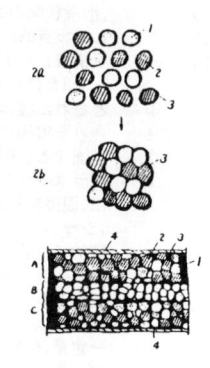

<6>

平01-503741
P出 63-505447
　　S63.06.16
表 01-503741
　　H01.12.14
登 2792658
　　H10.06.19

電極及び電解質を備える電気化学的サブアセンブリの製造方法、並びに該方法により製造されたサブアセンブリ
ナシオナル　エルフ　アキテーヌ　プロデュクシオン：ＳＯＣ,ハイドロ　ケベツク
〔目的〕電解質／電極の2層の電気化学的アセンブリを作成するときに,高分子化合物中に溶解した塩で構成するイオン伝導性材料,電気化学的に活性な材料および導電材料からなる複合陽極層,固体電解質層を用いることにより,作成過程中の温度上昇による劣化を回避する。
〔構成〕電解質は厚さ20μmとし,且つエチレンオキシド及びエチレンオキシド80重量％のアリルグリシジルエーテルのコポリマー中の過塩素酸リチウム溶液で構成した固体電解質とし,過塩素酸はコポリマーの7重量％の割合で存在させ,コポリマーの分子量は100000のオーダとする。また陽極は二硫化チタン,カーボンブラックおよび光と同一組成のポリマー電解質ベースの複合電極とし,その厚さは2クーロン／㎠,即ち11.6ｇ／㎡の二硫化チタンと等しい堆積とする。さらに陰極は,75μmのリチウムストリツプで構成する。
＜電極,電解質,電気　化学的,サブ　アセンブリ,製造　方法,方法,製造,2層,アセンブリ,作成,高分子　化合物,溶解,塩,構成,イオン　伝導性　材料,活性,材料,導電　材料,複合　陽極,層,固体　電解質層,過程,温度　上昇,劣化,回避,厚さ,エチレン　オキシド,アリル　グリシジル　エーテル,共重合体,過塩素酸　リチウム,溶液,固体　電解質,過塩素酸,割合,存在,分子量,オーダ,陽極,2　硫化　チタン,カーボンブラツク,光,同一　組成,重合体,ベース,複合　電極,クーロン,堆積,陰極,リチウム,ストリツプ＞

<7>

平01-056149
U出 62-150607
　　S62.10.01
開 01- 56149
　　H01.04.07
告 06- 21180
　　H06.06.01
登 2095326
　　H07.12.18
H01M 10/40　Z
H01M 6/18　 E
H01M 10/40　B

高分子固体電解質電池
湯浅電池　（株）
〔要約〕負極として金属リチウムを用い、負極板の両面をリチウムイオン伝導性高分子固体電解質を介して正極板により挟んだ極群を渦巻き状に巻き込み、且つ渦巻き極群周囲に絶縁体を配したので、作用面積が大きくなり、放電容量が向上する。
＜高分子　固体　電解質,電池,陰極,金属　リチウム,陰極板,両面,リチウム　イオン,伝導性,陽極板,極,渦巻,巻込,周囲,絶縁体,作用　面積,放電　容量,向上＞

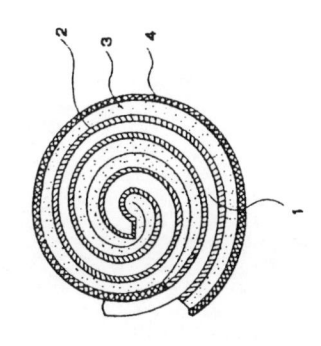

<12>

平02-094262
P出 63-228296　シート基板上に支持された薄膜電極の製造方法
　　S63.09.12　ハイドロ　ケベツク
開 02- 94262　〔目的〕プラスチツク材料からなるシート基板を連続的に巻き出し
　　H02.04.05　,溶融状態のエレメントの一定量を付着させることにより,Liに対
登　2635713　して実質的に安定なロール体の迅速な製造を可能とする。
　　H09.04.25　〔構成〕Liに対して実質的に安定なプラスチック材料からなるシー
H01M 4/40　　ト3を含むスプール1は,プラスチツク材料及びLiイオン伝導性
H01M 4/02　D　とされた固体重合体電解質のフイルムのケースからなる。この支持
H01M 4/04　A　された電極は,電解質の自由表面が,溶融Liで被覆されたローラ19
H01M 10/40　Z　に面する状態で,ローラ・アプリケータ19へ向つて送られる。この
H01M 10/40　B　プラスチツク材料の変形及び有害な不活性層の形成を防止するため
　　　　　　　　に,温度調整器23,25によって所定の温度に保持される。これにより
　　　　　　　　,シート3の少なくとも一面上に溶融状態のエレメントの一定量が連
　　　　　　　　続的に付着されて,0.1μから40μの間で,その表面が一様で均一な
　　　　　　　　薄膜がシート3上に形成される。
　　　　　　　<シート　基板,支持,薄膜　電極,半電池,電気　化学　電池,製造
　　　　　　　　方法,プラスチック　材料,連続的,巻出,溶融　状態,エレメント,
　　　　　　　　一定量,付着,リチウム,実質的,安定,ロール,迅速,製造,シート,ス
　　　　　　　　プール,リチウム　イオン　伝導性,固体　重合体　電解質,フイル
　　　　　　　　ム,ケース,電極,電解質,自由　表面,溶融,被覆,ローラ,状態,アプ
　　　　　　　　リケータ,変形,有害,不活性層,形成,防止,温度　調整器,温度,保持
　　　　　　　　,1面,表面,一様,均一,薄膜>

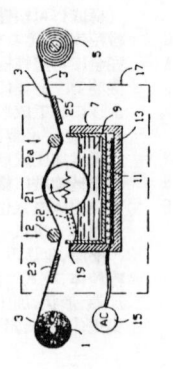

(3) 極板群構成材料に特徴を有するもの

① 技術事項の特徴点

　　低温での安定動作を目的とした材料構成に特徴を有するもの<1>*、<6>、熱安定性等を目的とし、特定のポリマーの材料構成からなることを特徴とするもの<2>、ガラス繊維布の隔膜を用いることを特徴とするもの<3>、保存特性改善を目的とし、ハロゲンを吸蔵する有機化合物で電極を覆うことを特徴とするもの<4>*、特定電位の負極を用いることを特徴とするもの<5>*、広い温度範囲での動作を保証することを目的とするもの<7>*、高容量、低内部抵抗達成を目的とし、電池内のリチウム量を規定したことを特徴とするもの<8>、ポリファラフェニレン等と炭素繊維とを組み合わせたことを特徴とするもの<9>、性能と寿命の向上を目的とし、リチウム負極とポリマー固体電解質と有機ハロゲン化合物正極とを組み合わせたことを特徴とするもの<10>等がある。

参照文献（＊は抄録記載）

<1>*特開昭 55-98480　　<2>特開昭 58-220363　　<3>特開昭 60-20476　　<4>*特開昭 63-53864
<5>*特開昭 64-2258　　<6>特開平 2-56870　　<7>*特開平 2-165565　　<8>特開平 8-162163
<9>特開昭 60-54181　　<10>特開昭 56-106374

参照文献（Japio 抄録）

<1>

昭55-098480
P出 54-151891
  S54.11.22
開 55- 98480
  S55.07.26
告 63- 3422
  S63.01.23
H01B 1/20   Z
H01M 10/36   Z
H01M 10/40   B
H01B 1/16   A

充電可能な電気化学的発電装置
アンバール アジヤンス ナシオナル ド バロリザシオン ド ラ ルシエルシユ
〔目的〕アルカリ陽イオン等と接する固体電解質を、所定の可塑性高分子物質に所定のイオン性物質を溶解した固溶体で形成することにより、低温度で安定した作動が得られるようにすること。
〔構成〕負極4と正極6は固体電解質2に接して密閉性の容器8に収納されており、弾性のある薄板10は前記の部品を相互にきちんと保持させている。上記の負極4はアルカリ陽イオンまたはアンモニウム陽イオンを固体電解質2に接する境界面に供給できる物質で、アルカリ金属等が用いられる。固体電解質2は可塑性を有する高分子固体物質で負極の陽イオンに対して供与、受容体となる結合を構成できるヘテロ原子を含むものに、M^+X^-（ただし、M^+は負極から来る陽イオンと同じ陽イオン、X^-は強酸の陰イオン）で表わされるイオン性物質を完全に固溶させた固溶体である。そして正極6は好ましくは遷移金属の硫化物等が用いられる。
<電気 化学的 発電,装置,アルカリ 陽イオン,固体 電解質,可塑性 高分子 物質,イオン性 物質,溶解,固溶体,形成,低温,安定,作動,陰極,陽極,密閉性,容器,収納,弾性,薄板,部品,相互,保持,アンモニウム 陽イオン,境界面,供給,物質,アルカリ 金属,可塑性,高分子 固体,陽イオン,供与,受容体,結合,構成,ヘテロ 原子,M†,強酸,陰イオン,完全,固溶,遷移 金属,硫化物>

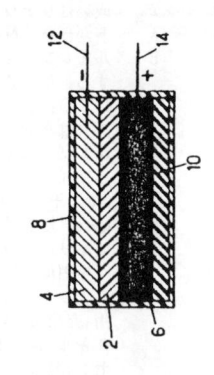

<4>

昭63-053864
P出 61-197525
  S61.08.22
開 63- 53864
  S63.03.08
告 07- 60699
  H07.06.28
登 2026432
  H08.02.26
H01M 10/36   A
H01M 10/36   Z

固体電解質二次電池
松下電器産業 （株）
〔目的〕固体電解質に当接する電極の全部あるいは一部をハロゲンを吸蔵する有機化合物で覆うことにより、保存特性を優れたものにする。
〔構成〕酸化により生成したハロゲン分子X_2あるいはポリハロゲン化イオンX_n^-は固体電解質と当接する電極面に、この電極面全面をあるいは一部を覆うように配置したハロゲン吸蔵性の有機化合物により有効に電極面付近に留め置かれる。このためX_2あるいはX_n^-の固体電解質内を通つての負極側への拡散移動を防止できる。充電状態で電池が保存された際、この有機化合物が存在しない場合に生じるX_2あるいはX_n^-の負極への拡散移動とこれに続いて起る充電により負極付近に析出した負極金属の反応に原因する保存中の電池自己放電を有効に防止できる。このようにして保存性の優れた固体電解質二次電池とすることができる。
<固体 電解質 2次 電池,固体 電解質,当接,電極,全部,一部,ハロゲン,吸蔵,有機 化合物,保存 特性,酸化,生成,ハロゲン 分子,ポリ ハロゲン化,イオン,電極面,全面,配置,吸蔵性,有効,付近,留置,陰極,拡散 移動,防止,充電 状態,電池,保存,存在,充電,析出,陰極 金属,反応,原因,自己 放電,保存性,2,池>

<5>

平01-002258
P出 62-156837
  S62.06.24
開 64- 2258
  S64.01.06
登 2553560
  H08.08.22
H01M 4/58
H01M 10/40   Z

非水電解液二次電池
松下電器産業 （株）
〔目的〕金属リチウムに対して特定の電位をもつ負極を用いることにより、メモリーバツクアツプ用に最適な電源が得られるようにする。
〔構成〕ポリアニリン正極7と、リチウムイオンをドープ・脱ドープするか、或いは吸蔵・放出してなるカーボン負極4とを備えた非水電解液二次電池において、負極4の電位がリチウム金属5に対して20℃で0.26Vより貴な電位をもつ負極4を用いる。負極4の電位が基準極としての金属リチウム5に対して0.26Vより貴な材料を用いれば、リチウムイオンの正極7への挿入反応を回避することができ、0V長期過放電を行つてもそのあとの充放電に何ら問題がないこととなる。これによりメモリーバツクアツプ用の電源として最適な電池が得られる。
<ポリアニリン>
<非水 電解液 2次 電池,金属 リチウム,電位,陰極,記憶 バツクアツプ,最適,電源,ポリ アニリン,陽極,リチウム イオン,ドープ,脱ドープ,吸蔵,放出,炭素,リチウム 金属,V,基準極,材料,挿入 反応,回避,長期,過放電,充放電,問題,電池>

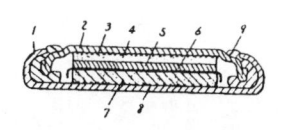

<7>

平02-165565
P出 63-319234　全固体二次電池
　　S63.12.16　大塚化学　（株）
開 02-165565　〔目的〕特定の層状構造酸化物を正極活物質、リチウム或いはリチ
　　H02.06.26　ウム合金を負極活物質とし、特定の化合物を電解質とすることによ
登 2819027　り、広い温度範囲で安全に使用できる充放電特性の優れたものにす
　　H10.08.28　る。
H01M 4/48　〔構成〕式Ⅰで表わす層状構造酸化物を正極活物質とし、リチウム
H01M 10/40　Z　或いはリチウム合金を負極活物質とし、式Ⅱ,Ⅲ,Ⅳで示すセグメン
H01M 10/40　A　トが任意に配列したフルオロアルキルスルホン基を有するオリゴア
H01M 10/40　B　ルキレンオキシポリホスファゼン或いはこれらの混合物を電解質と
する。但し式Ⅰ中、x＋y＝1,0＜y≦0.5,z＝0.1～1.6,Aは
GeO_2,SiO_2等から選ばれる酸化物を示す。また式Ⅱ,Ⅲ,Ⅳ中
、Rは水素またはメチル基、R'はメチルまたはプロピル基、h及
びkはアルキレンオキシ単位の平均の繰り返し数を意味し、0≦h
≦18,0≦k≦20の実数値をとり、l,m,nは3≦l＋m＋n≦20000
0でl＋n≠0である。これによりデンドライドの生成と液漏れを排
除し、爆裂等に対する安全性と耐過放電性が良好になる。
＜ポリホスファゼン＞
＜全固体,2次　電池,層状　構造,酸化物,陽極　活物質,リチウム,
リチウム　合金,陰極　活物質,化合物,電解質,温度　範囲,安全,使
用,充放電　特性,式,□1,□3,□4,セグメント,配列,フルオロ　ア
ルキル,スルホン酸基,オリゴ,アルキレン　オキシ,ポリ　ホスファ
ゼン,混合物,GeO↓2,シリカ,水素,メチル基,メチル,プロピル,
アルキレン　オキシ　単位,平均,繰返し数,意味,実数値,デンドラ
イト,生成,漏液,排除,爆裂,安全性,耐過,放電性,良好＞

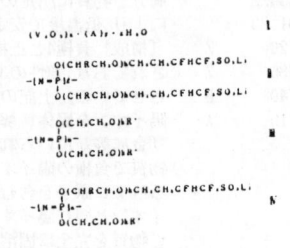

(4) 集電・容器等

① 技術事項の特徴点

　内部直列構造の薄型化電池を目的とするもの<1>*、寿命向上と薄型化を目的としたもの<2>*、電極の機械的強度向上を目的とし、交互に重ね合わされたシート状電極を帯状リードで接続することを特徴とするもの<3>、電気的接続を確実に行うことを目的とし、金属箔の片側に活物質を形成し、他方にリード部材を設けたことを特徴とするもの<4>、集電部の密着性向上を目的とし、磁界を発生する部品を用いることを特徴とするもの<5>、短時間充電を目的とし、電極部内部に発熱体を備えたことを特徴とするもの<6>、エネルギー密度向上を目的とし、多ユニット一体構造を特徴とするもの<7>*、固体電解質の熱劣化防止を目的とし、容器周辺のつば部上に電気回路を形成したことを特徴とするもの<8>等がある。

参照文献（＊は抄録記載）

<1>*実開昭 63-95165　　<2>*実開昭 63-165772　　<3>特開昭 62-170149　　<4>実開平 4-91061
<5>実開平 4-46364　　　<6>実開平 3-33963　　　<7>*特開平 4-87265　　　<8>特開平 4-162345

参照文献（Japio抄録）

＜1＞

```
昭63-095165
U出 61-190919           蓄電池
    S61.12.11          日本電池　（株）
開 63- 95165           〔要約〕正極板、セパレータ及び負極板を同一平面上に隣接して配
    S63.06.20          置し、正極板及び負極板より導出された集電体を電槽壁面に設けた
告 03- 13963           小孔より引出して電槽の外壁面に沿つて屈曲させ、集電体の先端を
    H03.03.28          他の極板もしくは外部回路との接続部に接続すると共に小孔部を合
登  1890124            成樹脂で封口したので、従来不可能であつた薄い形状を可能にする
    H04.02.25          。£鉛蓄電池,アルカリ蓄電池
H01M  2/06  B          ＜蓄電池,陽極板,分離器,陰極板,同一　平面,隣接,配置,導出,集電
H01M  2/22  D          体,電槽　壁面,小孔,引出,電槽,外壁面,屈曲,先端,極板,外部　回
H01M 10/04  Z          路,接続部,接続,合成　樹脂,封口,不可能,薄い,形状,可能,鉛蓄電
                       池,アルカリ　蓄電池＞
```

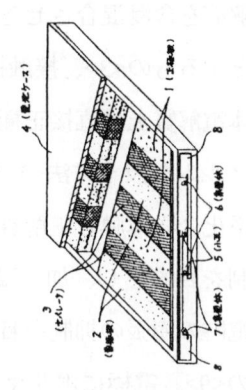

＜2＞

```
昭63-165772
U出 62- 59193           二次電池
    S62.04.17          三洋電機　（株）
開 63-165772           〔要約〕導電性ポリマーフィルムの片面に絶縁性ポリマー層を積層
    S63.10.28          形成したフィルムを正電極、負電極の少なくとも一方に用いること
告 07- 45886           により、導電性ポリマーフィルムの劣化や、介在物による導電率の
    H07.10.18          低下がなく長期にわたる安定した利用ができるのは勿論、電極と外
登  2128050            装材とを一体化し得て薄肉化が容易にできる。
    H08.07.15          ＜2次　電池,導電性　重合体,フィルム,片面,絶縁性　重合体,層,
H01M  4/02  B          積層　形成,陽極,負電極,一方,劣化,介在物,導電率,低下,長期,安
H01M  4/04  A          定,利用,電極,外装材,一体化,薄肉化＞
H01M  4/66  A
H01M 10/38
```

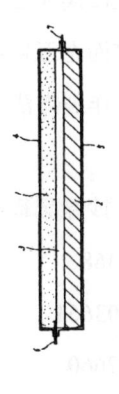

＜7＞

```
平04-087265
P出 02-200235           薄形密閉形蓄電池
    H02.07.27          新神戸電機　（株）
開 04- 87265           〔目的〕複数個の電極ユニットと、電解質を含む隔離体とを順次積
    H04.03.19          層して電極ユニット積層体を構成し、電極ユニット及び単極ユニッ
登  2585847            トの各合成樹脂体をそれぞれ周辺部で一体に接合することにより、
    H08.12.05          電池の小形化、軽量化、及びエネルギ密度の向上を図る。
H01M  2/02  K          〔構成〕電極ユニット積層体はフィルム状又はシート状の合成樹脂体
H01M  4/64  A          1の片面に正極3が他の片面に負極4がそれぞれ接合され、正極3及び
H01M  2/14             負極4が合成樹脂体1を貫通する接続導体5で接続されてなる複数個
H01M 10/04  Z          の電極ユニット6と、電解質を含む隔離体7とを順次積層して構成さ
H01M 10/34             れる。また単極ユニット9は、電極ユニット積層体の積層方向両側
H01M  2/24             にフィルム状又はシート状の合成樹脂体1'の片面に正極3または負
H01M 10/18             極4が接合されて当接配置される。そして電極ユニット6及び単極ユ
                       ニット9の各合成樹脂体1,1'がそれぞれ周辺部1Aで一体に接合さ
                       れる。これにより電池の小形化、軽量化、及びエネルギ密度の向上
                       が図れる。
                       ＜薄形,密閉　蓄電池,複数個,電極　ユニット,電解質,隔離体,順次
                         積層,積層体,構成,単極,ユニット,合成　樹脂体,周辺,一体,接合
                       ,電池,小型化,軽量化,エネルギー　密度,向上,積,体,フィルム,シ
                       ート状,片面,陽極,陰極,貫通,接続　導体,接続,積層　方向,両側,
                         当接　配置,1A＞
```

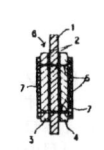

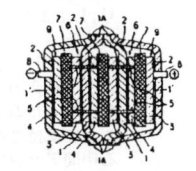

309

（5）極板群

① 技術事項の特徴点

　高電流密度達成を目的とし、あらかじめ高分子電極にイオン半径の大きなイオンによりドープ・アンドープを行うことを特徴とするもの<1>、サイクル特性向上を目的とし、導電性高分子にあらかじめ電解液を含浸混合させることを特徴とするもの<2>、電解重合電極表面に電解質を塗布することを特徴とするもの<3>、接触抵抗の低減により正極の機械的劣化を少なくすることを目的とし、ポリマー固体電解質上に直接正極ポリマーを電解重合して形成することを特徴とするもの<4>、リチウム等のフィルムを扱う方法<5>*、ピンホールのない薄膜を作製すること等を目的とし、電極基板上に芳香族系化合物薄膜と電解質膜の積層体を形成することを特徴とするもの<6>、<7>*、充放電時の膨張の抑制を目的とし、加工温度を所定変化させて連続加圧して一体化することを特徴とするもの<8>、充放電時の膨張の抑制を目的とし、極板群の外側に2枚の板を配置して加圧接着することを特徴とするもの<9>、電極にポリマー電解質を効果的に含浸させる方法<10>*、大面積シート状固体電解質電池の生産性を向上する方法<11>*、長寿命化を目的とし、加熱・加圧ののち、結着剤の軟化点以下の温度で常圧に戻すことを特徴とするもの<12>、ピンホールによる短絡を防止することを目的とし、固体電解質面を互いに重ね合わせて熱圧着する方法<13>、機械的衝撃に強く内部抵抗も小さい電解質シートの作製方法<14>*等がある。

参照文献（＊は抄録記載）

<1>特開昭 62-2468　　　<2>特開昭 62-40177　　<3>特開昭 63-205063　　<4>特開昭 62-296376

<5>*特表平 1-503661　　<6>特開平 1-4622　　　<7>*特開平 1-4621　　　<8>特開平 2-162661

<9>特開平 2-162660　　<10>*特開平 3-22515　　<11>*特開平 3-179669　　<12>特開平 3-149764

<13>特開平 3-15170　　<14>*特開平 1-115069

参照文献（Japio 抄録）

<5>

```
平01－503661
P出 63-505446        薄いフイルム状の電気化学的リチウム電池の構成要素の組立方法
   S63.06.16         ナシオナル　エルフ　アキテーヌ　プロデユクシオン：ＳＯＣ，ハイドロ　ケベツク
   表 01-503661
   H01.12.07         〔目的〕Ｌｉを容易に剥離可能なプラスチツク支持体により支持さ
                     れた中間アセンブリから構成される陰極前駆体を使用することによ
   登  2839520       り，ＬｉまたはＬｉ合金のフイルムを容易に操作，組立てできるよう
   H10.10.16         にする。
                     〔構成〕Ｌｉをベースとするフイルムとプラスチツク材料のフイル
                     ムとの結合力が中間アセンブリ操作を可能にするに十分で,しかも
                     Ｌｉフイルムと構成要素の電解質との結合力以下であるようなフイ
                     ルムに支持されたＬｉまたはＬｉ合金の薄いフイルムから形成され
                     る中間アセンブリを得る。次にこの中間アセンブリのＬｉを適度な
                     温度及び圧力で操作することにより,この電解質を含む構成要素の
                     ポリマー電解質に中間アセンブリの自由な金属面を付着する。次に
                     場合によつては,プラスチツク材料のフイルムをＬｉから完全にま
                     たは部分的に分離する。
                     ＜薄い,フイルム,電気 化学的,リチウム　電池,構成　要素,組立
                     　方法,リチウム,剥離　可能,プラスチツク　支持体,支持,中間,ア
                     センブリ,構成,陰極,前駆体,使用,リチウム　合金,操作,組立,ベー
                     ス,プラスチツク　材料,結合力,可能,十分,電解質,形成,適度,温度
                     ,圧力,重合体,自由,金属面,付着,完全,部分的,分離＞
```

<7>

平01-004621
P出 62-157524　　高分子薄膜及びその作製方法
　　S62.06.26　　日本電信電話　　(株)
開 01- 4621　　〔目的〕電極基板上に芳香族系化合物薄膜と電解質膜の積層体を形
　　H01.01.09　　成し、電解酸化することにより、ピンホールがなく、平滑度が高く、2
告 06- 10267　　次電池材料等として有用な芳香族系高分子薄膜を簡単に得る。
　　H06.02.09　　〔構成〕電極基板上に芳香族系化合物（例；N－ビニルカルバゾー
登　1881837　　ル、ビフェニル）の薄膜を真空蒸着法、溶液塗布法等によって作製す
　　H06.11.10　　る。次いでこの薄膜上に電解質膜（例；トリフルオロメタンスルホ
B32B 7/02　104　　ン酸リチウムとポリオキシエチレンの混合物の膜）を作製する。次
C08J 5/18　　　　いでさらにその上に上部電極を密着させた後、2個の電極間に電圧を
C09K 3/00　Z　　印加し、芳香族系化合物の薄膜を電解酸化することにより、芳香族系
C08G 61/10 NLF　化合物の高分子薄膜を得る。得られる高分子薄膜は導電性、酸化還
C08G 61/12 NLJ　元性、エレクトロクロミズム性等を有し、薄膜電池や表示用材料等と
C08J 5/18　CFJ　して好適に用いられる。
H01M 4/60　　　　＜ポリオキシエチレン＞
H01M 4/02　B　　＜高分子　薄膜,作製　方法,電極　基板,芳香族　化合物,薄膜,電
C08G 61/00　　　　解質膜,積層体,形成,電解　酸化,ピンホール,平滑度,2次　電池,材
C08G 61/10　　　　料,有用,芳香族,簡易,N,ビニル　カルバゾール,ビ　フェニル,真
　　　　　　　　　空　蒸着,溶液　塗布,作製,トリ　フルオロ　メタン　スルホン酸
　　　　　　　　　リチウム,ポリ　オキシ　エチレン,混合物,膜,上部　電極,密着,
　　　　　　　　　2個,電極,電圧,印加,導電性,酸化　還元性,エレクトロ　クロミツ
　　　　　　　　　ク,性,薄膜　電池,表示,好適＞

<10>

平03-022515
P出 01-157484　　エネルギー貯蔵素子用電極への固体電解質の含浸方法
　　H01.06.20　　エルナー　　(株)
開 03- 22515　　〔目的〕固体電解質のモノマーを有機溶媒で希釈し、電解質を高分
　　H03.01.30　　子化するための架橋剤を添加し、この溶液を分極性電極に含浸させ
告 07- 15861　　たのち、有機溶媒を揮発させて架橋反応を進行させる工程を所定回
　　H07.02.22　　数繰り返すことにより、分極性電極に対して高分子導電性固体電解
登　1997954　　質を効果的に含浸させる。
　　H07.12.08　　〔構成〕固体電解質のモノマーを有機溶媒に溶かして希釈したのち
H01G 9/00　301G　、その溶液に電解質を高分子するための架橋剤を添加する。架橋反
H01G 9/02　331H　応が進み高分子化する前に、溶液を分極性電極に含浸させたのち有
H01G 9/00　301　機溶媒を揮発させて架橋反応を進行させる。これを分極性電極の細
H01M 10/40　B　　孔内部まで高分子化された導電性固体電解質が充填されるまで所定
H01M 10/40　A　　回数繰り返す。分極性電極への含浸は例えばノズルなどにより行い
　　　　　　　　　、また、有機溶媒の揮発方法としては、例えば加熱などによる。こ
　　　　　　　　　れにより、固体電解質を分子量の低いモノマーの状態で分極性電極
　　　　　　　　　の細部にまで含浸させ、その後架橋反応が進み高分子化することで
　　　　　　　　　、表面積の非常に大きいカーボンや活性炭等を利用した高性能の分
　　　　　　　　　極性電極を得る。
　　　　　　　　　＜エネルギー　貯蔵,素子　電極,固体　電解質,含浸　方法,単量体
　　　　　　　　　,有機　溶媒,希釈,電解質,高分子化,架橋剤,添加,溶液,分極性　電
　　　　　　　　　極,含浸,揮発,架橋　反応,進行,工程,所定　回数,高分子,導電性
　　　　　　　　　固体　電解質,効果,進み,細孔　内部,充填,ノズル,方法,加熱,分子
　　　　　　　　　量,状態,細部,後架橋,反応,表面積,非常,大きさ,炭素,活性炭,利用
　　　　　　　　　,高性能＞

<11>

平03-179669
P出 01-318628
H01.12.07
開 03-179669
H03.08.05
登 2564193
H08.09.19
H01M 6/18　Z
H01M 6/18　E
H01M 10/40　B

固体電解質電池素子の製造方法
日本合成ゴム　（株）,松下電器産業　（株）
〔目的〕導電性シートの支持体であるプラスチツクフイルムが両外側位置となるように各シートを重ね合わせて圧延ロール間に通して連続圧着することにより、導電率及び自己放電特性の均一性にすぐれ、厚さにムラのない大面積シート状固体電解質電池素子を生産性良く得る。
〔構成〕導電性シート4／正の電極シート2／固体電解質シート1／負の電極シート3／導電性シート4となる層構成であつて且つ導電性シート4の支持体であるプラスチツクフイルム5が両外側位置となるように、これら各シートを重ね合わせて多層シートを形成し、圧延ロール6間に多層シートを通して連続圧着して積層する。これにより導電率及び自己放電特性の均一性にすぐれ、厚さにムラのない大面積のシート状固体電解質電池素子を、生産性よく連続製造することができる。
＜固体　電解質　電池,素子,製造　方法,導電性　シート,支持体,プラスチツク　フイルム,外側　位置,シート,重ね合せ,圧延　ロール,連続,圧着,導電率,自己　放電　特性,均一性,厚さ,ムラ,大面積,シート状,生産性,正,電極　シート,固体　電解質,負,層構成,多層　シート,形成,積層,連続　製造＞

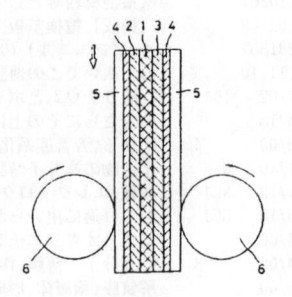

<14>

平01-115069
P出 62-273742
S62.10.29
開 01-115069
H01.05.08
登 2506835
H08.04.02
H01M 6/18　Z
H01M 10/36　Z
H01M 10/38
H01M 6/18　A
H01M 10/40　B

固体電解質電池の製造法
松下電器産業　（株）,日本合成ゴム　（株）
〔目的〕芯材に固体電解質インクまたは電極形成用インクを塗布し、他の部材と非接触の状態で乾燥させて作成した固体電解質シートまたは電極シートを用いることにより、内部抵抗が高くて放電容量が小さくなることなく、機械的衝撃に対しても強くする。
〔構成〕芯材13を均等に空中に張る枠11を用いてポリプロピレン不織布（芯材）に固体電解質インクおよび電極形成用インクを塗布し、減圧乾燥して固体電解質シートおよび電極シートを作成する。これらのシートを打ち抜いた固体電解質シートをプレス成型した固体電解質成型体の両側に電極シートをそれぞれ置き、プレス成型して固体電解質電池を作成する。従ってシート表面は乾燥が速く、有機結着剤の高抵抗膜が形成されることなく、またシート内では、有機溶剤か固体電解質粉末または、正極および負極の電極材料粉末の隙間に浸透し、保持されるため有機結着剤はほぼ均一に分散する。
＜ポリプロピレン＞
＜固体　電解質　電池,製造,芯材,固体　電解質,インク,電極　形成,塗布,部材,非接触,状態,乾燥,作成,シート,電極　シート,内部　抵抗,放電　容量,機械的　衝撃,均等,空中,枠,ポリ プロピレン　不織布,減圧　乾燥,打抜,プレス　成形,成形体,両側,シート　表面,有機　結着剤,高抵抗膜,形成,シート内,有機　溶剤,固体　電解質　粉末,陽極,陰極,電極　材料,粉末,間隙,浸透,保持,均一,分散＞

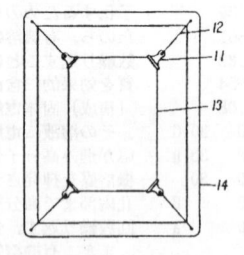

(6) 集電・封入等

① 技術事項の特徴点

　　正電極の表面にポリマーを合成するときに用いた容器をそのまま電池容器とする方法<1>、製造ラインを一本化するための方法<2>*、劣化の抑制を目的とし、電極層と金属薄板との間にカーボンシートを挟んで加熱圧着することを特徴とするもの<3>、サイクル寿命向上のための電解質の注入方法<4>*、放電性能、寿命向上のための方法<5>*、フローハンダ付けを可能にする複数電池の樹脂モールド方法<6>等がある。

参照文献（＊は抄録記載）

<1>特開昭 60-150563　　<2>*特開平 2-60071　　<3>特開平 2-247981　　<4>*特開平 2-139873
<5>*特開平 3-149765　　<6>特開平 7-114909

参照文献（Japio抄録）

<2>

平02-060071
P出 63-211531　　　薄形二次電池の製造法
　　S63.08.25　　　新神戸電機　（株），日本電信電話　（株）
開 02- 60071　　　〔目的〕フイルム状の電槽基体上に正極板と負極板を並置固定し，
　　H02.02.28　　　正極板と負極板の間で極板が内側になるように電槽基体を折り曲げ
告 06- 93364　　　，電槽基体の絶縁を接合することにより，製造ラインが連続で一本化
　　H06.11.16　　　する。
登　1959498　　　〔構成〕櫛歯状の正極板1と負極板2の活物質を合成樹脂からなるフ
　　H07.08.10　　　イルム状の電槽基体4の上の集電体6上に並べて形成する。そして負
H01M 10/12　　K　極板2または正極板1のいずれか一方の上にガラス繊維を立体とした
H01M 10/04　　Z　セパレータまたは電解質を形成させる。次に板1と板2の間のA-A
　　　　　　　　　'を折り目として極板が内側になるように基体4を折り曲げて，接合
　　　　　　　　　位置印8を接着または溶着により接合し，次いで基体4の周縁部を接
　　　　　　　　　合する。このように，正極活物質と負極活物質とは上下異なる位置
　　　　　　　　　に形成されているがセパレータ7は両極の活物質の周囲を包み込み
　　　　　　　　　接触面積が多くなる。また正極・負極を一度に形成でき，しかもセ
　　　　　　　　　パレータも同時に形成できる。
　　　　　　　　　＜薄形,2次　電池,製造,フイルム,電槽,基体,陽極板,陰極板,並置
　　　　　　　　　　固定,極板,内側,折曲げ,絶縁,接合,製造　ライン,連続,1本化,櫛
　　　　　　　　　歯状,活物質,合成　樹脂,集電体,形成,一方,ガラス　繊維,立体,分
　　　　　　　　　離器,電解質,板,折目,接合　位置,印,接着,溶着,周縁,陽極　活物
　　　　　　　　　質,陰極　活物質,上下,位置,両極,周囲,包込み,接触　面積,陽極,
　　　　　　　　　陰極,1度,同時＞

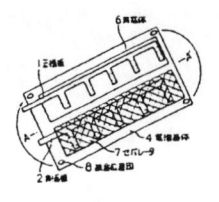

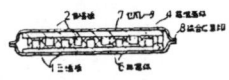

<4>

平02-139873
P出 63-292289　　　薄型二次電池の製造方法
　　S63.11.21　　　リコー：（株）
開 02-139873　　　〔目的〕外包材に電池要素を収納後，電解質出入口より電解質を注
　　H02.05.29　　　入し,電解液注入口を封止することにより，電池電圧,放電容量,充放
登　2771561　　　電の繰り返し寿命を向上させる。
　　H10.04.17　　　〔構成〕外包材に電池要素を収納した後,バルブA,Bを開の状態で
H01M 10/40　　Z　Aの部分から電解液を注入する。あるいはBの部分から電解液を吸
　　　　　　　　　い上げる。電池内の気泡を外部に追い出す。次いでAを閉じ,ある
　　　　　　　　　いはDの部分を封止し,Cの部分を圧して余分の電解液を追い出し
　　　　　　　　　た後Bを閉じる。D,Eの部分を完全に封止して電池を作成する。
　　　　　　　　　得られる電池は,正極集電体1,正極活物質2,負極集電体3,負極活物
　　　　　　　　　質4,電解質を含浸したセパレータ5,外装6からなる。
　　　　　　　　　＜薄形,2次　電池,製造　方法,外包材,電池　要素,収納後,電解質,
　　　　　　　　　出入口,注入,電解液　注入口,封止,電池　電圧,放電　容量,充放電
　　　　　　　　　,繰返し　寿命,向上,収納,バルブ,B,開,状態,部分,電解液,吸入,
　　　　　　　　　電池,気泡,外部,C,余分,完全,作成,陽極　集電体,陽極　活物質,
　　　　　　　　　陰極　集電体,陰極　活物質,含浸,分離器,外装＞

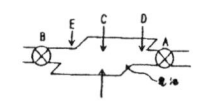

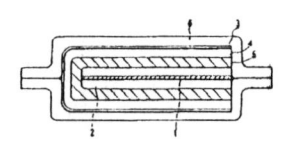

<5>

平03-149765
P出 01-287043　　　固体二次電池の製造法
　　H01.11.02　　　松下電器産業　（株）
開 03-149765　　　〔目的〕金属及び樹脂からなる薄膜を電槽として用い結着剤と樹脂
　　H03.06.26　　　薄膜との軟化点以上の温度でプレス機によって電池全面を加圧しな
登　2770492　　　がら電池周囲の樹脂を加熱融着することにより，放電性能の向上及
　　H10.04.17　　　び長寿命化を図る。
H01M 10/38　　　〔構成〕電極や電解質に熱可塑性結着剤を用いて電池素子を構成後
H01M 10/36　　A　金属及び樹脂からなる薄膜を電槽として用い電極層と電解質層の両
　　　　　　　　　者に含まれている結着剤及び封止用の電槽の樹脂薄膜のいずれもの
　　　　　　　　　樹脂の軟化点以上の温度でプレス機により電池全面を加圧しながら
　　　　　　　　　電池周囲の樹脂を加熱融着し，その後，これら樹脂の軟化点以下の
　　　　　　　　　温度で常圧力に戻す。従つて電極と電解質との層が強固に圧着した
　　　　　　　　　状態で電池が得られ，充放電の過程で若干でも膨張する現象が抑制
　　　　　　　　　される。これにより内部抵抗の増大が抑制され，放電性能の向上,
　　　　　　　　　及び長寿命化が図れる。
　　　　　　　　　＜固体　2次　電池,製造,金属,樹脂,薄膜,電槽,結着剤,樹脂　薄膜
　　　　　　　　　,軟化点,温度,プレス機,電池,全面,加圧,周囲,加熱　融着,放電
　　　　　　　　　性能,向上,長寿命化,電極,電解質,熱可塑性,電池　素子,構成後,
　　　　　　　　　電極層,電解質層,両者,封止,軟化点　以下,常圧,力,層,強固,圧着,状
　　　　　　　　　態,充放電,過程,若干,膨張,現象,抑制,内部　抵抗,増大＞

出願系統図 —リチウム二次電池—

平成12年10月18日　初版発行

編　集　特許庁

発　行　社団法人　発明協会

©2000

発行所　　社団法人　発明協会

〒105-0001　東京都港区虎ノ門2-9-14

Tel.　東京　03(3502)5433（編集）

東京　03(3502)5491（販売）

Fax.　東京　03(5512)7567（販売）

ISBN4-8271-0596-0 C3050

株式会社　シークコーポレーション

printed in Japan

乱丁、落丁本はおとりかえします。

本書の全部または一部の無断複写複製を禁じます（著作権法上の例外を除く）。

発明協会HP：http://www.jiii.or.jp